지도직 군무원

한권으로 끝내기

지리정보학

寅山 이영수, 이영욱, 김도균, 김문기, 오건호 공저

Geographic Information System

예문에듀
EDU

PREFACE _ 머리말

지리정보체계(GIS ; Geographic Information System)는 지리적으로 참조 가능한 모든 형태의 정보를 수치화하여 컴퓨터에 입력 · 저장 · 처리하고, 이를 사용자의 요구에 따라 다양한 방법으로 분석 · 종합하여 제공하는 정보 처리 시스템을 의미합니다.

오늘날 지리정보체계는 정책 결정의 일관성을 유지하고 합리적인 의사 결정을 내릴 수 있도록 자료를 제공하여 주기 때문에 지역 개발 대상지로서의 적합성 판정, 환경 문제의 원인과 대책 수립, 고급 수준의 국토 관리 등에 이용되고 있습니다.

GIS 사업은 1995년부터 본격적으로 국가경쟁력 강화와 행정생산성 제고 등의 기반이 되는 사회간접자본이라는 전제하에 국가 차원에서 국가표준을 설정하였으며, NGIS 1차 사업을 시작으로 2차 · 3차 사업까지 마무리하였습니다. 그동안 「국가 지리 정보체계 구축 및 활용 등에 관한 법률」이 폐지되고 2009. 8. 7.부터 「국가 공간정보에 관한 법률」이 제정됨에 따라, 국가공간정보정책 기본계획에서 "유비쿼터스 공간정보사회 실현"이란 비전을 수립하고 이를 구현하기 위해 2010년부터 제4차 국가공간정보정책이 시작되었으며 현재는 6차 국가공간정보정책이 추진 중에 있습니다.

4차 산업혁명시대의 핵심 분야로 발돋움하고 있는 공간정보의 확산과 발전을 위해 관계와 학계 및 업계 모두 다각적인 노력을 경주하고 있습니다. 많은 대학에 공간정보학과, 지적학과, 토목공학과, 측지정보과, 지리학과 등 공간정보와 관련된 다양한 학과들이 개설되고 있으며 공간정보 분야에서 자신의 꿈을 성취하고자 하는 학생들이 증가하고 있습니다.

　　이런 시대적 흐름에 부응하여 이 책은 국가자격시험 중 측량 및 지형공간정보(산업)기사와 지적(산업)기사 자격 취득을 목표로 하는 분들뿐만 아니라, 군무원 및 지적직 공무원 수험준비생들을 위해 조금이나마 보탬이 되었으면 하는 바람으로 출간하게 되었습니다.

　　독자분들께 필요한 교재를 만들고자 노력하였으나 미흡한 부분이 있으리라 사료됩니다. 보다 더 알찬 내용의 교재로 다듬어질 수 있도록 많은 충고와 조언을 부탁드립니다. 그리고 독자분들이 이 책을 통하여 뜻한 바를 이루시길 진심으로 기원합니다.

　　끝으로 이 책을 집필함에 있어 도움을 주신 많은 분들께 진심으로 감사의 뜻을 전합니다. 특히 이 책의 출판을 맡아주신 도서출판 예문사 대표님과 임직원 여러분께도 감사의 마음을 전합니다.

저자 일동

有志者事竟成(유지자사경성)
하고자 하는 의지만 있으면 일은 반드시 성취된다. 하고자 한다면 못 해낼 일이 없다. 뜻이 있는 곳에 길이 있다.

군무원이란

- **의의**

  군 부대에서 군인과 함께 근무하는 공무원으로서 신분은 국가공무원법상 특정직 공무원으로 분류된다.

- **근무처**

  국방부 직할부대(정보사, 기무사, 국통사, 의무사 등), 육군 · 해군 · 공군본부 및 예하부대

- **종류**

  - 일반군무원
    - 기술 · 연구 또는 행정일반에 대한 업무 담당
    - 행정, 군사정보 등 46개 직렬
    - 계급구조 : 1∼9급
  - 전문군무경력관
    - 특정업무담당
    - 교관 등
    - 계급구조 : 가군, 나군, 다군
  - 임기제군무원

- **직렬별 주요 업무 내용**

직군	직렬	업무 내용
정보통신	전기	전기설계, 전도기, 발전기, 전원부하, 송배전 및 변전, 전기에너지, 압축기구, 전기기기, 전기시설 등 전기 전반에 관한 정비, 수리 업무
	전자	• 전자장비 및 주변장비 분해, 조립, 재생, 정비, 수리 업무 • 전탐, 항법장비 조작, 정비, 수리 업무 • 전자현상에 대한 과학 및 응용기술 등 전자 전반에 관한 정비, 수리 업무 • 각종 기계, 계기 등의 교정, 정비, 수리 업무
	통신	유 · 무선 통신장비, 기기 조작 운용 등 통신 전반에 관한 정비, 수리 업무
	전산	• 소프트웨어 개발, 프로그램작성 업무 • 시스템 구조 설계, 전산통신 분석, 체계개발 업무
	지도	각종 지도 측량, 편집, 지도제작 업무
	영상	• 각종 사진 촬영, 현상, 인화, 확대편집, 필름보관 관리 업무 • 각종 사진기, 영사기 조작, 관리 업무 • 항공사진 제작 분석, 판독 및 항고표적 분석, 자료생산 업무 • 항공사진 인화, 확대, 현상, 필름보관 관리 업무
	사이버 직렬	사이버전, 사이버 기반 업무(사이버 IT/보안/정보/기획/정책 등)

군무원 시험 정보

■ 2022년 채용일정계획(참고용)

구분	원서 접수	응시서류 제출	서류전형 합격자 발표	필기시험 계획공고	필기시험	필기시험 합격자발표	면접시험	합격자 발표
공개경쟁 채용	5.6.(금) ~ 5.11.(수)	※ 해당 없음		6.30.(목) *장소/시간 동시 안내	7.16.(토)	8.19.(금) *면접계획 동시 안내	9.20.(화) ~ 9.26.(월)	10.7.(금)
경력경쟁 채용		5.17.(화) ~ 5.19.(목)	6.17.(금)					

※ 시험장소 공고 등 시험시행 관련 사항은 국방부채용관리홈페이지(https://recruit.mnd.go.kr:470/main.do) 공지사항을 참조하십시오.

※ 상기일정은 시험주관기관의 사정에 따라 변경될 수 있으며, 변경 시 사전공지합니다.

■ 채용절차

시험 구분	시험방법
공개경쟁채용시험	필기시험 ⇒ 면접시험
경력경쟁채용시험	서류전형 ⇒ 필기시험 ⇒ 면접시험

■ 경력경쟁채용 지도직 시험 과목

직군	직렬	계급	시험 과목
정보통신	지도	5급	지리정보학[GIS], 측지학
		7급	
		9급	

※ 5급 이상의 경력경쟁채용 시험과목은 5급 시험과목으로, 6·7급의 경력경쟁채용 시험과목은 7급 시험과목으로, 8·9급의 경력경쟁채용 시험과목은 9급 시험과목으로 한다.

■ 합격자 결정

서류전형 (경력경쟁채용 응시자)	응시자의 경력·학력·전공과목 등과 임용예정직급의 직무내용과의 관련 정도에 따라 합격 여부 결정
필기시험 (공개경쟁채용시험 응시자, 경력경쟁채용 응시자)	• 매 과목 4할 이상, 전과목 총점의 6할 이상 득점한 자 중에서 고득점자순으로 선발예정인원의 15할의 범위 안에서 합격자 결정 • 단, 선발예정인원의 15할을 초과하여 동점자가 있는 경우 그 동점자 모두를 합격자로 하며, 기술분야 6급 이하의 일반군무원 및 임용시험은 매 과목 4할 이상을 득점한 자 중에서 고득점자 순으로 합격자 결정
면접시험 (필기시험 합격자)	아래의 평정요소마다 각각 수(5점), 우(4점), 미(3점), 양(2점), 가(1점)로 평정하여 25점 만점으로 하되, 각 면접시험위원이 채점한 평균이 미(15점) 이상인 자 중에서 고득점 순으로 합격자 결정 • 군무원으로서의 정신 자세 　• 전문지식과 그 응용 능력 • 의사발표의 정확성과 논리성 　• 창의력·의지력 기타 발전 가능성 • 예의·품행 및 성실성
최종 합격자 결정	필기시험 합격자 중 면접시험을 거쳐 결정

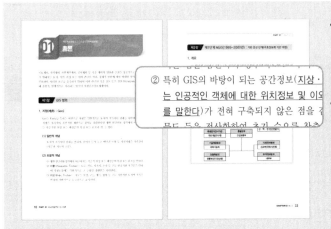

- 지도직 군무원 경력경쟁채용시험 대비를 위해 지리정보학의 핵심 개념을 압축·요약한 필수 이론을 수록하였습니다.
- 출제 가능성이 높은 중요 개념은 '밑줄'로 표시하여 효율적인 시험 대비가 가능합니다.

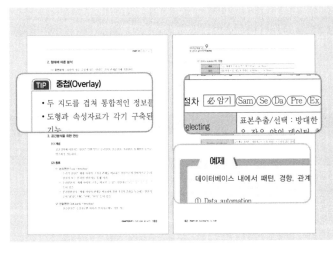

- 중요 개념의 이해를 완벽하게 도와줄 'Tip 박스'와 저자만의 직관적인 '핵심 암기법'을 제공합니다.
- 완벽한 이론 학습을 돕는 필수 예제 문제를 통해 단기간 개념 완성이 가능하도록 구성하였습니다.

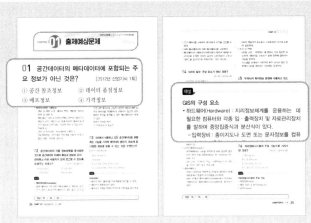

- 단원별 핵심 이론 학습 후 출제예상문제를 통해 확실한 개념 정리 및 실전 대비가 가능하도록 구성하였습니다.
- 정답해설과 오답해설을 동시에 수록한 상세한 해설을 통해 단 한 번의 문제 풀이만으로 개념 복습과 실전 연습이 가능하도록 구성하였습니다.

CONTENTS _ 목차

PART **01**

지리정보학(GIS) 이론

국토계획, 지역계획, 자원개발계획, 공사계획 등 각종 계획의 입안과 추진을 성공적으로 수행하기 위해서는 토지, 자원, 환경 또는 이와 관련된 사회, 경제적 현황에 대한 방대한 양의 정보가 필요하다. 이러한 요구를 충족하기 위하여 이와 관련된 각종 정보 등을 전산기(Computer)에 의해 종합적, 연계적으로 처리하는 방식이 지형공간정보체계이다.

제1장 GIS 정의

1. 지형(地形 : Geo)

Geo는 Earth를 뜻하는 어원으로 지형은 일반적으로 토지의 기복이나 형태를 나타내는 자연지형을 가리키며, 포괄적인 개념으로 정의를 정립한다면 제반 인간활동 영역에서 이루어지는 학술적인 현상 또는 대상물의 특성 또는 분포라 할 수 있다.

(1) 일반적 개념

토지의 기복이나 형태를 말하며, 산이나 들의 높고 비탈진 모양 등 자연지형을 가리킨다(지물과 지모의 구분).

(2) 포괄적 개념

① 제반 인간활동영역에서 이루어지는 학술적 현상 또는 대상물의 특성 또는 분포를 말한다.
② **지물**(Planimetric Feature) : 도로, 철도, 시가지, 촌락 등 주로 인공적인 시설물을 말하며 지형도상에는 일반적으로 그 수평면 형태만을 나타낸다.
③ **지모**(Relief Feature) : 지모는 산정, 구릉, 계곡, 평야 등 주로 자연적인 토지의 기복을 말하며 일반적으로 등고선으로 표시된다.

2. 공간(空間 : Space)

지형정보를 해석하는 데 필요한 대상물들 사이의 상호위치관계와 제반학술적 현상의 발생영역 또는 범주로 모형공간과 실제공간으로 구분된다.

공간	
모형공간(模型空間, Model or Virtual space)	**실제공간(實在空間, Real space)**
· 상대적 위치기준의 공간 · 위상관계(Topology) 중요 · 단순좌표계로 표시 가능 · 변화요소가 단순함	· 절대적 위치기준의 공간 · 지구공간좌표계(지표면, 지오이드, 지구타원체좌표) · 우주공간좌표계(지평적도좌표, 황도좌표, 은하좌표) · 물리적, 사회적, 환경적, 변화요인 복잡

3. 정보(情報 : Information)

자료를 처리하여 사용자에게 의미 있는 가치를 부여한 것으로 위치정보와 특성정보로 구분되며 위치정보는 절대위치정보와 상대위치정보로, 특성정보는 도형정보, 영상정보, 속성정보로 구분된다.

(1) 위치자료(Positional information)

① 절대위치 : 실제공간의 위치(**예** 경도, 위도, 좌표, 표고)
② 상대위치 : 모형공간의 위치(임의의 기준으로부터 결정되는 위치 **예** 설계도)

(2) 특성자료(Descriptive information)

① 도형자료(Graphic Data) : 위치자료를 이용한 대상의 가시화
② 영상자료(Image Data) : 센서(Scanner, Lidar, Laser, 항공사진기 등)에 의해 취득된 사진
③ 속성자료(Attributive Data) : 도형이나 영상 속의 내용

> **TIP** **자료(Data)**
>
> 컴퓨터에 의해 처리 또는 산출될 수 있는 정보의 기본요소를 나타내는 것을 말한다. 즉 자료는 전달, 해석, 처리에 적합한 공식적인 방식에 의해 재해석이 가능한 정보의 표현으로, 이러한 자료는 그 자체로 의미를 가지고 있지는 않지만 일련의 처리 과정을 통하여 사람의 의사결정에 도움을 주는 유용한 정보로 변환한다.

(4) 체계(體系 : System)

다양한 정보들의 상관관계를 규정함으로써 여러 종류의 정보들에 대한 연결을 시도하고 이에 대한 자체적인 제어능력을 가진 개별 요소들의 집합체를 말한다.

(5) 정보체계(情報體系 ; Information System)

다양한 자료를 이용하기 편리하도록 자료기반(DB)을 구축하고 목적에 부합하는 의미와 기능을 갖는 정보를 생산하며 이들 자료와 정보를 효율적으로 결합·운영하여 통합된 기능을 발휘할 수 있도록 하는 체계를 말한다.

(6) 지형공간정보체계(GSIS ; Geo Spatial Information System)

제반 지구과학적 현상의 특성 또는 분포를 그 현상의 발생영역과 공간적·시간적 위상관계를 고려하여 처리·해석하는 정보체계라 할 수 있다. 즉 국토계획, 지역계획, 자원개발계획, 공사계획 등 각종 계획의 입안과 추진을 성공적으로 수행하기 위해서 토지, 자원, 환경 또는 이와 관련된 각종 정보 등을 컴퓨터에 의해 종합적, 연계적으로 처리하는 방식이 지형공간정보체계이다.

(7) 지리정보체계(GIS ; Geofraphic Information System)

지구상의 모든 지점에 관련된 현상과 관계된 정보를 처리하는 지리정보체계로서 지리정보를 효과적으로 수집, 저장, 조작, 분석, 표현할 수 있도록 서로 유기적으로 연계된 컴퓨터의 하드웨어, 소프트웨어, 자료기반 및 인적 자원의 결합체라 할 수 있다.

제2장 │ 지형공간정보의 역사

1. 1950~1960년대

① 1950년대 미국 워싱턴 대학에서 연구를 시작하였다.
② 1960년대 캐나다의 CGIS(Canadian GIS)가 자원관리를 목적으로 개발하였다.
③ 격자 방식의 자료처리 시스템으로 활용한다.

2. 1970년대

① 컴퓨터 기술과 그래픽 처리 기술이 발달하였다.
② GIS 전문회사가 설립되었다.
③ 격자 방식의 자원관리와 벡터 방식 위주의 토지나 공공시설의 관리가 확대되었다.
④ 수평 방향의 개발 시기로 여러 기관에서 개발계획을 수행하였다.

3. 1980년대

① GIS 급성장기를 맞아 개발도상국의 GIS 도입과 구축이 활발히 진행되었다.
② 위상정보 구축이 가능해지고 관계형 데이터베이스 기술이 발전하였다.
③ 컴퓨터 하드웨어의 가격 인하로 워크스테이션이 도입·운영되었다.

4. 1990년대

① 컴퓨터 하드웨어 급성장으로 퍼스널 컴퓨터에 의한 GIS 보급이 가능해졌다.
② 멀티미디어 기술 발달과 다양한 형태의 정보 제공으로 GIS 효용성이 향상되었다.
③ 중앙집중형 데이터베이스 관리에서 분산형 데이터베이스의 구축 및 발달로 이어졌다.
④ Web-GIS와 같은 통신망을 이용한 범세계적인 GIS 자료의 공동사용을 위한 노력과 함께 GIS 자료의 호환성을 극대화하기 위한 표준화 작업도 활발히 진행되었다.

제3장 지형공간정보체계의 특징 및 기대 효과

1. 특징

① 대량의 정보를 저장하고 관리할 수 있어 복잡한 정보 분석에 유용하다.
② 원하는 정보를 쉽게 찾아볼 수 있으며 복잡한 정보의 분류에 유용하다.
③ 새로운 정보의 추가와 수정이 용이하다.
④ 지도의 축소 및 확대가 자유롭다.
⑤ 자료의 중첩을 통하여 종합적 정보의 획득이 용이하다.
⑥ 적합한 입지 선정이 용이하다.

2. 기대 효과

① 정책 일관성을 확보한다.
② 최신 정보를 이용하고 과학적 정책을 결정한다.
③ 업무의 신속성 및 비용 절감이 가능하다.
④ 합리적인 도시계획이 가능하다.
⑤ 일상 업무를 지원할 수 있다.

제4장 분류

지역정보시스템 (RIS ; Regional Information System)	건설공사계획수립을 위한 지질, 지형자료의 구축 및 각종 토지이용계획의 수립 및 관리에 활용
도시정보체계 (UIS ; Urban Information System)	도시현황파악, 도시계획, 도시정비, 도시기반시설관리, 도시행정, 도시방재 등의 분야에 활용
토지정보체계 (LIS ; Land Information System)	다목적 국토정보, 토지이용계획수립, 지형분석 및 경관정보 추출, 토지부동산관리, 지적정보구축에 활용
교통정보시스템 (TIS ; Transportation Information System)	육상·해상·항공교통의 관리, 교통계획 및 교통영향평가 등에 활용
수치지도제작 및 지도정보시스템 (DM/MIS ; Digital Mapping/Map Information System)	중소축척 지도 제작 및 각종 주제도 제작에 활용
도면자동화 및 시설물관리시스템 (AM/FM ; Automated Mapping and Facility Management)	도면 작성 자동화를 통해 상하수도시설관리, 통신시설관리 등에 활용
측량정보시스템 (SIS ; Surveying Information System)	측지정보, 사진측량정보, 원격탐사정보의 체계화에 활용
도형 및 영상정보체계 (GIIS ; Graphic/Image Information System)	수치영상처리, 전산도형해석, 전산지원설계, 모의관측분야 등에 활용
환경정보시스템 (EIS ; Environmental Information System)	대기오염, 수질, 폐기물 관련 정보 관리에 활용
자원정보시스템 (RIS ; Resource Information System)	농수산자원정보, 산림자원정보의 관리, 수자원정보, 에너지자원, 광물자원 등을 관리하는 데 활용
조경 및 경관정보시스템 (LIS/VIS ; Landscape and Viewscape Information System)	조경설계, 각종 경관분석, 자원경관과 경관개선대책의 수립 등에 활용
재해정보체계 (DIS ; Disaster Information System)	각종 자연재해방제, 대기오염경보 등의 분야에 활용

해양정보체계 (MIS ; Marine Information System)	해저영상수집, 해저지형정보, 해저지질정보, 해양에너지조사에 활용
기상정보시스템 (MIS ; Meteorological Information System)	기상변동 추적 및 일기예보, 기상정보의 실시간 처리, 태풍 경로 추적 및 피해 예측 등에 활용
국방정보체계 (NDIS ; Nation Defence Information System)	DTM(Digital Terrain Modelling)을 활용한 가시도 분석, 국방행정 관련정보자료기반, 작전정보구축 등에 활용
국가주소정보시스템 (KAIS ; Korea Address Information System)	도로명주소 생성·변경·삭제 등 자치단체 주소업무지원 등에 활용
도시계획정보체계 (UPIS ; Urban Planning Information System)	국민의 재산권과 밀접히 관련된 도시 내 토지의 필지별 도시계획정보(도로·공원지정 등)를 입안·결정·집행 등의 과정별로 전산화해 인터넷으로 투명하게 제공하고, 행정기관의 도시계획과 관련한 의사결정을 지원하는 시스템. 이를 통해 국민은 자기 소유토지에 도로·공원 등이 들어서는지 등을 시·군·구청에 가지 않고도 인터넷을 통해 알 수 있게 됨

제5장 구성 요소

인간의 생활에 필요한 토지정보를 효율적으로 활용하기 위한 지형공간정보체계는 자료의 입력과 확인, 자료의 저장에 필요한 하드웨어, 소프트웨어, 데이터베이스, 조직과 인력으로 구성된다.

1. 하드웨어(Hardware)

지형공간정보체계를 운용하는 데 필요한 컴퓨터와 각종 입·출력장치 및 자료관리장치를 말하며, 하드웨어의 범주에는 데스크탑 PC, 워크스테이션뿐만 아니라 스캐너, 프린터, 플로터, 디지타이저를 비롯한 각종 주변 장치가 포함된다.

(1) 입력장치

도면이나 종이지도 또는 문자정보를 컴퓨터에서 이용할 수 있도록 디지털화하는 장비로 디지타이저, 스캐너, 키보드 등이 있다.

① Digitizer(수동방식) : 디지타이저는 입력원본의 좌표를 판독하여 컴퓨터의 설계도면이나 도형을 입력하는 데 사용하는 정교한 입력장치로 주로 새로운 이미지를 스케치하거나 이전의 이미지를 트레이싱하는 데 사용하는 장치이다.

② Scanner(**자동방식**) : 위성이나 항공기에서 자료를 직접 기록하거나 지도 및 영상을 수치로 변환시키는 장치로서 사진 등과 같이 종이에 나타나 있는 정보를 그래픽 형태로 읽어 들여 컴퓨터에 전달하는 입력장치를 말한다.

(2) 저장장치

디지털화된 자료를 저장하기 위한 장비로 개인용 컴퓨터와 워크스테이션을 이용하여 데이터 분석 등을 하는 연산장비이며 자기디스크(Magnetic disc), 자기테이프(Magnetic tape), 개인용 컴퓨터(Personal computer), 워크스테이션(Workstation) 등이 있다.

① **워크스테이션** : 공학적 용도(CAD/CAM)나 소프트웨어 개발, 그래픽 디자인 등 연산능력과 뛰어난 그래픽 능력을 필요로 하는 일에 주로 사용되는 고성능의 컴퓨터로서 일반 컴퓨터보다 성능이 월등히 높고 처리속도가 **빠른** 반면에 가격은 비싼 편이다.

② **자기디스크** : 대용량의 보조기억장치

③ **개인용 컴퓨터** : 퍼스널컴퓨터, 퍼스컴

(3) 출력장치

분석결과를 출력하기 위한 장비로는 플로터, 프린터, 모니터 등이 있다.

2. 소프트웨어(Software)

① 토지정보체계의 자료를 입력, 출력, 관리하기 위해 프로그램인 소프트웨어가 반드시 필요하며, 자료입력 및 검색을 위한 입력 소프트웨어, 입력된 각종 정보를 저장 및 관리하는 관리 소프트웨어 그리고 데이터베이스의 분석결과를 출력할 수 있는 출력소프트웨어로 구성된다.

② 각종 정보를 저장·분석·출력할 수 있는 기능을 지원하는 도구로서 정보의 입력 및 중첩 기능, 데이터베이스 관리 기능, 질의 분석, 시각화 기능 등의 주요 기능을 갖는다.

구분	내용
GIS 소프트웨어	• ESRI사의 ArcGis 시리즈 • 인터그래프의 MGE와 지오미디어 • AutoDesk의 AutoCAD • Bentley의 MicroStation
CAD 관련	• AutoDesk의 AutoCAD • Bentley의 MicroStation
데이터베이스 관련	• Oracle의 오라클 • 인포믹스소프트웨어의 Imformix 등

3. 데이터베이스(Database)

토지정보체계는 많은 자료를 입력하거나 관리하는 것으로 이루어지고 입력된 자료를 활용하여 토지정보체계의 응용시스템을 구축할 수 있으며 이러한 자료들은 속성정보(각종 공부와 대장)와 도형정보(지적도, 임야도, 지하시설물도, 도시계획도 등)로 분류된다.

(1) 지형공간정보체계 자료구성

① 위치자료(Positional Data)
ㄱ 절대위치 : 실제공간의 위치(**예** 경도, 위도, 좌표, 표고)
ㄴ 상대위치 : 모형공간의 위치(임의의 기준으로부터 결정되는 위치, **예** 설계도)

② 특성자료(Descriptive Data)
ㄱ 도형자료(Graphic Data) : 위치자료를 이용한 대상의 가시화
ㄴ 영상자료(Image Data) : 센서(Scanner, Lidar, Laser, 항공사진기 등)에 의해 취득된 사진
ㄷ 속성자료(Attributive Data) : 도형이나 영상 속의 내용

(2) 자료특성

① 지도로부터 추출한 도형정보와 각종 공부와 대장으로부터 추출한 속성정보이다.
② 최근에는 지도 외에 항공사진이나 인공위성영상으로부터 많은 정보를 획득한다.
③ 토지정보체계의 핵심적인 요소로 구축에 많은 시간과 노력이 필요하다.

4. 인적자원(Man Power)

(1) 개요

① 전문인력은 토지정보체계의 구성요소 중에서 가장 중요한 요소로서 데이터(Data)를 구축하고 실제 업무에 활용하는 사람으로, 전문적인 기술을 필요로 하므로 이에 전념할 수 있는 숙련된 전담요원과 기관을 필요로 한다.
② 시스템을 설계하고 관리하는 전문인력과 일상 업무에 토지정보체계를 활용하는 사용자 모두가 포함된다.

(2) GIS를 이용하는 주체

GIS가 제대로 운용되고 작동되기 위해 각 과정에서 요구되는 인적자원은 숙련도가 낮은 수준에서부터 높은 수준의 기술력을 가진 인적자원으로 구분될 수 있으며 GIS 일반사용자, GIS 활용가, GIS 전문가로 구분할 수 있다.

구분	내용
GIS 전문가	실제로 GIS가 구현되도록 일하는 사람 • 데이터베이스 관리 • 응용 프로그램 • 프로젝트 관리 • 시스템 분석 • 프로그래머
GIS 활용가	기업활동, 전문서비스 공급, 그리고 의사 결정을 위한 목적으로 GIS를 사용하는 사람 • 엔지니어/계획가 • 시설물 관리자 • 자원 계획가 • 토지 행정가 • 법률가 • 과학자
GIS 일반사용자	단순히 정보를 찾아보는 일반사용자 • 교통정보나 기상정보 참조 • 부동산 가격에 대한 정보 참조 • 기업이나 서비스업체 찾기 • 여행계획 수립 • 위락시설 정보 찾기 • 교육

5. 방법(Application)

① 특정한 사용자 요구를 지원하기 위해 자료를 처리하고 조작하는 활동, 즉 응용 프로그램들을 총칭하는 것으로 특정 작업을 처리하기 위해 만든 컴퓨터 프로그램을 의미한다.
② 하나의 공간문제를 해결하고 지역 및 공간관련 계획수립에 대한 솔루션을 제공하기 위한 GIS 시스템은 그 목표 및 구체적인 목적에 따라 적용되는 방법론이나 절차, 구성, 내용 등이 달라진다.

> **예제**
>
> GIS를 이용하는 주체를 GIS 전문가, GIS 활용가, GIS 일반 사용자로 구분할 때, GIS 전문가의 역할로 거리가 먼 것은?
> ① 시설물 관리
> ② 프로젝트 관리
> ③ 데이터베이스 관리
> ④ 시스템 분석 및 설계
>
> 정답 ①

제6장 자료처리체계

지형공간정보체계의 자료처리는 크게 자료입력, 자료처리, 자료출력의 3단계로 구분할 수 있다.

1. 자료의 입력

(1) GIS의 정보

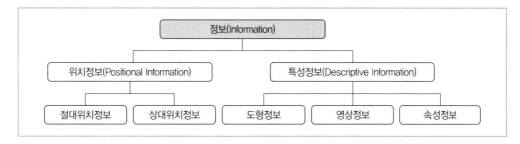

(2) 자료입력방식

① 자료의 입력방식에는 수동방식과 자동방식이 있다.
② 기본의 투영법 및 축척 등에 맞도록 재편집한다.

구분	Digitizer(수동방식)	Scanner(자동방식)
정의	• 전기적으로 민감한 테이블을 사용하여 종이로 제작된 지도 자료를 컴퓨터에 의하여 사용할 수 있는 수치자료로 변환하는 데 사용되는 장비 • 도형자료(도표, 그림, 설계도면)를 수치화하거나 수치화하고 난 후 즉시 자료를 검토할 때와 이미 수치화된 자료를 도형적으로 기록하는 데 쓰이는 장비를 말함	• 위성이나 항공기에서 자료를 직접 기록하거나 지도 및 영상을 수치로 변환시키는 장치 • 사진 등과 같이 종이에 나타나 있는 정보를 그래픽 형태로 읽어 들여 컴퓨터에 전달하는 입력장치를 말함
장점	• 수동식이므로 정확도가 높음 • 필요한 정보를 선택 추출 가능 • 레이어별로 입력할 수 있어 효과적 • 내용이 다소 불분명한 도면이라도 입력 가능	• 작업 시간의 단축 • 자동화된 작업과정 • 자동화로 인한 인건비 절감 • 이미지상에서 삭제, 수정 등 가능
단점	• 작업 시간이 많이 걸림 • 인건비 증가로 인한 비용 증대 • 입력 시 누락이 발생할 수 있음 • 복잡한 경계선은 정확히 입력이 어려움	• 저가의 장비 사용 시 에러 발생 • 벡터 구조로의 변환 필수 • 변환 소프트웨어 필요 • 가격이 비쌈 • 훼손된 도면은 입력이 어려움

③ Digitizer와 Scanner의 비교

구분	Digitizer(수동방식)	Scanner(자동방식)
입력방식	수동방식	자동방식
결과물	벡터	래스터
비용	저렴	고가
시간	시간이 많이 소요	신속
도면상태	영향을 적게 받음	영향을 받음

(3) 디지타이저 입력에 따른 오차

구분	내용
Undershoot(못미침)	교차점이 만나지 못하고 선이 끝나는 것
Overshoot(튀어나옴)	교차점을 지나 선이 끝나는 것
Spike(스파이크)	교차점에서 두 개의 선분이 만나는 과정에서 생기는 것
Sliver Polygon(슬리버 폴리곤)	두 개 이상의 Coverage에 대한 오버레이로 인해 Polygon의 경계에 흔히 생기는 작은 영역의 Feature
Overlapping(점, 선의 중복)	점, 선이 이중으로 입력되어 있는 상태
Dangling Node(매달림, 연결선)	한쪽 끝이 다른 연결점이나 절점에 완전히 연결되지 않은 상태의 연결선

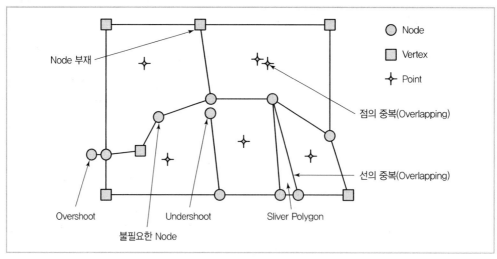

[디지타이징 및 벡터 편집과정의 오류]

(4) 부호화

① 점, 선, 면, 다각형 등에 포함되어 있는 변량을 부호화
② 부호화 방식 : 선추적 방식(Vector coding), 격자 방식(Raster coding)

입력	내용
Vector coding	객체의 지리적 위치와 형상을 좌표와 크기의 방향으로 나타내며 점, 선, 면(폴리곤)으로 공간형상을 표현한다. 벡터 데이터는 위상구조를 가진 것과 위상구조를 갖지 않는 것으로 나누어진다.
Raster coding	래스터 데이터는 같은 모양과 크기의 화소(Pixel) 또는 셀이라고 부르는 연속적이고 이산형(離散形)인 기본 요소로서 행과 열을 이루어 격자 또는 배열 형태의 집합으로 대상물을 표현한다.

2. 자료처리

(1) 자료정비

① 지형공간정보체계의 효율적 작업의 성공 여부에 매우 중요한 역할을 한다.
② 모든 자료의 등록, 저장, 재생 및 유지에 관련된 일련의 프로그램으로 구성된다.

(2) 조작처리

① 표면분석 : 하나의 자료층상에 있는 변량들 간의 관계분석을 적용한다.
② 중첩분석
    ㉠ 둘 이상의 자료층에 있는 변량들 간의 관계분석 적용
    ㉡ 중첩에 의한 정량적 해석은 각각 정성적 변량에 관한 수치지표를 부여하여 수행
    ㉢ 변량들의 상대적 중요도에 따라 경중률을 부가하여 정밀한 중첩분석을 실행

TIP **중첩(Overlay)**

- 두 지도를 겹쳐 통합적인 정보를 갖는 지도를 생성하는 것
- 도형과 속성자료가 각기 구축된 레이어를 중첩시켜 새로운 형태의 도형과 속성레이어를 생성하는 기능
  - 다각형 안에 점의 중첩
  - 다각형 위의 선의 중첩
  - 다각형과 다각형의 중첩
- 새로운 자료나 커버리지를 만들어내기 위해 두 개 이상의 GIS 커버리지를 결합하거나 중첩(공통된 좌표체계에 의해 데이터베이스에 등록된다)한 것
  - **예** 식생, 토양, 경사도 레이어를 중첩하여 침식가능구역도 등을 만들어 냄

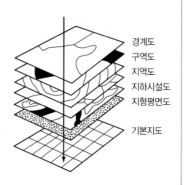

경계도
구역도
지역도
지하시설도
지형평면도

기본지도

예제

중첩분석을 수행할 때 하나의 주제를 포함하고 있는 공간자료를 의미하는 것은? (16년 지방직)

① 래스터(Raster) ② 벡터(Vector)
③ 레이어(Layer) ④ 영상소(Pixel)

해설 GIS의 구축을 위하여 컴퓨터에 입력된 모든 지리정보는 적절한 출력을 통하여 지도와 동일한 형태 및 특성을 가질 수 있으며 기존 지도의 기능을 할 수 있다. 이렇게 컴퓨터를 이용하여 생성된 지도를 수치지도라 한다. 컴퓨터 내부에서는 모든 정보가 이진법의 수치형태로 표현되고 저장되기 때문에 수치지도라 불린다. 영어로는 Digital map, Layer, Coverage, 혹은 Digital layer라고 일컬어지며, 일반적으로 레이어라는 표현이 사용된다. 구체적으로 본다면 도형정보만을 수치로 나타낸 것을 레이어라고 하고 도형정보와 관련 속성정보를 함께 갖는 수치지도를 커버리지라고 한다.

정답 ③

3. 자료출력

① 도면이나 도표의 형태로 검색 및 출력한다.
② 사진이나 필름기록으로 출력한다.

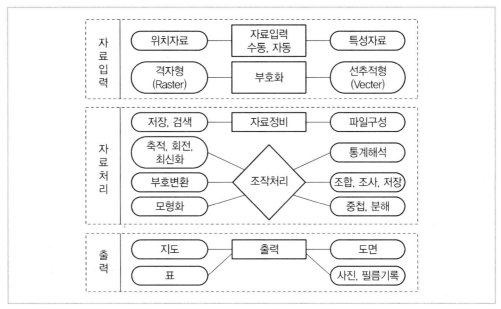

[지리정보체계의 흐름]

구분	내용
자료출력 (Data output)	• 도면, 도표, 지도 등 다양한 형태로 검색 및 출력 가능 • Hard copy(인쇄복사) : 펜도화기(Pen plotter), 정전기적 도화기, 사진장치 등 • Soft copy(영상복사) : 모니터에 전기적인 영상을 표시

01 공간데이터의 메타데이터에 포함되는 주요 정보가 아닌 것은? [2012년 산업기사 1회]

① 공간 참조정보　　② 데이터 품질정보
③ 배포정보　　　　④ 가격정보

해설

• **메타데이터**

메타데이터란 실제 데이터는 아니지만, 데이터베이스, 레이어, 속성, 공간 형상 등과 관련된 데이터의 내용, 품질, 조건 및 특징 등을 저장한 데이터로서 데이터에 관한 데이터로 데이터의 이력을 말한다. 정확한 정보를 유지하기 위해 수정 및 갱신을 하여야 한다.

• **메타데이터의 기본요소**

－개요 및 자료 소개 : 데이터 명칭, 개발자, 지리적 영역 및 내용 등
－자료 품질 : 위치 및 속성의 정확도, 완전성, 일관성 등
－자료의 구성 : 자료의 코드화에 이용된 데이터 모형
－공간 참조를 위한 정보 : 사용된 지도 투영법, 변수, 좌표계 등
－형상 및 속성정보 : 지리정보와 수록방식
－정보획득방법 : 관련기관, 획득형태, 정보의 가격 등
－참조 정보 : 작성자, 일시 등

02 공간데이터의 각종 정보설명을 문서화한 것으로 공간데이터 자체의 특성과 정보를 유지·관리하고 이를 사용자가 쉽게 접근할 수 있도록 도와주는 자료는? [2012년 산업기사 1회]

① 메타데이터　　　② 원시데이터
③ 측량데이터　　　④ 벡터데이터

해설

• **메타데이터(Metadata)**

실제 데이터는 아니지만 데이터베이스, 레이어, 속성, 공간 형상 등과 관련된 데이터의 내용, 품질, 조건 및 특징 등을 저장한 데이터로서 데이터에 관한 데이터로 데이터의 이력을 말한다.

• **메타데이터의 기본요소**

－개요 및 자료 소개 : 데이터 명칭, 개발자, 지리적 영역 및 내용 등
－자료 품질 : 위치 및 속성의 정확도, 완전성, 일관성 등
－자료의 구성 : 자료의 코드화에 이용된 데이터 모형
－공간 참조를 위한 정보 : 사용된 지도 투영법, 변수, 좌표계 등
－형상 및 속성정보 : 지리정보와 수록방식
－정보획득방법 : 관련기관, 획득형태, 정보의 가격 등
－참조 정보 : 작성자, 일시 등

• **메타데이터의 필요성**

－각기 다른 목적으로 구축된 다양한 자료에 대한 접근의 용이성을 최대화하기 위해서는 참조된 모든 자료의 특성을 표현할 수 있는 메타데이터의 체계가 필요
－비용의 낭비를 제거
－공간정보유통의 효율성

03 GIS에서 사용하고 있는 공간데이터를 설명하는 기능을 가지며 데이터의 생산자, 좌표계 등 다양한 정보를 담을 수 있는 것은 무엇인가?

[2012년 산업기사 3회]

① Data dictionary
② Metadata
③ Extensible Markup language
④ Geospatial Data abstraction library

해설

Metadata
• 일관성 있는 데이터를 이용자에게 제공할 수 있다.
• 데이터가 목록화되어 있다.
• 데이터의 교환을 원활히 지원하기 위한 틀을 제공한다.

정답 ┃ 01 ④ 02 ① 03 ②

- 공간 데이터를 구축하는 데 비용과 시간을 절감할 수 있다.
- 내부 메타데이터와 외부 메타데이터로 구분한다.
- 메타데이터는 데이터의 이력서로서 자료의 내용을 논리적으로 소개한 것이지 물리적 수준(자료의 구조나 내용들을 물리적으로 변화시키는 것)은 아니다.

04 GIS의 필수 구성 요소가 아닌 것은?

[2012년 산업기사 3회]

① 지리정보 데이터베이스
② 하드웨어와 소프트웨어
③ 운영위원
④ 무선 인터넷

해설

GIS의 구성 요소

- 하드웨어(Hardware) : 지리정보체계를 운용하는 데 필요한 컴퓨터와 각종 입·출력장치 및 자료관리장치를 말하며 중앙집중식과 분산식이 있다.
  - 입력장비 : 종이지도나 도면 또는 문자정보를 컴퓨터에서 이용할 수 있도록 수치화하는 장비(디지타이저, 스캐너, 키보드 등)
  - 저장장비 : 수치화된 데이터를 저장하기 위한 장비(자기테이프, 자기디스크 등)
  - 출력장비 : 분석결과를 출력하기 위한 장비(플로터, 프린터, 모니터) 등
  - 데이터분석 및 연산장비 : 개인용 컴퓨터와 워크스테이션 등
- 소프트웨어(Software)
  - 운영체제(OS) : GIS를 운영하기 위해 필요한 컴퓨터의 운영 프로그램(Windows 95, Windows NT, UNIX 등)
  - GIS S/W : 공간분석, 편집, 그래픽처리 등의 기능을 가지고 있는 보조 프로그램
- 데이터베이스
  - 지도나 측량으로 취득한 도형정보와 대장이나 통계자료로부터 추출한 속성정보를 관리한다.
  - DB는 관계형 데이터베이스(RDBMS)에서 최근에는 객체지향형 데이터베이스(OODBMS)로 발전되고 있다.

- GIS의 핵심적인 요소로서 구축에 많은 시간과 노력이 필요하다.
- 조직 및 인력
  - GIS를 구성·운영하는 데 있어서 가장 중요한 요소이며, 데이터를 구축하고 실제 업무에 활용하는 사람을 말한다.
  - 시스템을 설계하는 전문인력 뿐만 아니라 일상 업무에서 GIS를 활용하는 사용자도 포함된다.

05 우리나라 측지좌표 결정에 사용되고 있는 지구타원체는?

[2012년 산업기사 3회]

① Airy 타원체
② GRS80 타원체
③ Hayford 타원체
④ WGS84 타원체

해설

- ITRF(국제지구회전관측기관)
  IERS(International Earth Rotation Service)에서 구축한 세계측지계이며, GRS80 타원체를 기준으로 한다.
- WGS84
  WGS84(World Geodetic System 1984)는 미 국방성에서 지구 중심을 기준으로 하여 GPS 위성을 활용하여 범세계적으로 통용될 수 있는 기준좌표계를 만들기 위해 채택된 3차원 지심좌표계를 말한다. 처음에는 군사용으로 개발되었지만 현재 세계적으로 다양하게 사용되고 있는 좌표계이다.

06 지리정보시스템의 주요 기능으로 거리가 먼 것은?

[2012년 산업기사 3회]

① 출력(Output)
② 자료입력(Input)
③ 검수(Quality check)
④ 자료처리 및 분석(Analysis)

해설

지리정보시스템의 주요 기능

- 자료입력(Input)
- 자료 처리 및 분석(Analysis)
- 출력(Output)

07 오픈 소스 소프트웨어(Open source software)에 대한 설명으로 옳지 않은 것은?

[2013년 산업기사 1회]

① 일반 사용자에 의해서 소스코드의 수정과 재배포가 가능하다.
② 전문 프로그래머가 아닌 일반 사용자도 개발에 참여할 수 있다.
③ 사용자 인터페이스가 상업용 소프트웨어에 비해 우수한 것이 특징이다.
④ 소스코드가 제공됨으로써 자료처리 과정을 명확하게 이해할 수 있는 장점이 있다.

해설

Open source software
무료이면서 소스코드를 개방한 상태로 실행프로그램을 제공하는 동시에 소스코드를 누구나 자유롭게 제작할 수 있고 제작된 소프트웨어를 재배포할 수 있도록 허용된 소프트웨어이다.
• 소프트웨어의 소스코드 접근 가능
• 누구라도 소스코드를 읽고 사용 가능
• 누구라도 버그 수정 및 개발 참여 가능
• 프로그램을 복제하여 배포 가능
• 프로그램을 개선할 수 있는 권리를 개발자에게 보장

08 지리정보시스템 구축에 필요한 위치정보의 자료 취득 방법으로 알맞은 것은?

[2013년 산업기사 1회]

① GIS
② GPS
③ PC
④ TIN

해설

지리정보시스템 구축에 필요한 위치정보의 자료 취득 방법
• 레이저 측량
• 위성측량
• 항공사진측량
• 수치사진측량

• 지상측량
• 기존 지도

09 지리정보시스템의 필요성과 관계가 없는 것은?

[2013년 산업기사 1회]

① 자료 중복 조사 및 분산관리를 하기 위한 측면
② 행정환경 변화의 수동적 대응을 하기 위한 측면
③ 통계담당 부서와 각 전문부서 간의 업무의 유기적 관계를 갖기 위함
④ 시간적, 공간적 자료의 부족, 개념 및 기준의 불일치로 인한 신뢰도 저하를 해소하기 위한 측면

해설

지리정보체계(GIS ; Geographic Information System)
지구상의 모든 지점에 관련된 현상과 관계된 정보를 처리하는 지리정보체계로서 지리정보를 효과적으로 수집, 저장, 조작, 분석, 표현할 수 있도록 서로 유기적으로 연계된 컴퓨터의 하드웨어, 소프트웨어, 자료기반 및 인적 자원의 결합체라 할 수 있다.
• 행정환경 변화의 능동적 대응이 가능
• 최신정보이용 및 과학적 정책 결정
• 업무의 신속성
• 유관기관과 자료공유 및 유기적 협조체제 등

10 GIS에서 다루어지는 지리정보의 특성이 아닌 것은?

[2013년 산업기사 1회]

① 위치정보를 갖는다.
② 위치정보와 함께 관련 속성정보를 갖는다.
③ 공간객체 간에 존재하는 공간적 상호관계를 갖는다.
④ 시간이 흘러도 변하지 않는 영구성을 갖는다.

해설

지리정보체계의 정보
지리정보체계의 정보는 크게 위치정보와 특성정보로 나눌 수 있으며, 위치정보는 절대위치정보와 상대위치정보로 세분되고, 특성정보는 다시 도형정보, 영상정보, 그리고 속성정보로 세분된다. 지리정보는 시간에 따라

정답 | 07 ③　08 ②　09 ②　10 ④

가변성을 가지고 있으므로 지역에 따라 일정 주기로 갱신하여야 한다.

• 위치정보(Positional Information)
  위치정보는 크게 절대위치정보와 상대위치정보로 구분되는데, 절대위치정보는 실제공간에서의 위치정보를 말하며, 상대위치정보는 모형공간에서의 상대적 위치 또는 위상관계를 부여하는 기준이 된다.

• 특성정보(Descriptive Information)
  토지정보 중 특성정보는 도형정보, 영상정보, 속성정보로 구분된다.

• 속성정보(Attribute Information)
  속성정보는 지형도상의 특성이나 질, 지형, 지물의 관계를 나타내며, 문자 형태로서 격자형으로 처리된다.

11 GIS에서 사용하고 있는 공간데이터를 설명하는 또 다른 부가적인 데이터로서 데이터의 생산자, 생산목적, 좌표계 등의 다양한 정보를 담을 수 있는 것은?

[2013년 산업기사 2회]

① Metadata   ② Label

③ Annotation   ④ Coverage

해설

메타데이터(Metadata)

• 메타데이터는 데이터에 대한 데이터로 데이터의 이력에 대한 정보를 담고 있는 데이터로 실제 데이터는 아니지만 데이터베이스, 자료층, 속성, 공간형상 등과 관련된 데이터의 내용, 품질, 조건 및 특성 등을 저장한 데이터이다.

• 구성 요소

개요 및 자료 소개	데이터의 명칭, 개발자, 지리적 영역 및 내용 등
자료품질	위치 및 속성의 정확도, 완전성, 일관성 등
자료의 구성	자료를 코드화하기 위하여 이용된 레스터 및 벡터와 같은 모델
공간참조를 위한 정보	사용된 지도 투영법, 변수, 좌표계 등
형상 및 속성 정보	지리정보와 수록 방식

정보를 얻는 방법	관련된 기관, 획득형태, 정보의 가격 등
참조정보	작성자, 일시 등

12 지리정보시스템(GIS) 데이터베이스를 구축할 때 지리데이터와 데이터모델 사이의 규칙과 일치성을 설명하는 것으로 옳은 것은?

[2013년 산업기사 3회]

① 논리적 일관성   ② 위치 정확도

③ 데이터 이력   ④ 속성 정확도

해설

위치 정확도	• 좌표 • 경위도 좌표계와의 상관성 • 기준해수면 • 정확도판정 기법 • 높은 정확도를 위해서 주로 사용되는 원시자료
속성 정확도	• 속성의 정확도 판단을 위한 오차 매트릭스와 같은 방법의 제시와 절차의 설명 • 폴리곤의 중첩에 의한 오차의 발생에 관한 설명 • 실험 일시와 변화율에 대한 기록 • 속성의 정확도 판단을 위한 오차 매트릭스와 같은 방법의 제시와 절차의 설명 • 폴리곤의 중첩에 의한 오차의 발생에 관한 설명 • 실험 일시와 변화율에 대한 기록
논리적 일관성	• 자료구조에 있어서 정립된 관계들의 신뢰도 • 허용될 수 있는 값들의 검증을 위한 테스트 기법에 관한 설명 • 잘못된 사항에 대한 수정이나 미수정 여부에 관한 기록

13 GIS의 특징에 대한 설명으로 틀린 것은?

[2013년 산업기사 3회]

① 사용자의 요구에 맞는 주제도 제작이 용이하다.
② GIS 데이터는 CAD 데이터에 비해 형식이 간단하다.
③ 수치데이터로 구축되어 지도축척의 변경이 쉽다.
④ GIS 데이터는 자료의 통계 분석이 가능하며 분석결과에 따른 다양한 지도 제작이 가능하다.

해설

GIS란 넓은 의미에서 인간의 의사결정능력의 지원에 필요한 지리정보의 관측과 수집에서부터 보존과 분석, 출력에 이르기까지 일련의 조작을 위한 정보시스템을 의미한다.

GIS의 특징

- 사용자의 요구에 맞는 주제도 제작이 용이하다.
- GIS 데이터는 자료의 통계 분석이 가능하며 분석결과에 따른 다양한 지도 제작이 가능하다.
- 수치데이터로 구축되어 지도축척의 변경이 쉽다.
- 대량의 정보를 저장하고 관리할 수 있다.
- 원하는 정보를 쉽게 찾아볼 수 있고 새로운 정보의 추가와 수정이 용이하다.
- 복잡한 정보의 분류나 분석에 유용하다.
- 필요한 자료의 중첩을 통해 종합적 정보의 획득이 용이하다.
- 입지선정의 적합성 판정이 용이하다.

14 공간데이터의 각종 정보설명을 문서화한 것으로 공간데이터 자체의 특성과 정보를 유지관리하고 이를 사용자가 쉽게 접근할 수 있도록 도와주는 자료는?

[2014년 산업기사 2회]

① 메타데이터 ② 원지데이터
③ 측량데이터 ④ 벡터데이터

해설

메타데이터

데이터베이스, 레이어, 속성, 공간형상과 관련된 정보로서 데이터에 대한 데이터이고 정확한 정보를 유지하기 위해 수정 및 갱신을 하여야 한다. 메타데이터는 실제 데이터는 아니지만 데이터의 내용, 품질, 조건 및 특징 등을 저장한 데이터로서 데이터에 관한 데이터로 데이터의 이력을 말한다.

- **메타데이터의 기본요소**
  - 개요 및 자료 소개 : 데이터 명칭, 개발자, 지리적 영역 및 내용 등
  - 자료 품질 : 위치 및 속성의 정확도, 완전성, 일관성 등
  - 자료의 구성 : 자료의 코드화에 이용된 데이터 모형
  - 공간 참조를 위한 정보 : 사용된 지도투영법, 변수, 좌표계 등
  - 형상 및 속성정보 : 지리정보와 수록방식
  - 정보 획득 방법 : 관련기관, 획득형태, 정보의 가격 등
  - 참조 정보 : 작성자, 일시 등
- **메타데이터의 필요성**
  - 각기 다른 목적으로 구축된 다양한 자료에 대한 접근의 용이성을 최대화하기 위해서는 참조된 모든 자료의 특성을 표현할 수 있는 메타데이터의 체계가 필요
  - 시간과 비용의 낭비를 제거
  - 효율성

15 GIS의 적용 분야에 대한 설명으로 옳지 않은 것은?

[2014년 산업기사 3회]

① FM : 시설물 관리
② LIS : 토지 및 지적 관련 정보 관리
③ EIS : 환경 개선을 위한 오염원 정보 관리
④ UIS : 자동지도 제작

해설

- 지역정보시스템(RIS ; Regional Information System) : 건설공사계획수립을 위한 지질, 지형자료의 구축, 각종 토지이용계획의 수립 및 관리에 활용
- 도시정보체계(UIS ; Urban Information System) : 도시현황파악, 도시계획, 도시정비, 도시기반시설관리, 도시행정, 도시방재 등의 분야에 활용
- 토지정보체계(LIS ; Land Information System) : 다목적 국토정보, 토지이용계획수립, 지형분석 및 경관정보추출, 토지부동산관리, 지적정보구축에 활용
- 교통정보시스템(TIS ; Transportation Information System) : 육상·해상·항공교통의 관리, 교통계획 및 교통영향평가 등에 활용

- 도면자동화 및 시설물관리시스템(AM/FM ; Automated Mapping and Facility Management) : 도면작성 자동화, 상하수도시설관리, 통신시설관리 등에 활용
- 측량정보시스템(SIS ; Surveying Information System) : 측지정보, 사진측량정보, 원격탐사정보를 체계화하는 데 활용
- 도형 및 영상정보체계(GIIS ; Graphic/Image Information System) : 수치영상처리, 전산도형해석, 전산지원설계, 모의관측분야 등에 활용
- 환경정보시스템(EIS ; Environmental Information System) : 대기오염, 수질, 폐기물 관련 정보 관리에 활용

16 지리정보체계에 필수적인 자료를 크게 2가지로 구분할 때 옳게 짝지어진 것은?

[2014년 산업기사 3회]

① 위치자료와 특성자료
② 도형자료와 영상자료
③ 위치자료와 영상자료
④ 속성자료와 인문자료

해설

17 지리정보시스템(GIS)의 구성 요소 중 하드웨어(Hardware) 구성 요소가 아닌 것은?

[2014년 산업기사 3회]

① 입력장치
② 저장장치
③ 데이터분석 및 연산장치
④ 데이터베이스 관리 시스템

해설

하드웨어

토지정보체계를 운용하는 데 필요한 컴퓨터와 각종 입·출력장치 및 자료관리장치를 말하며 하드웨어의 범주에는 데스크탑 PC, 워크스테이션뿐만 아니라 스캐너, 프린터, 플로터, 디지타이저를 비롯한 각종 주변 장치들을 포함한다.

- 입력장치 : 도면이나 종이지도 또는 문자정보를 컴퓨터에서 이용할 수 있도록 디지털화하는 장비로 디지타이저, 스캐너, 키보드 등이 있다.
- 저장장치 : 디지털화된 자료를 저장하기 위한 장비로 개인용 컴퓨터와 워크스테이션을 이용하여 데이터 분석 등을 하는 연산장치로 자기디스크, 자기테이프, 개인용 컴퓨터, 워크스테이션 등이 있다.
- 출력장치 : 분석결과를 출력하기 위한 장비로는 플로터, 프린터, 모니터 등이 있다.

18 사용자가 네트워크나 컴퓨터를 의식하지 않고 장소에 상관없이 자유롭게 네트워크에 접속할 수 있는 정보통신환경 또는 정보기술 패러다임을 의미하는 것으로, 1988년 미국의 마크 와이저에 의해 처음 사용되었으며 지리정보시스템을 포함한 여러 분야에서 이용되고 있는 정보화 환경은?

[2015년 산업기사 1회]

① 위치기반서비스(LBS)
② 유비쿼터스(Ubiquitous)
③ 텔레매틱스(Telematics)
④ 지능형 교통체계(ITS)

해설

- 유비쿼터스(Ubiquitous)의 정의
  - 유비쿼터스는 '동시에 도처에 존재한다'라는 의미를 가지고 있는 라틴어이다.
  - 사용자가 컴퓨터나 네트워크를 의식하지 않는 상태에서 장소에 구애 받지 않고 자유롭게 네트워크에 접속할 수 있는 환경을 의미한다.

정답 | 16 ① 17 ④ 18 ②

- 유비쿼터스화는 유비쿼터스 컴퓨팅과 유비쿼터스 네트워크를 기반으로 물리공간을 지능화함과 동시에 물리공간에 펼쳐진 각종 사물들을 네트워크로 연결시키려는 노력으로 정의할 수 있다.

• **유비쿼터스 컴퓨팅(Ubiquitous Computing)의 정의**
 - 유비쿼터스 컴퓨팅이란 도로, 다리, 터널, 빌딩, 건물벽 등 모든 물리공간에 보이지 않는 컴퓨터를 집어넣어 모든 사물과 대상이 지능화되고 전자공간에 연결되어 서로 정보를 주고받는 공간을 만드는 개념으로 기존 홈 네트워킹, 모바일 컴퓨팅보다 한 단계 발전된 컴퓨팅 환경을 말한다.
 - 물리적 공간이 제1공간, 전자공간은 제2공간, 물리공간+전자공간은 제3공간이라고 한다.
 - 물리공간에 존재하는 모든 사물들에 다양한 기능을 갖는 컴퓨터와 장치들을 심어 네트워크로 연결하여 기능적 공간적으로 사람·컴퓨터·사물이 하나로 연결될 수 있도록 한 기술적 개념을 말한다.
 - 기본이념은 5C(Computing, Communication, Connec-tivity, Contents, Calm)로서 구성요소들이 시간과 장소, 네트워크, 미디어, 단말기의 한계를 넘어 전방위성을 보장할 수 있어야 한다.

• **유비쿼터스 네트워킹(Ubiquitous Networking)의 정의**
 - 유비쿼터스 네트워킹은 누구든지 언제, 어디서나 통신속도 등의 제약 없이 이용할 수 있고 모든 정보나 콘텐츠를 유통시킬 수 있는 정보통신 네트워크를 의미한다.
 - 이러한 유비쿼터스 네트워킹의 구현으로 기존의 정보통신망이나 서비스가 가지고 있었던 여러 가지 제약으로부터 벗어나 이용자가 자유롭게 정보통신 서비스를 이용할 수 있도록 한다.

• **유비쿼터스의 창시자**
 마크 와이저(Mark Weiser)

19 래스터형 자료의 특징에 대한 설명으로 옳지 않은 것은?
[2015년 산업기사 1회]

① 자료구조가 간단하다.
② 위상정보가 제공되지 않는다.
③ 중첩 및 원격탐사자료와 연결이 용이하다.
④ 픽셀의 크기가 클수록 객체의 형상을 보다 정확하게 나타낼 수 있다.

해설

• **래스터자료의 장점**
 - 자료구조가 간단하다.
 - 여러 레이어의 중첩이나 분석이 용이하다.
 - 자료의 조작과정이 매우 효과적이고 수치영상의 질을 향상시키는 데 매우 효과적이다.
 - 수치이미지 조작이 효율적이다.
 - 다양한 공간적 편의가 격자의 크기와 형태가 동일한 까닭에 시뮬레이션이 용이하다.

• **래스터자료의 단점**
 - 압축되어 사용되는 경우가 드물며 지형관계를 나타내기가 훨씬 어렵다.
 - 주로 격자형의 네모난 형태를 가지고 있기 때문에 수작업에 의해서 그려진 완화된 선에 비해서 미관상 매끄럽지 못하다.
 - 위상정보의 제공이 불가능하므로 관망해석과 같은 분석기능이 이루어질 수 없다.
 - 좌표변환을 위한 시간이 많이 소요된다.

20 GIS 자료의 정확도에 대한 설명으로 옳은 것은?
[2015년 산업기사 1회]

① GIS 자료의 분석은 아날로그 자료의 분석보다 정확도가 낮다.
② GIS 자료의 정확도는 아날로그 자료인 원시자료의 정확도에 영향을 받는다.
③ 디지타이징에서 자료의 독취간격이 작을수록 위치정확도가 낮아진다.
④ 벡터자료와 격자자료 간의 변환과정에서는 오차가 발생되지 않는다.

해설

GIS(Geographic Information System)는 전 국토의 지리공간정보를 디지털화하여 수치지도(Digital Map)로 작성하고 다양한 정보통신기술을 통해 재해·환경·시설물·국토공간관리와 행정서비스에 활용하고자 하는 첨단정보시스템이므로 GIS 자료의 정확도는 아날로그 자료인 원시자료의 정확도에 영향을 받는다.

정답 | 19 ④ 20 ②

21 관계형 데이터베이스에 대한 설명으로 틀린 것은?

[2015년 산업기사 2회]

① 관계형 데이터베이스에서 가장 작은 데이터 단위를 도메인이라 한다.

② 관계형 데이터의 행을 구성하는 속성값을 튜플이라 한다.

③ 관계형 데이터베이스에서 하나의 릴레이션에서는 튜플의 순서가 존재한다.

④ 관계형 데이터베이스는 테이블의 집합체라고 할 수 있다.

해설

관계형 데이터베이스관리시스템(RDBMS ; Relationship DataBase Management System)

개요	데이터를 표로 정리하는 경우 행(Row)은 데이터 묶음이 되고 열(Column)은 속성을 나타내는 이차원의 도표로 구성된다. 이와 같이 표현하고자 하는 대상의 속성들을 묶어 하나의 행(Row)을 만들고, 행들의 집합으로 데이터를 나타내는 것이 관계형데이터베이스이다.
특징	• 데이터 구조는 릴레이션(Relation)으로 표현된다. 릴레이션(Relation)이란 테이블의 열(Column)과 행(Row)의 집합을 말한다. • 테이블(Table : 도표)에서 열(Column)은 속성(Attribute) 행(Row)은 튜플(Tuple)이라 한다(파일처리방식에서 행(Row)은 레코드(Record), 열(Column)은 필드(Field)라 한다). • 테이블의 각 칸은 하나의 속성값만 가지며, 이 값은 더 이상 분해될 수 없는 원자값(Automic value)이다. • 하나의 속성이 취할 수 있는 같은 유형의 모든 원자값의 집합을 그 속성의 도메인(Domain)이라 하며 정의된 속성값은 도메인으로부터 값을 취해야 한다. • 튜플을 식별할 수 있는 속성의 집합인 키(Key)는 테이블의 각 열을 정의하는 행들의 집합인 기본키(PK : Primary Key)와 같은 테이블이나 다른 테이블의 기본키를 참조하는 외부키(FK : Foreign Key)가 있다. • 관계형데이터모델은 구조가 간단하며 이해하기 쉽고 데이터 조작적 측면에서도 매우 논리적이고 명확하다는 장점이 있다. • 상이한 정보 간 검색, 결합, 비교, 자료가감 등이 용이하다.

릴레이션 구조	릴레이션은 표로 표현한 것으로 릴레이션 스키마와 릴레이션 인스턴스로 구성된다. 학번, 이름, 학년, 전공은 각각 속성이라 하고 전체를 릴레이션 스키마라 한다. 속성 아래의 모든 데이터를 튜플이라 하고 전체를 릴레이션 인스턴스라 한다. 릴레이션 스키마와 릴레이션 인스턴스를 릴레이션이라 한다.

02 CHAPTER
NGIS

제1장 NGIS 개념과 추진 과정

1. 국가지리정보체계 개념

① 국가경쟁력 강화와 행정생산성 제고 등에 기반이 되는 사회간접자본이라는 전제하에 국가 차원에서 국가표준을 설정

② 기본공간정보(국토교통부장관은 지형·해안선·행정경계·도로 또는 철도의 경계·하천 경계·지적, 건물 등 인공구조물의 공간정보, 그 밖에 대통령령으로 정하는 주요 공간정보를 기본공간정보로 선정하여 관계 중앙행정기관의 장과 협의한 후 이를 관보에 고시하여야 한다) 데이터베이스를 구축

③ GIS 관련 기술개발을 지원하여 GIS 활용기반과 여건을 성숙시켜 국토공간관리, 재해관리, 대민서비스 등 국가정책 및 행정 그리고 공공분야에서의 활용을 목적으로 함

2. 계획의 필요성

① 급변하는 정보기술 발전과 지리정보 활용 여건 변화에 부응하는 새로운 전략 모색

② NGIS 추진 실적을 평가하여 문제점 도출 후, 국가지리정보의 구축 및 활용 촉진을 위한 정책방향 제시

③ 공공기관 간 지리정보 구축의 중복투자 방지

④ 상호 연계를 통한 국가지리정보 활용가치 극대화

3. 추진 과정

① 제1단계(1995~2000) : GIS 기반 조성 단계(국토정보화 기반 마련)

② 제2단계(2001~2005) : GIS 활용 확산 단계(국가공간정보기반 확충을 위한 디지털 국토 실현)

③ 제3단계(2006~2010) : GIS 정착 단계(유비쿼터스 국토 실현을 위한 기반 조성)

④ 디지털 국토 실현

제2장   제1단계 NGIS(1995~2000년) : 기반 조성 단계(국토정보화 기반 마련)

1. 개요

① 제1단계 사업에서 정부는 GIS 시작이 활성화되지 않아 민간에 의한 GIS 기반 조성이 어려운 점을 감안하여 정부 주도로 투자 및 지원시책을 적극 추진하였다.

② 특히 GIS의 바탕이 되는 공간정보(지상·지하·수상·수중 등 공간상에 존재하는 자연 또는 인공적인 객체에 대한 위치정보 및 이와 관련된 공간적 인지와 의사결정에 필요한 정보를 말한다)가 전혀 구축되지 않은 점을 감안하여 먼저 지형도, 지적도, 주제도, 지하시설물도 등을 전산화하여 초기 수요를 창출하는 데 주력하였다.

③ 또한 GIS 구축 초기단계에 이루어져야 하는 공간정보의 표준 정립, 관련 제도 및 법규의 정비, GIS 기술 개발, 전문인력 양성, 지원연구 등을 통해 GIS 기반 조성 사업을 수행하였다.

2. 제1차 국가지리정보체계 구축사업 추진 체계

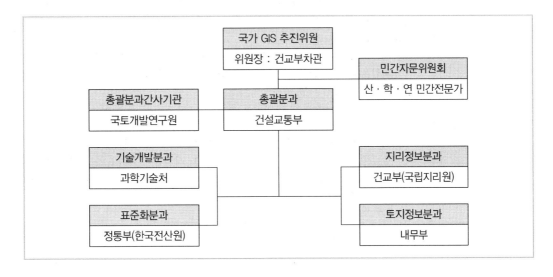

3. 분과별 추진 사업

$\boxed{必 \text{ 암기}}$ ㉧㉺㉭㉢㉤, ㉤㉲㉢㉩㉺㉣ ㉭㉰이다. ㉤㉦㉧ ㉰해야 ㉥㉧㉪이 없다.

분과	추진사업
총괄분과	• GIS 구축 사업 지원 연구 • 공공부문의 GIS활용체계 개발 • 지하시설물 관리체계 시범 사업
기술개발분과	• GIS 전문인력 교육 및 양성 지원 • GIS 관련 핵심기술의 도입 및 개발
표준화분과	공간정보 데이터베이스 구축을 위한 표준화 사업 수행
지리정보분과	• 지형도 수치화 사업 : 수치지도(Digital map)는 컴퓨터 그래픽 기법을 이용하여 수치지도 작성 작업규칙에 따라 지도요소를 항목별로 구분하여 데이터베이스화하고, 이용 목적에 따라 지도를 자유로이 변경해서 사용할 수 있도록 전산화한 지도임 • 6개 주제도 전산화 사업 : 공공기관 및 민간에서 활용도가 높은 각종 주제도를 전산화함으로써 GIS를 일선 업무에서 쉽게 활용할 수 있도록 기반을 마련하는 사업(**토**지이용현황도, **지**형지번도, **도**시계획도, **국토**이용계획도, **도**로망도, **행정**구역도) • 7개 지하시설물도 수치지도화 사업 : 7개 시설물에 대한 매설현황과 속성정보(관경, 재질, 시공일자 등)를 전산화하여 통합관리할 수 있는 시스템을 구축하는 사업(**상**수도, **하**수도, **가**스, **통**신, **전**력, **송**유관, **난**방열관)
토지정보분과	지적도전산화 사업 • 행정자치부 주관의 토지정보분과 사업으로 활용도가 가장 높은 지적도면을 전산화함으로써 토지정보 기반을 구축하여 토지 관련 정책 및 대민원 서비스 제공을 실현하기 위한 사업 • 1996년과 1997년에 걸쳐 대전시 유성구를 대상으로 지적정보통합시스템과 데이터베이스 구축을 위한 지적도면 전산화 시범사업을 실시함 • 지적도전산화 시범사업 결과에 따라 1998년부터 도시지역을 우선적으로 전국의 총 72만 매에 이르는 기존 지적도의 전산화 사업을 추진하였으며, 전 국토에 대한 지적정보를 효율적으로 저장·관리할 수 있는 필지중심지정보시스템(PBLIS)을 개발함으로써 그 많은 노력들이 성과로 드러남 • PBLIS 개발은 대한지적공사에서 수행함

제3장 | 제2단계(2001~2005) : GIS 활용 확산 단계(국가공간정보기반 확충을 위한 디지털 국토 실현)

1. 개요

① 제2단계에서는 지방자치단체와 민간의 참여를 적극 유도하여 GIS 활용을 확산시키고, 제 1단계 사업에서 구축한 공간정보를 활용한 응용서비스를 개발하여 국민의 삶을 향상시킬 수 있는 방안을 모색하였다.

② 구축된 공간정보를 수정보완하고 새로운 주제도를 제작하여 국가공간정보데이터베이스를 구축함으로써 GIS 활용을 위한 기반을 마련해야 한다.

③ 또한 공간정보 유통체계를 확립하여 누구나 쉽게 공간정보에 접근할 수 있도록 하고, 차 세대를 대상으로 하는 미래지향적 GIS 교육사업을 추진하여 전문인력 양성 기반을 넓히 도록 해야 한다.

④ 민간에서 공간정보를 활용하여 새로운 부가가치를 창출할 수 있도록 관련 법제를 정비하 고, GIS 관련 기술개발사업에 민간의 투자 확대를 유도해야 한다.

2. 제2차 국가지리정보체계 구축사업 추진체계

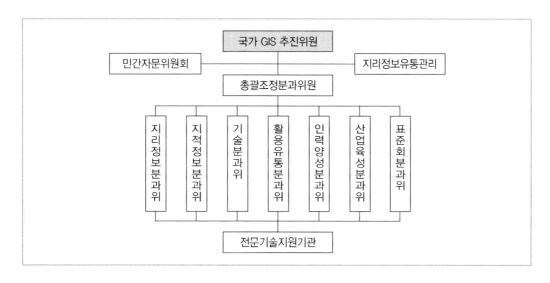

3. 분과별 주요 추진 사업

必 암기 (총괄)(지리)(지적)(기술)을 (활용)해서 (인력)(산업)(표준)해라

분과	추진 사업
총괄조정분과위	• 지원연구사업 추진 • 불합리한 제도의 개선 및 보완
지리정보분과위	• 국가지리정보 수요자가 광범위하고 다양하게 GIS를 활용할 수 있도록 가장 기본이 되고 공통적으로 사용되는 기본 지리정보 구축·제공 • 그 범위 및 대상은 「국가지리정보체계의 구축 및 활용 등에 관한 법률 시행령」에서 행정구역, 교통, 해양 및 수자원, 지적, 측량기준점, 지형, 시설물, 위성영상 및 항공사진으로 정하고 있음 • 2차 국가 GIS 계획에서 기본지리정보 구축을 위한 중점 추진 과제로는 국가기준점 체계 정비, 기본지리정보 구축 시범사업, 기본지리정보 데이터베이스 구축이 있음
지적정보분과위	전국 지적도면에 대한 전산화 사업을 지속적으로 추진하여 대장·도면 통합 DB 구축 및 통합 형태의 민원 발급, 지적정보의 실시간 제공, 한국토지정보시스템 개발 추진 및 통합 운영 등을 담당하고 있음
기술분과위	지리정보의 수집, 처리, 유통, 활용 등과 관련된 다양한 분야 핵심 기반기술을 단계적으로 개발 • GIS 기술센터를 설립하고 센터와 연계된 산학연 합동의 브레인풀을 구성하여 분야별 공동기술 개발 및 국가기술정보망 구축·활용 • 국가 차원의 GIS 기술 개발에 대한 지속적인 투자로 국가 GIS 사업의 성공과 해외기술 수출 원천을 제공
활용유통분과위	• 중앙부처와 지자체, 투자기관 등 공공기관에서 활용도가 높은 지하시설물, 지하자원, 환경, 농림, 수산, 해양, 통계 등 GIS 활용 체계 구축 • 구축된 지리정보를 인터넷 등 전자적 환경으로 수요자에게 신속·정확·편리하게 유통하는 21세기형 선진 유통체계 구축
인력양성분과위	• GIS 교육 전문인력 양성기관의 다원화 및 GIS 교육 대상자의 특성에 맞는 교육 실시 • 산·학·연 협동의 GIS 교육 네트워크를 통한 원격교육체계 구축 • 대국민 홍보 강화로 일상생활에서 GIS의 이해와 활용을 촉진하고 생활의 정보 수준을 제고
산업육성분과위	국토정보의 디지털화라는 국가 GIS 기본계획의 비전과 목표에 상응하는 GIS 산업의 육성
표준화분과위	• 자료·기술의 표준과 함께 지리정보 생산, 업무 절차 및 지자체 GIS 활용 공통모델 개발 및 표준화 단계 추진 • ISO, OGS 등 국제표준활동의 지속적 참여로 국제표준화 동향을 모니터링하고 국제표준을 국내표준에 반영

제4장 제3단계(2006~2010) : GIS 정착 단계(유비쿼터스 국토 실현을 위한 기반 조성)

1. 개요

① 제3단계는 언제 어디서나 필요한 공간정보를 편리하게 생산·유통·이용할 수 있는 고도의 GIS 활용 단계에 진입하여 GIS 선진국으로 발돋움하는 시기이다.

② 이 기간 중 정부와 지자체는 공공기관이 보유한 모든 지도와 공간정보의 전산화 사업을 완료하고 유통체계를 통해 민간에 적극 공급하는 한편, 재정적으로도 완전히 자립할 수 있을 것이다.

③ 민간의 활력과 창의를 바탕으로 산업 부문과 개인생활 등에서 이용자들이 편리하게 이용할 수 있는 GIS 서비스를 극대화하고 GIS 활용의 보편화를 실현할 것으로 전망한다.

④ 또한 축적된 공간정보를 활용한 새로운 부가가치산업이 창출되고, GIS 정보기술을 해외로 수출할 수 있는 수준에 도달할 것이다.

2. 국가 GIS의 비전 및 목표

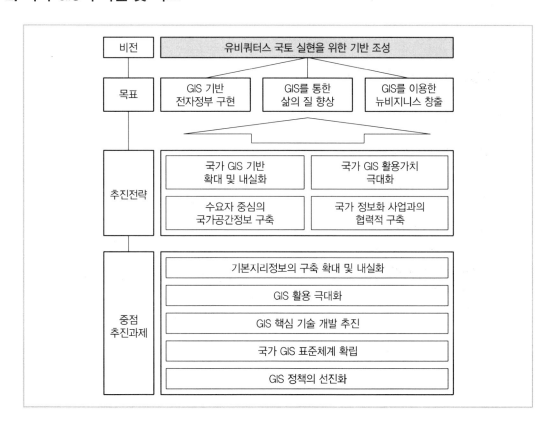

3. 국가 GIS의 추진 전략

必 암기 (확)(실)하게 (국)(정)(협력)하여 (극대)화해라

국가 GIS 기반 확대 및 내실화	• 기본지리정보, 표준, 기술 등 국가 GIS 기반을 여건 변화에 맞게 지속적으로 개발·확충 • 국제적인 변화와 기술수준에 맞도록 국가 GIS 기반을 고도화하고 국가 표준체계 확립 등 내실화
수요자 중심의 국가공간정보 구축	• 공공, 시민, 민간기업 등 수요자 입장에서 국가공간정보를 구축하여 지리정보의 활용도를 제고 • 지리정보의 품질과 수준을 이용자에 적합하게 구축
국가 정보화 사업과의 협력적 추진	• IT839전략(정보통신부), 전자정부사업, 시군구행정정보화사업(행정자치부) 등 각 부처에서 추진하는 국가 정보화 사업과 협력 및 역할 분담 • 정보통신기술, GPS기술, 센서기술 등 지리정보체계와 관련이 있는 유관기술과의 융합 발전
국가 GIS 활용가치 극대화	• 데이터 간 또는 시스템 간 연계·통합을 통한 국가지리정보체계 활용의 가치를 창출 • 단순한 업무 지원 기능에서 정책과 의사결정을 지원할 수 있도록 시스템을 고도화 • 공공에서 구축된 지리정보를 누구나 쉽게 접근·활용할 수 있도록 하여 GIS 활용을 촉진

4. 국가 GIS의 중점 추진 과제

必 암기 (확)(실)하게 (활용)해서 (핵심)(체계) (선진)화해라

지리정보 구축 확대 및 내실화	• 2010년까지 기본지리정보 100% 구축 완료 • 기본지리정보의 갱신 사업 실시 및 품질기준 마련
GIS의 활용 극대화	• GIS 응용시스템의 구축 확대 및 연계·통합 추진 • GIS 활용 촉진 및 원스톱 통합포털 구축
GIS 핵심기술 개발 추진	• u-GIS를 선도하는 차세대 핵심기술 개발 추진 • 기술 개발을 통한 GIS 활용 고도화 및 부가가치 창출
국가GIS 표준체계 확립	• 2010년까지 국가 GIS 기반 표준의 확립 추진 • GIS 표준의 제도화 및 홍보 강화로 상호운용성(Interoperability) 확보
GIS정책의 선진화	• GIS 산업, 인력 육성을 위한 지원 강화 • GIS 홍보 강화 및 평가, 조정체계 내실화

제5장 | 제4단계 국가공간정보정책

1. 개요

① 그동안 「국가 지리 정보체계 구축 및 활용 등에 관한 법률」이 폐지되고 2009. 8. 7부터 「국가공간정보에 관한 법률」이 제정됨에 따라, 기본계획은 "유비쿼터스 공간정보 사회 실현"이라는 비전을 구현하기 위해 2010년부터 제4차 국가공간정보정책이 시작되었다.

② 기본계획은 민·관 협력적 관리 구축, 공간정보 표준화를 통한 상호운용성 증대, 공간정보 기반 통합 등의 중점과제를 기반으로 국가공간정보정책의 발전 방향을 종합적으로 제시하였으며 녹색성장을 위한 그린 공간정보사회 실현이 슬로건으로 되어 있다.

2. 기본계획

제4차 국가공간정보정책 기본계획은 '녹색성장을 위한 그린 공간정보사회 실현'을 비전으로 하고 있으며 3대 목표를 지니고 있다.

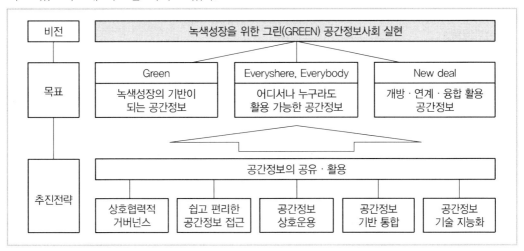

3. 추진경위

구분	1차 NGIS('95~00')	2차 NGIS('01~05')	3차 NGIS('06~10')
단계	국가 GIS 사업으로 국토정보화의 기반 준비	국가공간정보 기반을 확충하여 디지털 국토 실현	유비쿼터스 국토실현을 위한 기반 조성
지리정보 구축	• 지형도, 지적도 전산화 • 토지이용현황도 등 주제도 구축	도로, 하천, 건물, 문화재 등 부문 기본지리정보 구축	국가/해양기본도, 국가기준점, 공간영상 등 구축 중
응용시스템 구축	지하시설물도 구축 추진	토지이용, 지하, 환경, 농림, 해양 등 GIS 활용체계 구축 추진	3D 국토공간정보, KOPSS, 건물 통합 활용체계 구축 중
표준화	• 국가기본도, 주제도 등 표준제정 • 지리정보교환, 유통표준 제정	기본지리정보, 유통, 응용시스템 표준제정	지리정보 표준화, GIS 국가표준체계 확립 등 사업 추진 중
기술 개발	맵핑 기술, DB Tool, GIS S/W	3D GIS, 고정밀 위성영상처리 기술개발	지능형 국토정보기술 혁신사업을 통한 원천 기술 개발 중
유통	국가지리정보유통망 시범사업 추진	국가지리정보 유통망 구축, 총 139종 약 70만 건 등록	국가지리정보 유통망 기능 개선 및 유지관리 사업 추진 중

4. 추진방향

必 암기 거공상기술

상호협력적 거버넌스	• 공간자료 공유 및 플랫폼으로서의 공간정보 인프라 구축(공간자료, 인적자원, 네트워크, 정책 및 제도) • 정부 주도에서 민·관 협력적 거버넌스로 진행 • 정책지원연구를 통한 거버넌스 체계 확립과 공간정보 인프라 지원
쉽고 편리한 공간정보 접근	• 개방적 공간정보 공유가 가능한 유통체계 구현 • 공간정보 보급·활용을 촉진할 수 있는 정책 추진 • 공간정보의 원활한 유통을 위한 국가공간정보센터의 위상 정립
공간정보 상호운용	• 공간정보 표준 시험·인증체계 운영으로 사업 간 연계 보장 • 공간정보 표준을 기반으로 첨단 공간정보기술의 해외 경쟁력 강화
공간정보 기반 통합	• 현실성 있고 활용도 높은 기본공간정보 구축 및 갱신기반 확보·구축 • 수요자 중심의 서비스 인프라 구축
공간정보기술 지능화	• 공간정보기술 지능화의 세계적 선도 • 지능형 공간정보 활용의 범용화 모색 및 유용성 검증 • 공간정보 지능화의 기반이 되는 DB에 대한 지속적인 연구개발

5. 구성

국가공간정보정책의 구성은 국가공간정보기반(NSDI)과 이를 활용하기 위한 공공부문과 민간부문의 활용체계 및 공간정보산업으로 구성되어 있다.

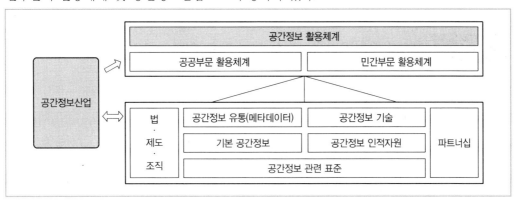

6. 추진체계

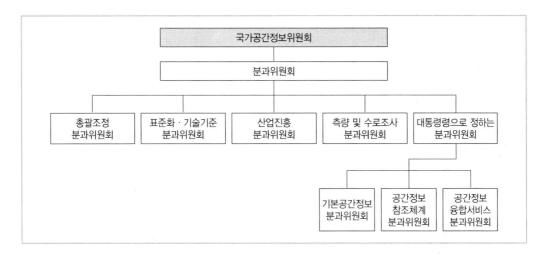

7. 기대효과

① 국가공간정보 유통 통합포탈서비스로 시공간에 구애 없이 네트워크로 공간정보를 활용한다.
② 녹색성장의 기본적인 실내외 공간정보 생산으로 U-Eco city 등 고부가가치 지식 산업구조로 전환한다.

ⓐ 온실가스 감축 등 국제 환경 규제에서 글로벌 경쟁력 제고
ⓑ 중앙부처, 지자체 등 국제 환경 규제에서 글로벌 경쟁력을 제고
ⓒ 공간정보산업, 측량 부문 등의 상호연계로 국가정보 활용가치 극대화

제6장 　제5차 국가공간정보정책 기본 계획(2013~2017)

1. 수립 배경

① 스마트폰 등 ICT 융합기술의 급속한 발전, 창조경제와 정부 3.0으로의 국정운영 패러다임 전환 등 변화된 정책환경에 적극 대응이 필요하였다.
② 공간정보는 융복합을 통해 새로운 가치를 창출하는 창조경제의 신성장동력이자 국민 맞춤형 서비스를 제공하는 정부 3.0의 핵심 요소이다.
　ⓐ 공간정보는 아이디어와 과학기술을 접목하여 새로운 고부가가치를 창출하는 창조경제의 핵심 자원임
　ⓑ 또한 정책을 투명하고 과학적으로 수립하고 국민 맞춤형 정책을 추진하기 위해서도 공간정보가 꼭 필요함
③ 이에 따라 공간정보 융복합산업 활성화 및 정부 3.0을 실현을 위한 제5차 국가공간정보정책 기본계획 수립을 추진한다.

2. 법적 근거

① 「국가공간정보에 관한 법률」(제6조) 국가공간정보체계의 구축 및 활용을 촉진하기 위하여 5년마다 기본계획을 수립하고 시행한다.
② 내용 범위
　ⓐ 정책의 기본 방향
　ⓑ 기본공간정보의 취득 및 관리
　ⓒ 국가공간정보체계에 관한 연구·개발
　ⓓ 공간정보 관련 전문인력의 양성
　ⓔ 국가공간정보체계의 활용 및 공간정보의 유통
　ⓕ 투자 및 재원조달 계획
　ⓖ 표준의 연구·보급 및 기술기준의 관리

◎ 공간정보산업의 육성에 관한 사항

③ 계획의 시간 범위 : 2013년~2017년

3. 주요 내용

(1) 비전 및 목표

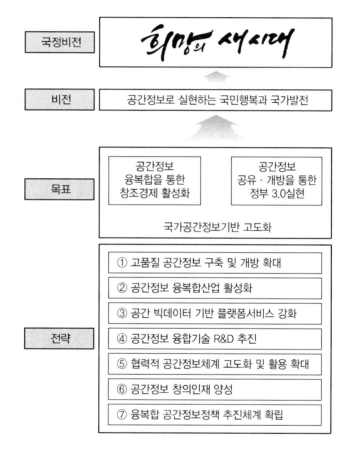

(2) 7대 추진 전략 및 추진 과제

추진 전략	추진 과제
고품질 공간정보 구축 및 개방 확대	• 공간정보 품질 확보 및 관리체계 확립 • 지적재조사 추진 • 공간정보 개방 확대 및 활용 활성화를 위한 유통체계 확립 • 융복합 촉진을 위한 국제수준 공간정보표준체계 확립
공간정보 융복합 산업활성화	• 공간정보기반 창업 및 기업역량 강화 지원 • 공간정보 융복합산업 지원체계 구축 • 공간정보기업 해외진출 지원
공간 빅데이터 기반 플랫폼서비스 강화	• 공간 빅데이터 체계 구축 • 공간 빅데이터 기반 국가정책지원 플랫폼 구축
공간정보 융합기술 R&D 추진	• 공간정보기술 R&D 실용성 확보를 위한 관리체계 개선 • 산업지원 공간정보 가공 및 융복합 활용기술 개발 • 생활편리 공간정보기술 및 제품 개발 • 생활안전 공간정보기술 개발 • 신성장동력 공간정보기술 개발 • 남북 교류확대에 대비한 국토정보 및 북극 공간정보 구축
협력적 공간정보체계 고도화 및 활용확대	• 클라우드 기반 공간정보체계 구축계획 수립 및 제도 기반 마련 • 정합성 확보를 위한 공간정보 갱신 • 클라우드체계 활용서비스 구축 • 기관별 공간정보체계 고도화 • 정책시너지 창출을 위한 협업과제
공간정보 창의인재 양성	• 창의인재 양성을 위한 공간정보 융합교육 도입 • 산업맞춤형 공간정보 인력 양성 • 참여형 공간정보 교육플랫폼 구축
융복합 공간정보 정책 추진체계 확립	• 범정부 협력체계 구축 • 공간정보정책 피드백 강화 • 공간정보 융복합 활성화를 위한 기반 조성 • 공간정보 정책연구 강화

제7장 제6단계 국가공간정보정책 기본계획(안)(2018~2022)

1. 수립 배경

① 공간정보정책의 발전 방향을 제시하고, 국가공간정보체계의 구축 및 활용을 촉진하기 위해 5년 단위의 국가공간정보정책 기본계획을 수립하였다.

    ㉠ 법적 근거 : 「국가공간정보기본법」 제6조 및 동법 시행령 제12조

    ㉡ 기본계획 주요 내용
- 정책의 기본 방향
- 기본공간정보의 취득 및 관리
- 국가공간정보체계에 관한 연구·개발
- 공간정보 관련 전문인력의 양성
- 국가공간정보체계의 활용 및 공간정보의 유통
- 투자 및 재원조달 계획
- 표준의 연구·보급 및 기술기준의 관리
- 공간정보산업의 육성에 관한 사항

    ㉢ 시간적 범위 : 2018~2022년

② 제5차 기본계획(2013~2017)이 '17년 만료됨에 따라 이에 대한 추진실적 평가를 바탕으로 신규 계획 수립이 필요하였다.

    ㉠ 제4차 산업혁명에 대비하고, 신산업 발전을 지원하기 위한 공간정보정책 방향을 제시하는 기본계획 수립 착수('17.2)

③ 그간의 공간정보정책 및 사업에 대한 평가와 반성하에서, 다양한 분야 전문가들의 의견 수렴을 거쳐 기본계획 수립

    ㉠ 산·학·연·관 등에 걸쳐 데이터 구축·관리, 연계·서비스, 산업육성 활성화, 정책기반 분야 등 4개 분과로 전문가 협의체를 구성, 총 11회에 걸친 토론 및 의견 수렴

    ㉡ 국토교통부 외에도 공간정보 생산기관인 각 중앙부처(7개 부처 제출)의 공간정보 사업 계획 취합 및 반영

    ㉢ 국가공간정보위원회 전문위원회(4.17), 관계부처 협의(4.30~5.10) 등을 거쳐 국가공간정보위원회(5.14) 상정

2. 비전 및 추진 전략

비전
공간정보 융복합 르네상스로 살기 좋고 풍요로운 스마트코리아 실현

목표	[데이터활용] 국민 누구나 편리하게 사용 가능한 공간정보 생산과 개방 [신산업 육성] 개방형 공간정보 융합 생태계 조성으로 양질의 일자리 창출 [국가경영 혁신] 공간정보가 융합된 정책 결정으로 스마트한 국가경영 실현

추진 전략	중점 추진 과제
[기반 전략] 가치를 창출하는 공간정보 생산	① 공간정보 생산체계 혁신 ② 고품질 공간정보 생산기반 마련 ③ 지적정보의 정확성 및 신뢰성 제고
[융합 전략] 혁신을 공유하는 공간정보 플랫폼 활성화	① 수요자 중심의 공간정보 전면 개방 ② 양방향 소통하는 공간정보 공유 및 관리 효율화 추진 ③ 공간정보의 적극적 활용을 통한 공공부문 정책 혁신 견인
[성장 전략] 일자리 중심 공간정보산업 육성	① 인적자원 개발 및 일자리 매칭기능 강화 ② 창업지원 및 대·중소기업 상생을 통한 공간정보산업 육성 ③ 4차 산업혁명 시대의 혁신성장 지원 및 기반기술 개발 ④ 공간정보 기업의 글로벌 경쟁력 강화 및 해외진출 지원
[협력 전략] 참여하여 상생하는 정책환경 조성	① 공간정보 혁신성장을 위한 제도기반 정비 ② 협력적 공간정보 거버넌스 체계 구축

01 제2차 NGIS(국가 GIS) 사업에서의 주요 추진 전략에 해당하지 않는 것은? [13년 3회 지기]

① 기본지리정보 구축
② 지리정보 유통체계 구축
③ 지리정보의 통합
④ GIS 전문인력 양성

해설

구분	1차 NGIS (1995~2000)	2차 NGIS (2001~2005)	3차 NGIS (2006~2010)
지리정보 구축	• 지형도, 지적도 전산화 • 토지이용현황도 등 주제도 구축	도로, 하천, 건물, 문화재 등 부문 기본지리 정보 구축	국가/해양기본도, 국가기준점, 공간영상 등 구축 중
응용시스템 구축	지하시설물도 구축 추진	토지이용, 지하, 환경, 농림, 해양 등 GIS 활용 체계 구축 추진	3D 국토공간 정보, KOPSS, 건물통합 활용 체계 구축 중
표준화	• 국가기본도, 주제도 등 표준 제정 • 지리정보교환, 유통표준 제정	기본지리정보, 유통, 응용시스템 표준 제정	지리 정보 표준화, GIS 국가표준체계 확립 등 사업 추진 중
기술개발	맵핑기술, DB Tool, GIS S/W	3D GIS, 고정밀 위성 영상 처리 기술개발	지능형 국토정보 기술 혁신사업을 통한 원천 기술 개발 중
유통	국가지리정보유통망 시범사업 추진	국가 지리 정보 유통망 구축, 총 139종 약 70만 건 등록	국가 지리 정보 유통망 기능 개선 및 유지관리 사업 추진 중

02 국가지리정보체계(NGIS) 구축 사업의 주요 추진전략이 아닌 것은? [14년 2회 지기]

① 범국가적 차원의 강력 지원
② 국가공간정보기반의 확충 및 유통체계의 정비
③ 공급 주체인 국가 중심의 서비스 극대화
④ 국가와 민간시스템의 업무 간 상호 협력체계 강화

해설

국가지리정보체계

• 개념 : 국가지리정보체계(NGIS)는 국가주도하에 지리정보체계를 개발하는 것을 말한다. 국가경쟁력 강화와 행정생산성 제고 등에 기반이 되는 사회간접자본이라는 전제하에 국가 차원에서 국가표준을 설정하고, 기본공간정보 데이터베이스를 구축하며, GIS 관련 기술개발을 지원하여 GIS 활용기반과 여건을 성숙시켜 국토공간관리, 재해관리, 대민서비스 등 국가정책 및 행정 그리고 공공분야에서의 활용을 목적으로 한다.
• 계획의 필요성
  − 급변하는 정보기술 발전과 지리정보 활용 여건 변화에 부응하는 새로운 전략 모색
  − NGIS 추진 실적을 평가하여 문제점 도출 후, 국가지리정보의 구축 및 활용 촉진을 위한 정책방향 제시
  − 공공기관 간 지리정보 구축의 중복투자 방지
  − 상호 연계를 통한 국가지리정보 활용가치 극대화

03 제1차 국가지리정보시스템 구축사업 중 주제도 전산화사업이 아닌 것은? [15년 2회 지기]

① 도로망도
② 도시계획도
③ 지형지번도
④ 지적도

정답 | 01 ③ 02 ③ 03 ④

해설

분과별 추진사업 必 암기 토지도 국토도 행정이다.
상하기 통해야 전송남이 없다.

분과	추진사업
총괄분과	• GIS구축사업 지원 연구 • 공공부문의 GIS활용체계 개발 • 지하시설물 관리체계 시범 사업
기술개발분과	• GIS 전문인력 교육 및 양성 지원 • GIS 관련 핵심기술의 도입 및 개발
표준화분과	공간정보 데이터베이스 구축을 위한 표준화 사업 수행
지리정보분과	• 지형도 수치화 사업 • 6개 주제도 수치화 사업(토지이용현황도, 지형지번도, 도시계획도, 국토이용계획도, 도로망도, 행정구역도) • 7개 지하시설물도 수치화 사업(상수도, 하수도, 가스, 통신, 전력, 송유관, 난방열관)
토지정보분과	지적도전산화 사업

04 국가지리정보체계(NGIS) 추진위원회의 심의 사항이 아닌 것은? [16년 2회 지기]

① 기본계획의 수립 및 변경
② 기본지리정보의 선정
③ 지리정보의 유통과 보호에 관한 주요 사항
④ 추진실적의 관리 및 감독

해설

NGIS 추진위원회의 심의 사항
• 기본계획의 수립 및 변경 · 시행계획의 수립 및 집행 실적 평가
• 기본지리정보의 선정
• 지리정보의 유통과 보호에 관한 주요 사항
• 국가GIS구축·관리 및 활용에 관한 주요정 책의 조정

05 NGIS 구축의 단계적 추진에서 3단계 사업이 속하는 단계는? [17년 3회 지산]

① GIS 기반조성단계
② GIS 정착단계
③ GIS 수정보완단계
④ GIS 활용확산단계

해설

제1차 NGIS(1995~2000년) : 기반 조성 단계(국토정보화 기반 마련)
• 제1단계 사업에서 정부는 GIS 시작이 활성화되지 않아 민간에 의한 GIS 기반 조성이 어려운 점을 감안하여 정부 주도로 투자 및 지원시책을 적극 추진하였다.
• 특히 GIS의 바탕이 되는 공간정보(지상·지하·수상·수중 등 공간상에 존재하는 자연 또는 인공적인 객체에 대한 위치정보 및 이와 관련된 공간적 인지와 의사결정에 필요한 정보를 말한다)가 전혀 구축되지 않은 점을 감안하여 우선적으로 지형도, 지적도, 주제도, 지하시설물도 등을 전산화하여 초기수요를 창출하는 데 주력하였다.
• 또한 GIS 구축 초기단계에 이루어져야 하는 공간정보의 표준정립, 관련 제도 및 법규의 정비, GIS 기술개발, 전문인력양성, 지원연구 등을 통해 GIS 기반 조성사업을 수행하였다.

제2단계(2001~2005) : GIS 활용 확산 단계(국가공간정보 기반 확충을 위한 디지털국토 실현)
• 제2단계에서는 지방자치단체와 민간의 참여를 적극 유도하여 GIS 활용을 확산시키고, 제1단계 사업에서 구축한 공간정보를 활용한 대국민 응용서비스를 개발하여 국민의 삶을 향상시킬 수 있는 방안을 모색하였다.
• 구축된 공간정보를 수정보완하고 새로운 주제도를 제작하여 국가공간정보데이터베이스를 구축함으로써 GIS 활용을 위한 기반을 마련하였다.
• 또한 공간정보 유통체계를 확립하여 누구나 쉽게 공간정보에 접근할 수 있도록 하고, 차세대를 대상으로 하는 미래지향적 GIS 교육사업을 추진하여 전문인력 양성 기반을 넓히도록 해야 한다.
• 민간에서 공간정보를 활용하여 새로운 부가가치를 창출할 수 있도록 관련 법제를 정비하고, GIS 관련 기술개발 사업에 민간의 투자확대를 유도하였다.

제3단계(2006~2010) : GIS 정 착단계(유비쿼터스 국토실현을 위한 기반 조성)

- 제3단계는 언제 어디서나 필요한 공간정보를 편리하게 생산·유통·이용할 수 있는 고도의 GIS 활용단계에 진입하여 GIS 선진국으로 발돋음하는 시기이다.
- 정부와 지자체는 공공기관이 보유한 모든 지도와 공간정보의 전산화 사업을 완료하고 유통체계를 통해 민간에 적극 공급하는 한편, 재정적으로도 완전히 자립할 수 있었다.
- 이 시기에는 민간의 활력과 창의를 바탕으로 산업 부문과 개인 생활 등에서 이용자들이 편리하게 이용할 수 있는 GIS 서비스를 극대화하고 GIS 활용의 보편화를 실현할 것을 전망하였다.
- 또한 축적된 공간정보를 활용한 새로운 부가가치산업이 창출되고, GIS 정보기술을 해외로 수출할 수 있는 수준에 도달할 것을 예상하였다.

06 사용자가 네트워크나 컴퓨터를 의식하지 않고 장소에 상관없이 자유롭게 네트워크에 접속할 수 있는 정보통신 환경을 무엇이라 하는가?

[17년 2회 지기]

① 유비쿼터스(Ubiquitous)
② 위치기반정보시스템(LBS)
③ 지능형교통정보시스템(ITS)
④ 텔레매틱스(Telematic)

해설

유비쿼터스(Ubiquitous)
- 유비쿼터스는 '언제 어디에나 존재한다'는 뜻의 라틴어로, 사용자가 컴퓨터나 네트워크를 의식하지 않고 장소에 상관없이 자유롭게 네트워크에 접속할 수 있는 환경을 말한다.
- 컴퓨터 관련 기술이 생활 구석구석에 스며들어 있음을 뜻하는 '퍼베이시브 컴퓨팅(Pervasive computing)'과 같은 개념이다.
- 1988년 미국의 사무용 복사기 제조회사인 제록스의 마크 와이저(MarkWeiser)가 '유비쿼터스 컴퓨팅(Ubiquitous computing)'이라는 용어를 사용하면서 처음으로 등장하였다.

- 당시 와이저는 유비쿼터스 컴퓨팅을 메인프레임과 퍼스널컴퓨터(PC)에 이어 제3의 정보혁명을 이끌 것이라고 주장하였는데, 이는 단독으로 쓰이지는 않고 유비쿼터스 통신, 유비쿼터스 네트워크 등과 같은 형태로 쓰인다.
- 즉, 컴퓨터에 어떠한 기능을 추가하는 것이 아니라 자동차·냉장고·안경·시계·스테레오장비 등과 같이 어떤 기기나 사물에 컴퓨터를 집어넣어 커뮤니케이션이 가능하도록 해 주는 정보기술(IT) 환경 또는 정보기술 패러다임을 뜻한다.

07 국가지리정보체계의 추진과정에 관한 내용으로 틀린 것은?

[20년 1회 지기]

① 1995년부터 2000년까지 제1차 국가 GIS 사업 수행
② 2006년부터 2010년에는 제2차 국가 GIS 기본 계획 수립
③ 제1차 국가 GIS사업에서는 지형도, 공통주제도, 지하시설물도의 DB 구축 추진
④ 제2차 국가 GIS사업에서는 국가공간정보기반 확충을 통한 디지털 국토 실현 추진

해설

구축 과정	추진 연도	주요 사업
제1차 NGIS	1995~ 2000	• <u>기반 조성 단계(국토정보화 기반 마련)</u> • 국가기본도 및 지적도 등 지리정보 구축, 표준제정, 기술개발 등 추진
제2차 NGIS	2001~ 2005	• <u>GIS 활용 확산 단계(국가공간정보 기반 확충을 위한 디지털 국토 실현)</u> • 공간정보구축 확대 및 토지·지하·환경·농림 등 부문별 GIS 시스템 구축
제3차 NGIS	2006~ 2009	• <u>GIS 정착 단계(유비쿼터스 국토 실현을 위한 기반 조성)</u> • 기관별로 구축된 데이터와 GIS 시스템을 연계하여 효과적 활용 도모

정답 | 06 ① 07 ②

제4차 국가공간 정보정책	2010~ 2012	• 녹색성장을 위한 그린(GREEN) 공간 정보사회 실현 • 공간정보시스템 간 연계통합 강 화 및 융복합정책 추진기반 마련
제5차 국가공간 정보정책 기본계획	2013~ 2017	• 공간정보로 실현하는 국민행복과 국가발전 • 스마트폰 등 ICT 융합기술의 급 속한 발전, 창조경제와 정부 3.0으 로의 국정운영 패러다임 전환 등 변화된 정책환경에 적극 대응 필 요
제6차 국가공간 정보정책 기본계획 (안)	2018~ 2022	• 공간정보 융복합 르네상스로 살기 좋고 풍요로운 스마트코리아 실현 • 제4차 산업혁명에 대비하고, 신산 업 발전을 지원하기 위한 공간정 보정책 방향을 제시하는 기본계 획 수립 착수('17.2)

- 투자 및 재원조달 계획
- 표준의 연구보급 및 기술기준의 관리
- 공간정보산업의 육성에 관한 사항
• 시간적 범위 : 2018~2022년

08 '제6차 국가공간정보정책 기본계획'의 시간적 범위와 주요 내용은? [20년 지방직 9급]

	시간적 범위	주요 내용
①	2016~2020년	지형도 수치화
②	2017~2021년	디지털 공통주제도 제작
③	2018~2022년	스마트코리아 실현
④	2019~2023년	국가공간계획지원체계 (KOPSS) 개발

해설

제6차 국가공간정보정책 기본계획(안)
• 수립 배경 : 공간정보정책의 발전 방향을 제시하고,
국가공간정보체계의 구축 및 활용을 촉진하기 위해 5
년 단위의 국가공간정보정책 기본계획을 수립
• 법적 근거 : 국가공간정보기본법 제6조 및 동법 시행
령 제12조
• 기본계획 주요 내용
- 정책의 기본 방향
- 기본공간정보의 취득 및 관리
- 국가공간정보체계에 관한 연구·개발
- 공간정보 관련 전문인력의 양성
- 국가공간정보체계의 활용 및 공간정보의 유통

09 국가지리정보체계의 구축 및 활용 등에 관한 법률에 의한 기초적인 주요 지리정보로 볼 수 없는 것은?

① 행정구역   ② 교통
③ 지적   ④ 개별공시지가

해설

공간정보	지상·지하·수상·수중 등 공간상에 존 재하는 자연적 또는 인공적인 객체에 대 한 위치정보 및 이와 관련된 공간적 인지 및 의사결정에 필요한 정보를 말한다.
기본공간정보 必 암기 행지하지건 기지시수입실	국토교통부장관은 행정**경**계·도로 또는 철도의 **경**계·하천**경**계·**지**형·**해**안 선·**지**적, **건**물 등 인공구조물의 공간정 보, 그 밖에 대통령령으로 정하는 주요 공간정보를 기본공간정보로 선정하여 관 계 중앙행정기관의 장과 협의한 후 이를 관보에 고시하여야 한다. 1. **기**준점(「공간정보의 구축 및 관리 등 에 관한 법률」 제8조제1항에 따른 측 량기준점표지를 말한다) 2. **지**명

기본공간정보 必 암기 경지해지건 기지사수입실	3. 정사영상[항공사진 또는 인공위성의 영상을 지도와 같은 정사투영법(正射投影法)으로 제작한 영상을 말한다] 4. 수치표고 모형[지표면의 표고(標高)를 일정간격 격자마다 수치로 기록한 표고모형을 말한다] 5. 공간정보 입체 모형(지상에 존재하는 인공적인 객체의 외형에 관한 위치정보를 현실과 유사하게 입체적으로 표현한 정보를 말한다) 6. 실내공간정보(지상 또는 지하에 존재하는 건물 등 인공구조물의 내부에 관한 공간정보를 말한다) 7. 그 밖에 위원회의 심의를 거쳐 국토교통부장관이 정하는 공간정보

기본지리정보 必 암기 정통물지형 해수준공	GIS 체계는 다양한 분야에서 다양한 형태로 활용되지만 공통적인 기본 자료로 이용되는 지리정보는 거의 비슷하다. 이처럼 다양한 분야에서 공통적으로 사용하는 지리정보를 기본지리정보라고 한다. 그 범위 및 대상은 「국가지리정보체계의 구축 및 활용 등에 관한 법률 시행령」에서 행정구역, 교통, 시설물, 지적, 지형, 해양 및 수자원, 측량기준점, 위성영상 및 항공사진으로 정하고 있다. 2차 국가 GIS 계획에서 기본지리정보 구축을 위한 중점 추진 과제로는 국가기준점 체계 정비, 기본지리정보 구축 시범사업, 기본지리정보 데이터베이스 구축이다.

항목	지형지물 종류
행정구역	행정구역경계
교통	철도중심선·철도경계·도로중심선·도로경계
시설물	건물·문화재
지적	지적
지형	등고선 또는 DEM/TIN
해양 및 수자원	하천경계·하천중심선·유역경계(Watershed)·호수/저수지·해안선
측량기준점	측량기준점
위성영상 및 항공사진	Raster·기준점

10 국가지리정보체계기본계획은 몇 년 단위로 수립·시행하여야 하는가?

① 10년   ② 5년
③ 3년   ④ 매년

해설

국가지리정보체계의 구축 및 활용 등에 관한 법률 제5조 제1항
정부는 국가지리정보체계의 구축 및 활용을 촉진하기 위하여 5년 단위로 국가지리정보체계기본계획을 수립·시행하여야 한다.

11 제1차 국가지리정보체계(NGIS) 구축 사업의 내용 중 6개 주제도 전산화사업의 대상에 해당하지 않는 것은?

① 개별공시지가도   ② 행정구역도
③ 토지이용현황도   ④ 국토이용계획도

해설

NGIS 기본계획 국가지리 정보체계의 구축 및 활용을 촉진하기 위하여 5년 단위의 국가지리정보체계 기본계획을 수립하였다. 그 내용은 국가지리정보체계의 구축 및 활용의 촉진을 위한 기본방향의 설정·구축 및 관리, 기술의 연구개발, 전문인력 양성, 유통에 관한 투자계획 및 재원 조달, 지리정보체계의 표준화 및 관련된 산업의 육성 등이다.

제1차 국가 GIS의 추진 실적
• 지형도 전산화 : 1:5,000 및 1:25,000 수치지형도의 전국 사업화 완료(일부 도서 및 지역 제외)
• 지하시설물도 전산화(7개) : 상수도, 하수도, 가스, 전력, 통신, 송유관, 난방열관에 대한 관로지도 전산화
• 주제도 전산화(6개) : 토지이용현황도, 지형지번도, 도시계획도, 국토이용계획도, 도로망도, 행정구역도 등 주요 주제도 전산화
• 지적도면 전산화 : 지적, 임야도면을 전산화하는 것을 목표로 추진

정답 | 10 ② 11 ①

12 다음 중 우리나라 국가 GIS 추진위원회의 실무위원회에 해당하지 않는 것은?

① 기술개발분과위원회
② 표준화분과위원회
③ 지적정보분과위원회
④ 정책제도분과위원회

해설

국가 GIS 추진위원회의 분과위는 지적정보분과위, 지리정보분과위, 기술분과위, 활용유통분과위, 인력양성분과위, 산업육성분과위로 구성되어 있으며 총괄조정분과위와 민간자문위원회 및 지리정보 유통관리기구로 구성되어 있다.

13 국가지리정보체계에 대한 약어가 올바르게 표기된 것은?

① GIS
② OGIS
③ NGIS
④ KLIS

해설

국가지리정보체계의 약어는 NGIS(National Geographic Information System)이다.

14 다음 중 제3차 국가 GIS 사업(2006~2010년)의 기본계획 방향(비전)으로 가장 알맞은 것은?

① 국가지리정보유통망 시범 사업 추진
② 국토정보화의 기반 마련
③ 유비쿼터스 국토 실현을 위한 기반 조성
④ 토지재조사 사업의 추진

해설

- 제1차 NGIS사업 : 국토정보화 기반 마련
- 제2차 NGIS사업 : 국가공간정보 기반 확충을 위한 디지털국토 실현
- 제3차 NGIS사업 : 유비쿼터스 국토 실현을 위한 기반 조성

• 제3차 국가 GIS 사업(2006~2010)의 기본계획 방향

국가 GIS의 비전	유비쿼터스 국토실현을 위한 기반 조성
목표	• GIS 기반 전자정부 구현 • GIS를 향한 삶의 질 향상 • GIS를 이용한 유비쿼터스 창출
추진 전략	• 국가 GIS 기반 확대 및 내실화 • 국가 GIS 활용가치 극대화 • 수요자 중심의 국가공간정보 구축 • 국가정보화 사업과의 협력적 구축
추진 과제	• 기본지리정보구축 확대 및 내실화 • GIS 활용 극대화 • GIS 핵심기술 개발 추진 • 국가 GIS 표준체계 확립 • GIS 정책의 선진화

정답 | 12 ④ 13 ③ 14 ③

제1장 지형공간정보체계 자료구성

1. 위치정보(Positional Information)

① 절대위치 : 실제공간의 위치 **예** 경도, 위도, 좌표, 표고
② 상대위치 : 모형공간의 위치(임의의 기준으로부터 결정되는 위치) **예** 설계도

2. 특성정보(Descriptive Information)

① 도형정보(圖形情報, Graphic Information)
　㉠ 지도에 표현되는 수치적 설명으로 지도의 특정한 지도요소를 의미
　㉡ GIS에서는 이러한 도형정보를 컴퓨터의 모니터나 종이 등에 나타내는 도면으로 표현하기 위해 사용함
　㉢ 도형정보는 점, 선, 면 등의 형태나 영상소, 격자셀 등의 격자형, 그리고 기호 또는 주석과 같은 형태로 입력되고 표현됨

점	• 기하학적 위치를 나타내는 0차원 또는 무차원 정보 • 최근린방법 : 점 사이의 물리적 거리를 관측 • 사지수(Quadrat)방법 : 대상영역의 하부면적에 존재하는 점의 변이를 분석
선	• 1차원 표현으로 두 점 사이 최단거리를 의미 • 형태 : 문자열(String), 호(Arc), 사슬(Chain) 등
면	• 면(面, Area) 또는 면적(面積)은 한정되고 연속적인 2차원적 표현 • 모든 면적은 다각형으로 표현
영상소	• 영상을 구성하는 가장 기본적인 구조단위 • 해상도가 높을수록 대상물을 정교히 표현
격자셀	연속적인 면의 단위 셀을 나타내는 2차원적 표현
기호 또는 주석	• 기호 : 지도 위에 점의 특성을 나타내는 도형요소 • 주석 : 지도상 도형적으로 나타난 이름으로 도로명, 지명, 고유번호, 차원 등을 기록

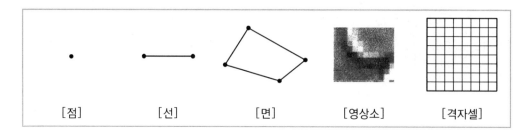

| [점] | [선] | [면] | [영상소] | [격자셀] |

② **영상정보**(Image Information) : 센서(Scanner, Lidar, Laser, 항공사진기 등)에 의해 취득된 사진을 말한다.

③ **속성정보**(Attributive Information) : 도형이나 영상 속의 내용을 의미한다.

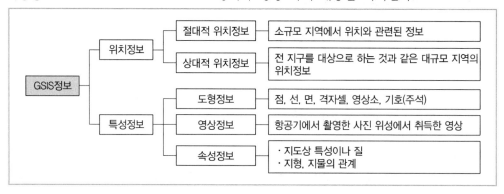

제2장 데이터의 구조

1. 벡터 자료구조

(1) 개요

벡터 자료구조는 기호, 도형, 문자 등으로 인식할 수 있는 형태를 말하며 객체들의 지리적 위치를 크기와 방향으로 나타낸다.

(2) 기본 요소

① **점**(Point) : 점은 차원이 존재하지 않으며 대상물의 지점 및 장소를 나타내고 기호를 이용하여 공간형상을 표현한다.

② 선(Line) : 선은 가장 간단한 형태로 1차원 대상물은 두 점을 연결한 직선이다. 대축척 (면사상), 소축척(선사상)으로 지적도, 임야도의 경계선을 나타내는 데 효과적이다. Arc, String, Chain이라는 다양한 용어로도 사용된다.

　　㉠ Arc : 곡선을 형성하는 점들의 자취

　　㉡ String : 연속적인 Line segments

　　㉢ Chain : 시작노드와 끝노드에 대한 위상정보를 가지며 자체꼬임이 허용되지 않은 위 상 기본요소

③ 면 : 면은 경계선 내의 영역을 정의하고 면적을 가지며, 호수, 삼림을 나타낸다. 지적도 의 필지, 행정구역이 대표적이다.

(3) 저장방법

① 스파게티 자료구조

　　㉠ 객체들 간에 정보를 갖지 못하고 국수가락처럼 좌표들이 길게 연결되어 있어 스파 게티 자료구조라고 함

　　㉡ 객체가 좌표에 의한 그래픽 형태(점, 선, 면적)로 저장되며 위상관계를 정의하지 않음

　　㉢ 경계선을 다각형으로 구축할 경우에는 각각 구분되어 입력되므로 중복되어 기록됨

　　㉣ 스파게티 자료구조는 하나의 점(X, Y좌표)을 기본으로 하고 있어 구조가 간단함

　　㉤ 자료구조가 단순하여 파일의 용량이 작다는 장점이 있음

　　㉥ 객체들 간의 공간관계가 설정되지 않아 공간분석에 비효율적

　　㉦ 상호 연관성에 관한 정보가 없어 인접한 객체들의 특징과 관련성, 연결성을 파악하 기 힘듦

② 위상구조

　　㉠ 위상

　　　• 도형 간의 공간상의 상관관계를 의미

　　　• 위상은 특정 변화에 의해 불변으로 남는 기하학적 속성을 다루는 수학의 한 분야 로 위상모델의 전제조건으로는 모든 선의 연결성과 폐합성이 필요함

　　㉡ 위상구조의 특징

　　　• 토지정보시스템에서 매우 유용한 데이터구조로서 점, 선, 면으로 객체 간의 공간 관계를 파악할 수 있음

　　　• 벡터데이터의 기본적인 구조로 점으로 표현되며 객체들은 점들을 직선으로 연결 하여 표현 가능

- 토폴로지는 폴리곤 토폴로지, 아크 토폴로지, 노드 토폴로지로 구분됨
  - Arc : 일련의 점으로 구성된 선형의 도형을 말하며 시작점과 끝점이 노드로 되어 있음
  - Node : 둘 이상의 선이 교차하여 만드는 점이나 아크의 시작이나 끝이 되는 특정한 의미를 가진 점
  - Topology : 인접한 도형들 간의 공간적 위치관계를 수학적으로 표현한 것
- 점, 선, 폴리곤으로 나타낸 객체들이 위상구조를 갖게 되면 주변 객체들 간의 공간상에서의 관계를 인식할 수 있음
- 폴리곤 구조는 형상과 인접성, 계급성의 세 가지 특성을 지님
- 관계형 데이터베이스를 이용하여 다량의 속성자료를 공간객체와 연결할 수 있으며 용이한 자료의 검색 또한 가능
- 공간객체의 인접성과 연결성에 관한 정보는 많은 분야에서 위상정보를 바탕으로 분석이 이루어짐

ⓒ 위상구조의 분석 : 각 공간객체 사이의 관계가 인접성, 연결성, 포함성 등의 관점에서 묘사되며, 스파게티 모델에 비해 다양한 공간분석이 가능함

인접성(Adjacency)	관심 대상 사상의 좌측과 우측에 어떤 사상이 있는지를 정의하고 두 개의 객체가 서로 인접하는지를 판단
연결성(Connectivity)	특정 사상이 어떤 사상과 연결되어 있는지를 정의하고 두 개 이상의 객체가 연결되어 있는지를 파악
포함성(Containment)	특정 사상이 다른 사상의 내부에 포함되느냐 혹은 다른 사상을 포함하느냐를 정의

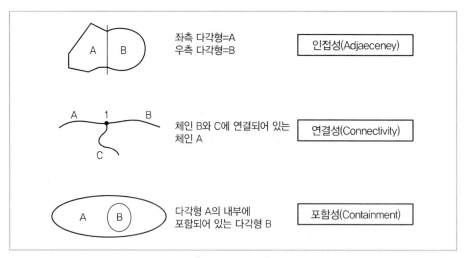

[위상공간관계]

ㄹ 위상구조의 장·단점

장점	단점
• 좌표 데이터를 사용하지 않고도 인접성, 연결성 분석과 같은 공간분석이 가능 • 공간적인 관계를 구현하는 데 필요한 처리 시간을 줄일 수 있음 • 입력된 도형정보에 대하여 일단 위상과 관련되는 정보를 정리하여 공간데이터베이스에 저장함 • 저장된 위상정보는 추후 위상을 필요로 하는 많은 분석이 빠르고 용이하게 이루어지도록 할 수 있음	• 컴퓨터 같은 장비 구입 비용이 많이 소요됨 • 위상을 구축하는 과정이 반복되므로 컴퓨터 프로그램의 사용이 필수적임 • 컴퓨터 프로그램이나 하드웨어의 성능에 따라서 소요되는 시간에는 많은 차이 있음 • 위상을 정립하는 과정은 기본적으로 선의 연결이 끊어지지 않도록 하고 폐합된 도형의 형태를 갖도록 하는 시간이 많이 소요되는 편집 과정이 선행되어야 함

(4) 벡터 자료구조의 장·단점

장점	단점
• 래스터 자료에 비하여 훨씬 압축되어 간결한 형태 • 위상관계를 입력하기가 용이하여 위상관계정보를 요구하는 분석에 효과적 • 수작업에 의하여 완성된 도면과 거의 비슷한 형태의 도형을 제작하는 데 적합 • 지형학적 자료를 필요로 하는 경우 망조직 분석에 매우 효과적	• 격자형보다 훨씬 복잡한 구조를 가짐 • 중첩기능을 수행하기가 어렵고 공간적 편의를 나타내기가 비효율적 • 수치 이미지 조작이 비효율적 • 자료의 조작과 영상의 질을 향상시키는 데 효과적이지 못함

(5) 벡터 자료의 파일 형식 必 암기 티부이사고개더아파

수치화된 벡터 자료는 자료의 출력과 분석을 위해 다양한 소프트웨어에 따라 특정한 파일 형식으로 컴퓨터에 저장된다.

① TIGER 파일 형식

ㄱ Topologically Integrated Geographic Encoding and Referencing system의 약자

ㄴ U.S.Census Bureau에서 인구조사를 위해 개발한 벡터형 파일 형식

② VPF 파일 형식

ㄱ Vector Product Format의 약자

ㄴ 미 국방성의 NIMA(National Imagery and Mapping Agency)에서 개발한 군사적 목적의 벡터형 파일 형식

ㄷ 미국의 국방분야 지도제작 기관인 DMA(Defense Mapping Agency)가 주도적으로 개발한 데이터 교환 포맷

③ Shape 파일 형식

㉠ ESRI사의 Arcview에서 사용되는 자료형식

㉡ Shape 파일은 비위상적 위치정보와 속성정보를 포함

④ Coverage 파일 형식

㉠ ESRI사의 Arc/Info에서 사용되는 자료형식

㉡ Coverage 파일은 위상모델을 적용하여 각 사상 간 관계를 적용하는 구조임

⑤ CAD 파일 형식

㉠ Autodesk사의 AutoCAD 소프트웨어에서는 DWG와 DXF 등의 파일 형식을 사용

㉡ DXF 파일 형식은 GIS 관련 소프트웨어뿐만 아니라 원격탐사 소프트웨어에서도 사용할 수 있음

⑥ DLG 파일 형식

㉠ Digital Line Graph의 약자로서 U.S.Geological Survey에서 지도학적 정보를 표현하기 위해 고안한 디지털 벡터 파일 형식

㉡ DLG는 ASCII 문자형식으로 구성

⑦ ArcInfo E00 : ArcInfo의 익스포트 포맷

⑧ CGM

㉠ Computer Graphics Metafile의 약자

㉡ PC 기반의 컴퓨터그래픽 응용 분야에 사용되는 벡터데이터 포맷의 ISO 표준

2. 래스터 자료구조

(1) 개요

① 래스터 자료구조는 매우 간단하며 일정한 격자 간격의 셀이 데이터의 위치와 그 값을 표현하므로 격자데이터라고도 한다. 도면을 스캐닝하여 취득한 자료와 위상영상자료들에 의하여 구성된다.

② 래스터 자료구조는 구현의 용이성과 단순한 파일구조에도 불구하고 정밀도가 셀의 크기에 따라 좌우되며 해상력을 높이면 자료의 크기가 방대해진다.

③ 각 셀들의 크기에 따라 데이터의 해상도와 저장 크기가 달라지게 되는데 셀 크기가 작으면 작을수록 보다 정밀한 공간현상을 잘 표현할 수 있다.

(2) 래스터 자료의 장·단점

必 암기 간첩이 자수하여 공을 세워야 사지선이 상하지 않는다.

장점	단점
• 자료구조가 **간**단하다. • 여러 레이어의 중**첩**이나 분석이 용이하다. • **자**료의 조작과정이 매우 효과적이고 수치영상의 질을 향상시키는 데 매우 효과적이다. • **수**치이미지 조작이 효율적이다. • 다양한 **공**간적 편의가 격자의 크기와 형태가 동일한 까닭에 시뮬레이션이 용이하다.	• 압축되어 **사**용되는 경우가 드물며 **지**형관계를 나타내기가 훨씬 어렵다. • 주로 격자형의 네모난 형태로 가지고 있기 때문에 수작업에 의해서 그려진 완화된 **선**에 비해서 미관상 매끄럽지 못하다. • 위**상**정보의 제공이 불가능하므로 관망해석과 같은 분석기능이 이루어질 수 없다. • 좌표변환을 위한 시간이 많이 소요된다.

(3) 압축 방법

① Run-length 코드기법(연속분할부호, 連續分割符號)

    ㉠ 각 행마다 왼쪽에서 오른쪽으로 진행하면서 동일한 수치를 갖는 셀들을 묶어 압축시키는 방법

    ㉡ Run : 하나의 행에서 동일한 속성값을 갖는 격자

    ㉢ 동일한 속성값을 개별적으로 저장하는 대신 하나의 Run에 해당되는 속성값이 한 번만 저장되고 Run의 길이와 위치가 저장되는 방식

    ㉣ 각 행에 대해서 왼쪽에서 오른쪽으로 시작 셀과 끝 셀을 표시함

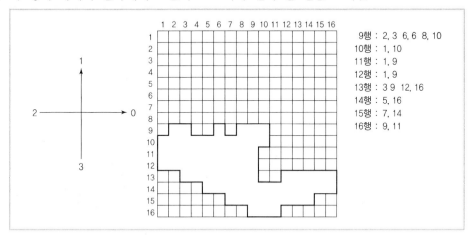

[연속분할부호]

② Quadtree 기법(사지수형, 四枝樹型)

    ㉠ Quadtree 기법은 Run-length 코드기법과 함께 많이 쓰이는 자료압축기법

    ㉡ 크기가 다른 정사각형을 이용하여 Run-length 코드보다 더 많은 자료의 압축이 가능

ⓒ 전체 대상지역에 대하여 하나 이상의 속성이 존재할 경우 전체 지도는 4개의 동일한 면적으로 나누어지는데 이를 Quadrant라 함

ⓔ $2^n \times 2^n$ 점의 전체배열은 사지수의 중심절점(Root node)이고, 나무의 최대 높이는 n단계

ⓜ 각 절점은 NW(북서), NE(북동), SW(남서), SE(남동) 4개의 가지를 지님

ⓗ 잎절점(Loaf node)은 더 이상 작게 분할할 수 없는 4분할을 가리킴

ⓢ 각 절점은 2비트로 표현하는데 이것은 끝이 '안(↑↓)'인지 '밖(↓↑)'인지 혹은 현재 위치의 절점이 '안(↑↓)'인지 '밖(↓↑)'인지를 의미

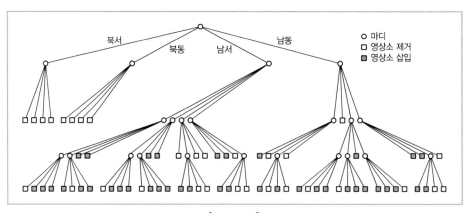

[사지수형]

③ Block 코드기법(블록부호)

㉠ Run-length 코드기법에 기반을 둔 것으로 정사각형으로 전체 객체의 형상을 나누어 데이터를 구축하는 방법

ⓛ 자료구조는 원점으로부터의 좌표 및 정사각형의 한 변의 길이로 구성되는 세 개의 숫자만으로 표시가 가능

ⓒ 원점(중심부나 좌측 하단)의 XY 좌표와 정사각형의 기준거리를 표시

ⓔ 그림에 나타난 영역은 16단위의 셀 한 개로 이루어진 정사각형과 9개의 4단위 정사각형, 17개의 1단위 정사각형으로 저장됨

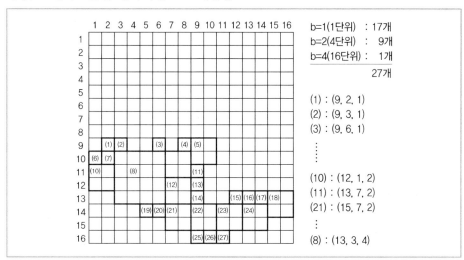

[블록부호]

④ Chain 코드기법(사슬부호)

ⓐ 대상지역에 해당하는 격자들의 연속적인 연결 상태를 파악하여 동일한 지역의 정보를 제공하는 방법

ⓑ 자료의 시작점에서 동서남북으로 방향을 이동하는 단위거리를 통해서 표현하는 기법

ⓒ 각 방향은 동쪽은 0, 북쪽은 1, 서쪽은 2, 남쪽은 3 등 숫자로 방향을 정의

ⓔ 픽셀의 수는 상첨자로 표시

$0, 1, 0^2, 3, , 0^2, 1, 0, 3, 0, 1, , 0^3, , 3^2, 2, , 3^3, 0^2, 1, , 0^5$

$3^2, 2^2, 3, 2^3 3, , 2^3, 1, 2^2, 1, 2^2, 1, 2^2, 1, 2^2$

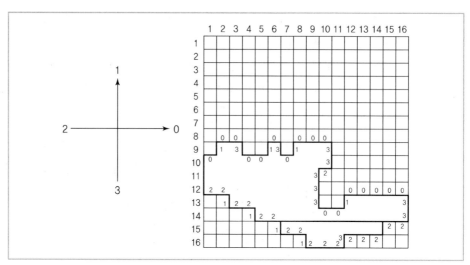

[사슬부호]

(4) 벡터 자료와 래스터 자료의 비교

구분	벡터 자료	래스터 자료 必 암기 간첩이 자수하여 공을 세워야 사지선이 상하지 않는다.
장점	• 복잡한 현실세계의 묘사 가능 • 보다 압축된 자료구조를 제공하므로 데이터 용량의 축소가 용이 • 위상에 관한 정보가 제공되므로 관망분석과 같은 다양한 공간분석이 가능 • 그래픽의 정확도가 높음 • 그래픽과 관련된 속성정보의 추출 및 일반화, 갱신 등이 용이 • 위상관계를 입력하기 용이하므로 위상관계 정보를 요구하는 분석에 효과적	• 자료구조가 간단함 • 여러 레이어의 중첩이나 분석이 용이 • 자료의 조작과정이 매우 효과적이고 수치영상의 질을 향상시키는 데 매우 효과적 • 수치이미지 조작이 효율적 • 다양한 공간적 편의가 격자의 크기와 형태가 동일한 까닭에 시뮬레이션이 용이
단점	• 자료구조가 복잡함 • 여러 레이어의 중첩이나 분석에 기술적으로 어려움이 수반됨 • 각각의 그래픽 구성요소는 각기 다른 위상구조를 가지므로 분석에 어려움이 큼 • 그래픽의 정확도가 높은 관계로 도식과 출력에 비싼 장비가 요구됨 • 일반적으로 값비싼 하드웨어와 소프트웨어가 요구되므로 초기 비용이 많이 듦	• 압축되어 사용되는 경우가 드물며 지형관계를 나타내기가 훨씬 어려움 • 주로 격자형의 네모난 형태로 가지고 있기 때문에 수작업에 의해서 그려진 완화된 선에 비해서 미관상 매끄럽지 못함 • 위상정보의 제공이 불가능하므로 관망해석과 같은 분석기능이 이루어질 수 없음 • 좌표변환을 위한 시간이 많이 소요됨

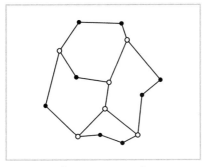

[백터 위상 구조]

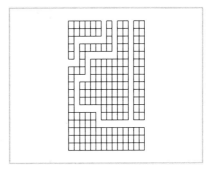

[래스터 위상 구조]

(5) 래스터 자료 포맷 방법

라인별 영상 (BIL ; Band Interleaved by Line)	• 한 개 라인 속에 한 밴드 분광값을 나열한 것을 밴드순으로 정렬하고 그 것을 전체 라인에 대해 반복함 • {[(픽셀번호순), 밴드순], 라인번호순} • 즉, 각 행(Row)에 대한 픽셀자료를 밴드별로 저장함 • 주어진 선에 대한 모든 자료의 파장대를 연속적으로 파일 내에 저장하는 형식으로, BIL 형식에 있어 파일 내의 각 기록은 단일 파장대에 대해 열 의 형태인 자료의 격자형 입력선을 포함하고 있음
밴드별 영상 (BSQ ; Band Se Quential)	• 밴드별로 이차원 영상 데이터를 나열한 것 • {[(픽셀(화소)번호순), 라인번호순], 밴드순} • 각 파장대는 분리된 파일을 포함하여 단일 파장대가 쉽게 읽혀지고 보일 수 있으며 다중파장대는 목적에 따라 불러올 수 있음 • 한 번에 한 밴드의 영상을 저장하는 방식
픽셀별 영상 (BIP ; Band Interleaved by Pixel)	• 한 개 라인 중의 하나의 화소 분광값을 나열한 것을 그 라인의 전체 화소 에 대해 정렬하고 그것을 전체 라인에 대해 반복함 • {[(밴드순), 픽셀(화소)번호순], 라인번호순} • 각 파장대의 값들이 주어진 영상소 내에서 순서적으로 배열되며 영상소 는 저장장치에 연속적으로 배열됨 • 구형이므로 거의 사용되지 않음 • 각 열에 대한 픽셀자료를 밴드별로 저장함

(6) 래스터 자료의 파일 형식 必 암기 (TI)(Ge)(BI)(JP)(GI)(P)(B)(P)

① TIFF(Tagged Image File Format)

ⓐ 태그(꼬리표)가 붙은 화상 파일 형식이라는 의미

ⓑ 미국의 앨더스사(현재의 어도비 시스템스사에 흡수 합병)와 마이크로소프트사가 공
동 개발한 래스터 화상 파일 형식

     © 흑백 또는 중간 계조의 정지 화상을 주사(走査 : Scane)하여 저장하거나 교환하는 데 널리 사용되는 표준 파일 형식

     ② 화상 데이터의 속성을 태그 정보로서 규정하고 있는 것을 특징으로 함

② GeoTiff

     ③ <u>파일 헤더에 거리(위치)참조를 가지고 있는 TIFF 파일의 확장 포맷</u>

     © TIFF의 래스터 지리데이터의 플랫폼 공동이용 표준과 공동이용을 제공하기 위해 데이터 사용자, 상업용 데이터 공급자, GIS소프트웨어 개발자가 합의하여 개발되고 유지됨

     © 래스터 자료 <u>상호 교환 포맷</u>

③ BIIF

     ③ FGDC(Federal Geographic Data Committe)에서 발행한 국제표준영상처리와 영상 데이터 표준

     © 이 포맷은 미국의 국방성에 의하여 개발되고 NATO에 의해 채택된 NITFS(National Imagery Transmission Format Standard)를 기초로 제작됨

④ JPEG(Joint Photographic Experts Group)

     ③ 컬러 이미지를 위한 국제적인 압축 표준

     © 국제 전신 전화 자문(CCITT : Consultative Committee International Telegraphand Telepone)과 ISO에서 인정하고 있음

⑤ GIF(Graphics Interchange Format)

     ③ 미국의 컴퓨서브(CompuServe)사가 1987년에 개발한 화상 파일 형식

     © 인터넷에서 래스터 화상을 전송하는 데 널리 사용되는 파일 형식

     © 최대 256가지 색이 사용될 수 있는데 실제로 사용되는 색의 수에 따라 파일의 크기가 결정됨

⑥ PCX

     ③ ZSoft가 자사의 초기 DOS 기반의 그래픽 프로그램 PC 페인터 브러시용으로 개발한 그래픽 포맷

     © 윈도 이전까지 사실상 비트맵 그래픽의 표준이었음

     © 그래픽 압축 시 런-길이 코드(Run-Length Code)를 쓰기 때문에 디스크 공간 활용에 있어서 윈도 표준 BMP보다 효율적임

⑦ BMP(Microsoft Windows Device Independent Bitmap)

   ㉠ 윈도우 또는 OS/2 환경에서 사용되는 비트맵 데이터를 표현하기 위하여 마이크로소 프트에서 정의하고 있는 비트맵 그래픽 파일

   ㉡ 그래픽 파일 저장 형식 중에 가장 단순한 구조를 가짐

   ㉢ 압축 알고리즘이 원시적이어서 같은 이미지를 저장할 때, 다른 형식으로 저장하는 경우에 비해 파일크기가 매우 큼

⑧ PNG(Portable Network Graphic) : 독립적인 GIF 포맷을 대치할 목적의 특허가 없는 자유로운 래스터 포맷

일반적인 래스터 파일 포맷	ASCII, IEEE
래스터 자료 상호교환 포맷	GeoTIFF
래스터 자료 압축 포맷	RLC, GIF, JPEG
원격탐사 이미지 포맷	BIL, BSQ, BIP
특정 GIS 소프트웨어 고유 포맷	모든 래스터 기반의 GIS 소프트웨어 패키지는 자신의 고유 파일 포맷을 가짐

01 도형자료 중 래스터(Raster) 형태의 특징으로 옳지 않은 것은?

[2012년 기사 1회]

① 자료의 데이터구조가 매우 복잡하며, 자료생성이 어렵다.
② 다양한 공간적 편의가 격자 형태로 나타나며, 자료의 조작 과정이 용이하다.
③ 격자의 크기 조절로 자료 용량의 조절이 가능하다.
④ 래스터 자료는 주로 네모난 형태를 가지기 때문에 벡터 자료에 비해 미관상 매끄럽지 못하다.

해설

백터와 래스터의 비교

구분	백터	래스터 必 암기 간첩이 차수하여 공을 세워야 사지선이 상하지 않는다.
장점	• 래스터보다 압축되어 간결 • 위상관계에 대한 부호입력이 용이한 경우일 때, 지형학적 자료를 필요로 하는 망조직 분석에 효과적 • 수작업에 의해서 완성된 지도와 거의 비슷한 도형 제작에 적합 • 위상 관계를 입력하기 용이하므로 위상관계 정보를 요구하는 분석에 효과적	• 자료구조가 간단함 • 여러 레이어의 중첩이나 분석이 용이 • 자료의 조작과정이 매우 효과적이고 수치영상의 질을 향상시키는데 매우 효과적 • 수치이미지 조작이 효율적 • 다양한 공간적 편의가 격자의 크기와 형태가 동일한 까닭에 시뮬레이션이 용이
단점	• 격자형 자료보다 복잡한 자료구조 • 중첩기능을 수행하기가 어려움 • 자료의 조작 과정이 비효과적	• 압축되어 사용되는 경우가 드물며 지형관계를 나타내기가 훨씬 어려움

단점	• 영상의 질을 향상시키는 데 비효과적 • 공간적 편의를 나타내는 데 비효과적	• 주로 격자형의 네모난 형태로 가지고 있기 때문에 수작업에 의해서 그려진 완화된 선에 비해서 미관상 매끄럽지 못함 • 위상정보의 제공이 불가능하므로 관망해석과 같은 분석기능이 이루어질 수 없음 • 좌표변환을 위한 시간이 많이 소요됨

02 보기의 ( ) 안에 들어갈 용어로 적합한 것은?

[2012년 기사 1회]

종이지도나 영상자료로부터 객체정보를 추출하고 GIS에 입력하기 위해서 ( ) 작업을 수행한다. ( ) 작업은 사람에 의해 수동으로 진행되기 때문에 많은 시간과 노력이 필요하다는 단점이 있지만, 비교적 작업과정이 단순하기 때문에 소규모 GIS 프로젝트에서 활용되고 있다.

① 스캐닝(Scanning)
② GPS(Global Positioning System)
③ 원격탐사(Remote sensing)
④ 디지타이징(Digitizing)

해설

디지타이징
• 기존의 지형도를 Digitizer에 의해 읽은 후 수치화하여 입력하는 방법이다.

• 특징
  – 촘촘히 입력할수록 정확도 향상
  – 수동 방식이므로 시간이 많이 소요
  – 벡터 형식으로 직접 입력하므로 벡터화 변환 불필요
  – 입력 시 바로 벡터 형식의 자료로 저장이 가능

정답 | 01 ① 02 ④

03 두 격자 자료의 입력값이 각각 0과 1일 때, 각 논리연산자 AND, OR, XOR에 의한 결과는? (단, AND, OR, XOR의 순서이고 참일 때 1이고 거짓일 때 0이다) [2012년 기사 1회]

① 1-0-1   ② 1-1-0
③ 0-1-0   ④ 0-1-1

해설

- AND 연산자의 결과는 두 연산항 중 어느 하나가 False이면 무조건 False이고, 모두 True이면 True가 된다. 비트 연산인 경우는 두 비트가 1인 경우에만 1이며, 나머지 경우는 모두 0이 된다.
- OR 연산자의 결과는 두 연산항 중 어느 하나가 True이면 무조건 True가 되고, 나머지 경우 False가 된다. 비트 연산인 경우는 어느 한 비트 이상이 1이면 무조건 1이 되고, 그렇지 않으면 0이 된다.
- XOR 연산자의 결과는 한 연산항이 True이고 다른 연산항이 False일 때만 True가 되며, 나머지 경우는 모두 False가 된다. 비트 연산인 경우는 한 비트가 0일 때 다른 비트가 1일 때만 1이 되고, 나머지 경우는 모두 0이 된다.

04 지형공간정보체계의 일반적인 단계를 순서대로 바르게 표시한 것은? [2012년 기사 1회]

① 자료의 수치화 – 자료조작 및 관리 – 응용분석 – 출력
② 자료조작 및 관리 – 자료의 수치화 – 응용분석 – 출력
③ 자료의 수치화 – 응용분석 – 자료조작 및 관리 – 출력
④ 자료조작 및 관리 – 응용분석 – 자료의 수치화 – 출력

해설

GIS 자료 처리 순서
자료의 수치화 – 자료조작 및 관리 – 응용분석 – 출력

05 GIS 데이터의 속성 테이블에서 공간객체 인스턴트(예 지적도에서 하나의 필지)를 설명하는 것은? [2012년 기사 1회]

① 필드   ② 레코드
③ 키   ④ 행

해설

파일 처리 방식의 구성
- 데이터 파일은 Record, Field, Key의 세 가지로 구성
- 각각의 레코드는 하나의 주제에 관한 자료를 저장[레코드, 기록(Record) : 서로 관련된 자료들을 하나의 단위로 묶어놓은 것인데, 이때 레코드를 구성하는 각각의 자료 항목을 파일이라 하고 서로 연관된 레코드들의 한데 묶여 하나의 파일을 구성한다.]
- 필드는 레코드를 구성하는 각각의 항목에 관한 것을 의미
- 키는 파일에서 정보를 추출할 때 쓰이는 필드로서, 키로서 사용되는 필드를 키필드라 한다.

06 복합 조건문(Composite selection)으로 공간자료를 선택하고자 할 때, 다음 중 어떠한 경우에도 가장 많은 결과가 선택되는 것은? (단, 각 항목은 0이 아님) [2012년 기사 1회]

① (Area < 400,000 AND (LandUse = 80 AND AdminCode = 12))
② (Area < 400,000 OR (LandUse = 80 OR AdminCode = 12))
③ (Area < 400,000 AND (LandUse = 80 OR AdminCode = 12))
④ (Area < 400,000 OR (LandUse = 80 AND AdminCode = 12))

해설

- And 연산자는 연산자를 중심으로 좌우에 입력된 두 단어를 공통적으로 포함하는 정보나 레코드를 검색한다.
- OR 연산자는 좌우 두 단어 중 어느 하나만 존재하더라도 검색을 수행한다. 그러므로 가장 많은 결과가 선택되는 것은 OR 연산자를 두 번 사용한 것이다.

07 데이터 모델을 이용하여 필요한 자료를 추출하고 앞으로의 현상을 예측하거나 계획된 행위에 대한 결과를 예측하는 것을 무엇이라 하는가?

[2012년 기사 1회]

① 검색   ② 변환
③ 출력   ④ 모델링

해설

모델링(Modeling)
데이터 모델을 이용하여 필요한 자료를 추출하고 앞으로의 현상을 예측하거나 현실세계를 이해할 수 있도록 객체를 생생하게 묘사하는 과정을 모델링이라 한다.

08 지형공간정보체계의 자료 취득 방법과 거리가 먼 것은?

[2012년 기사 3회]

① 범세계결정위치체계(GPS)
② 자료기반(DB)
③ 원격탐사
④ 사진측량

해설

자료취득방법
• 기존의 지형도를 사용하는 방법
• 사진측량 및 원격탐측에 의한 방법
• APR이나 음향 탐측기에 의한 직접 관측 방법
• 지상측량에 의한 방법
• GPS/관성측량에 의한 방법

09 규칙적인 셀(Cell)의 격자에 의하여 형상을 묘사하는 자료구조는?

[2012년 기사 3회]

① 래스터 자료구조   ② 벡터 자료구조
③ 속성 자료구조   ④ 필지 자료구조

해설

도형 및 영상정보의 자료구조
도형 및 영상정보를 표현하는 데에는 벡터 자료구조와 격자 자료구조의 두 가지 방법이 있다.

• 벡터 자료구조 : 가능한 한 정확하게 대상물을 표시하는 데 목적이 있으며, 분할된 것이 아니라 정밀하게 표현된 차원, 길이 등으로 모든 위치를 표현할 수 있는 연속적인 자료 구조를 말한다.
• 격자 자료구조 : 동일한 크기의 격자로 이루어지며 자료구조의 단순성 때문에 주제도를 간편하게 분할할 수 있다는 장점이 있으나, 정확한 위치를 표시하는 데에는 많은 어려움이 따르는 자료구조를 말한다.

10 지형공간정보체계의 일반적인 단계를 순서대로 바르게 표시한 것은?   [2012년 기사 3회]

① 자료의 수치화 – 자료조작 및 관리 – 응용분석 – 출력
② 자료조작 및 관리 – 자료의 수치화 – 응용분석 – 출력
③ 자료의 수치화 – 응용분석 – 자료조작 및 관리 – 출력
④ 자료조작 및 관리 – 응용분석 – 자료의 수치화 – 출력

해설

GIS 자료처리 순서
자료의 수치화 – 자료조작 및 관리 – 응용분석 – 출력
자료의 준비 및 분석 – 자료의 조작 및 관리

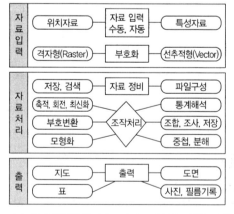

1992년 한국측량학회지 '도시정보해석을 위한 지형공간정보체계의 자료기반부 구축에 관한 연구'에서 나열한 지형공간정보체계의 구축단계는 첫째, 지형공간정보체계의 자료기반부 설계(기존 데이터의 관리 – 지형공

정답 | 07 ④ **08** ② **09** ① **10** ①

간정보체계가 그 역할을 효과적으로 발휘하려면 지형자료기반부(Database)가 정확히 구축, 관리되어야 함)의 중요성을 나열

11 점, 선, 면으로 표현된 객체들 간의 공간관계를 설정하여 각 객체들 간의 인접성, 연결성, 포함성 등에 관한 정보를 파악하기 매우 쉬우며, 다양한 공간분석을 효율적으로 수행할 수 있는 자료구조는? [2012년 기사 3회]

① 스파게티(Spaghetti) 구조
② 래스터(Raster) 구조
③ 위상(Topology) 구조
④ 그리드(Grid) 구조

해설

위상모형

1. 위상구조
   공간관계를 명시하는 것으로 선의 방향, 다각형 간의 상대적인 위치관계, 점과 점, 점과 선의 거리 또는 선의 구성에 따른 각 절점의 연결성 등을 정의하는 것이다.

2. 위상정립
   점, 선, 면 각각에 대한 상호 관계가 기록된 테이블이 구성되어야 하며, 이를 위해 면위상, 점위상, 선위상, 선좌표 테이블 등의 종합적인 정보가 필요하다.

3. 장·단점
   • 장점
     − 인접성 분석이나 연결성 분석 등의 공간분석 가능
     − 공간분석의 신속성
   • 단점
     − 위상구조 편집 과정에서 기간과 비용의 과다 투입
     − 자료구조가 복잡함(모든 다각형이 완벽한 폴리곤이 되어야 함)

12 인공위성영상으로부터 벡터구조의 토지이용분류도를 작성하여 저장하기 위한 순서를 바르게 나타낸 것은? [2013년 기사 1회]

⊙ 전처리 과정을 통한 영상의 노이즈 제거
ⓒ 벡터구조로의 변환
ⓒ 위상 정립
ⓔ 격자구조의 토지이용도 작성
ⓜ 대상지역과 동일한 좌표계로 맞추기 위한 좌표변환
ⓗ 감독분류 또는 무감독분류방법에 의한 토지이용의 분류
ⓢ 공간데이터베이스 내에 저장

① ㉠ - ㉢ - ㉣ - ㉣ - ㉡ - ㉢ - ㉣
② ㉠ - ㉣ - ㉣ - ㉡ - ㉢ - ㉢ - ㉣
③ ㉠ - ㉢ - ㉡ - ㉢ - ㉣ - ㉣ - ㉣
④ ㉠ - ㉣ - ㉣ - ㉢ - ㉢ - ㉡ - ㉣

해설

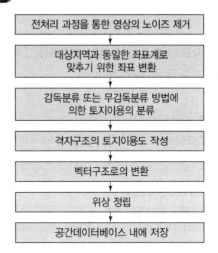

13 데이터베이스 디자인 단계의 순서가 옳은 것은?

[2013년 기사 1회]

① DB 목적 정의
② DB 테이블 정의
③ DB 필드 정의
④ 테이블 간의 관계 정의

① ①-②-③-④
② ①-③-②-④
③ ①-④-②-③
④ ①-④-③-②

해설

데이터베이스 디자인 단계의 순서

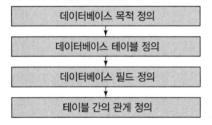

```
데이터베이스 목적 정의
        ↓
데이터베이스 테이블 정의
        ↓
데이터베이스 필드 정의
        ↓
테이블 간의 관계 정의
```

14 자료의 표준화에 많이 사용되는 "자료에 대한 자료"를 뜻하는 용어는?

[2013년 기사 1회]

① 검증데이터
② 메타데이터
③ 표준데이터
④ 메가데이터

해설

메타데이터(Meta data)

• 수록된 데이터의 내용, 품질, 조건 및 특징 등을 저장한 데이터로서 데이터에 관한 데이터 즉, 데이터의 이력서라 할 수 있다.
• 메타데이터는 작성한 실무자가 바뀌더라도 변함없는 데이터의 기본체계를 유지하게 함으로써 시간이 지나도 일관성 있는 데이터를 사용자에게 제공이 가능하도록 하며, 데이터를 목록화하기 때문에 사용상의 편리성을 도모한다.
• 따라서 메타데이터는 정보의 공유를 극대화하며 데이터의 원활한 교환을 지원하기 위한 프레임을 제공한다.

• 미국 연방지리정보위원회(FGDC)에서는 디지털 지형공간 메타데이터에 관한 내용표준(Content Standard for Digital Geospatial Metadata)을 정하고 있는데 여기에서는 메타데이터의 논리적 구조와 내용에 관한 표준을 정하고 있다.
• 현재 메타데이터의 표준으로 사용되고 있는 것은 미국의 FGDC(Federal Geographic Data Committe : 미국연방지리위원회)표준, ISO/TC211표준(International Organization for Standard)/Technical Committe 211 : 국제표준기구 GIS 표준기술위원회), CEN/TC287(유럽표준화기구) 표준 등을 들 수 있다.

메타데이터의 기본 요소

必 암기 │ ⑤⑫⑫⑧⑩⑩⑩⑩⑩⑩ ⑩⑩⑩⑩⑩⑩

제1장	**식**별정보 (identification information)	인용, 자료에 대한 묘사, 제작시기, 공간영역, 키 워드, 접근제한, 사용제한, 연락처 등
	개요 및 ㉎료소개 (Identification)	수록된 데이터의 명칭, 개발자, 데이터의 지리적 영역 및 내용, 다른 이용자의 이용가능성, 가능한 데이터의 획득방법 등을 위한 규칙이 포함된다.
제2장	**자**료의 질 정보 (data quality information)	속성정보 정확도, 논리적 일관성, 완결성, 위치정보 정확도, 계통(lineage) 정보 등
	자㉤ 품질 (Quality)	자료가 가진 위치 및 속성의 정확도, 완전성, 일관성, 정보의 출처, 자료의 생성방법 등을 나타낸다.
제3장	**공**간자료 구성정보 (spatial data organization information)	간접 공간참조자료(주소체계), 직접 공간참조자료, 점과 벡터객체 정보, 위상관계, 래스터 객체 정보 등
	자료의 ㉱성 (Organization)	자료의 코드화(Encoding)에 이용된 데이터 모형(백터나 격자 모형 등), 공간상의 위치 표시방법(위도나 경도를 이용하는 직접적인 방법이나 거리의 주소나 우편번호 등을 이용하는 간접적인 방법 등)에 관한 정보가 서술됨

정답 | 13 ① 14 ②

제4장	공간**좌**표정보 (spatial reference information)	평면 및 수직 좌표계
	공간참**조**를 위한 정보 (Spatial Reference)	사용된 지도 투영법, 변수 좌표계에 관련된 제반 정보 를 포함
제5장	사**상**과 속성정보 (entity & attribute information)	사상타입, 속성 등
	형**식** 및 속성 정보 (Entity & Attribute Informatioin)	수록된 공간 객체와 관련된 지리정보와 수록방식에 관 하여 설명
제6장	배**포**정보 (distribution information)	배포자, 주문방법, 법적 의 무, 디지털 자료형태 등
	정**보** 획득 방법	정보의 획득과 관련된 기관, 획득 형태, 정보의 가격에 대한 사항
제7장	메**타**데이터 참조정보 (metadata reference information)	메타데이타 작성 시기, 버 전, 메타데이터 표준이름, 사용제한, 접근 제한 등
	참**조**정보 (Metadata Reference)	메타데이터의 작성자 및 일 시 등을 포함
제8장	인**용**정보 (citation information)	출판일, 출판시기, 원 제작 자, 제목, 시리즈 정보 등
제9장	제**작**시기 (time period information)	일정시점, 다중시점, 일정 시기 등
제10장	연**락**처 (contact information)	연락자, 연락기관, 주소 등

15 데이터 교환을 위해 개발된 포맷이 아닌 것은?

[2013년 기사 1회]

① SDTS   ② VPF

③ DIGEST   ④ DLG

해설

- SDTS(Spatial Date Transfer Standard : 공간자료 교환표준)

  공간자료 교환표준(Spatial Data Transfer Standard, SDTS)은 공간자료를 서로 다른 컴퓨터 시스템 간에 정보의 누락 없이 자료를 주고받을 수 있게 해주는 방법이다. 이는 자료 교환표준으로서 공간자료, 속성,

위치체계, 자료의 질, 자료 사전, 기타 메타데이터 등을 모두 포함하는 표준이다.

- DIGEST(Digital Geographic Information Exchange STandard : 수치지리정보 교환 표준)

  DIGEST는 NATO 국가들 중심으로 군사적 목적으로 만든 교환 표준으로 미 국방성의 지도 제작 기관인 NIMA(National Imagery Mapping Agency)에 의한 군사용 지도교환 포맷으로부터 발전하였다.

- VPF(Vector Product Format : 벡터 산출물 형식)

  VPF는 대규모 지리정보 데이터베이스를 위한 표준 포맷, 구조, 구성으로서 지리관계형 자료모형을 기반으로 하여 직접 접근이 가능하다. 미국 NIMA에서 개발한 데이터 교환 포맷으로 현재 NATO 표준 포맷으로 사용된다.

- DLG 파일 형식(Digital Line Graphic)

  U.S Geological Survey에서 지도학적 정보를 표현하기 위해 고안한 디지털 벡터 파일 형식

16 지리정보시스템의 필요성에 대한 설명으로 옳지 않은 것은?

[2013년 기사 1회]

① 자료중복조사 방지 및 분산관리를 위한 측면

② 행정환경 변화의 수동적 대응을 하기 위한 측면

③ 통계담당 부서와 각 전문부서 간의 업무의 유기적 관계를 갖기 위한 측면

④ 시간적, 공간적 자료의 부족, 개념 및 기준의 불일치로 인한 신뢰도 저하를 해소하기 위한 측면

해설

지리정보시스템의 필요성

- 계획요소의 지리적 분포
- 통계분석의 가시적 표시 및 변화추출을 할 수 있는 행정업무지원체계
- 자료중복조사 방지 및 분산관리를 위한 측면
- 통계담당 부서와 각 전문부서 간의 업무의 유기적 관계를 갖기 위한 측면
- 시간적, 공간적 자료의 부족, 개념 및 기준의 불일치로 인한 신뢰도 저하를 해소하기 위한 측면
- 지리정보시스템은 행정환경변화의 능동적 대응

정답 | 15 ④   16 ②

17 GIS의 공간분석에서 선형의 공간객체 특성을 이용한 네트워크(Network) 분석 기능과 거리가 먼 것은?

[2013년 기사 2회]

① 도로나 하천 등 선형의 관거에 걸리는 부하의 예측
② 하나의 지점에서 다른 지점으로 이동 시 최적 경로의 선정
③ 창고나 보급소, 경찰서, 소방서와 같은 주요 시설물의 위치 선정
④ 특정 주거지역의 면적 산정과 인구 파악을 통한 인구밀도의 계산

해설

네트워크 분석

- 현실 세계에는 사람, 에너지, 물자, 정보 등의 흐름을 가능하게 하는 도로, 케이블, 파이프라인 등의 하부구조(Infrastructure)가 존재하는데 이러한 하부구조는 GIS 분석 과정에서 네트워크 모델링 가능
- 일반적으로 네트워크는 점사상인 노드와 선사상인 링크로 구성(노드에는 도로의 교차점, 퓨즈, 스위치, 하천의 합류점 등이 포함될 수 있음)
- 네트워크 분석을 통해 다음과 같은 분석이 가능
  - 최단경로 : 주어진 기원지와 목적지를 잇는 최단거리의 경로분석
  - 최소비용경로 : 기원지와 목적지를 연결하는 네트워크상에서 최소의 비용으로 이동하기 위한 경로를 탐색
  - 차량 경로 탐색과 교통량 할당 문제 등의 분석

18 벡터 데이터 모델의 특징으로 옳지 않은 것은?

[2013년 기사 2회]

① 공간해상도에 좌우되지 않는다.
② 속성정보의 입력, 검색, 갱신이 용이하다.
③ 실설계의 이산적 현상의 표현에 효과적이다.
④ 항공영상, 위성영상 등 디지털 자료를 저장할 때 사용한다.

해설

	래스터 데이터 必 암기 ㉞㉵이 ㉰㉱하여 ㉩을 세워야 ㉭㉴㉵이 ㉯하지 않는다.	벡터 데이터
장점	• 자료구조가 간단하다. • 여러 레이어의 중첩이나 분석이 용이하다. • 자료의 조작과정이 매우 효과적이고 수치영상의 질을 향상시키는 데 매우 효과적이다. • 수치이미지 조작이 효율적이다. • 다양한 공간적 편의가 격자의 크기와 형태가 동일한 까닭에 시뮬레이션이 용이하다.	• 래스터 자료에 비하여 훨씬 압축되어 간결한 형태이다. • 위상관계를 입력하기가 용이하여 위상관계 정보를 요구하는 분석에 효과적이다. • 수작업에 의하여 완성된 도면과 거의 비슷한 형태의 도형을 제작하는 데 적합하다. • 지형학적 자료를 필요로 하는 경우 망조직분석에 매우 효과적이다.
단점	• 압축되어 사용되는 경우가 드물며 지형관계를 나타내기가 훨씬 어렵다. • 주로 격자형의 네모난 형태로 가지고 있기 때문에 수작업에 의해서 그려진 완화된 선에 비해서 미관상 매끄럽지 못하다. • 위상정보의 제공이 불가능하므로 관망해석과 같은 분석기능이 이루어질 수 없다. • 좌표변환을 위한 시간이 많이 소요된다.	• 격자형보다 훨씬 복잡한 구조를 가지고 있다. • 중첩기능을 수행하기가 어렵고 공간적 편의를 나타내기가 비효율적이다. • 수치 이미지 조작이 비효율적이다. • 자료의 조작과 영상의 질을 향상시키는 데 효과적이지 못하다.

정답 | 17 ④ 18 ④

19 (   )에 들어갈 알맞은 단어로 짝지어진 것은?

[2013년 기사 2회]

> GIS는 (   )에 관련된 문제들을 해결하기 위해 (   )를 이용하고 관리하기 위한 컴퓨터 기반의 체계를 의미한다.

① 국토개발, 지형도
② 공간, 지리자료
③ 지리정보, GPS
④ 지도제작, 토지정보

해설

지리정보체계(Geographic Information System ; GIS)
지리정보체계는 지구상의 모든 지점에 관련된 현상과 관계된 정보를 처리하는 지리정보체계로서 지리정보를 효과적으로 수집, 저장, 조작, 분석, 표현할 수 있도록 서로 유기적으로 연계된 컴퓨터의 하드웨어, 소프트웨어, 자료기반 및 인적 자원의 결합체라 할 수 있다.

20 지형공간정보체계의 데이터베이스 구조가 아닌 것은?

[2013년 기사 2회]

① 관계(Relational) 구조
② 계층(Hierarchical) 구조
③ 관망(Network) 구조
④ 3차원(3 − Dimensional) 구조

해설

데이터베이스 모델
• 평면파일구조 : 모든 기록들이 같은 자료 항목을 가지며 검색자에 의해 정해지는 자료 항목에 따라 순차적으로 배열된다.
• 계층형 구조 : 여러 자료 항목이 하나의 기록에 포함되고, 파일 내의 각각의 기록은 각기 다른 파일 내의 상위 계층의 기록과 연관을 갖는 구조로 이루어져 있다.
• 망구조 : 다른 파일 내에 있는 기록에 접근하는 경로가 다양하고 기록들 사이에 다양한 연관이 있더라도 반복하여 자료 항목을 생성하지 않아도 된다는 것이 장점이다.

• 관계구조 : 자료 항목들은 표(Table)라고 불리는 서로 다른 평면구조의 파일에 저장되고 표 내에 있는 각각의 사상(Entity)은 반복되는 영역이 없는 하나의 자료 항목 구조를 갖는다.

21 파일 헤더에 위치참조 정보를 가지고 있으며 GIS 데이터로 주로 사용하는 래스터 파일 형식은?

[2014년 기사 1회]

① BMP
② GeoTIFF
③ GIF
④ JPG

해설

래스터 파일 형식의 분류

일반적인 래스터 파일 포맷	ASCII, IEEE
래스터 자료 상호교환 포맷	GeoTIFF
래스터 자료 압축 포맷	RLC, GIF, JPEG
원격탐사 이미지 포맷	BSQ, BIP, BIL
특정 GIS 소프트웨어 고유 포맷	모든 래스터 기반의 GIS 소프트웨어 패키지는 자신의 고유 파일 포맷을 가짐

22 건축, 전기, 설비, 통신 등 도면 자동화를 통해 구축된 수치지도를 바탕으로 지상 및 지하의 각종 시설물을 시스템상에 구축하여 지원하는 시스템은?

[2014년 기사 1회]

① AM(Automated Mapping)
② TIS(Transportation Information System)
③ FM(Facility Management)
④ KML(Keyhole Markup Language)

정답 | 19 ② 20 ④ 21 ② 22 ③

해설

교통정보시스템 : TIS	육상·해상·항공교통의 관리, 교통계획 및 교통영향평가 등에 활용
도면자동화 및 시설물관리시스템 : AM / FM	도면작성 자동화, 상하수도 시설관리, 통신시설관리 등에 활용
측량정보시스템 : SIS	측지정보, 사진측량정보, 원격탐사정보를 체계화하는 데 활용

23 GIS에서 사용되는 벡터모델의 기본 요소가 아닌 것은?　[2014년 기사 1회]

① Grid
② Line
③ Point
④ Polygon

해설

벡터 자료구조는 기호, 도형, 문자 등으로 인식할 수 있는 형태를 말하며 객체들의 지리적 위치를 크기와 방향으로 나타낸다.

점 (Point)	점은 차원이 존재하지 않으며 대상물의 지점 및 장소를 나타내고 기호를 이용하여 공간형상을 표현한다.
선 (Line)	선은 가장 간단한 형태로 1차원 대상물은 두 점을 연결한 직선이다. 대축척(면사상), 소축척(선사상)으로 지적도, 임야도의 경계선을 나타내는 데 효과적이다. Arc, String, Chain이라는 다양한 용어로도 사용된다. • Arc : 곡선을 형상하는 점들의 자취를 의미한다. • String : 연속적인 Line segments를 의미한다. • Chain : 시작노드와 끝노드에 대한 위상정보를 가지며 자취꼬임이 허용되지 않은 위상 기본요소를 의미한다.
면 (Polygon)	면은 경계선 내의 영역을 정의하고 면적을 가지며, 호수, 삼림을 나타낸다. 지적도의 필지, 행정구역이 대표적이다.

24 도형자료 중 래스터(Raster) 형태의 특징으로 옳지 않은 것은?　[2014년 기사 2회]

① 격자의 크기 조절로 자료용량의 조절이 가능하다.
② 자료의 데이터구조가 매우 복잡하며, 자료생성이 어렵다.
③ 다양한 공간적 편의가 격자 형태로 나타나며, 자료의 조작 과정이 용이하다.
④ 래스터 자료는 주로 네모난 형태를 가지기 때문에 벡터 자료에 비해 미관상 매끄럽지 못하다.

해설

구분	벡터 자료	래스터 必암기 간첩이 자수하여 국을 세워야 사지선이 상하지 않는다.
장점	• 복잡한 현실세계의 묘사가 가능하다. • 보다 압축된 자료구조를 제공하며 따라서 데이터 용량의 축소가 용이하다. • 위상에 관한 정보가 제공되므로 관망분석과 같은 다양한 공간분석이 가능하다. • 그래픽의 정확도가 높다. • 그래픽과 관련된 속성정보의 추출 및 일반화, 갱신 등이 용이하다.	• 자료구조가 간단하다. • 여러 레이어의 중첩이나 분석이 용이하다. • 자료의 조작과정이 매우 효과적이고 수치영상의 질을 향상시키는 데 매우 효과적이다. • 수치이미지 조작이 효율적이다. • 다양한 공간적 편의가 격자의 크기와 형태가 동일한 까닭에 시뮬레이션이 용이하다.
단점	• 자료구조가 복잡하다. • 여러 레이어의 중첩이나 분석에 기술적으로 어려움이 수반된다. • 각각의 그래픽 구성요소는 각기 다른 위상구조를 가지므로 분석에 어려움이 크다.	• 압축되어 사용되는 경우가 드물며 지형관계를 나타내기가 훨씬 어렵다. • 주로 격자형의 네모난 형태로 가지고 있기 때문에 수작업에 의해서 그려진 완화된 선에 비해서 미관상 매끄럽지 못하다.

• 그래픽의 정확도가 높은 관계로 도식과 출력에 비싼 장비가 요구된다.	• 위상정보의 제공이 불가능하므로 관망해석과 같은 분석기능이 이루어질 수 없음 • 좌표변환을 위한 시간이 많이 소요됨

해설

불규칙삼각망(TIN : Trianglulated Irregular Network)은 불규칙하게 배치되어 있는 지형점으로부터 삼각망을 생성하여 삼각형 내의 표고를 삼각평면으로부터 보간하는 DEM의 일종이다. 벡터위상구조를 가지며 다각형 Network를 이루고 있는 순수한 위상구조와 개념적으로 유사하다.

25 지리정보시스템의 자료구조 중 자료를 부호화하는 데 있어서 간단한 자료구조를 가지고 있고 중첩에 대한 조작 및 분석이 용이하여 매우 효과적인 것은? [2014년 기사 2회]

① 외부 데이터　　② 내부 데이터
③ 래스터 데이터　　④ 벡터 데이터

해설

래스터 자료구조는 매우 간단하며 일정한 격자 간격의 셀이 데이터의 위치와 그 값을 표현하므로 격자 데이터라고도 한다. 도면을 스캐닝하여 취득한 자료와 위상영상 자료들에 의하여 구성된다. 래스터 구조는 구현의 용이성과 단순한 파일구조에도 불구하고 정밀도가 셀의 크기에 따라 좌우되며 해상력을 높이면 자료의 크기가 방대해진다. 각 셀들의 크기에 따라 데이터의 해상도와 저장 크기가 달라지게 되는데 셀 크기가 작으면 작을수록 보다 정밀한 공간현상을 잘 표현할 수 있다.

26 GIS의 자료구조에 대한 설명 중 틀린 것은?
[2014년 기사 2회]

① 점은 하나의 노드로 구성되어 있고, 노드의 위치는 좌표를 표현한다.
② 선은 2개의 노드와 수 개의 버텍스(Vertex)로 구성되어 있고, 노드 혹은 버텍스는 체인으로 연결된다.
③ 면은 하나 이상의 노드와 수 개의 버텍스로 구성되어 있고, 노드 혹은 버텍스는 체인으로 연결된다.
④ TIN은 연속적인 삼각면으로 지표면을 표현하는 것으로 각 삼각면의 중앙점에서 해당 지점의 고도값을 표현한다.

27 공간 분석용 데이터 중 네트워크 데이터와 가장 거리가 먼 것은? [2014년 기사 3회]

① 도로망도　　② 도시계획도
③ 상·하수도　　④ 항공노선도

해설

Network(네트워크, 통신망)
• 기능(즉, 응용프로그램과 처리)과 자원(즉, 자료)을 공유할 수 있도록 연결된 둘 또는 그 이상의 컴퓨터의 구성
• 지리자료의 데이터베이스에서 도로와 같은 선형 형상의 시스템을 말함

28 지리정보시스템의(GIS)의 일반적인 구성요소가 아닌 것은? [2014년 기사 3회]

① 컴퓨터 하드웨어　　② 컴퓨터 소프트웨어
③ 모바일 네트워크　　④ 공간 데이터베이스

해설

GIS의 구성 요소는 인간의 생활에 필요한 토지정보를 효율적으로 활용하기 위한 지형공간 정보체계는 자료의 입력과 확인, 자료의 저장에 필요한 하드웨어, 소프트웨어, 데이터베이스, 조직과 인력으로 구성된다.

정답 | 25 ③　26 ④　27 ②　28 ③

29 다음은 지리정보시스템(GIS)의 구성 요소 중 무엇에 대한 설명인가? [2015년 기사 1회]

- GIS 데이터의 구축, 조작을 포함한 대부분의 기능을 수행한다.
- GIS 업무를 수행하기 위해 전산기에 내려지는 명령어의 집합을 말한다.

① 소프트웨어   ② 하드웨어
③ 네트워크   ④ 자료

해설

소프트웨어(Software)
- 토지정보체계의 자료를 입력, 출력, 관리하기 위해 프로그램인 소프트웨어가 반드시 필요하며, 자료입력 및 검색을 위한 입력 소프트웨어, 입력된 각종 정보를 저장 및 관리하는 관리 소프트웨어 그리고 데이터베이스의 분석결과를 출력할 수 있는 출력 소프트웨어로 구성된다.
- 각종 정보를 저장·분석·출력할 수 있는 기능을 지원하는 도구로서 정보의 입력 및 중첩 기능, 데이터베이스 관리 기능, 질의 분석, 시각화 기능 등의 주요 기능을 갖는다.

30 지리정보시스템(GIS)의 일반적인 자료처리 단계를 순서대로 바르게 나열한 것은? [2015년 기사 3회]

① 자료의 수치화−자료조작 및 관리−응용·분석−출력
② 자료조작 및 관리−자료의 수치화−응용·분석−출력
③ 자료의 수치화−응용·분석−자료조작 및 관리−출력
④ 자료조작 및 관리−응용·분석−자료의 수치화−출력

해설

지리정보시스템(GIS)의 일반적인 자료처리 단계
자료의 수치화−자료조작 및 관리−응용·분석−출력

31 지리정보시스템(GIS)을 구축하고 활용하기 위한 기본적인 구성 요소를 세 가지로 구분할 때 거리가 먼 것은? [2015년 기사 3회]

① 공간분석기술   ② 공간데이터베이스
③ 소프트웨어   ④ 하드웨어

해설

- **지리정보시스템(GIS) 3대 구성 요소**: 공간데이터베이스, 하드웨어, 소프트웨어
- **지리정보시스템(GIS) 5대 구성 요소**: 공간데이터베이스, 하드웨어, 소프트웨어, 인적 자원, 방법

32 2차원 벡터 자료와 래스터 자료를 비교 설명한 것으로 옳지 않은 것은? [2012년 산업기사 2회]

① 래스터 자료구조가 단순하다.
② 래스터 자료는 환경 분석에 용이하다.,
③ 벡터 자료는 객체의 정확한 경계선 표현이 용이하다.
④ 래스터 자료도 벡터 자료와 같이 위상을 가질 수 있다.

해설

구분	래스터 자료 [必 암기] 간첩이 자수하여 공을 세워야 사지선이 상하지 않는다.	벡터 자료
장점	• 자료구조가 간단함 • 여러 레이어의 중첩이나 분석이 용이 • 자료의 조작과정이 매우 효과적이고 수치영상의 질을 향상시키는 데 매우 효과적 • 수치이미지 조작이 효율적 • 다양한 공간적 편의가 격자의 크기와 형태가 동일한 까닭에 시뮬레이션이 용이	• 압축되어 간결(래스터보다) • 지형학적 자료를 필요로 하는 망조직 분석에 효과적 • 지도와 거의 비슷한 도형 제작에 적합 • 위상관계정보를 요구하는 분석에 효과적

정답 | 29 ① 30 ① 31 ① 32 ④

단점	• 압축되어 **사**용되는 경우가 드물며 **지**형관계를 나타내기가 훨씬 어려움 • 주로 격자형의 네모난 형태로 가지고 있기 때문에 수작업에 의해서 그려진 완화된 **선**에 비해서 미관상 매끄럽지 못함 • **위상**정보의 제공이 불가능하므로 관망해석과 같은 분석기능이 이루어질 수 없음 • 좌표변환을 위한 시간이 많이 소요됨	• 복잡한 자료구조 • 중첩기능을 수행하기가 어려움 • 자료의 조작 과정이 비효과적 • 영상의 질을 향상시키는 데 비효과적 • 공간적 편의를 나타내는 데 비효과적

33 위상관계(Topological relationship)의 유형이 아닌 것은?

[2012년 산업기사 2회]

① 무결성(Integrity)
② 인접성(Proximity)
③ 포함관계(Containment)
④ 연결성(Connectivity)

해설

위상이란 전체의 벡터구조를 각각의 점, 선, 면의 단위원소로 분류하여 각각의 원소에 대하여 형상과 인접성, 연결성, 계급성에 관한 정보를 파악하고, 각종 도형 구조들의 관계를 정의함으로써, 각각 원소 간의 관계를 효율적으로 정리한 것이다.

34 래스터 자료 저장구조 중 아래 그림과 같은 저장방법은?

[2012년 산업기사 2회]

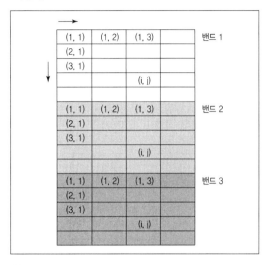

① BIL(Band interleaved by Line)
② BSQ(Band SeQuencal)
③ BIP(Band Interleaved by Pixel)
④ GeoTiff

해설

영상자료의 저장형식에는 BIL, BSQ, BIP 등이 있다.

• **BIL(Band Interleaved by Line) 형식 : 라인별 영상**
 − 한개 라인 속에 한 밴드 분광값을 나열한 것을 밴드순으로 정렬하고 그것을 전체 라인에 대해 반복한다.
 − {[(픽셀번호순), 밴드순], 라인번호순}
 − 픽셀마다 다중 스펙트럼 해석을 하거나 분류할 경우에 매우 편리하지만, 파일이 커지는 단점이 있다.
 − 밴드의 수가 적은 경우에는 좋지만 밴드가 많아지면 데이터량이 커져서 다루기 힘들다.
 − BSQ와 BIP의 장단점을 조정한 방법으로서 중간적 특징을 가지고 있다.

• **BIP(Band Interleaved by Pixel) 형식 : 픽셀별 영상**
 − 한 개 라인 중의 하나의 화소 분광값을 나열한 것을 그 라인의 전체 화소에 대해 정렬하고 그것을 전체 라인에 대해 반복한다.
 − [(밴드순, 픽셀번호순), 라인번호순]

• **BSQ(Band Sequential) 형식 : 밴드별 영상**
 − 밴드별로 이차원 영상데이터를 나열한 것이다.
 − {[(픽셀(화소)번호순), 라인번호순], 밴드순}

－밴드별로 영상을 출력할 때에는 편리하지만, 다중 스펙트럼 해석을 할 때에는 불편하다.

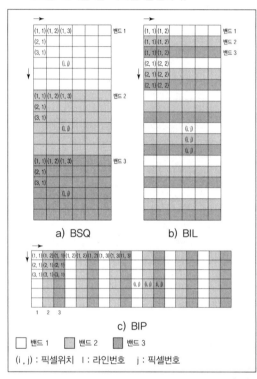

a) BSQ   b) BIL

c) BIP

☐ 밴드 1   ▨ 밴드 2   ▨ 밴드 3

(i , j) : 픽셀위치   I : 라인번호   j : 픽셀번호

[영상데이터의 포맷(3밴드의 경우)]

35 TIN의 구성 요소가 아닌 것은?

[2012년 산업기사 2회]

① 경계(Edges)
② 절점(Vertices)
③ 평면 삼각면(Faces)
④ 브레이크라인(Breaklines)

해설

자료구조

삼각망을 신속하게 검색하기 위하여 3가지 형태의 데이터 구조를 가지고 있다.

- Nodes : TIN을 구성하는 기본요소로 Z(H)값을 가지며, 모든 절점을 이용하여 삼각망이 구성된다.
- Edges : 삼각망을 구성하는 절점은 가장 가까운 절점끼리 연결되어 '변'을 구성한다.

- Triangle : X, Y, Z값을 갖는 세 개의 절점을 중심으로 구성된다.
- Hull : TIN을 구성하고 있는 모든 점을 포함하는 다각형이다.

36 래스터(또는 그리드) 저장 기법 중 셀 값을 개별적으로 저장하는 대신 각각의 변 진행에 대하여 속성값, 위치, 길이를 한 번씩만 저장하는 방법은?

[2012년 산업기사 2회]

① 사지수형 기법
② 블록코드 기법
③ 체인코드 기법
④ Run－length 코드기법

해설

래스터 자료 압축 방법

- Run－length 코드기법
  - 각 행마다 왼쪽에서 오른쪽으로 진행하면서 동일한 수치를 갖는 셀들을 묶어 압축시키는 방법이다.
  - Run이란 하나의 행에서 동일한 속성값을 갖는 격자를 말한다.
  - 동일한 속성값을 개별적으로 저장하는 대신 하나의 Run에 해당되는 속성값이 한 번만 저장되고 Run의 길이와 위치가 저장되는 방식이다.
- Quadtree 기법
  - Run－length 코드기법과 함께 많이 쓰이는 자료 압축 기법이다.
  - 크기가 다른 정사각형을 이용하여 Run－length 코드보다 더 많은 자료의 압축이 가능하다.
  - 전체 대상지역에 대하여 하나 이상의 속성이 존재할 경우 전체 지도는 4개의 동일한 면적으로 나누어지는데 이를 Quadrant라 한다.
- Block 코드기법
  - Run－length 코드기법에 기반을 둔 것으로 정사각형으로 전체 객체의 형상을 나누어 데이터를 구축하는 방법이다.
  - 자료구조는 원점으로부터의 좌표 및 정사각형의 한 변의 길이로 구성되는 세 개의 숫자만으로 표시가 가능하다.
- Chain 코드기법
  - 대상지역에 해당하는 격자들의 연속적인 연결 상태를 파악하여 동일한 지역의 정보를 제공하는 방법이다.

정답 | 35 ④   36 ④

－자료의 시작점에서 동서남북으로 방향을 이동하는 단위거리를 통해서 표현하는 기법이다.

37 메타데이터의 요소 중 데이터의 제목, 지리적 범위, 제작일 등을 나타내는 것은?

[2012년 산업기사 2회]

① 식별정보　　　　② 품질정보
③ 공간정보　　　　④ 속성정보

해설

메타데이터

• 메타데이터는 실제 Data는 아니나 Data의 내용, 품질, 조건 및 특성 등을 저장한 Data로 Data에 대한 Data, 즉 Data의 이력을 의미한다.

• 기본 요소
－개요 및 자료 소개(식별정보) : Data 명칭, 개발자, 지리적 영역 및 내용 등
－자료 품질(품질정보) : 위치 및 속성의 정확도, 완전성, 일관성 등
－공간 참조를 위한 정보(공간정보) : 사용된 지도 투영법, 변수, 좌표계 등
－자료의 구성 : Data 모형(Raster 또는 Vector 등)
－형상 및 속성정보, 지리정보와 수록 방식
－정보획득 방법 : 관련된 기관, 획득 형태, 정보의 가격 등
－참조 정보 : 작성자, 일지 등 raster 자료 저장 구조

38 다음 중 건물(Building) 셰이프(Shape) 파일을 구성하고 있는 부분 파일이 아닌 것은?

[2012년 산업기사 2회]

① Building.shx　　　② Building.mdb
③ Building.dbf　　　④ Building.shp

해설

*.shp 파일을 구성하고 있는 부분파일은 총 6개로 구성되어 있다.
• *.DBF　　　　• *.PRJ
• *.SBN　　　　• *.SBX
• *.SHP　　　　• *.SHX

MDB 파일은 Microsoft Database 파일이다.
• *.Dbf : 데이터베이스 파일
• *.shx : 인덱스 파일
• *.shp : 좌표 파일

39 실세계의 현상들을 보다 정확히 묘사할 수 있으며 자료의 갱신이 용이한 자료관리체계는?

[2012년 산업기사 3회]

① 관계지향형 DBMS　② 종속지향형 DBMS
③ 객체지향형 DBMS　④ 관망지향형 DBMS

해설

DBMS 모형의 종류

분류	특징
H – DBMS (Hierarchical – DBMS) : 계급형 DBMS	트리구조의 모형으로서 가장 위의 계급을 Root(근원)라 하고 Root 역시 레코드 형태를 가지며 모든 레코드는 1 : 1 또는 1 : n의 관계를 갖는다. • 장점 －이해와 갱신이 쉬움 －다량의 자료에서 필요한 정보를 신속하게 추출할 수 있음 • 단점 －각각의 객체는 단 하나만의 근본 레코드를 가짐 －키필드가 아닌 필드에서는 검색이 불가능
R – DBMS (Relation – DBMS) : 관계형 DBMS	각각의 항목과 그 속성이 다른 모든 항목 및 그의 속성과 연결될 수 있도록 구성된 자료구조이다. • 장점 －테이블 내의 자료구성에 제한을 받지 않음 －수학적으로 안정됨 －수학적 논리성 적용 －모형의 구성이 단순함 • 단점 －기술적 난해도가 높음 －레코드 간의 관계 정립 시 시간이 많이 소요 －전반적인 시스템의 처리 속도가 늦음

정답 | 37 ① 　38 ② 　39 ③

분류	특징
OO - DBMS (Object Orientation - DBMS) : 객체지향형 DBMS	각각의 데이터를 유형별로 모듈화시켜 복잡한 데이터를 쉽게 처리시키는 최초 자료기반관리체계이다. • 장점 : 복잡한 데이터를 쉽게 처리 가능 • 단점 : 자료 간의 관계성 처리능력 감소
OR - DBMS(Object Relation - DBMS) : 객체지향관계형 DBMS	관계형 자료 기반은 자료 간의 복잡한 관계를 잘 정리해주긴 하지만 멀티미디어 자료를 처리하는 데 어려움이 있고, 반면에 객체지향 자료 기반은 복잡한 자료를 쉽게 처리해주는 대신 자료 간의 관계 처리에 있어서는 단점을 가지고 있다. 따라서 각각이 갖는 단점을 보완하고 장점을 부각시킨 자료 기반이 필요하게 되는데 이러한 자료 기반. 즉 객체지향 자료 기반과 관계형 자료 기반을 통합시킨 차세대 자료 기반을 OR - DBMS라 한다.

40 다음 벡터식 자료구조 중 선사상이 아닌 것은?
[2013년 산업기사 1회]

① 점(Point)   ② 아크(Arc)
③ 체인(Chain)   ④ 스트링(String)

해설

선(Line)
선은 가장 간단한 형태로 1차원 대상물은 두 점을 연결한 직선이다. 대축척(면사상), 소축척(선사상)으로 지적도, 임야도의 경계선을 나타내는 데 효과적이다. Arc, String, Chain이라는 다양한 용어로도 사용된다.
② Arc : 곡선을 형상하는 점들의 자치를 의미한다.
③ Chain : 시작노드와 끝노드에 대한 위상정보를 가지며 자체꼬임이 허용되지 않는 위상기본요소를 의미한다.
④ String : 연속적인 Line segments를 의미한다.

41 GIS 자료의 주요 검수 항목이 아닌 것은?
[2013년 산업기사 3회]

① 기하구조의 적합성
② 자료입력 기술자 등급
③ 위치 정확도
④ 속성 정확도

해설

GIS 자료의 주요 검수 항목
• 자료 입력과정 및 생성연혁 관리
• 자료 포맷
• 위치의 정확성
• 속성의 정확성
• 기하구조의 적합성
• 논리적 일관성
• 경계정합
• 문자 정확성
• 자료 최신성
• 완전성

42 다음 중 래스터 자료구조가 아닌 것은?
[2013년 산업기사 3회]

① 그리드(Grid)   ② 셀(Cell)
③ 선(Line)   ④ 픽셀(Pixel)

해설

래스터 자료구조는 동일한 크기의 셀의 격자에 의하여 공간현상을 표현하며 그리드(Grid), 셀(Cell) 또는 픽셀(Pixel)로 구성된 배열로서 어떤 위치의 격자의 값을 저장하고 연산하여 표현하는 방식이다. 반면 벡터 자료구조는 크기와 방향성을 가지고 있으며 점, 선, 면들을 이용하여 그들의 위치와 차원으로 정의된다.

정답 | 40 ① 41 ② 42 ③

43 래스터(Raster) 데이터의 구성요소로 옳은 것은?
[2014년 산업기사 1회]

① Point ② Pixel
③ Polygon ④ Line

해설

Raster data

래스터 데이터의 유형은 실세계 공간 형상을 일련의 Cell들의 집합으로 정의하고 표현한다. 즉, 격자형의 영역에서 X, Y축을 따라 일련의 셀들이 존재하며, 각 셀들의 속성값을 가지므로 이들 값에 따라 셀들을 분류하거나 다양하게 표현할 수 있다. 각 셀들의 크기에 따라 데이터의 해상도와 저장 크기가 달라지게 되는데 셀 크기가 작으면 작을수록 보다 정밀한 공간 현상을 잘 표현할 수 있다. 대표적인 래스터 데이터 유형으로는 인공위성에 의한 이미지, 항공사진에 의한 이미지 등이 있으며 또한 스캐닝을 통해 얻어진 이미지 데이터를 좌표정보를 가진 이미지(Geo-referenced image)로 바꿈으로써 얻어질 수 있다.

44 래스터 데이터(격자 자료) 구조에 대한 설명으로 옳지 않은 것은?
[2015년 산업기사 2회]

① 셀의 크기에 관계없이 컴퓨터에 저장되는 데이터의 용량은 항상 일정하다.
② 셀의 크기는 해상도에 영향을 미친다.
③ 셀의 크기에 의해 지리정보의 위치 정확성이 결정된다.
④ 연속면에서 위치의 변화에 따라 속성들의 점진적인 현상 변화를 효과적으로 표현할 수 있다.

해설

래스터 자료구조의 장·단점

必 암기 ㉕㉠이 ㉰㉣하여 ㉳을 세워야 ㉯㉯㉱이 ㉰하지 않는다.

- 장점
  - 자료구조가 간단하다.
  - 여러 레이어의 중첩이나 분석이 용이하다.
  - 자료의 조작과정이 매우 효과적이고 수치영상의 질을 향상시키는 데 매우 효과적이다.

- 수치이미지 조작이 효율적이다.
- 다양한 공간적 편의가 격자의 크기와 형태가 동일한 까닭에 시뮬레이션이 용이하다.
- 단점
  - 압축되어 사용되는 경우가 드물며 지형관계를 나타내기가 훨씬 어렵다.
  - 주로 격자형의 네모난 형태로 가지고 있기 때문에 수작업에 의해서 그려진 완화된 선에 비해서 미관상 매끄럽지 못하다.
  - 위상정보의 제공이 불가능하므로 관망해석과 같은 분석기능이 이루어질 수 없다.
  - 좌표변환을 위한 시간이 많이 소요된다.

45 벡터 데이터의 위상구조(Topology)에 관한 설명으로 옳지 않은 것은?
[2015년 산업기사 3회]

① 점, 선, 면으로 나타난 객체들 간의 공간관계를 파악할 수 있다.
② 다양한 공간현상들 간의 공간관계 정보를 크게 인접성(Adjacency), 연결성(Connectivity), 포함성(Containment)으로 구성한다.
③ 위상구조가 구축되면 데이터가 갱신될 때마다 새로운 위상구조가 구축되어 속성 테이블과 새로운 노드가 추가되거나 변경된다.
④ 위상구조를 완벽하게 갖춘 벡터 데이터로 가장 대표적인 것은 geoTIFF이다.

해설

위상구조의 특징

- 토지정보시스템에서 매우 유용한 데이터구조로서 점, 선, 면으로 객체 간의 공간관계를 파악할 수 있다.
- 벡터데이터의 기본적인 구조로 점으로 표현되며 객체들은 점들을 직선으로 연결하여 표현할 수 있다.
- 토폴로지는 폴리곤 토폴로지, 아크 토폴로지, 노드 토폴로지로 구분된다.
  - Arc : 일련의 점으로 구성된 선형의 도형을 말하며 시작점과 끝점이 노드로 되어 있다.
  - Node : 둘 이상의 선이 교차하여 만드는 점이나 아크의 시작이나 끝이 되는 특정한 의미를 가진 점을 말한다.

정답 | 43 ② 44 ① 45 ④

- Topology : 인접한 도형들 간의 공간적 위치관계를 수학적으로 표현한 것을 말한다.
- 점, 선, 폴리곤으로 나타낸 객체들이 위상구조를 갖게 되면 주변객체들 간의 공간상에서의 관계를 인식할 수 있다.
- 폴리곤 구조는 형상과 인접성, 계급성의 세 가지 특성을 지닌다.
- 관계형 데이터베이스를 이용하여 다량의 속성자료를 공간객체와 연결할 수 있으며 용이한 자료의 검색 또한 가능하다.
- 공간객체의 인접성과 연결성에 관한 정보는 많은 분야에서 위상정보를 바탕으로 분석이 이루어진다.
- 위상구조의 분석 : 각 공간객체 사이의 관계가 인접성, 연결성, 포함성 등의 관점에서 묘사되며, 스파게티모델에 비해 다양한 공간분석이 가능하다.
- *GeoTIFF : GIS 소프트웨어에서 사용하는 비압축 영상 포맷으로 TIFF 포맷에 지리적 위치를 저장할 수 있는 기능을 부여한 영상 포맷이며 래스터 자료구조이다.

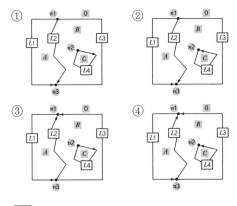

해설

위상은 점, 선, 면 각각에 대하여 위상테이블에 나누어 기록한다.
- 점은 각 점에서 연결되는 선을 기록한다.
- 선은 각 선의 시작점과 종료점을 기록한다.
- 면은 면을 형성하는 선을 기록한다.

46 표와 같은 위상구조 테이블에 적합한 데이터는?

[2012년 기사 2회]

polygon	arc 수	list of arc
A	2	-L1, L2
B	3	-L3, -L2, L4
C	1	-L4

arc	from node	to node	Left polygon	Right polygon
L1	n1	n3	A	0
L2	n1	n3	B	A
L3	n3	n1	B	0
L4	n2	n2	C	B

47 A집에 2명, B집에 1명, C집에 3명, D집에 4명 등 A, B, C, D 4개의 집에 총 10명의 사람이 살고 있다. 10명 전체가 모일 경우 사람들의 걸음을 최소로 할 수 있는 중간 지점 E의 좌표는? [단, 각 집의 위치 좌표는 A(1, 1), B(4, 3), C(6, 5), D(2, 7)]

[2011년 기사 1회]

① (3.2, 4.8) ② (3.25, 4.0)
③ (3.2, 4.0) ④ (3.25, 4.8)

해설

무게중심을 구하는 문제
A집에 2명 → (1, 1) (1, 1)
B집에 1명 → (4, 3)
C집에 3명 → (6, 5) (6, 5) (6, 5)
D집에 4명 → (2, 7) (2, 7) (2, 7) (2, 7)
X = 1+1+4+6+6+6+2+2+2+2 = 32,
32 / 10 = 3.2
y = 1+1+3+5+5+5+7+7+7+7 = 48,
48 / 10 = 4.8

정답 | 46 ② 47 ①

※ 별해

지점 E의 좌표를 (x, y)라 할 때 A, B, C, D 집에 있는
사람들의 최단 걸음이므로

$2(x-1)+(x-4)+3(x-6)+4(x-2)=0$

$2(y-1)+(y-4)+3(y-5)+4(y-7)=0$

$\therefore 10x=32, \ 10y=48$이므로

$\quad x=3.2, \ y=4.8$

데이터베이스

제1장 총론

제1절 개요

1. 데이터와 데이터베이스

(1) 데이터(자료, 資料)

① 정보 작성을 위해 필요한 자료를 말하며, 특정 목적으로 분류되거나 평가되지 않은 미가공된 사실들의 집합을 데이터라 한다.

② 컴퓨터에 의해 처리 또는 산출될 수 있는 정보의 기본 요소를 나타내는 것으로 데이터라는 말은 재료, 자료, 논거라는 뜻인 Datum의 복수형에서 유래하여, 디지털의 기본 단위로 쓰인다.

③ 디지털의 기본 단위인 데이터의 최소 단위는 비트이며, 디지털 데이터는 0과 1로 짜여진 배열이다. 디지털 데이터의 의미는 수치의 의도된 배열에서 만들어진다.

(2) 정보(Information, 情報)

① 자료를 처리하여 사용자에게 의미 있는 가치를 부여한 것이다.

② 즉, 데이터의 추출, 분석, 비교 등 처리절차를 통해 가공된 형태로, 의사결정을 할 수 있도록 의미를 부여한 데이터를 정보라 한다.

데이터(Data) → 처리(Process) → 정보(Information)

(3) 데이터베이스(DB ; Database)

① 여러 사람들이 공유하고 사용할 목적으로 통합 관리되는 정보의 집합이다.

② 논리적으로 연관된 하나 이상의 자료의 모음으로 그 내용을 고도로 구조화함으로써 검색과 갱신의 효율화를 꾀한 것이다.

③ 즉, 몇 개의 자료 파일을 조직적으로 통합하여 자료 항목의 중복을 없애고 자료를 구조화하여 기억시켜 놓은 자료의 집합체라고 할 수 있다.

(4) 데이터베이스 시스템(DBS ; DataBase System)

데이터를 데이터베이스로 저장하고 관리해서 필요한 정보를 생성하는 컴퓨터 중심의 시스템을 말한다.

(5) 데이터베이스 관리시스템(DBMS ; DataBase Management System)

사용자와 데이터베이스 사이에 위치하여 데이터베이스를 관리하고 사용자가 요구(데이터의 검색, 삽입, 갱신, 삭제, 데이터의 생성 등)하는 연산을 수행해서 정보를 생성해 주는 소프트웨어이다.

2. 데이터 분석

(1) 데이터 웨어하우징(Data Warehousing)

① 정의

㉠ 분산된 방대한 양의 데이터에 쉽게 접근하고 이를 활용할 수 있도록 하는 일련의 과정을 데이터 웨어하우징이라고 함

㉡ 의사결정을 지원하고 정보시스템이나 DSS(Decision Support System, 의사결정지원시스템)의 구축을 위해서 기구축된 데이터베이스를 분석하여 정보를 추출하는 데이터 웨어하우스 시스템을 구축하는 것

② 구성

㉠ 소스데이터를 추출하는 추출·가공·전송과정(ETT ; Extract Transformation Transportation)

㉡ 주제별로 통합된 데이터를 저장하는 데이터 웨어하우스

㉢ 소규모 데이터 웨어하우스인 데이터 마트

㉣ 메타데이터

◎ 질의 및 분석도구 등

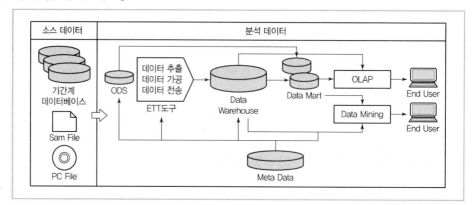

[데이터 웨어하우징 구성도]

> **TIP** 운영계 정보 저장소(ODS ; Operational Data Store)
>
> 트랜잭션(Transaction) : 데이터베이스에서 행해지는 작업의 논리적인 단위로, 동시성 제어와 회복의 기본 단위

(2) 데이터 웨어하우스(DW ; Data Warehouse)

① 정의

    ⊙ 사용자의 의사결정을 지원하기 위해 많은 데이터(Time Variant)를 사용자 관점에서 주제별로(Subject – Oriented) 통합하여 별도의 장소에 저장해 놓은 통합 데이터베이스

    ⓒ 디자인, 원시 데이터 추출 및 로딩, 데이터 스토어, 데이터 이용(OLAP), 웨어하우스 관리와 같은 프로세스를 지원하는 컴포넌트들의 유기적 연동을 통해 의사결정자에게 회사의 경쟁력을 높일 수 있는 주요한 정보를 적기에 제공하는 전략적 정보시스템

    ⓒ 데이터는 자료를, 웨어하우스는 창고를 뜻하는 영어 단어로, 데이터 웨어하우스는 여러 부문에서 수집된 모든 자료 또는 중요한 자료에 관한 중앙창고라고 할 수 있음

② 등장 배경

    ⊙ 데이터 웨어하우스의 출현은 분석정보에 대한 요구 증대와 이를 충족시킬 수 있는 컴퓨터 시스템의 성능 향상이 필요

    ⓒ 전사적으로 분석 정보들을 한 개의 데이터베이스에 통합하여 저장·관리해야 할 필요성 증대

ⓒ 컴퓨터의 성능 향상/MPP(Massively Parallel Processing) computers

ⓓ 데이터베이스관리시스템의 성능 향상/RDBMS terabytes capacity

TIP

대규모 병렬 컴퓨터(Massively Parallel Computer, MPP)
- 많은 독립적인 노드들이 고속의 네트워크로 서로 연결이 된 하나의 매우 커다란 분산 메모리 컴퓨터 시스템을 말함
- 각각의 독립적인 노드는 최소 하나의 프로세서와 자체 메모리로 구성되어 독립적인 운영체제로 운영되며, 이러한 컴퓨터 시스템은 병렬적으로 동작을 하는 여러 개의 독립적인 산술논리 장치나 완전한 마이크로프로세서들을 가지고 있음
- 프로세서가 메모리나 디스크를 공유하지 않고 노드들은 MPI(Message Passing Interface)와 같은 표준을 사용하여 메시지를 전달함으로써 통신함
- 모든 프로세싱 부품들이 연결되어 하나의 매우 커다란 컴퓨터가 되는데 이것은 독립적인 여러 컴퓨터들이 하나의 문제를 풀려고 하는 분산 컴퓨팅과 대비됨

SMP**와** MPP**의 비교**
- MPP는 한 개 이상의 프로세서와 운영체제, 메모리, 디스크로 구성된 독립적으로 운영되는 시스템을 여러 개 연결하여 만든 대형 컴퓨터 시스템인 반면, SMP는 두 개 이상의 프로세서가 메모리를 공유하여 사용하는 다중 프로세서 컴퓨터 또는 아키텍처를 말함
- SMP는 하나의 OS가 있고 모든 프로세서가 메모리를 공유하고 있기 때문에 프로그램이 쉬움. 그렇지만 프로세서가 많은 시스템을 만들 경우 메모리를 공유하기 때문에 병목현상이 발생하며, 따라서 하이퍼큐브 네트워크나 메시 상호연결 네트워크의 방법을 이용해야 함
- MPP는 다른 메모리에 있는 데이터를 사용하기 위해서는 MPI와 같은 메시지를 통해서 주고받아야 하는 복잡함이 있음. 또한 병렬화라는 특수한 개념의 프로그램 기법을 습득하여야 하기 때문에 프로그램이 어려운 단점을 지님
- MPP란 프로그램을 여러 부분으로 나누어 여러 프로세서가 각 부분을 동시에 수행시키는 것을 말함. 이때 각 프로세서는 각기 운영체계와 메모리를 따로 가지고 일을 수행하고 각 프로세서 간에는 메시지 패싱과 같은 기법을 이용하여 통신을 하며, 따라서 하나의 프로그램을 수행하는 데 수백 혹은 수천 개의 프로세서를 이용할 수 있음
- MPP의 성능을 제대로 발휘하려면, 프로그램을 독립적으로 수행하는 여러 부분으로 나누고, 각 프로세서가 다른 프로세서와 정보를 주고받는 일을 최대한 효율적으로 할 수 있는 하드웨어 구조와 이를 뒷받침하는 운영체계의 성능이 잘 조화를 이루어야 함
- 보통 MPP 시스템은 SMP와 비교하여 Loosely coupled 시스템이라 부르기도 함. MPP 시스템은 SMP 시스템에 비하여 여러 데이터베이스를 동시에 검색하는 의사결정시스템이나 데이터웨어하우징 시스템에서 보다 나은 성능을 나타내며, 같은 패턴이 반복되는 이미지 프로세싱에도 적합한 것으로 알려짐

③ 특징 <u>必</u> 암기 (su)(in)(ti)(no)

ⓐ 주제-중심적(subject-oriented) : 데이터베이스의 트랜잭션(Transaction) 업무처리에서는 데이터구조를 어플리케이션의 프로세스 중심으로 구축하지만, 데이터 웨어하우스는 일정한 주제 중심으로 구성

ⓑ 통합적(integrated) : 데이터 웨어하우스는 여러 유관 시스템의 내부 및 외부데이터를 통합하여 관리하므로 데이터의 중복 및 불일치성이 존재할 수 있음

ⓒ 시계열성(time-varing) : 데이터 웨어하우스는 현재 데이터뿐만 아니라 과거 데이터도 필요하므로 특정 시점을 기준으로 스냅샷 데이터를 가짐

ⓓ 비휘발성 · 비갱신성(non-volatile) : 데이터 웨어하우스는 특정 주제에 해당하는 특정 시점의 데이터가 로드되어 저장소에 적재되고 읽기 전용으로 사용됨

④ Data Warehouse(DW)의 요소 <u>必</u> 암기 (E)(O)(D)(Me)(Da)(O)(Da)

구분	내용
ETT/ETL	• Extract/Transformation/Transportation(추출/가공/전송) • Extract/Transformation/Load(추출/가공/로딩) • 데이터를 소스시스템에서 추출하여 DW에 Load시키는 과정
ODS	• Operational Data Store(운영계 정보 저장소) • 비즈니스 프로세스/AP중심적 데이터 • 기업의 실시간성 데이터를 추출, 가공, 전송을 거치지 않고 DW에 저장
DW DB	어플리케이션 중립적, 주제지향적, 불변적, 통합적, 시계열적 공유 데이터 저장소
MetaData	• DW에 저장되는 데이터에 대한 정보를 저장하는 데이터 • 데이터의 사용성과 관리 효율성을 위한 데이터에 대한 데이터
Data Mart	• 특화된 소규모의 DW(부서별, 분야별) • 특정 비즈니스 프로세스, 부서, AP중심적인 데이터 저장소
OLAP	최종 사용자의 대화식 정보분석도구, 다차원정보 직접 접근
Data Mining	• 대량의 데이터에서 규칙, 패턴을 찾는 지식 발견 과정 • 미래 예측을 위한 의미 있는 정보 추출

⑤ 데이터베이스와 데이터하우스의 비교

구분	Database	Data warehouse
정의	사용자의 업무처리를 위해 입력, 수정, 삭제, 검색의 트랜잭션을 발생시켜 데이터를 저장하는 것	의사결정지원을 위해 데이터를 가공, 적재하는 것
사용자	다수의 최종 사용자	관리자 및 비교적 소수 사용자
용도	실시간 업무 처리	의사결정 지원
데이터 범위	현 상태 데이터, Raw Data, 상세 데이터	• 현재 및 과거 데이터 • 집합/계층, 다차원 데이터
데이터 접근	Read/Write	Read, 주기적 Refresh
데이터 사용	정형화된 보고서, 반복적 사용	• 비정형화 보고서 • 일부 정형화된 보고서
데이터 구조	어플리케이션(업무) 중심	주제 중심

예제

다음 글이 설명하는 것은?   (11년 지방직)

- 주제 지향적이고, 통합적인 데이터의 집합체이다.
- 데이터의 시계열적 축적과 통합을 목표로 한다.
- 조직 내 의사결정 지원 인프라이다.

① 데이터 웨어하우스(Data warehouse)   ② 데이터 마이닝(Data mining)
③ 데이터 스트림(Data stream)   ④ 데이터 어드레스(Data address)

정답 ①

---

(3) 데이터 마이닝(Data mining)

① 정의 : 대용량의 데이터로부터 이들 데이터 내에 존재하는 관계(Relationship), 패턴(Pattern), 규칙(Rule) 등을 찾아 모형화함으로써 잠재된 의미정보 및 유용한 지식을 추출(Extract)하는 일련의 과정을 데이터 마이닝이라 한다. 즉, 데이터 마이닝이란 대량의 데이터로부터 규칙(Rule)이나 Pattern으로 표현할 수 있는 지식발견(Knowledge discovery) 과정을 의미한다.

② 데이터 마이닝의 필요성

   ⊙ 데이터 양은 급증하고 있으나 가치 있는 의미정보의 부족

   ⊙ 고도의 전문적인 의사결정시스템(DSS : Decision Support System)의 필요성 증가

   ⊙ DW(Data Warehouse) 확산에 따른 Data mining 마인드 확산

③ Data mining의 기능

예측	특정 개체의 미래 동작을 예측(Predictive Model)
묘사	사용자가 이용 가능한 형태로 표현(Descriptive Model)
검증	사용자 시스템의 가설 검증
발견	자율적, 자동적으로 새로운 패턴 발견

④ Data mining의 절차   必 암기 (Sam)(Se)(Da)(Pre)(Ex)(Tra)(Mo)(Re)(Vi)

Sampling/Selecting	표본추출/선택 : 방대한 양의 데이터로부터 모집단위 유형과 닮은 작은 양의 데이터 추출

⇩

Data Cleansing/Preprocessing	데이터 정제 및 전처리 : 데이터 일관성을 위해 오류 제거작업을 통한 데이터 무결성, 품질확보

⇩

Exploration/Transformation	탐색/변형 : 알고 있는 사실들을 확인, 수치화하여 수많은 변수들의 관계 파악(알고리즘 적용)

⇩

Modeling	모형화 : 앞서 선행된 단계의 주요 변수를 이용 다양한 모형 적용 단계

⇩

Reporting/Visualization	정보제공/가시화 : 사용자들이 보기 편하고 이해하기 쉬운 형태로 제공

예제

데이터베이스 내에서 패턴, 경향, 관계 등을 분석하여 가치 있는 정보를 추출하는 과정은?

(15년 지방직)

① Data automation　　　　　② Data dictionary
③ Data warehouse　　　　　④ Data mining

정답 ④

(4) 빅 데이터(Big Data)

① 정의 : 기존 데이터베이스 관리 도구로 데이터를 수집, 저장, 관리, 분석할 수 있는 역량을 넘어서는 대량의 정형 또는 비정형 데이터 집합 및 이러한 데이터로부터 가치를 추출(Extract)하고 결과를 분석하는 기술을 의미한다.

② Big Data의 요소(5V) 必암기 Ve Vo Va Va Ve

Velocity(데이터의 속도)	대용량 데이터를 빠르게 처리, 분석할 수 있는 속성
Volume(데이터의 크기)	비즈니스 및 IT 환경에 따른 대용량 데이터의 크기가 서로 상이한 속성
Variety(데이터의 다양성)	빅 데이터는 정형화되어 데이터베이스에 관리되는 데이터뿐 아니라 다양한 형태의 데이터의 모든 유형을 관리하고 분석함
Value(데이터의 가치)	단순히 데이터를 수집하고 쌓는 게 목적이 아니라 사람을 이해하고 사람에게 필요한 가치를 창출하면서 개인의 권리를 침해하지 않고 신뢰 가능한 진실성을 가질 때, 진정한 데이터 자원으로 기능할 수 있다는 의미
Veracity(데이터의 진실성)	개인의 권리를 침해하지 않고 신뢰 가능한 진실성을 가질 때, 진정한 데이터 자원으로 기능할 수 있다는 의미

③ Big Data의 특징

　㉠ 처리 복잡성 : 다양한 유형의 데이터 소스, 복잡한 처리 로직, 대량의 데이터 처리 등에 의해 복잡도가 증가되는 작업

　㉡ 방대한 데이터 양 : 대량의 정형, 비정형, 스트림 데이터를 장기적으로 분석하므로 방대한 데이터를 처리해야 함

　㉢ 분석의 유연성 : 대부분 빅 데이터를 신규로 구축하고 있기 때문에 기존 시스템의 파악이나 상호 호환성 등의 제약 부분에서는 유연한 분석 및 처리가 가능함

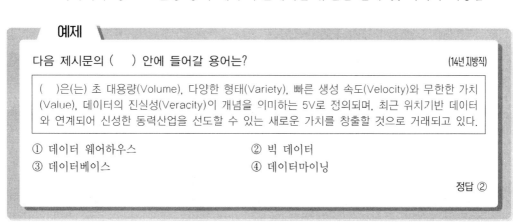

예제

다음 제시문의 (　) 안에 들어갈 용어는?　　　　　　　　　　　　　　　(14년 지방직)

(　)은(는) 초 대용량(Volume), 다양한 형태(Variety), 빠른 생성 속도(Velocity)와 무한한 가치(Value), 데이터의 진실성(Veracity)이 개념을 의미하는 5V로 정의되며, 최근 위치기반 데이터와 연계되어 신성한 동력산업을 선도할 수 있는 새로운 가치를 창출할 것으로 거래되고 있다.

① 데이터 웨어하우스　　　　　　　　② 빅 데이터
③ 데이터베이스　　　　　　　　　　　④ 데이터마이닝

정답 ②

TIP

ETT(Extraction Transformation Transportation)

데이터를 추출(Extraction)하여 가공(Transformation)하고 데이터 웨어하우스에 전송(Transportation)하여 로드(Load)하는 일련의 작업과정을 의미한다. 다시 말해서 데이터 웨어하우스를 만들기 위해 기존의 데이터를 변화 또는 변형 추출하는 과정을 통칭하여 ETT 혹은 ETL이라고 정의한다.

ODS(Operational Data Store, **운용데이터 저장소**)

• 분석을 위하여 운영계 시스템에서 현 시점의 데이터를 전체 혹은 일부를 추출하여 저장해 두는 데이터 영역을 말한다.
• 데이터웨어하우스(DW)의 잠정 영역에 속하는 데이터베이스 형태로, DW와는 달리 운용데이터 저장소(ODS)는 비즈니스 운용 과정에서 데이터가 현행화된다.
• DW가 대량의 데이터를 수반하는 복잡한 질의와 관계가 있다면, ODS는 소량의 데이터를 수반하는 질의를 수행하는 단기간 사용 메모리와 유사하다.
• 초기 ODS는 보고용 도구로 개발되어 사용되었으나 현재는 고객 관계 관리(CRM)로 개발되어 동기화를 통해 고객에게 지속적이고 조직적인 정보를 제공하는 데 사용되며, DW나 데이터 마트와 상호 작용 관계를 가지고 있다.

데이터 마트(Data Mart)

• 운영데이터나 기타의 다른 원천으로부터 수집된 데이터 저장소로서 데이터 마트의 설계는 사용자 요구 분석으로부터 시작하고, 데이터 웨어하우스는 이미 존재하는 데이터가 어떤 것인지와, 그러한 것들이 어떻게 수집될 수 있는지에 대한 분석으로부터 출발하는 경향이 있다.
• 데이터 웨어하우스는 데이터의 중앙 집합체이고, 데이터 마트는 데이터 웨어하우스 등으로부터 유도될 수 있는 데이터의 저장소로서 특별히 계획된 목적을 위해 접근의 용이성과 유용성을 강조한 것이다.
• 일반적으로 데이터 웨어하우스는 전략적이지만 다소 덜 다듬어진 개념이며, 데이터 마트는 전술적이며 당장의 요구에 부합하는 데에 목표를 두는 차이점이 있다.

OLAP(On-Line Analytical Processing)

• 사용자가 다양한 각도에서 직접 대화식으로 정보를 분석하는 과정을 말한다.
• OLAP 시스템은 단독으로 존재하는 정보시스템이 아니며, 데이터 웨어하우스나 데이터 마트와 같은 시스템과 상호 연관된다.
• 데이터 웨어하우스가 데이터를 저장하고 관리한다면, OLAP은 데이터 웨어하우스의 데이터를 전략적인 정보로 변환시키는 역할을 한다. OLAP은 기본적인 접근과 조회, 계산, 시계열, 복잡한 모델링까지도 가능하다.
• OLAP은 최근의 정보시스템과 같이 중간매개체 없이 이용자들이 직접 컴퓨터를 이용하여 데이터에 접근하는 데 있어 필수적인 시스템이라 할 수 있다.

OLTP(On-Line Transaction Processing)

• 컴퓨터와 통신 회선으로 접속되어 있는 복수의 사용자 단말에서 발생한 트랜잭션을 주 컴퓨터에서 처리하여 그 결과를 즉석에서 사용자 단말 측으로 되돌려 보내 주는 처리 형태를 말한다.

- 트랜잭션이란 단말에서 주 컴퓨터로 보내는 처리 단위 1회의 메시지로, 보통 여러 개의 데이터 베이스 조작을 포함하는 하나의 논리 단위이다. 예를 들어, 데이터베이스 내의 어떤 표의 수치를 변경하는 경우, 그 표와 관련된 다른 표의 수치도 변경하지 않으면 데이터 무결성(Data integrity)을 유지할 수 없다. 이런 경우에는 2개의 처리를 1개의 논리 단위로 연속해서 행해야 하는데, 이 논리 단위가 트랜잭션이다.
- 1개의 트랜잭션은 그 전체가 완전히 행해지든지, 아니면 전혀 행해지지 않든지 둘 중 하나여야 한다. 그 이유는 1개의 트랜잭션 처리 도중에 그 트랜잭션의 처리를 중지하면 데이터 무결성이 사라질 우려가 있기 때문이다. 이러한 온라인 트랜잭션 처리(OLTP)의 특성에 적합하게 개발된 컴퓨터가 내고장형 또는 무정지형 컴퓨터(FTC)이다.
- 이전에는 범용기 중심이던 OLTP 시스템을 유닉스에도 구축하게 되었는데, 유닉스용의 트랜잭션처리(TP) 모니터가 여러 가지 개발되어 있어서 성능과 가용성을 높이고 있다. 최근에는 업계 표준인 분산 컴퓨팅 환경(DCE)에 대응하는 TP 모니터 제품이 많이 출현하여 유닉스 기계에 기간 업무의 OLTP 시스템을 구축하는 경향이 늘고 있다.

제2절 자료의 단위와 자료구조

1. 자료의 단위

(1) 비트(bit)

① 이진법으로 나타내는 수를 뜻하는 binary digit의 줄임말로, 컴퓨터가 "정보를 처리하는 데이터의 최소 단위"를 말한다.

② 전기가 나간 상태, 즉 off 상태일 때를 '0', 전기가 들어온 상태, 즉 on 상태일 때를 '1'이라고 하면, 컴퓨터는 '0'과 '1'로써 모든 정보를 처리하여 나타내게 된다.

③ 이때 '켜짐(on)'이나 '꺼짐(off)', '0'이나 '1'로 표현되는 단위를 비트(bit)라고 하는 것이고, '0'과 '1'만을 사용하기 때문에 컴퓨터는 2진법을 사용한다는 것이다.

④ 1개의 bit는 2^1 즉, 2개의 정보를,

2개의 bit는 $2^2(=2 \times 2)$, 즉 4개를,

3개의 bit는 $2^3(=2 \times 2 \times 2)$, 즉 8개의 정보를

⋮

8bit로는 $2^8(=2 \times 2 \times 2 \times 2 \times 2 \times 2 \times 2 \times 2)$, 즉 모두 256가지의 정보를 나타낼 수 있는 것이다.

(2) 바이트(byte)

① 여러 개의 비트를 묶어 정보를 표시하게 되는데 이렇게 일정한 단위로 묶은 비트의 모임을 바이트(byte)라고 한다.

② bit가 8개 모인 묶음 하나를 1byte라고 한다. 즉, 8bit＝1byte이다.

③ 영문자 또는 숫자 한 개는 1byte이며 공란(Space) 한 칸도 1byte로 기억한다. 한글 및 한자는 한 글자가 2byte(＝16bit)이다.

④ 주소와 문자 표현의 최소단위이다.

(3) 니블(nibble)

① 1바이트의 절반으로 보통 4비트를 가리키는 컴퓨터 환경의 용어이다.

② 4비트로 이루어진 단어로 16진수의 수를 나타내는 데 사용한다.

③ 니블이 4비트가 포함되어 있어 16(24)이라는 값이 있다고 할 수 있으므로 니블은 하나의 십육진수와 일치한다. 그러므로 이를 Hex digit이라고 부르기도 한다.

(4) 워드(word)

① 중앙처리장치(CPU ; Central Processing Unit) 내부에서 명령을 처리하는 기본단위로 연산의 기본단위가 된다.

② 2개 이상의 byte의 모임이다.

③ Half Word＝2byte 모임, Full Word＝4byte 모임, Double Word＝8byte 모임을 의미한다.

(5) 필드(field)

① 레코드를 구성하는 각각의 항목에 관한 것을 의미한다.

② 여러 개의 field가 모여 record가 된다.

③ 파일을 구성하는 단위 중 최소의 논리적 단위이다.

④ 하나의 수치 또는 일련의 문자열로 구성되는 자료 처리의 최소단위이다.

(6) 레코드(record)

① 컴퓨터 데이터 처리에서 레코드란 프로그램에 의해 처리되기 위해 정렬된 데이터 항목의 집합이다.

② 하나의 주제에 관한 자료를 저장한다.

③ 하나 이상의 필드가 모여 구성되는 프로그램 처리의 기본단위이다.

(7) 파일(file)

① 프로그램 구성의 기본단위이다.

② 유사한 성질이나 관계를 가진 자료의 집합이다.

③ 서로 연관된 레코드들의 집합이다.

2. 자료구조

(1) 정의

① 컴퓨터의 기억 공간 내에서 자료의 표현 및 저장 방법과 그룹 내에서 존재하는 자료와 자료 간의 관계를 정의하기 위해 논리적인 알고리즘을 연구하는 분야를 자료구조라 한다.

② 자료구조는 스택, 큐, 데크, 배열 등의 선형구조와 트리, 그래프 등의 비선형구조로 분류할 수 있다.

(2) 선형구조

① 스택(Stack)

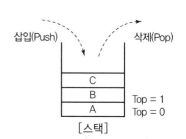

[스택]

ㄱ Stack 자료구조는 먼저 들어온 자료가 가장 나중에 소멸되는 선입후출(FILO : First In Last Out) 구조

ㄴ 가장 마지막에 삽입된 자료가 가장 먼저 삭제되는 후입선출(LIFO : Last In First Out) 구조

ㄷ 데이터의 삽입(저장)을 Push, 삭제(로드)를 Pop이라 함

ㄹ 데이터의 Push와 Pop가 Top이라 불리는 순서 리스터의 한쪽에서만 이루어짐

② 큐(Queue)

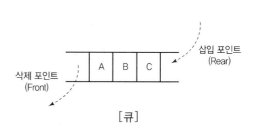

[큐]

ㄱ 스택과 달리 리스터의 한쪽 끝에서는 삽입 작업이 이루어지고 반대쪽 끝에서는 삭제 작업이 이루어져서 삽입된 순서대로 삭제되는 선입선출(FIFO : First In First Out) 구조

ㄴ Queue에서 가장 앞부분을 Front, 데이터가 존재하는 가장 뒷부분을 Real이라고 함

ㄷ 큐에 데이터를 넣는 작업을 Enqueue, 데이터를 빼는 작업을 Dequeue라고 함

③ 데크(Deque ; Double Ended QUEue)

    ㉠ 선형 리스터의 양쪽 끝에서 삽입 과 삭제가 가능한 자료구조

    ㉡ 스택과 큐를 이용함

[데크]

    ㉢ 입력은 한쪽에서, 출력은 양쪽에서 가능하게 하는 입력 제한 데크와 입력은 양쪽에서 출력은 한쪽에서 가능하게 하는 출력 제한 데크로 나뉨

④ 배열

    ㉠ 인덱스와 값의 쌍으로 표현된 집합을 의미

    ㉡ 배열의 요소들은 연속적인 기억장소에 각각 저장되는 동일한 데이터 타입으로 구성됨

예제

다음 글이 설명하는 컴퓨터 자료구조는?   (11년 지방직)

> 원소의 삽입과 삭제가 한쪽 끝인 톱(top)에서만 이루어지도록 제한하는 특별한 형태의 자료구조이다. 이 자료구조는 가장 나중에 삽입한 원소를 가장 먼저 삭제하는 특성 때문에 후입선출 리스트라고 한다.

① 큐(Queue)   ② 트리(Tree)
③ 스택(Stack)   ④ 그래프(Graph)

정답 ③

---

(3) 비선형구조

① 트리(Tree)

    ㉠ 노드와 간선으로 구성됨

    ㉡ 사이클이 존재하지 않는 비순환 그래프

    ㉢ 근 노드(Root)라는 한 개의 노드가 있고 나머지 노드들은 서로 분리된 n개의 부분집합으로 구성되어 있음

    ㉣ 데이터를 계층적으로 구조화시킬 때 사용하는 자료구조

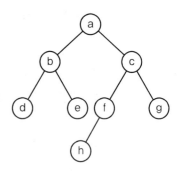

② 그래프(Graph)
　　㉠ 노드와 간선으로 구성됨
　　㉡ 사이클이 존재하는 순환 자료구조

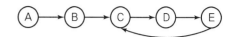

제2장 데이터베이스

제1절 데이터베이스(Database)의 개념과 종류

1. 개념

① 데이터베이스는 서로 연관성이 있는 특별한 의미를 갖는 자료의 모임을 의미하며 즉, 하나의 조직 안에서 다수의 사용자들이 공동으로 사용할 수 있도록 통합 및 저장되어 있는 운용 자료의 집합을 의미한다.
② 데이터베이스란 여러 응용시스템들이 공용할 수 있도록 통합, 저장된 운영데이터의 집합체라고 정의할 수 있다.

2. 종류

① **통합 데이터**(Integrated Data) : 데이터가 통합되어 있다는 것은 데이터베이스에서는 똑같은 데이터가 원칙적으로 중복되어 있지 않다는 것을 말한다. 그러나 실제로 중복성을 완전히 배제하는 것이 아니고 효율성을 증진시키기 위하여 일부 데이터의 중복을 허용하기도 한다. 즉, 데이터베이스는 최소의 중복이 허용된 통합된 데이터이다.
② **저장 데이터**(Stored Data) : 컴퓨터가 접근할 수 있는 자기 디스크나 테이프 등의 저장 매체에 저장된 데이터를 말한다.
③ **운영 데이터**(Operational Data) : 어떤 조직이 지닌 고유의 기능을 수행하기 위해 반드시 유지되어야 하는 데이터를 말한다.
④ **공용 데이터**(Shared Data) : 여러 사용자들이 서로 다른 목적으로 데이터베이스의 데이터를 공동으로 이용하는 데이터를 공용 데이터라 한다.

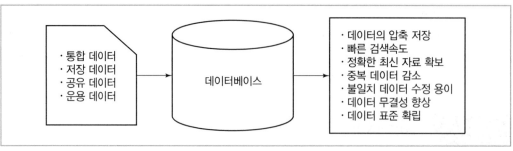

[데이터베이스의 개념]

제2절 데이터베이스(Database)의 특징

① 실시간 접근성(Real-time accessibility) : 데이터베이스는 임의적이고 비정형적인 질의(Query)에 대하여 실시간 처리(Real-time processing)로 응답할 수 있어야 한다.

② 계속적인 변화(Continuous evolution) : 데이터베이스는 새로운 데이터의 삽입(Insertion), 기존 데이터의 삭제(Deletion), 갱신(Update)으로 항상 그 내용이 변할 뿐 아니라 변화 속에서 실시간으로 현재의 정확한 데이터를 유지해야 한다.

③ 동시공용(Concurrent sharing) : 데이터베이스는 서로 다른 목적을 가진 여러 사용자가 동시에 자기가 원하는 데이터에 접근하여 이용할 수 있어야 한다.

④ 내용에 의한 참조(Contents reference) : 데이터의 참조는 데이터 레코드들의 주소나 위치에 의해서가 아닌 데이터의 내용(Data contents), 데이터가 가지고 있는 값(Value)에 의한 참조이다.

제3절 데이터베이스(Database)의 개념적 구성 요소

1. 개체(Entity)

① Entity는 데이터베이스에 표현하려고 하는 유형, 무형의 객체(Object)로서 서로 구별되는 것으로 현실세계에 대해 사람이 생각하는 개념이나 의미를 가지는 정보의 단위이다.

② Entity는 단독으로 존재할 수 있으며, 정보로서의 역할을 한다.

③ Entity는 컴퓨터가 취급하는 파일의 레코드(Record)에 해당하며, 하나 이상의 속성(Attribute)으로 구성된다.

예제

다음 중 토지정보시스템의 객체(Object)에 대한 설명으로 틀린 것은? (15년 1회 기사)

① 수치를 이용한 정량화된 지리정보의 표현
② 개체(Entity)가 컴퓨터에 입력되면 객체라고 표현
③ 도로나 가옥과 같이 공간상에 존재하는 모든 지리정보를 생성하는 기본단위
④ 도형정보, 속성정보, 위상정보의 소유

정답 ③

2. 속성(Attribute)

① 개체가 가지고 있는 특성을 나타내며, 데이터의 가장 작은 논리적 단위이다.
② 파일구조에서는 데이터 항목(Data item) 또는 필드(Field)라고도 한다.
③ 정보 측면에서는 그 자체만으로는 중요한 의미를 표현하지 못해 단독으로 존재하지 못한다.

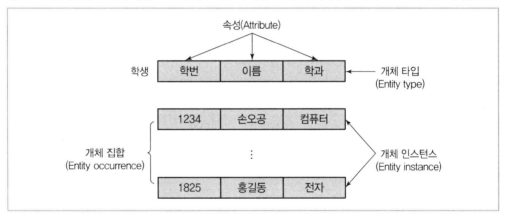

[개체 타입과 개체 인스턴스]

㉠ 학생이라는 개체는 학번, 이름, 학과라는 3개의 속성들로 구성
㉡ 학번 : 1234, 이름 : 손오공, 학과 : 컴퓨터는 학생 개체의 값으로 볼 수 있는데 이것을 Entity instance 또는 Entity occurrence라고 함
㉢ 개체 인스턴스(Entity instance)들의 집합을 개체집합(Entity set)이라 함
㉣ 데이터베이스는 이러한 개체 인스턴스들을 저장하고 있음
㉤ 학번, 이름, 학과와 같은 속성 이름들로만 기술된 개체의 정의를 개체 타입(Entity type)이라 함

예제

토지정보체계의 데이터 모델 생성과 관련된 개체(Entity)와 객체(Object)에 대한 설명이 틀린 것은?

(15년 2회 산업)

① 개체는 서로 다른 개체들과의 관계성을 가지고 구성된다.
② 개체는 데이터 모델을 이용하여 정량적인 정보를 갖게 된다.
③ 객체는 컴퓨터에 입력된 이후 개체로 불린다.
④ 객체는 도형과 속성정보 이외에도 위상정보를 갖게 된다.

해설

• **객체(Object)**

최근의 프로그래밍은 예전의 구조적 방식에서 탈피하여 '객체 지향적 프로그래밍(OOP ; Object Oriented Programming)'이 주를 이루고 있다. 여기에는 최근에 인기를 끄는 Visual C^{++}, C#, Java 언어 등이 대표적이다. 즉 객체지향 언어는 모듈(하나의 작은 단위)을 객체 단위로 하여 작성하기 쉽도록 하여, 객체간의 인터페이스와 상속 기능을 통하여 객체 단위를 효율적으로 재사용할 수 있는 체계를 제공한다. 객체지향 프로그래밍에서 객체는, 프로그램 설계 단계에서 최초로 생각해야 할 부분이다. 각각의 객체는 특정 클래스 또는 그 클래스의 자체 메소드나 프로시저, 데이터 변수를 가지고 있는 서브클래스가 실제로 구현된 것으로 '인스턴스(Instance)'가 된다. 결과적으로 객체(Object)는 실제로 컴퓨터 내에서 수행되는 모든 것을 의미한다.

• **개체(Entity)**

관계형 데이터베이스에서 개체(Entity)는 표현하려는 유형, 무형의 실체로서 서로 구별되는 것을 의미한다. 하나의 개체는 하나 이상의 속성(Attribute)으로 구성되고 각 속성은 그 개체의 특성이나 상태를 설명한다. 학생(Student) 테이블을 살펴보자.

학번(Sno)	이름(Sname)	학년(Year)	전공(Major)
100	가나다	2	컴퓨터
200	이그림	3	그래픽
300	박통해	1	통신
400	김자바	4	컴퓨터
500	정보인	3	인터넷

- 관계형 데이터베이스에서는 테이블의 관계를 릴레이션(Relation)이라 한다.
- 속성(Attribute)은 데이터의 가장 작은 논리적인 단위로 학번, 이름, 학년, 전공이 해당하고 개체가 가질 수 있는 특성을 나타내며 필드(Field)라고도 한다. 또한 레코드는 튜플(Tuple)이라 한다.
- 학생 테이블에서 가질 수 있는 실질적인 값을 개체 인스턴스(Entity instance)라고 하고 이것들의 집합을 개체 집합(Entity set)이라 한다.

정답 ③

3. 관계(Relationship)

① 개체 집합과 개체 집합 간에는 여러 가지 유형의 관계가 존재하므로 데이터베이스에 저장할 대상이 된다.

② 속성 관계(Attribute relationship) : 한 개체를 기술하는 속성 관계는 한 개체 내에서만 존재하기 때문에 개체 내 관계(Intra-entity relationship)라 한다.

③ 개체 관계(Entity relationship) : 개체 집합과 개체 집합 사이의 관계를 나타내는 개체 관계는 개체 외부에 존재하기 때문에 개체 간 관계(Inter-entity relationship)라 한다.

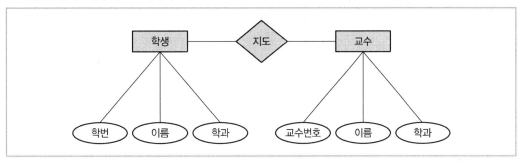

[E-R 다이어그램]

TIP
- 속성 관계 : "학생" 개체를 기술하고 있는 "학번, 이름, 학과"라는 속성들의 관계
- 개체 관계 : "학생"이라는 개체와 "교수"라는 개체 사이의 "지도"라는 관계
- E-R 다이어그램(Entity-Relationship diagram) : 개체와 관계를 도식으로 표현한 다이어그램

제4절 데이터베이스(Database)의 구조

1. 개요

데이터베이스의 구조는 저장구조를 사용자의 입장에서 보느냐, 시스템(저장장치)의 입장에서 보느냐에 따라 논리적 구조와 물리적 구조로 구별한다.

2. 논리적 구조(Logical structure)

① 논리적 구조는 사용자가 생각하는 데이터의 논리적 표현이다.
② 데이터가 배치되어 있다고 간주하는 가상적인 구조로서 데이터를 이용하는 일반 사용자나 응용 프로그래머의 입장에서 보는 데이터베이스 구조이다.
③ 논리적 구조에서 취급하는 데이터 레코드들은 논리적 레코드(Logical record)라 한다.

3. 물리적 구조(Physical structure)

① 디스크나 테이프와 같은 저장 장치 위에 물리적으로 저장되어 있는 데이터의 실제 구조를 말한다.
② 저장 장치의 입장에서 본 데이터베이스 구조로서 저장 데이터의 물리적 배치를 표현한 것이다.
③ 데이터베이스의 물리적 구조에서 취급하는 데이터 레코드들을 저장 레코드(Stored record)라 한다.
④ 물리적 구조는 블록, 인덱스, 포인터 체인, 오버플로 구역 등이 포함된 구조이다.
⑤ 하나의 데이터베이스를 표현하는 논리적 구조와 물리적 구조는 당연히 서로 대응관계를 가져야 하므로 동등성을 유지하게 된다.

제5절 데이터베이스(Database)의 구축 과정(3단계)

구분	내용
첫 번째 단계	데이터베이스를 정의하는 단계로 데이터베이스의 개념과 논리적 조직과 더불어 데이터베이스를 계획하는 것이다.
두 번째 단계	데이터베이스를 저장하는 방법에 대해 정의하는 것이다. 즉 데이터베이스의 물리적 구조기술, 예를 들어 파일의 위치와 색인(Index) 방법을 설계하는 것이다.
세 번째 단계	데이터베이스를 관리하고 조작하는 것으로, 데이터베이스로부터 데이터를 추가하고 수정하며, 갱신·삭제하는 일을 수행하는 것이다.

> **예제**
>
> 데이터베이스의 구축 과정 중 파일의 위치, 색인(Index) 방법과 같은 물리적 구조를 설계하는 단계는?
> ① 데이터베이스 정의 단계
> ② 데이터베이스 생성 계획을 수립하는 단계
> ③ 데이터베이스를 관리하고 조작하는 단계
> ④ 데이터베이스를 저장하는 방법에 대해 정의하는 단계
>
> 정답 ④

제3장 데이터베이스 시스템

제1절 의의

① 데이터베이스는 서로 연관성이 있는 자료의 모임이고 데이터베이스 시스템은 자료를 데이터베이스에 저장하고 관리하며 필요한 정보를 제공하는 컴퓨터 기반 시스템이다.
② 데이터베이스 시스템에는 파일 처리 방식과 DBMS 방식이 있다.

제2절 파일 처리 방식

1. 개념

① 파일(File)은 기본적으로 유사한 성질이나 관계를 가진 자료의 집합으로 데이터 파일은 Record, Field, Key의 세 가지로 구성된다.
② 파일 처리 방식에 의한 데이터베이스와 응용프로그램 간의 연결은 응용프로그램에서 자료에 관한 사항을 직접 관리하기 때문에 자료의 저장 및 관리가 중복적이고 비효율적이며 처리 속도가 늦다는 단점이 있다.

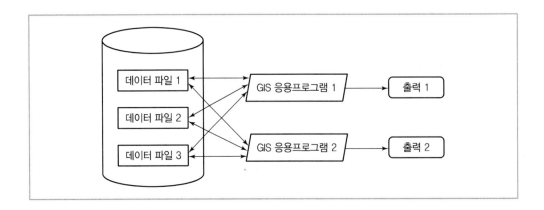

2. 구성 必 암기 ㉑㉟㋗

데이터 파일은 기록(Record), 영역(Field), 검색자(Key)의 세 가지로 구성된다.

구분	내용
기록(Record)	하나의 주제에 관한 자료를 저장한다. 기록은 아래 표에서 행(Row)이라고 하며 학생 개개인에 관한 정보를 보여주고 성명, 학년, 전공, 학점의 네 개 필드로 구성되어 있다.
필드(Field)	레코드를 구성하는 각각의 항목에 관한 것을 의미한다. 필드는 성명, 학년, 전공, 학점의 네 개 필드로 구성되어 있다.
검색자(Key)	파일에서 정보를 추출할 때 쓰이는 필드 중에서 키로서 사용되는 필드를 키필드라 한다. 표에서는 이름을 검색자로 볼 수 있으며 그 외의 영역들은 속성영역(Attribute field)이라고 한다.

구분	필드1	필드2	필드3	필드4
	⇩	⇩	⇩	⇩
	성명	학년	전공	학점
레코드 1	김영찬	2	지적부동산학	3.5
레코드 2	이해창	3	측지정보과	4.3
레코드 3	최영창	1	지적정보과	3.9
레코드 4	박동규	4	부동산학	4.1

[데이터 파일의 레코드 구성]

- Row(행) : 테이블의 가로줄, Record라고 한다.
- Column(열) : 테이블의 세로줄, Field라고 한다.

3. 특징

① 파일처리방식은 GIS에서 필요한 자료 추출을 위해 각각의 파일에 대하여 자세한 정보가 필요한데 이는 많은 양의 중복작업을 유발시킨다.

② 자료에 수정이 이루어질 경우 해당 자료를 필요로 하는 각 응용프로그램에 이를 상기시켜야 한다.

③ 관련 데이터를 여러 응용프로그램에서 사용할 때 동시 사용을 위한 조정과 자료 수정에 관한 전반적인 제어기능이 불가능하다.

④ 누구에 의하여 어떠한 유형의 자료는 수정이 가능하다는 등의 통제가 데이터베이스에 적용될 수 없다는 단점이 있다.

4. 데이터 종속성(Data dependency)

① 데이터의 구성 방법이나 접근 방법을 변경할 때는 응용프로그램도 변경시켜야 하는데 이것을 데이터 종속성이라 한다.

② 응용프로그램과 데이터 간의 상호 의존 관계를 말한다.

③ 응용프로그램은 접근하려는 데이터의 구성 방법이나 접근 방법에 맞게 작성되어야 한다.

5. 데이터 중복성(Data redundancy)

① 파일시스템에서는 내용이 같으면서도 구조가 다른 데이터가 많이 존재하게 되는데 이와 같이 한 시스템 내에 내용이 같은 데이터가 중복되게 저장, 관리되는 것을 데이터의 중복성이라 한다.

② 데이터 중복의 문제점
  ㉠ 데이터 일관성(Data consistency) : 데이터가 중복되면 데이터 간의 불일치로 데이터 일관성이 없음
  ㉡ 보안성(Data security) : 여러 곳에 중복 저장된 데이터는 모두 같은 수준의 보안 유지가 어려움

  © 경제성(Economics) : 데이터를 중복 저장하면 저장공간에 대한 비용이 증가되고 갱신
  작업 시에도 모든 데이터를 찾아 전부 수행해야 하므로 갱신비용이 높음

  © 무결성(Data integrity) : 데이터가 중복 저장되면 제어가 분산되어 데이터 무결성, 즉
  데이터의 정확성 유지가 어려움

6. 파일관리시스템의 단점　必 암기　무중독 데동보복

① **무**결성 유지 어려움　 ④ **동**시성 제어 불가
② **중**복데이터와 **독**립성 문제　 ⑤ **보**안문제
③ **데**이터 접근 어려움　 ⑥ 회**복** 불가

제3절　데이터베이스관리시스템(DBMS) 방식

1. 개요

① DBMS(DataBase Management System, 데이터베이스관리시스템)는 자료의 저장, 조작,
검색, 변화를 처리하는 특별한 소프트웨어를 사용하는 컴퓨터 프로그램의 일종으로 정보
의 저장과 관리와 같은 정보관리를 목적으로 하는 프로그램이다.

② 파일처리방식의 단점을 보완하기 위해 도입되었으며 자료의 중복을 최소화하여 검색시간
을 단축시키고 작업의 효율성을 향상시킨다.

③ DBMS 방식은 데이터에 관한 세부사항을 응용프로그램에서 관리할 필요가 없으며, 그에
따라 데이터 관리의 효율성 증진과 데이터의 중복성 배제, 독립성 유지 등이 가능하다.

2. DBMS의 장점　必 암기　개보화 중립무관

① 시스템 **개**발 비용 감소 : 데이터베이스 구축 시 초기 비용이 많이 들 수 있지만 데이터 검
색 및 변경 시 프로그램 개발 비용을 절감할 수 있다.

② **보**안 향상 : 데이터베이스의 중앙집중관리 및 접근제어를 통해 보안이 향상된다.

③ 표준**화** : 데이터 제어기능을 통해 데이터의 형식, 내용, 처리 방식, 문서화 양식 등에 표준
화를 범기관적으로 쉽게 시행할 수 있다.

④ **중**복의 최소화 : 파일관리시스템에서 개별 파일로 관리되던 시스템에서 데이터를 하나의
데이터베이스에 통합하여 관리하므로 중복이 감소된다.

⑤ 데이터의 **독립성** 향상 : 데이터를 응용프로그램에서 분리하여 관리하므로 응용프로그램을 수정할 필요성이 감소된다.

⑥ 데이터의 **무결성** 유지 : 제어관리를 통해 다수의 사용자들이 접근 시 무결성이 유지된다.

⑦ 데이터의 **일관성** 유지 : 파일관리시스템에서는 중복데이터가 각각 다른 파일에 관리되어 변경 시 데이터의 일관성을 보장하기 어려웠으나, DBMS는 중앙집중식 통제를 통해 데이터의 일관성을 유지할 수 있다.

3. DBMS의 단점 　必 암기　백중시비

① 위험부담을 최소화하기 위해 효율적인 **백**업과 회복기능을 갖추어야 한다.

② **중앙집약적인 위험 부담** : 자료의 저장 및 관리가 중앙집약적으로 이루어지므로 자료의 손실이나 시스템의 작동불능이 될 수 있는 중앙집약적인 위험부담이 크다.

③ **시스템 구성의 복잡성** : 파일처리방식에 비하여 시스템의 구성이 복잡하므로 이로 인한 자료의 손실 가능성이 높다.

④ **운영비**의 증대 : 컴퓨터 하드웨어와 소프트웨어의 비용이 상대적으로 많이 소요된다.

> **예제**
>
> 데이터베이스관리시스템(DBMS)에 대한 설명으로 옳지 않은 것은?　(14년 지방직)
>
> ① 구축비용이 많이 소요되는 하드웨어시스템이다.
> ② 중앙집약적 구조이므로 데이터 관리의 위험부담이 크다.
> ③ 데이터의 무결성과 보안성 유지가 용이하다.
> ④ 데이터에 대한 일관성 유지가 가능하다.
>
> 정답 ①

> **제4장**　데이터베이스시스템의 구성

제1절 데이터베이스시스템 구성도

① DBMS는 사용자 인터페이스에서부터 실제 저장 데이터베이스의 데이터를 접근하여 사용자가 원하는 결과를 생성하는 모든 과정에 관련하고 있다.

② 사용자 인터페이스(User interface)란 사용자들이 질의어나 응용프로그램, 즉 호스트 프로그래밍 언어와 데이터 조작으로 작성된 프로그램을 통해 접근하게 되는 것을 말한다.

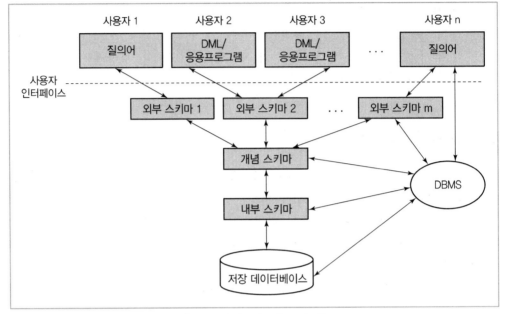

[데이터베이스시스템 구성도]

TIP 인터페이스(Interface)

• 좁게는 컴퓨터 및 소프트웨어 조작방식을 말하며 넓게는 서로 다른 두 물체 사이에서 상호 간 대화하는 방법을 말함
• 하나의 시스템을 구성하는 2개의 구성요소(하드웨어, 소프트웨어) 또는 2개의 시스템이 상호작용될 수 있도록 접속되는 경계(Boundary), 또는 이 경계에서 상호접속하기 위한 하드웨어, 소프트웨어, 조건, 규약 등을 포괄적으로 가리키는 말

제2절 3층(단계) 스키마(Schema)

1. 스키마의 정의

① 데이터베이스시스템(자료를 데이터베이스에 저장하고 관리하며 필요한 정보를 제공하는 컴퓨터개발시스템)이 기초로 하는 가장 기본적인 요소는 데이터베이스(서로 연관성 있는 자료의 모임)이다. 이 데이터베이스의 논리적 정의, 즉 데이터베이스의 구조(Structure)와 제약조건(Constraints)에 대한 명세(Specification)를 기술한 것을 스키마라 한다.

② 스키마에는 데이터구조를 표현하는 데이터 객체(Data object), 즉 개체(Entity), 개체의 특성을 표현하는 속성(Attribute), 이들 간에 존재하는 관계(Relationship)에 대한 정의와 이들이 유지해야 할 제약조건(Constraints)이 포함된다.

③ DBMS에서는 미국표준협회(ANSI ; American National Standards Institute) 산하의 X3 위원회에서 1978년 제안한 ANSI/SPARC 아키텍처를 사용한다. 3단계 구조는 미국 컴퓨터 및 정보처리에 관한 표준화위원회인 ANSI/SPARC에서 제안한 것이기 때문에 ANSI/SPARC 구조라고도 한다.

2. ANSI/SPARC 아키텍처의 개념

(1) 기본 개념

① 데이터베이스를 사용자 관점(외부단계), 개념적 관점(개념단계), 물리적 관점(내부단계)에 따라 3단계로 분리하여 데이터베이스의 복잡한 구조를 단순화시켜 사용자에게 제공한다.

② 사용자 관점과 실제 저장되는 물리적 관점을 분리하여 하부 단계의 조작이 상부 단계에 영향을 미치지 않도록 독립하고자 하는 것이 3단계 아키텍처의 목적이다.

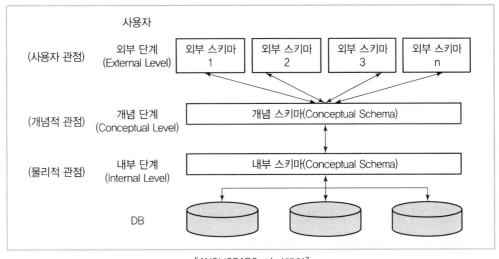

[ANSI/SPARC 아키텍처]

예제

데이터베이스의 논리적 정의 즉, 데이터 구조와 제약 조건에 관한 명세를 기술한 것으로 컴파일되어 데이터 사전에 저장되는 것을 무엇이라 하는가? (12년 지방직)

① DBMS   ② SDTS

③ TIN   ④ Schema

정답 ④

(2) 외부 스키마(External Schema, 사용자가 보는 개인적 스키마 – DB의 외적인 면)

① 데이터베이스의 개개 사용자나 응용프로그래머가 접근하는 데이터베이스를 정의한 것으로 개인적 데이터베이스 구조에 관한 것이다.

② 개인이나 특정 응용에 한정된 논리적 데이터 구조이기 때문에 시스템의 입장에서는 데이터베이스의 한 외적인 면을 표현한 것이며 따라서 외부 스키마라 한다.

③ 데이터베이스 전체의 한 논리적 부분이 되기 때문에 서브 스키마(Sub Schema)라고도 한다.

④ 외부 스키마는 주로 외부의 응용프로그램에 위치하는 데이터 추상화 작업의 첫 번째 단계로서 전체적인 데이터베이스의 부분적인 기술이다.

⑤ 하나의 외부 스키마를 몇 개의 응용프로그램이나 사용자가 공용할 수 있다.

(3) 개념 스키마(Conceptual Schema, 모든 사용자가 보는 관점을 통합한 조직 관점의 스키마)

① 개념 스키마는 외부 사용자 그룹으로부터 요구되는 전체적인 데이터베이스 구조를 기술하는 것이다.

② 데이터베이스의 물리적 저장구조 기술을 피하고, 개체(Entity), 데이터 유형, 관계, 사용자 연산, 제약조건 등의 기술에 집중한다.

③ 여러 개의 외부 스키마를 통합한 논리적인 데이터베이스의 전체 구조로서 데이터베이스 파일에 저장되어 있는 데이터 형태를 그림으로 나타낸 도표라고 할 수 있다.

④ 하나의 데이터베이스시스템에는 하나의 개념 스키마만 존재하고 각 사용자나 프로그램은 개념 스키마의 일부를 사용하게 된다.

⑤ 개념 스키마로부터 모든 외부 스키마가 생성되고 지원되는 것이다.

⑥ 개념적(Conceptual)이란 의미는 추상적인 것이 아니라 전체적이고 종합적이란 뜻이다.

⑦ 데이터베이스의 전체적인 논리적 구조로서, 모든 응용프로그램이나 사용자가 필요로 하는 데이터를 종합한 것으로 하나만 존재하며, 데이터베이스 접근권한, 보안 및 무결성 규칙에 대하여 정의하고 있다.

(4) 내부 스키마(Internal Schema, 데이터구조 형식을 구체적으로 정의하는 내부 스키마)

① 내부 스키마는 물리적 저장장치에서의 전체적인 데이터베이스 구조를 기술한 것이다.

② 내부 스키마는 개념 스키마에 대한 저장구조를 정의한 것이다.

③ 데이터베이스 정의어(DDL)에 의한 실질적인 데이터베이스의 자료저장구조(자료구조와 크기)이자 접근 경로의 완전하고 상세한 표현이다.

④ 내부 스키마는 시스템 프로그래머나 시스템 설계자가 바라는 데이터베이스 관점이므로, 시스템의 효율성을 고려한 데이터의 저장 위치, 자료구조, 보안 대책 등을 결정한다.

2. 스키마와 인스턴스

① 데이터베이스에 데이터를 저장하기 위해서는 데이터의 저장 구조, 표현 방법, 데이터 간의 관계가 정의되어야 한다. 데이터베이스에서 스키마는 데이터의 개체, 속성, 관계에 대한 정의 및 유지해야 할 제약조건을 포함한 데이터의 저장구조를 정의한 것이다.

② 반면 인스턴스는 스키마에 의해 정의된 구조에 저장된 값을 의미한다. 인스턴스는 사용자의 데이터 처리 및 데이터베이스 특성에 따라 변화된다. 인스턴스는 DBMS가 생성기능을 제공하고 데이터베이스 사용자가 데이터를 조작할 때 생성된 스키마에 의해 처리된다.

> **예제**
>
> 스키마에 대한 설명으로 옳지 않은 것은?　　　　　　　　　(10년 지방직)
> ① 외부 스키마는 서브 스키마라고도 한다.
> ② 외부 스키마는 사용자나 프로그래머가 접근할 수 있는 데이터베이스를 정의한다.
> ③ 내부 스키마는 자료가 실제로 저장되는 물리적인 데이터의 구조를 말한다.
> ④ 내부 스키마는 데이터베이스의 접근권한, 보안정책, 무결성규칙 등을 포함한다.
>
> 정답 ④

3. 각 단계 간의 사상(Mapping)

(1) 외부/개념 사상(External/Conceptual mapping, 응용 인터페이스)

① 어느 특정 외부 스키마와 개념 스키마 간의 대응관계를 정의하는 것을 응용 인터페이스(Application interface)라 한다.

② 응용프로그램을 변경시키지 않고도 개념 스키마를 변경시킬 수 있으므로 결과적으로 논리적 데이터 독립성을 제공해 주는 것이다.

③ 논리적 독립성은 개념 단계와 외부 단계에 존재한다.

(2) 개념/내부 사상(Conceptual/Internal mapping, 저장 인터페이스)

① 개념 스키마와 내부 스키마 간의 대응관계를 정의하는 것을 저장 인터페이스(Storage interface)라 한다.

② 내부 스키마를 변경시키더라도 개념 스키마에 아무런 영향을 주지 않게 되고 응용프로그램에도 영향을 미치지 않게 되므로 물리적 데이터 독립성을 제공해 주는 것이다.

③ 물리적 독립성은 내부 단계와 개념 단계에 존재한다.

4. 데이터의 독립성

(1) 개요

ANSI/SPARC 구조의 3층 스키마 목적은 데이터의 독립성 제공이다. 데이터의 독립성은 하위 단계의 데이터의 구조가 변경되더라도 상위 단계에 영향을 미치지 않도록 독립을 보장한다는 의미이다. 데이터의 독립성에는 논리적 독립성과 물리적 독립성이 있다.

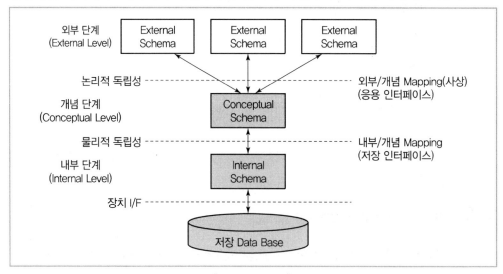

[데이터 독립성]

(2) 논리적 독립성

① 개념 단계와 외부 단계에 존재하며, 개념 스키마가 변경되어도 외부 스키마에 영향을 미치지 않도록 한다.

② 데이터의 논리적 구조가 변경되어도 사용자가 바라보는 뷰에는 영향을 미치지 않는다.

(3) 물리적 독립성

① 내부 단계와 개념 단계에 존재하며, 내부 스키마가 변경되어도 개념 스키마에 영향을 미치지 않도록 하는 것을 의미한다.

② 물리적 저장장치의 구조가 변경되어도 데이터의 논리적 구조나 응용프로그램에 영향을 미치지 않는다.

제3절 DBMS의 기능적 구성 요소

1. DBMS의 개념

① 데이터베이스관리시스템(DBMS)은 사용자와 데이터베이스 사이에 위치하여 데이터베이스를 관리하고 사용자가 요구(데이터의 검색, 삽입, 갱신, 삭제, 데이터의 생성 등)하는 연산을 수행해서 정보를 생성해 주는 소프트웨어이다.

② 사용자의 해당 외부 스키마, 외부/개념사상, 개념 스키마, 개념/내부 사상, 내부 스키마, 그리고 저장구조를 통해 목표데이터에 접근하여 연산을 실행한다.

2. DBMS의 기능적 구성요소

① 질의어 처리기(Query processor) : 터미널을 통해 사용자가 제출한 고급 질의문을 처리하고 질의문을 파싱(Parsing)한 뒤 분석해서 컴파일한다.

② DML 예비 컴파일러(DML preprocessor) : 호스트 프로그래밍 언어로 작성된 응용프로그램 속에 삽입되어 있는 DML 명령문들을 추출하고 그 자리에는 함수 호출문(Call statement)을 삽입한다.

③ DDL 컴파일러(DDL compiler) 또는 DDL 처리기(DDL processor) : DDL로 명세된 스키마 정의를 내부 형태로 변환하여 시스템 카달로그에 저장한다.

④ DML 컴파일러(DML compiler) 또는 DML 처리기(DML processer) : DML 예비 컴파일러가 넘겨준 DML 명령문을 파싱하고 컴파일하여 효율적인 목적 코드를 생성한다.

⑤ 런타임 데이터베이스 처리기(Runtime Database processor) : 실행 시간에 데이터베이스 접근을 관리한다. 즉 검색(Select)이나 갱신(Update)과 같은 데이터베이스연산을 저장데이터 관리자를 통해 디스크에 저장된 데이터베이스를 대상으로 실행한다.

⑥ 트랜잭션 관리자(Transaction manager) : 데이터베이스를 접근하는 과정에서 무결성(Integrity) 제약조건을 만족하는지, 사용자가 데이터를 접근할 수 있는 권한을 가지고 있는지 권한 검사를 한다.

⑦ 저장 데이터 관리자(Stored Data manager) : 디스크에 저장되어 있는 사용자 데이터베이스나 시스템 카탈로그 접근을 책임진다.

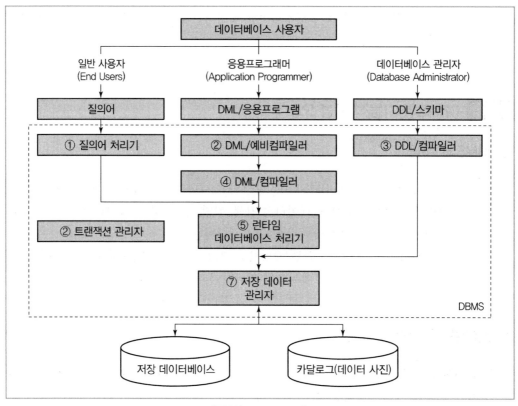

[DBMS의 구성요소]

TIP

- Transaction : 데이터베이스에서 행해지는 작업의 논리적인 단위로, 동시성 제어와 회복의 기본단위 이다.
- Parsing : 언어해석기인 컴파일러 또는 인터프리터가 프로그램을 이해하여 기계어로 번역하는 과정 의 한 단계로, 각 문장의 문법적인 구성 또는 구문을 분석하는 과정. 즉, 원시 프로그램에서 나타난 토큰의 열을 받아들여 이를 그 언어의 문법에 맞게 구문 분석 트리(Parse tree)로 구성해 내는 일이다. 크게 하향식 문장 분석과 상향식 문장 분석으로 나눌 수 있다.
- Compiler : 고급언어로 쓰인 프로그램을 그와 의미적으로 동등하며 컴퓨터에서 즉시 실행될 수 있는 형태의 목적 프로그램으로 바꾸어 주는 번역 프로그램. 고급언어로 쓰인 프로그램이 컴퓨터에서 수행되기 위해서는 컴퓨터가 직접 이해할 수 있는 언어로 바꾸어 주어야 하는데, 이러한 일을 하는 프로그램을 컴파일러라고 한다. 예를 들어 원시언어가 파스칼(Pascal)이나 코볼(Cobol)과 같은 고급언어이고 목적언어가 어셈블리 언어나 기계어일 경우, 이를 번역해 주는 프로그램을 컴파일러라고 한다.

제4절 데이터 언어

1. 정의

① 데이터베이스를 신규로 만들거나, 이미 만들어진 데이터베이스를 수정하고자 할 경우에 또는 데이터베이스의 내용에 접근할 경우에 데이터베이스관리시스템과 통신수단이 필요할 때 사용하는 언어이다.

② 데이터베이스관리시스템과 통신을 위해 사용할 수 있는 데이터 언어는 그 기능과 사용목적에 따라 데이터 정의어, 데이터 조작어, 데이터 제어어로 분류할 수 있다.

2. 종류

(1) 데이터 정의어(DDL ; Data Definition Language)

① 데이터베이스를 생성하거나 데이터베이스의 구조형태를 수정하기 위해 사용하는 언어로 데이터베이스의 논리적 구조(Logical structure)와 물리적 구조(Physical structure) 및 데이터베이스 보안과 무결성 규정을 정의할 수 있는 기능을 제공한다.

② 데이터베이스관리자에 의해 사용하는 언어로서 DDL 컴파일러에 의해 컴파일되어 데이터 사전에 수록된다.

(2) 데이터 조작어(DML ; Data Manipulation Language)

① 데이터베이스에 저장되어 있는 정보를 처리하고 조작하기 위해 사용자와 DBMS 간에 인터페이스(Interface) 역할을 수행한다.

② 삽입, 검색, 갱신, 삭제 등의 데이터 조작을 제공하는 언어로서 절차식(사용자가 요구하는 데이터가 무엇이며 요구하는 데이터를 어떻게 구하는지를 나타내는 언어)과 비절차식(사용자가 요구하는 데이터가 무엇인지 나타내줄 뿐이며 어떻게 구하는지는 나타내지 않는 언어)의 형태가 있다.

> **TIP** Interface
>
> 서로 다른 두 물체 사이에서 상호 간 대화하는 방법

(3) 데이터 제어어(DCL ; Data Control Language)

외부의 사용자로부터 데이터를 안전하게 보호하기 위해 데이터 복구, 보안, 무결성(Integrity)과 병행 제어에 관련된 사항을 기술하는 언어이다.

3. SQL의 구성 　必 암기 ⓒⒶⒹⓇⒺ ⓉⓇⓊⓃ ⓈⒺ ⒾⓃ ⓊⓅ ⒹⒺⓁ ⒼⓇ ⓇⒺ ⒸⓄ ⓇⓄⓁⓁ

① 데이터 정의어(DDL ; Data Definition Language) : 데이터의 구조를 정의하며 새로운 테이블을 만들고, 기존의 테이블을 변경/삭제하는 등의 데이터를 정의하는 역할을 한다.

언어	해당 SQL	내용
DDL	CREATE	새로운 테이블을 생성
	ALTER	기존의 테이블을 변경
	DROP	기존의 테이블을 삭제
	RENAME	테이블의 이름을 변경
	TRUNCATE	테이블을 잘라냄

② 데이터 조작어(DML ; Data Manipulation Language) : 데이터를 조회하거나 변경하며 새로운 데이터를 삽입/변경/삭제하는 등의 데이터를 조작하는 역할을 한다.

언어	해당 SQL	내용
DML	SELECT	기존의 데이터를 검색
	INSERT	새로운 데이터를 삽입
	UPDATE	기존의 데이터를 갱신
	DELETE	기존의 데이터를 삭제

③ 데이터 제어어(DCL ; Data Control Language) : 데이터베이스를 제어, 관리하기 위하여 데이터를 보호하기 위한 보안, 데이터 무결성, 시스템 장애 시 회복, 다중 사용자의 동시 접근 제어를 통한 트랜잭션 관리 등에 사용되는 SQL이다.

언어	해당 SQL	내용
DCL	GRANT	권한을 줌(권한 부여)
	REVOKE	권한을 제거(권한 해제)
	COMMIT	데이터 변경 완료
	ROLLBACK	데이터 변경 취소

TIP **Commit**

커밋은 데이터베이스 트랜잭션의 내용 업데이트를 영구적으로 확정하는 것을 말한다.

제5절 데이터베이스관리시스템의 필수 기능

정의(Definition) 기능	여러 응용 프로그램(Application program)과 데이터베이스가 요구하는 여러 가지 다양한 형태의 자료를 지원 가능하게 하기 위해 데이터베이스 구조 및 특성을 정의하는 기능
조작(Manipulation) 기능	사용자들의 요청을 받아 데이터베이스에서 사용자들이 원하는 자료에 접근(Access)할 수 있는 기능
제어(Control) 기능	데이터베이스에 저장되어 있는 정보가 유용하게 될 수 있게 항상 데이터베이스에 저장되어 있는 정보들이 중복되지 않고 정확하게 유지 가능하도록 제어하는 기능

제6절 데이터베이스관리시스템의 필수 기능

1. 일반 사용자(End users)

보통 터미널에서 질의어(Query language)를 이용해서 데이터베이스에 접근하는 사용자들을 일반사용자(End users), 보통 사용자(Casual user), 터미널 사용자(Terminal user)라 한다.

2. 응용 프로그래머(Application programmer)

① 일반 호스트 프로그래밍 언어로 응용프로그램을 작성할 때 데이터 조작어(DML) 즉, 데이터 부속어(DSL)를 삽입시켜 데이터베이스를 접근하는 사람을 응용프로그래머(Application programer)라고 한다.

② 주언어인 PASCAL, COBOL, C, PL/1으로 작성된 프로그램에 데이터 조작 언어를 가지고 시스템을 사용하는 자를 의미한다.

3. 데이터베이스관리자(DBA ; DataBase Administrator)

(1) 기능

① 데이터베이스시스템의 기능을 원활하게 수행하기 위해 데이터 관리 운영에 대한 책임을 지는 개인이나 또는 집단으로 데이터베이스의 설계(Design) 및 조작(Manipulation), 시스템 분석(System analysis) 및 감독 등 데이터베이스의 전반적인 관리에 대한 책임을 진다.

② 백업, 기억장치 저장 구조와 엑세스 전략 결정, 복구, 스키마 및 물리적 구조 정의, 데이터 엑세스 권한 인정에 대한 전략 결정, 보안 검사와 무결성 제약 조건 정의, 데이터베이스 정보의 결정 등을 수행한다.

(2) 데이터베이스 설계와 운영

① 데이터베이스의 구성 요소를 결정한다.

② 스키마를 정의한다.

③ 저장구조와 접근 방법을 결정한다.

④ 보안 및 권한 부여 정책, 데이터의 유효성 검사 방법을 수립한다.

⑤ 백업(Backup), 회복(Recovery) 절차를 수립한다.

⑥ 데이터베이스의 무결성(Integrity)을 유지하기 위한 대책을 수립한다.

⑦ 시스템의 성능 향상과 새로운 요구에 대응하기 위해 필요한 경우 데이터베이스를 재구성한다.

⑧ 시스템 카달로그를 유지·관리한다.

(3) 행정 관리 및 불평 해결

① 데이터의 표현이나 시스템의 문서화에 표준을 정하여 시행한다.

② 사용자의 요구와 불평을 청취하고 해결한다.

(4) 시스템 감시 및 성능 분석

① 시스템 자원의 이용도, 병목 현상(Bottleneck), 장비 및 시스템 성능을 감시(Monitor)한다.

② 데이터 접근 방법과 저장구조, 재구성의 요인이 되는 사용자 요구의 변화, 데이터의 이용 추세, 각종 통계 등을 종합 분석한다.

제7절 SQL(Structured Query Language)

1. 정의

데이터베이스로부터 정보를 얻거나 갱신하기 위한 표준대화식 프로그래밍 언어를 말하며 SQL이라는 이름은 "Structured Query Language"의 약자로 "Sequel(시퀄)"이라고 발음한다.

2. 개요

① 1986년 미국표준협회(American National Standards Institute, ANSI)가 IBM에서 개발한 SQL을 표준으로 채택하면서 SQL(Structured Query Language) 활성화의 기반을 구축하였다.

② 1992년 관계형 데이터베이스의 데이터구조를 정의할 수 있는 SQL-92(SQL2)를 정의하였다.

③ 1999년 객체지향데이터를 질의할 수 있도록 SQL-99(SQL3)로 발전한다.

④ 2003년 XML 데이터를 관리할 수 있도록 기능이 추가되어 SQL4의 표준으로 발전한다.

⑤ SQL4는 2006년에 XML을 조작할 수 있는 XQuery와 결합하여 XML의 활용도를 더 넓혔다.

⑥ SQL은 관계형 데이터와 객체지향 데이터, XML 데이터까지 수용할 수 있는 단계로 발전되었다.

3. 특징

① 사용자가 데이터베이스에 저장된 자료구조와 자료항목 간의 관계를 정의할 수 있도록 지원한다.

② 사용자로 하여금 응용프로그램이 데이터베이스 내에 저장된 자료를 불러서 사용할 수 있도록 <u>조회 기능</u>을 제공한다.

③ 사용자나 응용프로그램이 자료의 추가나 삭제, 수정 등을 통해 데이터베이스를 **변경**할 수 있는 **기능**을 제공한다.

④ 저장된 자료를 보호하기 위하여 자료의 조회, 추가, 수정 등에 관하여 권한을 **제한**할 수 있는 **기능**이 있다.

⑤ SQL은 **비절차적 언어**로 데이터의 처리 순서와 단계를 구분하여 단계별로 처리하는 절차적 언어와 구별된다.

⑥ SQL은 한꺼번에 질의어를 통해서 집합적으로 처리하여 원하는 결과를 효율적으로 얻을 수 있다(**집합단위**로 처리하는 언어).

⑦ SQL은 언어가 쉽게 구성되어 있으면서도 **표현력**이 우수하다.

⑧ SQL은 단순 검색으로만 사용되지 않고 데이터를 정의하는 DDL, 데이터를 조작하는 DML, 데이터를 제어하는 DCL로 구성되어 있다.

4. 장점

① 제품으로부터 독립적이다.

② 컴퓨터 시스템 간의 이식성이 높아 SQL을 지원하는 DBMS는 퍼스널 컴퓨터부터 워크스테이션 및 대형 컴퓨터에 이르기까지 모든 컴퓨터 시스템에서 운용이 가능하다.

③ 미국표준협회(American National Standards Institute, ANSI)와 국제표준화기구(國際標準化機構, International Organization for Standardization)에서 표준으로 인정받고 있다.

④ SQL의 문장 구조는 영어와 같은 일반 언어와 구조가 유사하여 배우고 이해하기가 용이하다.

⑤ SQL은 상호 대화형 언어이면서 저장된 자료를 조회할 수 있는 기능도 있다.

⑥ 자료 조회 시 다중의 뷰(View) 제공 기능을 갖기 때문에 데이터베이스의 내용물과 구조를 여러 사용자에게 서로 다른 뷰로서 보여줄 수 있다.

⑦ 동적(Dynamic)의 데이터 정의가 가능하여 SQL을 사용하면 사용자가 데이터베이스를 조회하고 있는 동안에도 데이터베이스의 구조를 변경하거나 확장할 수 있다.

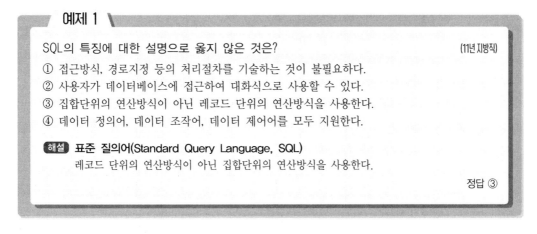

예제 1

SQL의 특징에 대한 설명으로 옳지 않은 것은? (11년 지방직)
① 접근방식, 경로지정 등의 처리절차를 기술하는 것이 불필요하다.
② 사용자가 데이터베이스에 접근하여 대화식으로 사용할 수 있다.
③ 집합단위의 연산방식이 아닌 레코드 단위의 연산방식을 사용한다.
④ 데이터 정의어, 데이터 조작어, 데이터 제어어를 모두 지원한다.

해설 **표준 질의어(Standard Query Language, SQL)**
　　레코드 단위의 연산방식이 아닌 집합단위의 연산방식을 사용한다.

정답 ③

예제 2

관계형 DBMS에서 사용하는 표준 데이터 조작 언어는? (16년 지방직)
① UML　　　　　　　　　　② COGO
③ SQL　　　　　　　　　　④ COBOL

정답 ③

5. SQL에서 사용하는 주요 용어

(1) 테이블(Table)

① 관계형 데이터베이스에서 대개의 속성자료는 행(Row)과 열(Column)로 구분되어 저장된다.
② 분류 코드, 이름, 주소 등과 같이 동일한 성질의 집합을 규정하는 것은 열(Column)로서 처리하며 이를 필드(항목)라고 한다.
③ 대상 자료의 원소는 행(Row)으로서 처리하는데 이를 레코드(Record)라고도 한다.
④ 행과 열로 표시된 자료를 출력하기 위해서 가장 많이 사용되는 것이 도표, 즉 테이블이다.

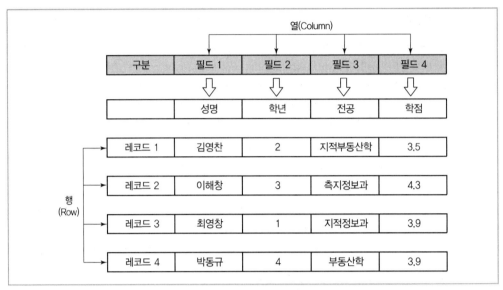

[데이터파일의 레코드 구성]

(2) 행(Row)

행은 파일처리방식에서 레코드(Record)에 해당되며 관계형 데이터베이스에서 튜플(Tuple) 이라고 명명하는 것이다.

(3) 열(Column)

관계형 데이터베이스에서 속성이라고 명명하는 것으로 테이블의 수직 부분에 해당한다.

> **TIP** Row와 Column
>
> - Row는 위에서 아래로 향하여 가로로(좌우로) 나뉜 칸의 수를 말한다. 줄이 가로로 그어져 있는 노트나 편지용지가 바로 Row 형태로 나뉘어 (가로로) 선이 그어져 있는 것이다. 그리고 이 Row 를 행(行)이라고 부른다.
> - Column은 세로로(상하로) 선이 그어져 나뉜 칸의 수를 말한다. 줄이 세로로 그어져 있는 옛날 고문서가 Column의 형태로 나뉘어 (세로로) 선이 그어져 있는 것이다. 그리고 이 Column을 열(列)이라고 부른다.
> - 튜플(Tuple)은 기본적으로 사물의 유한한 순서(Finite sequence)를 가리키는 수학 용어이며, 또한 어떤 순서를 따르는 요소들을 포함한 집합을 가리키는 용어이기도 하다. 일반적으로 n개 의 요소(Object)를 가진 튜플을 n-튜플이라고 한다. 컴퓨터에서는 어떤 요소의 집합, 혹은 테 이블에서의 행을 가리킨다(레코드와 동일한 의미).
>   - Row(행) : 테이블의 가로줄, Record라고도 한다.
>   - Column(열) : 테이블의 세로줄, Field라고도 한다.

제5장 | 데이터 모델링과 개체 - 관계 모델

제1절 데이터 모델링

데이터 모델링은 현실세계의 수많은 데이터 가운데서 관심 대상이 되는 데이터만을 추출하여 추상적인 형태로 나타내는 것으로 현실세계의 정보를 데이터베이스화하기 위한 분석작업이라고 볼 수 있다. 즉, 데이터 모델링이란 데이터를 정의하고 데이터 간의 관계를 규정하며 데이터의 의미와 데이터에 가해지는 제약조건(Constraints)을 나타내는 개념적 도구이다.

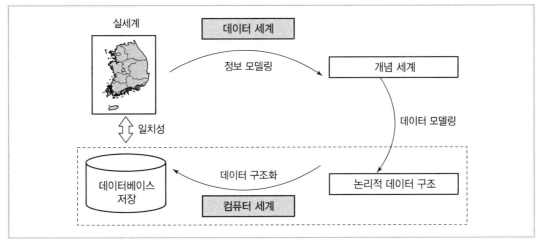

[데이터 모델링의 개념]

제2절 데이터 모델링 과정

현실세계를 표현하는 가장 추상화 수준이 높은 개념적 데이터 모델에서 가장 구체적인 물리적 데이터 모델로 단계화할 수 있다.

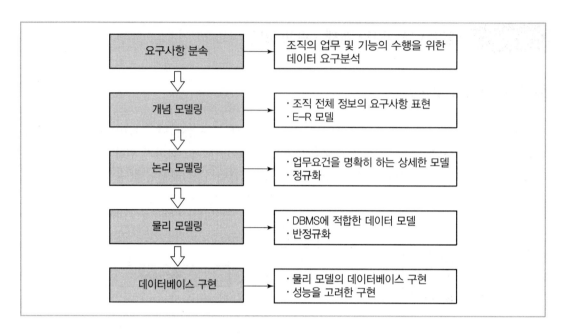

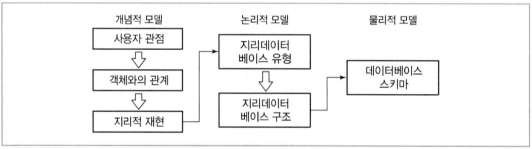

[데이터 모델링 과정]

예제

실세계의 지리공간을 GIS의 데이터베이스로 구축하는 과정을 추상화 수준에 따라 분류할 때 이에 해당하지 않는 것은? (14년 2회 기사)

① 개념적 모델 ② 논리적 모델
③ 물리적 모델 ④ 수리적 모델

해설 데이터 모델이란 실세계를 추상화시켜 표현하는 것으로, 데이터 모델링은 실세계를 추상화시키는 일련의 과정이라고 볼 수 있다. 실세계의 지리공간을 GIS의 데이터베이스로 구축하는 과정은 추상화 수준에 따라 개념적 모델링 → 논리적 모델링 → 물리적 모델링의 세 단계로 나누어질 수 있다.

개념적 모델링	• 실세계에 대한 사람들의 인지를 나타낸 것으로, 이 단계에서 데이터의 추상화란 실세계에 대한 사람들의 인지 수준에 관한 정보를 담는 것이다. • 개념적 모델링도 데이터베이스 디자인 과정의 일부이지만 컴퓨터에서의 실행 여부와는 관련이 없으며 데이터베이스와도 독립적이다.
논리적 모델링	• 논리적 모델은 개념적 모델과는 달리 특정한 소프트웨어에 의존적이다. • 최근에 논리적 모델의 하나로 등장한 대표적인 모델이 객체-지향 모델이며, 데이터베이스 모델 또는 수행 모델(Implementation model)이라고 불린다.
물리적 모델링	• 컴퓨터에서 실제로 운영되는 형태의 모델로, 컴퓨터에서 데이터의 물리적 저장을 의미한다. • 데이터가 기록되는 포맷, 기록되는 순서, 접근경로 등을 나타내는 것으로 하드웨어와 소프트웨어에 의존적이다. 물리적 데이터 모델은 시스템프로그래머나 데이터베이스관리자들에 의해 의도된다.

정답 ④

(1) 개념적 데이터 모델

① 사용자 요구사항을 분석하여 전체 데이터 모델의 개괄적인 골격을 잡는 과정으로, 분석된 해당 업무에서 주제영역을 도출하고, 후보 엔티티 데이터 집합을 선정한 이후에 핵심 엔티티를 도출하고 그 엔티티들 간의 관계를 설정하는 단계이다.

② 관심대상이 되는 데이터의 구성 요소를 추상적인 개념으로 나타낸 것이다.

③ 속성들을 나타내는 개체 집합과 이들 개체 집합들 간의 관계를 표현하는 개체-관계모델(Entity-Relationship model)이 대표적인 유형이다.

④ 개념적 윤곽을 정의하기 위해 데이터 정의어(DDL ; Data Definition Language)를 사용하게 된다.

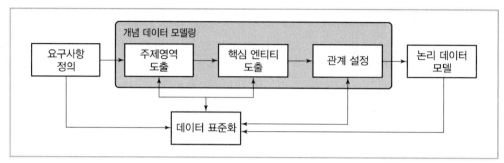

[개념적 데이터 모델링 과정]

(2) 논리적 데이터 모델

① 데이터 모델링 과정에서 가장 중요한 부분이며 최종 사용자와 커뮤니케이션을 통해서 요구사항을 확정해 나가는 단계로서, 개념 모델의 상세화를 위하여 데이터의 상세하고 구체적인 논리적 구조를 정의해야 한다.

② 결정될 대부분의 요구사항을 도출하고 정의해야 하는 단계이며 모든 엔티티의 도출, 속성 정의, 식별자 확정, 정규화, M:N 관계 해소, 참조 무결성 규칙 정의, 이력 관리에 대한 전략 정의 등의 다양한 과정을 진행한다.

③ 추상화 수준의 중간단계이다.

④ 데이터의 구성요소를 논리적인 개념으로 나타내는 것이다.

⑤ 데이터 유형과 데이터 유형들 간의 관계를 표현하는 접근방법에 따라서 여러 가지 모델로 분류된다.

⑥ 논리적 데이터 모델에는 계층형, 네트워크형, 관계형, 객체지향 데이터 모델 등이 있다.

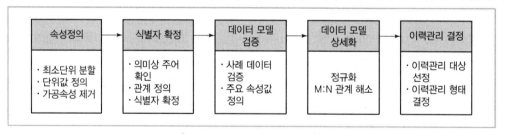

[논리적 데이터 모델링 과정]

> **TIP** 추상화와 정규화

추상화(抽象化)	구체적으로 경험하거나 알지 못하는 어떤 상태나 성질로 됨(객체표현 간소화)
정규화(Normalization)	• 데이터가 일관성을 유지하고 중복된 데이터를 제거하여 오류 없는 성질을 보장할 수 있도록 구조화하는 과정 • 논리 데이터 모델의 오류로 삽입 이상, 삭제 이상, 갱신 이상이 발생될 경우 이를 제거하는 것을 목적으로 함 • 정규화를 통해 중복된 데이터의 최소화, 복잡한 업무규칙의 체계화, 정규화 단계별 진행으로 적절한 속성의 위치 배치, 데이터 구조의 안전성 확보 등이 가능함

예제 1

관계 데이터베이스 설계에서 중복 정보를 최소화하기 위한 기법을 적용하는 것은?

(16년 지방직)

① 정규화(Normalization) ② 역정규화(Denormalization)
③ 변경 이상(Update Anomaly) ④ 카디날리티(Cardinality)

정답 ①

예제 2

관계 데이터베이스 설계에서 중복 정보를 최소화하기 위한 정규화 기법을 적용하는데, 정규화의 장점으로 옳지 않은 것은?

(16년 지방직)

① 복잡한 업무규칙이 체계화된다.
② 정규화 단계별 진행으로 속성의 위치를 적절히 배치한다.
③ 데이터 구조의 안전성을 확보할 수 있다.
④ 중복된 데이터를 최대화할 수 있다.

정답 ④

(3) 물리적 데이터 모델

① 추상화 단계가 가장 낮은 마지막 단계이다.

② 관심대상에 대한 데이터의 정보가 컴퓨터에 저장되는 것으로 저장단위(바이트나 블록)까지 구체적으로 정의된다.

③ DBMS의 특성을 고려하여 논리 모델링을 실제 시스템화하는 설계 단계이다.

④ 이와 같은 단계를 거쳐 데이터 모델링이 이루어지고 나면 이에 따른 데이터베이스에 대한 설계를 하고 실제로 데이터베이스를 생성하게 된다. 이렇게 생성된 데이터베이스를 응용프로그램과 연계시키면 데이터베이스관리시스템이 구축된다.

[물리적 데이터 모델링 과정]

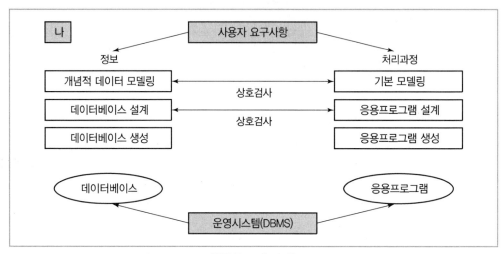

[DBMS 구축과정]

> **TIP** **반(역)정규화(Denormalization)**
>
> 정규화로 무손실 분해된 테이블은 통합된 결과를 얻기 위해서는 조인(Join)이 발생하게 되며, 이러한 조인은 많은 메모리, CPU자원, 디스크 I/O를 사용하여 단일 테이블에서 바로 데이터를 조회하는 것에 비해 성능이 떨어진다. 또한 어플리케이션의 개발 시 복잡하고 관리 및 운영이 어려운 단점도 있다. 따라서 정규화된 테이블의 장점을 희생해서라도 요구되는 성능을 만족시키려는 노력이 반정규화 과정이다. 즉, 정규화로 분해된 데이터 모델을 관련 있는 릴레이션으로 통합하여 DB성능을 향상시키는 기법이다.

제3절 개체 – 관계 모델(E – R ; Entity – Relationship model)

1. 의의

① 데이터베이스에 저장하고자 하는 데이터를 형식화되지 않은 형태로 나타냈을 경우 의미가 모호할 뿐만 아니라 서로 중복되는 관계들 때문에 실제 표현하고자 하는 데이터를 명확하게 나타내기가 어렵다.

② 이러한 어려움을 해결하기 위하여 보다 형식화된 방법의 대표적 모델이 개체 – 관계 모델(Entity – Relationship model)이다.

③ 개체-관계 모델은 데이터베이스관리시스템을 구축하는 데 있어서 개념적 데이터 모델로 개발된 도구이며 이러한 개체-관계 모델로 정의된 데이터들은 내부적 또는 논리적 데이터 모델로 변환된다.

2. 특징

① 개체-관계 모델은 개체(Entity), 속성(Attribute) 그리고 관계(Relationship)의 개념을 이용한다.
② 개체(Entity)는 독립적으로 존재하는 기본적인 대상(학생, 교수)으로 물리적으로 존재하는 대상일 수도 있고, 강좌, 학과 등과 같이 개념적으로 존재하는 것일 수도 있다.
③ 개체가 자신의 특성을 가지고 있는 것을 개체의 속성(Attribute)이라고 한다.
④ 개체-관계 모델은 다이어그램으로 표현하는데 개체는 직사각형으로, 개체의 속성은 타원으로 나타내며 개체와 속성은 선으로 연결한다.
⑤ 개체의 속성들 가운데 그 개체를 다른 개체와 구별할 수 있게 되는 속성을 그 개체의 키(Key)라고 한다.
⑥ 개체들 간의 관계는 개체-관계 다이어그램에서 마름모로 나타낸다.
⑦ 개체들 간의 관계는 1 : 1 관계뿐만 아니라 1 : N의 관계를 갖는 경우도 있다.

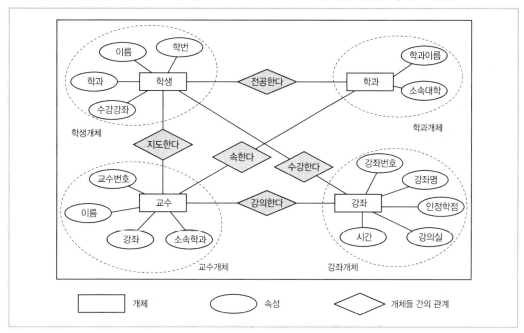

[개체-관계 모델에서 개체, 속성, 관계를 나타낸 다이어그램]

> **예제**
>
> 공간데이터베이스를 이용하여 현실세계를 모델링하는 과정은 개념적 설계, 논리적 설계, 물리적 설계로 구분된다. 논리적 설계 모델에 해당하지 않는 것은?　　(10년 지방직)
> ① 계층형 모델　　　　　　　　　　② 객체 – 관계형 모델
> ③ 네트워크형 모델　　　　　　　　④ 관계형 모델
>
> 정답 ②

제4절 논리적 데이터 모델

1. 개요

① 개체 – 관계 모델은 데이터베이스관리시스템을 구축하는 데 있어서 개념적 데이터 모델로 개발된 도구이며 이러한 개체 – 관계 모델로 정의된 데이터들은 내부적 또는 논리적 데이터 모델로 변환된다.

② 개념적 모델에서 정의된 데이터의 구성 요소를 나타내기 위하여 사용되고 있는 논리적 데이터 모델에는 계층적 데이터 모델, 네트워크형 데이터 모델, 관계형 데이터 모델, 객체지향형 모델로 분류될 수 있다.

2. 계층(계급)형 데이터 모델(Hierarchical Data Model)

(1) 개념

① 계층형 데이터 모델(Hierarchical Data Model)은 트리(Tree)구조(나무줄기와 같은 구조)를 가지고 있다.

② 계층구조 내의 자료들이 논리적으로 관련이 있는 영역으로 나누어지며 하나의 주된 영역 밑에 나머지 영역들이 나뭇가지와 같은 형태로 배열되는 형태로서 데이터베이스를 구성하는 각 레코드가 계층구조 또는 트리구조를 이루는 구조이다.

③ 계층(계급)성 관점에서 학사관리시스템을 구성하는 다섯 가지 개체들(학교, 학과, 학생, 교수, 강좌) 간의 관계를 정의한다.

④ 각각의 계층에 속한 레코드의 필드에는 각 개체들의 속성을 나타내도록 하며 이들 속성 가운데 하나를 키 필드로 설계한다.

⑤ 계층형 모델에서 가장 상위의 계층을 뿌리(Root, 근원)라고 하는데, 뿌리도 레코드를 갖는다.

⑥ 뿌리를 제외한 모든 계층들의 경우 모든 개체들은 부모 – 자녀와 같은 관계를 갖는다.

⑦ 모든 레코드는 부모(상위) 레코드와 자식(하위) 레코드를 가지고 있으며 각각의 객체
   는 단 하나만의 부모(상위) 레코드를 가지고 부모(상위) 레코드는 여러 명의 자녀를
   가질 수 있다.

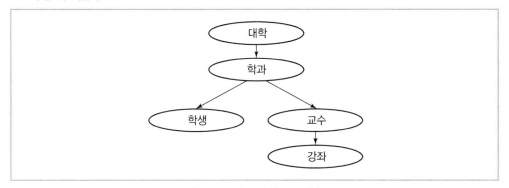

[개체들 간의 계층성 구축]

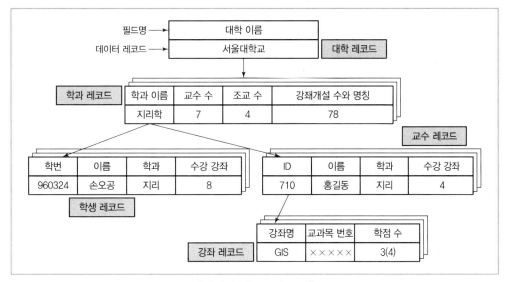

[데이터 레코드의 구성]

(2) 계층형 모형의 장점

① 데이터의 이해와 정보의 갱신이 쉽다.

② 다량의 자료에서 필요한 정보를 신속하게 추출할 수 있다.

(3) 계층형 모형의 단점

① 각각의 객체는 단 하나만의 부모 레코드를 갖는다.

② 속성 필드로는 검색이 불가능하다.

③ 동일한 계층에서의 검색은 부모 레코드를 거치지 않고는 불가능하다.

④ 필요한 정보의 추출을 위해서는 질의 유형이 사전에 결정되어야 한다.

예제

데이터베이스 구조 중 계층형 구조에 대한 설명이다. 이 중 틀린 것은? (12년 지방직)

① 전문적인 자료관리를 위한 데이터 모델로서 현재 가장 보편적으로 많이 쓰는 것이다.
② 하나의 母 자료요소가 여러 층에서 여러 개의 子 요소들과 연결된 구조이다.
③ 각각의 母 요소는 그것과 관계되는 많은 子 요소(2차 요소)들을 가지고 있다.
④ 각 子 요소는 하나의 母 요소만 가진다.

정답 ①

---

3. 네트워크(관망)형 데이터 모델(Network Data Model)

(1) 개념

① 계층형 데이터 모델의 단점을 보완한 것이다.

② 망구조 데이터 모델은 계층형과 유사하지만 망을 형성하는 것처럼 파일 사이에 다양한 연결이 존재한다는 점에서 계층형과 차이가 있다.

③ 각각의 객체는 여러 개의 부모 레코드와 자식 레코드를 가질 수 있다.

④ 계급형 모형과 같이 일정 객체에 대하여 모든 상위 계급의 데이터를 검색하지 않고도 관련 데이터 검색이 가능하다.

(2) 관망형 데이터 모델의 특징

① 계층형 모델에 비하여 데이터 저장에 있어 중복성은 적은 편이나 상대적으로 보다 많은 연결성에 관한 정보가 저장되어야 한다.

② 데이터베이스관리에 있어서 연결성에 관한 정보의 저장 및 관리는 별도의 비용과 노력이 필요하며, 연결성에 변화가 생길 경우 갱신을 위해 시간이 많이 소요된다.

③ 개체들 간의 복잡한 구조에서는 계층형 데이터 모델보다 네트워크형 데이터 모델로 표현하는 것이 검색이 용이하다.

④ 계층형 데이터 모델에 비해 융통성은 보완되었지만 복잡한 연결성을 나타내주는 별도의 레코드를 저장하고 관리해야 하는 단점이 있다.

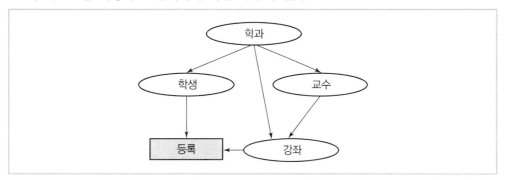

[네트워크형 데이터 모델]

예제

관망형(Network) 데이터베이스 모형에 대한 설명이 옳지 않은 것은?   (14년 1회 산업)

① 하나의 객체는 여러 개의 부모 레코드와 자식 레코드를 가질 수 있다.

② 일정 객체에 대하여 모든 상위 계급의 데이터를 검색하지 않고도 관련된 데이터의 검색이 가능하다.

③ 표현하고자 하는 자료가 단순한 계급적 구성을 가지는 경우 계급형과 관망형의 차이는 크게 찾아보기 어렵다.

④ 다른 데이터베이스 모형에 비하여 자료 구조가 가장 단순하여 정보의 저장 및 관리가 쉽다.

정답 ④

---

4. 관계형 데이터베이스관리시스템(RDBMS ; Relationship DataBase Management System)

(1) 개념

① 데이터를 표로 정리하는 경우 행은 데이터 묶음이 되고 열은 속성을 나타내는 이차원의 도표로 구성된다. 이와 같이 표현하고자 하는 대상의 속성들을 묶어 하나의 행(Row)을 만들고, 행들의 집합으로 데이터를 나타내는 것이 관계형 데이터베이스이다.

② 영역들이 갖는 계층구조를 제거하여 시스템의 유연성을 높이기 위해서 만들어진 구조이다.

③ 데이터의 무결성, 보안, 권한, 록킹(Locking) 등 이전의 응용 분야에서 처리해야 했던 많은 기능들을 지원한다.

④ 관계형 데이터 모델은 모든 데이터를 테이블과 같은 형태로 나타내며 데이터베이스를 구축하는 가장 전형적인 모델이다.

⑤ 관계형 데이터베이스에서는 개체의 속성을 나타내는 필드 모두를 키필드로 지정할 수 있다.

(2) 특징

① 데이터 구조는 릴레이션(Relation)으로 표현된다. 릴레이션이란 테이블의 열(Column) 과 행(Row)의 집합을 말한다.

② 테이블에서 열(Column)은 속성(Attribute), 행(Row)은 튜플(Tuple)이라 한다.

③ 테이블의 각 칸에는 하나의 속성값만 가지며, 이 값은 더 이상 분해될 수 없는 원자값(Atomic value)이다.

④ 하나의 속성이 취할 수 있는 같은 유형의 모든 원자값의 집합을 그 속성의 도메인(Domain)이라 하며 정의된 속성값은 도메인으로부터 값을 취해야 한다.

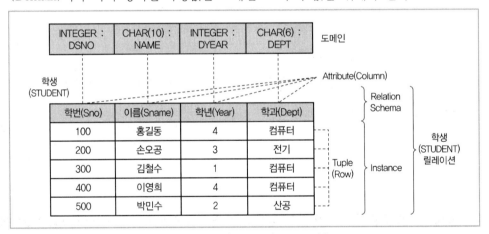

[학생(Student) 테이블(릴레이션)]

⑤ 튜플을 식별할 수 있는 속성의 집합인 키(key)는 테이블의 각 열을 정의하는 행들의 집합인 기본키(PK, Primary Key)와 같은 테이블이나 다른 테이블의 기본키를 참조하는 외부키(FK, Foreign Key)가 있다.

⑥ 관계형 데이터 모델은 구조가 간단하여 이해하기 쉽고 데이터의 조작적 측면에서도 매우 논리적이고 명확하다는 장점이 있다.

⑦ 상이한 정보 간 검색, 결합, 비교, 자료가감 등이 용이하다.

예제

관계형 데이터베이스모델의 특성에 대한 설명으로 옳은 것은? (14년 지방직)

① 나무줄기 같은 구조를 가지고 있다.
② 하나의 객체는 여러 개의 부모 레코드와 자식 레코드를 가질 수 있다.
③ 멀티미디어 데이터를 관리하기가 용이하다.
④ 행과 열로 정렬된 논리적인 데이터 구조이다.

정답 ④

5. 객체지향형 데이터베이스관리체계(OODBMS ; Object Oriented DataBase Management System)

(1) 객체지향 데이터베이스

① 객체지향의 개념 : 복잡한 현실세계의 객체를 추상화하여 속성과 메소드를 구성하고 메시지로 통신하는 데이터 처리방법을 말한다. 객체지향 데이터베이스에 대한 새로운 패러다임은 객체지향 프로그래밍(OOP ; Object-Oriented Programming) 언어에서부터 시작되었다. C++, Java, SmallTalk 등의 객체지향 프로그래밍 언어가 데이터베이스와 응용프로그램에 쓰인다.

TIP

패러다임(Paradigm)
어떤 한 시대 사람들의 견해나 사고를 근본적으로 규정하고 있는 테두리로서의 인식의 체계, 또는 사물에 대한 이론적인 틀이나 체계를 의미하는 개념이다.

인스턴스(Instance)
객체지향 프로그래밍에서 어떤 클래스에 속하는 각 객체를 인스턴스라 한다.

② 객체지향의 구성요소 必 암기 ⓒⓄⓂⒶⓂ

클래스(Class)	공통의 특성을 갖는 객체의 틀을 의미하며 한 클래스의 모든 객체는 같은 구조와 메시지를 응답함. 즉, 동일한 유형의 객체들의 집합을 클래스라 함
객체(Object)	• 데이터와 그 데이터를 작동시키는 메소드(Method)가 결합하여 캡슐화된 것 • 현실 세계의 개체(Entity)를 유일하게 식별할 수 있으며 추상화된 형태 • 객체는 메시지를 주고받아 데이터를 처리할 수 있으며 속성(Attribute)과 메소드를 하나로 묶어 보관하는 캡슐화 구조를 가짐

메소드(Method)	• 객체를 형성할 수 있는 방법이나 조작들로서 객체의 상태를 나타내는 데이터의 항목을 읽고 쓰는 것은 메소드에 의해 이루어짐 • 객체의 상태를 변경하고자 할 경우 메소드를 통해서 메시지를 보냄
속성(Attribute)	객체의 환경과 특성에 대해 기술한 요소들로 인스턴스 변수라고도 함
메시지(Message)	객체와 객체 간의 연계를 위하여 의미를 메시지에 담아서 보냄

③ 객체지향 프로그래밍 언어의 특징 必 암기 아베😊인은 폴리다

추상화 (Abstraction)	• 현실세계 데이터에서 불필요한 부분은 제거하고 핵심요소 데이터를 자료구조로 표현한 것(객체 표현 간소화) • 이때 자료구조를 클래스, 객체, 메소드, 메시지 등으로 표현함 • 객체는 캡슐화(Encapsulation)하여 객체의 내부구조를 알 필요 없이 사용 메소드를 통해서 필요에 따라 사용하게 됨
캡슐화 (Encapsulation) (정보 은닉)	객체의 상세 내용을 외부에 숨기고 메시지를 통해 객체 상호작용을 하는 의미로서 독립성, 이식성, 재사용성 등 향상이 가능함
상속성 (Inheritance)	• 하나의 클래스는 다른 클래스의 인스턴스로 정의될 수 있는데 이때 상속의 개념을 이용함 • 하위 클래스는 상위 클래스의 속성을 상속받아 상위 클래스의 자료와 연산을 이용할 수 있음(하위 클래스에게 자신의 속성, 메소드를 사용하게 하여 확장성을 향상)
다형성 (Polymorphism)	• 동일한 메시지에 대해 객체들이 각각 다르게 정의한 방식으로 응답하는 특성을 의미(하나의 객체를 여러 형태로 재정의할 수 있는 성질) • 객체지향의 다형성에는 오버로딩과 오버라이딩이 존재한다. – 오버로딩(Overriding) : 상속받은 클래스가 부모의 클래스의 메소드를 재정의하여 사용하는 것 – 오버라이딩(Overloading) : 동일한 클래스 내에서 동일한 메소드를 파라미터의 개수나 타입으로 다르게 정의하여 동일한 모습을 갖지만 상황에 따라 다른 방식으로 작동하게 하는 것

예제

객체지향 프로그래밍 언어의 특징으로 적절하지 않은 것은?　　　　　　　　(16년 지방직)

① 상속성　　　　　　　　　　　　　② 캡슐화
③ 인접성　　　　　　　　　　　　　④ 다형성

정답 ③

(2) 객체지향형 데이터베이스 관리체계(OODBMS ; Object Oriented DataBase Management System)

① 개념

　㉠ 객체지향(Object Oriented)에 기반을 둔 논리적 구조로 개발된 관리시스템으로, 자료를 다루는 방식을 하나로 묶어 객체(Object)라는 개념을 사용하여 실세계를 표현하고 모델링하는 구조

　㉡ 관계형 데이터 모델의 단점을 보완하여 새로운 데이터 모델로 등장하였으며 CAD와 GIS, 사무정보시스템, 소프트웨어 엔지니어링 등의 다양한 분야에서 데이터베이스를 구축할 때 주로 사용함

　㉢ 객체 : 데이터[또는 상태(State)]와 그 데이터를 작동시키는 메소드(Method)가 결합하여 캡슐화(Encapsulation)된 것

　㉣ 캡슐화 : 객체 자체가 객체의 상태와 객체의 작동을 결합시켜서 캡슐처럼 둘러싸고 있다는 의미에서 사용된 것

　㉤ 객체구조 : 데이터, 메소드, 객체 식별자로 구성됨

② 객체 구조 　必 암기 ⒹⓂⓄ

데이터(Data)	• 객체의 상태를 말하며 흔히 객체의 속성을 가리킴 • 관계형 데이터 모델의 속성과 같음 • 관계형 데이터 모델에 비해 보다 다양한 데이터 유형을 지원함 • 집합체, 복합 객체, 멀티미디어 등의 자료도 데이터로 구축됨
메소드(Method)	• 객체의 상태를 나타내는 데이터 항목을 읽고 쓰는 것은 메소드에 의해 이루어짐 • 객체를 형성할 수 있는 방법이나 조작을 의미 • 객체의 속성 데이터를 처리하는 프로그램으로 고급언어로 정의됨
객체식별자(Oid)	• 객체를 식별하는 ID로 사용자에게는 보이지 않음 • 관계형 데이터 모델의 Key에 해당함 • 두 개의 객체의 동일성을 조사하는 데 이용됨 • 접근하고자 하는 데이터가 기억되어 있는 위치 참조를 위한 포인터로도 이용됨

③ 특징

　㉠ 객체지향 데이터베이스를 정의하고 조작할 수 있는 데이터베이스시스템

　㉡ 객체지향 프로그래밍 언어를 데이터베이스시스템에 적용시킨 것

　㉢ 객체지향 프로그래밍 언어(C^{++}, Java, Smalltalk)는 객체의 생성, 유지, 삭제, 분류, 계층성, 상속성 등을 포함하는 객체지향형 데이터베이스시스템을 지원함

지도직 군무원
한권으로 끝내기[지리정보학]

  ㉣ 객체들 간의 관계를 정의하고 조작할 수 있는 사용자 인터페이스를 제공하기 때문에 응용프로그래머들이 객체들 간의 관계를 직접 프로그래밍하고 관리할 필요가 없음

  ㉤ CAD/CAM, 다중 매체 정보시스템과 첨단 사용자 인터페이스 시스템 등의 분야에 사용하기 적합함

  ㉥ 데이터베이스의 관리와 갱신이 편리하며 다양한 형태의 데이터 저장이 가능함

  ㉦ 데이터의 중복을 줄이고 데이터 검색을 효율적으로 수행할 수 있음

  ㉧ 관계형 데이터베이스관리시스템에 비해 응용, 개발 및 데이터 모델링 측면에서 장점을 지님

  ㉨ OODBMS의 대표적 예 : GDS, Laserscan, Smallworld 등

  ㉩ 질의를 최적화하는 메커니즘이 미약하며, 관계대수와 같은 적절한 연산기능을 수행하기 어려움

  ㉪ 객체 특성상 색인을 구축하는 데 어렵고 속성값이 아닌 메시지 검색 방법으로 접근해야 함

6. 객체-관계형 데이터베이스관리체계(ORDBMS ; Object Relational Database Management System)

(1) 개요

① 관계형 데이터베이스 기술과 객체지향형 데이터베이스 기술의 장점을 수용하여 개발한 데이터베이스관리시스템으로, 관계형 체계에 새로운 객체 저장능력을 추가하고 있어 기존의 RDBMS를 기반으로 하는 많은 DB시스템과의 호환이 가능하다는 장점이 있다.

② ORDBMS=RDBMS+OODBMS

③ 객체-관계 데이터베이스관리시스템은 관계형 데이터베이스시스템에 객체지향형 데이터베이스의 기능을 추가한 것이다.

(2) 특징

① 객체-관계형 데이터베이스는 객체 클래스(동일한 유형의 객체들의 집합)를 생성할 수 있다.

② 객체(Object)는 관계 테이블에서 열(Column)로 나타난다.

③ 상속성을 지니고 있어 모 객체(Parent object)의 속성과 메소드를 자 객체(Child object)가 상속한다.

④ 관계형 데이터베이스시스템의 경우 B-tree 색인을 사용하고 있어 1차원의 데이터 검색은 양호하지만 2차원 이상 데이터를 색인화하는 데는 부적합하다.

⑤ ORDBMS는 B-tree, Quadtree와 같이 공간 데이터를 색인하는 데 적합한 인덱스 메커니즘을 지원한다.

⑥ 검색이 신속하고 용이하게 이루어진다.

⑦ 객체관계 SQL이나 컴파일 언어로 작성시 사용자 정의 기능을 완벽하게 지원한다.

⑧ 데이터 모델링과 관리적인 측면에서 관계형 데이터베이스시스템이 수행하는 모든 기능을 수행하고 객체지향형 데이터베이스시스템이 가지고 있는 특성을 추가함으로써 관계형 데이터 모델이 갖고 있는 한계성을 극복하였다고 볼 수 있으며 두 분야에 폭넓게 활용될 수 있다.

7. 지오데이터베이스 모델(geoDatabase model)

(1) 개요

① 객체지향모델을 기반으로 한 지리공간데이터를 구조화시켜 다양한 데이터 유형을 포함하는 최상위 수준의 데이터 모델이다.

② geoDatabase model은 ESRI사에서 ArcGIS 8.0에서부터 사용하기 시작했다.

(2) geoDatabase의 구성 요소

① 다양한 데이터 세트의 집합(벡터 데이터, 래스터 데이터, 표면모델링 데이터 등)

② 객체 클래스들(현실세계 형상들과 관련된 객체에 대한 기술적 속성)

③ 피쳐 클래스들(점, 선, 면적 등의 기하학적 형태로 묘사된 객체들)

④ 관계 클래스들(서로 다른 피쳐 클래스를 가진 객체들 간의 관계)

(3) 특징

① 모든 데이터 세트와 클래스(Class : 동일한 유형의 객체들의 집합)들이 하나의 단일한 데이터베이스시스템 안에 테이블 형태로 저장된다.

② 통합된 데이터베이스 구조를 지니고 있어 GIS 사용자나 개발자들이 다양한 데이터들을 인덱싱하는 데 편리하다.

③ 데이터들 간의 연계, 거래, 관리 면에서 장점이 있다.

④ 메타데이터가 있어 모든 데이터들에 대한 이력을 상세히 알 수 있다.

⑤ 다른 데이터베이스시스템의 기능들을 지리공간데이터베이스로 통합시켜 사용하기 때문에 GIS의 기능 및 다양한 서비스를 제공하는 데 있어 비용 대비 효율성이 높다.

제6장　정보의 교환

제1절　의사결정지원체계(DMSS)

1. 정의

공통된 의사결정이 어려운 경우 의사결정에 해석적 모델링과 같은 결정 탐색과정을 도입하여 의사결정에 도움이 되도록 지원하는 시스템을 의사결정지원시스템(DMSS, Decision - Making Support System)이라고 한다.

2. 의사결정시스템의 요건

① 상호작용을 통한 처리 능력
② 질의 능력
③ 적용적 시스템
④ ON - Line 시스템
⑤ 반복설계

제2절　전문가체계(Expert System)

전문가시스템은 생성시스템의 하나로 인공지능 기술의 응용 분야 중 가장 활발하게 사용되는 분야로서, 인간이 특정 분야에 대하여 가지고 있는 전문적인 지식을 정리하여 컴퓨터에 저장하고 일반인도 이 전문지식을 이용할 수 있도록 유도하는 시스템이다.

제3절 메타데이터(MetaData)

1. 정의

① 수록된 데이터의 내용, 품질, 조건 및 특징 등을 저장한 데이터로서 데이터에 관한 데이터, 즉 데이터의 이력서라 할 수 있다.

② 메타데이터는 작성한 실무자가 바뀌더라도 변함없는 데이터의 기본체계를 유지하게 함으로써 시간이 지나도 일관성 있는 데이터를 사용자에게 제공 가능하도록 하며, 데이터를 목록화하기 때문에 사용상의 편리성을 도모한다.

③ 따라서 메타데이터는 정보의 공유를 극대화하며 데이터의 원활한 교환을 지원하기 위한 프레임을 제공한다.

2. 기본요소 | 必 암기 ⑨⑩⑪⑫⑬⑭⑮⑯⑰⑱ ⑲⑳㉑㉒㉓㉔㉕

제1장	식별정보 (Identification information)	인용, 자료에 대한 묘사, 제작시기, 공간영역, 키 워드, 접근제한, 사용제한, 연락처 등
	개요 및 ㉓료소개 (Identification)	수록된 데이터의 명칭, 개발자, 데이터의 지리적 영역 및 내용, 다른 이용자의 이용가능성, 가능한 데이터의 획득방법 등을 위한 규칙이 포함된다.
제2장	자료의 질 정보 (Data quality information)	속성정보 정확도, 논리적 일관성, 완결성, 위치정보 정확도, 계통 (lineage) 정보 등
	자㉓ 품질 (Quality)	자료가 가진 위치 및 속성의 정확도, 완전성, 일관성, 정보의 출처, 자료의 생성방법 등을 나타낸다.
제3장	공간자료구성정보 (Spatial Data organization information)	간접 공간참조자료(주소체계), 직접 공간참조자료, 점과 벡터객체 정보, 위상관계, 래스터 객체 정보 등
	자료의 ㉓성 (Organization)	자료의 코드화(Encoding)에 이용된 데이터 모형(백터나 격자 모형 등), 공간상의 위치 표시방법(위도나 경도를 이용하는 직접적인 방법이나 거리의 주소나 우편번호 등을 이용하는 간접적인 방법 등)에 관한 정보가 서술된다.
제4장	공간좌표정보 (Spatial reference information)	평면 및 수직 좌표계
	공간참㉓를 위한 정보 (Spatial reference)	사용된 지도 투영법, 변수 좌표계에 관련된 제반 정보를 포함한다.
제5장	사상과 속성정보 (Entity & attribute information)	사상타입, 속성 등

제6장	형상 및 속성 정보 (Entity & attribute informatioin)	수록된 공간 객체와 관련된 지리정보와 수록방식에 관하여 설명한다.
	배포정보 (Distribution information)	배포자, 주문방법, 법적 의무, 디지털 자료형태 등
	정보 획득방법	정보의 획득과 관련된 기관, 획득 형태, 정보의 가격에 대한 사항을 설명한다.
제7장	메타데이터 참조정보 (MetaData reference information)	메타데이타 작성 시기, 버전, 메타데이터 표준이름, 사용제한, 접근제한 등
	참조정보 (MetaData reference)	메타데이터의 작성자 및 일시 등을 포함한다.
제8장	인용정보 (Citation information)	출판일, 출판시기, 원 제작자, 제목, 시리즈 정보 등
제9장	제작시기 (Time period information)	일정시점, 다중시점, 일정 시기 등
제10장	연락처 (Contact information)	연락자, 연락기관, 주소 등

3. 기본요소 II 必 암기 자 질 구 조 상 보 조 하라

개요 및 자료소개 (Identification)	수록된 데이터의 명칭, 개발자, 데이터의 지리적 영역 및 내용, 다른 이용자의 이용 가능성, 가능한 데이터의 획득방법 등을 위한 규칙이 포함됨
자료 품질(Quality)	자료가 가진 위치 및 속성의 정확도, 완전성, 일관성, 정보의 출처, 자료의 생성방법 등을 나타냄
자료의 구성 (Organization)	자료의 코드화(Encoding)에 이용된 데이터 모형(벡터나 격자모형 등), 공간상의 위치 표시방법(위도나 경도를 이용하는 직접적인 방법이나 거리의 주소나 우편번호 등을 이용하는 간접적인 방법 등)에 관한 정보가 서술됨
공간참조를 위한 정보 (Spatial reference)	사용된 지도 투영법, 변수 좌표계와 관련된 제반 정보를 포함
형상 및 속성 정보 (Entity&Attribute information)	수록된 공간 객체와 관련된 지리정보와 수록방식에 관하여 설명함
정보 획득방법	정보의 획득과 관련된 기관, 획득 형태, 정보의 가격에 대한 사항을 설명함
참조 정보 (MetaData reference)	메타데이터의 작성자 및 일시 등을 포함함

4. 역할 및 필요성

① 현재 여러 기관에서 구축되고 있는 다양한 토지정보자료는 물론 각각 사용 목적이 다르게 구축된 내용이지만 각 기관 간의 자료의 공유가 가능하다면 일부 중복된 부분을 활용함으로써 경제적인 효과를 기대할 수 있으므로 자료의 공유는 매우 중요하다.

② 기존에 구축된 자료를 다른 목적으로 사용하기 위해서는 기존 자료에 대한 접근이 편리하여야 하며, 다양한 자료에 대한 접근의 용이성을 최대화하기 위해서는 참조된 모든 자료의 특성을 표현할 수 있는 메타데이터의 체계가 필요하다.

③ 메타데이터는 취득하려는 자료가 사용목적에 적합한 품질의 데이터인지를 확인할 수 있는 정보가 제공되어야 하며 시간과 비용을 절약하고 불필요한 송수신 과정을 최소화시킴으로써 공간정보 유통의 효율성을 제고시킬 수 있다.

④ 특히 토지정보체계의 자료가 표준화된 규정에 의해 구축될 경우 그에 따른 효과는 매우 높게 나타나므로 메타데이터의 중요성을 확인할 수 있다. 이와 관련하여 국제 표준화기구에서는 메타데이터의 표준안을 제시하는 각 나라마다 각각의 메타데이터 표준안을 제정하여 활용하고 있다.

제4절 개방형 GIS

1. 의의

개방형 GIS는 분산되어 있는 다양한 데이터에 대한 접근과 자료 처리를 쉽게 하기 위하여 개발되었으며 상호운용성이 필수적이다.

2. 특징

① 자료의 공유로 비용이 감소된다.
② 접근이 편리하다.
③ 서로 다른 시스템 사이의 호환성과 운영방안을 제공한다.
④ 작업 요구에 따라 쉽게 이용할 수 있다.

CHAPTER **04** 출제예상문제

01 공간 Database 자료에 대한 설명으로 틀린 것은?

① Database 자료는 도형자료와 속성자료로 구분된다.
② 도형자료는 점, 선, 면의 형태로 구성된다.
③ 도형자료는 통계자료, 보고서, 관측자료, 범례 등이다.
④ 속성자료는 보통 문자나 숫자로 구성된다.

해설

공간데이터의 형식에는 벡터 데이터와 래스터 데이터가 있다.

02 다음 중 데이터베이스의 장점으로 옳지 않은 것은?

① 데이터의 처리 속도가 증가한다.
② 방대한 종이 자료를 간소화시킨다.
③ 정확한 최신 정보를 이용할 수 있다.
④ 초기의 시스템 구축비용이 저렴하다.

해설

데이터베이스의 장점
• 자료의 효율적 관리(데이터의 표준화)
• 자료의 집중화(데이터의 공통 사용, 일관성 유지)
• 데이터 보안기능(사용자 권한에 적합한 권한 부여)
• 사용자의 목적에 따른 데이터의 편집 및 가공 용이
• 자료구축의 중복투자 방지
• 자료검색의 신속화
• PID를 이용하여 타 D/B와 연결 가능

03 다음 중 데이터베이스의 장점에 해당하지 않는 것은?

① 데이터의 무결성   ② 데이터의 공유성
③ 데이터의 중복성   ④ 데이터의 일관성

해설

데이터베이스의 장점
• 저장된 자료의 형태에 관계없이 데이터의 독립성 유지
• 신뢰도 보호 및 일관성 유지에 따른 기능과 공정
• 제어 관리를 통해 다수의 사용자들이 접근 시 무결성이 유지됨
• 중복된 자료 감소 및 높은 수정 방안 제시
• 자료의 효율적 관리(데이터의 표준화)
• 데이터 보안 기능(사용자 권한에 적합한 권한 부여)
• 사용자의 목적에 따른 데이터의 편집 및 가공 용이

04 자료 저장 방식 중 하나인 데이터베이스 방식이 지니는 특성이 아닌 것은?

① 자료의 동시 공유   ② 실시간 접근
③ 데이터의 정적 유지 ④ 자료의 표준화

해설

데이터베이스방식이 지니는 특성
• 실시간 접근성(Real-time accessibility) : 데이터베이스는 임의적이고 비정형적인 질의(Query)에 대하여 실시간 처리(Real-time processing)로 응답할 수 있어야 한다.
• 계속적인 변화(Continuous evolution) : 데이터베이스는 새로운 데이터의 삽입(Insertion), 기존 데이터의 삭제(Deletion), 갱신(Update)으로 항상 그 내용이 변할 뿐 아니라 변화 속에서 실시간으로 현재의 정확한 데이터를 유지해야 한다.
• 동시공용(Concurrent sharing) : 데이터베이스는 서로 다른 목적을 가진 여러 사용자가 동시에 자기가 원하는 데이터에 접근하여 이용할 수 있어야 한다.

정답 | 01 ③ 02 ④ 03 ③ 04 ③

• 내용에 의한 참조(Contents reference) : 데이터의 참조는 데이터 레코드들의 주소나 위치에 의해서가 아닌 데이터의 내용(Data contents), 데이터가 가지고 있는 값(Value)에 의한 참조이다.

05 다음 중 데이터베이스 구축의 장점이 아닌 것은?

① 자료의 독립성 유지가 가능하다.
② 통제의 분산화를 이룰 수 있다.
③ 자료의 중복을 방지할 수 있다.
④ 자료의 효율적인 관리가 가능하다.

해설

데이터베이스 구축의 장점
• 통제의 집중화를 이룰 수 있음
• 자료의 효율적인 관리(분리)가 가능함
• 자료의 독립성 유지
• 자료기반의 새로운 응용을 용이하게 수행할 수 있음
• 직접적인 사용자 접근이 가능(여러 사용자가 동시에 사용)
• 자료의 중복을 방지할 수 있음

06 데이터베이스를 구축하는 목적과 거리가 먼 것은?

① 데이터의 일관성 유지
② 데이터의 중복성 유지
③ 데이터의 무결성 유지
④ 데이터의 공유

해설

데이터베이스관리시스템의 장점
• 데이터의 독립성   • 데이터의 중복성 배제
• 데이터의 공유화   • 데이터의 일관성 유지

07 다음 중 기존의 자료 저장 방식에 비하여 데이터베이스 방식이 가지는 장점으로 옳지 않은 것은?

① 초기의 구축비용이 적게 든다.
② 저장된 자료를 공동으로 이용할 수 있다.
③ 데이터의 무결성을 유지할 수 있다.
④ 데이터의 중복을 피할 수 있다.

해설

데이터베이스의 특성은 실시간 접근성, 계속적인 변화, 동시 공유, 내용에 의한 참조이다.

08 다음 중 데이터베이스의 구축에 따른 장점으로 옳지 않은 것은?

① 같은 자료에 동시 접근이 가능하다.
② 통제의 분산화를 이룰 수 있다.
③ 자료의 중복을 방지할 수 있다.
④ 자료의 효율적인 관리가 가능하다.

해설

데이터베이스의 장점
• 자료의 효율적 관리(데이터의 표준화)
• 자료의 집중화(데이터의 공통 사용, 일관성 유지)
• 데이터 보안기능(사용자 권한에 적합한 권한 부여)
• 사용자 목적에 따른 데이터의 편집 및 가공 용이
• 자료구축의 중복투자 방지
• 자료검색의 신속화
• PID를 이용하여 타 D/B와 연결 가능

09 토지정보체계에서도 점차 데이터베이스관리시스템(DBMS) 기반의 운용방식이 증가하고 있다. 다음 중 데이터베이스 관리시스템의 장점이 아닌 것은?

① 자료의 중복을 최소화할 수 있다.
② 자료에 독립성을 부여할 수 있다.
③ 효율적인 자료 호환과 자료의 공유가 용이하다.
④ 시스템을 단순화할 수 있고 비용이 저렴하다.

정답 | 05 ② 06 ② 07 ① 08 ② 09 ④

해설

데이터베이스 관리시스템 장점
- 데이터의 독립성
- 데이터의 중복성 배제
- 데이터의 공유화
- 데이터의 일관성 유지

10 관계형 자료모델(Relation data model)의 기본 구조 요소와 거리가 가장 먼 것은?

① 소트(Sort)
② 속성(Attribute)
③ 행(Record)
④ 테이블(Table)

해설

관계형 자료모델의 특징
- 데이터 구조는 릴레이션(Relation)으로 표현된다. 릴레이션이란 테이블의 열(Column)과 행(Row)의 집합을 말한다.
- 테이블에서 열(Column)은 속성(Attribute), 행(Row)은 튜플(Tuple)이라 한다.
- 테이블의 각 칸에는 하나의 속성값만 가지며, 이 값은 더 이상 분해될 수 없는 원자값(Atomic value)이다.
- 하나의 속성이 취할 수 있는 같은 유형의 모든 원자값의 집합을 그 속성의 도메인(Domain)이라 하며 정의된 속성값은 도메인으로부터 값을 취해야 한다.
- 튜플을 식별할 수 있는 속성의 집합인 키(Key)는 테이블의 각 열을 정의하는 행들의 집합인 기본키(PK ; Primary Key)와 같은 테이블이나 다른 테이블의 기본키를 참조하는 외부키(FK ; Foreign Key)가 있다.
- 관계형 데이터 모델은 구조가 간단하여 이해하기 쉽고 데이터의 조작적 측면에서도 매우 논리적이고 명확하다는 장점이 있다.
- 상이한 정보 간 검색, 결합, 비교, 자료 가감 등이 용이하다.

11 데이터베이스에서 속성자료의 형태로 틀린 것은?

① 통계자료, 보고서, 관측자료, 범례 등의 형태로 구성되어 있다.
② 선 또는 다각형과 입체의 형태로 표현되는 자료이다.
③ 법규집, 일반보고서 등의 자료를 말한다.
④ 글자, 숫자, 기호, 색상 등으로 구성되어 있다.

해설

도형자료 : 선 또는 다각형과 입체의 형태로 표현되는 자료

12 전산화 관련 자료의 구조 중 하나의 조직 안에서 다수의 사용자들이 공통으로 사용할 수 있도록 통합 저장되어 있는 운영자료의 집합은 무엇인가?

① Database
② Geocode
③ DMSS
④ Expert System

해설

데이터베이스
몇 개의 자료 파일을 조직적으로 통합하여 자료 항목의 중복을 없애고 자료를 구조화하여 기억시켜 놓은 자료의 집합체라고 할 수 있다.

13 다음 중 데이터베이스관리시스템(DBMS) 및 데이터베이스 관리용 소프트웨어는?

① ArcView
② Oracle
③ Automap
④ Geomedia

해설

데이터베이스관리시스템(DBMS) 및 데이터베이스 관리용 소프트웨어는 오라클(Oracle)이다.

정답 | 10 ① 11 ② 12 ① 13 ②

14 데이터베이스관리시스템(DBMS ; Database Management System)에 대한 설명으로 틀린 것은?

① DBMS는 물리적인 시스템으로 데이터베이스를 생성·관리·제공하는 집합이라고 할 수 있다.
② DBMS는 데이터를 저장하고 정보를 추출할 수 있는 효율적이고 편리한 방법을 사용자에게 제공하는 데 목적이 있다.
③ DBMS의 주요 기능은 데이터를 안정적으로 관리하고 효율적인 검색 및 데이터베이스의 질의 언어를 지원하는 것이다.
④ 파일처리방식에 비하여 시스템 구성이 단순해져 자료의 손실 가능성이 적어진다.

해설

DMBS의 장·단점 必 암기 개보화중립무관 백중시비
• 장점

시스템**개발** 비용 감소	데이터베이스 구축 시 초기비용이 많이 들 수 있지만 데이터 검색 및 변경 시 프로그램 개발 비용을 절감할 수 있다.
보안향상	데이터베이스의 중앙집중·관리 및 접근·제어를 통해 보안이 향상된다.
표준화 (Normalisation)	데이터 제어기능을 통해 데이터의 형식, 내용, 처리방식, 문서화 양식 등에 표준화를 범기관적으로 쉽게 시행할 수 있다.
중복의 최소화	파일관리 시스템에서 개별 파일로 관리되던 시스템에서 데이터를 하나의 데이터베이스에 통합하여 관리하므로 중복이 감소된다.
데이터의 독립성 (Independency) 향상	데이터를 응용프로그램에서 분리하여 관리하므로 응용프로그램을 수정할 필요성이 감소된다.
데이터의 일관성 (consistency) 유지	파일관리시스템에서는 중복데이터가 각각 다른 파일에 관리되어 변경 시 데이터의 일관성을 보장하기 어려웠으나. DBMS는 중앙집중식 통제를 통해 데이터의 일관성을 유지할 수 있다.
데이터의 무결성 (integrity) 유지	제어관리를 통해 다수의 사용자들이 접근 시 무결성이 유지된다.

• 단점

백업과 회복기능	위험부담을 최소화하기 위해 효율적인 백업과 회복기능을 갖추어야 한다.
중앙집약적인 위험 부담	자료의 저장 및 관리가 중앙집약적으로 이루어지므로 자료의 손실이나 시스템의 작동불능이 될 수 있는 중앙집약적인 위험부담이 크다.
시스템 구성의 복잡성	파일처리 방식에 비하여 시스템의 구성이 복잡하므로 이로 인한 자료의 손실 가능성이 높다.
운영**비**의 증대	컴퓨터 하드웨어와 소프트웨어의 비용이 상대적으로 많이 소요된다.

15 DBMS 방식의 자료 관리의 장점이 아닌 것은?

① 시스템 구성이 파일 방식에 비해 단순하다.
② 중앙제어가 가능하다.
③ 자료의 중복을 최대한 감소시킬 수 있다.
④ DB 내의 자료는 다른 사용자와의 호환이 가능하다.

해설

DMBS의 장·단점 必 암기 개보화중립무관 백중시비
• 장점

시스템**개발** 비용 감소	데이터베이스 구축 시 초기비용이 많이 들 수 있지만 데이터 검색 및 변경 시 프로그램 개발 비용을 절감할 수 있다.
보안향상	데이터베이스의 중앙집중·관리 및 접근·제어를 통해 보안이 향상된다.
표준화 (Normalisation)	데이터 제어기능을 통해 데이터의 형식, 내용, 처리방식, 문서화 양식 등에 표준화를 범기관적으로 쉽게 시행할 수 있다.
중복의 최소화	파일관리 시스템에서 개별 파일로 관리되던 시스템에서 데이터를 하나의 데이터베이스에 통합하여 관리하므로 중복이 감소된다.
데이터의 독립성 (Independency) 향상	데이터를 응용프로그램에서 분리하여 관리하므로 응용프로그램을 수정할 필요성이 감소된다.

데이터의 일관성 (consistency) 유지	파일관리시스템에서는 중복데이터가 각각 다른 파일에 관리되어 변경 시 데이터의 일관성을 보장하기 어려웠으나, DBMS는 중앙집중식 통제를 통해 데이터의 일관성을 유지할 수 있다.
데이터의 무결성 (integrity) 유지	제어관리를 통해 다수의 사용자들이 접근 시 무결성이 유지된다.

• 단점

백업과 회복기능	위험부담을 최소화하기 위해 효율적인 백업과 회복기능을 갖추어야 한다.
중앙집약적인 위험 부담	자료의 저장 및 관리가 중앙집약적으로 이루어지므로 자료의 손실이나 시스템의 작동불능이 될 수 있는 중앙집약적인 위험부담이 크다.
시스템 구성의 복잡성	파일처리 방식에 비하여 시스템의 구성이 복잡하므로 이로 인한 자료의 손실 가능성이 높다.
운영비의 증대	컴퓨터 하드웨어와 소프트웨어의 비용이 상대적으로 많이 소요된다.

16 데이터베이스의 일반적인 모형과 거리가 먼 것은?

① 입체형(Solid)
② 계급형(Hierarchical)
③ 관망형(Network)
④ 관계형(Relational)

해설

데이터베이스의 모형은 계층형(계급형), 관망형(네트워킹), 관계형, 객체지향형, 객체관계형으로 구성된다.

17 데이터베이스의 구조 중 트리(Tree) 형태의 구조로 데이터들이 구성되어 기록 추가와 삭제가 용이한 반면, 지시자에 의해 설정된 경로만을 통해야 자료에 접근할 수 있는 단점을 가진 것은?

① 평면 구조
② 계층 구조
③ 조직망 구조
④ 관계 구조

해설

계층형 데이터베이스 모델에 관한 설명이다.

18 자료 테이블 간의 공통 필드에 의해 논리적인 연계를 구축함으로써 효율적인 자료관리 기능을 제공하여 공통 필드가 존재하는 한 정보 검색을 위한 질의의 형태에 제한이 없는 장점을 지닌 데이터 모델은?

① 계층형 데이터 모델
② 관계형 데이터 모델
③ 네트워크형 데이터 모델
④ 객체지향형 데이터 모델

해설

관계형 데이터 모델
• 공통 부분에 의해 서로 연결된 타뷸라(Tabular) 파일에서 구성된 자료처리 능력을 가진 데이터베이스 관리체계이다.
• 2차원의 행과 열로써 자료를 조직하고 접근하는 데이터베이스 체계로서 전형적으로 관계되는 정보들을 구조화 질의 언어(SQL)를 이용하여 접근되도록 하는 체계로서 다른 파일들로부터 자료 항목을 다시 결합할 수 있고 자료 이용에 강력한 도구를 제공한다.
• 관계 데이터 모형을 사용하여 대량의 자료를 체계적으로 구축하고 있는 데이터베이스 데이터가 다중 연결을 가져서 각각의 다른 필드들과 연결되도록 하는 강력하고 유연성 있는 데이터베이스의 종류이다.
• 보통 관계형 질의(Query)는 하나 이상의 필드에 특정 조건을 주어 그것들을 만족시키는 레코드를 찾게 한다.

19 다음 중 데이터베이스의 모형이 아닌 것은?

① 계층형 데이터베이스
② 관계형 데이터베이스
③ 단층형 데이터베이스
④ 객체관계형 데이터베이스

해설

- 평면 구조(Flat Structure) : 모든 자료들이 같은 자료 항목들을 가지고, 순차적으로 배열된다.
- 계층 구조(Hierarchical Structure) : 하나의 기록형태에 여러 가지 자료 항목이 들어 있고, 파일 내의 각각의 기록들은 파일 내에 있는 상위단계의 기록과 연계되어 있다. 상/하위 기록들을 연관시키는 데는 지시자(Pointer)가 활용된다. 계층 구조의 장점은 다양한 기록들이 다른 파일의 기록들과 관련을 가지고 있으며, 기록의 추가와 삭제가 용이하며, 상위기록을 통해서 접근하면 자료의 검색속도가 빠르다는 것이다. 한편, 자료의 접근은 지시자에 의해서 설정된 경로만을 통해서 가능하다.
- 조직망 구조(Network Structure) : 기록들은 다른 파일의 하나 이상의 기록들과 연계되어 있으며, 연관을 시키기 위해서는 지시자가 활용된다.
- 관계형 구조(Relational Structure) : 자료 항목들이 표(Table)로 불리는 서로 다른 평평한 파일에 들어 있고, 각각의 사상은 반복되는 영역이 없는 자료 항목이다.
- 객체지향 구조(Object Oriented Structure) : Parent/Child의 구조라고 하며 객체의 구성관계가 복잡하지만 명백하다. 즉 어떤 요소가 어디에 포함되며(Subclass) 또는 어떤 요소를 포함하고(Superclass) 있는지의 관계가 명백하다.

20 다음 중 관계형 데이터베이스에 대한 설명으로 가장 옳은 것은?

① 트리 구조와 같은 계층형 구조를 가지고 있다.
② 정의된 데이터 테이블의 갱신이 어려운 편이다.
③ 데이터를 2차원의 테이블 형태로 저장한다.
④ 필요한 정보를 추출하기 위한 질의의 형태에 많은 제한을 받는다.

해설

- 관계형 데이터는 모든 데이터들을 테이블과 같은 형태로 나타내는 것으로, 데이터베이스를 구축하는 가장 전형적인 모델이라 볼 수 있다.
- 구조가 간단하여 이해하기 쉽고 조직적 측면에서도 매우 논리적이며 명확하다.

- 관계형 데이터베이스는 데이터 검색 시에 사용자들에게 융통성을 제공하며, SQL과 같은 표준적인 질의 언어사용으로 복잡한 질의도 간단하게 표현할 수 있다.

21 효율적인 자료 관리와 중복성 방지를 위한 시스템으로서, 안정적으로 자료를 관리하고 효율적인 검색 및 질의 언어를 지원하는 것을 주요 기능으로 하는 것은?

① LMIS
② DBMS
③ EPP
④ MAJIS

해설

DBMS(DataBase Management System)
데이터베이스 관리시스템은 데이터베이스를 지원하는 물리적인 시스템으로 데이터베이스를 생성, 관리, 제공하는 집합이라고 할 수 있다.

22 다음 중 관계형 데이터베이스에서 자료의 추출(검색)에 사용되는 언어는?

① SQL
② Visual Basic
③ Visual C^{++}
④ COBOL

해설

SQL은 구조화 질의어라고 하며, 데이터 정의어(DDL)와 데이터 조작어(DML)를 포함한 데이터베이스용 질의 언어(Query language)의 일종이다. 특정한 데이터베이스시스템에 한정되지 않아 널리 사용된다. 초기에는 IBM의 관계형 데이터베이스인 시스템에서만 사용되었으나 지금은 다른 데이터베이스에서도 널리 사용한다.

정답 | 20 ③ 21 ② 22 ①

23 데이터베이스관리시스템(DBMS)에 대한 설명으로 옳지 않은 것은?

① 다른 자료 저장 시스템에 비해 시스템의 구성이 단순하여 그로 인한 자료의 손실 가능성이 낮다.
② DBMS에서 제공되는 서비스 기능을 이용하여 새로운 응용프로그램의 개발이 용이하다.
③ 다른 사용자와 함께 자료 호환을 자유로이 할 수 있어 효율적이다.
④ 직접적으로 사용자와의 연계를 위한 기능을 제공하여 복잡하고 높은 수준의 분석이 가능하다.

해설

데이터베이스관리시스템은 데이터베이스를 지원하는 물리적인 시스템으로 데이터베이스를 생성, 관리, 제공하는 집합이라고 할 수 있다.
• 중앙제어장치로 운용 가능
• 효율적인 자료호환으로 사용자가 편리함
• 저장된 자료의 형태에 관계없이 데이터의 독립성 유지
• 새로운 응용프로그램 개발의 용이성
• 신뢰도 보호 및 일관성 유지
• 중복된 자료 감소 및 높은 수정 방안 제시
• 다양한 응용프로그램에서 다른 목적으로 편집 및 저장

24 다음 중 데이터 입력 시 오차가 발생하는 이유로 옳지 않은 것은?

① 작업자의 실수
② 스캐너의 해상도 문제
③ 스캐닝 할 도면의 신축
④ 디지타이징 시 좌표 변환용 기준점 수의 과다

해설

입력 자료의 질에 따른 오차
• 위치 정확도에 따른 오차
• 속성 정확도에 따른 오차
• 논리적 일관성에 따른 오차
• 완결성에 따른 오차
• 자료 변천 과정에 따른 오차
• 작업자의 실수
• 스캐닝할 도면의 신축
• 스캐너의 해상도 문제

Database 구축 시 발생하는 오차
• 절대위치자료 생성 시 기준점의 오차
• 위치자료 생성시 발생되는 항공사진 및 위성영상의 정확도에 따른 오차
• 디지타이징 시 발생되는 점 양식, 흐름 양식에 의해 발생되는 오차
• 좌표변환 시 투영법에 따른 오차
• 항공사진 판독 및 위성영상으로 분류되는 속성 오차
• 사회자료 부정확성에 따른 오차
• 지형분할을 수행하는 과정에서 발생되는 편집 오차
• 자료처리 시 발생되는 오차

25 다음 중 토지정보체계에서 데이터베이스의 구축 시 발생하는 오차로 보기 어려운 것은?

① 데이터의 좌표변환 시 사용하는 투영법에 따른 오차
② 원본 자료의 부정확성에 따른 오차
③ 자료의 논리적 일관성에 따른 오차
④ 데이터의 입력 과정에서 발생하는 오차

해설

문제 24번 해설 참조

26 다음 중 데이터의 입력 오차가 발생하는 이유로 옳지 않은 것은?

① 작업자의 실수
② PC에 저장된 파일의 빈번한 복사
③ 스캐닝할 도면의 신축
④ 스캐너의 해상도 문제

해설

• 기계적인 오차
• 도면 등록 시의 오차
• 벡터 자료를 래스터 자료로 변환하는 과정에서의 오차
• 입력도면의 평탄성 오차

정답 | 23 ① 24 ④ 25 ③ 26 ②

27 다음 중 관망형(Network) 데이터베이스 모형에 대한 설명으로 옳지 않은 것은?

① 하나의 객체는 여러 개의 부모 레코드와 자식 레코드를 가질 수 있다.

② 일정 객체에 대하여 모든 상위 계급의 데이터를 검색하지 않고도 관련된 데이터의 검색이 가능하다.

③ 표현하고자 하는 자료가 단순한 계급적 구성을 가지는 경우 계급형과 관망형의 차이는 크게 찾아보기 어렵다.

④ 자료 저장에 있어 다른 데이터베이스 모형에 비하여 연결성에 관한 정보의 저장 및 관리가 쉽다.

해설

관망형 데이터 모델은 상·하만을 검색하는 계층형 데이터 모델의 단점을 보완한 데이터 구조로 일반적 그래프의 성질을 가지며 자료의 중복을 막아주고 가능한 한 정보를 효율적으로 이용하는 장점을 가지고 있다.

- 하나의 객체는 여러 개의 부모 레코드와 자식 레코드를 가질 수 있다.
- 일정 객체에 대하여 모든 상위 계급의 데이터를 검색하지 않고도 관련된 데이터의 검색이 가능하다.
- 표현하고자 하는 자료가 단순한 계급적 구성을 가지고 있다면 계급형과 관망형 간의 차이는 찾아보기 어렵다.
- 자료 저장에 있어서 중복성은 적은 편이나 상대적으로 많은 연결성에 관한 정보가 저장되어야 한다.
- 복잡한 구조를 가진 데이터베이스 관리에 있어서 연결성에 관한 정보의 저장 및 관리는 별도의 비용과 노력이 필요하다.
- 부대 공간의 증가에 따라 데이터베이스 크기가 증가하며 데이터베이스를 변형시킬 때마다 새로이 수정되어야 한다는 단점을 지닌다.

28 다음 중 계급형(Hierarchical) 데이터베이스 모형에 관한 설명으로 옳지 않은 것은?

① 이해와 갱신이 용이하다.

② 모든 레코드는 일 대 일(1 : 1) 혹은 일 대 다수(1 : n)의 관계를 갖는다.

③ 각각의 객체는 여러 개의 부모 레코드를 갖는다.

④ 키필드가 아닌 필드에서는 검색이 불가능하다.

해설

계급형 데이터베이스 모형

- 하나의 부노드는 다수개의 자노드를 가지나, 하나의 자노드는 다수의 부노드를 가질 수 없는 구조
- 간단해서 이해하기 쉽고, 구현, 수정, 탐색이 용이하며 쉽게 성능평가 가능
- 데이터 상호간의 유연성 부족으로 중복의 정도가 심한 경우는 부적절
- 검색의 경로가 한정되어 있어 비효율적
- 동일 레벨상에서 정보교환이 불가능하며 $m : n$ 처리가 어렵다.

29 다음 중 아래와 같은 특징을 갖는 논리적인 데이터베이스 모델은?

- 다른 모델과 달리 각 객체는 각 레코드(Record)를 대표하는 기본키(Primary key)를 갖는다.
- 다른 모델에 비하여 관련 데이터필드가 존재하는 한 필요한 정보를 추출하기 위한 질의형태에 제한이 없다.
- 데이터의 갱신이 용이하고 융통성을 증대시킨다.

① 계층형 모델　　　② 네트워크 모델
③ 관계형 모델　　　④ 객체지향형 모델

해설

관계형 구조(Relational Structure)는 자료항목들이 표(Table)로 불리는 서로 다른 평평한 파일에 들어 있고, 각각의 사상은 반복되는 영역이 없는 자료 항목이다.

- 평면 구조(Flat Structure) : 모든 자료들이 같은 자료 항목들을 가지고 순차적으로 배열된다.

정답 | 27 ④　28 ③　29 ③

• 계층 구조(Hierarchical Structure) : 하나의 기록형태에 여러 가지 자료 항목이 들어 있고, 파일 내의 각각의 기록들은 파일 내에 있는 상위단계의 기록과 연계되어 있다. 상/하위 기록들을 연관시키는 데는 지시자(Pointer)가 활용된다. 계층 구조의 장점은 다양한 기록들이 다른 파일의 기록들과 관련을 가지고 있으며, 기록의 추가와 삭제가 용이하며, 상위 기록을 통해서 접근하면 자료의 검색 속도가 빠르다. 한편, 자료의 접근은 지시자에 의해서 설정된 경로만을 통해서 가능하다.

• 조직망 구조(Network Structure) : 기록들은 다른 파일의 하나 이상의 기록들과 연계되어 있으며, 연관을 시키기 위해서는 지시자가 활용된다.

• 객체지향 구조(Object Oriented Structure) : Parent/Child의 구조라고 하며 객체의 구성관계가 복잡하지만 명백하다. 즉 어떤 요소가 어디에 포함되며(Subclass) 또는 어떤 요소를 포함하고(Superclass) 있는지의 관계가 명백하다.

30 다음 중 자료 간의 공통필드에 의해 논리적인 연계를 구축함으로써 효율적으로 자료를 관리할 수 있게 하며 관련된 데이터 필드가 존재하는 한 정보 검색을 위한 질의 형태에 제한이 없는 장점을 지닌 데이터 모델은?

① 계층형 데이터 모델
② 관계형 데이터 모델
③ 네트워크형 데이터 모델
④ 객체지향형 데이터 모델

해설

관계형 데이터베이스 관리시스템은 데이터 검색 시 사용자들에게 융통성을 제공하며, SQL과 같은 표준적인 질의 언어사용으로 복잡한 질의도 간단하게 표현할 수 있다.

31 LIS에서 DBMS의 개념을 적용함에 따른 장점으로 가장 거리가 먼 것은?

① 관련 자료 간의 자동 갱신이 가능하다.
② 자료의 표현과 저장 방식을 통합하는 것이 가능하다.
③ 도형 및 속성자료 간에 물리적으로 명확한 관계가 정의될 수 있다.
④ 자료의 중앙 제어를 통해 데이터베이스의 신뢰도를 증진시킬 수 있다.

해설

DBMS의 개념을 적용함에 따른 장점
• 중앙 제어 가능
• 효율적인 자료 호환
• 데이터의 독립성
• 새로운 응용프로그램 개발의 용이성
• 직접적인 사용자 연계
• 반복성 제거
• 다양한 양식의 자료 제공

32 다음 중 공간데이터베이스를 구축하기 위한 자료 취득 방법과 가장 거리가 먼 것은?

① 기존 지형도를 이용하는 방법
② 지상 측량에 의한 방법
③ 항공사진 측량에 의한 방법
④ 통신장비를 이용하는 방법

해설

공간데이터를 구축하기 위한 자료 취득 방법으로는 디지털 기록자료, 디지털지도, 지도, 기록자료, 현지측량, 원격탐사 등이 있다.

정답 | 30 ② 31 ② 32 ④

33 다음 중 토지정보체계의 데이터베이스 관리시스템을 구축하기 위한 논리적 데이터베이스 모형이 아닌 것은?

① 위상형(Topological)
② 관계형(Relational)
③ 네트워크형(Network)
④ 계층형(Hierarchical)

해설

데이터베이스 모형의 종류
계급형(계층형), 관계형, 객체지향형, 객체지향관계형, 네트워크형 등이 있다.
• 계층형 데이터 모델 : 가장 먼저 제안된 데이터베이스 모형으로 트리 형태의 계층구조로 데이터들을 구성하고 있다.
• 네트워크형 : 계층형 모형의 중복성을 보완하기 위하여 하나 또는 그 이상의 자식 레코드가 부모 레코드를 가질 수 있도록 한 것이다.
• 관계형 데이터 모델 : 계층형과 네트워크형 데이터 모델에서는 데이터 관계를 부모자식 관계로 표시하기 위하여 포인터를 이용하는데, 이러한 경우 데이터를 검색할 때 포인터의 연쇄를 쫓아서 원하는 데이터를 찾아가야 하기 때문에 때에 따라 효율성이 나빠지는 경우가 있다. 이런 모델들의 약점을 극복한 데이터 모델이 관계형 모델이다. 이 모델의 특징은 데이터를 테이블로 표현하고 테이블 집합으로 받아들인다는 것이다.

34 데이터베이스 관리시스템이 파일시스템보다 불리한 점으로 옳은 것은?

① 자료의 일관성이 확보되지 않는다.
② 자료의 중복성을 피할 수 없다.
③ 사용자별 자료접근에 대한 권한 부여를 할 수 없다.
④ 일반적으로 시스템 도입 비용이 비싸다.

해설

DMBS의 장·단점 必 암기 개보화중립무관 백중시비

• 장점

시스템개발 비용 감소	데이터베이스 구축 시 초기비용이 많이 들 수 있지만 데이터 검색 및 변경 시 프로그램 개발 비용을 절감할 수 있다.
보안향상	데이터베이스의 중앙집중·관리 및 접근·제어를 통해 보안이 향상된다.
표준화 (Normalisation)	데이터 제어기능을 통해 데이터의 형식, 내용, 처리방식, 문서화 양식 등에 표준화를 범기관적으로 쉽게 시행할 수 있다.
중복의 최소화	파일관리 시스템에서 개별 파일로 관리되던 시스템에서 데이터를 하나의 데이터베이스에 통합하여 관리하므로 중복이 감소된다.
데이터의 독립성 (Independency) 향상	데이터를 응용프로그램에서 분리하여 관리하므로 응용프로그램을 수정할 필요성이 감소된다.
데이터의 일관성 (consistency) 유지	파일관리시스템에서는 중복데이터가 각각 다른 파일에 관리되어 변경 시 데이터의 일관성을 보장하기 어려웠으나, DBMS는 중앙집중식 통제를 통해 데이터의 일관성을 유지할 수 있다.
데이터의 무결성 (integrity) 유지	제어관리를 통해 다수의 사용자들이 접근 시 무결성이 유지된다.

• 단점

백업과 회복기능	위험부담을 최소화하기 위해 효율적인 백업과 회복기능을 갖추어야 한다.
중앙집약적인 위험 부담	자료의 저장 및 관리가 중앙집약적으로 이루어지므로 자료의 손실이나 시스템의 작동불능이 될 수 있는 중앙집약적인 위험부담이 크다.
시스템 구성의 복잡성	파일처리 방식에 비하여 시스템의 구성이 복잡하므로 이로 인한 자료의 손실 가능성이 높다.
운영비의 증대	컴퓨터 하드웨어와 소프트웨어의 비용이 상대적으로 많이 소요된다.

정답 | 33 ① **34** ④

35 파일처리 방식과 비교하여 데이터베이스 관리시스템 구축의 장점으로 옳은 것은?

① 하드웨어 및 소프트웨어의 초기 비용이 저렴하다.
② 시스템의 부가적인 복잡성이 완전히 제거된다.
③ 집중화된 통제에 따른 위험이 완전히 제거된다.
④ 자료의 중복을 방지하고 일관성을 유지할 수 있다.

해설

DMBS의 장·단점 必 암기 개보표중데무관 백중시비
• 장점

시스템개발 비용 감소	데이터베이스 구축 시 초기비용이 많이 들 수 있지만 데이터 검색 및 변경 시 프로그램 개발 비용을 절감할 수 있다.
보안향상	데이터베이스의 중앙집중·관리 및 접근·제어를 통해 보안이 향상된다.
표준화 (Normalisation)	데이터 제어기능을 통해 데이터의 형식, 내용, 처리방식, 문서화 양식 등에 표준화를 범기관적으로 쉽게 시행할 수 있다.
중복의 최소화	파일관리 시스템에서 개별 파일로 관리되던 시스템에서 데이터를 하나의 데이터베이스에 통합하여 관리하므로 중복이 감소된다.
데이터의 독립성 (Independency) 향상	데이터를 응용프로그램에서 분리하여 관리하므로 응용프로그램을 수정할 필요성이 감소된다.
데이터의 일관성 (consistency) 유지	파일관리시스템에서는 중복데이터가 각각 다른 파일에 관리되어 변경 시 데이터의 일관성을 보장하기 어려웠으나, DBMS는 중앙집중식 통제를 통해 데이터의 일관성을 유지할 수 있다.
데이터의 무결성 (integrity) 유지	제어관리를 통해 다수의 사용자들이 접근 시 무결성이 유지된다.

• 단점

백업과 회복기능	위험부담을 최소화하기 위해 효율적인 백업과 회복기능을 갖추어야 한다.
중앙집약적인 위험 부담	자료의 저장 및 관리가 중앙집약적으로 이루어지므로 자료의 손실이나 시스템의 작동불능이 될 수 있는 중앙집약적인 위험부담이 크다.

시스템 구성의 복잡성	파일처리 방식에 비하여 시스템의 구성이 복잡하므로 이로 인한 자료의 손실 가능성이 높다.
운영비의 증대	컴퓨터 하드웨어와 소프트웨어의 비용이 상대적으로 많이 소요된다.

36 토지정보체계의 데이터베이스 관리에서 파일처리방식의 문제점이 아닌 것은?

① 시스템 구성이 복잡하고 비용이 많이 소요된다.
② 데이터의 독립성을 지원하지 못한다.
③ 사용자 접근을 제어하는 보안체제가 미흡하다.
④ 다수의 사용자 환경을 지원하지 못한다.

해설

• 기존 파일시스템의 문제점
 − 다양한 파일들은 중복되는 자료가 많다.
 − 기존의 파일은 특정한 업무와 특정한 처리방식에만 맞도록 구성된 것이기 때문에 사용자의 요구사항이 변경되면 매번 해당 프로그램을 다시 만들어야 한다.
 − 파일에 새로운 자료를 추가하는 경우에 처리가 복잡해진다.
 − 변동이 심하고 다양한 업무에는 좋지 못하다.
• 파일처리시스템의 한계
 − 데이터가 분리되고 격리되어 있다.
 − 상당량의 데이터가 중복되어 있다.
 − 응용 프로그램이 파일의 형식에 종속된다.
 − 파일 상호간에 종종 호환성이 없다.
 − 사용자가 데이터를 보는 방식 그대로 데이터를 표현하기 어렵다.

정답 | 35 ④ 36 ①

37 다음 중 객체지향형 데이터베이스 관리체계(OODBMS)의 특징에 대한 설명이 옳지 않은 것은?

① 데이터베이스의 관리와 수정이 불편하며 단순한 형태의 데이터만을 저장할 수 있다.
② 관계형 데이터 모델의 단점을 보완하며 등장하였다.
③ 객체지향형 데이터 모델은 CAD와 GIS 등의 분야에서 데이터베이스를 구축할 때 사용할 수 있다.
④ 특정 객체 간에는 데이터와 그 조작 방법을 공유할 수 있다.

해설

객체지향형 데이터 모델은 관계형 데이터 모델의 단점을 보완한 것으로 문자, 숫자, 이미지, 음성, 화상 등 다양한 데이터를 하나의 데이터베이스 내에서 저장하고 관리할 수 있기 때문에 데이터베이스의 관리와 수정이 편리하며, 사용자가 정의한 데이터 유형을 사용할 수 있어 다양한 데이터를 저장할 수 있다.

38 다음 중 데이터베이스시스템의 기본적인 구성 요소로서, 데이터의 구조와 제약 조건에 대한 명세를 전반적으로 기술한 것을 일컫는 것은?

① 스키마
② 메타데이터
③ 필지식별자
④ 데이터 모델

해설

스키마
• 데이터 시스템 언어 회의(CODASYL) 데이터베이스를 기술하기 위해 사용하기 시작한 개념으로, 데이터베이스의 구조에 관해서 이용자가 보았을 때의 논리 구조와 컴퓨터가 보았을 때의 물리 구조에 대해 기술한다.
• 데이터 전체의 구조를 정의하는 개념 스키마, 실제로 이용자가 취급하는 데이터 구조를 정의하는 외부 스키마, 데이터 구조의 형식을 구체적으로 정의하는 내부 스키마로 구분된다.

39 사용자가 데이터베이스에 접근하여 데이터를 처리할 수 있도록 하는 것으로 데이터의 검색, 삽입, 삭제 및 갱신 등과 같은 조작을 하는 데 사용되는 데이터 언어는?

① DDL(Data Definition Language)
② DML(Data Manipulation Language)
③ DCL(Data Control Language)
④ DLL(Data Link Language)

해설

• 데이터 조작어 DML(Data Manipulation Language) : 데이터의 삽입, 삭제, 갱신을 지원하는 것
• 데이터의 제어 : 데이터의 무결성

구분	SQL명령
데이터 제어어 (DCL : Data Control Language)	GRANT, DENT
데이터 조작어 (DML : Data Manipulation Language)	SELECT, INSERT, DELETE, UPDATE
데이터 정의어 (DDL : Data Definition Language)	CREATE, ALTER, DROP

40 다음 중 관계형 데이터베이스에서 자료의 추출(검색)에 사용되는 표준언어인 비과정 질의어는?

① SQL
② Visual Basic
③ Visual C++
④ COBOL

해설

• 객체-지향형 데이터베이스는 프로그래밍 언어를 데이터베이스시스템에 적용시킨 것이며, SQL과 같은 표준적인 질의 언어를 데이터베이스에 적용시킨 것은 관계형 데이터베이스의 관리시스템이다.
• 관계형 데이터베이스시스템(RDBMS)은 데이터 검색 시에 사용자들에게 융통성을 제공하며, SQL과 같은 표준적인 질의 언어 사용으로 복잡한 질의도 간단하게 표현할 수 있다.

정답 | 37 ① 38 ① 39 ② 40 ①

41 다음 중 데이터베이스의 스키마를 정의하거나 수정하는 데 사용하는 데이터 언어는?

① DDL
② DBL
③ DML
④ DCL

해설

DBMS에서 사용하는 언어에는 스키마를 정의하거나 수정하는 언어인 데이터 정의언어(DDL)와 데이터를 조작하는 언어인 데이터 조작언어(DML)가 있다.

42 다음 중 데이터베이스 관리시스템(DBMS)의 기본 기능에 해당하지 않는 것은?

① 정의기능
② 분석기능
③ 제어기능
④ 조작기능

해설

데이터의 정의
• 데이터의 조작 : 데이터의 삽입, 삭제, 갱신을 지원하는 것
• 데이터의 제어 : 데이터의 무결성

43 저장장치의 관점에서 자료가 실제로 저장되는 방법을 기술한 스키마는?

① 내부 스키마
② 외부 스키마
③ 개념 스키마
④ 장치 스키마

해설

내부 스키마	내부 스키마는 물리적 저장장치에서의 전체적인 데이터베이스 구조를 기술한 것으로, 데이터베이스 정의어(DDL)에 의한 실질적인 데이터베이스의 자료 저장 구조(자료구조와 크기)이자 접근 경로의 완전하고 상세한 표현이다. 내부 스키마는 시스템 프로그래머나 시스템 설계자가 바라는 데이터베이스 관점이므로, 시스템의 효율성을 고려한 데이터의 저장 위치, 자료구조, 보안 대책 등을 결정한다.
외부 스키마	외부 스키마는 전체적인 데이터베이스 구조인 개념 스키마의 요구사항과 일치하며, 결국 외부 스키마는 개념 스키마의 부분집합에 해당한다. 즉 외부 스키마는 주로 외부의 응용프로그램에 위치하는 데이터 추상화 작업의 첫 번째 단계로서 전체적인 데이터베이스의 부분적인 기술이다.
개념 스키마	개념 스키마는 외부 사용자 그룹으로부터 요구되는 전체적인 데이터베이스 구조를 기술하는 것으로서, 데이터베이스의 물리적 저장구조 기술을 피하고, 개체(Entity), 데이터 유형, 관계, 사용자 연산, 제약조건 등의 기술에 집중한다. 즉 여러 개의 외부 스키마를 통합한 논리적인 데이터베이스의 전체 구조로서 데이터베이스 파일에 저장되어 있는 데이터 형태를 그림으로 나타낸 도표라고 할 수 있다.

44 다음 글이 설명하는 것은?

• 주제 지향적이고, 통합적인 데이터의 집합체이다.
• 데이터의 시계열적 축적과 통합을 목표로 한다.
• 조직 내 의사결정 지원 인프라이다.

① 데이터 웨어하우스(Data Warehouse)
② 데이터 마이닝(Data Mining)
③ 데이터 스트림(Data Stream)
④ 데이터 어드레스(Data Address)

정답 | 41 ① 42 ② 43 ① 44 ①

해설

- 데이터 웨어하우스(Data Warehouse) : 기간 시스템의 데이터베이스에 축척된 데이터를 공통의 형식으로 변환하여 일원적으로 관리하는 데이터베이스이다. 웨어하우스는 창고라는 의미로 데이터의 수용이나 분석 방법까지 포함하여 조직 내 의사결정을 지원하는 정보관리시스템으로 이용된다.
- 데이터 마이닝(Data Mining) : 많은 데이터 가운데 숨겨진 유용한 상관관계를 발견하여, 미래에 실행 가능한 정보를 추출해내고 의사결정에 이용하는 과정을 말한다.
- 데이터 스트림(Data Stream) : 한 번의 읽기 또는 쓰기 연산으로 전송되는 모든 정보를 말한다.

45 다음 제시문의 ( ) 안에 들어갈 용어는?

( )은/는 초 대용량(Volume), 다양한 형태(Variety), 빠른 생성 속도(Velocity)와 무한한 가치(Value)의 개념을 의미하는 4V로 정의되며, 최근 위치기반 데이터와 연계되어 신성한 동력산업을 선도할 수 있는 새로운 가치를 창출할 것으로 거래되고 있다.

① 데이터 웨어하우스   ② 빅 데이터
③ 데이터베이스   ④ 데이터마이닝

해설

- 빅 데이터(Big Data) : 기존 데이터베이스 관리 도구로 데이터를 수집, 저장, 관리, 분석할 수 있는 역량을 넘어서는 대량의 정형 또는 비정형 데이터 집합 및 이러한 데이터로부터 가치를 추출하고 결과를 분석하는 기술을 의미한다.
- 데이터 웨어하우스(Data Warehouse) : 데이터는 자료(정보)를, 웨어하우스는 창고를 뜻하는 용어로, 데이터 웨어하우스는 회사의 각 사업부문에서 수집된 모든 자료 또는 중요한 자료에 관한 중앙창고라고 할 수 있다. 이처럼 컴퓨터에 조직 전체에 관련된 자료 창고를 만들고 유지해가는 과정을 데이터 웨어하우징이라고 한다.
- 데이터 마이닝(Data Mining) : 통계학에서 패턴 인식에 이르는 다양한 계량 기법을 사용한다. 데이터 마이닝 기법은 통계학에서 발전한 탐색적 자료분석, 가설

검정, 다변량 분석, 시계열 분석, 일반선형모형 등의 방법론과 데이터베이스에서 발전한 OLAP(온라인 분석 처리, On-Line Analytic Processing), 인공지능 진영에서 발전한 SOM, 신경망, 전문가 시스템 등의 기술적인 방법론이 쓰인다.

46 데이터베이스 내에서 패턴, 경향, 관계 등을 분석하여 가치 있는 정보를 추출하는 과정은?

① Data Automation   ② Data Dictionary
③ Data Warehouse   ④ Data Mining

해설

- 데이터 웨어하우징(Data Warehousing)
  - 분산된 방대한 양의 데이터에 쉽게 접근하고 이를 활용할 수 있도록 하는 일련의 과정을 데이터 웨어하우징이라고 한다.
  - Data Warehousing은 의사결정을 지원하고 정보시스템이나 DSS(Decision Support System : 의사결정지원시스템)의 구축을 위해서 기 구축된 데이터베이스를 분석하여 정보를 추출하는 데이터웨어하우스시스템을 구축하는 것이다.
- 데이터 웨어하우스(Data Warehouse)
  - 사용자의 의사결정을 지원하기 위해 많은 데이터(Time Variant)를 사용자 관점에서 주제별로(Subject-Oriented) 통합하여 별도의 장소에 저장해 놓은 통합 데이터베이스이다.
  - 디자인, 원시 데이터 추출 및 로딩, 데이터 스토어, 데이터 이용(OLAP), 웨어하우스 관리와 같은 프로세스를 지원하는 컴포넌트들의 유기적 연동을 통해 의사 결정자에게 회사의 경쟁력을 높일 수 있는 주요한 정보를 적기에 제공하는 전략적 정보시스템이다.
  - 데이터는 자료를, 웨어하우스는 창고를 뜻하는 영어 단어로, 여러 부문에서 수집된 모든 자료 또는 중요한 자료에 관한 중앙창고라고 할 수 있다.
- 데이터 마이닝(Data Mining)
  대용량의 데이터로부터 이들 데이터 내 존재하는 관계, 패턴, 규칙 등을 찾아 모형화함으로써 잠재된 의미정보 및 유용한 지식을 추출하는 일련의 과정이다.

47 공간분석기법과 적용 분야가 바르게 연결되지 않은 것은?

① 중첩분석 – 적지 선정
② 버퍼분석 – 인접 지역 분석
③ 불규칙삼각망분석 – 상수도 관망 분석
④ 네트워크분석 – 최단 경로 분석

해설

중첩 분석	• 공간분석의 자료들은 중첩을 통해 다양한 지리정보의 자료원을 통합하여 목적에 부합되는 새로운 자료를 생성함 • 적지 분석 • 다양한 공간객체를 표현하고 있는 층(Layer)을 중첩하기 위해서는 좌표체계의 동일상이 필요
버퍼 분석	인접지역 분석
망 분석	최단경로 분석, 상하수도 관망 분석 등
TIN	수치고도(표고)모형(Digital Elevation Model : DEM)과 불규칙삼각망(不規則三角網 Triangulated Irregular Network)을 통하여 지표면을 3차원적으로 표현할 수 있다.
3차원 분석	방향, 경사도 분석, 3차원 입체지형 생성

48 SQL 명령어 중 데이터 정의어(DDL)에 해당하지 않는 것은?

① CREATE
② SELECT
③ ALTER
④ DROP

해설

• 데이터정의어(DDL : Data Definition Language) : 데이터의 구조를 정의하며 새로운 테이블을 만들고, 기존의 테이블을 변경 · 삭제하는 등의 데이터를 정의하는 역할을 한다.

언어	해당 SQL	내용
DDL	CREATE	새로운 테이블을 생성
	ALTER	기존의 테이블을 변경
	DROP	기존의 테이블을 삭제
	RENAME	테이블의 이름을 변경
	TURNCATE	테이블을 잘라냄

• 데이터조작어(DML : Data Manipulation Language) : 데이터를 조회하거나 변경하며 새로운 데이터를 삽입 · 변경 · 삭제 하는 등의 데이터를 조작하는 역할을 한다.

언어	해당 SQL	내용
DML	SELECT	기존의 데이터를 검색
	INSERT	새로운 데이터를 삽입
	UPDATE	기존의 데이터를 갱신
	DELETE	기존의 데이터를 삭제

• 데이터제어어(DCL : Data Control Language) : 데이터베이스를 제어 · 관리하기 위하여 데이터를 보호하기 위한 보안, 데이터 무결성, 시스템 장애 시 회복, 다중 사용자의 동시접근 제어를 통한 트랜잭션 관리 등에 사용되는 SQL이다.

언어	해당 SQL	내용
DCL	GRANT	권한 부여
	REVOKE	권한 해제
	COMMIT	데이터 변경 완료
	ROLLBACK	데이터 변경 취소

49 관계형 데이터베이스모델의 특성에 대한 설명으로 옳은 것은?

① 나무줄기 같은 구조를 가지고 있다.
② 하나의 객체는 여러 개의 부모 레코드와 자식 레코드를 가질 수 있다.
③ 멀티미디어 데이터를 관리하기가 용이하다.
④ 행과 열로 정렬된 논리적인 데이터 구조이다.

해설

관계형 데이터베이스(Relation – DBMS)
각각의 항목과 그 속성이 다른 모든 항목 및 그의 속성과 연결될 수 있도록 구성된 자료구조로 전문적인 자료 관리를 위한 데이터 모델로서 현재 가장 보편적으로 많이 쓰는 것이다. 가장 최신의 데이터베이스 형태이며 사용자에게 보다 친숙한 자료 접근방법을 제공하기 위해 개발되었으며, 행과 열로 정렬된 논리적인 데이터 구조이다.

정답 | 47 ③ 48 ② 49 ④

- 장점
  - 테이블 내의 자료구성에 제한을 막지 않는다.
  - 수학적으로 안정되어 있다.
  - 수학적 논리성이 적용된다.
  - 모형의 구성이 단순하다.
- 단점
  - 기술적 난해도가 높다.
  - 레코드 간의 관계 정립 시 시간이 많이 소요된다.
  - 전반적인 시스템의 처리 속도가 늦다.

05 GIS의 데이터 생성

CHAPTER

제1장 개요

① 자료 생성은 GIS를 수행함에 있어서 가장 먼저 고려하게 되는 부분으로서 우리에 필요한 자료를 어떤 방법으로 얻어낼 수 있는가를 결정하는 것을 말한다.

② 자료를 생성하는 방법에는 기존지도의 자료를 이용하는 방법과 지상측량자료를 이용하는 방법, 항공사진측량자료를 이용하는 방법, 그리고 원격탐측을 통한 인공위성측량자료를 이용하는 방법, 레이저측량에 의하여 생성하는 방법 등이 있다.

제2장 레이저측량에 의하여 생성하는 방법

1. 개념

항공레이저측량은 항공레이저측량시스템을 항공기에 탑재하여 레이저를 주사하고 그 지점에 대한 3차원 위치좌표를 취득하는 측량방법으로 기상조건에 좌우되지 않고 산림이나 수목지대에서도 투과율이 높으며 자료취득 및 처리과정이 완전히 수치방식으로 이루어지므로 경제성과 효율성이 높다.

2. 특징

① 항공사진측량에 비하여 작업속도나 경제적인 면에서 매우 유리하다.
② 재래식 항측기법의 적용이 어려운 산림, 수목 및 늪지대 등의 지형도 제작에 유용하다.
③ 기상조건에 좌우되지 않는다.
④ 산림이나 수목지대에도 투과율이 높다.
⑤ 자료취득 및 처리과정이 수치방식으로 이루어진다.
⑥ 저고도 비행에서만 가능하다.
⑦ 능선이나 계곡 등 지형의 경사가 심한 지역에서는 정확도가 저하되는 단점이 있다.

3. 순서

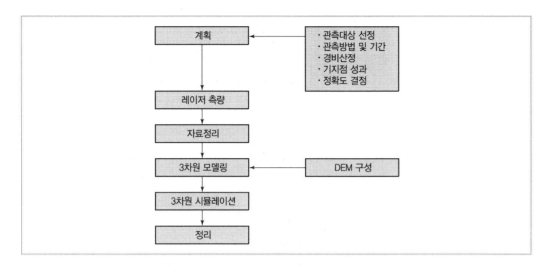

제3장

위성측량에 의하여 생성하는 방법

1. 개념

목적에 적합한 정보획득이 용이하고 관측자료가 수치적으로 저장되어 판독이 자동적이며 정량화가 가능하다.

2. 특징

장점	단점
• 능동적 또는 수동적 에너지를 이용하여 관측대상에 영향을 주지 않고 대상의 특성을 추출 • 원거리 비접촉 관측이 가능 • 탐측기가 수행 가능한 범위 내에서 대상지역에 대한 전수조사 수행 • 보조자료와 영상처리를 통하여 위치(X, Y, Z)와 속성 및 시간의 변화(T)에 따른 4차원 데이터 생성 • 반복적인 주기의 체계적인 비교 데이터 획득 및 축척변경 가능 • 자연 또는 사회, 문화 모델링에 주요 데이터로 활용 • 하나의 데이터에서 취득되는 다양한 파장 정보는 여러 분야에서 동시에 이용 가능	• 전수조사에 의한 데이터지만 데이터 크기와 처리 용량의 한계로 인한 공간적, 분광적, 방사적 제약 발생 • 사용 목적에 따라 적절한 영상 선별이 필요 • 속성정보나 위치정보는 기존의 측정방식(현지 조사, 측량 등)에 비해 정확도가 떨어지기 때문에 기준 데이터로의 채택은 불가능 • 영상을 수집하고 처리 및 분석하는 데 일정한 비용이 소요되며 전문적 지식 필요

3. 순서

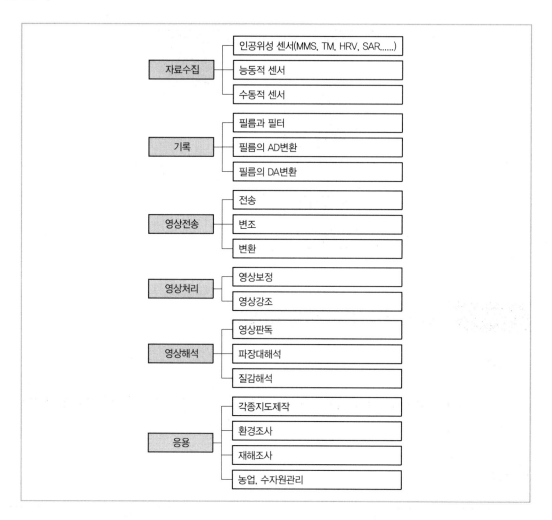

제4장 **항공사진측량에 의하여 생성하는 방법**

1. 개념

항공사진측량은 가장 일반적 방법이며 정확도가 높고 대규모 지역의 자료생성에 유용하다.

2. 사진측량의 특징

장점	단점
• 정량적 및 정성적 해석 가능 • 균일한 측량의 정확도 • 난접근 및 비접근 지역의 측량 가능 • 분업화에 의한 효율적 작업 수행 • 용이한 축척 변경 • 4차원(X, Y, Z, T) 측량 수행 • 넓은 지역에는 경제적	• 시설비용 고가 • 피사체의 식별이 난해한 경우 발생 • 기상조건, 태양고도 등 외부 제한조건의 영향

3. 사진측량의 순서

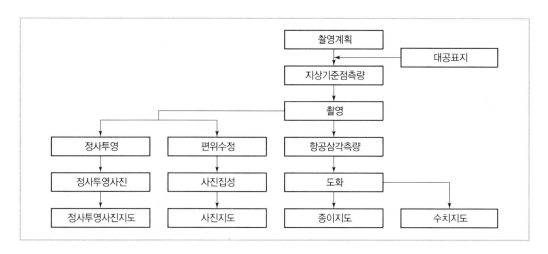

제5장 수치사진측량에 의하여 생성하는 방법

1. 개념

① 과거의 사진측량은 필름에 찍힌 아날로그 영상을 통해 여러 정보를 얻었지만, 수치사진측량은 컴퓨터를 이용하여 수치영상에 찍힌 대상물을 해석한다. 이러한 수치영상은 아날로그 영상과는 달리 활용 분야가 무척 다양하다.

② 수치사진측량은 디지털 값들을 이용하기 때문에 사진측량의 여러 공정이 자동으로 처리
될 수 있다. 즉, 관측과정이 자동화되고 실시간 3차원 측량이 개발되어 급속히 확대되고
있는 사진측량의 한 분야이다.

2. 특징

수치사진측량의 특징	수치사진측량의 활용 이유
• 자료에 대한 처리 범위가 다양 • 과거 아날로그 자료보다 취급이 용이 • 과거 해석사진측량에서 처리가 곤란했던 광범위한 형태의 영상 생성 • 수치 형태로 자료가 처리되므로 GIS의 자료로 쉽게 전환 • 과거의 해석사진측량보다 경제적이고 효율적 자료의 교환 및 유지·관리가 용이	• 다양한 수치영상처리 활용이 가능 • 하드웨어와 소프트웨어의 발전으로 용이한 수치영상처리 • 실시간 처리의 필요성 • 처리비용 절감 • 작업속도 증가 • 자동화 • 일관된 결과물 산출이 가능

3. 순서

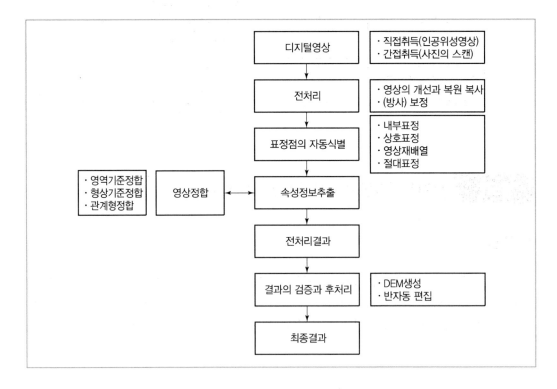

제6장 지상측량에 의하여 생성하는 방법

1. 개념

비교적 정확한 취득방법이지만 대규모 지역에서는 비용이 고가이고 영역에 한계가 있다.

2. 순서

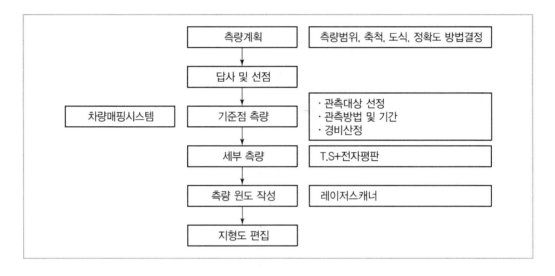

제7장   기존 지도를 이용하여 생성하는 방법

가장 간단한 방법이며 가격이 저렴하고 신속하나 정확도가 낮다.

01 GIS 사업을 수행하기 위하여 공간정보데이터베이스를 구축할 경우 보기의 작업을 일반적인 순서로 바르게 나열한 것은?

[2012년 산업기사 1회]

> ㄱ. 편집 및 위상관계 설정
> ㄴ. 데이터베이스 설계
> ㄷ. 속성자료 입력
> ㄹ. 공간자료와 속성자료의 연계
> ㅁ. 공간자료 입력

① ㄴ－ㅁ－ㄱ－ㄷ－ㄹ
② ㅁ－ㄱ－ㄷ－ㄹ－ㄴ
③ ㄴ－ㄹ－ㅁ－ㄱ－ㄷ
④ ㄴ－ㅁ－ㄷ－ㄹ－ㄱ

해설

공간정보데이터베이스 구축 과정
데이터베이스 설계→공간자료 입력→속성자료 입력→공간자료와 속성자료의 연계→편집 및 위상관계 설정

자료입력 순서
위치정보를 먼저 입력하고 이를 기초로 하여 해당 속성정보를 입력한 후 이들 정보를 결합시키는 방법으로 구조화한다.

02 아래와 같은 데이터를 등간격 방법을 이용하여 4개의 그룹으로 분류한 결과로 옳은 것은?

[2012년 산업기사 1회]

> {2, 10, 11, 12, 16, 16, 17, 22, 25, 26, 31, 34, 36, 37, 39, 40}

① {2, 10}, {11, 12, 16, 16, 17}, {22, 25, 26}, {31, 34, 36, 37, 39, 40}

② {2, 10}, {11, 12}, {16, 16}, {17, 22, 25, 26, 31, 34, 36, 37, 39, 40}

③ {2, 10, 11, 12}, {16, 16, 17, 22}, {25, 26, 31, 34}, {36, 37, 39, 40}

④ {2, 10}, {11, 12, 16}, {16, 17, 22, 25}, {26, 31, 34, 36, 37, 39, 40}

해설

등간격(Equal Interval) 방법
자료의 값을 크기순으로 나열한 후 각 그룹의 간격이 동일하도록 자료를 분류하는 방법이다. 그룹의 경계값이 자료와 같으면 그 자료를 앞 그룹으로 분류한다.

03 래스터 데이터 모델은 기본적인 도형의 요소로 공간 객체를 표현한다. 래스터 데이터의 기본도형 요소는?

[2012년 산업기사 1회]

① 점
② 점, 선, 면
③ 선, 면
④ 픽셀

해설

래스터(Raster) 자료는 균등하게 분할된 격자모델로 최소단위인 화소(Pixel) 또는 셀(Cell)로 구성된 자료로 항공영상, 위성영상이 대표적이다.

04 지리정보시스템의 자료입력과정에서 도면자료를 자동으로 입력할 수 있는 장비는?

[2012년 산업기사 1회]

① 스캐너
② 키보드
③ 마우스
④ 디지타이저

정답 | 01 ④ 02 ③ 03 ④ 04 ①

해설

스캐너(Scanner)

위성이나 항공기에서 자료를 직접 기록하거나 지도 및 영상을 수치로 변화시키는 장치. 사진 등과 같이 종이에 나타나 있는 정보를 그래픽 형태로 읽어들여 전산기에 전달하는 입력장치를 말한다.

05 벡터 데이터 모델은 기본적인 도형의 요소(Geometric Primitive Type)로 공간 객체를 표현한다. 다음 중 국토지리정보원에서 제작한 수치지도 v 2.0의 내부 포맷 NGI에서 사용하는 기본적인 도형의 요소인 것은?

[2012년 산업기사 2회]

① 점   ② 점, 선
③ 선, 면   ④ 점, 선, 면

해설

도형의 요소(Geometric Primitive Type)

점 (Point)	• 기하학적 위치를 나타내는 0차원 또는 무차원 정보 • 절점(Node)은 점의 특수한 형태로 0차원이고 위상적 연결이나 끝점을 나타냄 • 최근린방법 : 점 사이의 물리적 거리를 관측 • 사지수(Quadrant)방법 : 대상영역의 하부 면적에 존재하는 점의 변이를 분석
선 (Line)	• 1차원 표현으로 두 점 사이 최단거리를 의미 • 형태 : 문자열(String), 호(Arc), 사슬(Chain) 등 • 호(arc) : 수학적 함수로 정의되는 곡선을 형성하는 점의 궤적 • 사슬(Chain) : 각 끝점이나 호가 상관성이 없을 경우 직접적인 연결
면 (Area)	• 면(面, Area) 또는 면적(面積)은 한정되고 연속적인 2차원적 표현 • 모든 면적은 다각형으로 표현

수치지도2.0

• 정의 : 수치지도1.0의 논리적이고 기하학적 오류를 수정 · 보완하고 지리조사를 통하여 획득한 속성정보를 입력한 DB형태의 수치지도
• 데이터 형식 : NGI(국토지리정보원 포맷)
• 데이터 구조 : 도형구조(점, 선, 면)

06 지리정보시스템의 자료 취득 방법과 가장 거리가 먼 것은?

[2012년 산업기사 2회]

① 투영법에 의한 좌표취득방법
② 항공사진측량에 의한 방법
③ 일반측량에 의한 방법
④ 원격탐사에 의한 방법

해설

자료 취득

• 기존 자료 이용(삼각점, 지형도, 주제도 등)
• 새로운 자료 취득(항공측량, RS 영상, GPS 등)

07 GIS에서 사용하는 수치지도를 제작하는 방법이 아닌 것은?

[2012년 산업기사 3회]

① 항공기를 이용하여 항공사진을 촬영하여 수치지도를 만드는 방법
② 항공사진필름을 고감도 복사기로 인쇄하는 방법
③ 인공위성데이터를 이용하여 수치지도를 만드는 방법
④ 종이지도를 디지타이징하여 수치지도를 만드는 방법

해설

수치지도 제작 자료 취득 방법

• 항공사진에 의한 방법
• 위성영상에 의한 방법
• 기존 종이 지도에 의한 방법
• 현장조사에 의한 방법

정답 | 05 ④   06 ①   07 ②

08 GIS 데이터의 취득과 입력에 대한 설명으로 틀린 것은? [2014년 산업기사 1회]

① GIS 프로젝트에서 데이터 구축에 많은 노력과 비용이 들며, 필요한 데이터의 구축 여부가 GIS의 응용분야에도 많은 영향을 미친다.
② 다양한 출처로부터 획득한 공간데이터는 일반적으로 디지타이저나 스캐너 등의 입력 장비를 사용하여 벡터와 래스터 데이터로 구축할 수 있으며, 최근 원격탐사나 디지털 항공사진의 발전과 함께 자동으로 수치화된 자료를 얻을 수 있다.
③ 표 형식의 자료나 리포트 형태의 자료들은 스캐너나 키보드를 통해 GIS 데이터로 입력되며, 센서스 자료를 디지털 형태로 제공하는 방향으로 변하고 있다.
④ 야외 조사나 전문가가 제시한 아이디어의 경우는 직접적인 GIS 데이터 처리에 사용되지 못하므로 GIS 데이터로서 취급하지 않는다.

해설

GIS 자료입력 방법
• 기 제작된 수치지도 입력
• 영상(항공사진, 위성영상 등)을 이용
• 수치화 후 입력
  − 수동방식(Digitaizer)에 의하여 수치화한 후 입력
  − 자동방식(Scanner)에 의하여 수치화한 후 입력
• GIS 및 Total Station에 의한 입력

09 지리정보시스템의 자료입력과정에서 종이지도를 래스터 형태의 데이터로 입력할 수 있는 장비는? [2014년 산업기사 2회]

① 스캐너　　② 키보드
③ 마우스　　④ 디지타이저

해설

스캐너(Scanner)
위성이나 항공기에서 자료를 직접 기록하거나 지도 및 영상을 수치로 변화시키는 장치로, 사진 등과 같이 종이에 나타나 있는 정보를 그래픽 형태로 읽어들여 전산기에 전달하는 입력장치를 말한다.

10 입력된 자료를 정리하여 벡터자료를 구성하는 방법에 대한 설명으로 옳지 않은 것은? [2015년 산업기사 1회]

① 속성정보는 반드시 편집이 완료된 뒤에 넣어야 한다.
② 튀어나온 선이나 중복된 선을 삭제하는 작업이 필요하다.
③ 선과 선이 교차하는 곳은 반드시 교차점(Node)을 생성한다.
④ 입력 오류는 수동으로 편집할 수도 있고, 자동으로 편집할 수도 있다.

해설

벡터 자료구조는 기호, 도형, 문자 등으로 인식할 수 있는 형태를 말하며 객체들의 지리적 위치를 크기와 방향으로 나타내는데, 속성정보는 편집이 완료된 뒤에 넣는 것은 아니다.

11 지형공간자료를 입력하는 단계로 옳게 나열된 것은? [2015년 산업기사 2회]

① 공간(위치)정보의 입력 → 비공간 속성자료의 입력 → 공간자료와 비공간자료의 연결
② 비공간 속성자료의 입력 → 공간자료와 비공간자료의 연결 → 공간(위치)정보의 입력
③ 공간자료와 비공간자료의 연결 → 공간(위치)정보의 입력 → 비공간 속성자료의 입력
④ 공간(위치)정보의 입력 → 공간자료와 비공간자료의 연결 → 비공간 속성자료의 입력

해설

지형공간자료를 입력하는 단계
공간(위치)정보의 입력 → 비공간 속성자료의 입력 → 공간자료와 비공간자료의 연결

GIS의 데이터 관리

제1장 │ 자료 데이터베이스(Database)

1. 데이터베이스의 개념

데이터베이스는 서로 연관성이 있는 특별한 의미를 갖는 자료의 모임을 의미한다. 즉 하나의 조직 내에서 다수의 사용자들이 공동으로 사용할 수 있도록 통합 및 저장되어 있는 운용자료의 집합을 의미한다.

2. 데이터베이스의 특징

장점	단점
• 자료를 한 곳에 저장 가능 • 자료를 표준화되고 구조적으로 저장할 수 있음 • 서로 원천이 다른 데이터끼리 데이터베이스 내에서 연결되어 함께 사용할 수 있음 • 자료의 검색과 정보의 추출을 빠르고 용이하게 수행 가능 • 많은 사용자가 자료를 동시에 공유하여 함께 사용할 수 있음 • 다양한 응용프로그램에서 서로 다른 목적으로 편집되고 저장된 데이터가 사용될 수 있음 • 자료의 효율적 관리 및 중복을 방지할 수 있음	• 관련 전문가를 필요로 함 • 초기 구축 비용과 유지 및 관리 비용이 높음 • 제공되는 정보의 가격이 높음 • 사용자는 데이터베이스의 구축을 위하여 정해진 자료의 효율과 구성을 갖추어야 함 • 자료의 분실이나 망실에 대비한 보안조치가 갖추어져야 함

3. 데이터베이스 모델

① **평면 파일구조** : 모든 기록들이 같은 자료항목을 가지며 검색자에 의해 정해지는 자료 항목에 따라 순차적으로 배열된다.

② **계층형 구조** : 여러 자료 항목이 하나의 기록에 포함되고, 파일 내의 각각의 기록은 각기 다른 파일 내의 상위 계층의 기록과 연관을 갖는 구조로 이루어져 있다.

③ 망구조 : 다른 파일 내에 있는 기록에 접근하는 경로가 다양하고 기록들 사이에 다양한 연관이 있더라도 반복하여 자료항목을 생성하지 않아도 된다는 것이 장점이다.

④ 관계구조 : 자료 항목들은 표(Table)라고 불리는 서로 다른 평면구조의 파일에 저장되고 표 내에 있는 각각의 사상(Entity)은 반복되는 영역이 없는 하나의 자료항목 구조를 갖는다.

제2장 파일처리방식

1. 파일(File)의 개념

기본적으로 유사한 성질이나 관계를 가진 자료의 집합으로 데이터 파일은 기록(Record), 영역(Field), 검색자(Key)의 세 가지로 구성된다.

2. 파일의 구성

① 기록(Record) : 하나의 주제에 관한 자료를 저장한다. 기록은 아래 표에서 행(Row)이라고 하며 학생 개개인에 관한 정보를 보여주고 성명, 학년, 전공, 학점의 네 개 필드로 구성되어 있다.

② 필드(Field) : 레코드를 구성하는 각각의 항목에 관한 것을 의미한다. 필드는 성명, 학년, 전공, 학점의 네 개 필드로 구성되어 있다.

③ 키(Key) : 파일에서 정보를 추출할 때 쓰이는 필드로서 키로써 사용되는 필드를 키필드라 한다. 표에서는 이름을 검색자로 볼 수 있으며 그 외의 영역들은 속성영역(Attribute Field)이라고 한다.

	성명	학년	전공	학점
레코드 1	김 영찬	2	지적부동산학	3.5
레코드 2	이 해창	3	측지정보과	4.3
레코드 3	최 영찬	1	지적정보과	3.9
레코드 4	박 동규	4	부동산학	4.1

[데이터파일의 레코드 구성]

3. 파일처리방식의 특징

① 파일처리방식은 GIS에서 필요한 자료 추출을 위해 각각의 파일에 대하여 자세한 정보가 필요한데 이는 많은 양의 중복작업을 유발시킨다.

② 자료에 수정이 이루어질 경우 해당 자료를 필요로 하는 각 응용프로그램에 이를 상기시켜야 한다.

③ 관련 데이터를 여러 응용프로그램에서 사용할 때 동시 사용을 위한 조정과 자료수정에 관한 전반적인 제어 기능이 불가능하다.

④ 즉, 누구에 의하여 어떠한 유형의 자료는 수정이 가능하다는 등의 통제가 데이터베이스에 적용될 수 없다는 단점이 있다.

제3장 ｜ DBMS(DataBase Management System ; 데이터베이스 관리시스템) 방식

1. 개념

① DBMS는 자료의 저장, 조작, 검색, 변화를 처리하는 특별한 소프트웨어를 사용하는 컴퓨터 프로그램의 일종으로, 정보의 저장과 관리와 같은 정보관리를 목적으로 하는 프로그램이다.

② 파일처리방식의 단점을 보완하기 위해 도입되었으며 자료의 중복을 최소화하여 검색 시간을 단축시키며 작업의 효율성을 향상시킨다.

2. 필수 기능

① 정의 기능 : 데이터의 유형(Type)과 구조에 대한 정의, 이용 방식, 제약 조건 등 데이터베이스의 저장에 대한 내용을 명시하는 기능이다.

② 조작 기능 : 사용자의 요구에 따라 검색, 갱신, 삽입, 삭제 등을 지원하는 기능으로 체계적으로 처리하기 위해 사용자와 DBMS 사이의 인터페이스를 위한 수단을 제공하는 기능이다.

③ 제어 기능 : 데이터베이스의 내용에 대해 무결성, 보안 및 권한 검사, 병행 수행 제어 등 정확성과 안전성을 유지할 수 있는 제어 기능을 가지고 있어야 한다.

3. 데이터 언어 必 암기 ⓒⒶⒹⓇⒺ TRUN ⓈⒺ ⒤Ⓝ ⓊⓅ ⒹⒺⓁ ⒼⓇ ⓇⒺ ⒸⓄ ROLL

① 데이터 정의어(DDL ; Data Definition Language) : 데이터의 구조를 정의하며 새로운 테이블을 만들고, 기존의 테이블을 변경/삭제하는 등의 데이터를 정의하는 역할을 한다.

언어	해당 SQL	내용
DDL	CREATE	새로운 테이블을 생성
	ALTER	기존의 테이블을 변경
	DROP	기존의 테이블을 삭제
	RENAME	테이블의 이름을 변경
	TRUNCATE	테이블을 잘라냄

② 데이터 조작어(DML ; Data Manipulation Language) : 데이터를 조회하거나 변경하며 새로운 데이터를 삽입/변경/삭제하는 등의 데이터를 조작하는 역할을 한다.

언어	해당 SQL	내용
DML	SELECT	기존의 데이터를 검색
	INSERT	새로운 데이터를 삽입
	UPDATE	기존의 데이터를 갱신
	DELETE	기존의 데이터를 삭제

③ 데이터 제어어(DCL ; Data Control Language) : 데이터베이스를 제어, 관리하기 위하여 데이터를 보호하기 위한 보안, 데이터 무결성, 시스템 장애 시 회복, 다중 사용자의 동시접근 제어를 통한 트랜잭션 관리 등에 사용되는 SQL이다.

언어	해당 SQL	내용
DCL	GRANT	권한을 줌(권한 부여)
	REVOKE	권한을 제거(권한 해제)
	COMMIT	데이터 변경 완료
	ROLLBACK	데이터 변경 취소

4. 장·단점

장점	단점
• 중앙제어 기능 • 효율적인 자료의 호환 • 데이터의 독립성 • 새로운 응용프로그램 개발의 용이성 • 직접적인 사용자 접근 가능 • 자료 중복 방지 • 다양한 양식의 자료 제공	• 고비용의 장비 • 시스템의 복잡성 • 중앙집약적인 위험 부담

5. 종류

(1) 계층형 데이터베이스관리시스템(HDBMS ; Hierarchical DataBase Management System)

① 계층구조 내의 자료들이 논리적으로 관련이 있는 영역으로 나누어지며 하나의 주된 영역 밑에 나머지 영역들이 나뭇가지와 같은 형태로 배열되는 형태로서 데이터베이스를 구성하는 각 레코드가 계층구조 또는 트리구조를 이루는 구조이다.

② 모든 레코드는 부모(상위)레코드와 자식(하위)레코드를 가지고 있으며 각각의 객체는 단 하나만의 부모(상위)레코드를 가지고 있다.

(2) 관망형 데이터베이스관리시스템(NDBMS ; Network DataBase Management System)

① 계층형 DBMS의 단점을 보완한 것으로 망구조 데이터베이스관리시스템은 계층형과 유사하지만 망을 형성하는 것처럼 파일 사이에 다양한 연결이 존재한다는 점에서 계층형과 차이가 있다.

② 각각의 객체는 여러 개의 부모 레코드와 자식 레코드를 가질 수 있다.

(3) 관계형 데이터베이스관리시스템(RDBMS ; Relationship DataBase Management System)

① 영역들이 갖는 계층구조를 제거하여 시스템의 유연성을 높이기 위해서 만들어진 구조이다.

② 데이터의 무결성, 보안, 권한, 록킹(Locking) 등 이전의 응용 분야에서 처리해야 했던 많은 기능을 지원한다.

③ 상이한 정보 간 검색, 결합, 비교, 자료가감 등이 용이하다.

(4) 객체지향형 데이터베이스관리시스템(OODBMS ; Object Oriented DataBase Management System)

① 객체지향(Object Oriented)에 기반을 둔 논리적 구조를 가지고 개발된 관리시스템이다.
② 자료를 다루는 방식을 하나로 묶어 객체(Object)라는 개념을 사용하여 실세계를 표현하고 모델링하는 구조이다.

(5) 객체관계형 데이터베이스관리시스템(ORDBMS ; Object Relational DataBase Management System)

① 관계형과 객체지향형의 장점을 수용하여 개발한 데이터베이스관리시스템이다.
② 관계형 체계에 새로운 객체 저장능력을 추가하고 있어 기존의 RDBMS를 기반으로 하는 많은 DB 시스템과의 호환이 가능하다는 장점이 있다.

제4장 　정보의 교환

1. 의사결정지원시스템(DMSS ; Decision–Making Support System)

(1) 개념

공통된 의사결정이 어려운 경우 의사결정에 해석적 모델링과 같은 결정 탐색 과정을 도입하여 의사결정에 도움이 되도록 지원하는 시스템을 의사결정지원시스템이라고 한다.

(2) 의사결정지원시스템의 요건

① 상호작용을 통한 처리 능력
② 질의 능력
③ 적용적 시스템
④ ON–Line 시스템
⑤ 반복 설계

2. 전문가시스템(Expert System)

전문가시스템은 생성시스템의 하나로 인공지능기술의 응용 분야 중 가장 활발하게 사용되는 분야로서 인간이 특정 분야에 대하여 가지고 있는 전문적인 지식을 정리하여 컴퓨터에 저장하고 일반인도 이 전문지식을 이용할 수 있도록 유도하는 시스템이다.

3. 메타데이터(MetaData)

(1) 개념

메타데이터는 데이터에 대한 데이터로 데이터의 이력에 대한 정보를 담고 있는 데이터로 실제 데이터는 아니지만 데이터베이스, 자료층, 속성, 공간형상 등과 관련된 데이터의 내용, 품질, 조건 및 특성 등을 저장한 데이터이다.

(2) 구성 요소

① 개요 및 자료 소개 : 데이터의 명칭, 개발자, 지리적 영역 및 내용 등
② 자료품질 : 위치 및 속성의 정확도, 완전성, 일관성 등
③ 자료의 구성 : 자료를 코드화하기 위하여 이용된 래스터 및 벡터와 같은 모델
④ 공간참조를 위한 정보 : 사용된 지도투영법, 변수, 좌표계 등
⑤ 형상 및 속성 정보 : 지리정보와 수록 방식
⑥ 정보를 얻는 방법 : 관련된 기관, 획득형태, 정보의 가격 등
⑦ 참조정보 : 작성자, 일시 등

4. 개방형 GIS

(1) 개념

개방형 GIS는 분산되어 있는 다양한 데이터에 대한 접근과 자료 처리를 쉽게 하기 위하여 개발되었으며 상호운용성이 필수적이다.

(2) 특징

① 자료의 공유로 비용이 감소한다.
② 접근이 편리하다.
③ 서로 다른 시스템 사이의 호환성과 운영방안을 제공한다.
④ 작업 요구에 따라 쉽게 이용할 수 있다.

CHAPTER 06 출제예상문제

01 객체지향형 데이터베이스관리시스템의 특징이 아닌 것은?
[2012년 기사 1회]

① 자료의 갱신이 용이하다.
② 자료뿐만 아니라 자료의 구성을 위한 방법론도 저장이 가능하다.
③ 지도의 정보를 도형과 속성으로 나누어 유형별로 테이블에 저장한다.
④ 객체는 독립된 동질성을 가진 개체이며, 상속성을 갖는다.

해설

DBMS 모형의 종류

H-DBMS
(계급형 DBMS)
	• 정의 : 트리구조의 모형으로서 가장 위의 계급을 Root(근원)라 하고 Root 역시 레코드 형태를 가지며 모든 레코드는 1 : 1 또는 1 : n의 관계를 갖는다.
	• 장점
	  - 이해와 갱신이 쉽다.
	  - 다량의 자료에서 필요한 정보를 신속하게 추출할 수 있다.
	• 단점
	  - 각각의 객체는 단 하나만의 근본 레코드를 갖는다.
	  - 키필드가 아닌 필드에서는 검색이 불가능하다.

R-DBMS
(관계형 DBMS)
	• 정의 : 각각의 항목과 그 속성이 다른 모든 항목 및 그의 속성과 연결될 수 있도록 구성된 자료구조이다.
	• 장점
	  - 테이블 내의 자료구성에 제한을 받지 않는다.
	  - 수학적으로 안정되었다.
	  - 수학적 논리성이 적용된다.
	  - 모형의 구성이 단순하다.
	• 단점
	  - 기술적 난해도가 높다.
	  - 레코드 간의 관계 정립 시 시가이 많이 소요된다.
	  - 전반적인 시스템의 처리속도가 늦다.

OO-DBMS (객체지향형 DBMS)	• 정의 : 각각의 데이터를 유형별로 모듈화시켜 복잡한 데이터를 쉽게 처리시키는 최초 자료기반관리체계이다. • 장점 : 복잡한 데이터를 쉽게 처리 가능하다. • 단점 : 자료 간의 관계성 처리능력아 감소한다.
OR-DBMS (객체지향관계형 DBMS)	관계형 자료기반은 자료 간의 복잡한 관계를 잘 정리해주긴 하지만 멀티미디어 자료를 처리하는 데 어려움이 있고 반면에 객체지향자료기반은 복잡한 자료를 쉽게 처리해주는 대신 자료 간의 관계처리에 있어서는 단점을 가지고 있다. 따라서 각각이 갖는 단점을 보완하고 장점을 부각시킨 자료기반이 필요한데 이러한 자료기반, 즉 객체지향자료기반과 관계형 자료기관을 통합시킨 차세대 자료기반을 OR-DBMS라 한다.

02 DBMS는 지리정보를 효율적으로 관리하기 위한 도구이다. DBMS의 장점으로 보기 어려운 것은?
[2012년 기사 2회]

① 중앙제어 기능
② 효율적인 자료 호환
③ 다양한 양식의 자료 제공
④ 시스템의 단순성

해설

DMBS의 장·단점 [必 암기] 개보하중립무관 백중시비

• 장점

시스템개발 비용 감소	데이터베이스 구축 시 초기비용이 많이 들 수 있지만 데이터 검색 및 변경 시 프로그램 개발 비용을 절감할 수 있다.
보안향상	데이터베이스의 중앙집중·관리 및 접근·제어를 통해 보안이 향상된다.
표준화 (Normalisation)	데이터 제어기능을 통해 데이터의 형식, 내용, 처리방식, 문서화 양식 등에 표준화를 범기관적으로 쉽게 시행할 수 있다.

중복의 최소화	파일관리 시스템에서 개별 파일로 관리되던 시스템에서 데이터를 하나의 데이터베이스에 통합하여 관리하므로 중복이 감소된다.
데이터의 독립성 (Independency) 향상	데이터를 응용프로그램에서 분리하여 관리하므로 응용프로그램을 수정할 필요성이 감소된다.
데이터의 일관성 (consistency) 유지	파일관리시스템에서는 중복데이터가 각각 다른 파일에 관리되어 변경 시 데이터의 일관성을 보장하기 어려웠으나, DBMS는 중앙집중식 통제를 통해 데이터의 일관성을 유지할 수 있다.
데이터의 무결성 (integrity) 유지	제어관리를 통해 다수의 사용자들이 접근 시 무결성이 유지된다.

• 단점

백업과 회복기능	위험부담을 최소화하기 위해 효율적인 백업과 회복기능을 갖추어야 한다.
중앙집약적인 위험 부담	자료의 저장 및 관리가 중앙집약적으로 이루어지므로 자료의 손실이나 시스템의 작동불능이 될 수 있는 중앙집약적인 위험부담이 크다.
시스템 구성의 복잡성	파일처리 방식에 비하여 시스템의 구성이 복잡하므로 이로 인한 자료의 손실 가능성이 높다.
운영비의 증대	컴퓨터 하드웨어와 소프트웨어의 비용이 상대적으로 많이 소요된다.

03 GIS에서 많이 사용되는 관계형 데이터베이스관리시스템의 데이터 모형에 대한 설명으로 옳지 않은 것은? [2012년 기사 3회]

① 테이블의 구성이 자유롭다.
② 모형 구성이 단순하고 이해가 빠르다.
③ 정보를 추출하기 위한 질의의 형태에 제한이 없다.
④ 테이블의 수가 상대적으로 적어 저장 용량을 상대적으로 적게 차지한다.

해설

• 데이터베이스
  - 서로 연관성이 있는 특별한 의미를 갖는 자료의 모임
  - DB의 구축은 GIS 사업에서 가장 많은 비용과 시간을 요하는 요소
  - 사전에 사용자와 사용목적이 충분히 논의된 이후에 설계가 이루어지고 구축이 진행
• 관계형 데이터베이스 RDBMS(Relational DBMS)의 장점
  - 논리적 구조가 Table의 형태
  - SQL(Structured Query Language) 지원
  - 이전에 에플리케이션에서 처리해야 했던 많은 기능들을 DBMS가 지원(데이터 무결성, 보안, 권한, 트랜잭션 관리, 로킹(Locking) 등)
  - 데이터베이스는 테이블들로 구성
  - 레코드(로우 ; 행)는 필드(컬럼으로 구성)
  - 필드는 단지 하나의 Data Item을 소유
  - 데이터베이스 스키마(Schema)에 대한 동적인 변화들이 가능. **예** 테이블에 대한 새로운 필드의 추가, 삭제
  - 레코드는 다른 레코드에 대하여 어떤 Pointer라도 갖지 못함
  - 정보를 추출하기 위한 질의의 형태에 제한이 없음
  - 모형 구성이 단순하고 이해가 빠름
  - 테이블의 구성이 자유로움

04 면 객체를 경계모델(Boundary Model)의 위상구조로 저장하는 이유가 아닌 것은? [2013년 기사 1회]

① 저장 구조가 단순하다.
② 자료의 중복이 줄어든다.
③ 분석 시간이 빨라진다.
④ 공간 상호관계가 추가로 저장된다.

해설

면 객체를 경계모델(Boundary Model)의 위상구조로 저장하는 이유
• 자료의 중복이 줄어든다.
• 분석 시간이 빨라진다.
• 공간상호관계가 추가로 저장된다.

정답 | 03 ④ 04 ①

05 효율적인 GIS 자료관리와 중복방지를 위해 도입된 데이터베이스관리시스템에 대한 설명으로 옳지 않은 것은?

[2013년 기사 1회]

① R−DBMS : 관계형 데이터베이스관리시스템
② OO−DBMS : 객체개방형 데이터베이스관리시스템
③ OR−DBMS : 객체관계형 데이터베이스관리시스템
④ H−DBMS : 계층형 데이터베이스관리시스템

해설

데이터베이스관리시스템의 종류

- 계층형 데이터베이스관리시스템(HDBMS ; Hierarchical DataBase Management System)
  - 계층구조 내의 자료들이 논리적으로 관련이 있는 영역으로 나누어지며 하나의 주된 영역 밑에 나머지 영역들이 나뭇가지와 같은 형태로 배열되는 형태로서 데이터베이스를 구성하는 각 레코드가 계층구조 또는 트리구조를 이루는 구조이다.
  - 모든 레코드는 부모(상위)레코드와 자식(하위)레코드를 가지고 있으며 각각의 객체는 단 하나만의 부모(상위)레코드를 가지고 있다.
- 관망형 데이터베이스관리시스템(NDBMS ; Network DataBase Management System)
  - 계층형 DBMS의 단점을 보완한 것으로 망구조 데이터베이스관리시스템은 계층형과 유사하지만 망을 형성하는 것처럼 파일 사이에 다양한 연결이 존재한다는 점에서 계층형과 차이가 있다.
  - 각각의 객체는 여러 개의 부모 레코드와 자식 레코드를 가질 수 있다.
- 관계형 데이터베이스관리시스템(RDBMS ; Relationship DataBase Mana−gement System)
  - 영역들이 갖는 계층구조를 제거하여 시스템의 유연성을 높이기 위해서 만들어진 구조이다.
  - 데이터의 무결성, 보안, 권한, 록킹(Locking) 등 이전의 응용분야에서 처리해야 했던 많은 기능들을 지원한다.
  - 상이한 정보 간 검색, 결합, 비교, 자료가감 등이 용이하다.

- 객체지향형 데이터베이스관리시스템(OODBMS ; Object Oriented DataBase Management System)
  객체지향(Object Oriented)에 기반을 둔 논리적 구조를 가지고 개발된 관리시스템으로 자료를 다루는 방식을 하나로 묶어 객체(Object)라는 개념을 사용하여 실세계를 표현하고 모델링하는 구조이다.
- 객체관계형 데이터베이스관리시스템(ORDBMS ; Object Relational DataBase Management System)
  관계형과 객체지향형의 장점을 수용하여 개발한 데이터베이스 관리시스템으로 관계형 체계에 새로운 객체 저장능력을 추가하고 있어 기존의 RDBMS를 기반으로 하는 많은 DB 시스템과의 호환이 가능하다는 장점이 있다.

06 GIS의 공간분석기능에 대한 설명으로 옳은 것은?

[2013년 기사 1회]

① 버퍼분석(Buffering Analysis) − 표면(surface) 모델링, 유연 분석, 경사/향 분석, 가시권 분석, 3차원 가시화
② 기하학적 분석(Geometrical Analysis) − 영향권 분석
③ 네트워크 분석(Network Analysis) − 연결성, 방향성, 최단 경로, 최적 경로의 분석
④ 중첩분석(Overlay Analysis) − 거리, 면적, 둘레, 길이, 무게중심 등의 정량적 분석

해설

공간분석 정의
공간분석의 수행은 입력된 자료를 가공하여 분석에 필요한 자료로 변환한 이후 공간 질의(Spatial Query)와 탐색과정을 통해 속성 자료 테이블에서 필요한 자료를 불러들여 각종 연산 기법을 통해 원하는 결과물을 얻기 위한 과정이다.

공간분석 기법

중첩 분석	• 2개 이상의 레이어를 합성하여 점, 선, 면의 도형, 위상 및 속성 데이터를 재구축함 • 점과 면, 선과 면, 면과 면의 세 가지 경우의 중첩이 가능

Buffer Analysis	• 버퍼분석은 공간적 근접성을 정의할 때 이용되는 것으로서 점, 선, 면 또는 면주변에 지정된 범위의 면상으로 구성 • 버퍼분석을 위해서는 먼저 버퍼존의 정의가 필요 • 버퍼존은 입력사상과 버퍼를 위한 거리를 지정한 이후 생성 • 일반적으로 거리는 단순한 직선거리인 Euclidean Distance(유클리드 거리) 이용
네트워크 분석	• 현실 세계에는 사람, 에너지, 물자, 정보 등의 흐름을 가능하게 하는 도로, 케이블, 파이프라인 등의 하부구조(Infrastructure)가 존재하는데 이러한 하부구조는 GIS 분석 과정에서 네트워크 모델링 가능 • 일반적으로 네트워크는 점사상인 노드와 선사상인 링크로 구성 　- 노드에는 도로의 교차점, 퓨즈, 스위치, 하천의 합류점 등이 포함될 수 있음
네트워크 분석	• 네트워크 분석을 통해 다음과 같은 분석이 가능 　- 최단경로 : 주어진 기원지와 목적지를 잇는 최단거리의 경로분석 　- 최소비용경로 : 기원지와 목적지를 연결하는 네트워크상에서 최소의 비용으로 이동하기 위한 경로를 탐색 　- 차량 경로 탐색과 교통량 할당 문제 등의 분석

07 공간데이터 처리에 있어서 나누어진 항목들을 합쳐서 분류항목들을 줄이는 과정을 무엇이라 하는가?

[2013년 기사 2회]

① 재분류(Reclassification)

② 일반화(Generalization)

③ 세분화(Specification)

④ 중첩(Overlay)

해설

벡터기반의 일반화

단순화 (Simplification)	• 원래의 선이 나타내는 특징이나 형태를 유지하기 위한 점들을 선정하여 특징을 표현하는 데 있어서 의미가 크지 않은 잉여점을 제거해주는 과정을 의미한다.
	• 즉 선을 구성하는 좌표점 중 불필요한 잉여점을 제거하는 것을 의미한다. • 원래 좌표 쌍들의 부분집합의 선택을 포함하는 단순화이다. • 단순화는 보다 적은 자료량으로 지형지물의 특성을 간편하게 표현하기 위해 선형의 특징점을 남기고 불필요한 버텍스(vertex)를 삭제하는 일반화 기법이다.
유선화 (Smoothing), 원만화	• 선의 가장 중요한 특징점만을 취득하여 좌표쌍들의 위치 재조정이나 이동에 의하여 선을 유선형으로 변화시키는 과정을 말한다. • 즉 선의 중요한 특징점들을 이용해 선을 유선형으로 변화하는 것이다. • 어떤 작은 혼란으로부터 벗어나 평탄화하기 위하여 좌표쌍들을 재배치하거나 평행이동하는 것(원만화)이다.
융합 (Amalgamation) [ǽlgəméiʃən]	• 지도에 나타난 세부적인 내용을 축척의 변화에 따라 하나의 영역으로 합치는 것이다. • 즉 전체 영역의 특징을 단순화하여 표시하는 것이다. • 작은 요소들을 보다 큰 지도요소로 결합하는 것이다.
축약(Collapse), 분해	• 규모나 공간상의 범위표시를 축소하는 것을 축약이라 한다. • 즉 지형이나 공간상의 범위 표시를 축소하는 것이다. • 면 또는 선 요소들을 점 요소들로 분해시키는 것이다.
정리(Refinement), 정제	• 시각적 표현을 실제지역과 일치시키기 위해 기하학적으로 배열과 형태를 바꾸거나 조정하는 것을 말한다. • 즉 기하학적인 배열과 형태를 바꾸어 시각적 조정효과를 가져오는 것으로 선을 부드럽게 하거나 모서리 부분의 사각화, 등고선이나 강이 교차되는 지점을 바로잡는 것 등이 그 예이다. • 정리는 유사한 특징이 너무 많거나 축척에 따라 표현이 곤란할 정도로 작은 지역에서 면적이나 길이를 비교하여 기준 이하의 공간정보를 삭제하는 것을 말한다. • 요소들의 군집중에서 보다 작은 요소들을 버리는 것(정제)이다.

정답 | 07 ②

집단화 (Aggregation), 군집화	• 매우 근접하거나 인접한 지형지물을 새로운 형태의 지형지물로 묶는 것을 말한다. • 즉 근접하거나 인접한 지형지물을 하나로 합치는 것이다. • 점 요소들을 보다 높은 계층으로 그룹화하는 것(군집화)이다.
합침 (Merge, Combination)	• 축척의 변화에 따른 세부적인 객체의 특성을 유지하는 것이 불가능하더라도 선형과 같은 전체적인 패턴을 유지하는 것을 의미한다. • 즉 축척의 변화시 전체적인 대표성 있는 패턴을 유지하는 것이다. • 평행선 요소들에 보통 적용되는 결합(merging)이다.
재배치 (Displacement) 또는 이동	• 겹치는 지역에 대하여 상대적으로 중요성이 떨어지는 지역의 위치를 변경하거나 지역의 범위를 조정해 지도에 표시된 객체의 공간적 위치를 보다 명확히 나타내는 것을 의미한다. • 즉 면의 겹치는 지역 등을 삭제하여 지도의 명확성을 높이는 것이다. • 명확성을 얻기 위하여 요소들의 위치를 평행이동하는 것(이동)이다.
분류 (Classification)	오브젝트들을 동일하거나 비슷한 특성들을 공유하는 요소들의 범위 속으로 그룹화 하는 것이다.

08 다음의 괄호에 들어갈 GIS공간분석 기능은 무엇인가?

[2013년 기사 3회]

• 벡터 기반의 (   )분석은 근접 분석을 수행하는데 매우 중요하며, 특정지점 또는 선형으로 나타나는 공간 현상 주변지역의 특징을 평가하는 데 활용된다.
• (   )분식의 목적은 근접 분석 시 관심내상 지역을 경계짓는 것으로, 관심 대상지역과 경계하고 있는 내부와 외부지역의 공간적 특성과 상호 관련성을 분석하는 데 필수적인 기능이다.

① Clip
② Intersect
③ Buffer
④ Union

해설

공간분석 기법

중첩 분석	• 2개 이상의 레이어를 합성하여 점, 선, 면의 도형, 위상 및 속성 데이터를 재구축함 • 점과 면, 선과 면, 면과 면의 세 가지 경우의 중첩이 가능
Buffer Analysis	• 버퍼분석은 공간적 근접성을 정의할 때 이용되는 것으로서 점, 선, 면 또는 면주변에 지정된 범위의 면사상으로 구성 • 버퍼분석을 위해서는 먼저 버퍼존의 정의가 필요 • 버퍼존은 입력사상과 버퍼를 위한 거리를 지정한 이후 생성 • 일반적으로 거리는 단순한 직선거리인 Euclidean Distance(유클리드 거리)이용

네트워크
분석
	• 현실 세계에는 사람, 에너지, 물자, 정보 등의 흐름을 가능하게 하는 도로, 케이블, 파이프라인 등의 하부구조(Infrastructure)가 존재하는데 이러한 하부구조는 GIS 분석 과정에서 네트워크 모델링 가능
	• 일반적으로 네트워크는 점사상인 노드와 선사상인 링크로 구성
	  – 노드에는 도로의 교차점, 퓨즈, 스위치, 하천의 합류점 등이 포함될 수 있음
	• 네트워크 분석을 통해 다음과 같은 분석이 가능
	  – 최단경로 : 주어진 기원지와 목적지를 잇는 최단거리의 경로분석
	  – 최소비용경로 : 기원지와 목적지를 연결하는 네트워크상에서 최소의 비용으로 이동하기 위한 경로를 탐색
	  – 차량 경로 탐색과 교통량 할당 문제 등의 분석

09 래스터 기반의 지리자료 처리과정에서 사용되는 국지인접연산(또는 초점연산)에 관한 설명으로 틀린 것은?

[2014년 기사 1회]

① 가장 많이 사용되는 윈도우의 크기는 7×7 셀이다.
② 공간집합(Spatial Aggregation)을 위한 연산이다.
③ 잡음(Noise)과 결점(Defect) 제거를 위한 필터링이다.
④ 경사와 경사방향 결정을 위한 연산이다.

정답 | 08 ③ 09 ①

해설

래스터 기반의 지리자료 처리 과정

• 국지연산(Local Operations)

출력 레이어 개개의 셀 값이 입력 레이어의 동일 위치에 있는 셀의 함수로 만드는 과정으로, 즉 포인터 대 포인터, 셀 대 셀을 기준으로 래스터 기반의 자료를 분석하는 것이다.

• 국지인접연산(Neighborhood Operations)

출력 레이어 개개의 셀 값이 입력 레이어의 동일 위치에 인접한 셀들의 함수로 만드는 과정으로 배경연산(Context Operations) 또는 초점연산(Focal Operations)으로 알려진 인접연산은 입력 래스터 레이어의 셀들 사이의 인접한 위상관계를 사용하여 새로운 래스터 레이어를 생성한다.

- 일반적으로 사용되는 윈도우의 크기는 3×3 셀이다.
- 공간집합(Spatial Aggregation) 연산
- 필터링(Filtering) 연산
- 경사와 경사 방향(Computation of Slope and Aspects) 연산

• 확장인접연산(Extended Neighborhood Operations)

출력 레이어 개개의 셀 값이 입력 레이어의 동일 위치에 있는 셀에 인접하거나 인접 셀보다 조금 넘어선 셀들의 함수로 만드는 과정이다.

• 영역연산(Regional Operations)

입력 레이어에서 각 영역을 교차하거나 그 영역 내에 있는 셀들을 정의하여 출력 레이어를 만드는 과정이다.

10 지리정보를 효율적으로 관리하기 위한 도구로서 DBMS의 단점이라고 하기 어려운 것은?

① 높은 가격의 장비
② 시스템의 복잡성
③ 중앙집약적 위험 부담
④ 자료 중복 문제

해설

DMBS의 장·단점   必 암기   개보화중립무관 백중시비

• 장점

시스템개발 비용 감소	데이터베이스 구축 시 초기비용이 많이 들 수 있지만 데이터 검색 및 변경 시 프로그램 개발 비용을 절감할 수 있다.
보안향상	데이터베이스의 중앙집중·관리 및 접근·제어를 통해 보안이 향상된다.
표준화 (Normalisation)	데이터 제어기능을 통해 데이터의 형식, 내용, 처리방식, 문서화 양식 등에 표준화를 범기관적으로 쉽게 시행할 수 있다.
중복의 최소화	파일관리 시스템에서 개별 파일로 관리되던 시스템에서 데이터를 하나의 데이터베이스에 통합하여 관리하므로 중복이 감소된다.
데이터의 독립성 (Independency) 향상	데이터를 응용프로그램에서 분리하여 관리하므로 응용프로그램을 수정할 필요성이 감소된다.
데이터의 일관성 (consistency) 유지	파일관리시스템에서는 중복데이터가 각각 다른 파일에 관리되어 변경 시 데이터의 일관성을 보장하기 어려웠으나, DBMS는 중앙집중식 통제를 통해 데이터의 일관성을 유지할 수 있다.
데이터의 무결성 (integrity) 유지	제어관리를 통해 다수의 사용자들이 접근 시 무결성이 유지된다.

• 단점

백업과 회복기능	위험부담을 최소화하기 위해 효율적인 백업과 회복기능을 갖추어야 한다.
중앙집약적인 위험 부담	자료의 저장 및 관리가 중앙집약적으로 이루어지므로 자료의 손실이나 시스템의 작동불능이 될 수 있는 중앙집약적인 위험부담이 크다.
시스템 구성의 복잡성	파일처리 방식에 비하여 시스템의 구성이 복잡하므로 이로 인한 자료의 손실 가능성이 높다.
운영비의 증대	컴퓨터 하드웨어와 소프트웨어의 비용이 상대적으로 많이 소요된다.

정답 | 10 ④

11 지리정보시스템(GIS)의 자료처리 단계를 순서대로 바르게 표시한 것은? [2015년 기사 1회]

① 자료의 수치화 – 자료조작 및 관리 – 응용분석 – 출력

② 자료조작 및 관리 – 자료의 수치화 – 응용분석 – 출력

③ 자료의 수치화 – 응용분석 – 자료조작 및 관리 – 출력

④ 자료조작 및 관리 – 응용분석 – 자료의 수치화 – 출력

해설

- GIS 자료처리 순서 : 자료의 수치화 – 자료조작 및 관리 – 응용분석 – 출력
- 자료의 부호화 : 자료의 수치화
- 자료의 조작 및 관리 : 자료의 준비 및 분석

지리정보체계의 흐름

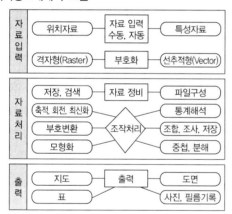

12 공간분석 기능 중 하나인 네트워크 분석(Network Analysis)을 이용한 분석과 가장 거리가 먼 것은? [2015년 기사 1회]

① 지형 분석 ② 자원할당 분석

③ 접근성 분석 ④ 최단경로 분석

해설

네트워크 분석

- 정의 : 두 지점 간의 최단경로, 자원할당분석 등 선형 객체의 일정패턴이나 프레임 상의 위치 간 관련성을 고려하는 분석
- 현실 세계에는 사람, 에너지, 물자, 정보 등의 흐름을 가능하게 하는 도로, 케이블, 파이프라인 등의 하부구조(Infrastructure)가 존재하는데 이러한 하부구조는 GIS 분석 과정에서 네트워크모델링 가능
- 일반적으로 네트워크는 점사상인 노드와 선사상인 링크로 구성됨. 노드에는 도로의 교차점, 퓨즈, 스위치, 하천의 합류점 등이 포함될 수 있음
- 네트워크 분석을 통해 가능한 분석
  - 최단경로 : 주어진 기원지와 목적지를 잇는 최단거리의 경로분석
  - 최소비용경로 : 기원지와 목적지를 연결하는 네트워크상에서 최소의 비용으로 이동하기 위한 경로를 탐색
  - 차량 경로 탐색과 교통량 할당 문제 등의 분석

13 지리정보시스템(GIS)에서 데이터베이스관리시스템(DBMS)의 개념을 적용함으로써 얻어지는 특징이 아닌 것은? [2015년 기사 2회]

① 서로 연관된 자료 간의 자동적인 갱신이 가능하다.

② 도형자료와 속성자료 간에 물리적으로 명확한 관계가 정의될 수 있다.

③ 자료의 중앙제어가 가능하므로 자료의 보안성과 데이터베이스의 신뢰도를 높일 수 있다.

④ 공간객체 간에 위치의 연관성을 구현하는 데 위상관계의 정립이 불가능하다.

해설

데이터베이스관리시스템

- 정의 : 데이터베이스를 지원하는 물리적인 시스템으로 데이터베이스를 생성, 관리, 제공하는 집합
- 특징
  - 중앙제어장치로 운용 가능
  - 효율적인 자료호환으로 사용자가 편리함
  - 저장된 자료의 형태에 관계없이 데이터의 독립성

정답 | 11 ① 12 ① 13 ④

－새로운 응용프로그램 개발의 용이성

－신뢰도 보호 및 일관성 유지

－중복된 자료 감소 및 높은 수정 방안 제시

－다양한 응용프로그램에서 다른 목적으로 편집 및 저장

－공간 객체 간의 위치의 연관성을 구현하는 데 위상 관계의 정립이 가능

14 객체지향형 데이터베이스관리시스템의 특징이 아닌 것은?

[2015년 기사 3회]

① 자료의 갱신이 용이하다.

② 자료뿐만 아니라 자료의 구성을 위한 방법론도 저장이 가능하다.

③ 지도의 정보를 도형과 속성으로 나누어 유형별로 테이블에 저장한다.

④ 객체는 독립된 동질성을 가진 개체이며, 상속성을 갖는다.

해설

DBMS(Data Base Management System)

• 자료기반관리체계는 자료의 중복성을 제외하고 다른 특징들 중에 무결성, 일관성, 유용성을 보장하기 위한 자료를 관리하는 소프트웨어체계를 말한다.

• DBMS 모형의 종류

H-DBMS (계급형 DBMS)	• 정의 : 트리구조의 모형으로서 가장 위의 계급을 Root(근원)라 하고 Root 역시 레코드 형태를 가지며 모든 레코드는 1:1 또는 1:n의 관계를 갖는다. • 장점 －이해와 갱신이 쉽다. －다량의 자료에서 필요한 정보를 신속하게 추출할 수 있다. • 단점 －각각의 객체는 단 하나만의 근본 레코드를 갖는다. －키필드가 아닌 필드에서는 검색이 불가능하다.
R-DBMS (관계형 DBMS)	• 정의 : 각각의 항목과 그 속성이 다른 모든 항목 및 그의 속성과 연결될 수 있도록 구성된 자료구조이다.
R-DBMS (관계형 DBMS)	• 장점 －테이블 내의 자료구성에 제한을 받지 않는다. －수학적으로 안정되었다. －수학적 논리성이 적용된다. －모형의 구성이 단순하다. • 단점 －기술적 난해도가 높다. －레코드 간의 관계 정립 시 시가이 많이 소요된다. －전반적인 시스템의 처리속도가 늦다.
OO-DBMS (객체지향형 DBMS)	• 정의 : 각각의 데이터를 유형별로 모듈화시켜 복잡한 데이터를 쉽게 처리시키는 최초 자료기반관리체계이다. • 장점 : 복잡한 데이터를 쉽게 처리 가능하다. • 단점 : 자료 간의 관계성 처리능력이 감소한다.
OR-DBMS (객체지향관계형 DBMS)	관계형 자료기반은 자료 간의 복잡한 관계를 잘 정리해주긴 하지만 멀티미디어 자료를 처리하는 데 어려움이 있고 반면에 객체지향자료기반은 복잡한 자료를 쉽게 처리해주는 대신 자료 간의 관계처리에 있어서는 단점을 가지고 있다. 따라서 각각이 갖는 단점을 보완하고 장점을 부각시킨 자료기반이 필요한데 이러한 자료기반, 즉 객체지향자료기반과 관계형 자료기관을 통합시킨 차세대 자료기반을 OR-DBMS라 한다.

15 지리정보시스템(GIS) 데이터베이스에 관한 설명으로 옳지 않은 것은?

[2015년 기사 3회]

① 레코드는 필드를 구성하는 각각의 항목을 말한다.

② 데이터베이스는 초기 구축과 유지관리비용이 높다.

③ 파일베이스 방식에서 데이터베이스 방식으로 발전하였다.

④ GIS에서는 일반적으로 동일 길이 레코드 방식보다는 가변길이 레코드 방식을 선호한다.

해설

데이터 파일은 기록(Record), 영역(Field), 검색자(Key) 세 가지로 구성된다.

기록(Record)

하나의 주제에 관한 자료를 저장한다. 기록은 표에서 행(Row)이라고 하며 학생 개개인에 관한 정보를 보여주고 성명, 학년, 전공, 학점의 네 개 필드로 구성되어 있다.

정답 | 14 ③ 15 ①

영역(Field)

레코드를 구성하는 각각의 항목에 관한 것을 의미한다. 필드는 성명, 학년, 전공, 학점의 네 개 필드로 구성된다.

검색자(Key)

파일에서 정보를 추출할 때 쓰이는 필드로서 키로서 사용되는 필드를 키필드라 한다. 표에서는 이름을 검색자로 볼 수 있으며, 그 외의 영역들은 속성영역(Attribute Field)이라고 한다.

16 다음 파일 포맷 중 성격이 다른 하나는?

[2012년 산업기사 1회]

① BSQ
② SHP
③ JPEG
④ GeoTIFF

해설

래스터 자료 형식

pcx, jpg, bmp, tiff, BSQ

벡터 자료 형식

dwg, shp, TIGER, PostScriot

영상자료의 저장형식

• BIL(Band Interleaved by Line) 형식 : 라인별 영상
  – 한 개 라인 속에 한 밴드 분광값을 나열한 것을 밴드순으로 정렬하고 그것을 전체 라인에 대해 반복한다.
  – {[(픽셀번호순), 밴드순], 라인번호순}
  – 픽셀마다 다중스펙트럼 해석을 하거나 분류할 경우에 매우 편리하지만, 파일이 커지는 단점이 있다.
  – 밴드의 수가 적은 경우에는 좋지만 밴드가 많아지면 데이터량이 커져서 다루기 힘들다.
  – BSQ와 BIP의 장단점을 조정한 방법으로서 중간적 특징을 가지고 있다.

• BIP(Band Interleaved by Pixel) 형식 : 픽셀별 영상
  – 한 개 라인 중의 하나의 화소 분광값을 나열한 것을 그 라인의 전체 화소에 대해 정렬하고 그것을 전체 라인에 대해 반복한다.
  – [(밴드순, 픽셀번호순), 라인번호순]

• BSQ(Band Sequential) 형식 : 밴드별 영상
  – 밴드별로 이차원 영상데이터를 나열한 것이다.
  – {[(픽셀(화소)번호순), 라인번호순], 밴드순}
  – 밴드별로 영상을 출력할 때에는 편리하지만, 다중스펙트럼 해석을 할 때에는 불편하다.

17 벡터 데이터 취득방법이 아닌 것은?

[2012년 산업기사 1회]

① 매뉴얼 디지타이징(Manual Digitizing)
② 헤드업 디지타이징(Head–up Digitizing)
③ COGO 데이터 입력(COGO Input)
④ 래스터라이제이션(Rasterization)

해설

격자화(Rasterization)

래스터라이제이션은 벡터 데이터가 래스터 데이터로 매핑되는 방법을 정의한 것으로, 벡터구조를 일정한 크기로 나눈 다음 동일한 폴리곤에 속하는 모든 격자들은 해당 폴리곤의 속성값으로 격자에 저장한다.

18 수치지형모델(Digital Terrain Model)의 DEM과 TIN 방법의 비교 설명으로 옳은 것은?

[2012년 산업기사 1회]

① 수치표고모델(DEM)은 불규칙적인 공간 간격으로 표고를 표현한다.
② LIDAR 또는 GPS로 취득한 지형자료를 이용한 경우에는 DEM 방법이 유리하다.
③ TIN 방법은 사진측량에 의한 자동 디지타이징에 의한 지형자료 취득에 유리하다.
④ 지역적인 변화가 심한 복잡한 지형을 표현할 때에는 TIN이 유리하다.

해설

불규칙 삼각망(TIN ; Triangulated Irregular Network)

• 정의 : 불규칙하게 배치되어 있는 지형점으로부터 삼각망을 생성하여 삼각형 내의 표고를 삼각평면으로부터 보간하는 DEM의 일종이다. 벡터위상구조를 가지며 다각형 Network를 이루고 있는 순수한 위상구조와 개념적으로 유사하다.

• 특성
  – 기복의 변화가 적은 지역에서 절점수를 적게 하고 기복의 변화가 심한 지역에서 절점수를 증가시킴으로써 데이터의 전체적인 양을 줄일 수 있다.
  – 격자형 자료는 해상력이 낮아지는 데서 기인하는 중요한 정보의 상실 가능성과 해상력 조절의 어려

움, 기준격자축 이외의 방향에 대한 연산의 어려움 등을 가지고 있는데 이같은 단점을 불규칙 삼각망 구조에서 보완할 수 있다.
- 자료파일 생성을 위해 처리과정이 복잡하다는 단점이 있으나 일단 TIN 파일이 생성된 후에는 효율적인 압축기법을 사용할 수 있다.
- TIN은 격자보다 적은 데이터 용량을 이용하여 훨씬 정확하게 지형을 표현할 수 있으며 손쉬운 자료의 편집과 실시간 지표면의 모델링 등 다양한 기능을 제공한다.

• 활용 : 중요한 위상 형태를 필요한 정확도에 따라 처리 가능하고 경사가 급한 지역에 적당하며 선형 침식이 많은 하천지형에 적합하다.

• 자료구조
삼각망을 신속하게 검색하기 위하여 3가지 형태의 데이터 구조를 가진다.
- Nodes : TIN을 구성하는 기본요소로 Z(H)값을 가지며, 모든 절점을 이용하여 삼각망이 구성된다.
- Edges : 삼각망을 구성하는 절점은 가장 가까운 절점끼리 연결되어 '변'을 구성한다.
- Triangle : X, Y, Z값을 갖는 세 개의 절점을 중심으로 구성된다.
- Hull : TIN을 구성하고 있는 모든 점을 포함하는 다각형이다.

• 삼각망의 생성
- 불규칙하게 배치된 지형점으로부터 어떤 규칙에 따라 어떻게 자동적으로 삼각망을 형성하는가 하는 문제이다.
- TIN에서는 등거리연산자를 각각의 지형점에 채택하여 원을 넓혀가면서 교선을 만듦으로써 다각형을 생성한다.
- 교선은 양쪽 지형점으로부터 등거리에 있으며 이 다각형을 티센 다각형(Thiessen Polygon)이라 하고 이러한 분할을 보로노이 분할(Voronoi Tessellation)이라고 한다.
- 그 후 다각형의 한 변을 공유하는 지형점끼리를 연결하면 삼각망이 만들어지며, 이러한 삼각형을 들로네 삼각형(Delaunay Triangle)이라고 한다.
- 3점을 연결하는 원 내에는 다른 점이 들어오지 않게 된다.

• 수치표고모델(Digital Elevation Model)
일정한 크기의 격자방식으로 지형의 표고를 나타낸다.
- 동일한 크기의 격자를 사용하므로 일정한 밀도를 갖는다.

- 기존의 등고선 지도에서 수치사진측량기법을 이용하여 작성되거나 인공위성자료를 이용하여 작성된다.
- 지형의 특성 즉 복잡하거나 단순지형에 따른 자료의 획득이 불가능하다.

19 지리정보체계 소프트웨어의 일반적인 주요 기능으로 보기 어려운 것은?

[2012년 산업기사 1회]

① 벡터형 공간자료와 래스터형 공간자료의 통합 기능
② 사진, 동영상, 음성 등 멀티미디어 자료의 편집 기능
③ 공간자료와 속성자료를 이용한 모델링 기능
④ DBMS와 연계한 공간자료 및 속성정보의 관리 기능

해설

GIS 소프트웨어는 입력, 편집, 검색, 추출, 분석 등을 위한 프로그램의 집합체로서 격자나 백터구조의 도형정보를 조작하는 부분과 속성정보의 관리를 위한 부분으로 구분된다. 사진, 동영상, 음성 등 멀티미디어 자료의 편집 기능은 지리정보를 조작·관리하는 GIS 소프트웨어의 기능과는 거리가 멀다.

20 지리정보시스템의 주요 기능에 대한 설명으로 가장 거리가 먼 것은? [2012년 산업기사 1회]

① 효율적인 수치지도(Digital Map) 제작을 통해 지도의 내용과 활용성을 높인다.
② 효율적인 GIS 데이터 모델을 적용하여 다양한 분석기능 및 모델링이 가능하다.
③ 입지분석, 하천분석, 교통분석, 가시권분석, 환경분석, 상권설정 및 분석 등을 통한 고부가가치 정보 및 지식을 창출한다.
④ 조직의 인사 관리 및 관리자의 조직 운영 결정 기능을 지원한다.

해설

GIS
• 정의
지리정보체계는 지구 및 우주공간 등 인간활동 공간에 관련된 제반 과학적 현상을 정보화하고 각종 정보

를 컴퓨터에 의해 종합적, 연계적으로 처리하여 그 효율성을 극대화하는 공간정보체계이다.
- 기대 효과
  - 관리 및 처리 방안의 수립
  - 효율적 관리
  - 이용 가능한 자료의 구축
  - 합리적 공간 분석
  - 투자 및 조사의 중복 극소화
  - 수집한 자료의 용이한 결합

21 도시계획 및 관리분야에서의 GIS 활용 사례가 아닌 것은? [2012년 산업기사 2회]

① 개발가능지 분석
② 토지이용변화 분석
③ 지역기반마케팅 분석
④ 경관 분석 및 경관 계획

해설

지형공간정보체계의 활용
- 수치지도의 제작에 유용
- 시설물관리에 유용
- 환경 및 자원의 분석과 관리에 유용
- 교통 및 관광분야에 유용
- 지역개발계획수립을 위한 자료 제공
- 도시 및 지역관리에 유용
- 행정지원에 유용

22 GPS(Global Positioning System)의 활용분야와 가장 거리가 먼 것은? [2012년 산업기사 2회]

① 영상복원   ② 변위량보정
③ 상대좌표해석   ④ 절대좌표해석

해설

GPS 측량은 인공위성을 이용한 범세계적 위치결정체계로 정확한 위치를 알고 있는 위성에서 발사한 전파를 수신하여 관측점까지의 소요시간을 관측함으로써 관측점의 위치를 구하는 체계이다. 그러므로 영상과는 무관하다.

23 공공시설물이나 대규모의 공장, 관로망 등에 대한 지도 및 도면 등 제반정보를 수치 입력하여 시설물에 대한 효율적인 운영관리를 하는 종합적인 관리체계를 무엇이라 하는가? [2012년 산업기사 2회]

① CAD/CAM
② A.M(Automatic Mapping)
③ F.M(Facility Mapping)
④ S.I.S(Surveying Information System)

해설

F.M(Facility Mapping) : 시설물관리체계
각종 시설물에 대한 지도의 위치 정보를 기초로 하여 전산적으로 체계화하고자 하는 것을 시설물관리(Facility Management)라 하며, 주요 시설물의 위치, 크기, 연계성 등의 내용을 도면 위에서 도형적 요소와 비도형적 요소의 결합에 의하여 표시, 분석하여 관리하는 체계를 시설물관리체계라 하며, 이는 지형공간정보체계의 한 분야이다.

24 지적도(Parcels)에서 면적(Area)이 100m^2 이상인 대지를 소유한 소유자의 주소(Address)를 알고 싶을 때, SQL 질의문으로 옳은 것은? [2012년 산업기사 3회]

① SELECT address FROM parcels WHERE area GT 100m^2
② SELECT parcels FROM address WHERE area GT 100m^2
③ SELECT area GT 100m^2 FROM address WHERE parcels
④ SELECT address FROM rea GT 100m^2 WHERE parcels

정답 | 21 ③ 22 ① 23 ③ 24 ①

[해설]

테이블에서 정보를 추출할 때 SELECT, FROM, WHERE, ORDER BY 네 개의 기본 키워드가 사용된다. 특히 조회 시 SELECT, FROM은 항상 사용된다. SELECT는 어떤 열을 원하는지, FROM은 이들 열이 속한 테이블 혹은 테이블의 명칭을 알려준다. 정확하게 입력된 조회문은 거의 영어문장과 같다. 조회문 마지막에는 세미콜론을 붙여서 마치고 WHERE절에서는 선택하고자 하는 정보를 어떻게 한정할 것인지를 말해준다.

SQL 표현의 기본구조

SELECT	열 – 리스트(선택 컬럼) 어떤 열을 원하는지 질의의 결과 속성들을 나 열하는데 사용된다.
FROM	테이블 – 리스트 질의를 수행하기 위해 접근해야 하는 릴레이션 들을 나열한다. 이들 열이 속한 테이블 혹은 테 이블의 명칭을 알려준다. 정확하게 입력된 조 회문은 거의 영어문장과 같다. 조회문 마지막 에는 세미콜론을 붙여서 마친다.
WHERE	조건 FROM절에 있는 릴레이션의 속성들을 포함하 는 조건이다. 선택하고자 하는 정보를 어떻게 한정할 것인지를 말해준다. 즉 명시된 조건을 만족하는 FROM절의 결과 릴레이션들의 행들 만을 가져올 수 있도록 해준다.

- FROM(테이블) : 지적도(Parcels)
- WHERE(조건) : GT 100m^2
- SELECT(선택컬럼) : address
- ∴ SELECT address FROM parcels WHER area GT 100m^2

25 GIS 자료 처리(구축) 절차에 대한 순서로 옳은 것은? [2013년 산업기사 3회]

① 수집 – 저장 – 자료관리 – 검색
② 수집 – 자료관리 – 검색 – 저장
③ 자료관리 – 수집 – 저장 – 검색
④ 자료관리 – 저장 – 수집 – 검색

[해설]

GIS 자료 구축 절차

수집 → 저장 → 자료관리 → 검색

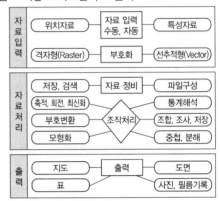

26 지리정보시스템의 주요 기능에 대한 설명 으로 옳지 않은 것은? [2014년 산업기사 1회]

① 자료의 입력은 기존 지도와 현지조사자료, 인공위성 등을 통해 얻은 정보 등을 수치형태로 입력하거 나 변환하는 것을 말한다.
② 자료의 출력은 자료를 보여주고 분석결과를 사 용자에게 알려주는 것을 말한다.
③ 자료 변환은 지형, 지물과 관련된 사항을 현지에 서 직접 조사하는 것을 말한다.
④ 데이터베이스 관리에서는 대상물의 위치와 지리 적 속성, 그리고 상호 연결성에 대한 정보를 구체 화하고 조직화하여야 한다.

[해설]

GIS의 자료 처리

자료 취득	기존 자료 이용(삼각점, 지형도, 주제도 등), 새 로운 자료 취득(항공측량, RS 영상, GPS 등)
자료 입력	Scanning, Digitizing, 측량 및 통계, CAD 자 료의 변환
자료 조작	Vector Raster화, 역변환, 도면일치, 분리, 삭 제, 편집, 축척변환

자료 분석	• 공간자료분석(다각형, 중첩, 삭제, 영향권 설정, 근린지역 등) • 수치지형분석(경사, 하천유역, 단면도, 가시도, 3차원영상 등) • 망구조분석(최단노선, 적정노선, 시간권역분석, 유통량 등)
자료 질의	지형요소의 속성정보 추출, 속성자료에 의한 지형요소 추출
자료 출력	3차원 그래픽 표현, 지도제작, 지도＋속성이 포함된 보고서를 제작

27 지리정보시스템(GIS)의 데이터 처리를 위한 데이터베이스 관리 시스템(DBMS)에 대한 설명으로 틀린 것은?

[2014년 산업기사 2회]

① 복잡한 조건 검색 기능이 불필요하다.
② 자료의 중복없이 표준화된 형태로 저장되어 있어야 한다.
③ 데이터베이스의 내용을 표시할 수 있어야 한다.
④ 데이터 보호를 위한 안전관리가 되어 있어야 한다.

해설

DMBS의 장·단점 必 암기 ㉮⬤⬤⬤⬤⬤⬤ ⬤⬤⬤⬤

• 장점

시스템개발 비용 감소	데이터베이스 구축 시 초기비용이 많이 들 수 있지만 데이터 검색 및 변경 시 프로그램 개발 비용을 절감할 수 있다.
보안향상	데이터베이스의 중앙집중·관리 및 접근·제어를 통해 보안이 향상된다.
표준화 (Normalisation)	데이터 제어기능을 통해 데이터의 형식, 내용, 처리방식, 문서화 양식 등에 표준화를 범기관적으로 쉽게 시행할 수 있다.
중복의 최소화	파일관리 시스템에서 개별 파일로 관리되던 시스템에서 데이터를 하나의 데이터베이스에 통합하여 관리하므로 중복이 감소된다.

데이터의 독립성 (Independency) 향상	데이터를 응용프로그램에서 분리하여 관리하므로 응용프로그램을 수정할 필요성이 감소된다.
데이터의 일관성 (consistency) 유지	파일관리시스템에서는 중복데이터가 각각 다른 파일에 관리되어 변경 시 데이터의 일관성을 보장하기 어려웠으나, DBMS는 중앙집중식 통제를 통해 데이터의 일관성을 유지할 수 있다.
데이터의 무결성 (integrity) 유지	제어관리를 통해 다수의 사용자들이 접근 시 무결성이 유지된다.

• 단점

백업과 회복기능	위험부담을 최소화하기 위해 효율적인 백업과 회복기능을 갖추어야 한다.
중앙집약적인 위험 부담	자료의 저장 및 관리가 중앙집약적으로 이루어지므로 자료의 손실이나 시스템의 작동불능이 될 수 있는 중앙집약적인 위험부담이 크다.
시스템 구성의 복잡성	파일처리 방식에 비하여 시스템의 구성이 복잡하므로 이로 인한 자료의 손실 가능성이 높다.
운영비의 증대	컴퓨터 하드웨어와 소프트웨어의 비용이 상대적으로 많이 소요된다.

정답 | 27 ①

CHAPTER 07 GIS의 흐름 및 분석

제1장 데이터 입력

1. 개요

① GIS의 정보는 크게 입력, 처리, 출력의 단계를 거치며 사용자가 원하는 결론을 이끌어 내기 위해 다양한 방법으로 분석된다.

② 자료입력방법은 자료를 입력하는 부분과 부호화하는 부분으로 대별할 수 있으며 지리정보체계 자료기반을 위해 전산기가 자료를 읽고 쓸 수 있는 형식으로 자료를 부호화시키는 절차이다.

③ 자료를 입력하는 부분은 Scanner, Digitizer를 사용하며 도면을 수치화한 후 컴퓨터에 입력하는 방법, 항공사진이나 위성영상 등을 전송하는 방법, GPS나 토털 스테이션 등에 의해 수치좌표값을 직접 컴퓨터에 입력하는 방법, 수치지도를 GIS 자료로 불러들이는 방법 등이 있다.

2. 데이터의 입력

(1) Digitizing(수동방식)

① 개념 : 디지타이저라는 테이블에 컴퓨터와 연결된 마우스를 이용하여 필요한 주제의 형태를 컴퓨터에 입력시키는 방법으로 수동으로 도면을 입력하는 경우 모든 절점의 좌표가 절대좌표로 입력될 수 있다.

② 특징

장점	단점
• 자료입력형태가 벡터 형식 • 레이어 별로 나누어 입력할 수 있어 효과적 • 불필요한 도형이나 주기를 선별적으로 입력할 수 있음 • 지도의 보관상태에 영향을 적게 받음 • 작업과정이 간단하고 가격이 저렴함 • 작업자가 입력내용을 판단할 수 있어 다소 훼손된 도면도 입력 가능	• 수동방식이므로 많은 시간과 노력이 필요 • 작업자의 숙련도와 사용되는 소프트웨어의 성능에 좌우됨 • 입력 시 누락이 발생할 수 있음 • 단순 도형 입력 시에는 비효율적임 • 복잡한 도형은 입력하기 어려움

③ 오차

오류형태	설명
Overshoot (기준선 초과 오류)	교차점을 지나서 연결선이나 절점이 끝나기 때문에 발생하는 오류
Undershoot (기준선 미달 오류)	교차점을 미치지 못하는 연결선이나 절점으로 발생하는 오류
Spike	교차점에서 두 개의 선분이 만나는 과정에서 잘못된 좌표가 입력되어 발생하는 오차
Sliver	하나의 선으로 입력되어야 할 곳에 두 개의 선으로 약간 어긋나게 입력되어 가늘고 긴 불편한 폴리곤을 형성한 상태의 오차(선 사이의 틈)
Overlapping (점, 선 중복)	주로 영역의 경계선에서 점, 선이 이중으로 입력되어 발생하는 오차로 중복된 점, 선은 삭제함
Dangle	매달린 노드의 형태로 발생하는 오류로 오버슛이나 언더슛과 같은 형태로 한쪽 끝이 다른 연결선이나 절점에 연결되지 않는 상태의 오차

(2) Scanning(자동방식)

① 개념 : 레이저 광선을 지도에 주사하고 반사되는 값에 수치값을 부여하여 컴퓨터에 저장시킴으로써 기존의 지도, 사진 또는 중첩자료 등의 아날로그 자료형식을 컴퓨터에 의해 수치형식(영상)으로 입력하는 방법이다.

② 특징

장점	단점
• 자료입력형태가 격자형식 • 이미지상에서 삭제, 수정 등을 할 수 있음 • 스캐너의 성능에 따라 해상도 조절 가능 • 컬러 필터를 사용하면 컬러 영상을 얻을 수 있음	• 훼손된 도면은 입력이 어려움 • 격자의 크기가 작아지면 정밀하지만 자료의 양이 방대해짐 • 문자나 그래픽 심볼과 같은 부수적인 정보를 많이 포함한 도면을 입력하는 데 부적합암

(3) COGO(COordinate GeOmetry : 기하학적 좌표)

실제 현장에서 측량의 결과로 얻어진 자료를 이용하여 수치지도를 작성하는 방식으로 실제 현장에서 각 측량 지점에서 측량결과를 컴퓨터에 입력시킨 후 지형 분석용 소프트웨어를 이용하여 지표면의 형태를 생성한 후 수치지도 형태로 저장시키는 방식이다.

2. 자료변환

(1) 개념

부호화(Coding)는 각종 도형자료를 컴퓨터 언어로 변환시켜 컴퓨터가 직접 조정할 수 있는 형태로 바꾸어준 형태를 의미하는 것으로 벡터 방식의 자료와 격자 방식의 자료가 있다.

(2) 벡터화(Vectorization)

① 벡터 자료는 선추적 방식이라 부르는 지역단위의 경계선을 수치부호화하여 저장하는 방식으로 래스터 자료에 비해 정확하게 경계선 설정이 가능하기 때문에 망이나 등고선과 같은 선형 자료 입력에 주로 이용하는 방식이다.
② 격자에서 벡터구조로 변환하는 것으로 동일한 수치 값을 갖는 격자들은 하나의 폴리곤을 이루게 되며, 격자가 갖는 수치 값은 해당 폴리곤의 속성으로 저장한다.

(3) 격자화(Rasterization)

① 래스터 자료는 격자 방식 또는 격자 방안 방식이라 부르고 하나의 셀 또는 격자 내에 자료형태의 상대적인 양을 기록함으로써 표현하며 각 격자들을 조합하여 자료가 형성되며 격자의 크기를 작게 하면 세밀하고 효과적인 모델링이 가능하지만 자료의 양은 기하학적으로 증가한다.
② 벡터에서 격자구조로 변환하는 것으로 벡터구조를 일정한 크기로 나눈 다음, 동일한 폴리곤에 속하는 모든 격자들은 해당 폴리곤의 속성값으로 격자에 저장한다.

제2장　자료의 저장

1. 자료 저장 기기

① 종이 서류
② 마이크로필름(Microfilm)
③ 테이프 드라이브(Tape Drive 또는 Magnetic Tape)
④ 디스크 드라이브(Disk Drive) : 하드디스크, CD, DVD 등

2. 영상자료 저장 형식

① BIL(Band Interleaved by Line) : 주어진 선에 대한 모든 자료의 파장대를 연속적으로 파일 내에 저장하는 형식이다. BIL 형식에 있어 파일 내의 각 기록은 단일 파장대에 대해 열의 형태인 자료의 격자형 입력선을 포함하고 있다.
② BSQ(Band SeQuential) : 각 파장대는 분리된 파일을 포함하여 단일 파장대가 쉽게 읽히고 보일 수 있으며 다중 파장대는 목적에 따라 불러올 수 있다.
③ BIP(Band Interleaved by Pixel) : 각 파장대의 값들이 주어진 영상소 내에서 순서적으로 배열되며 영상소는 저장장치에 연속적으로 배열된다. 구형이므로 거의 사용되지 않는다.

제3장　데이터의 공간분석(Spatial Analysis)

1. 개요

① GIS 공간자료분석은 지리적 현상의 공간적 변화과정과 이동과정을 분석하고 이를 바탕으로 지리적 현상의 공간조직, 공간구조 및 공간시스템을 분석하는 다양한 방법론을 말한다.
② 공간분석은 의사결정을 도와주거나 복잡한 공간문제를 해결하는 데 있어 지리자료를 이용하여 수행되는 과정의 일부이다.

2. 형태에 따른 분석

① 표면분석 : 하나의 자료 층상에 있는 변량들 간의 관계분석에 적용한다.

② 중첩분석 : 둘 이상의 자료 층에 있는 변량들 간의 관계분석에 적용하는 분석 방법으로 중첩에 의한 정량적 해석 및 예측모델에 의한 분석을 수행한다.

> **TIP** 중첩(Overlay)
>
> - 두 지도를 겹쳐 통합적인 정보를 갖는 지도를 생성하는 것
> - 도형과 속성자료가 각기 구축된 레이어를 중첩시켜 새로운 형태의 도형과 속성레이어를 생성하는 기능
>   - 다각형 안에 점의 중첩
>   - 다각형 위의 선의 중첩
>   - 다각형과 다각형의 중첩
> - 새로운 자료나 커버리지를 만들어 내기 위해 두 개 이상의 GIS 커버리지를 결합하거나 중첩(공통된 좌표체계에 의해 데이터베이스에 등록된다)한 것
>   - **예** 식생, 토양, 경사도 레이어를 중첩하여 침식가능구역도 등을 만들어 냄

3. 공간분석을 위한 연산

(1) 개념

공간질의에 이용되는 연산은 일반적으로 논리연산, 산술연산, 기하연산, 통계연산 등으로 범주화가 가능하다.

(2) 종류

① 논리연산(Logic Operation)

ㄱ 논리적 연산은 개체 사이의 크기나 관계를 비교하는 연산으로서 일반적으로 논리연산자 또는 불리언 연산자를 통해 처리

ㄴ 논리연산자 : 개체 사이의 크기를 비교할 수 있는 연산자로 '=', '>', '<', '≥', '≤' 등이 있음

ㄷ 불리언연산자 : 개체 사이의 관계를 비교하여 참과 거짓의 결과를 도출하는 연산자로서 'AND', 'OR', 'NOR', 'NOT' 등이 있음

② 산술연산(Arithmetic Operation)

ㄱ 산술연산은 속성자료뿐 아니라 위치자료에도 적용 가능

ⓛ 산술연산자에는 일반적인 사칙연산자, 즉 '+', '-', '*', '/' 등과 지수승, 삼각함수 연산자 등이 있음

③ **기하연산**(Geometric Operation) : 위치자료에 기반하여 거리, 면적, 부피, 방향, 면형객체의 중심점(Centroid) 등을 계산하는 연산

④ **통계연산**(Statistical Operation)
  ㉠ 주로 속성자료를 이용하여 수행되는 연산
  ㉡ 통계연산자 : 합(Sum), 최대값(Maximum Value), 최소값(Minimum Value), 평균(Average), 표준편차(Standard Deviation) 등의 일반적인 통계치를 산출

4. 공간분석 기법

(1) 중첩분석

① GIS가 일반화되기 이전의 중첩분석은 많은 기준을 동시에 만족시키는 장소를 찾기 위해 불이 비치는 탁자 위에 투명한 중첩 지도를 겹치는 작업을 통해 수행하였다.
② 중첩을 통해 다양한 자료원을 통합하는 것은 GIS의 중요한 분석 능력이다.
③ 이러한 중첩분석은 벡터자료뿐 아니라 래스터자료도 이용할 수 있는데, 일반적으로 벡터자료를 이용한 중첩분석은 면형자료를 기반으로 수행한다.
④ 다양한 공간객체를 표현하고 있는 레이어를 중첩하기 위해서는 좌표체계의 동일성이 전제되어야 한다.

(2) 버퍼분석

① 버퍼분석(Buffer Analysis)은 공간적 근접성(Spatial Proximity)을 정의할 때 이용되는 것으로서 점, 선, 면 또는 면 주변에 지정된 범위의 면사상으로 구성된다.
② 버퍼분석을 위해서는 먼저 버퍼 존(Buffer Zone)의 정의가 필요하다.
③ 버퍼 존은 입력사상과 버퍼를 위한 거리(Buffer Distance)를 지정한 이후 생성되었다.
④ 일반적으로 거리는 단순한 직선거리인 유클리디언 거리(Euclidian Distance)를 이용한다.
⑤ 즉, 입력된 자료의 점으로부터 직선거리를 계산하여 이를 버퍼 존으로 표현하는데, 다음과 같은 유클리디언 거리계산 공식에 의해 버퍼 존이 형성된다.

$$두 \ 점 \ 사이의 \ 거리 = \sqrt{(x_1 - x_2)^2 + (y_1 - y_2)^2}$$

⑥ 버퍼 존의 표현

㉠ 버퍼 존은 입력사상별로 원형, 선형, 면형 등 다양한 형태로 표현이 가능

㉡ 점사상 주변에 버퍼 존을 형성하는 경우, 점사상의 중심에서부터 동일한 거리에 있는 지역을 버퍼 존으로 설정

㉢ 면사상 주변에 버퍼 존을 형성하는 경우, 면사상의 중심이 아니라 면사상의 경계에서부터 지정된 거리에 있는 지점을 면형으로 연결하여 버퍼 존으로 설정

(3) 네트워크 분석

① 현실세계에는 사람, 에너지, 물자, 정보 등의 흐름을 가능하게 하는 도로, 케이블, 파이프라인 등의 하부구조(Infrastructure)가 존재하는데, 이러한 하부구조는 GIS 분석과정에서 네트워크(Network)로 모델링이 가능하다.

② 네트워크형 벡터자료는 특정 사물의 이동성 또는 흐름의 방향성(Flow Direction)을 제공한다.

③ 대부분의 GIS 시스템은 위상모델로 표현된 벡터자료의 연결된 선사상인 네트워크 분석을 지원한다.

④ 이러한 네트워크 분석은 크게 시설물 네트워크(Utility Network)와 교통 네트워크(Transportation Network)로 구분이 가능하다.

⑤ 일반적으로 네트워크는 점사상인 노드와 선사상인 링크로 구성된다.

㉠ 노드에는 도로의 교차점, 퓨즈, 스위치, 하천의 합류점 등이 포함될 수 있음

㉡ 링크에는 도로, 전송라인(Transmission Line), 파이프, 하천 등이 포함될 수 있음

⑥ 네트워크 분석을 통해 다음의 분석이 가능하다.

㉠ 최단경로(Shortest Route) : 주어진 기원지와 목적지를 잇는 최단거리의 경로 분석

㉡ 최소비용경로(Least Cost Route) : 기원지와 목적지를 연결하는 네트워크상에서 최소의 비용으로 이동하기 위한 경로를 탐색할 수 있음

⑦ 이 외에 차량경로 탐색과 교통량 할당(Traffic Allocation) 문제 등 다양한 분야에서 이용될 수 있다.

제4장 자료의 출력

1. 개념

자료의 출력은 결과의 해석을 위한 준비 형태로서 지도가 출력되는 형식으로는 펜도화기 (Pen Plotter), 사진장치와 같은 인쇄복사(Hard Copy), 모니터에 전기적인 영상을 보여주는 영상복사(Soft Copy)의 형태가 있다.

2. 종류

① **인쇄복사**(Hard Copy) : 지도와 표와 같은 형태의 출력으로 정보는 종이와 사진필름 등에 인쇄된다. 반영구적인 표시 방법이다.

② **영상복사**(Soft Copy) : 컴퓨터 모니터에 보이는 형태로 영상복사의 출력들은 조작자의 상호작용을 가능하게 하고 최종 출력 전에 자료를 표현해 보이기 위해서 사용한다.

③ **전기적 형태 출력** : 부가적인 분석 또는 먼 거리에서도 인쇄복사 출력이 가능하도록 자료를 다른 컴퓨터로 옮기는 데 사용한다. 컴퓨터에서 사용하는 파일들로 구성되어 있다.

CHAPTER **07** 출제예상문제

01 수치고도모델(DEM)을 통하여 분석할 수 없는 것은? [2012년 산업기사 2회]

① 경사도와 사면 방향 ② 지형단면과 굴곡도
③ 토지이용 ④ 가시권

해설

DEM 응용 분야
• 표고 → 면적, 체적 → 토공량 산정
• 지형의 경사와 곡률/사면 방향
• 등고선도와 3차원 투시도(지형기복상태를 가시적으로 평가)
• 노선의 자동설계(대체 노선평가)
• 유역면적 산정(최대경사선의 추가)
• 지질학, 삼림, 기상 및 의학 등

02 GIS 분석기능 중 대상물 간의 연결 관계를 평가하는 기능은? [2012년 산업기사 2회]

① 인접기능(Neighborhood function)
② 중첩기능(Overlay function)
③ 연결기능(Connectivity function)
④ 측정, 검색, 분류기능(Measurement, Query, Classfication)

해설

위상관계의 분석기능
지리정보에서 중요한 3가지 도형자료는 점, 선, 면이지만 이를 효율적이고 체계적으로 표현하기 위해서는 위상이라는 개념이 필요하다. 사용자가 필요로 하는 개체를 중심으로 그 개체의 주변 지형지물이 어떠한 상관관계가 있는지를 체계적으로 나타내주어야 인접하는 정보를 사실적으로 제공하게 된다.

• 방향성(Sequence)
지리정보자료는 하나의 개체에 대해 순서가 주어짐으로 인해 사용자가 원하고 사실적인 형상이 나타나고

전후좌우에 어떠한 개체가 존재하는지 표현할 수 있기 때문에 순서를 순차적으로 기록해야 한다.

• 인접성(Adjacency)
사용자가 중심으로 하는 개체의 형상 좌우에 어떤 개체가 인접하고 그 존재가 무엇인지를 나타내는 것이며 이러한 인접성으로 인해 지리정보의 중요한 상대적인 거리나 포함여부를 알 수 있게 된다.

• 포함성(Containment)
특정한 폴리곤에 또 다른 폴리곤이 존재할 때 이를 어떻게 표현할지는 지리정보의 분석기능에 중요한 것 중 하나이며, 특정지역을 분석할 때 특정지역에 포함된 다른 지역을 분석할 때 중요하다.

• 연결성(Connectivity)
지리정보의 3가지 요소의 하나인 선(Line)이 연결되어 각 개체를 표현할 때 노드(Node)를 중심으로 다른 체인과 어떻게 연결되는지를 표현한다.

03 지리정보시스템에 이용되는 GIS 소프트웨어의 모듈기능이 아닌 것은? [2012년 산업기사 2회]

① 자료의 출력
② 자료의 입력과 확인
③ 자료의 저장과 데이터베이스 관리
④ 자료를 전송하기 위한 전화선으로 구성된 네트워크 시스템

해설

Software
GSIS 데이터의 구축, 조작 뿐만 아니라 GSIS에서 수행되는 대부분의 작업을 소프트웨어를 거치지 않고는 어려울 만큼 대부분의 기능을 여기서 수행하고 있다. GSIS의 주요 소프트웨어로는 ARC/Info, Arcview, Map info, GeoMedia, Map object 등이 있다.

정답 | 01 ③ 02 ③ 03 ④

04　공간분석에 대한 설명으로 옳지 않은 것은?

[2012년 산업기사 3회]

① 지리적 현상을 설명하기 위하여 조사하고 질의하고 검사하고 실험하는 것이다.
② 속성을 표현하기 위한 탐색적 시작 도구로는 박스 플롯, 히스토그램, 산포도 그리고 파이차트 등이 있다.
③ 중첩분석은 새로운 공간적 경계들을 구성하기 위해서 두 개나 그 이상의 공간적 정보를 통합하는 과정이다.
④ 공간분석에서 통계적 기법은 속성에만 적용된다.

해설

공간분석
• 공간분석의 수행은 입력된 자료를 가공하여 분석에 필요한 자료로 변환한 이후 공간 질의(Spatial Query)와 탐색과정을 통해 속성 자료 테이블에서 필요한 자료를 불러들여 각종 연산 기법을 통해 원하는 결과물을 얻기 위한 과정이다.
• 공간분석 기법

분석기법	특징
중첩 분석	• 2개 이상의 레이어를 합성하여 점, 선, 면의 도형, 위상 및 속성 데이터를 재구축 • 점과 면, 선과 면, 면과 면의 세 가지 경우의 중첩이 가능
Buffer Analysis	• 버퍼분석은 공간적 근접성을 정의할 때 이용되는 것으로서 점, 선, 면 또는 면 주변에 지정된 범위의 면사상으로 구성 • 버퍼분석을 위해서는 먼저 버퍼존의 정의가 필요 • 버퍼존은 입력사상과 버퍼를 위한 거리를 지정한 이후 생성 • 일반적으로 거리는 단순한 직선거리인 Euclidian Distance(유클리드 거리) 이용
네트워크 분석	• 현실 세계에는 사람, 에너지, 물자, 정보 등의 흐름을 가능하게 하는 도로, 케이블, 파이프라인 등의 하부구조(Infrastructure)가 존재하는데 이러한 하부구조를 GIS 분석 과정에서 네트워크모델링 가능
네트워크 분석	• 일반적으로 네트워크는 점사상인 노드와 선사상인 링크로 구성 　- 노드에는 도로의 교차점, 퓨즈, 스위치, 하천의 합류점 등이 포함 될 수 있음 • 네트워크 분석을 통해 다음과 같은 분석이 가능 　- 최단경로 : 주어진 기원지와 목적지를 잇는 최단거리의 경로분석 　- 최소비용경로 : 기원지와 목적지를 연결하는 네트워크상에서 최소의 비용으로 이동하기위한 경로를 탐색 　- 차량경로탐색과 교통량 할당 문제 등의 분석

05　공간정보를 기반으로 고객의 수요특성 및 가치를 분석하기 위한 방법이며, 고객정보에 주거형태, 주변상권 등 지리적 요소를 포함시켜 고객의 거주 혹은 활동지역에 따라 차별화된 서비스를 제공하기 위한 전략으로, 금융 및 유통업 분야에서 주로 도입하며 GIS마케팅 분석 등에 활용되고 있는 공간정보 활용의 한 분야는?

[2013년 산업기사 1회]

① gCRM(geographic Customer Relationship Management)
② LBS(Location Based Service)
③ Telematics
④ SDW(Spatial Data Warehouse)

해설

gCRM(geographic Customer Relationship Manage-ment)
• CRM을 도입할 때 구축된 고객정보를 GIS의 환경 내에서 추출하고, 세부시장의 잠재력에 대한 평가를 수행해 마케팅 역량을 극대화하는 시스템이다.
• G-CRM은 지리정보시스템(GIS)과 고객관계관리(CRM)의 합성어로, 즉 지리정보시스템(GIS) 기술을 고객관계관리(CRM)에 접목시킨 것으로 주거형태, 주변상권 등 고객정보 중 지리적인 요소를 포함시켜 마케팅을 보다 정교하게 구사할 수 있다는 장점이 있다.
• 지금까지 지역 마케팅 범위가 가령 '강남 지역 가맹

점', '제주지역회원' 등 주로 행정단위에서 그쳤다면 gCRM을 이용할 경우 '가락시장 반경 1킬로미터 이내 가맹점' 등으로 구체화할 수 있다.

• 최근 신용카드 업계에서 속속 gCRM 시스템을 도입해 회원의 주거형태와 상권근접 여부 등을 분석자료로 활용, 카드사용 한도를 부여하는 데 이용하고 있다. 은행에서도 점포를 신설하거나 마케팅 전략 설정, 목표배정 등에 이 시스템을 가동하고 있다.

위치 기반 서비스(LBS : Location Based Service)
LBS는 휴대 전화 등 이동 단말기를 통해 움직이는 사람의 위치를 파악하고 각종 부가 서비스를 제공하는 것을 말한다.

텔레매틱스(Telematics)
텔레커뮤니케이션(Telecommunication)과 인포매틱스(Informatics)의 합성어로, 자동차 안의 단말기를 통해서 자동차와 운전자에게 다양한 종류의 정보 서비스를 제공해 주는 기술이다. 즉, 자동차에 위치측정시스템(GPS)과 지리정보시스템(GIS)을 장착하고 운전자와 탑승자에게 교통 정보, 응급 상황 대처, 원격 차량 진단, 인터넷 이용 등 각종 모바일 서비스를 제공하는 것이다.

SDW(Spatial Data Warehouse) : 통합공간정보시스템, 일명 공간데이터웨어하우스
통합공간정보시스템은 2000년 서울시가 전국관공서 최초로 구축한 유용한 공간정보 백과사전으로 통합공간정보시스템에 접속하면 단순한 검색기능만으로도 인구, 주택, 산업경제, 도시계획 등의 공간정보를 손쉽게 분석할 수 있다.

---

06 주어진 연속지적도에서 본인 소유의 필지와 접해 있는 이웃 필지의 소유주를 알고 싶을 때에 필지 간의 위상관계 중에 어느 관계를 이용하는가?

[2013년 산업기사 1회]

① 포함성
② 일치성
③ 인접성
④ 연결성

해설

위상구조의 분석
각 공간객체 사이의 관계가 인접성, 연결성, 포함성 등의 관점에서 묘사되며, 스파게티 모델에 비해 다양한 공간분석이 가능하다.

• 인접성(Adjacency)
관심대상 사상의 좌측과 우측에 어떤 사상이 있는지를 정의하고 두 개의 객체가 서로 인접하는지를 판단한다.

• 연결성(Connectivity)
특정 사상이 어떤 사상과 연결되어 있는지를 정의하고 두 개 이상의 객체가 연결되어 있는지를 파악한다.

• 포함성(Containment)
특정 사상이 다른 사상의 내부에 포함되느냐 혹은 다른 사상을 포함하느냐를 정의한다.

---

07 GIS의 공간분석에서 선형의 공간객체의 특성을 이용한 관망(Network) 분석 기법을 통하여 이루어질 수 있는 분석과 가장 거리가 먼 것은?

[2013년 산업기사 2회]

① 도로나 하천 등 선형의 관거에 걸리는 부하의 예측
② 하나의 지점에서 다른 지점으로 이동 시 최적 경로의 선정
③ 창고나 보급소, 경찰서, 소방서와 같은 주요 시설물의 위치 선정
④ 특정 주거지역의 면적 산정과 인구 파악을 통한 인구밀도의 계산

해설

네트워크 분석
• 현실세계에는 사람, 에너지, 물자, 정보 등의 흐름을 가능하게 하는 도로, 케이블, 파이프라인 등의 하부구조(Infrastructure)가 존재하는데, 이러한 하부구조는 GIS 분석과정에서 네트워크(Network)로 모델링 가능
• 네트워크형 벡터자료는 특정 사물의 이동성 또는 흐름의 방향성(Flow Direction)을 제공
• 대부분의 GIS 시스템은 위상모델로 표현된 벡터자료의 연결된 선사상인 네트워크 분석을 지원
• 이러한 네트워크 분석은 크게 시설물 네트워크(Utility Network)와 교통 네트워크(Transportation Network)로 구분 가능
• 일반적으로 네트워크는 점사상인 노드와 선사상인 링크로 구성
  - 노드 : 도로의 교차점, 퓨즈, 스위치, 하천의 합류점 등이 포함

정답 | 06 ③ 07 ④

－링크 : 도로, 전송라인(Transmission Line), 파이프, 하천 등이 포함
- 네트워크 분석을 통한 분석 · 탐색
  - 최단경로(Shortest Route) : 주어진 기원지와 목적지를 잇는 최단거리의 경로 분석
  - 최소비용경로(Least Cost Route) : 기원지와 목적지를 연결하는 네트워크상에서 최소의 비용으로 이동하기 위한 경로를 탐색
- 이외에 차량경로 탐색과 교통량 할당(Traffic Allocation) 문제 등 다양한 분야에서 이용될 수 있음

－최소비용경로(Least Cost Route) : 기원지와 목적지를 연결하는 네트워크상에서 최소의 비용으로 이동하기 위한 경로를 탐색
- 이외에 차량경로 탐색과 교통량 할당(Traffic Allocation) 문제 등 다양한 분야에서 이용될 수 있음

08 다음 중 도로를 이용한 네트워크 분석의 기본 레이어가 아닌 것은? [2014년 산업기사 3회]

① 위상구조인 도로선형
② 현 위치
③ 교차점
④ 회전 정보

해설

네트워크 분석
- 현실세계에는 사람, 에너지, 물자, 정보 등의 흐름을 가능하게 하는 도로, 케이블, 파이프라인 등의 하부구조(Infrastructure)가 존재하는데, 이러한 하부구조는 GIS 분석과정에서 네트워크로 모델링 가능
- 네트워크형 벡터자료는 특정 사물의 이동성 또는 흐름의 방향성(Flow Direction)을 제공
- 대부분의 GIS 시스템은 위상모델로 표현된 벡터자료의 연결된 선사상인 네트워크 분석을 지원
- 이러한 네트워크 분석은 크게 시설물 네트워크(Utility Network)와 교통 네트워크 (Transportation Network)로 구분 가능
- 일반적으로 네트워크는 점사상인 노드와 선사상인 링크로 구성
  - 노드 : 도로의 교차점, 퓨즈, 스위치, 하천의 합류점 등이 포함
  - 링크 : 도로, 파이프, 하천, 전송라인(Transmission Line) 등이 포함
- 네트워크 분석을 통해
  - 최단경로(Shortest Route) : 주어진 기원지와 목적지를 잇는 최단거리의 경로 분석

09 최단경로 탐색에 적합한 GIS 분석 기법은? [2015년 산업기사 1회]

① 버퍼 분석 ② 중첩 분석
③ 지형 분석 ④ 네트워크 분석

해설

네트워크 분석
- 현실 세계에는 사람, 에너지, 물자, 정보 등의 흐름을 가능하게 하는 도로, 케이블, 파이프라인 등의 하부구조(Infrastructure)가 존재하는데 이러한 하부구조는 GIS 분석 과정에서 네트워크 모델링 가능
- 일반적으로 네트워크는 점사상인 노드와 선사상인 링크로 구성(노드에는 도로의 교차점, 퓨즈, 스위치, 하천의 합류점 등이 포함될 수 있음)
- 네트워크 분석을 통해 다음과 같은 분석이 가능
  - 최단경로 : 주어진 기원지와 목적지를 잇는 최단거리의 경로 분석
  - 최소비용경로 : 기원지와 목적지를 연결하는 네트워크상에서 최소의 비용으로 이동하기 위한 경로를 탐색
  - 차량 경로 탐색과 교통량 할당 문제 등의 분석

초연결 지능망
- 초연결과 지능망이라는 두 가지 개념을 합친 네트워크이다.
- 초연결 : IoT(사물인터넷)의 확산에 따라 모든 사람·사물이 항상 연결되어 있으면서 초고화질(UHD), TV, 홀로그램, 빅 데이터 등 고용량 콘텐츠를 소화할 수 있는 망을 가리킨다.
- 지능망 : 네트워크 스스로 상황을 인지·판단해 보안성이나 속도, 실시간 등 그때그때 수요에 맞춰 최적화된 방식으로 가용자원을 할당·제공하는 네트워크를 뜻한다.

정답 | 08 ② 09 ④

CHAPTER

지도직 군무원 한권으로 끝내기 [지리정보학]

08 GIS의 자료오차

제1장 | 입력 자료의 질에 따른 오차

① 위치 정확도에 따른 오차
② 속성 정확도에 따른 오차
③ 논리적 일관성에 따른 오차
④ 완결성에 따른 오차
⑤ 자료변천과정에 따른 오차

제2장 | Database 구축 시 발생하는 오차

① 절대위치자료 생성 시 기준점의 오차
② 위치자료 생성 시 발생되는 항공사진 및 위성영상의 정확도에 따른 오차
③ 점의 조정 시 정확도 불균등에 따른 오차
④ 디지타이징 시 발생되는 점 양식, 흐름 양식에 의해 발생되는 오차
⑤ 좌표 변환 시 투영법에 따른 오차
⑥ 항공사진 판독 및 위성영상으로 분류되는 속성 오차
⑦ 사회자료 부정확성에 따른 오차
⑧ 지형 분할을 수행하는 과정에서 발생되는 편집 오차
⑨ 자료 처리 시 발생되는 오차

01 GPS 측량의 정확도에서 무시할 수 있는 오차는?

[2012년 산업기사 1회]

① 시차(時差)에 의한 영향
② 위성궤도정보의 정확도
③ 전리층과 대류권의 영향
④ 수신기 내부오차와 방해전파

해설

GPS의 오차
• 구조적인 오차
  - 전리층, 대류권의 지연오차
  - 위성시계, 궤도의 오차
  - 다중경로오차
• S/A
• DOP
• Cycle Slip
그러므로 시차와는 무관하다.

02 DOP(Dilution Of Precision)에 대한 설명으로 틀린 것은?

[2012년 산업기사 2회]

① 위성관측에 좋은 조건에서는 나쁜 조건에 비해 DOP값이 작다.
② DOP는 시간과는 무관한 위치, 높이의 함수로 표현된다.
③ DOP값은 수신기들의 위치와 수신기의 시계오차를 계산하여 구할 수 있다.
④ DOP는 위성의 기하학적 배치상태가 정밀도에 어떻게 영향을 주는가를 추정할 수 있는 척도이다.

해설

기하학적(위성의 배치상황) 원인에 의한 오차 후 교회법에 있어서 기준점의 배치가 정확도에 영향을 주는 것과 마찬가지로 GPS의 오차는 수신기, 위성들 간의 기하학적 배치에 따라 영향을 받는다. 이때 측량정확도의 영향을 표시하는 계수로 DOP(Dilution of Precision ; 정밀도 저하율)이 사용된다.

DOP의 종류
• Geometric DOP : 기하학적 정밀도 저하율
• Positon DOP : 위치 정밀도 저하율(위도, 경도, 높이)
• Horizontal DOP : 수평 정밀도 저하율(위도, 경도)
• Vertical DOP : 수직 정밀도 저하율(높이)
• Relative DOP : 상대 정밀도 저하율
• Time DOP : 시간 정밀도 저하율

03 GIS 데이터베이스의 오차 중에서 자료를 처리하는 과정에서 발생하는 오차가 아닌 것은?

[2012년 산업기사 3회]

① 지리오차
② 입력오차
③ 편집오차
④ 분석오차

해설

입력 자료의 질에 따른 오차	Database 구축 시 발생하는 오차
• 위치정확도에 따른 오차 • 속성정확도에 따른 오차 • 논리적 일관성에 따른 오차 • 완결성에 따른 오차 • 자료변천과정에 따른 오차	• 절대위치자료 생성 시 기준점의 오차 • 위치자료 생성 시 발생되는 항공사진 및 위성영상의 정확도에 따른 오차 • 점의 조정 시 정확도 불균등에 따른 오차 • 디지타이징 시 발생되는 점양식, 흐름양식에 의해 발생되는 오차 • 좌표변환 시 투영법에 따른 오차 • 항공사진판독 및 위성영상으로 분류되는 속성오차 • 사회자료 부정확성에 따른 오차 • 지형분할을 수행하는 과정에서 발생되는 편집오차 • 자료처리 시 발생되는 오차

04 지리정보체계의 구축 시 실세계의 참값과 구축된 시스템의 값을 비교 분석하고 카파계수를 계산함으로써 오차의 정도를 알아내는 방법은?

[2012년 산업기사 3회]

① 오차행렬　　　　② 카파행렬
③ 표본행렬　　　　④ 검증행렬

해설

오차행렬

- 클래스에 할당된 표본 단위의 수를 표현한 정방형 행렬
- 수치지도상(또는 양상분류결과)의 임의의 위치에서 지도에 기입된 속성값을 확인하고, 현장검사에 의한 참값을 파악하여 오차행렬를 구성하며 사용자 정확도, 제작자 정확도, 전체 정확도 등을 계산할 수 있다. 이때 우연에 의해 옳게 분류될 경우의 수를 제거하고 보정하는 Kappa계수를 계산하여 오차의 정도를 알아낸다.
- 지리정보체계의 구축 시 부호화된 값(지도상 혹은 데이터베이스 내의 데이터 값)과 그에 대응하는 표본의 위치에 대한 참조값 또는 실제값 사이의 차에 대한 빈도를 보여주기 위해 오차행렬이 구성된다.
- 오차행렬은 원격탐측영상의 분류 정확도를 평가하기 위한 방법으로 폭넓게 사용된다.
- 오차행렬은 벡터나 래스터형 지리데이터의 정확도 검사를 위해 사용된다.
- 오차행렬은 지리적 데이터의 속성 정확도를 설명하는 효과적인 방법이다.

카파행렬

오차행렬 구현의 한 방식으로 카파계수 혹은 일치성 카파지수에 의한 행렬계산방법. 계수 산정에 있어 대각선을 벗어난 모든 값을 포함시켜 과장된 PCC(데이터 전체 지수) 지수를 제어할 수 있는 행렬

표본행렬

획득된 원자료는 분산 또는 공분산행렬로 변환하고 이를 통해 표본을 취득하여 계산

검증행렬

실제에 적용하는 다양한 변수를 적용하여 프로세스를 검증하는 행렬

05 GPS 오차의 종류가 아닌 것은?

[2013년 산업기사 1회]

① 관성오차
② 위성시계오차
③ 대기조건에 의한 오차
④ 다중전파경로에 의한 오차

해설

구조적 원인에 의한 오차

- 위성시계오차
  - 위성에 장착된 정밀한 원자시계의 미세한 오차
  - 위성시계오차로서 잘못된 시간에 신호를 송신함으로써 오차 발생
- 위성궤도오차
  - 항법메시지에 의한 예상궤도, 실제궤도의 불일치
  - 위성의 예상위치를 사용하는 실시간 위치결정에 의한 영향
- 전리층과 대류권의 전파지연
  - 전리층 : 지표면에서 70~1,000km 사이의 충전된 입자들이 포함된 층
  - 대류권 : 지표면상 10km까지 이르는 것으로 지구의 기후형태에 의한 층
  - 전리층, 대류권에서 위성신호의 전파속도지연과 경로의 굴절오차
- 수신기에서 발생하는 오차
  - 전파적 잡음 : 한정되어 있는 시간 차이를 측정하는 GPS 수신기의 능력과 관련된 다양한 오차를 포함한다.
  - 다중경로오차 : GPS 위성으로부터 직접 수신된 전파 이외에 부가적으로 주위의 지형, 지물에 의해 반사된 전파로 인해 발생하는 오차

06 위성에서 송출된 신호가 수신기에 하나 이상의 경로를 통해 수신될 때 발생하는 현상을 무엇이라 하는가?

[2013년 산업기사 1회]

① 전리층 편의　　　② 대류권 지연
③ 다중경로　　　　④ 위성궤도 편의

정답 | 04 ① 05 ① 06 ③

해설

전파의 다중경로(Multipath)에 의한 오차

- 다중경로오차는 GPS 위성으로 직접 수신된 전파 이외에 부가적으로 주의의 지형, 지물에 의한 반사된 전파로 인해 발생하는 오차로서 측위에 영향을 미친다.
- 다중경로는 금속제 건물, 구조물과 같은 커다란 반사적 표면이 있을 때 일어난다.
- 다중경로의 결과로서 수신된 GPS 신호는 처리될 때 GPS 위치의 부정확성을 제공
- 다중경로가 일어나는 경우를 최소화하기 위하여 미션 설정, 수신기, 안테나 설계 시에 고려한다면 다중경로의 영향을 최소화할 수 있다.
- GPS 신호시간의 기간을 평균하는 것도 다중경로의 영향을 감소시킨다.
- 가장 이상적인 방법은 다중경로의 원인이 되는 장애물에서 멀리 떨어져서 관측하는 방법이다.

07 디지타이징 시 (가)와 같이 입력되어야 할 선분이 (나)와 같이 입력되었을 때의 오류를 무엇이라 하는가?

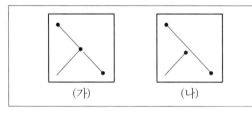

(가)　　　　(나)

① Overshoot　　② Undershoot
③ Spike　　　　④ Dangle Node

해설

디지타이징 에러

- 위치오차의 발생
  - 종이 지도는 온도나 습기 등의 이유로 인하여 약간씩 줄어들거나 늘어날 수 있다.
  - 여러 장의 종이지도를 디지타이징하여 연결하는 경우 각각의 종이지도에서 발생된 위치오차로 인하여 지도 간의 연결부분에 왜곡이 많이 발생한다.
  - 도면과 도면 사이에 걸쳐 있는 호수와 같은 경우에는 그러한 위치의 오차가 크다.
  - 지도를 디지타이징 테이블에서 떼었다가 다시 부착시켜 디지타이징하는 경우가 반복될 경우 주요 기준점의 위치가 약간씩 달라질 수도 있다.
  - 이러한 위치오차를 최대한 줄이기 위하여 지도를 다시 부착시키는 경우에는 기준점을 최대한 정확히 입력시켜야 한다.
- Overshooting, Undershooting, Spike : 디지타이징할 때 작업자의 실수에 의하여 발생되는 오차이다.
  - Overshooting : 교차점을 지나 선이 끝나는 경우
  - Undershooting : 교차점을 만나지 못하고 선이 끝나는 경우
  - Spike : 교차점에서 두 개의 선분이 만나는 과정에서 생기는 오차
  - 디지타이징 오차는 형태에 따라 일반적으로 소프트웨어를 이용하여 자동수정이 가능한 것과 오차 각각에 대하여 수작업을 통한 수정을 요구하는 것이 있다.

08 다음 중 자료의 입력과정에서 발생하는 오류와 관계없는 것은?　　[2015년 산업기사 2회]

① 공간정보가 불완전하거나 중복된 경우
② 공간정보의 위치가 부정확한 경우
③ 공간정보가 좌표로 표현된 경우
④ 공간정보가 왜곡된 경우

해설

입력 자료의 질에 따른 오차

- 위치정확도에 따른 오차
- 속성정확도에 따른 오차
- 논리적 일관성에 따른 오차
- 완결성에 따른 오차
- 자료변천과정에 따른 오차

Database 구축 시 발생하는 오차

- 절대위치자료 생성 시 기준점의 오차
- 위치자료 생성 시 발생되는 항공사진 및 위성영상의 정확도에 따른 오차
- 점의 조정 시 정확도 불균등에 따른 오차
- 디지타이징 시 발생되는 점양식, 흐름양식에 의해 발생되는 오차
- 좌표변환 시 투영법에 따른 오차
- 항공사진판독 및 위성영상으로 분류되는 속성오차
- 사회자료 부정확성에 따른 오차
- 지형분할을 수행하는 과정에서 발생되는 편집오차
- 자료처리 시 발생되는 오차

지도직 군무원 한권으로 끝내기 [지리정보학]

CHAPTER 09 GIS의 표준화 및 응용

제1장 GIS의 표준화

1. 개요

GIS 표준은 다양하게 변화하는 GIS 데이터를 정의하고 만들거나 응용하는 데 있어서 발생되는 문제점을 해결하기 위하여 정의되었다. GIS 표준화는 보통 7가지 영역으로 분류될 수 있다.

2. 표준화의 필요성

① 비용 절감 : 지리정보시스템(GIS)은 그 특성상 대용량의 자료를 사용하며 효율적인 자료 교환이 불가능할 때 데이터 공유가 매우 어려울 뿐만 아니라 공통 데이터의 중복 보관 및 관리로 인해 막대한 경제적 손실을 가져온다.

② 접근 용이성
  ㉠ GIS 구축에 사용되는 총비용 중 수치데이터베이스 구축에만 약 75%의 비용이 사용되는 것을 감안하면 한 번 수집된 정보를 재활용하는 것은 매우 중요함
  ㉡ 기존 데이터를 다른 목적을 위해 재사용할 수 있게 하기 위해서는 기존에 구축되어 있는 모든 데이터에 쉽게 접근할 수 있어야 하며, 이를 위해서는 공간정보에 대한 표준화가 반드시 필요함

③ 상호 연계성 : 기존의 GIS 환경하에서 시스템 간의 연동조건 및 상호교환을 필요로 하는 표준적인 정보항목 등을 정의하여 다양한 시스템에서 GIS 상호 연동성을 확보할 수 있게 하는 것이 필요하다.

④ 활용의 극대화 : 지리정보는 사회간접(infrastructure) 자본의 성격이 강하므로 앞으로 정부, 자치단체뿐만 아니라 일반 기업과 개인의 지리정보 사용이 기하급수적으로 증가할 것이다. 따라서 장기적으로 보았을 때 지리정보에 대한 표준화가 선행되어야 한다.

3. 표준화 요소

(1) 개념

표준이란 개별적으로 얻어질 수 없는 것들의 공통적인 특성을 바탕으로 일반화하여 다수의 동의를 얻어 규정하는 것이고, GIS 표준은 다양하게 변화하는 GIS 데이터를 정의하고 만들거나 응용하는 데 있어서 발생되는 문제점을 해결하기 위해 정의되었다. GIS 표준화는 7가지 영역으로 분류될 수 있다.

(2) 표준화 요소 　必 암기 　모내타　품위수교

내적요소	Data Model의 표준화	공간데이터의 개념적이고 논리적인 틀이 정의된다
	Data Content의 표준화	다양한 공간 현상에 대하여 데이터 교환에 대해 필요한 데이터를 얻기 위한 공간 현상과 관련 속성 자료들이 정의된다.
	Meta data의 표준화	사용되는 공간 데이터의 의미, 맥락, 내외부적 관계 등에 대한 정보로 정의된다.
외적요소	Data Quality의 표준화	만들어진 공간데이터가 얼마나 유용하고 정확한지, 의미가 있는지에 대한 검증 과정으로 정의된다.
	Location Reference의 표준화	공간데이터의 정확성, 의미, 공간적 관계 등을 객관적인 기준(좌표 체계, 투영법, 기준점 등)에 의해 정의된다.
	Data Collection의 표준화	공간데이터를 수집하기 위한 방법을 정의한다.
	Data Exchange의 표준화	만들어진 공간데이터가 Exchange 또는 Transfer 되기 위한 데이터 모델구조, 전환방식 등으로 정의된다.

4. 표준화의 특성

(1) 다양한 분야와의 결합

① GIS 표준은 다양한 분야와 GIS가 결합되어 구현된다.
② 즉, 전산, 토목, 지리, 전자공학, 측지 분야 등 다양한 분야의 기술과 표준이 결합되어 GIS 표준을 구성하며 이들 간에는 상호 연계성이 있으므로, 각 기술 방법론에 관련 표준들이 영향을 받게 된다.

(2) 공간정보 구축 범주에서 수행

① GIS 표준은 그 표준화 활동 자체가 중요한 의미를 지니지만, 공간정보 구축이라는 커다란 범주 내에서 수행되고 있다.

② 따라서 표준의 제정 및 사용은 직접 공간정보 구축과제에 연결되어 적용된다. 예를 들면 주요 GIS 표준들이 수치지도 제작 및 유통 등에 적용되어 활용되고 있다.

(3) 넓은 범주 분야 표준에 의존

① GIS 표준에 적용되는 방법, 기술 등은 넓은 범주의 정보기술분야 표준에 의존하거나 크게 영향을 받는 경향이 있다.

② 기존에는 정보기술 분야 표준에 의존하거나 GIS 분야가 개별적인 발전 추세를 가지고 있었으나 다른 정보기술 분야의 표준이 GIS 표준에 반영, 적용되고 있다.

③ 즉 DBMS 표준, 객체환경 표준, 개방환경 표준, 네트워크 표준 등 대표적인 정보기술분야 표준을 토대로 GIS 표준이 제정되고 있다.

제2장　GIS의 표준화 기구

1. 공간자료교환표준(SDTS ; Spatial Data Transfer Standard)

(1) 개념

① 공간자료를 서로 다른 컴퓨터 시스템 간에 정보의 누락 없이 주고받을 수 있게 해주는 방법이다.

② 이는 자료교환표준으로서 공간자료, 속성, 위치체계, 자료의 질, 자료 사전, 기타 메타데이터 등을 모두 포함하는 표준이다.

③ SDTS는 미국 USGS를 중심으로 연구가 진행되어 90년대 초에 연방표준국(National Institute of Standard Technology, NIST)에서 표준으로 채택하였다.

④ SDTS는 중립적인 규정이며 모듈화되어 있고, 지속적으로 갱신이 가능하며 적용에 있어서 매우 탄력적인 일종의 "열린 시스템" 표준이다.

(2) SDTS의 구성요소(Components)

① SDTS는 기본규정(Base specification) 1 – 3 부문과 다중 프로파일(Multiple profiles) 4 – 7 부문으로 구성되어 있다.

② 기본규정은 공간자료의 교환을 위한 콘텐츠, 구조, 형식(Format) 등에 관한 개념적 모델과 구체적인 규정들을 정하고 있고, 다중 프로파일은 SDTS를 특정 타입의 자료에 적용하기 위한 특정 규칙(Rules)과 형식들을 정하고 있다.

제1부문(Part 1)	논리적 규정(Logical specification) • 세 개의 주요 장(Section)으로 구성됨 • SDTS의 개념적 모델과 SDTS 공간 객체 타입, 자료의 질에 관한 보고서에서 담아야 할 구성요소, SDTS 전체 모듈에 대한 설계(Layout)를 담고 있음
제2부문(Part 2)	공간적 객체들(Spatial features) • 공간 객체들에 관한 카달로그와 관련된 속성에 관한 내용을 담음 • 범용 공간 객체에 관한 용어 정의를 포함하는데 이는 자료의 교환 시 적합성(Compatibility)을 향상시키기 위한 것임 • 내용은 주로 중-소 축척의 지형도 및 수자원도에서 통상 이용되는 공간 객체에 국한됨
제3부문(Part 3)	ISO 8211 코딩화(ISO 8211 encoding) • 일반 목적의 파일교환표준(ISO 8211) 이용에 대한 설명 • 교환을 위한 SDTS 파일세트(Filesets)의 생성에 이용됨
제4부문(Part 4)	위상벡터 프로파일(TVP : Topological Vector Profile) • SDTS 프로파일 중에서 가장 처음 고안된 것으로서 기본규정(1-3 부문)이 어떻게 특정 타입의 데이터에 적용되는지를 정하고 있음 • 위상학적 구조를 갖는 선형(Linear), 면형(Area) 자료의 이용에 국한됨
제5부문(Part 5)	래스터 프로파일 및 추가형식(RP : Raster profile&Rxtensions) • 2차원의 래스터 형식 영상과 그리드 자료에 이용됨 • ISO의 BIIF(Basic Image Interchange Format), GeoTIFF(Georeferenced Tagged Information File Format) 형식과 같은 또 다른 이미지 파일 포맷도 수용함
제6부문(Part 6)	프로파일(PP : point profile) • 지리학적 점 자료에 관한 규정을 제공 • 이는 제4부문 TVP를 일부 수정하여 적용한 것으로서 TVP의 규정과 유사함
제7부문(Part 7)	CAD 및 드래프트 프로파일(CAD and Draft profiles) • 벡터 기반의 지리자료가 CAD 소프트웨어에서 표현될 때 사용하는 규정 • CADD와 GIS 간의 자료 호환 시에 자료의 손실을 막기 위하여 고안됨 • 가장 최근에 추가된 프로파일

2. 메타데이터(Meta Data) 표준

(1) 개념

① 메타데이터(Meta Data)란 데이터에 관한 데이터로서 데이터의 구축과 이용 확대에 따른 상호 이해와 호환의 폭을 넓히기 위하여 고안된 개념이다.

② 메타데이터는 데이터에 관한 다양한 측면을 서술하는 매우 중요한 자료로서 이에 관한 표준화가 활발히 진행되고 있다.

(2) 구성

① 미국 연방지리정보위원회(Federal Geographic Data Committee)에서는 디지털 지형공간 메타데이터에 관한 내용표준(Content Standard for Digital Geospatial Metadata)을 정하고 있는데 여기에서는 메타데이터의 논리적 구조와 내용에 관한 표준을 정하고 있다.

② 총 11개의 장으로 구성되어 있으며 7개의 주요장(Main section)과 3개의 보조장 (Supporting section)으로 이루어져 있다.

③ 이 중 제1장(개요)과 제7장(메타데이터 참조정보)은 반드시 포함하도록 하고 있으며 나머지 장들은 권고사항으로 본다.

必 암기 식좌공좌상배타인제연 자료구조상보조

제1장	**식**별정보 (identification information)	인용, 자료에 대한 묘사, 제작시기, 공간영역, 키 워드, 접근제한, 사용제한, 연락처 등
	개요 및 ㉔료소개 (Identification)	수록된 데이터의 명칭, 개발자, 데이터의 지리적 영역 및 내용, 다른 이용자의 이용가능성, 가능한 데이터의 획득방법 등을 위한 규칙이 포함된다.
제2장	**자**료의 질 정보 (data quality information)	속성정보 정확도, 논리적 일관성, 완결성, 위치정보 정확도, 계통(lineage) 정보 등
	자㉮ 품질 (Quality)	자료가 가진 위치 및 속성의 정확도, 완전성, 일관성, 정보의 출처, 자료의 생성방법 등을 나타낸다.
제3장	**공**간자료 구성정보 (spatial data organization information)	간접 공간참조자료(주소체계), 직접 공간참조자료, 점과 벡터객체 정보, 위상관계, 래스터 객체 정보 등
	자료의 ㉤성 (Organization)	자료의 코드화(Encoding)에 이용된 데이터 모형(벡터나 격자 모형 등), 공간상의 위치 표시방법(위도나 경도를 이용하는 직접적인 방법이나 거리의 주소나 우편번호 등을 이용하는 간접적인 방법 등)에 관한 정보가 서술됨

제4장	공간**좌**표정보 (spatial reference information)	평면 및 수직 좌표계
	공간참㉔를 위한 정보 (Spatial Reference)	사용된 지도 투영법, 변수 좌표계에 관련된 제반 정보를 포함
제5장	사**상**과 속성정보 (entity & attribute information)	사상타입, 속성 등
	형㉔ 및 속성 정보 (Entity & Attribute Informatioin)	수록된 공간 객체와 관련된 지리정보와 수록방식에 관하여 설명
제6장	**배**포정보 (distribution information)	배포자, 주문방법, 법적 의무, 디지털 자료형태 등
	정㉣ 획득 방법	정보의 획득과 관련된 기관, 획득 형태, 정보의 가격에 대한 사항
제7장	메**타**데이터 참조정보 (metadata reference information)	메타데이타 작성 시기, 버전, 메타데이터 표준이름, 사용제한, 접근 제한 등
	참㉔정보 (Metadata Reference)	메타데이터의 작성자 및 일시 등을 포함
제8장	**인**용정보 (citation information)	출판일, 출판시기, 원 제작자, 제목, 시리즈 정보 등
제9장	**제**작시기 (time period information)	일정시점, 다중시점, 일정 시기 등
제10장	**연**락처 (contact information)	연락자, 연락기관, 주소 등

3. ISO/TC 211

(1) 개념

① 국제표준기구(International Organization for Standard)는 1994년에 GIS 표준기술위원회(Technical Committee 211)를 구성하여 표준작업을 진행하고 있다.

② 공식 명칭은 Geographic Information/Geometics으로써 TC211 위원회(이하 ISO/TC 211)는 수치화된 시리정보분야의 표준화를 위한 기술위원회이며 지구의 지리적 위치와 직·간접적으로 관계가 있는 객체나 현상에 대한 정보표준규격을 수립함에 그 목적을 두고 있다.

(2) 5개의 작업그룹(Working Group)

① Framework and reference model(WG1)

② Geospatial Data models and operators(WG2)

③ Geospatial Data administration(WG3)

④ Geospatial services(WG4)

⑤ Profiles and functional standards(WG5)

4. CEN/TC 287

(1) 개념

① CEN/TC 287은 ISO/TC 211 활동이 시작되기 이전에 유럽의 표준화기구를 중심으로 추진된 유럽의 지리정보표준화기구이다.

② ISO/TC 211과 CEN/TC 287은 일찍부터 상호 합의문서와 표준초안 등을 공유하고 있으며, CEN/TC 287의 표준화 성과는 ISO/TC 211에 의하여 많은 부분이 참조되었다.

③ CEN/TC 287에는 표준화 작업을 위한 4개의 WG와 5개의 프로젝트팀을 운영하고 있다.

(2) 구성

① WG1 : 지리정보에서 표준화 프레임. PT(Project Team)4가 관여한다.

② WG2 : 지리정보의 모델과 활용. PT1, PT5가 관여한다.

③ WG3 : 지리정보의 전송. PT2가 관여한다.

④ WG4 : 지리정보에 대한 위치참조체계. PT3이 관여한다.

5. OGC(Open GIS Consortium)

(1) 개념

① 1994년 8월 설립되었으며, GIS 관련 기관과 업체를 중심으로 하는 비영리 단체이다. Principal, Associate, Strategic, Technical, University 회원으로 구분된다.

② 대부분의 GIS 관련 소프트웨어, 하드웨어 업계와 다수의 대학이 참여하고 있다.

③ ORACLE, SUN, ESRI, Microsoft, USGS, NIMA 등이 있다.

(2) 실무 조직 구성

① 기술위원회(Technical committee)에 Core task force, Domain task force, Revision Task force 등 3개의 테스크 포스(Task force)가 있다.

② 이곳에서 OpenGIS 추상명세와 구현명세의 RFP 개발 및 검토 그리고 최종 명세서 개발 작업을 담당하고 있다.

제3장 / 국내표준화기구

1. 산업자원부 기술표준원 ISO TC 211 KOREA

(1) 개념

국내 ISO TC 211 전문위원회(기술표준원)는 ISO/TC 211의 국가대표단체(National Body)로 되어 있으며 기술표준원의 규격 제정은 WTO의 TBT(Agreement on Technical Barriers to Trade) 협정과 관련되어 시급한 제정이 요구되는 규격을 대상으로 하고 있다.

(2) 주요 활동

① 산자부의 KS－X 표준화 활동은 기술에 관련되는 기술적 사항에서부터 기초적 자재의 물품 통일에 이르는 산업 분야 전반을 대상으로 하는 표준이다.

② 또한, ISO/TC 211 국제표준기구와의 협력을 위하여 한국을 대표하는 창구 역할을 담당하고 있다. 기술표준원 고시 "한국산업규격 제정 예고"와 관련된 제정이 있다.

2. 한국정보통신기술협회(TTA)

(1) 개념

① 한국정보통신기술협회는 통신사업자, 산업체, 학계, 연구기관 및 단체 등의 상호협력과 유대를 강화하고, 국내외 정보통신분야의 최신기술 및 표준에 관한 각종 정보를 수집, 조사, 연구하여, 이를 보급·활용하게 하고 정보통신관련 표준화에 관한 업무를 효율적으로 추진하기 위하여 1988년 설립되었다.

② 1999년 7월 표준화 운영위원회의 개편작업에 의하여 기존의 전산망 분과위원회 내에 부속되었던 국가지리정보체계(국가GIS) 연구위원회가 그 특성과 중요도를 감안하여 국가 GIS 프로젝트그룹(PG03)으로 새롭게 개편되었다.

③ 산하에 정보구축 실무반, 정보유통 실무반, 정보활용 실무반을 두고 국가지리정보의 효율적 구축, 원활한 유통 및 활용을 위한 관련 표준화 작업을 수행하고 있다.

(2) 주요 활동

① 정보통신 관련 표준의 작성 및 보급
② 국내외 정보통신 관련 최신기술 및 표준화 정보의 수집, 조사, 연구, 번역과 출판 및 보급
③ 정보통신 관련 기술 및 표준의 연구개발과 보급
④ 정보통신 관련 국제기구 연구체제 및 국내 연구단의 구성과 운영
⑤ 정보통신기술 및 표준화 관련 국제협력 등

(3) 조직

① 표준화 관련한 조직으로는 통신망기술위원회 등 10개의 기술위원회와 국가GIS 프로젝트 그룹 등 4개의 PG로 구성되어 있다.
② 특히 국가GIS 프로젝트 그룹은 구축, 유통, 활용의 3개 실무반으로 구성하여 1999년 개편함으로써 실질적인 표준화 활동이 이뤄질 수 있게 되었다.

제4장　수치지도

1. 개념

수치지도(Digital map)는 Computer 그래픽 기법을 이용하여 수치지도작성 작업규칙에 따라 지도요소를 항목별로 구분하여 데이터베이스화하고 이용 목적에 따라 지도를 자유로이 변경해서 사용할 수 있도록 전산화한 지도이다.

2. 특징

① 특정 x, y좌표계에 기반을 두고 각종 지형지물을 점, 선, 면으로 표현한다.
② 상호 변환이 가능하다.

3. 수치지도의 수록 정보(표준코드)

① 수치지도의 수록정보는 수치지도작성 작업규칙에 근거하여 제작하며 약 750개 코드로 구성되어 있다.

② **표준코드** : 국토지형자료 데이터베이스 구축 용이 및 자료의 호환성을 위해 일정한 형식으로 구성된 코드이며, 도엽코드, 레이어코드, 지형코드로 구분된다.

도엽코드	축척별(1/500~1/50,000, 7종), 도곽별로 구성
레이어코드	레이어코드는 9개로 분류하고 1~9까지 순차적으로 코드를 부여함
지형코드	수직구조로서 대·중·소의 세 분류로 구분되어 분류별로 코드를 부여함

4. 수치지도 제작

(1) 자료취득 방법

① 항공사진에 의한 방법

② 위성영상에 의한 방법

③ 기존 종이지도에 의한 방법

④ 현장조사에 의한 방법

(2) 수치지도 제작 과정(순서)

일반적 순서는 다음과 같으나 작업규칙의 공정 순서는 따로 있다.

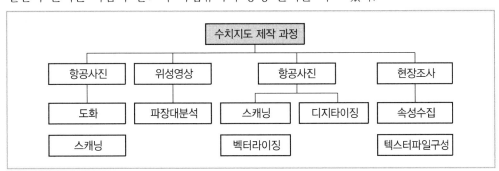

※ 1/1,000은 항공사진의 해석도화에 의한 신규제작이 대부분이나 1/5,000 이하는 기본지도 원장을 스캐닝하여 제작함

(3) 수치지도 제작 체계

① **입력체계** : 디지타이저 또는 스캐너에 의해 도면이나 영상정보를 수치화하여 자기테이프 또는 하드디스크에 기록한다.

② **편집체계** : 입력된 수치자료를 x, y 플로터, 레이저 플로터 등의 출력장치를 이용하여 출력한다.

제5장 주요 용어

용어	의미
기본공간정보 **必** 암기 경지해지건 기지사수입실	국토교통부장관은 행정경계·도로 또는 철도의 **경**계·하천**경**계·**지**형·**해**안선·**지**적, **건**물 등 인공구조물의 공간정보, 그 밖에 대통령령으로 정하는 주요 공간정보를 기본공간정보로 선정하여 관계 중앙행정기관의 장과 협의한 후 이를 관보에 고시하여야 한다. 1. **기**준점(「공간정보의 구축 및 관리 등에 관한 법률」 제8조제1항에 따른 측량기준점 표지를 말한다) 2. **지**명 3. 정**사**영상[항공사진 또는 인공위성의 영상을 지도와 같은 정사투영법(正射投影法)으로 제작한 영상을 말한다] 4. **수**치표고 모형[지표면의 표고(標高)를 일정간격 격자마다 수치로 기록한 표고모형을 말한다] 5. 공간정보 **입**체 모형(지상에 존재하는 인공적인 객체의 외형에 관한 위치정보를 현실과 유사하게 입체적으로 표현한 정보를 말한다) 6. **실**내공간정보(지상 또는 지하에 존재하는 건물 등 인공구조물의 내부에 관한 공간정보를 말한다) 7. 그 밖에 위원회의 심의를 거쳐 국토교통부장관이 정하는 공간정보
기본지리정보 **必** 암기 정통물지형 해수준공	GIS 체계는 다양한 분야에서 다양한 형태로 활용되지만 공통적인 기본 자료로 이용되는 지리정보는 거의 비슷하다. 이처럼 다양한 분야에서 공통적으로 사용하는 지리정보를 기본지리정보라고 한다. 그 범위 및 대상은 「국가지리정보체계의 구축 및 활용 등에 관한 법률 시행령」 에서 행**정**구역, 교**통**, 시설**물**, **지**적, 지**형**, **해**양 및 **수**자원, 측량기**준**점, 위성영상 및 항**공**사진으로 정하고 있다. 2차 국가 GIS 계획에서 기본지리정보 구축을 위한 중점 추진 과제로는 국가기준점 체계 정비, 기본지리정보 구축 시범사업, 기본지리정보 데이터베이스 구축이다.

항목		지형지물 종류
기본지리정보 必 암기 ㉫㉫㉸㉥㉭ ㉬㉰㉮㉯	행정구역	행정구역경계
	교통	철도중심선·철도 경계·도로중심선· 도로경계
	시설물	건물·문화재
	지적	지적
	지형	등고선 또는 DEM/TIN
	해양 및 수자원	하천경계·하천중심선·유역경계 (Watershed)·호수/저수지·해안선
	측량기준점	측량기준점
	위성영상 및 항공사진	Raster·기준점
도화(Plotting)		사진기준점측량 성과 등을 이용하여 대상 지역의 각종 지형, 지물을 도화기에 의해 측정·묘사하는 실내 작업
수치도화		항공사진 또는 위성영상자료를 이용하여 지형·지물에 관련된 정보를 수치데이터 형식으로 수집하고 기록하는 작업
정위치 편집		세부측량의 결과로 얻어진 지형·지물의 수치데이터에 대해서 관측위치확인자료 등 현장상황을 참고로 지형·지물 등에 대한 내용을 보완 편집하고 각종 주기를 포함한 표준코드를 부가하여 편집완료 데이터를 작성하는 작업
구조화 편집		정위치에 편집된 지형지물을 기반으로, 기하학적·논리적 형태의 데이터를 구축하고 자료 간의 지리적 및 논리적 상관관계를 유지하기 위하여 구성하는 작업
개방형 GIS(Open GIS)		• 서로 다른 분야에서 생성, 분산, 저장된 다양한 형태의 공간자료를 사용자가 접근하여 처리할 수 있는 지리정보체계 • 상이한 분야의 지리자료 사이에서 나타나는 상호운용성 문제를 해결할 수 있을 뿐만 아니라 광역통신망을 통하여 지리자료의 분산처리를 가능하게 하는 객체 지향적 사양을 제시함
OGC(Open GIS Consortium)		• 1994년 8월 25일 설립된 이후 공공 및 민간단체를 중심으로 협회를 구축해 왔으며 프로젝트 수행을 통해 GIS의 표준 컴포넌트 사양을 개발하는 민간단체 • 서로 다른 개발 환경에서 생산되는 컴포넌트들이 상호 운용성을 가질 수 있도록 프로그래머를 위한 개발 사양을 제정하는 것을 목표로 하고 있으며 현재 17개의 추상 사양이 발표됨
Desktop GIS		• Desktop PC상에서 사용자들이 손쉽게 GIS 자료의 도호와 일정 수준의 공간분석을 수행할 수 있는 기술을 말함 • 최근 개인용 컴퓨터의 급속한 성능 향상과 GIS 관련 컴퓨터 기술의 발달은 데스크톱 GIS의 일반화에 크게 기여하고 있음 • 또한 GIS를 위한 기초 자료인 수치지도를 포함한 디지털 지도의 온라인 유통으로 일반인들의 데스크톱 GIS에 대한 수요가 증대하고 있음
Professional GIS		강력한 공간 분석 기능과 지도 제작 기능을 제공하므로 응용프로그램을 개발하는 개발도구로 사용되며 워크스테이션 이상의 플랫폼에서 운영됨

Enterprise GIS	• 부서 단위의 Department GIS와 대비되는 개념으로 초기 Enterprise 개념은 단순한 조직 간 자료의 공유, 즉 특정 부서에서 GIS를 이용하여 많은 공간정보를 수집하고 이를 가공 처리하여 새로운 정보가 생성됨에 따라 이러한 정보를 조직 간에 원활히 공유하기 위하여 도입됨 • Enterprise GIS는 전사적인 조직이 공간데이터에 대한 접근을 필요로 하고, 그러한 조직이 필요로 하는 공간데이터의 활용은 현재 운용되고 있는 핵심적인 업무 데이터와 통합되고 있으며 업무처리에 공간적인 분석을 추가하는 것을 의미
Component GIS	• 부품을 조립하여 물건을 완성하는 것과 같은 방식으로 특정 목적의 지리정보체계를 적절한 컴포넌트의 조합으로 구현하는 것 • 컴포넌트 기술은 1990년대 초부터 발전하고 있는 소프트웨어 엔지니어링 방법론으로서 component 또는 custom control 재사용을 위한 기본적인 단위로 사용하여 소프트웨어를 개발하는 방법을 의미 • 응용프로그램 개발 기간을 단축시키고 소프트웨어의 개발과 유지를 위한 비용을 최소화시킬 수 있음
Temporal GIS	지리 현상의 공간적 분석에서 시간의 개념을 도입하여 시간의 변화에 따른 공간 변화를 분석하는 체계
Virtual GIS	래스터자료를 다루는 GIS 소프트웨어에서 마치 높은 하늘에서 실제 지형을 보는 듯하게 영상면에 구현해낼 뿐만 아니라 그렇게 표현된 3차원 영상으로 각종 GIS 분석을 가능하게 해주는 소프트웨어를 말함
3D GIS	• 실세계와 유사한 공간 데이터 모델에 대한 사용자들의 요구에 따라 기존의 2차원 평면 형태의 공간정보가 아닌, 3차원의 입체적인 공간정보의 제공과 공간분석을 수행하기 위한 기능을 제공하는 것을 말함 • 3차원 GIS는 네트워크 및 인터넷 기술의 발달, 영상처리기술의 발달에 힘입어 미래의 각광받는 기술로 주목받고 있음
4D GIS	3D 모델링 기술에 시간개념을 적용하여 인공시설물의 3차원 정보를 구축하고 GIS 및 증강현실기술을 연동하여 시공간 정보를 저장, 처리, 가공, 분석하는 GIS 시스템
Video GIS	현장에서 직접 실시간적인 지형공간정보의 수집과 관측을 위해 비디오 등의 장비에 입력된 기록들과 GPS로부터 대상물의 위치정보데이터를 시각적으로 획득 및 분석하는 GIS
Internet GIS(Web GIS)	• 인터넷 GIS는 인터넷의 WWW(World Wide Web) 구현 기술을 GIS와 결합하여 인터넷 또는 인트라넷 환경에서 지리정보의 입력, 수정, 조작, 분석, 출력 등의 작업을 처리하고 네트워크 환경에서 서비스를 제공할 수 있도록 구축된 시스템을 말함 • 인터넷 기술의 발전과 웹 이용의 엄청난 증가는 수많은 정보통신 분야에 새로운 길을 열어주고 있으며 GIS에 있어서도 새로운 방향을 제시함
Mobil GIS	휴대폰 Mobil 단말기 등 휴대용 단말기를 이용하여 언제 어디서나 공간과 관련되는 자료를 수정, 저장, 분석, 출력할 수 있는 컴퓨터응용시스템
유비쿼터스(Ubiquitous)	사용자가 네트워크나 컴퓨터를 의식하지 않고 장소에 상관없이 언제 어디서나 자유롭게 네트워크에 접속할 수 있는 정보통신환경

지형지물의 유일식별자(UFID ; Unique Feature Identifier)	주민등록번호처럼 우리나라의 국토를 구성하고 있는 도로, 건물 및 하천 등의 모든 인공적 및 자연적 지형지물에 단일식별자를 부여함으로써 해당 지형지물을 관리하는 기관은 물론, 물류, 금융 등 각종 산업 분야에 매우 중요한 역할을 함
RFID(Radio Frequency IDentification)	• IC칩과 무선을 통해 식품, 동물, 사물 등 다양한 개체의 정보를 관리할 수 있는 차세대 인식 기술 • 생산에서 판매에 이르는 전 과정의 정보를 초소형 칩(IC 칩)에 내장시켜 이를 무선 주파수로 추적할 수 있도록 한 기술로서, '전자태그' 혹은 '스마트 태그', '전자 라벨', '무선식별' 등으로 불림
엔티티(Entity)	지형지물의 실세계상 개체로 다른 것과 구별할 수 있는 식별 가능한 기술의 요소 예 도로, 건물, 사람, 물체, 사상 등
객체(Object)	속성자료에 의해 표현되는 현상으로 객체지향프로그래밍에서 자료나 절차를 구성하는 기본 요소이며 작성, 조작 및 수정을 위하여 단일 요소로 취급되는 문자, 치수, 선, 원과 같은 하나 이상의 기본체 또는 도면 요소라고도 함
클래스(Class)	Element의 속성값으로 일반적으로 Primary 또는 Construction으로 구성되며 같은 속성, 조건, 방법, 관계 및 의미를 공유하는 객체들의 집합에 대한 기술을 의미
질의(Query)	• 데이터베이스에 저장된 데이터를 프로그램에서 조회하기 위한 명령어 • 자료 기반에서 자료의 변경 없이 자료를 검색하고 선택하는 연산을 의미
표준질의어(SQL ; Standard Query Language)	관계형 DBMS에서 자료를 만들고 조회할 수 있는 도구로서 IBM에 의하여 개발된 표준질의어로 광범위하게 사용되는 비과정 질의어의 대표적인 예
Interface(호환, 인터페이스, 접촉)	• 서로 다른 두 기능 사이에서 서로 대화하는 방법 • 사람이 컴퓨터를 사용하는 방식을 사람-기계 인터페이스라고 함 • 컴퓨터에서 마우스, 키보드, 모니터 등과 같은 주변장치를 사용하기 위해서는 표준화된 방법으로 컴퓨터와 주변 장치가 대화를 하여야 하는데 이러한 상호 간의 대화 방식을 인터페이스라고 정의함
TIGER(Topologically Integrated Geographic Encoding and Referencing System)	U.S.Census Bureau에서 인구조사를 위해 개발한 벡터형 파일 형식으로 위상구조를 포함
TIFF (Tagged image File Format)	• 꼬리표(Tag)가 붙은 화상 파일 형식이라는 뜻으로 미국의 앨더스사와 마이크로소프트사가 공동 개발한 래스터 파일 형식 • 자료를 압축 및 복원할 때 한 가지의 RLC, 두 가지의 2차원 코딩방식, LZW Format의 여섯 가지 중의 한 가지를 택할 수 있음 • LZW는 가장 보편적으로 사용되고 있는 컬러 및 흑백 영상을 압축시키는 기법
데이터베이스 (Data Base)	• 연계성이 낮은 자료의 집합으로 복수의 적용업무를 지원할 수 있도록 복수 사용자의 용무에 호응해서 데이터를 받아들이고 저장·공급하기 위하여 일정한 구조에 따라 편성된 데이터 집합 • 업무시스템 운영을 위한 기반 자료로서 사용 목적에 의해 구체적인 설계가 이루어지고 구축됨

데이터베이스관리체계 (DBMS : Database Management System)	자료의 저장, 검색, 변화를 조작하는 특별한 소프트웨어를 가지고 있는 전산기 프로그램
관계형 데이터베이스관리체계 (RDBMS : Relation Database Management System	• 2차원 행과 열로서 자료를 조작하고 접근하는 데이터베이스 체계 • 계층형과 네트워크형(망형) 데이터 모델에서는 데이터 간의 주종관계를 표시하기 위하여 포인터를 이용하는데, 이 경우 검색할 때 포인터를 연속적으로 추적해야 하므로 효율성이 나빠짐. RDBMS는 이를 극복한 데이터 모델을 의미
객체관계형 데이터베이스관리체계 (ORDBMS : Object Relation Database Magement System)	• 관계형 체계에 새로운 객체 저장능력을 추가하고 있는 체계로서 관계형과 객체 지향형의 장점을 고루 살린 진보된 방식의 체계 • 전통적인 필드데이터를 비롯한 시계열데이터, 지형공간데이터와 같은 복잡한 객체 데이터, 오디오 및 영상 등 다양한 바이너리 미디어를 통합하여 복잡한 분석과 데이터 처리 등의 실행 가능
의사결정지원체계 (DMSS : Decision-mar king Support System)	공통된 의사결정이 어려운 경우 해석적 모형과 같은 결정 탐색 과정을 도입하여 의사결정에 도움을 줄 수 있는 체계
전문가체계 (Expert System)	체계 내에서 그들의 요구를 정형화시키는 방법을 정확히 알지 못하는 비전문가를 위하여 전문가의 지식이나 경험을 전산기체계 내에 배치함으로써 이용에 용이하도록 설계한 체계
중첩(Overlay)	각각의 자료집단이 주어진 기본도를 기초로 좌표계의 통일이 되면 둘 또는 그 이상의 자료 관측에 대하여 분석될 수 있으며, 이 기법을 합성이라고도 함
커버리지(Coverge)	• 컴퓨터 내부에서는 모든 정보가 이진법의 수치 형태로 표현되고 저장되기 때문에 수치지형도라 불리는데 그 명칭을 Digital Map, Layer 또는 Digital Layer라고도 하며, 커버리지 또한 지도를 디지털화한 형태로서 컴퓨터상의 지도를 말함 • 일반적으로 GIS 커버리지는 토지이용도, 식생도와 같은 하나의 중요한 주제도를 의미 • 레이어와 커버리지 모두 수치화된 지도 형태를 갖지만 수치화된 도형자료만을 나타낸 것이 레이어이며, 도형자료와 관련된 속성데이터를 함께 갖는 수치지형도를 커버리지라 함
층(Layer)	한 주제를 다루는 데 중첩되는 다양한 자료들로 구성한 커버리지의 자료파일
노드(Node)	점의 특수한 형태로 무차원이며, 위상적 연결이나 끝 점을 나타냄
스파게티 모형	• 초기의 자료저장방식으로 백터자료구조에서 공간정보를 저장하는 자료 모형·점·선·다각형을 단순좌표 목록으로 저장하기 때문에 위상관계가 정의되지 못하는 구조 • 점은 x, y좌표로 나타나며, 선은 좌표들의 나열에 의해 표현됨 • 공간정보는 고유의 구조를 가지지 않는 좌표의 나열로 국수가락처럼 길게 연결되어 있어 스파게티 자료구조라 부름

위상관계(Topology)	• 공간관계를 정의하는 데 쓰이는 수학적 방법으로서 입력된 자료의 위치를 좌표값으로 인식하고 각각의 자료 간 정보를 상대적 위치로 저장하며, 선의 방향, 특성들 간의 관계, 연결성, 인접성, 영역 등을 정의하는 것을 의미 • 점, 선, 면 각각에 대한 상호관계가 기록된 테이블이 구성되어야 하며, 이를 위해 면위상, 점위상, 선위상, 선좌표 테이블 등의 종합적인 정보가 필요함
BIL (Band Interleaved by Line)	영상자료는 테이프 혹은 다른 매체에 의해 여러 가지 방식으로 저장되며 이때 BIL 형식은 주어진 선에 대해 모든 자료의 파장대가 연속적으로 파일 내에 저장되는 것을 의미
BSQ(Band Sequential)	영상자료의 저장 형식으로 각 파장대는 분리된 파일을 포함하고 있으며, 단일파장대가 쉽게 읽히거나 보여질 수 있고, 다중파장대는 원하는 목적에 따라 불러올 수 있음
BIP(BandInterleaved by Pixel)	BIP 형식에서는 각 파장대의 값들이 주어진 영상소(Pixel) 내에서 순서대로 배열되며 영상소는 테이프에 연속적으로 배열됨(이러한 BIP 형식은 구식 방법이므로 오늘날 거의 사용되지 않음)
공간분석방법	공간상의 점, 선, 면에 대한 분석을 의미 • 점자료의 공간분석 : 최근린 방법, 쿼드랫 방법 • 선자료의 공간분석 : 망분석과 도표이론방법 및 프랙틀 차원 • 면자료의 공간분석 : 공간적 자동관계와 공간적 상호작용 등이 이용됨
쿼드랫 방법	• 점 표현 양식을 관측하는 가장 간단한 방법은 한 영역 내의 밀도나 면적 내에 존재하는 점의 수를 세는 것 • 쿼드랫 방법은 식물 생태학과 지리학에서 광범위하게 사용되어 왔고 다른 문제의 적용에도 사용되어 오고 있음
최근린 방법	점 기호 사이의 거리에 기초한 공간적 접근 방법
망분석(Network)	• 선자료를 표현하는 방식 중 하나인 회로는 경로가 폐합된 형태로 순환성을 가짐 • 연결의 성질을 가장 잘 특성화한 것이 조직망이며, 이러한 조직망에 대한 관측 방법은 교통학 분야에서 많은 연구가 진행되어 옴
프랙틀(Fractal)	• 프랙틀은 자기 자신을 계속 축소 복제하여 무한히 이어지는 성질로 수학적으로 정의는 가능하나 끝은 알 수 없음 • GIS 공간분석에서 복소수 공간상의 사물을 표현하는 데 쓰임
DXF (Drawing Exchange Format)	• 서로 다른 그래픽 설계 프로그램 간의 도면파일을 교환하는 데 업계표준으로 사용되는 파일 형식 • 당초 Auto Desk사가 자사의 AutoCAD 외부 파일 형식으로 개발하였으나 세계적으로 활용도가 높아짐에 따라 그 규격을 공개함으로써 도면파일의 표준으로 자리매김하게 됨 • DXF는 지리정보시스템에서 사용되기에는 적합하지 않은 데이터포맷이므로 보다 효율적인 포맷으로의 전환이 필요
SDTS (Spatial Data Transfer Standard)	• 국가지리정보체계(NGIS)를 구성함에 있어 지리정보시스템 간 위성벡터데이터 형식의 지리정보교환을 위한 공통데이터 교환 포맷을 말함 • 미국 연방정부에서 1992년 7월 29일 9년간의 연구 끝에 서로 다른 하드웨어, 소프트웨어, 운영체제들 간의 지리공간자료의 공유를 교환표준 승인하였으며 오스트레일리아, 뉴질랜드, 한국에서 국가표준으로 정하고 있음

수치지도 (DM : Digital Map)	컴퓨터 그래픽기법을 이용해 사전 규정에 따라 지도 요소를 항목별로 구분하여 데이터베이스화하고 이용 목적에 따라 지도를 자유로이 변경해서 사용할 수 있도록 전산화한 지도
메타데이터(Meta Data)	• 자료에 대한 이력서로서, 실제 자료는 아니지만 자료에 따라 유용한 정보를 목록화하여 제공함으로써 지리정보에 대한 이해를 높이고 정보의 활용을 촉진하는 중요한 기능을 담당 • 사용자가 자료의 획득 및 사용에 도움을 주기 위한 자료의 내용, 논리적인 관계와 특징, 기초자료의 정확도, 경계 등을 포함한 자료의 특성을 설명하는 자료로 방대한 데이터의 공유 및 사용을 원활하게 하는 것을 목적으로 함(Index의 역할)
표준코드 (Standard Code)	수치지도의 호환성을 확보하기 위하여 일정한 형식으로 구성된 코드를 말하며, 크게 도형코드, 레이어코드, 지형코드로 구분

01 GIS 표준화에 대한 설명으로 옳지 않은 것은?

[2014년 기사 2회]

① SDTS는 GIS 표준 포맷의 대표적인 예이다.
② 경제적이고 효율적인 GIS 구축이 가능하다.
③ 하나의 기관에서 구축한 데이터를 많은 기관들이 공유하여 사용할 수 있다.
④ 하드웨어(H/W)나 소프트웨어(S/W)에 따라 이용 가능한 포맷을 달리한다.

해설

표준화

개별적으로 얻어질 수 없는 것들을 공통적인 특성을 바탕으로 일반화하여 다수의 동의를 얻어 규정하는 것으로 GIS 표준은 다양하게 변화하는 GIS 데이터를 정의하고 만들거나 응용하는 데 있어서 발생되는 문제점을 해결하기 위해 정의되었다. GIS 표준화는 보통 다음의 7가지 영역으로 분류될 수 있다.

표준화 요소

• Data Model의 표준화 : 공간데이터의 개념적이고 논리적인 틀이 정의된다.
• Content의 표준화 : 다양한 공간현상에 대하여 데이터 교환에 대해 필요한 데이터를 얻기 위한 공간현상과 관련 속성 자료들이 정의된다.
• Data Collection의 표준화 : 공간데이터를 수집하기 위한 방법을 정의한다.
• Location Reference의 표준화 : 공간데이터의 정확성, 의미, 공간적 관계 등을 객관적인 기준(좌표체계, 투영법, 기준점 등)에 의해 정의된다.
• Data Quality의 표준화 : 만들어진 공간데이터가 얼마나 유용하고 정확한지, 의미가 있는지에 대한 검증 과정으로 정의된다.
• Meta data의 표준화 : 사용되는 공간데이터의 의미, 맥락, 내외부적 관계 등에 대한 정보로 정의된다.
• Data Exchange의 표준화 : 만들어진 공간데이터가 Exchange 또는 Transfer되기 위한 데이터 모델구조, 전환방식 등으로 정의된다.

02 디지타이징에 의한 수치지도 제작 시 발생할 수 있는 오차유형이 아닌 것은?

[2010년 기사 1회]

① 종이지도 신축에 의한 위치오차
② 세선화(thinning) 과정에서의 형상 오차
③ 선분 교차점에서의 교차미달(undershooting) 현상
④ 인접 다각형의 경계선 중복 부분에서의 갭(gap) 발생

해설

디지타이징 및 벡터편집에서의 오류유형

• Undershoot(못미침) : 어떤 선이 다른 선과의 교차점까지 연결되어야 하는데 완전히 연결되지 못하고 선이 끝나는 상태이다. 이런 경우 편집 소프트웨어에서 Extend와 같은 완전연결을 해주는 명령을 사용하여 수정한다.
• Overshoot(튀어나옴) : 어떤 선이 다른 선과의 교차점까지 연결되어야 하는데 그것을 지나서 선이 끝나는 상태이다. 이런 경우 편집 소프트웨어에서 Tim과 같이 튀어나온 부분을 삭제하는 명령을 사용하여 수정한다.
• Spike(스파이크) : 두 선이 만나거나 연결될 때, 한 점에 매우 엉뚱한 좌표가 입력되어 튀어나온 상태이다. 이런 경우 엉뚱한 좌표가 입력된 점을 제거하고 적절한 좌표값을 가진 점을 입력한다.
• Sliver Polygon(슬리버 폴리곤) : 하나의 선으로 입력되어야 할 곳에서 두 개의 선으로 약간 어긋나게 입력되어 가늘고 긴 불필요한 폴리곤을 형성한 상태이다. 폴리곤 생성을 부정확하게 만든 선을 제거하여 폴리곤을 새로 생성한다.
• 폴리곤 형성에서 라벨 부여 오류 : 폴리곤(영역)을 형성하기 위해 선이 폐합되어야 하는데, 폐합이 완전히 되지 않은 상태에서 폴리곤(영역)이 형성되어 라벨이 없거나 이중으로 입력되는 상태, 호수처럼 폴리곤(영역) 내에 다른 폴리곤이 포함되어야 할 곳에 라벨이 빠져 있는 상태이다. 이것은 폴리곤이 폐합되어야 할

곳에서 Undershoot가 되어 발생하는 것이므로 이런 부분을 찾아서 수정해주어야 한다.
• Overlapping(점, 선의 중복) : 주로 영역의 경계선에서 점, 선이 이중으로 입력되어 있는 상태이다. 중복되어 있는 점, 선을 제거함으로써 수정할 수 있다.

03 수치지도의 등고선 레이어를 이용하여 수치지형모델을 생성할 경우 필요한 자료처리 방법은?

[2010년 기사 3회]

① 보간법　　　　　② 일반화 기법
③ 분류법　　　　　④ 자료압축법

해설

보간법

• 정의

영상처리에서 주어진 원래의 영상을 확대하는 경우 원래의 영상지역보다 더 넓은 지역에서는 고도자료와 같은 값을 할당받지 못한 픽셀들이 존재하는데 이를 홀(Hole)이라 한다. 이럴 경우 홀이라는 빈 공간(픽셀)에 적당한 데이터 값들을 할당하여 사용하는 처리 방법을 보간법이라 한다.

• 특징

－이미 특정지역을 측정하였거나 지형도와 같이 알고 있는 특정지점이나 지역의 속성값을 이용하여 미지의 지점이나 지역의 속성값을 찾아내는 것을 말한다.
－기 산출된 두 점의 기지값을 이용해서 두 점 사이의 임의점에서 값을 생성할 때도 사용된다.
－영상 내의 픽셀들을 움직이거나 픽셀들을 생성한다.
－곡선상에 놓여있는 위치 좌표들 사이에서 임의의 공간 위치값을 유도하는 과정이다.

04 수치지도 제작에 있어서 도화된 데이터를 표준분류 체계에 따라 구분하여 지형지물의 공간정보와 속성정보를 연계시키는 작업을 무엇이라 하는가?

[2013년 기사 3회]

① 구조화편집　　　② 정위치편집
③ 세선화편집　　　④ 일반화편집

해설

정위치 편집	세부측량의 결과로 얻어진 지형, 지물의 수치 데이터에 대해서 관측위치 확인자료 등 현장상황을 참고로 지형, 지물 등에 대한 내용을 보완 편집하고 각종 주기를 포함한 표준코드를 부가하여 편집 완료데이터를 작성하는 작업
구조화 편집	수치지도 제작에 있어서 도화된 데이터를 표준분류 체계에 따라 구분하여 지형지물의 공간정보와 속성정보를 연계시키는 작업

05 TIN(Triangular Irregular Network)에 대한 설명으로 틀린 것은?

[2014년 기사 2회]

① 어떠한 연속 필드에도 적용할 수 있다.
② 측정한 점의 값은 보존되지 않는다.
③ 델로니 삼각망(Delaunay Triangulation)으로 분할한다.
④ 수치표고모델(DTM ; Digital Terrain Model)을 구성하는 방법 중 하나이다.

해설

불규칙 삼각망(TIN ; Trianglulated Irregular Network)

• 정의

불규칙 삼각망은 불규칙하게 배치되어 있는 지형점으로부터 삼각망을 생성하여 삼각형 내의 표고를 삼각평면으로부터 보간하는 DEM의 일종이다. 벡터 위상구조를 가지며 다각형 네트워크를 이루고 있는 순수한 위상구조와 개념적으로 유사하다.

• 불규칙 삼각망(TIN)의 사용효과

－기복의 변화가 작은 지역에서 절점수를 적게 함
－기복의 변화가 심한 지역에서 절점수를 증가시킴
－자료량 조절이 용이
－중요한 위상형태를 필요한 정확도에 따라 해석
－경사가 급한 지역에 적당
－선형 침식이 많은 하천지형의 적용에 특히 유용
－격자형 자료의 단점인 해상력 저하, 해상력 조절, 중요한 정보 상실 가능성 해소

정답 | 03 ①　 04 ①　 05 ②

06 수치고도모형(Digital Elevation Model)의 생성방법이 아닌 것은? [2014년 기사 3회]

① 단일 고해상도 위성영상을 좌표변환하여 생성한다.
② 항공라이다에서 취득한 3차원 좌표를 격자화하여 생성한다.
③ 위성 SAR 영상에 Radar Interferometry 기법을 적용하여 생성한다.
④ 중복항공영상에 영상정합을 통해 생성한 3차원 좌표를 격자화하여 생성한다.

해설

위성영상을 이용한 DEM을 작성하는 경우에는 우선적으로 서로 다른 위치에서 촬영된 좌우 영상에 대한 기하보정을 수행해야 한다. 이후 기하보정 결과에 대해 스테레오 매칭 기법을 적용해 좌우 영상의 대응점을 구한 후 대응점의 시차를 측정해 대응점 표고를 구한다. 그러므로 DEM 제작을 위해서는 영상의 각 격자에 대한 지상좌표를 알아야 하며 이를 위해서는 영상의 각 격자에 동일한 점을 찾는 지도매칭이 선행되어야 한다. 그러므로 단일 고해상도 위성영상을 좌표변환하여 생성하는 것은 생성방법이 아니다.

07 편위수정을 거친 사진을 집성하여 만든 사진지도는? [2015년 기사 1회]

① 중심투영 사진지도
② 약조정집성 사진지도
③ 반조정집성 사진지도
④ 조정집성 사진지도

해설

사진지도의 종류
• 약조정집성 사진지도 : 카메라의 경사에 의한 변위, 지표면의 비고에 의한 변위를 수정하지 않고 사진 그대로 접합한 지도
• 반조정집성 사진지도 : 일부만 수정한 지도
• 조정집성 사진지도 : 카메라의 경사에 의한 변위를 수정하고 축척도 조정한 지도

• 정사투영 사진지도 : 카메라의 경사, 지표면의 비고를 수정하고 등고선도 삽입된 지도

08 수치사진측량(Digital Photogrammetry)에서 상호표정의 자동화를 위해 요구되는 기법은? [2015년 기사 1회]

① 디지타이징
② 좌표등록
③ 영상정합
④ 직접표정

해설

영상정합(Image Matching)
영상정합은 입체영상 중 한 영상의 한 위치에 해당하는 실제의 대상물이 다른 영상의 어느 위치에 형성되었는가를 발견하는 작업으로서 상응하는 위치를 발견하기 위해서 유사성 관측을 이용한다. 이는 사진측정학이나 로봇 비전(Robot Vision) 등에서 3차원 정보를 추출하기 위해 필요한 주요 기술이며 수치사진측량학에서는 입체영상에서 수치표고모형을 생성하거나 항공삼각측량에서 점이사(Point Transfer)를 위해 적용된다.

09 수치정사영상(Digital Ortho Image)을 제작하기 위해 직접적으로 필요한 자료가 아닌 것은? [2015년 기사 1회]

① 수치지도
② 수치표고모델(DEM)
③ 외부표정요소
④ 촬영된 원래 영상

해설

수치지도(Digital Map)
• 정의
수치지도는 컴퓨터 그래픽 기법을 이용하여 수치지도 작성 작업규칙에 따라 지도요소를 항목별로 구분하여 데이터베이스화하고 이용 목적에 따라 지도를 자유로이 변경해서 사용할 수 있도록 전산화한 지도이다. 수치지도작성이라 함은 각종 지형공간정보를 취득하여 전산시스템에서 처리할 수 있는 형태를 말한다.

정답 | 06 ① 07 ④ 08 ③ 09 ①

• 특징
 − 특정 x, y좌표계에 기반을 두고 각종 지형지물을 점, 선, 면으로 표현
 − 상호 변환이 가능

10 디지털 카메라로 취득된 항공사진을 이용하여 수치지도를 제작하고자 할 때 사용되는 도화기로 적합한 것은?

[2015년 기사 3회]

① 기계식 도화기 ② 전자식 도화기
③ 해석도화기 ④ 수치도화기

해설

디지털 카메라로 취득된 항공사진을 이용하여 수치지도를 제작하고자 할 때 사용되는 도화기는 수치도화기이다.

11 지리정보시스템(GIS)의 주요 자료원으로 거리가 먼 것은?

[2014년 기사 1회]

① 수치지도 ② 주민등록 데이터베이스
③ GPS 데이터 ④ 현장 조사자료

해설

주민등록 데이터베이스는 지리정보시스템(GIS)의 주요 자료원으로 거리가 멀다.

12 지리정보시스템(GIS)의 자료기반구축에 대한 설명으로 틀린 것은?

[2014년 기사 1회]

① 자료 구축을 위해 각종 도면이나 대장 보고서 등을 활용할 수 있다.
② 위성영상 및 스캐닝한 도면에서 얻어진 자료를 이용하여 구축할 수 있다.
③ 수치지도는 자료량이 많은 래스터 방식보다 벡터방식이 적합하다.
④ 자료 구축의 해상력 측면에서는 벡터방식보다 래스터방식이 적합하다.

해설

수치지도는 벡터자료구조에 적합하며, 항공사진 또는 위성영상은 래스터방식에 적합하다. 해상도 측면에서는 래스터방식보다 벡터방식이 적합한다.

벡터자료
• 장점
 − 보다 압축된 자료구조를 제공하며 따라서 데이터 용량의 축소가 용이하다.
 − 복잡한 현실세계의 묘사가 가능하다.
 − 위상에 관한 정보가 제공되므로 관망분석과 같은 다양한 공간분석이 가능하다.
 − 그래픽의 정확도가 높다.
 − 그래픽과 관련된 속성정보의 추출 및 일반화, 갱신 등이 용이하다.
• 단점
 − 자료구조가 복잡하다.
 − 여러 레이어의 중첩이나 분석에 기술적으로 어려움이 수반된다.
 − 각각의 그래픽 구성요소는 각기 다른 위상구조를 가지므로 분석에 어려움이 크다.
 − 그래픽의 정확도가 높은 관계로 도식과 출력에 비싼 장비가 요구된다.
 − 일반적으로 값비싼 하드웨어와 소프트웨어가 요구되므로 초기비용이 많이 든다.

래스터자료
• 장점
 − 자료구조가 간단하다.
 − 여러 레이어의 중첩이나 분석이 용이하다.
 − 자료의 조작과정이 매우 효과적이고 수치영상의 질을 향상시키는 데 매우 효과적이다.
 − 수치이미지 조작이 효율적이다.
 − 다양한 공간적 편의가 격자의 크기와 형태가 동일한 까닭에 시뮬레이션이 용이하다.
• 단점
 − 압축되어 사용되는 경우가 드물며 지형관계를 나타내기가 훨씬 어렵다.
 − 주로 격자형의 네모난 형태로 가지고 있기 때문에 수작업에 의해서 그려진 완화된 선에 비해서 미관상 매끄럽지 못하다.
 − 위상정보의 제공이 불가능하므로 관망해석과 같은 분석기능이 이루어질 수 없다.
 − 좌표변환을 위한 시간이 많이 소요된다.

정답 | 10 ④ 11 ② 12 ④

13 지리정보시스템(GIS)으로 구축한 데이터의 위치와 실제 검측한 위치가 아래 표와 같을 때 GIS 데이터의 거리 오차는? [2014년 기사 1회]

항목	X(m)	Y(m)
GIS 데이터상의 위치	20	10
실제 데이터 위치(참값)	22	12

① 약 2.2m ② 약 2.8m
③ 약 3.2m ④ 약 3.6m

해설

$$거리오차 = \sqrt{(\Delta x)^2 + (\Delta y)^2}$$
$$= \sqrt{(22-20)^2 + (12-10)^2}$$
$$= 2.8m$$

14 수치지형도에 대한 설명으로 옳지 않은 것은? [2014년 기사 1회]

① 수치지형도란 지표면상의 각종 공간정보를 일정한 축척에 따라 기호나 문자, 속성으로 표시하여 정보시스템에서 분석, 편집 및 입·출력할 수 있도록 제작된 것을 말한다.
② 수치지형도 작성이란 각종 지형공간정보를 취득하여 전산시스템에서 처리할 수 있는 형태로 제작하거나 변환하는 일련의 과정을 말한다.
③ 정위치 편집이란 지리조사 및 현지측량에서 얻어진 자료를 이용하여 도화 데이터 또는 지도입력 데이터를 수정 및 보완하는 작업을 말한다.
④ 구조화 편집이란 지형도상에 기본도 도곽, 도엽명, 사진도곽 및 번호를 표기하는 작업을 말한다.

해설

수치지형도 작성 작업규정 제2조(용어의 정의)
1. "수치지형도"란 측량 결과에 따라 지표면 상의 위치와 지형 및 지명 등 여러 공간정보를 일정한 축척에 따라 기호나 문자, 속성 등으로 표시하여 정보시스템에서 분석, 편집 및 입·출력할 수 있도록 제작된 것(정사영상지도는 제외한다)을 말한다.
2. "수치지형도 작성"이란 각종 지형공간정보를 취득하여 전산시스템에서 처리할 수 있는 형태로 제작하거나 변환하는 일련의 과정을 말한다.
3. "정위치 편집"이란 지리조사 및 현지측량에서 얻어진 자료를 이용하여 도화 데이터 또는 지도입력 데이터를 수정·보완하는 작업을 말한다.
4. "구조화 편집"이란 데이터 간의 지리적 상관관계를 파악하기 위하여 지형·지물을 기하학적 형태로 구성하는 작업을 말한다.

15 지리정보시스템(GIS)에서 지형의 상태를 나타내는 수치표고 자료형태로 맞지 않는 것은? [2014년 기사 2회]

① DLG(Digital Line Graph)
② DEM(Digital Elevation Model)
③ DSM(Digital Surface Model)
④ DTM(Digital Terrain Model)

해설

DTM(Digital Terrain Model)
• 지형의 표고뿐만 아니라 지표상의 다른 속성도 포함하며 측량 및 원격탐사와 연관이 깊다.
• 지형의 다른 속성까지 포함하므로 자료가 복잡하고 대용량의 정보를 가지고 있으며, 여러 가지 속성을 레이어로 이용하여 다양한 정보제공이 가능하다.
• DTM은 표현방법에 따라 DEM과 DSM으로 구별된다. 즉 DTM=DEM+DSM이다.

DEM(Digital Elevation Model)
• 지형의 높이를 단순히 수치의 형태로 표현한 모델을 말하며, 자료의 취득은 측량 및 사진측정 등으로 취득한다.
• 자료가 단순하기 때문에 정보의 용량이 적고 사용처는 주로 절토량, 성토량 등의 토량계산에 이용된다.

DSM(Digital Surface Model)
지표면 위의 시설물이나 나무 등을 포함하는 표면을 표현하는 일정한 간격의 격자마다 수치로 기록하는 모델이다.

정답 | 13 ② 14 ④ 15 ①

16 지리정보자료의 정확도 향상을 위한 방법으로 옳지 않은 것은? [2014년 기사 3회]

① 신뢰도가 높은 자료와 낮은 자료의 혼합사용
② 정확도 검증과정의 채택
③ 품질관리 규정의 마련 및 준수
④ 속성정보 수집의 객관성 확보

해설

지리정보자료의 정확도 향상 방안
- 자료의 검증과정 채택
- 작업 단계별 정확도 검증
- 정확도가 높은 자료와 낮은 자료의 혼합 사용 금지
- 자료의 특성을 고려한 자료의 조작과 처리
- 자료사용에 있어 신중한 의사 결정
- 분석결과에 따른 부정확성에 관한 명시
- 품질관리 규정의 마련 및 준수
- 속성정보 수집의 객관성 확보

17 지형도, 항공사진을 이용하여 대상자의 3차원 좌표를 취득하여 불규칙한 지형을 기하학적으로 재현하고 수치적으로 해석하므로 경관해석, 노선선정, 택지조성, 환경설계 등에 이용되는 것은? [2014년 기사 3회]

① 원격탐사
② 도시정보체계
③ 정사사진
④ 수치지형모델

해설

수치지형모형(Digital Terrain Model)
- 정의
  공간상에 나타난 불규칙한 지형의 변화를 수치적으로 표현하는 방법을 수치지형모형이라 한다. 수치지형모형(DTM)은 표고뿐만 아니라 지표의 다른 속성도 포함되어 있으나 표고에 관한 정보를 다루는 경우에는 수치고도모형이라 하는 차이점이 있다. 수치고도모형은 현장측량과 사진측정학과 관련이 있고 수치지형모형은 측량뿐만 아니라 원격탐사 및 자연 사회과학과 밀접한 관련이 있다.

- 종류
  - DEM : 수치표고모형(3차원 지모 표현)
  - DSM : 수치표면모형(지모와 지물 표현)
  - DTM : 수치지형모형(DEM+속성)

18 수치지도 제작에 사용되는 용어에 대한 설명으로 틀린 것은? [2015년 기사 1회]

① 도곽이라 함은 일정한 크기에 따라 분할된 지도의 가장자리에 그려진 경계선을 말한다.
② 좌표라 함은 좌표계상에서 지형·지물의 위치를 수학적으로 나타낸 값을 말한다.
③ 수치지도작성이라 함은 각종 지형공간정보를 취득하여 전산시스템에서 처리할 수 있는 형태로 제작 또는 변환하는 일련의 과정을 말한다.
④ 메타데이터(Metadata)라 함은 작성된 수치지도의 결과가 목적에 부합하는지 여부를 판단하는 기준 데이터를 말한다.

해설

메타데이터(metadata)
메타데이터는 데이터베이스, 레이어, 속성, 공간 형상과 관련된 정보로서 데이터에 대한 데이터로서 정확한 정보를 유지하기 위해 일정주기로 수정 및 갱신을 하여야 한다. 메타데이터란 실제데이터는 아니지만 데이터의 내용, 품질, 조건 및 특징 등을 저장한 데이터로서 데이터의 이력을 말한다.

19 지도투영은 지구의 둥근 표면 전체 또는 일부분을 평면상에 나타내는 것으로 여러 투영법이 개발되었다. 만약 주어진 수치지도의 좌표계가 UTM(Universal Transverse Mercator)이라면, 이 수치지도의 좌표단위는? [2012년 기사 1회]

① 인치
② 센티미터
③ 피트
④ 미터

정답 | 16 ① 17 ④ 18 ④ 19 ④

해설

UTM(Universal Transverse Mercator)

- UTM 좌표에서 거리좌표는 m 단위로 표시하며 종좌표에서는 N을, 횡좌표에서는 E를 붙인다.
- 각 종대마다 좌표원점의 값을 북반구에서 횡좌표 500,000mE, 종좌표 0mN(남반구에서는 10,00,000N)으로 주면 북반구에서 종좌표는 적도에서 0mN, 80°N에서 10,000,000mN이다.
- 남반구에서는 80°S에서 적도까지의 거리는 10,000,000m로 나타난다.
- 80°N과 80°S 간 전 지역의 지도는 UTM 좌표로 표시하며 80°N 이북과 80°S 이남의 양극지역의 전 지역의 지도는 국제극심입체좌표(UPS)로 표시함으로써 전 세계를 일관된 좌표계로 나타낼 수 있다.

20 수치지도 작성의 기준시점은 원시자료 또는 조사자료의 취득시점과 일치하여야 한다는 지리정보 품질요소 중 어느 항목에 대한 설명인가? [2012년 기사 1회]

① 정보의 완전성　　② 논리적 일관성
③ 시간 정확도　　　④ 주제 정확도

해설

지리정보데이터 품질 요소

- 데이터셋이 제품 사양 기준을 얼마나 잘 만족하고 있는지 설명되어야 한다.
- 정보의 완전성 : 지형지물의 유무와 지형지물의 속성 및 관계
- 논리적 일관성 : 데이터 구조 · 속성 및 관계의 논리적 원칙의 준수 정도(데이터 구조는 개념적, 논리적, 물리적이 될 수 있다)
- 위치 정확도 : 지형지물의 위치 정확도
- 시간 정확도 : 시간 속성 및 지형지물의 시간 관계 정확도
- 주제 정확도 : 정량적, 비정량적 속성의 정확도와 지형지물과 지형지물 관계의 분류 정확도

21 GIS의 특징에 대한 설명으로 가장 옳지 않은 것은? [2012년 기사 2회]

① 지리정보처리는 자료의 입력, 자료의 관리, 자료의 분석, 자료의 출력 등의 단계로 구분할 수 있다.
② 사용자의 요구에 맞는 지도를 쉽게 제작할 수 있다.
③ 자료의 통계적 분석이 가능하며 분석결과에 맞는 지도의 제작이 가능하다.
④ 일반적으로 자료가 수치적으로 구성되므로 출력물의 축척 변경이 어렵다.

해설

GIS 특징

- 기존의 도면으로부터 자료 획득
- 특수지도를 쉽게 제작
- 자료의 통계적 분석이 원활, 통계제작에 유리
- GIS 자료가 수치적으로 구성되어 축척 변경이 용이

22 GIS의 지형분석에서 불규칙하게 분포된 위치에서의 표고를 추출하여 이들 위치관계를 삼각형 형태로 연결하여 지형을 표현하는 방식은? [2012년 기사 2회]

① Overlay 방식　　② Grid 방식
③ TIN 방식　　　④ 보간 방식

해설

불규칙 삼각망(TIN ; Trianglulated Irregular Network)
불규칙 삼각망은 불규칙하게 배치되어 있는 지형점으로부터 삼각망을 생성하여 삼각형 내의 표고를 삼각평면으로부터 보간하는 DEM의 일종이다. 벡터위상구조를 가지며 다각형 Network를 이루고 있는 순수한 위상구조와 개념적으로 유사하다.

정답 | 20 ③　21 ④　22 ③

23 지형도, 항공사진을 이용하여 대상지의 3차원 좌표를 취득하여 불규칙한 지형을 기하학적으로 재현하고 수치적으로 해석하므로 경관해석, 노선선정, 택지조성, 환경설계 등에 이용되는 것은?

[2012년 기사 2회]

① 원격탐사   ② 도시정보체계
③ 정사사진   ④ 수치지형모델

해설

지표면상에서 규칙 및 불규칙적으로 관측된 불연속점의 3차원 좌표값을 보간법 등의 자료 처리과정을 통하여 불규칙한 지형을 기하학적으로 재현하고 수치적으로 해석하는 것이 수치지형모형(DTM) 또는 표고만을 다루는 면에서는 수치고도모형(DEM)이라 한다.

24 GIS 구축의 의의(목적)에 대한 설명으로 틀린 것은?

[2012년 기사 2회]

① 공간정보의 효율적 관리 수단
② 객관적 분석을 통한 공간의사 결정
③ 공간정보 구축 및 활용 시장의 축소
④ 공간정보 이용자의 범위 확대

해설

GIS 기대 효과
• 관리 및 처리 방안의 수립
• 효율적 관리
• 이용가능한 자료의 구축
• 합리적 공간 분석
• 투자 및 조사의 중복 극소화
• 수집한 자료의 용이한 결합

25 수치지형도에서 얻을 수 없는 정보는?

[2012년 기사 2회]

① 표고 자료   ② 도로의 선형
③ 수계 정보   ④ 필지 정보

해설

필지에 대한 정보는 지적에서 다룬다.

26 TIN에 대한 설명으로 옳지 않은 것은?

[2012년 기사 3회]

① 등고선 자료로부터 DEM을 제작하는 데 사용된다.
② 불규칙 표고 자료로부터 등고선을 제작하는 데 사용된다.
③ 격자형 DEM보다 데이터 용량은 크지만 더욱 정확하게 지형을 표현할 수 있다.
④ 삼각형 외접원 안에 다른 점이 포함되지 않도록 하는 델로니 삼각망을 주로 사용한다.

해설

불규칙 삼각망(TIN ; Triangulated Irregular Network)
• 정의
불규칙 삼각망은 불규칙하게 배치되어 있는 지형점으로부터 삼각망을 생성하여 삼각형 내의 표고를 삼각평면으로부터 보간하는 DEM의 일종이다. 벡터위상구조를 가지며 다각형 Network를 이루고 있는 순수한 위상구조와 개념적으로 유사하다.
• 특징
 − 기복의 변화가 적은 지역에서 절점수를 적게 하고 기복의 변화가 심한 지역에서 절점수를 증가시킴으로써 데이터의 전체적인 양을 줄일 수 있다.
 − 격자형 자료는 해상력이 낮아지는 데서 기인하는 중요한 정보의 상실 가능성과 해상력 조절의 어려움, 기준격자축 이외의 방향에 대한 연산의 어려움 등을 가지고 있는데 이같은 단점을 불규칙삼각망 구조에서 보완할 수 있다.
 − 자료파일 생성을 위해 처리과정이 복잡하다는 단점이 있으나 일단 TIN 파일이 생성된 후에는 효율적인 압축기법을 사용할 수 있다.
 − TIN은 격자보다 적은 데이터 용량을 이용하여 훨씬 정확하게 지형을 표현할 수 있으며 손쉬운 자료의 편집과 실시간 지표면의 모델링 등 다양한 기능을 제공한다.

정답 | 23 ④   24 ③   25 ④   26 ③

27 디지타이징에 의한 수치지도 제작 시 발생할 수 있는 오차 유형이 아닌 것은?

① 기준선 초과 오류　② 기준선 미달 오류
③ 점·선 중복　　　　④ 점·선 분리

해설

벡터화 변환
일반적으로 벡터화를 위한 변환 과정은 전처리단계, 벡터화 단계, 후처리 단계를 거치게 된다.
• 전처리 단계
　벡터화 관계로 가기 위한 선형단계이며 Filtering과 Thinning의 두 단계를 거친다.
　−Filtering 단계 : 격자 영상에 생긴 Noise를 제거하고 연속적이지 않은 외곽선에 대해 연속적으로 이어주는 영상처리 과정이다.
　−Thinning 단계 : Filtering 단계를 거친 격자 영상에서 하나의 패턴을 가늘고 긴 선과 같은 표현으로 세선화하는 과정이다.
• 벡터화 단계
　전처리 단계를 거친 격자 영상을 벡터화 하는 단계이다. 컴퓨터로 전처리 단계를 거친 영상에 벡터화시킨다.
• 후처리 단계
　−벡터화 단계를 통해 얻은 데이터는 모양이 매끄럽지 못하고 울퉁불퉁하거나 과도한 Vertex나 Spike 등의 문제점이 나타나게 된다. 이러한 문제점을 해결하고 경계선을 매끄럽게 하기 위하여 과도한 Vertex와 Spike를 제거하여야 한다.
　−또한 결과물에 Topology를 생성시키는 과정으로서 전체 객체를 점, 선, 면의 단위 원소로 분류하여 각각의 원소에 대하여 형상, 인접성, 계급성에 관한 정보를 파악하고 각각의 원소 간의 관계를 효율적으로 정리하는 단계이다.

디지타이징에 의한 수치지도 제작 시 발생할 수 있는 오차 유형

오류유형	설명
Overshoot (기준선 초과 오류)	교차점을 지나서 연결선이나 절점이 끝나기 때문에 발생하는 오류
Undershoot (기준선 미달 오류)	교차점에 미치지 못하는 연결선이나 절점으로 발생하는 오류
Spike	교차점에서 두 개의 선분이 만나는 과정에서 잘못된 좌표가 입력되어 발생하는 오차
Sliver	하나의 선으로 입력되어야 할 곳에 두 개의 선으로 약간 어긋나게 입력되어 가늘고 긴 불편한 폴리곤을 형성한 상태의 오차(선 사이의 틈)
Overlapping (점·선 중복)	주로 영역의 경계선에서 점·선이 이중으로 입력되어 발생하는 오차로 중복된 점·선은 삭제
Dangle	매달린 노드의 형태로 발생하는 오류로 오버슈트나 언더슈트와 같은 형태로 한쪽 끝이 다른 연결선이나 절점에 연결되지 않는 상태의 오차

28 지형 표현 방법 중 불규칙 삼각망 자료모형(TIN)에 대한 설명으로 옳은 것은?

[2013년 기사 2회]

① 표고값을 갖는 같은 크기의 격자들로 구성된 레이어이다.
② 지형 특성에 따라 자료의 적정 밀도가 변화한다.
③ 중첩분석이 쉽고 호환성이 뛰어나 표고모형 중 가장 널리 쓰인다.
④ 정사영상 제작에 적합하며 음영기복도 제작에는 부적합하다.

해설

불규칙 삼각망(不規則三角網, Triangulated Irregular Network)
• 정의
　불규칙 삼각망은 불규칙하게 배치되어 있는 지형점으로부터 삼각망을 생성하여 삼각형 내의 표고를 삼각평면으로부터 보간하는 DEM의 일종이다. 벡터위상구조를 가지며 다각형 Network를 이루고 있는 순수한 위상구조와 개념적으로 유사하다.
• 특징
　−기복의 변화가 작은 지역에서 절점수를 적게한다.
　−기복의 변화가 심한 지역에서 절점수를 증가시킨다.
　−자료량 조절이 용이하다.
　−중요한 위상형태를 필요한 정확도에 따라 해석한다.
　−경사가 급한 지역에 적당하다.

정답 | 27 ④　28 ②

－선형 침식이 많은 하천지형의 적용에 특히 유용하다.
－격자형 자료의 단점인 해상력 저하, 해상력 조절, 중요한 정보의 상실 가능성이 해소된다.

29 수치지도의 등고선 레이어를 이용하여 수치지형모델을 생성할 경우 필요한 자료처리 방법은?

[2013년 기사 2회]

① 보간법　　　② 일반화기법
③ 분류법　　　④ 자료압축법

해설

보간

그 수가 유한한 관측치로부터 관측점 이외의 지점에 위치한 임의점에 대한 값을 추정하는 방법을 말한다. 즉, 구하고자 하는 점의 높이값을 그 주변에 주어진 자료와 좌표값으로부터 보간함수를 적용하여 추정 계산하는 것이다.

- 최근린보간(Nearest Neighbor Interpolation)
  - 원형 셀에 가장 근접한 것과 동등한 속성값이 출력 레스터 레이어 셀에 지정되는 것
  - 재배열 후의 영상데이터를 제일 가까운 영상데이터로 치환한다.
  - 이 방법의 장점은 원영상의 데이터를 손상시키지 않는다.
- 쌍1차보간(Bilinear Interpolation)
  - 편의 수정된 영상소자료값은 재변환된 좌표위치(Xr, Yr)와 입력영상내용의 가장 가까운 4개의 영상소 사이의 거리에 의해 처리한다.
  - 내삽점 주위 4점의 영상소 값을 이용하여 구하고자 하는 영상소 값을 선형식으로 내삽한다.
  - 출력영상에서 나타나는 지표면이 불연속적으로 나타나는 것을 줄일 수 있다.
  - 이 방식에서는 원자료가 흠이 나는 결점이 있으나 평균하기 때문에 Smoothing(평활화) 효과가 있다.
- 쌍3차보간(Bi－cuvic Interpolation)
  - 출력좌표값을 결정하기 위해 4×4 배열의 16개 영상소들을 평균한다.
  - 내삽하고 싶은 점 주위의 16개 관측점의 영상소 값을 이용하여 구하는 영상소 값을 3차 함수를 이용하여 내삽한다.

－최근린방법에서 나타날 수 있는 지표면의 불연속표현을 줄일 수 있다.
－이 방식에서는 원자료가 흠이 나는 결점이 있으나 영상의 평활화와 동시에 선명성의 효과가 있어 고화질이 얻어진다.

영상데이터의 보간

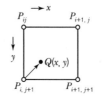
(a) 최근린보간

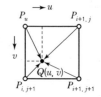
(b) 쌍1차보간

(c) 3차 중첩 함수

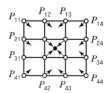
(d) Cubic Convolution

30 지리정보시스템의 이용 효과 중 거리가 먼 것은?

[2013년 기사 3회]

① 수치화된 자료에 대한 다양한 분석이 가능하다.
② DB 체계를 통하여 자료를 더욱 간편하게 사용하고 자료 입수도 용이하다.
③ 투자 및 조사의 중복을 극대화할 수 있다.
④ 수집한 자료는 다른 여러 자료와 유용하게 결합할 수 있다.

해설

지리정보 시스템의 이용 효과	• 수치화된 자료에 대한 다양한 분석이 가능하다. • DB 체계를 통하여 자료를 더욱 간편하게 사용하고 자료 입수도 용이하다. • 투자 및 조사의 중복을 극소화할 수 있다. • 수집한 자료는 다른 여러 자료와 유용하게 결합할 수 있다. • 관리 및 처리 방안의 수립이 가능하다. • 효율적으로 관리할 수 있다.

정답 | 29 ① 30 ③

31 디지타이징에 의한 수치지도 제작 시 발생할 수 있는 오차 유형이 아닌 것은?

[2013년 기사 3회]

① 종이지도 신축에 의한 위치 오차
② 세선화(Thinning) 과정에서의 형상 오차
③ 선분 교차점에서의 교차 미달(Undershooting) 현상
④ 인접 다각형의 경계선 중복 부분에서의 갭(Gap) 발생

해설

디지타이징 및 벡터편집에서의 오류유형

Undershoot (못미침)	• 어떤 선이 다른 선과의 교차점까지 연결되어야 하는데 완전히 연결되지 못하고 선이 끝나는 상태이다. • 이런 경우 편집소프트웨어에서 Extend와 같은 완전연결을 해주는 명령을 사용하여 수정한다.
Overshoot (튀어나옴)	• 어떤 선이 다른 선과의 교차점까지 연결되어야 하는데 그것을 지나서 선이 끝나는 상태이다. • 이런 경우 편집소프트웨어에서 Tim과 같이 튀어나온 부분을 삭제하는 명령을 사용하여 수정한다.
Spike (스파이크)	• 두 선이 만나거나 연결될 때, 한 점에 매우 엉뚱한 좌표가 입력되어 튀어나온 상태이다. • 이런 경우 엉뚱한 좌표가 입력된 점을 제거하고 적절한 좌표값을 가진 점을 입력한다.
Sliver Polygon (슬리버 폴리곤)	• 하나의 선으로 입력되어야 할 곳에서 두 개의 선으로 약간 어긋나게 입력되어 가늘고 긴 불필요한 폴리곤을 형성한 상태이다. • 폴리곤 생성을 부정확하게 만든 선을 제거하여 폴리곤 생성을 새로 한다.
폴리곤 형성에서 라벨부여 오류	• 폴리곤(영역)을 형성하기 위해 선이 폐합되어야 하는데, 폐합이 완전히 되지 않은 상태에서 폴리곤(영역)이 형성되어 라벨이 없거나 이중으로 입력되는 상태, 호수처럼 폴리곤(영역) 내에 다른 폴리곤이 포함되어야 할 곳에 라벨이 빠져 있는 상태이다.
폴리곤 형성에서 라벨부여 오류	• 이것은 폴리곤이 폐합되어야 할 곳에서 Undershoot되어 발생하는 것이므로 이런 부분을 찾아서 수정해 주어야 한다.
Overlapping (점, 선의 중복)	• 주로 영역의 경계선에서 점, 선이 이중으로 입력되어 있는 상태이다. • 중복되어 있는 점, 선을 제거함으로써 수정할 수 있다.
Thinning	Filtering 단계를 거친 격자 영상에서 하나의 패턴을 가늘고 긴 선과 같은 표현으로 세선화하는 과정이다.

32 수치표고모델(DEM)만을 이용하여 할 수 있는 작업과 거리가 먼 것은?

[2013년 기사 3회]

① 음영기복도 제작 ② 토지피복 분석
③ 가시도 분석 ④ 물의 흐름방향 분석

해설

수치표고모델(DEM) 응용 분야

• 도로의 부지 및 댐의 위치 선정
• 수문 정보체계 구축
• 등고선도와 시선도
• 절토량과 성토량의 산정
• 조경설계 및 계획을 위한 입체적인 표현
• 지형의 통계적 분석과 비교
• 경사도, 사면방향도, 경사 및 단면의 계산과 음영기복도 제작
• 경관 또는 지형형성과정의 영상모의 관측
• 수치지형도 작성에 필요한 표고정보와 지형정보를 다루는 속성
• 군사적 목적의 3차원 표현

33 우리나라에서 용도지역지구의 관리를 포함한 도시계획업무를 지원하고 도시계획관련 각종 의사결정을 지원해주는 국가공간정보 응용 정보시스템은? [2012년 산업기사 3회]

① 온나라　　② LMIS
③ UPIS　　④ KOPSS

해설

UPIS(Urban Planning Information System)
도시계획정보체계는 국민의 재산권과 밀접히 관련된 도시 내 토지의 필지별 도시계획정보(도로 · 공원지정 등)를 입안 · 결정 · 집행 등의 과정별로 전산화해 인터넷으로 투명하게 제공하고 행정기관의 도시계획과 관련한 의사결정을 지원하는 시스템이다. 이를 통해 국민은 자기 소유토지에 도로 · 공원 등이 들어서는지 등을 시 · 군 · 구청에 가지 않고도 인터넷을 통해 알 수 있게 된다.

토지관리정보시스템(LMIS ; Land Mana−gement Information System)
(구)건설교통부는 토지관리업무를 통합 · 관리하는 체계가 미흡하고, 중앙과 지방 간의 업무연계가 효율적으로 이루어지지 않는다. 토지정책 수립에 필요한 자료를 정확하고 신속하게 수집하기 어려움에 따라 1998년 2월부터 1998년 12월까지 대구광역시 남구를 대상으로 6개 토지관리업무에 대한 응용시스템 개발과 토지관리데이터베이스를 구축하고, 관련제도정비방안을 마련하는 등 시범사업을 수행하여 현재 토지관리업무에 활용하고 있다.

34 자료의 수집 및 취득 시 지형공간정보체계를 이용함으로써 기대할 수 있는 효과에 대한 설명으로 거리가 먼 것은? [2012년 산업기사 3회]

① 투자 및 조사의 중복을 최소화할 수 있다.
② 분업과 합작을 통하여 자료의 수치화 작업을 용이하게 해준다.
③ 상호간의 자료 공유와 입수가 쉽지 않으므로 보안성이 좋아진다.
④ 자료기반과 전산망 체계를 통하여 자료를 더욱 간편하게 사용하게 한다.

해설

지형공간정보체계의 특징 및 기대효과

특징	기대효과
• 대량의 정보를 저장하고 관리할 수 있어 복잡한 정보 분석에 유용 • 원하는 정보를 쉽게 찾아볼 수 있으며 복잡한 정보의 분류에 유용 • 새로운 정보의 추가와 수정이 용이 • 지도의 축소 및 확대가 자유로움 • 자료의 중첩을 통하여 종합적 정보의 획득이 용이 • 적합한 입지선정이 용이	• 일관성 확보 • 최신정보 이용 및 과학적 정책 결정 • 업무의 신속성 및 비용 절감 • 합리적 도시계획 • 일상 업무 지원

35 GIS에서 표준화가 필요한 이유에 대한 설명으로 거리가 먼 것은? [2013년 산업기사 2회]

① 서로 다른 기관 간 데이터의 복제를 방지하고 데이터의 보안을 유지하기 위하여
② 데이터의 제작 시 사용된 하드웨어(H/W)나 소프트웨어(S/W)에 구애받지 않고 손쉽게 데이터를 사용하기 위하여
③ 표준 형식에 맞추어 하나의 기관에서 구축한 데이터를 많은 기관들이 공유하여 사용할 수 있으므로
④ 데이터의 공동 활용을 통하여 데이터의 중복 구축을 방지함으로써 데이터 구축비용을 절약하기 위하여

해설

표준화
표준이란 개별적으로 얻어질 수 없는 것들을 공통적인 특성을 바탕으로 일반화하여 다수의 동의를 얻어 규정하는 것으로 GIS표준은 다양하게 변화하는 GIS데이터를 정의하고 만들거나 응용하는 데 있어서 발생되는 문제점을 해결하기 위해 정의되었다. GIS 표준화는 보통 다음의 7가지 영역으로 분류될 수 있다.

정답 | 33 ③　34 ③　35 ①

표준화 요소

- Data Model의 표준화 : 공간데이터의 개념적이고 논리적인 틀이 정의된다.
- Data Content의 표준화 : 다양한 공간 현상에 대하여 데이터 교환에 대해 필요한 데이터를 얻기 위한 공간 현상과 관련 속성 자료들이 정의된다.
- Data Collection의 표준화 : 공간데이터를 수집하기 위한 방법을 정의한다.
- Location Reference의 표준화 : 공간데이터의 정확성, 의미, 공간적 관계 등이 객관적인 기준(좌표 체계, 투영법, 기준점 등)에 의해 정의된다.
- Data Quality의 표준화 : 만들어진 공간데이터가 얼마나 유용하고 정확한지, 의미가 있는지에 대한 검증 과정으로 정의된다.
- Meta data의 표준화 : 사용되는 공간 데이터의 의미, 맥락, 내외부적 관계 등에 대한 정보로 정의된다.
- Data Exchange의 표준화 : 만들어진 공간데이터가 Exchange 또는 Transfer되기 위한 데이터 모델구조, 전환방식 등으로 정의된다.

36 수치표고모델(DEM)의 응용분야라고 보기 어려운 것은?   [2013년 산업기사 3회]

① 아파트 단지별 세입자 비율 조사
② 가시권 분석
③ 수자원 정보체계 구축
④ 절토량 및 성토량 계산

해설

수치표고모델(DEM)의 응용분야
- 도로의 부지 및 댐의 위치 선정
- 수문 정보체계 구축
- 등고선도와 시선도
- 절토량과 성토량의 산정
- 조경설계 및 계획을 위한 입체적인 표현
- 지형의 통계적 분석과 비교
- 경사도, 사면방향도, 경사 및 단면의 계산과 음영기복도 제작
- 경관 또는 지형형성과정의 영상모의 관측
- 수치지형도 작성에 필요한 표고정보와 지형 정보를 다 이루는 속성
- 군사적 목적의 3차원 표현

37 지리정보자료의 구축에 있어서 표준화의 장점이라 볼 수 없는 것은?   [2013년 산업기사 3회]

① 경제적이고 효율적인 시스템 구축 가능
② 서로 다른 시스템이나 사용자 간의 자료 호환 가능
③ 자료 구축에 대한 중복 투자 방지
④ 불법복제로 인한 저작권 피해의 방지

해설

GIS의 표준화는 각기 다른 사용목적으로 구축된 다양한 자료에 대한 접근의 용이성을 극대화하기 위해 필요하다.

장점	요소
• 서로 다른 기관이나 사용자 간에 자료를 공유 • 자료 구축을 위한 비용감소 • 사용자 편의 증진 • 자료 구축의 중복성 방지 • 경제적이고 효율적인 시스템 구축 가능 • 효율적 관리 및 활용	• 데이터 모델의 표준화 • 데이터 내용의 표준화 • 데이터 수집의 표준화 • 데이터 질의 표준화 • 위치기준의 표준화 • 메타데이트의 표준화 • 데이터 교환의 표준화

38 GIS에서 표준화가 필요한 이유로 가장 거리가 먼 것은?   [2015년 산업기사 3회]

① 데이터의 공동 활용을 통하여 데이터의 중복구축을 방지함으로써 데이터 구축비용을 절약한다.
② 표준 형식에 맞추어 하나의 기관에서 구축한 데이터를 많은 기관들이 공유하여 사용할 수 있다.
③ 서로 다른 기관 안에 데이터 유출의 방지 및 데이터의 보안을 유지하기 위하여 필요하다.
④ 데이터 제작 시 사용된 하드웨어나 소프트웨어에 구애받지 않고 손쉽게 데이터를 사용할 수 있다.

해설

표준화
- 정의 : 표준이란 개별적으로 얻어질 수 없는 것들을 공통적인 특성을 바탕으로 일반화하여 다수의 동의를 얻어 규정한다. GIS 표준은 다양하게 변화하는 GIS 데이터를 정의하고 만들거나 응용하는 데 있어서 발생되는 문제점을 해결하기 위해 정의되었다.

정답 | 36 ①   37 ④   38 ③

• 표준화 요소 必 암기 ⓜⓝⓣ ⓠⓦⓢ

내 적 요 소	Data Model의 표준화	공간데이터의 개념적이고 논리적인 틀이 정의된다.
	Data Content의 표준화	다양한 공간 현상에 대하여 데이터 교환에 대해 필요한 데이터를 얻기 위한 공간 현상과 관련 속성 자료들이 정의된다.
	Meta data의 표준화	사용되는 공간 데이터의 의미, 맥락, 내외부적 관계 등에 대한 정보로 정의된다.
외 적 요 소	Data Quality의 표준화	만들어진 공간데이터가 얼마나 유용하고 정확한지, 의미가 있는지에 대한 검증 과정으로 정의된다.
	Location Reference의 표준화	공간데이터의 정확성, 의미, 공간적 관계 등을 객관적인 기준(좌표 체계, 투영법, 기준점 등)에 의해 정의된다.
	Data Collection의 표준화	공간데이터를 수집하기 위한 방법을 정의한다.
	Data Exchange의 표준화	만들어진 공간데이터가 Exchange 또는 Transfer 되기 위한 데이터 모델구조, 전환방식 등으로 정의된다.

CHAPTER 10 PBLIS

제1장 PBLIS의 의의 및 개발 배경

1. 의의

① 필지중심토지정보시스템(PBLIS ; Parcel Based Land Information System)의 개발은 컴퓨터를 활용하여 일필지를 중심으로 건물, 도시계획 등 형상과 관련된 도면정보(Graphic Information)와 이들과 연결된 각종 속성정보(Nongraphic Information)를 효과적으로 저장·관리·처리할 수 있는 시스템으로 향후 시행될 지적재조사사업의 기반을 조성하는 사업이다.

② 전산화된 지적도면 수치파일을 데이터베이스화하여 이들 정보를 검색하고 관리하는 업무 절차를 전산화함으로써 그간 수작업으로 처리했던 지적도면 정리를 자동화하고 토지 및 관련정보를 국가 및 대국민에게 복합적이고 신속하게 제공하여 과학적 지적행정을 도모하고자 이에 대한 개발이 추진되었다.

2. 개발 배경

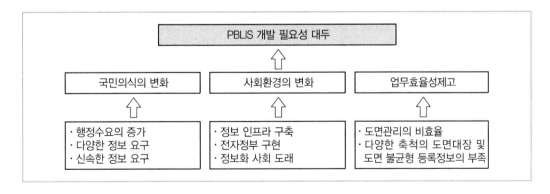

개발 배경	내용
도면관리의 문제	종이로 작성된 도면으로 관리함으로써 온·습도의 변화, 장기간 사용으로 인한 노후화 등 보관상 많은 문제점을 내포함
다양한 축척의 도면	시가지, 농경지, 임야 등 여러 축척의 도면을 관리함으로써 축척 간의 불일치사항 해소에 어려움이 있었음
등록정보의 부족	대장 및 도면에 담긴 정보의 부족으로 국민의 다양한 정보욕구 충족에 효과적인 대처가 어려움
대장과 도면관리의 불균형	대장정보는 이미 1990년에 전산화가 완료되어 전국 온라인 서비스에 돌입하였으나, 도면정보는 수작업으로 관리함으로써 불균형 발전을 초래함
국가 정보로서의 공신력 향상	수치로 데이터를 구축함으로써 항구적으로 정확한 데이터를 관리할 수 있게 됨
신속한 데이터의 제공	토지의 이동을 실시간으로 정리함으로써 항시 현장 상황과 동일한 형태의 데이터를 제공할 수 있음
대장+도면정보의 통합 시스템 운영	대장과 도면을 일체화시킨 시스템 구축으로 다양한 정책 정보 제공은 물론 만족할 만한 대국민 서비스가 가능하게 됨

3. 개발 목적

대장+도면의 완전 전산화
· 다양한 토지관련 정보제공으로 대국민서비스 강화
· 지적재조사사업 기반 확보

토지관련정보의 통합관리
· 지적도, 건물, 시설물 등 각종 정보의 통합관리
· 토지소유권 보호 및 공평과세 실현

정보화사회에 대비 정보 인프라 구축
· 보산업의 기술향상과 초고속 통신망 활용성 증진
· 행정처리단계 축소에 따른 예산 절감

① 다양한 토지 관련정보를 필요로 하는 정부나 국민에게 정확한 지적정보를 제공하고, 지적재조사사업을 위한 기반 확보
② 지적정보 및 각종 시설물 등의 부가정보를 효율적으로 통합 관리하며, 이를 기반으로 소유권 보호와 다양한 토지관련 서비스 제공
③ 기존의 정보통신 인프라를 적극 활용할 수 있는 전자정부 실현에 일조할 콘텐츠를 개발하고, 행정처리 단계를 획기적으로 축소하여 그에 따른 비용과 시간 절감

제2장 PBLIS 추진 과정 및 체계

1. PBLIS 추진 과정

2. PBLIS 추진 일정

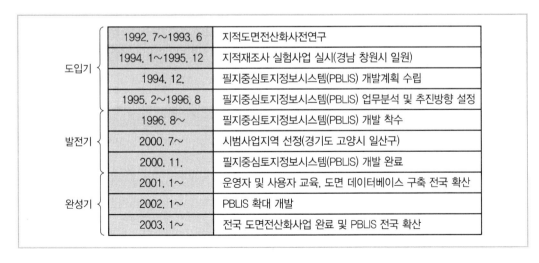

	1992. 7~1993. 6	지적도면전산화사전연구
도입기	1994. 1~1995. 12	지적재조사 실험사업 실시(경남 창원시 일원)
	1994. 12.	필지중심토지정보시스템(PBLIS) 개발계획 수립
	1995. 2~1996. 8	필지중심토지정보시스템(PBLIS) 업무분석 및 추진방향 설정
발전기	1996. 8~	필지중심토지정보시스템(PBLIS) 개발 착수
	2000. 7~	시범사업지역 선정(경기도 고양시 일산구)
	2000. 11.	필지중심토지정보시스템(PBLIS) 개발 완료
완성기	2001. 1~	운영자 및 사용자 교육, 도면 데이터베이스 구축 전국 확산
	2002. 1~	PBLIS 확대 개발
	2003. 1~	전국 도면전산화사업 완료 및 PBLIS 전국 확산

3. PBLIS 추진 체계

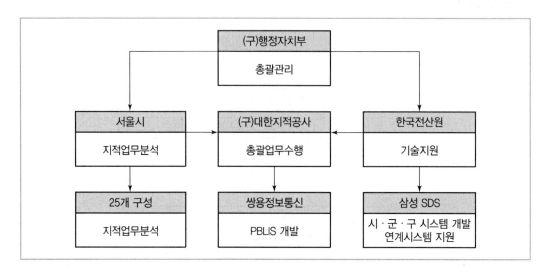

관련 부서		담당	비고
(구)행정자치부		• 지적행정업무지원 및 자문 임무 • 지적 데이터 제공	총괄관리
(구)대한지적공사		• 사용자 요구사항 제시 • 시스템 개발 • 기술 이전 역할	총괄업무수행
서울시		사용자 요구사항 제시	각 소관청 지적업무분석
한국전산원		• 행정전산망 기술 지원 • 기술 컨설팅 역할	기술지원
개발 사업자	쌍용정보통신	PBLIS 응용프로그램 개발	PBLIS 개발
	삼성 SDS	• 시·군·구 행정종합정보시스템 설계 • 연계시스템 지원	

4. PBLIS 시스템 개발

(1) 개요

시스템의 개발을 위하여 (구)행정자치부는 지적행정업무지원 및 자문과 지적정보 제공을, (구)대한지적공사는 사용자 요구사항을 수렴하여 개발 방향을 제시하고 시스템 개발 및 기술 이전을, 쌍용정보통신은 PBLIS 응용프로그램 개발을, 삼성 SDS는 시·군·구 지적행정시스템에 대한 연계시스템 지원을 각각 담당하였다.

(2) 개발시스템 구성

정부는 소관청 지적업무를 구현하는 지적공부관리시스템과 더불어 (구)지적공사에서 수행되는 지적측량의 준비와 결과를 작성하고, 소관청에서 직권업무처리 및 성과검사를 하기 위한 지적측량성과작성시스템과 측량 결과의 처리를 보조하는 지적측량시스템을 동시에 개발하여 각 시스템이 같은 도형정보관리시스템을 기반으로 구현될 수 있도록 함으로써 각각 업무 간의 데이터 교환의 효율성과 편리성을 극대화하고자 하였다.

[PBLIS 시스템 구성]

必 암기 사지토지구지 지적측량 토량결과

PBLIS	주요 기능
지적공부관리시스템	• **사**용자권한관리 • **지**적측량검사업무 • **토**지이동관리 • **지**적일반업무관리 • 창**구**민원업무 • 토**지**기록자료조회 및 출력 등(160여 종)
지적측량시스템	• **지**적삼각측량 • 지**적**삼각보조측량 • 도근**측**량 • 세부**측량** 등(170여 종)
지적측량성과작성시스템	• **토**지이동지 조서 작성 • 측**량**준비도 • 측량**결**과도 • 측량성**과**도 등(90여 종)

(3) 개발시스템 주요 기능

① 지적공부관리시스템(160여 종)

ㄱ. 정의 : 도형과 속성정보를 통합하여 변동자료를 실시간으로 갱신하여 이를 국민과 관련기관에 필요한 정보를 제공하는 시스템

ㄴ. 기능

- 시·군·구 행정 종합 정보화시스템과 연계를 통한 통합데이터베이스 구축
- 지적업무의 완벽한 전산화로 작업의 효율성과 정확도 향상, 지적정보의 응용 및 가공으로 신속한 정책 정보의 제공
- 정보통신 인프라를 기반으로 한 질 좋은 대국민 서비스 실현
- 지적공부관리시스템에는 사용자권한관리·지적측량검사업무·토지이동관리·지적일반업무관리·창구민원업무·토지기록 자료 조회 및 출력 등 160여 종의 업무제공 등이 있음

② 지적측량시스템(170여 종)

ㄱ. 정의 : 지적측량성과작업시스템과 연계 운영되며, 측량결과를 전산 처리하여 측량계산 및 성과를 확정하는 시스템

ㄴ. 기능

- 지적측량방법 개선
- 사용자 편의 위주의 응용소프트웨어 개발
- 지적측량업무의 능률성 향상
- 지적측량시스템은 지적삼각측량·지적삼각보조측량·도근측량·세부측량 등 170여 종의 업무를 제공하고 있음

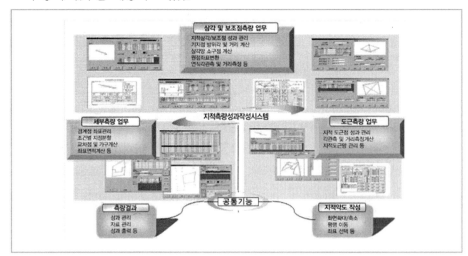

③ 지적측량성과작성시스템(90여 종)

　㉠ 정의 : 지적측량 준비도 및 측량성과도 작성 등 지적측량 제반업무를 수행하는 시스템

　㉡ 기능

　　• 측량 준비도, 결과도, 성과도 작성을 완전 자동화

　　• 수작업에 의한 오류 방지

　　• 정확하고 신속한 지적측량성과 제공

　　• 지적측량성과관리시스템은 토지이동지 조서작성·측량준비도·측량결과도·측량성과도 등 90여 종의 업무를 제공하고 있음

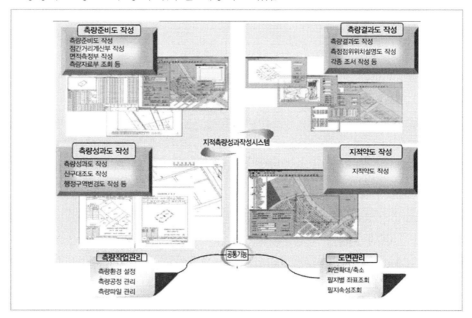

5. PBLIS 처리 과정 │必 암기│ ㉣㉠㉢㉡㉣는 ㉠㉡㉣㉣㉣해야 한다.

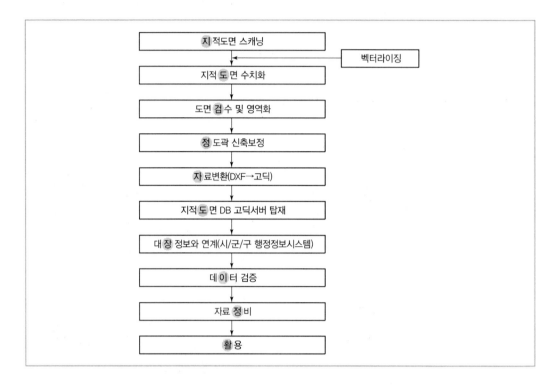

예제

필지중심토지정보체계의 데이터베이스 구축과정으로 옳은 것은?

① 정도곽 신축보정 → 도면 DB 탑재 → 자료변환 → 대장정보와의 연계 → 데이터 검증 → 자료정비 → 활용

② 정도곽 신축보정 → 자료변환 → 도면 DB 탑재 → 대장정보와의 연계 → 데이터 검증 → 자료정비 → 활용

③ 정도곽 신축보정 → 대장정보와의 연계 → 도면 DB 탑재 → 자료변환 → 데이터 검증 → 자료정비 → 활용

④ 정도곽 신축보정 → 도면 DB 탑재 → 대장정보와의 연계 → 자료변환 → 데이터 검증 → 자료정비 → 활용

정답 ②

6. PBLIS 오류 유형 및 정비

오류	유형/정비	내용
누락 필지	유형	• 대장 DB에는 지번이 존재하나, 도형 DB에는 누락된 필지 오류 • 도형 DB에는 지번이 존재하나, 대장 DB에는 누락된 필지 오류
	정비	• 분할 및 합병정리 누락여부를 확인하여 토지이동정리 실시 • 경지 및 구획정리에 편입되었으나 대장 폐쇄를 누락한 경우는 관련 자료를 첨부하여 '지적공부정리결의서'에 의해 대장 폐쇄
지번 중복	유형	하나의 행정구역 내 동일 지번이 표기된 경우 발생하는 오류
	정비	• 분할등록 구분코드인 'a' 코드 누락 여부 확인 후 정비 • 토지대장전산화 이전에 이중 지번을 부여한 경우 등록사항 정정(지번 정정) 처리
지목 상이	유형	대장 DB에 등록되어 있는 지번별 지목과 도형 DB에 기록되어 있는 지목이 서로 상이한 오류
	정비	• 자료 정비·지목 일괄 수정 기능을 이용하여 도면 DB의 지목을 대장 DB의 지목으로 일괄 변환 • 지목 입력 및 수정 기능을 이용하여 일필지별 확인한 후 오류 수정
면적 공차 초과	유형	대장 DB에 등록되어 있는 지번별 지목과 도형 DB 내에서 일필지별로 좌표 면적계산법에 의해 산출된 면적이 법 시행규칙 제56조 규정에 의한 공차를 초과하는 필지의 오류
	정비	• 가장 먼저 지적경계점의 좌표 독취 착오 여부 확인 • 면적측정기로 지적도상 면적을 측정하여 원인 분석 후 면적 정정

> **예제**
>
> PBLIS의 DB 오류자료 정비 방안으로 옳지 않은 것은? (12년 지방직)
>
> ① 누락 필지 오류정비 : 분할 및 합병정리 누락 여부를 확인하여 토지이동정리 실시
> ② 지번 중복 오류정비 : 분할등록 구분코드인 'a'코드 누락 여부 확인 후 정비
> ③ 지목 상이 오류정비 : 지목 일괄수정기능을 이용하여 대장 DB의 지목을 도면 DB의 지목을 기준으로 일괄 변환
> ④ 면적 공차 초과 오류정비 : 면적측정기로 지적도상 측정하여 원인 분석 후 면적 정정
>
> 정답 ③

7. PBLIS 기대 효과

구분	내용
대민 서비스 측면	• 대장+도면 통합민원 전국 온라인 처리 • 다양하고 입체적인 토지정보 제공 • 재택 민원서비스 기반 조성 • 정보공유로 증명서류 감축 및 수수료 절감
경제적 측면	• 21C 정보화 사회에 대비한 정보인프라 조성 • 토지정보의 새로운 부가가치 창출로 국가 경쟁력 확보 • 정보산업의 기술 향상 및 초고속통신망의 활용도 증진 • 최신 측량 및 토지정보관리기술의 수출
행정적 측면	• 지적정보의 완전전산화로 정보의 공동 활용 극대화 • 행정처리 단계 축소에 따른 예산 절감 • 토지관련정보의 통합화로 토지정책의 효율적 입안

① 지적업무처리의 획기적인 개선
  ㉠ 각종 조서 작성, 도면 정리 등의 수작업 업무를 전산화함으로써 업무의 생산성을 증가시킬 수 있게 되었다.
  ㉡ 특히 현재 수작업으로 운영되는 지적도면 이동정리를 지적측량 결과와 연결하여 이를 전산처리함으로써 지적정보의 관리 및 처리에 일관성, 정확성, 효율성을 배가시킬 수 있다.

② **지적정보활용의 극대화** : 정밀한 지적정보의 생산과 실시간 갱신 방안을 제공함으로써 정보 활용을 극대화할 수 있게 되었다.

③ **정밀한 토지정보체계 구축 가능** : 지적도면을 기본도로 구성함으로써 정밀도를 요하는 건축물, 도시계획, 시설물 등 각종 국가 인프라 데이터를 정확하게 구축할 수 있는 환경을 조성하게 되었다.

④ **지적재조사 기반 조성** : 향후 추진될 지적재조사사업의 기반 프레임을 제공하여 줌으로써 미래 지향적 시스템으로 발전하게 될 것이다.

⑤ **국민 편의 지향적인 서비스시스템** : 국민에게 다양한 정보를 신속하고 정확하게 제공할 수 있어, 향후 재택민원 서비스 등 편리한 생활을 위한 완벽한 서비스를 제공할 수 있다.

8. PBLIS와 GIS의 비교

구분	GIS	PBLIS
목적	• 지형에 관련된 정보 제공 • 도시 및 지역계획수립 등에 의사결정자료로 활용 • 특정 목적을 위하여 활용됨	• 토지정책의 수립, 토지행정에 정보 제공 • 토지기록의 효율적 효과 • 토지권리 관계에 대한 정보 제공
관련 정보	• 경사, 고도, 방향, 환경, 토양 • 토지이용, 도로, 인조물 등	• 지적, 등기, 과세, 평가 • 건물, 도시계획, 지하시설물
도면 축척	소축척 도면(지형도)	대축척도면(지적도)
주활용 분야	주제별 분석 및 이용	토지 관리
비교	• 물리적 요소뿐 아니라 사회, 경제적 요소도 포함 • 지형에 대한 정보가 기초가 됨 • 가격이 저렴하고 성능 좋은 소형 컴퓨터의 출현으로 활용이 확대됨과 아울러 도면화가 가능 • 의사결정이 직접적으로 쉽게 이루어질 수 있음 • 지역단위나 특정 규제를 대상으로 시스템이 설계됨 • 지적정보와 별도로 구축될 수 있음	• 물리적 요소(위치, 경계)에 중점을 둠 • 필지 수준에서 정보가 관리됨 • 토지정보시스템은 지리정보시스템을 이용함으로써 좀 더 뛰어난 정보시스템으로 발전할 수 있음 • 지적정보를 기초로 하여 시스템이 구축됨

제3장 지적제도의 분류

1. 지적제도의 유형

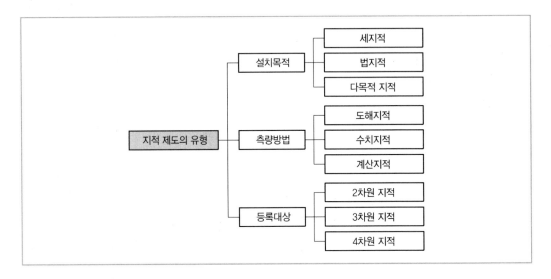

2. 발전 과정에 따른 분류

발전 과정	특징
세지적 (과세지적)	• 세징수를 가장 큰 목적으로 하여 개발된 제도로, 일명 과세지적이라고도 함 • 국가재정세입의 대부분을 토지세에 의존하던 농경시대에 개발된 최초의 지적제도 • 각 필지에 대한 세액을 정확하게 산정하기 위하여 면적본위로 운영되는 제도를 말함
법지적 (소유지적)	• 토지에 대한 사유재산권이 인정되기 시작한 산업시대에 개발된 지적제도로, 일명 소유권 지적, 경계지적이라고도 함 • 위치본위로 운영되는 지적제도 • 토지의 권리관계를 상세하게 기록하며, 토지 평가보다는 소유권의 한계 설정과 경계 복원의 가능성을 더욱 강조하고 토지등록에 있어 소유권에 대한 국가의 보호와 법률적 효력을 부여함 • 일필지가 소유권에 따라 결정되고 표현되며, 법지적의 기본 요건은 토지등록에 관한 기본법의 제정, 토지소유권보호, 토지의 등록사항이 부정확한 경우 발생하는 손해에 대하여 선의의 제3자를 보호하는 데 주요 목적이 있음

발전 과정	특징
다목적 지적 (종합지적, 경제지적)	• 필지 단위로 기본적인 정보를 계속하여 즉시 이용이 가능하도록 종합적으로 제공하는 제도(종합화 본위)로, 일명 종합지적, 통합지적, 경제지적이라고도 함 • 1필지 단위로 토지 관련 정보를 종합적으로 등록하고 이 변경사항을 항상 최신화하여 신속, 정확하게 지속적으로 토지정보를 제공하는 데 주력하는 제도 • 토지에 대한 물리적 현황은 물론, 법률적, 재정적, 경제적 정보 등을 포괄하는 제도로 토지이용현황 시설물 자료(상하수도, 가스 전환 등), 인구 통계 자료 등을 등록하여 종합화 자동화로 운영되는 제도

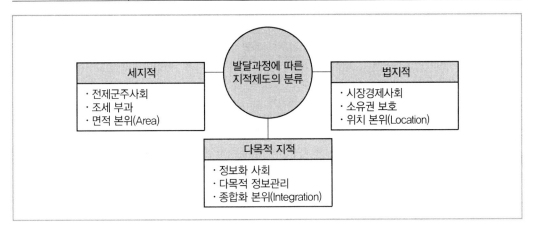

3. 측량 방법에 따른 분류

측량 방법	특징
도해지적 (Graphical Cadastre)	• 각 필지의 경계점을 일정한 축척의 도면 위에 기하학적으로 폐합된 다각형의 형태로 표시하여 좌표로 등록 • 세지적 제도에서는 토지의 경계표시를 도해지적에 의존하고 있음 • 토지의 형상을 시각적으로 용이하게 파악할 수 있음 • 측량에 소요되는 비용이 비교적 저렴함 • 다른 지적분야보다 기술적으로 크게 요구되지 않음 • 농촌지역과 산악지역에서 주로 채택하여 운영하는 제도 • 도면의 신축 등으로 면적측량 시에 오차가 발생함 • 고도의 정밀을 요구하는 경우에는 부적합한 제도임
수치지적 (Numerical Cadastre) (국지적)	• 토지에 대한 경계점을 좌표로 표시하여 위치를 나타내주는 제도 • 측량자의 잘못으로 인한 경우를 제외하고 측량성과의 차이에 따른 토지의 경계분쟁 등 민원 발생이 거의 없는 실정임 • 각 필지의 경계점이 좌표로 등록되어 있어 시각적으로 파악이 어려움 • 측량성과의 정확성이 높음 • 각 필지의 경계점을 평면직각 종횡선수치(X, Y)의 형태로 표시하여 등록하는 제도

측량 방법	특징
수치지적 (Numerical Cadastre) (국지적)	• 고도의 전문적인 기술이 필요함 • 경계를 지상에 복원할 때는 측량 당시의 정확도로 재현할 수 있음 • 지적의 자동화가 용이함 • 도해지적보다 훨씬 정밀하게 경계를 표시함 • 경비와 인력의 소요가 많이 듦 • 다목적지적 제도하에서는 토지의 경계를 수치지적에 의존함
계산지적 (Computational Cadastre) (전국적)	• 경계점의 정확한 위치 결정이 용이하도록 측량기준점과 연결하여 관측하는 지적제도 • 측량방법은 수치지적과 계산지적의 차이가 없음 • 수치지적은 일부의 특정지역이나 토지구획정리, 농업생산기반 정비 등 사업 지구 단위로 국지적인 수치데이터에 의하여 측량을 실시하는 것을 의미 • 국가의 통일된 기준좌표계에 의하여 각 경계상의 굴곡점을 좌표로 표시하는 지적제도를 의미함 • 전국 단위로 수치데이터에 의거 체계적인 측량이 가능함 • 지적도의 전산화가 용이함 • 컴퓨터를 이용하지 않고는 도면을 작성할 수 없음 • 기술적 측면에서의 지적제도는 계산지적제도가 바람직한 지적제도라고 할 수 있으나 현행 우리나라 지적제도는 도해지적제도로 출발하여 수치지적으로 전환하는 과정에 있는 실정임

4. 등록 의무에 따른 분류

등록 방법	특징
2차원 지적	• 토지의 고저에 관계없이 수평면상의 투영면을 가상하여 각 필지의 경계를 등록 공시하는 제도로, 평면지적이라고도 함 • 지표의 물리적 현황만을 등록함 • 세계 각국에서 가장 많이 채택하는 제도
3차원 지적	• 수평적 등록은 물론 지하 및 공중까지 등록할 수 있는 형태로, 일명 입체지 적이라고도 함 • 3차원 지적이 완성되면 국가의 가장 중요한 시설 자본이 될 것 • 3차원 지적의 구축에는 많은 시간과 비용이 소요됨 • 3차원 지적 완성을 위한 선결과제는 완벽한 좌표계 확립에 의한 수치화
4차원 지적	• 3차원 지적에서 발전한 형태 • 지표·지상·건축물·지하시설물 등을 효율적으로 등록·공시하거나 관리·지원할 수 있고 이를 등록사항의 변경내용으로 정확하게 유지·관리할 수 있는 다목적지적 제도로 전산화 시스템의 구축이 전제됨

5. 등록 성질에 따른 분류

소극적 지적제도	적극적 지적제도
• Negative System	• Positive System
• 토지소유자의 신청 시 신청한 사항에 대해서만 등록(신청주의)	• 소유자의 신청과 관계없이 국가가 직권으로 조사 등록의 의무를 가짐(직권등록주의)
• 권리보험제도	• 토렌스 시스템
• 형식적 심사주의	• 실질적 심사주의
• 공신력 불인정	• 공신력 인정
• 네덜란드, 영국, 프랑스, 이탈리아, 캐나다	• 대만, 일본, 오스트레일리아, 뉴질랜드

> **TIP** **토렌스 시스템**
>
> • 오스트리아 Robert Torrens경에 의해 창안된 시스템으로 토지권리등록 법안의 기초가 됨
> • 토지권원을 명확히 하고 토지거래에 따른 변동사항을 용이하게 하고 권리증서의 발행을 손쉽게 행하는 데 있으며 모든 권원 조사와 등록행위의 기초가 되는 것
> • 주요 이론
>
> | 거울 이론 | 토지권리증서의 등록은 토지거래의 사실을 이론의 여지없이 완벽하게 반영하는 거울과 같다는 이론 |
> |---|---|
> | 커튼 이론 | 토렌스 제도에 의해 한번 권리증명서가 발급되면 당해 토지에 대한 이전의 모든 이해관계는 무효가 되며 현재의 소유권을 되돌아볼 필요가 없다는 이론 |
> | 보험 이론 | 토지등록이 토지의 권리를 아주 정확하게 반영한 것이나 인간의 과실로 인하여 착오가 발생하는 경우에 피해를 입은 사람은 누구나 피해보상에 관한 한 법률적으로 선의의 제3자와 동등한 입장에 놓여야만 된다는 이론 |

6. 다목적지적(Multipurpose Cadastre)

(1) 개념

다목적지적이라 함은 필지단위로 토지와 관련된 기본적인 정보를 집중 관리하고 계속하여 즉시 이용이 가능하도록 토지정보를 종합적으로 제공하여 주는 기본 골격이라 할 수 있으며 종합지적, 통합지적이라고도 한다. 다목적지적은 지리학적 위치측정의 기초이며, 토지와 관련된 기술적, 법률적, 재정 및 경제적 정보의 기본이다.

(2) 다목적지적의 구성 요소 必 암기 측기지필토

구성 요소	특징
측지기본망 (Geodetic reference network)	토지의 경계선과 측지측량이나 그 밖의 토지 및 토지 관련 자료와 지형 간의 상관관계를 형성하는 것으로 지상에 영구적으로 표시되어 지적도상에 등록된 경계선을 현지에 복원할 수 있는 정확도를 유지할 수 있는 기준점 표지의 연결망을 말하는데 서로 관련 있는 모든 지역의 기준점이 단일의 통합된 네트워크여야 한다.
기본도 (Base map)	측지기본망을 기초로 하여 작성된 도면으로서 지도작성에 기본적으로 필요한 정보를 일정한 축척의 도면 위에 등록한 것으로 변동사항과 자료를 수시로 정비하여 최신화 시켜 사용될 수 있어야 한다.
지적중첩도 (Cadastral overlay)	측지기본망과 기본도와 연계하여 활용할 수 있고 토지소유권에 관한 현재 상태의 경계를 식별할 수 있도록 일필지 단위로 등록한 지적도, 시설물, 토지이용, 지역구도 등을 결합한 상태의 도면을 말한다.
필지식별번호 (Unique parcel identification number)	각 필지별 등록사항의 조직적인 저장과 수정을 용이하게 각 정보를 인식·선정·식별·조정하는 가변성이 없는 토지의 고유번호를 말하는데 지적도의 등록 사항과 도면의 등록 사항을 연결시켜 자료파일의 검색 등 색인번호의 역할을 한다. 이러한 필지식별번호는 토지평가, 토지의 과세, 토지의 거래, 토지이용계획 등에서 활용되고 있다.
토지자료파일 (Land Data file)	토지에 대한 정보검색이나 다른 자료철에 있는 정보를 연결시키기 위한 목적으로 만들어진 각 필지의 식별번호를 포함한 일련의 공부 또는 토지 자료철을 말하는데 과세대장, 건축물대장, 천연자원기록, 토지이용, 도로, 시설물대장 등 토지관련자료를 등록한 대장을 뜻한다.

예제 1

필지를 개별화하고 대장과 도면의 등록사항을 연결하는 역할을 하는 것은?

① 필지식별번호　　　　　　　　② 토지자료파일
③ 지적중첩도　　　　　　　　　④ 측지기준망

정답 ①

예제 2

토지의 표시사항 중 토지를 특정할 수 있도록 하는 가장 단순하고 명확한 토지식별자는?

(17년 1회 지산)

① 지번　　　　　　　　　　　　② 지목
③ 소유자　　　　　　　　　　　④ 경계

정답 ①

> ### 예제 3
>
> 토지정보시스템에서 필지식별번호의 역할로 옳은 것은?
>
> ① 공간정보와 속성정보의 링크　　　　② 공간정보에서 기호의 작성
> ③ 속성정보의 자료량의 감소　　　　　④ 공간정보의 자료량의 감소
>
> 정답 ①

> ### 예제 4
>
> 필지식별번호에 관한 설명으로 틀린 것은?　　　　　　　　(17년 2회 지기)
>
> ① 각 필지의 등록사항의 저장과 수정 등을 용이하게 처리할 수 있는 고유번호를 말한다.
> ② 필지에 관련된 모든 자료의 공통적 색인번호의 역할을 한다.
> ③ 토지관련 정보를 등록하고 있는 각종 대장과 파일 간의 정보를 연결하거나 검색하는 기능을 향상시킨다.
> ④ 필지의 등록사항 변경 및 수정에 따라 변화할 수 있도록 가변성이 있어야 한다.
>
> 정답 ④

제4장　지적재조사사업

1. 개요

① 지적은 국가기관의 통치권이 미치는 모든 영토를 필지단위로 구획하여 토지에 대한 물리적 현황과 권리관계 등을 공적 장부에 등록하고 그 변경사항을 영속적으로 등록 관리하는 국가 사무이다.

② 그러나 매우 중요한 행정부문이나 토지조사사업 당시의 오차와 도면의 신축 그리고 각종 오류 발생 원인으로 인해 지적제도 유지 자체가 힘들어지는 상황에까지 이르게 되었다.

③ 이러한 문제점을 해결하고 KLIS를 구축하여 다목적으로 지적을 이용하기 위한 지적재조사의 필요성이 강조되고 있으며 지적재조사는 지적제도정비를 위한 가장 이상적인 방법으로 평가되고 있다.

2. 지적재조사에 관한 특별법의 목적 및 용어

(1) 목적

이 법은 토지의 실제 현황과 일치하지 아니하는 지적공부(地籍公簿)의 등록사항을 바로 잡고 종이에 구현된 지적(地籍)을 디지털 지적으로 전환함으로써 국토를 효율적으로 관리함과 아울러 국민의 재산권 보호에 기여함을 목적으로 한다. [법률 제12844호, 2014. 11. 19 제정)]

(2) 용어의 정의

① "지적공부"란 「공간정보의 구축 및 관리 등에 관한 법률」 제2조제19호에 따른 지적공부를 말한다.

② "지적재조사사업"이란 「공간정보의 구축 및 관리 등에 관한 법률」 제71조부터 제73조까지의 규정에 따른 지적공부의 등록사항을 조사·측량하여 기존의 지적공부를 디지털에 의한 새로운 지적공부로 대체함과 동시에 지적공부의 등록사항이 토지의 실제 현황과 일치하지 아니하는 경우 이를 바로 잡기 위하여 실시하는 국가사업을 말한다.

③ "지적재조사지구"란 지적재조사사업을 시행하기 위하여 제7조 및 제8조에 따라 지정·고시된 지구를 말한다.

④ "토지현황조사"란 지적재조사사업을 시행하기 위하여 필지별로 소유자, 지번, 지목, 면적, 경계 또는 좌표, 지상건축물 및 지하건축물의 위치, 개별공시지가 등을 조사하는 것을 말한다.

⑤ "지적소관청"이란 「공간정보의 구축 및 관리 등에 관한 법률」 제2조제18호에 따른 지적소관청을 말한다.

3. 지적재조사사업 추진 체계

必 암기 ㉠㉮㉩은 ㉔㉦㉠㉨㉨하고 ㉦㉦㉩㉯㉠㉫ ㉢㉧

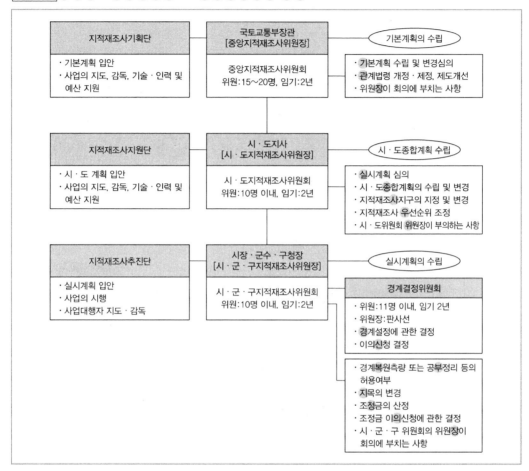

4. 지적재조사측량 절차도

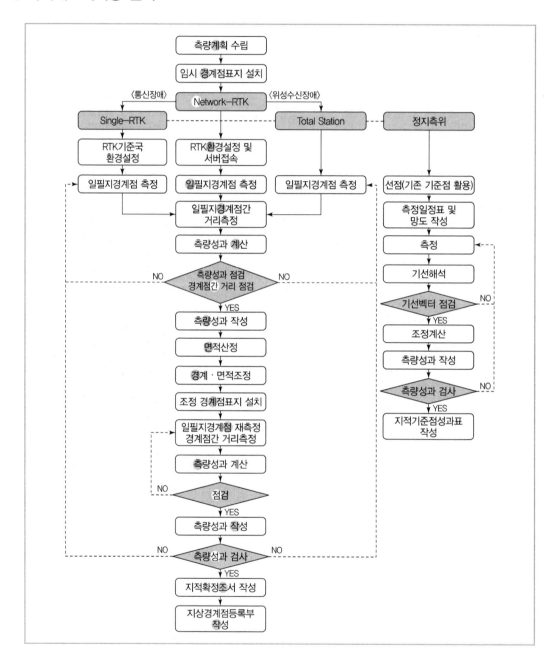

5. 지적재조사사업 추진절차도

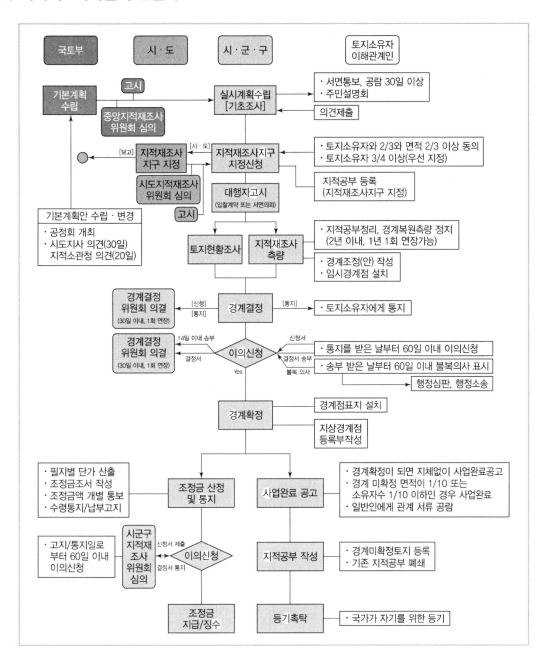

6. 지적재조사의 필요성

① 전국토를 동일한 좌표계로 측량하여 지적불부합을 해결한다.
② 수치적 방법으로 재조사하여 국민적 요구에 부응하고 도해지적의 문제점을 해결한다.
③ 토지 관련 정보의 종합관리와 계획의 용이성을 제공한다.
④ 부처 간 분산 관리되고 있는 기준점의 통일로 업무능률이 향상된다.
⑤ 도면의 신축 등으로 인한 문제점을 해결한다.

7. 지적불부합

(1) 의의

① 지적불부합이란 지적공부에 등록된 사항과 실제가 부합되지 못하는 지역을 말하며 그 한계는 지적세부측량에서 도상에 영향을 미치는 축척별 오차의 범위를 초과하는 것을 말한다.
② 지적불부합의 폐단은 사회적으로 토지분쟁 야기, 토지거래질서 문란, 권리행사의 지장 초래, 권리실체 인정의 부실을 초래하여 행정적으로는 지적행정의 불신 초래, 증명발급의 곤란 등 많은 문제점을 드러내고 있다.

(2) 발생 원인

발생 원인	내용
측량에 의한 불부합	• 잦은 토지이동으로 인해 발생된 오류 • 측량기준점, 즉 통일원점, 구소삼각원점 등의 통일성 결여 • 6.25 전쟁으로 망실된 지적삼각점의 복구과정에서 발생하는 오류 • 지적복구, 재작성 과정에서 발생하는 제도 오차 • 세부측량에서 오차 누적과 측량업무의 소홀로 인해 결정 과정에서 생긴 오류
지적도면에 의한 불부합	• 지적도면의 축척의 다양성 • 지적도 관리 부실로 인한 도면의 신축 및 훼손 • 지적도 재작성 과정에서 오는 제도오차의 영향 • **신, 축도 시 발생하는** 개인 오차 • 세분화에 따른 대축척 지적도 미비

(3) 지적불부합지의 유형 │必 암기│ 중공편불위경

유형	특징
중복형	• 원점지역의 접촉지역에서 많이 발생 • 기존 등록된 경계선의 충분한 확인 없이 측량했을 때 발생 • 발견이 쉽지 않음 • 도상경계에는 이상이 없으나 현장에서 지상경계가 중복되는 현상
공백형	• 도상경계는 인접해 있으나 현장에서는 공간의 형상이 생기는 유형 • 도선의 배열이 상이한 경우에 많이 발생 • 리·동 등 행정구역의 경계가 인접하는 지역에서 많이 발생 • 측량상의 오류로 인해서도 발생
편위형	• 현형법을 이용하여 이동측량을 했을 때 많이 발생 • 국지적인 현형을 이용하여 결정하는 과정에서 측판점의 위치 오류로 인해 발생한 경우가 많음 • 정정을 위한 행정처리가 복잡함
불규칙형	• 불부합의 형태가 일정하지 않고 산발적으로 발생한 형태 • 경계의 위치 파악과 원인 분석이 어려운 경우가 많음 • 토지조사 사업 당시 발생한 오차가 누적된 것이 많음
위치오류형	• 등록된 토지의 형상과 면적은 현지와 일치하나 지상의 위치가 전혀 다른 위치에 있는 유형 • 산림 속의 경작지에서 많이 발생 • 위치정정만 하면 되며 정정과정이 쉬움
경계 이외의 불부합	• 지적공부의 표시사항 오류 • 대장과 등기부 간의 오류 • 지적공부의 정리 시에 발생하는 오류 • 불부합의 원인 중 가장 미비한 부분을 차지함

(4) 지적불부합의 해결 방안

해결 방안	내용
부분적인 해결 방안	• 축척변경사업의 확대 시행 • 도시재개발사업 • 구획정리사업 시행 • 현황 위주로 확정하여 청산하는 방법
전면적인 해결 방안	• 지적불부합지 정리를 위한 임시조치법의 제정 • 수치지적제도 완성 • 지적재조사를 통한 전면적 개편

01 다음 중 PBLIS의 개발 목적으로 타당하지 않은 것은?

① 지적재조사기반 확보
② 토지관련서비스 제공
③ 행정의 능률성 제고
④ LMIS와의 통합

해설

필지중심 토지정보시스템(PBLIS)
양질의 다양한 토지관련정보를 국민에게 제공하고 국토의 효율적인 이용과 정책결정, 의사결정 및 분석을 하기 위하여 국가차원의 종합토지정보시스템을 구축하여야 한다. 이를 위해서는 가장 대축척이고 정확도가 높으며, 항상 변동사항에 대한 갱신이 가능한 지적도면을 기본도로 하고 필지별로 지상 및 지하시설물 등 각종 토지 관련 도형 및 속성자료를 통합하여 관리·분석·정책·의사결정을 할 수 있는 필지 중심 종합토지정보시스템을 구축하게 되었다.

- 개발 목적
  - 다양한 토지관련정보를 정부기관이나 국민에게 제공
  - 지적정보 및 각종 시설물 등의 부가정보의 효율적 통합 관리
  - 토지소유권의 보호와 다양한 토지관련 서비스 제공
  - 지적재조사사업을 위한 기반확보
- 업무내용
  지적공부관리, 지적측량업무, 지적측량성과작성업무 등 3개 분야 430개 세부업무를 추진하였다.

02 다음 중 PBLIS의 개발 목적으로 옳지 않은 것은?

① 행정처리 단계 축소 및 비용 절감
② 지적정보 및 부가정보의 효율적 통합 관리
③ 지적재조사사업의 기반 확보
④ 대장과 도면정보의 시스템 분리 운영

해설

- PBLIS의 업무내용은 지적공부관리 및 정책지원, 지적측량업무, 지적측량성과작성 업무 등 3개 분야에 430개 세부업무를 추진하였다.
- PBLIS와 LMIS가 통합하여 KLIS가 만들어졌다.
- PBLIS가 1994년 12월 개발 계획을 수립하고 추진하고 있는 과정에서 LMIS가 1998년부터 사업을 시작하였다(대장과 도면정보의 시스템 통합운영이다).

03 다음 중 필지중심토지정보시스템(PBLIS)의 구성 체계에 속하지 않는 것은?

① 지적측량성과작성시스템
② 지적측량시스템
③ 토지행정시스템
④ 지적공부관리시스템

해설

PBLIS 구성
- 지적측량성과작성시스템 : 토지 이동지 조서작성/측량준비도/측량결과도/측량성과도 등
- 지적측량시스템 : 지적삼각측량/지적삼각보조측량/도근측량/세부측량 등
- 지적공부관리시스템 : 사용자권한관리/지적측량검사업무/토지이동관리/지적일반업무관리/창구민원관리/토지기록 자료조회 및 출력/지적통계관리/정책정보관리 등

정답 | 01 ④ 02 ④ 03 ③

04 필지중심토지정보시스템(PBLIS)의 주요 업무 내용이 아닌 것은?

① 지적도면 관리업무
② 지적측량성과 작성업무
③ 지적측량 계산업무
④ 지형도 관리업무

해설

문제 03번 해설 참조

05 다음 중 필지중심토지정보시스템(PBLIS)을 구성하는 내용에 해당하지 않는 것은?

① 지적측량성과작성시스템
② 지적측량자료처리시스템
③ 지적공부관리시스템
④ 지적측량시스템

06 다음 중 필지중심토지정보시스템(PBLIS)에 속하는 시스템으로만 옳게 나열된 것은?

① 지적측량시스템, 지적행정시스템, 지적공부관리시스템
② 지적공부관리시스템, 시군구행정종합시스템, 지적측량시스템
③ 지적공부관리시스템, 지적측량시스템, 지적측량성과작성시스템
④ 시군구행정종합정보시스템, 지적공부관리시스템, 지적측량성과작성시스템

해설

• 지적공부관리시스템 : 사용자권한관리, 지적측량검사업무, 토지이동관리, 지적일반 업무관리, 창구민원관리, 토지기록자료조회 및 출력, 지적통계관리, 정책정보관리
• 지적측량시스템 : 지적삼각측량, 지적삼각보조측량, 도근측량, 세부측량 등

• 지적측량성과작성시스템 : 토지 이동지 조서작성, 측량준비도, 측량결과도, 측량성과도 등

07 필지중심토지정보시스템의 구성 체계 중, 지적측량업무를 지원하는 시스템으로서 지적측량업무의 자동화를 통하여 생산성과 정확성을 높여주는 시스템은?

① 지적행정시스템
② 지적공부관리시스템
③ 지적측량시스템
④ 지적측량성과작성시스템

해설

문제 06번 해설 참조

08 필지중심토지정보시스템의 구성 체계 중 주로 시·군·구 행정종합정보화시스템과 연계를 통한 통합데이터베이스를 구축하여 지적업무의 효율성과 정확도 향상 및 지적정보의 응용·가공으로 신속한 정책정보를 제공하는 시스템은?

① 지적공부관리시스템
② 토지행정시스템
③ 지적측량시스템
④ 지적측량성과작성시스템

해설

지적측량성과작성시스템
• 토지 이동지 조서 작성
• 측량준비도
• 측량결과도
• 측량성과도 등

09 PBLIS와 NGIS의 연계로 인한 장점으로 볼 수 없는 것은?

① 유사한 정보시스템의 개발로 인한 중복 투자 방지
② 토지의 효율적인 이용 증진과 체계적 국토개발
③ 토지관련 자료의 원활한 교류와 공동 활용
④ 지적측량절차의 간소화

해설

지리정보체계의 필요성
• 전문부서 간의 업무의 유기적 관계를 갖기 위하여
• 정보의 신뢰도를 높이기 위하여
• 자료 중복 조사 및 분산 관리를 위한 측면

10 PBLIS 시스템과 가장 거리가 먼 것은?

① 건물관리 중심의 개발
② 사용자 편리성 및 정보의 정확성
③ 객체지향기법 적용
④ 시군구행정종합시스템과의 연계 구현

해설

PBLIS 시스템은 토지(필지)중심으로 개발되었다.

11 필지중심토지정보시스템에서 식별자로서 적합한 것은?

① 필지의 고유번호   ② 면적
③ 지목   ④ 지가

해설

• 필지식별자에 대한 정의는 매 필지의 등록사항을 저장, 검색, 수정 등을 편리하게 처리할 수 있어야 하며 영구히 불변하는 필지의 고유번호이다.
• 필지의 고유번호(지적사무전산처리규정 제25조) : 고유번호의 구성은 행정구역코드 10자리(시·도 2, 시·군·구 3, 읍·면·동 3, 리 2)+대장구분 1자리+본번 4자리－부번 4자리로 구성되어 있다(총 19자리).

12 다음 중 필지중심토지정보시스템을 나타내는 것은?

① CIS   ② NGIS
③ PBLIS   ④ GSIS

해설

필지중심토지정보시스템(PBLIS : Parcel Based Land Information System)

13 다음 중 필지중심토지정보시스템(PBLIS)에 대한 설명으로 옳지 않은 것은?

① 각종 지적행정업무의 수행과 정책정보를 제공할 목적으로 개발되었다.
② 현재는 LMIS와 통합되어 KLIS로 운영되고 있다.
③ 도형데이터로 지적도, 임야도, 경계점좌표등록부를 사용하였다.
④ 개발 초기에 토지관리 업무시스템, 공간자료 관리시스템, 토지행정지원시스템으로 구성되었다.

해설

PBLIS의 업무 내용은 지적공부관리, 지적측량업무, 지적측량성과작성업무 등 3개 분야에 430개 세부업무를 추진하였다.

14 다음 중 필지중심토지정보시스템(PBLIS)에 관한 설명으로 옳지 않은 것은?

① 수치지형도를 도형데이터의 기반으로 하여 구축한 토지정보시스템이다.
② 지적도면과 대장정보를 일체화한 통합정보시스템이다.
③ PBLIS와 LMIS를 통합하여 제공하는 시스템이 한국토지정보시스템(KLIS)이다.
④ 다른 시스템과의 정보 공유로 통합된 토지관련 민원서비스를 제공할 수 있다.

정답 | 09 ④ 10 ① 11 ① 12 ③ 13 ④ 14 ①

해설

필지중심토지정보시스템(PBLIS)은 지적도를 기반으로 각종 지적행정업무수행과 관련부처 및 타 기관에 제공할 정책정보를 수행하는 시스템이다.

15 지적재조사사업의 목적과 거리가 먼 것은?

① 지적불부합지 문제 해소
② 토지의 경계복원능력 향상
③ 지하시설물 관리체계 개선
④ 능률적인 지적관리체제 개선

해설

지적재조사의 목적
• 도해지적의 한계 극복
• 불부합지의 근원적 해소
• 도상관리에서 지상관리 원칙으로 전환
• 지적제도의 현대화
• 토지정보의 종합관리와 이용
• 능률적인 지적관리체제로 개선
• 토지의 경계복원력 향상

16 지적재조사사업으로 기대되는 효과와 거리가 먼 것은?

① 지적불부합지 문제 해소
② 토지의 경계복원력 향상
③ 국가재정 확충
④ 능률적인 지적관리체제로 개선

해설

지적재조사의 효과
• 전국토를 동일한 좌표계로 측량하여 지적불부합 해결
• 수치적 방법으로 재조사하여 국민적 욕구에 부응하고 도해지적의 문제점 해결
• 토지 관련정보의 종합관리와 계획의 용이성 제공
• 부처 간 분산·관리되고 있는 기준점의 통일로 업무 능률 향상
• 도면의 신축 등으로 인한 문제점 해결

17 지적재조사의 필요성으로 가장 거리가 먼 것은?

① 국민의 재산권 보호
② 부동산중개업무의 원활
③ 지적불부합지 문제 해소
④ 토지의 경계복원능력 향상

해설

지적재조사의 목적
• 도해지적의 한계 극복
• 불부합지의 근원적 해소
• 도상관리에서 지상관리 원칙으로 전환
• 지적제도의 현대화
• 토지정보의 종합관리와 이용
• 능률적인 지적관리체제로 개선
• 토지의 경계복원력 향상

18 지적재조사사업의 필요성 및 목적이 아닌 것은?

① 토지의 경계복원능력을 향상시키기 위함이다.
② 지적불부합지 과다 문제를 해소하기 위함이다.
③ 지적관리 인력의 확충과 기구의 규모 확장을 위함이다.
④ 능률적인 지적관리체계로의 개선을 위함이다.

해설

지적재조사의 목적
• 도해지적의 한계 극복
• 불부합지의 근원적 해소
• 도상관리에서 지상관리원칙으로 전환
• 지적제도의 현대화
• 토지정보의 종합관리와 이용
• 능률적인 지적관리체제로 개선
• 토지의 경계복원력 향상

정답 | 15 ③ 16 ③ 17 ② 18 ③

19 지적재조사사업이 필요한 이유로 가장 거리가 먼 것은?

① NGIS 구축
② 지적도면의 노후화
③ 지적불부합지의 과다
④ 통일원점의 본원적 문제

해설

NGIS(국가지리정보체계)는 국가의 지리정보 관련정책을 종합하고 체계화하기 위해 5년 단위의 법정계획을 수립 · 추진하여 실행 중인 것으로 제3차 기간으로 2006년부터 2010년까지이다.

지적재조사의 필요성
• 전국토를 동일한 좌표계로 측량하여 지적불부합 해결
• 수치적 방법으로 재조사하여 국민적 요구에 부응하고 도해지적의 문제점 해결
• 토지 관련정보의 종합관리와 계획의 용이성 제공
• 부처 간 분산 관리되고 있는 기준점의 통일로 업무능률 향상
• 도면의 신축 등으로 인한 문제점 해결

20 다음 중 지적재조사 사업의 필요성으로 옳지 않은 것은?

① 지적불부합지의 과다
② 경계복원능력의 향상
③ 노후화된 지적도면
④ 지적관리 인력 확장

해설

지적관리의 전산화로 체계적인 관리

21 발전 단계에 따른 지적제도 중 토지정보체계의 기초가 되는 것은?

① 과세지적   ② 법지적
③ 소유지적   ④ 다목적지적

해설

다목적지적은 종합지적, 경제지적이라고도 하며 과세, 토지거래의 안전, 토지소유권의 보호, 토지이용의 효율화를 위한 다양한 정보를 제공하여 토지정보체계의 기초가 된다고 할 수 있다.

22 다음 중 토지정보체계의 기초가 되는 다목적지적의 기본요소에 해당하지 않는 것은?

① 측지기준망   ② 토지정책자료
③ 기본도   ④ 지적도

해설

• 다목적지적의 3대 구성요소 : 측지기준망, 기본도, 지적중첩도
• 다목적지적의 5대 구성요소 : 측지기준망, 기본도, 지적중첩도, 필지식별번호, 토지자료파일

23 다음 중 다목적지적의 3대 기본요소에 해당하지 않는 것은?

① 측지기준망   ② 필지식별자
③ 기본도   ④ 지적중첩도

해설

• 지적의 3대 구성요소 : 토지, 등록, 공부
• 다목적지적의 3대 구성요소 : 측지기준망, 기본도, 지적중첩도
• 다목적지적의 5대 구성요소 : 측지기준망, 기본도, 지적중첩도, 필지식별번호, 토지자료파일

24 다음 중 다목적지적의 3대 기본요소로만 나열된 것은?

① 지적도, 임야도, 지적기준점
② 측지기준망, 기본도, 지적중첩도
③ 기본도, 임야중첩도, 필지식별번호
④ 측지기준망, 필지식별번호, 토지자료파일

해설

문제 23번 해설 참조

25 필지중심토지정보시스템(PBLIS)의 구성 요소인 지적측량성과작성시스템의 주요 기능에 해당되지 않는 것은?

① 지적측량검사 파일 작성
② 측량성과 파일 작성
③ 구획경지정리 산출물 작성
④ 측량준비도 작성

해설

필지중심토지정보시스템(PBLIS) 구성

必 암기 (사지토지구자) 지적측량 토량결과

지적공부관리시스템	• **사**용자권한관리 • **지**적일반업무관리 • **토**지이동관리 • **지**적측량검사업무 • 창**구**민원업무 • 토**지**기록자료조회 및 출력 등
지적측량시스템	• **지**적삼각측량 • **지**적삼각보조측량 • 도근**측**량 • 세부**측량** 등
지적측량성과작성 시스템	• **토**지이동지 조서작성 • 측**량**준비도 • 측량**결**과도 • 측량성**과**도 • 구획경지정리 산출물 작성

26 필지중심토지정보시스템(PBLIS)에 관한 설명으로 옳은 것은?

① PBLIS는 지형도를 기반으로 각종 행정업무를 수행하고 관련 부처 및 타 기관에 제공할 정책정보를 생산하는 시스템이다.
② PBLIS를 구축한 후 연계업무를 위해 지적도 전산화 사업을 추진하였다.

③ 필지식별자는 각 필지에 부여되어야 하고 필지의 변동이 있을 경우에는 언제나 변경, 정리가용이해야 한다.
④ PBLIS의 자료는 속성정보만으로 구성되며, 속성정보에는 과세대장, 상수도대장, 도로대장, 주민등록, 공시지가, 건물대장, 등기부, 토지대장 등이 포함된다.

해설

PBLIS(Parcel Based Land Information System)

필지중심토지정보시스템(PBLIS : Parcel Based Land Information System)의 개발은 컴퓨터를 활용하여 일필지를 중심으로 건물, 도시계획 등 형상과 관련된 도면정보(Graphic Information)와 이들과 연결된 각종 속성정보(Nongraphic Information)를 효과적으로 저장 · 관리 · 처리할 수 있는 시스템으로 향후 시행될 지적재조사사업의 기반을 조성하는 사업이다.
전산화된 지적도면 수치파일을 데이터베이스화하여 이들 정보를 검색하고 관리하는 업무절차를 전산화함으로써 그간 수작업으로 처리했던 지적도면 정리를 자동화하고 토지 및 관련정보를 국가 및 대국민에게 복합적이고 신속하게 제공하여 과학적 지적행정을 도모하고자 이에 대한 개발이 추진되었다.

27 우리나라 PBLIS의 개발 소프트웨어는?

① CARIS
② GOTHIC
③ ER-Mapper
④ SYSTEM

해설

구분	시스템	내용	비고
PBLIS	고딕용 프로바이드	기존 ArcSDE 및 ZEUS 엔진과 상호 자료 교환	신규 개발
LMIS	코바 미들웨어	고딕 엔진 및 PBLIS기능의 추가에 따른 추가기능	신규 개발
시·군·구	엔트라 미들웨어	시·군·구 행정정합정보시스템과 KLIS간 정보공유를 위한 미들웨어 연계	보완 개발

정답 | 25 ① 26 ③ 27 ②

KLIS의 관련 GIS 툴 비교

구분	GOTHIC	SDE	ZEUS
데이터 모델	객체지향형	관계형	객체관계형
공간질 의어	외부 함수로 처리	외부 함수로 처리	SQL 확장
구조	3Tier 지원	3Tier 지원	3Tier 지원
지원 플랫폼	Unix, Windows/NT	Unix, Windows/NT	Unix, Windows/NT
특징	• KLIS 분야에 무상사용 • 데이터 모델링 능력 우수 • 다양한 기능 (API) 제공	• 가장 친숙한 관계형 구조 • 많은 Reference 보유 • 대용량 데이터 처리의 한계 • 공간 데이터 처리의 한계	• 국산제품으로 릴리즈가 빠름 • 시장이 축소되고 있음 • 고급개발자 필요 • 개발이 어렵고, 개발기간이 많이 소요됨

28 필지중심토지정보체계의 데이터베이스 구축과정으로 옳은 것은?

① 정도곽 신축보정 → 도면 DB 탑재 → 자료변환 → 대장정보와의 연계 → 데이터 검증 → 자료정비 → 활용

② 정도곽 신축보정 → 자료변환 → 도면 DB 탑재 → 대장정보와의 연계 → 데이터 검증 → 자료정비 → 활용

③ 정도곽 신축보정 → 대장정보와의 연계 → 도면 DB 탑재 → 자료변환 → 데이터 검증 → 자료정비 → 활용

④ 정도곽 신축보정 → 도면 DB 탑재 → 대장정보와의 연계 → 자료변환 → 데이터 검증 → 자료정비 → 활용

해설

PBLIS 처리과정

必 암기 ㉛㉄㉔㉑㉛㉔는 ㉘㉛㉔㉛㉖해야 한다.

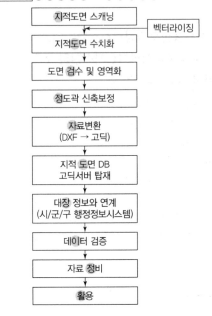

11 CHAPTER

LMIS

제1장 LMIS의 의의 및 개발 목적

1. LMIS의 의의

국토교통부는 토지관리업무를 통합·관리하는 체계가 미흡하고, 중앙과 지방 간의 업무연계
가 효율적으로 이루어지지 않으며, 토지정책 수립에 필요한 자료를 정확하고 신속하게 수집
하기 어려움에 따라 1998년 2월부터 1998년 12월까지 대구광역시 남구를 대상으로 6개 토지
관리업무에 대한 응용시스템 개발과 토지관리 데이터베이스를 구축하고, 관련 제도정비 방
안을 마련하는 등 시범사업을 수행하여 현재 토지관리 업무에 활용하고 있다.

2. LMIS 개발 목적

토지관리정보체계 구축 사업은 대구광역시 남구를 대상으로 수행한 토지관리정보체계 개발
시범사업에 이은 확대 구축 사업으로서 시범사업에서 개발한 토지관리정보체계를 전국 12개
시·군·구에 확산 보급하는 한편 최신의 정보기술을 도입한 차세대 토지관리 정보체계 개
발과 운영관리 방안을 제시하고, 특히 담당공무원의 정보화 마인드를 고취하여 토지관리 정
보체계 확산을 위한 기반환경 조성에 목적이 있다.

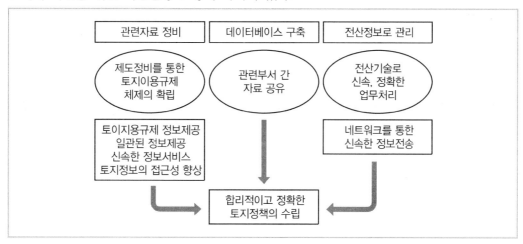

3. 추진 과정

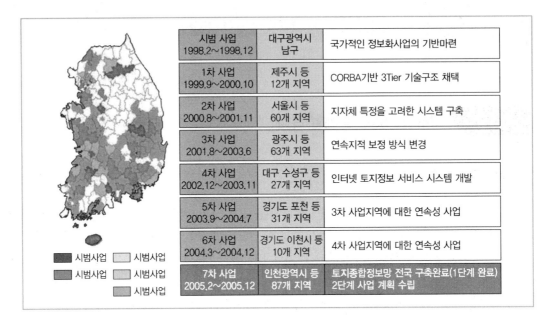

시범 사업 1998.2~1998.12	대구광역시 남구	국가적인 정보화사업의 기반마련
1차 사업 1999.9~2000.10	제주시 등 12개 지역	CORBA기반 3Tier 기술구조 채택
2차 사업 2000.8~2001.11	서울시 등 60개 지역	지자체 특정을 고려한 시스템 구축
3차 사업 2001.8~2003.6	광주시 등 63개 지역	연속지적 보정 방식 변경
4차 사업 2002.12~2003.11	대구 수성구 등 27개 지역	인터넷 토지정보 서비스 시스템 개발
5차 사업 2003.9~2004.7	경기도 포천 등 31개 지역	3차 사업지역에 대한 연속성 사업
6차 사업 2004.3~2004.12	경기도 이천시 등 10개 지역	4차 사업지역에 대한 연속성 사업
7차 사업 2005.2~2005.12	인천광역시 등 87개 지역	토지종합정보망 전국 구축완료(1단계 완료) 2단계 사업 계획 수립

4. 토지관리정보체계의 추진 배경

① 토지와 관련하여 복잡 다양한 행위 제한 내용을 국민에게 모두 알려주지 못하여 국민이 토지를 이용 및 개발함에 있어 시행착오를 겪는 경우가 많다.

② 토지거래 허가·신고, 택지 및 개발부담금 부과 등의 업무가 수작업으로 처리되어 효율성이 낮다.

③ 토지이용규제내용을 제대로 알지 못하고 있다.

④ 궁극적으로 토지의 효율적인 내용 및 개발이 이루어지지 못하고 있다.

⑤ 토지정책의 합리적인 의사결정을 지원하고 정책효과 분석을 위해서는 각종 정보를 실시간으로 정확하게 파악하여 종합 처리하고, 기종의 개별 법령별로 처리되고 있던 토지업무를 유기적으로 연계할 필요가 있다.

⑥ 각 지자체별로 도시정보시스템 사업을 수행하고 있으나 기반이 되는 토지 관련 데이터베이스가 구축되지 않아 효율성이 떨어지므로 토지관리정보체계를 추진하게 되었다.

5. 토지관리정보체계의 추진 목적

① 토지종합정보화의 지방자치단체 확산을 구축한다.
② 전국 온라인 민원 발급의 구현으로 민원서비스의 획기적인 개선을 실현한다.
③ 지자체의 다양한 전산 환경에도 호환성을 갖도록 개방형을 지향한다.
④ 변화된 업무환경에 적합하도록 응용시스템을 보완한다.
⑤ 지자체의 다양한 정보시스템을 연계적으로 활용한다.

6. 추진 체계

추진 체계	주요 내용
(구)건설교통부 (국토교통부)	• 사업계획 수립 • 사업수행 관리 • 산출물 평가 · 검수
서울시(지방자치단체)	• 관련 자료 정비 • 자료 정확성 검수 • 시스템 운영
국토연구원 한국토지공사	• 제도 정비 연구 • 표준화 연구 • 홍보 및 교육
개발사업자(SK C&C · 삼성 SDS)	• 데이터베이스 구축 • 응용시스템 개발 • 시스템 사용 교육
감리기관	감리 업무 수행

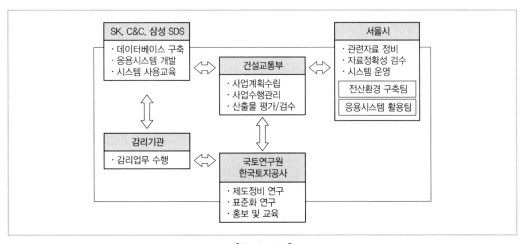

[추진 체계]

7. 토지관리정보체계시스템(LMIS)의 구성 필 암기 정리하고 보행료 받아라.

구분	역할	
토지**정**책지원시스템	• 토지자료통계분석	• 토지정책수립지원
토지**관리**지원시스템	토지행정관리	
토지정**보**서비스시스템	• 토지민원발급 • 토지정보검색	• 법률정보서비스 • 토지메타데이터
토지**행**정지원시스템	• 토지거래 • 부동산중개업 • 공간자료조회	• 외국인토지취득 • 공시지가 • 시스템관리
공간자**료**관리시스템	• 지적파일검사 • 수치지적구축 • 개별지적도관리 • 용도지역지구관리	• 변동자료정리 • 수치지적관리 • 연속편집지적관리

예제

토지관리정보체계(Land Management Information System, LMIS) 시스템의 구성에 해당되지 않는 것은?

① 토지정책지원시스템
② 토지관리지원시스템
③ 토지정보서비스시스템
④ 지적행정지원시스템

정답 ④

제2장 LMIS의 구성 및 자료

1. LMIS의 업무

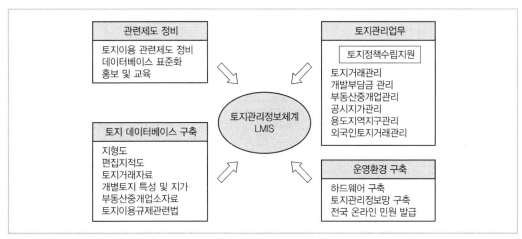

[LMIS의 업무 범위]

2. 토지관리정보체계의 구성

① 토지정보관리의 용이성과 활용의 다양성을 고려한다.

② 다양한 형태의 자료를 종합적으로 관리할 수 있는 정보관리체계로 구성헌더,

③ 자료변동사항에 대하여 즉시 처리될 수 있는 체계를 구성한다.

④ 외부정보시스템과의 원활한 정보 교환이 가능하도록 구성한다.

3. LMIS(토지종합정보망사업)의 데이터베이스 구축

① 공간(도면)자료

    ㉠ 지적도 DB : 개별 · 연속 · 편집 · 지적도

    ㉡ 지형도 DB : 도로, 건물, 철도 등의 주요 지형 · 지물

    ㉢ 용도 지역 · 지구 DB : 「도시계획법」 등 81개 법률에서 지정하는 용도 지역 · 지구 자료

② 속성자료 : 토지관리업무에서 생산 · 활용 · 관리하는 대장 및 조서자료와 관련 법률자료 등

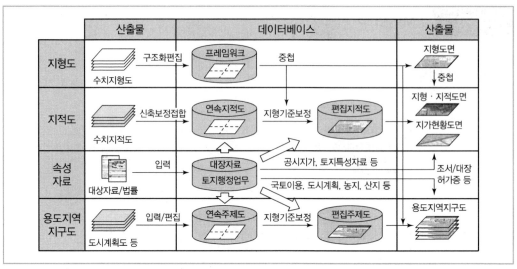

[토지 데이터베이스 구축]

4. PBLIS와 LMIS의 비교

사업 항목	PBLIS	LMIS
사업 명칭	필지중심토지정보시스템	토지관리정보체계
사업 목적	지적도와 시·군·구의 대장정보를 기반으로 하는 지적행정시스템과의 연계를 통한 각종 지적행정업무를 수행	시·군·구의 지형도 및 지적도와 토지대장정보를 기반으로 각종 토지행정업무를 수행
사업 추진 체계	• 행정자치부 → 지적공사 → 쌍용정보통신(시·군·구 행정종합정보시스템) • 행정자치부 → 시·군·구 → 삼성SDS	국토교통부 → 국토연구원 → SK, C&C(구)건설교통부
주요 업무 내용	• 지적공부 관리 • 지적측량업무 관리 • 지적측량성과 관리 (3개 분야 430개 세부 업무)	必 암기 ⑦⑭중⑷⑧① ① 토지**거**래 관리 ② 개발**부**담금 관리 ③ 부동산 **중**개업 관리 ④ 공**시**지가 관리 ⑤ **용**도지역지구 관리 ⑥ 외국**인** 토지 관리 (6개 분야 17개 업무, 90개 세부업무)
사업 수행 기간	1996년 8월부터 6년	1998년 2월부터 8년
사용도면	지적도·임야도·수치지적부	지형지적도

사업 항목	PBLIS	LMIS
사용 D/B	• 도형 : 지적(임야)도 수치지적부 • 속성: 토지(임야)대장	• 연속·편집 지적도 • 국토이용계획도 • 용도지역지구도 • 지형프레임워크(건물·도로 등)
지적측량업무활용	직접 활용	활용할 수 없음(약도 가능)
데이터 갱신 비용	• 지적측량으로 실시간 갱신 • 추가 투자 비용 없음	• 지적정보제공에 의한 주기적 필요에 따른 갱신 • 갱신 비용이 필요함
D/B 사용문제점	정확하게 구축된 도형 D/B 사용으로 민원 발생 저하	지적도를 편집 사용함에 따른 민원소지가 있음
특징	• 지적측량에서부터 변동 자료처리, 유지관리 등 현행 지적업무처리의 일체화된 전산화 • 관계 법령을 준수하고 정확, 신속한 대민서비스를 최우선 목표 • 최소한의 예산 투입으로 효과 극대화 추진 방법 채택	• 기본 지적도 데이터를 편집하여 사용 • 지적측량에 활용할 수 없는 지적도 데이터베이스를 기반으로 응용시스템 개발 • 신속·정확한 대민 서비스보다는 개방형 구조로 개발

5. 소프트웨어 구성도

(1) 개요

① 토지종합정보망은 DB서버, 응용서버, 클라이언트로 구성된 3계층 구조로 개발되었다.

② 응용서버에 탑재되는 미들웨어는 DB서버와 클라이언트 간의 매개역할을 하는 것으로서 자료를 제공하는 자료제공자(Data Provider)와 도면을 생성하는 도면생성자(Map Agent)로 구분한다.

③ 이로써 토지 및 부동산 관련 민원서류를 해당구청 및 동사무소뿐 아니라, 가정이나 직장 등 언제 어디서나 발급받을 수 있는 인터넷 발급시스템을 구축하여 운영·서비스하고 있다.

미들웨어	내용
자료제공자 (Data Provider)	GIS 검색 엔진으로부터 공간자료를 검색한 후 도면생성자, 클라이언트 등에게 전달하는 기능과 함께 공간자료의 편집(입력, 수정, 삭제) 기능을 수행한다.
도면생성자 (Map Agent)	자료제공자로부터 전달받은 자료를 이용하여 도면을 생성하고 이를 요청한 클라이언트에게 전달하게 되는데, 자바(Java)로 구현하여 IT-플랫폼에 관계없이 운영이 가능하다.

> **TIP** 클라이언트(Client)
>
> 서버 시스템과 연결하여 서버에 정보를 요구하고 서버와 통신을 하는 컴퓨터 시스템

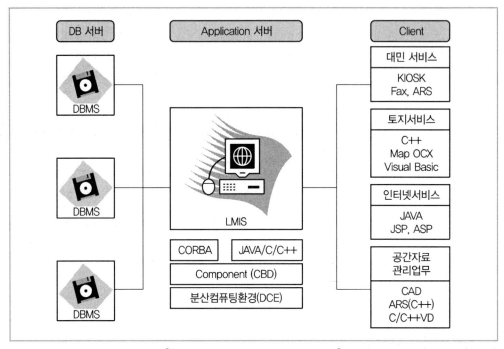

[토지종합정보망 소프트웨어 구성도]

(2) 토지관리정보시스템에서 사용되는 소프트웨어

① 데이터베이스 구축, 유지관리, 업무처리를 하는 DBMS인 ORACLE

② GIS데이터의 유지관리, 업무처리 등의 기능을 수행하는 GIS 서버

③ GIS데이터 구축 및 편집을 위한 AutoCAD

④ 토지이용계획확인원을 위한 ARC/INFO

⑤ 응용시스템 개발을 위한 Spatial Middleware와 관련 소프트웨어 등

(3) 토지관리정보시스템에서 사용하는 컴포넌트(Component)

① DB 서버인 SDE나 ZEUS 등에 접근하여 공간, 속성 질의를 수행하는 자료 제공자(Data provider)

② 공간자료의 편집을 수행하는 자료편집자(Edit agent)

③ 클라이언트가 요구한 도면자료를 생성하는 도면 생성자(Map agent)

④ 클라이언트의 인터페이스 역할을 하며 다양한 공간정보를 제공하는 MAP OCX

⑤ 민원발급시스템의 Web service 부분 등

> **TIP**
>
> **컴포넌트**(Component)
> - 소프트웨어 개발을 마치 레고(Lego) 블록을 쌓듯이 쉽게 할 수 있도록 하는 기술을 말한다. 즉, 기존의 코딩 방식에 의한 개발에서 벗어나 소프트웨어 구성단위(Module)를 미리 만든 뒤 필요한 응용 기술을 개발할 때 이 모듈을 조립하는 기술을 말한다.
> - 컴포넌트 기술을 활용하면 복잡한 정보시스템을 신속하게 구축할 수 있으며, 유사한 정보시스템을 구축할 때 재사용이 가능한 장점이 있다. 특히, 급속도로 변하는 인터넷 환경에서 표준화된 소프트웨어를 만드는 것이 필요하기 때문에 컴포넌트는 매우 중요하다.
>
> **인터페이스**(Interface)
> 좁게는 컴퓨터 및 소프트웨어 조작방식을 말하며 넓게는 서로 다른 두 물체 사이에서 상호 간 대화하는 방법을 말한다.

6. LMIS 구축 효과

기대 효과	특징
경제적 측면	• 수작업으로 처리되는 자료의 수집, 관리, 분석에 소요되는 인력, 비용 및 시간의 획기적 절감 • 토지행정업무 및 도면(지적도) 전산화에 대한 표준개발 모델 제시로 예산 절감 및 중복투자 방지
사회적 측면	• 개인별, 세대별 토지소유 현황의 정확한 파악, 토지정책의 실효성 확보 • 토지의 철저한 관리로 투기심리 예방 및 토지공개념 확산 • 토지관련 탈세 방지 • 위법 또는 불법 토지거래 및 거래자의 철저한 관리로 선진사회 질서 확립
행정적 측면	• 업무처리 절차 간소화로 행정 능률 향상 및 투명성 보장 • 토지 관련 정보의 신속한 정책 수립의 적시성 확보 • 토지 관련 서류, 대장의 대폭 감소
대민서비스 측면	• 민원처리기간의 단축 및 민원서류의 전국 온라인 서비스 제공 • 주택, 건축 관련 자료의 신속 • 제출서류, 시군구청 방문 횟수 간소화로 민원인의 비용 및 시간 절감

예제

우리나라의 주요 토지정보체계 구축사업을 착수된 시점이 빠른 순으로 바르게 나열한 것은?

(14년 지방직)

① KLIS → PBLIS → LMIS
② PBLIS → KLIS → LMIS
③ PBLIS → LMIS → KLIS
④ LMIS → KLIS → PBLIS

해설 **토지정보구축사업 과정**

PBLIS(1996) → LMIS(1998) → KLIS(2001)

정답 ③

01 토지관리정보체계(Land Management Information System : LMIS)의 추진 배경이 아닌 것은?

① 토지정책의 합리적의 의사결정 지원
② 토지관련 업무를 수작업으로 처리
③ 각 지자체별 토지정보시스템 데이터베이스 구축
④ 토지와 관련 행정업무의 효율성을 높이기 위해

> **해설**

토지관리정보체계의 추진 배경

토지와 관련하여 복잡 다양한 행위 제한 내용을 국민에게 모두 알려주지 못하여 국민이 토지를 이용 및 개발함에 있어 시행착오를 겪는 경우가 많으며, 토지거래허가 · 신고, 택지 및 개발 부담금 부과 등의 업무가 수작업으로 처리되어 효율성이 낮다. 이로 인하여 토지이용규제 내용을 제대로 알지 못하고 있으며, 궁극적으로 토지의 효율적인 내용 및 개발이 이루어지지 못하고 있다. 또한 토지정책의 합리적인 의사결정을 지원하고 정책효과 분석을 위해서는 각종 정보를 실시간으로 정확하게 파악하여 종합 처리하고, 기종의 개별 법령별로 처리되고 있던 토지업무를 유기적으로 연계할 필요가 있다. 그리고 각 지자체별로 도시정보시스템 사업을 수행하고 있으나 기반이 되는 토지관련 데이터베이스가 구축되지 않아 효율성이 떨어지므로 토지관리정보체계를 추진하게 되었다.

02 토지관리정보체계(Land Management Information System ; LMIS)의 추진 목적이 아닌 것은?

① 토지종합정보화의 지방자치단체 확산 구축
② 지자체의 다양한 전산환경에도 호환성을 갖도록 개방형 지향
③ 지자체의 다양한 정보시스템의 연계 활용
④ 각 지자체별 전산화를 통한 민원서비스

> **해설**

토지관리정보체계 추진 목적

- 토지종합정보화의 지방자치단체 확산 구축
- 전국 온라인 민원발급의 구현으로 민원서비스의 획기적 개선
- 지자체의 다양한 전산환경에도 호환성을 갖도록 개방형 지향
- 변화된 업무환경에 적합토록 응용시스템 보완
- 지자체의 다양한 정보시스템 연계 활용

03 토지관리정보체계(Land Management Information System ; LMIS) 시스템의 구성에 해당되지 않는 것은?

① 토지정책지원시스템
② 토지관리지원시스템
③ 토지정보서비스시스템
④ 지적행정지원시스템

> **해설**

토지관리정보체계 시스템 구성

必 암기 정리보행등

토지정책지원시스템	• 토지자료통계분석 • 토지정책수립지원
토지관리지원시스템	• 토지행정관리
토지정보서비스시스템	• 토지민원발급 • 법률정보서비스 • 토지정보검색 • 토지메타데이터
토지행정지원시스템	• 토지거래 • 외국인토지취득 • 부동산중개업 • 공시지가 • 공간자료조회 • 시스템관리

정답 | 01 ② 02 ④ 03 ④

공간자료관리시스템	• 지적파일검사 • 변동자료정리 • 수치지적구축 • 수치지적관리 • 개별지적도관리 • 연속편집지적관리 • 용도지역지구관리

04 토지관리정보체계(Land Management Information System ; LMIS) 중 토지행정지원시스템의 구성에 해당되지 않는 것은?

① 토지거래　　　　② 외국인 토지 취득
③ 공시지가　　　　④ 용도지역지구관리

해설

토지행정지원시스템의 주요 기능

• 토지거래　　　　• 외국인토지취득
• 부동산중개업　　• 공시지가
• 공간자료조회　　• 시스템관리

05 토지관리정보체계(Land Management Information System ; LMIS)의 토지정보서비스시스템 중 토지민원발급시스템에서 조회 및 검색이 가능한 것이 아닌 것은?

① 토지이용계획확인서 열람
② 공시지가확인서 발급
③ 등기부등본 발급
④ 토지이용계획확인서 발급

해설

토지민원발급시스템

토지이용계획확인서와 공시지가확인서에 대한 민원 열람/발급 관련 업무활동을 지원하는 시스템이다.

06 토지관리정보체계(Land Management Information System ; LMIS)의 토지정보서비스시스템 중 토지정보검색시스템에서 조회 및 검색이 가능하지 않은 것은?

① 도면상의 두 점간거리는 계산이 되나 면적 계산은 불가능하다.
② 지번으로 토지정보의 검색이 가능하다.
③ 연속지적도와 편집지적도의 검색이 가능하다.
④ 도면상 선택된 영역에 대해서 면적계산이 가능하다.

해설

토지정보검색시스템

• 유관부서에서 인트라넷 환경으로 토지정보를 검색 및 조회하여 업무에 활용할 수 있도록 지원하는 시스템이다.
• 지번 또는 건축물명으로 토지정보의 검색이 가능하다.
• 연속지적도와 편집지적도 그리고 연속주제도와 편집주제도를 검색할 수 있으며 각각의 레이어별로 조회가 가능하다.
• 도면 확대 및 축소 그리고 이동이 가능하고, 도면상의 두 점간 거리와 마우스 선택영역에 대해서 면적계산이 가능하다.

07 토지관리정보체계(Land Management Information System ; LMIS)의 구성으로 다른 것은?

① 토지정보관리활용의 다양성을 고려한 구성
② 하나의 자료를 체계적으로 관리할 수 있는 정보관리체계로 구성
③ 자료변동사항에 대하여 즉시 처리될 수 있는 체계 구성
④ 외부정보시스템과의 원활한 정보교환이 가능한 구성

정답 | 04 ④　05 ③　06 ①　07 ②

해설

토지관리정보체계의 구성
- 토지정보관리의 용이성과 활용의 다양성을 고려한 구성
- 다양한 형태의 자료를 종합적으로 관리할 수 있는 정보관리체계로 구성
- 자료변동사항에 대하여 즉시 처리될 수 있는 체계 구성
- 외부정보시스템과의 원활한 정보교환이 가능하도록 구성

08 토지관리정보체계(Land Management Information System ; LMIS) 구축을 위해 갖추어져야 할 전제 조건으로 다른 것은?

① 분산 컴퓨팅 환경
② 오픈 시스템 아키텍처
③ 업무 다양화
④ 네트워크화

해설

토지관리정보체계 구축을 위해 갖추어져야 할 전제 조건
- 서로 다른 플랫폼상에서도 구현될 수 있는 분산 컴퓨팅 환경
- 응용 서버가 추가된 3-Tier 형태인 오픈 아키텍처 지향
- 공통 기능의 컴포넌트화
- 신속하고 편리한 정보서비스를 위한 네트워크화

09 토지관리정보체계(Land Management Information System ; LMIS)에서 토지관리정보시스템의 소프트웨어 구성이 아닌 것은?

① DEMS인 ORACLE
② GIS Server
③ AutoCAD
④ AutoCAD Spatial Middleware

해설

토지관리정보시스템에서 사용되는 소프트웨어
데이터베이스 구축/유지관리/업무처리를 하는 DBMS인 ORACLE
- GIS데이터의 유지관리/업무처리 등의 기능을 수행하는 GIS Server
- GIS데이터 구축 및 편집을 위한 AutoCAD
- 토지이용계획확인원을 위한 ARC/INFO
- 응용시스템 개발을 위한 Spatial Middleware

10 토지관리정보체계(Land Management Information System ; LMIS)에서 사용하는 컴포넌트가 아닌 것은?

① 자료 제공자(Data provider)
② DBMS인 ORACLE
③ 도면 생성자(Map agent)
④ 민원발급시스템의 Web service

해설

토지관리정보체계에서 사용하는 컴포넌트
- DB 서버인 SDE나 ZEUS 등에 접근하여 공간/속성 질의를 수행하는 자료 제공자
- 공간자료의 편집을 수행하는 자료편집자(Edit Agent)
- 클라이언트가 요구한 도면자료를 생성하는 도면생성자
- 클라이언트의 인터페이스 역할을 하며 다양한 공간정보를 제공하는 MAP OCX
- 민원발급시스템의 Web Service 부분 5가지로 나누어 볼 수 있음

11 토지관리정보체계의 데이터베이스 구축범위에서 속성자료가 아닌 것은?

① 지적도
② 토지특성자료
③ 토지행정업무의 대장자료
④ 토지행정업무의 법률자료

해설

속성자료는 토지특성자료, 토지행정업무의 각종 대장자료와 법률자료로 구성되며, 해당 지자체에서 업무시스템을 이용하여 입력 및 구축하고, 지자체가 관련전산자료를 보유하고 있는 경우 데이터베이스로 변환하여 구축하였다.

속성자료의 세부내역 必 암기 거부중시용인

업무	주요 내용	관련법
토지거래 허가	• 토지거래 허가 관리대장 • 토지거래 허가구역 지정, 해제. 재지정 관리	국토의 계획 및 이용에 관한 법률
부동산 매매계약서 검인 관리	• 부동산 매매계약서검인대장 • 부동산등기신청·해지에 대한 과태료 부과 서류	부동산등기특별조치법
개발사업 관리 부담금 관리	• 개발사업 인·허가 접수대장 • 개발부담금 징수대장 • 개발부담금 수납부	개발이익환수에 관한 법률
부동산 중개업관리 업무	• 부동산중개업등록대장 • 행정처분관리대장 • 과태료 수납부	부동산중개업법
개별 공시지가 관리	• 토지이동내역서 • 의견 제출 접수처리 대장 • 이의신청 접수처리대장 • 토지특성 파일	지가 공시 및 토지 등의 평가에 관한 법률 시행령
용도지역 지구	• 용도지역지구 결정조서 • 용도지역지구 행정구역별 지정내역 • 용도지역지구별 필지조서 • 용도지역지구별 연혁 • 토지이용계획확인서 발급대장 • 제증명수수료징수분	국토의 계획 및 이용에 관한 법률, 도시계획법 기타 개별법령
외국인 토지관리	외국인토지취득허가대장 및 신고대장	외국인토지법
토지이용 계획 관리	• 도시계획 결정조서 • 용도지역변경 현황서 • 용도지구결정 현황서 • 도시계획시설결정 조서 • 도시계획시설대장 • 도시계획연혁 • 구역지정사업 계획결정 및 사업 시행인가 대장 • 도시계획 시설 결정조서	국토의 계획 및 이용에 관한 법률, 도시계획법 기타 개별법령

12 토지와 관련하여 토지관련행정업무의 효율성을 높이며 토지정책의 합리적인 의사 결정을 지원하고 각 지자체별, UIS 사업의 토지 관련 데이터베이스를 구축하여 효율성을 높이기 위해 추진된 시스템은?

① 필지중심토지정보체계(PBLIS)
② 한국토지정보체계(KLIS)
③ 토지관리정보체계(LMIS)
④ 지리정보체계(GIS)

해설

토지관리정보체계의 추진배경

• 토지와 관련하여 복잡 다양한 행위 제한 내용을 국민에게 모두 알려주지 못하여 국민이 토지를 이용 및 개발함에 있어 시행착오를 겪는 경우가 많다.
• 토지거래 허가·신고, 택지 및 개발 부담금 부과 등의 업무가 수작업으로 처리되어 효율성이 낮다.
• 토지이용규제내용을 제대로 알지 못하고 있으며, 궁극적으로 토지의 효율적인 내용 및 개발이 이루어지지 못하고 있다.
• 토지정책의 합리적인 의사 결정을 지원하고 정책 효과 분석을 위해서는 각종 정보를 실시간으로 정확하게 파악하여 종합 처리하고, 기존의 개별 법령별로 처리되고 있던 토지업무를 유기적으로 연계할 필요가 있다.
• 각 지자체별로 도시정보시스템 사업을 수행하고 있으나 기반이 되는 토지관련 데이터베이스가 구축되지 않아 효율성이 떨어지므로 토지관리정보체계를 추진하게 되었다.

13 다음 중 한국토지정보시스템(KLIS)에 대한 설명으로 옳은 것은? (단, 중앙행정부서의 명칭은 해당 시스템의 개발 당시 명칭을 기준으로 한다)

① 국토교통부의 토지관리정보시스템과 행정자치부의 필지중심토지정보시스템을 통합한 시스템이다.

정답 | 12 ③ 13 ①

② 국토교통부의 토지관리정보시스템과 행정자치부의 시군구 지적행정시스템을 통합한 시스템이다.

③ 행정자치부의 시군구 지적행정시스템과 필지중심토지정보시스템을 통합한 시스템이다.

④ 국토교통부의 토지관리정보시스템과 개별공시지가관리시스템을 통합한 시스템이다.

해설

한국토지정보시스템(KLIS)

- 한국토지정보시스템은 (구)행정자치부의 PBLIS와 국토교통부의 LMIS 토지관련 행정업무로 구성된 시스템이다.
- 민원처리기간의 단축 및 민원서류의 전국 온라인 서비스 제공이 가능하다.
- 정보인프라 조성으로 정보산업의 기술 향상 및 초고속통신망의 활용도가 높다.
- 지적정보의 전산화로 각 부서 간의 활용으로 업무효율을 극대화할 수 있다.
- 탈세, 위법 또는 불법 토지거래 및 거래자의 철저한 관리로 토지거래질서를 확립할 수 있다.

14 토지관리정보체계의 시범사업대상지역은?

① 대구광역시 북구

② 경상남도 마산시

③ 대구광역시 남구

④ 경기도 시흥시

해설

동 사업은 지난 1998년 대구광역시 남구를 시작으로 현재까지 전국 250개 지자체 중 163개 지자체가 사업을 완료하여 시스템을 운영 중에 있다.

15 토지관리정보시스템(LMIS)에 관한 설명으로 옳지 않은 것은?

① 과거 건설교통부에서 추진하였던 정보화 사업이다.

② 구축하는 도형자료에는 지형도, 연속 및 편집지적도, 용도지역지구도 등이 있다.

③ 시·군·구에서 생산 관리하는 도형자료와 속성자료 중 도형정보의 질을 제고하기 위한 시스템이다.

④ 자료를 공유하여 업무의 효율성을 높이고, 개인소유의 토지에 대한 공적 규제사항을 신속·정확하게 알려주기 위하여 구축하였다.

해설

토지관리정보시스템(LMIS ; Land Management Infor-mation System)

- 정의
  (구)건설교통부는 토지관리업무를 통합·관리하는 체계가 미흡하고, 중앙과 지방간의 업무연계가 효율적으로 이루어지지 않으며, 토지정책 수립에 필요한 자료를 정확하고 신속하게 수집하기 어려움에 따라 1998년 2월부터 1998년 12월까지 대구광역시 남구를 대상으로 6개 토지관리업무에 대한 응용시스템 개발과 토지관리데이터베이스를 구축하고, 관련제도정비 방안을 마련하는 등 시범사업을 수행하여 현재 토지관리업무에 활용하고 있다.
- 토지관리정보체계의 추진 배경
  토지와 관련하여 복잡 다양한 행위 제한 내용을 국민에게 모두 알려주지 못하여 국민이 토지를 이용 및 개발함에 있어 시행착오를 겪는 경우가 많으며, 토지 거래 허가·신고, 택지 및 개발 부담금 부과 등의 업무가 수작업으로 처리되어 효율성이 낮다. 이로 인하여 토지이용 규제 내용을 제대로 알지 못하고 있으며, 궁극적으로 토지의 효율적인 내용 및 개발이 이루어지지 못하고 있다. 또한 토지정책의 합리적인 의사결정을 지원하고 정책 효과 분석을 위해서는 각종 정보를 실시간으로 정확하게 파악하여 종합 처리하고, 기종의 개별·법령별로 처리되고 있던 토지업무를 유기적으로 연계할 필요가 있다. 그리고 각 지자체별로 도시정보시스템 사업을 수행하고 있으나 기반이 되는 토지 관련 데이터베이스가 구축되지 않아 효율성이 떨어지므로 토지관리정보체계를 추진하게 되었다.

- 토지관리정보체계(LMIS ; Land Management Infor-mation System)의 추진 목적
  - 토지종합정보화의 지방자치단체 확산 구축
  - 전국 온라인 민원 발급의 구현으로 민원 서비스의 획기적 개선
  - 지자체의 다양한 전산환경에도 호환성을 갖도록 개방형 지향
  - 변화된 업무환경에 적합토록 응용시스템 보완
  - 지자체의 다양한 정보시스템 연계 활용

16 토지종합정보망 소프트웨어 구성에 관한 설명으로 옳지 않은 것은?

① 미들웨어는 클라이언트에 탑재
② DB서버-응용서버-클라이언트로 구성
③ 미들웨어는 자료제공자와 도면생성자로 구분
④ 자바(Java)로 구현하여 IT-플랫폼에 관계없이 운영 가능

해설

소프트웨어 구성도

토지종합정보망은 DB서버, 응용서버, 클라이언트로 구성된 3계층 구조로 개발되었다. 응용서버에 탑재되는 미들웨어는 DB서버와 클라이언트간의 매개역할을 하는 것으로서 자료를 제공하는 자료제공자(Data provider)와 도면을 생성하는 도면생성자(Map agent)로 구분한다. 이로써 토지 및 부동산 관련 민원서류를 해당구청 및 동사무소 뿐 아니라, 가정이나 직장 등 언제 어디서나 발급 받을 수 있는 인터넷 발급시스템을 구축 운영하여 서비스하고 있다.

미들웨어	내 용
자료제공자 (Data provider)	GIS 검색 엔진으로부터 공간자료를 검색한 후 도면생성자, 클라이언트 등에게 전달하는 기능과 함께 공간자료의 편집(입력, 수정, 삭제) 기능을 수행한다.
도면생성자 (Map agent)	자료제공자로부터 전달받은 자료를 이용하여 도면을 생성하고 이를 요청한 클라이언트에게 전달하게 되는데, 자바(Java)로 구현하여 IT-플랫폼에 관계없이 운영이 가능하다.

- Java기반 미들웨어(DP/EA) 운영
  2012년 KLIS기능고도화 사업으로 시군구에서 운영중인 VisiBroker가 제거되고 KLIS미들웨어(DP/ EA*)가 Java 기반으로 개발됨
  *DP(Data provider : 정보제공자) : 공간데이터의 조회
  EA(Edit agent : 자료편집자) : 공간데이터의 추가/수정/삭제 및 트랜잭션 관리를 위해 사용되는 KLIS의 핵심 미들웨어
- 시스템 구성
  현재 KLIS시스템에서 사용중인 상용제품인 VisiBroker를 제거하고, Corba 통신이 아닌 Java API를 사용하여 소켓 통신 방식으로 개선

[참고]
1. 미들웨어(Middleware) : 하드웨어와 소프트웨어의 중간 제품, 마이크로 코드 등을 말한다. 운영체제와 응용 프로그램 중간에 위치하는 소프트웨어. 주로 통신이나 트랜잭션 관리를 행하며, 대표적인 미들웨어로는 CORBA와 DCOM이 있다. 이 소프트웨어는 클라이언트 프로그램과 데이터베이스 사이에서 통신을 운용하는 데 쓰인다. 예를 들어, 데이터베이스에 연결된 웹 서버가 미들웨어일 수 있다. 웹 서버는 클라이언트 프로그램(웹브라우즈)과 데이터베이스 사이에 있는 것이다. 미들웨어 때문에 데이터베이스를 클라이언트 프로그램에 영향을 주지 않고 바꾸는 것이 가능하고 역시 클라이언트 프로그램을 데이터베이스에 영향을 주지 않고 바꾸는 것 또한 가능하다.

2. 클라이언트(Client) : 클라이언트/서버(Client/Server) 구성에서 사용자측. 사용자가 서버에 접속했을 때 클라이언트는 사용자 자신을 지칭할 수도 있고, 사용자의 컴퓨터를 가리키기도 하며, 컴퓨터에서 동작하고 있는 프로그램이 될 수도 있다. 컴퓨터시스템의 프로세스는 또 다른 컴퓨터 시스템의 프로세스를 요청할 수 있다. 네트워크에서는 네트워크 서버에 정보나 응용 프로그램을 요구할 수 있는 PC 등의 처리 기능이 있는 워크스테이션을 말하며 객체 연결 및 포함(OLE)에서는 서버 응용 프로그램이라는 다른 응용 프로그램에 데이터를 포함시켜 놓은 응용 프로그램을 말한다. 파일 서버 로부터 파일의 내용을 요청하는 워크스테이션을 파일 서버의 클라이언트라 한다. 각각의 클라이언트 프로그램은 하나 또는 그 이상의 서버 프로그램에 의하여 자동 실행될 수 있도록 디자인되며, 또한 각각의 서버 프로그램은 특별한 종류의 클라이언트 프로그램이 필요하다.

정답 | 16 ①

1. 추진 배경

① 행정자치부의 필지중심토지정보시스템(PBLIS)과 국토교통부의 토지종합정보망(LMIS)을 보완하여 하나의 시스템으로 통합 구축하고, 기존 전산화사업을 통하여 구축 완료된 토지(임야)대장의 속성정보를 연계 활용하여 데이터 구축의 중복을 방지하고, 데이터 이중관리에서 오는 데이터 간의 이질감 등을 예방하기 위하여 필지중심토지정보시스템과 토지종합정보망의 연계 통합이 필요하게 되었다.

② 토지대장의 문자(속성)정보를 연계 활용하는 방안을 강구하라는 감사원 감사 결과(2000년)에 따라 3계층 클라이언트/서버(3-Tiered client/server) 아키텍처를 기본 구조로 개발하기로 합의하였다. 따라서 국가적인 정보화 사업을 효율적으로 추진하기 위해 양 시스템을 연계 통합한 한국토지정보시스템의 개발업무를 수행하였다.

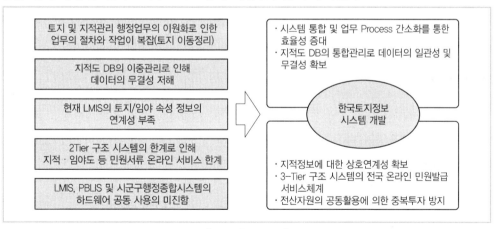

[사업 추진 배경]

2. 추진 방향

① 통합시스템 아키텍처는 3 - Tiered client/server를 기본으로 한다.
② 행정자치부와 국토교통부를 중심으로 한 협동으로 사업을 추진하되 각 업무 전문성이 저해되지 않도록 구분한다.
③ 공동 활용자료에 대한 DB 내용을 표준화한다.
④ 통합시스템에 적합한 제도를 정비한다.

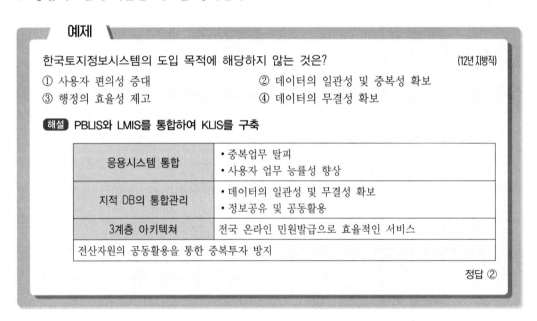

예제

한국토지정보시스템의 도입 목적에 해당하지 않는 것은? (12년 지방직)

① 사용자 편의성 증대 ② 데이터의 일관성 및 중복성 확보
③ 행정의 효율성 제고 ④ 데이터의 무결성 확보

해설 PBLIS와 LMIS를 통합하여 KLIS를 구축

응용시스템 통합	• 중복업무 탈피 • 사용자 업무 능률성 향상
지적 DB의 통합관리	• 데이터의 일관성 및 무결성 확보 • 정보공유 및 공동활용
3계층 아키텍쳐	전국 온라인 민원발급으로 효율적인 서비스
전산자원의 공동활용을 통한 중복투자 방지	

정답 ②

3. 추진 목적

① NGIS 2000년 국책사업 감사원 감사 시 PBLIS와 LMIS가 중복사업으로 지적됨에 따라 두 시스템을 하나의 시스템으로 통합할 것을 권고하였다. 이에 따라 PBLIS와 LMIS의 기능을 모두 포함하는 통합시스템을 개발하였다.
② 통합시스템은 3계층 구조로 구축(3 - Tiered System)한다.
③ 도형 DB 엔진을 전면 수용하여 개발(고딕, SDE, ZEUS 등)한다.
④ 지적측량, 지적측량성과작성 업무도 포함한다.
⑤ 실시간 민원처리 업무가 가능하도록 구축한다.

1계층 구조 (1-tiered Architecture)	중앙집중식의 1계층 구조는 중앙에 거대한 메인프레임 컴퓨터를 두고 사용자들이 단말기에서 중앙 컴퓨터의 자원을 함께 사용하는 호스트 중심 구조이다.
2계층 구조 (2-tiered Architecture)	• 2계층 구조는 분산처리시스템으로 네트워크 환경을 기반으로 원격지에 있는 시스템간의 협동작업을 통하여 서로 지원을 공유하거나, 필요한 정보를 주고 받는 등의 일련의 상호작용을 말한다. • 2계층 구조는 클라이언트-서브 구조로 네트워크 기반으로 하여 서비스를 요구하는 클라이언트와 이를 처리하여 결과를 클라이언트로 돌려보내는 클라이언트와 서브 간의 상호처리프로세스를 기본으로 한다. • 클라이언트/서버(C/S) 계층 구조가 서버에 있는 **데이타베이스층**과 서버, 또는 Client(클라이언트 : 정보를 열람하거나 특정의 프로그램을 사용하는 **컴퓨터 또는 소프트웨어**)에 있는 Application(애플리케이션 : 응용)층 등 2개 층으로 구성된 구조이다. • 2계층 구조는 클라이언트의 응용 프로그램중 데이터베이스 관련 로직의 일부분을 서버로 옮겨와 데이터의 충실도, 프로그램의 재사용성, 보안, 그리고 성능을 향상시키는 개선 구조가 있으나 여전히 확장성 등에 문제가 있다.
3계층 구조 (3-tiered Architecture)	• 3계층 구조는 각종 자료의 조회나 표현 기능은 클라이언트에, 데이터 접근 기능은 서버에 두고 나머지 기능은 하나 혹은 여러 개의 응용 시스템이 공유할 수 있도록 구성하며, 중간매체 소프트웨어인 미들웨어(Middle Software)가 사용되는 구조를 말한다. • 시스템 성능이나 개발, 유지 보수의 효율 개선을 위해 클라이언트/서버의 응용 프로그램 구조를 표현(presentation), 응용(application), 데이터(data) 등 3개의 논리적 기능 모듈로 나눈 형태이다. • 3계층 구조는 2계층 구조에서 각 클라이언트에 분산되어 있던 응용 기능들을 서버로 옮겨 별도의 층으로 독립시킨 것이다. • **표현층**은 클라이언트의 브라우저와 서버의 웹 프로그램이 주고받는 그래픽 사용자 인터페이스(GUI)로 표준화되고, 각종 응용에 따라 데이터를 처리하고 표현층에 연결해 주는 **응용층**은 재사용 가능한 모듈로 전문화되었다. • 그 결과 클라이언트의 기능이 단순·표준화되고(브라우저), 클라이언트와 서버 간의 통신량이 줄어 들며(인터넷 회선), 다수의 클라이언트 환경에서도 견딜 수 있고(포털 사이트), 클라이언트가 직접 데이터베이스에는 접속할 수 없도록 함으로써 시스템의 안정성과 보안을 향상시킬 수 있게 되었다. • 이 밖에 응용 프로그램들이 각각 독립된 모듈로 분리되어 개발 및 재활용성이 증대하고, 규격 변경 작업 등이 손쉽게 된다는 장점이 있다.

TIP **클라이언트(Client)**

서버 시스템과 연결하여 서버에 정보를 요구하고 서버와 통신을 하는 컴퓨터 시스템

제2장 추진 과정

일정	내용
2001년 4월	감사원에서 시스템 통합 조정을 요청
2001년 5월	관계기관회의 개최
2001년 6월	각 기관에 추진방향 결정 통보
2001년 12월	시스템통합 권고안 및 통합구축 추진방안 마련 및 명칭 합의
2002년 1월	통합관련 공동작업반 구성안 통보
2002년 5월~6월	사업계획(안) 확정
2002년 10월	관계기관 최종 의견 수렴회의
2003년 6월~2004년 8월	시스템 구축 착수
2004년 12월	현재 4개 자치단체 시범운영
2005년	전국적으로 확산

제3장 추진 체계

1. 추진 현황

① 한국토지정보시스템은 국토교통부와 행정자치부의 공동추진체계이며 제도 개선, 표준화, 기술개발지원은 국토연구원, (구)대한지적공사에서 그 역할을 담당하고 있다.

② 각 시스템의 개발사업자를 공동사업수행기관으로 선정하여 참여기관을 조정하고 전체를 이끌어갈 수 있도록 전담사업관리기관을 두어 행정자치부의 지적담당관실에서는 지적업무총괄 및 관리를 수행하고, 국토교통부는 토지관리과에서 토지업무를 총괄하여 관리하며 (구)대한지적공사의 LIS 사업부와 지자체 지적담당부서에서는 시스템 개발을 지원하고 있다.

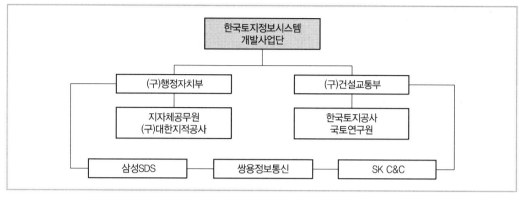

[추진 체계]

2. 관련 부서 및 역할

관련부서	역할
(구)행정자치부	지적업무 총괄 관리
국토교통부	토지업무 총괄 관리
국토연구원	제도 개선, 표준화, 기술개발 지원
(구)대한지적공사	시스템 개발 지원
지자체공무원	시스템 개발 지원
삼성 SDS	시·군·구 행정종합시스템 연계 개발, DB 관리 개발
쌍용정보통신	품질관리, 시스템 관리, 지적공부 시스템 개발, 지적측량성과 시스템 개발, 고딕 DB 개발, DB 관리 개발, 도로명 시스템 개발
SK C&C	연속·편집도면관리시스템 개발, 통합민원발급시스템 개발, 코바미들웨어 추가 개발

제4장 시스템 구성도

1. 개요

한국토지정보시스템은 국토의 근간이 되는 토지정보를 효율적으로 관리하고 신속한 민원 처리 및 대국민 서비스를 제공하며 정책 결정 및 의사 결정을 지원하기 위한 시스템으로 행정자치부가 담당하는 다양한 지적 관련 업무와 함께 국토교통부가 담당하는 6대 토지행정업무 지원기능과 공간자료 관리기능을 제공하고 있다.

2. 한국토지정보시스템 구성도

必 암기 (거)(부)(중)(시)(용)(인)

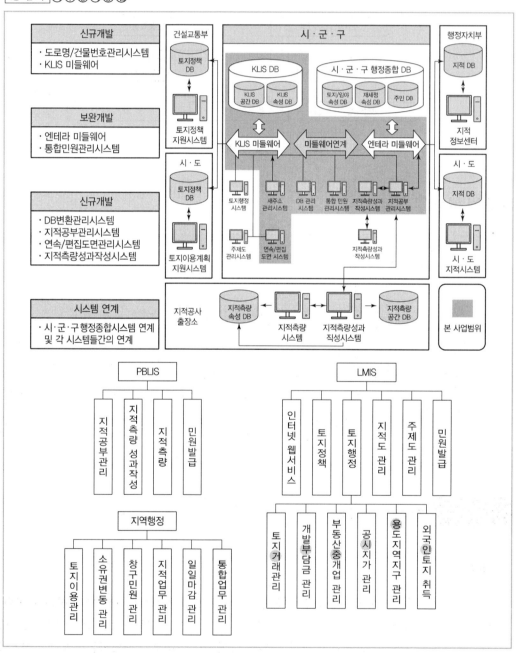

[한국토지정보시스템 구성도]

TIP **Middleware**

응용 소프트웨어가 운영체제로부터 제공받은 서비스 이외에 추가적으로 이용할 수 있는 서비스를 제공하는 컴퓨터 소프트웨어이다.

3. 한국토지정보시스템 기능 구성도

必 암기 행정주연은 거부중시용인

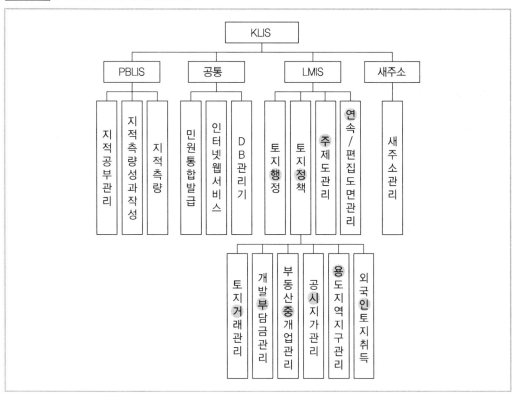

4. 한국토지정보시스템의 단위 업무

必 암기 측공연 공주가 통지할 때 도개장이나 중개사가 해라.

① 지적**측**량성과 관리
② 지적**공**부 관리
③ **연**속편집도 관리
④ 개별**공**시지가 관리
⑤ 개별**주**택가격 관리
⑥ 토지거래허**가** 관리
⑦ **통**합민원발급 관리
⑧ 수치**지**형도 관리
⑨ 용**도**지역지구 관리
⑩ **개**발부담금 관리
⑪ 모바일현**장** 지원
⑫ 부동산**중**개업 관리
⑬ 부동산**개**발업 관리
⑭ 공인중개**사** 관리

5. 부동산종합공부시스템의 단위 업무

必 암기 측공연 공주가 통지할 때 도민한테 섬사하게 해라.

① 지적**측**량성과 관리
② 지적**공**부 관리
③ **연**속지적도 관리
④ 개별**공**시지가 관리
⑤ 개별**주**택가격 관리
⑥ 용도지역지**구** 관리
⑦ **통**합정보열람 관리
⑧ **GIS**건물통합정보 관리
⑨ 시·**도** 통합정보열람 관리
⑩ 통합**민**원발급 관리
⑪ **섬** 관리
⑫ 일**사**편리포털 관리

예제

한국토지정보시스템이 포함하고 있는 단위 업무만을 모두 고른 것은? (14년 지방직)

Ⓐ 지적공부관리
Ⓑ 연속편집도관리
Ⓒ 토지거래허가관리
Ⓓ 지하시설물관리

① Ⓐ, Ⓑ, Ⓒ
② Ⓐ, Ⓑ, Ⓓ
③ Ⓐ, Ⓒ, Ⓓ
④ Ⓑ, Ⓒ, Ⓓ

정답 ①

6. KLIS의 관련 GIS 툴 비교

구분	GOTHIC	SDE	ZEUS
데이터 모델	객체지향형	관계형	객체관계형
공간질의어	외부 함수로 처리	외부 함수로 처리	SQL 확장
구조	3Tier 지원	3Tier 지원	3Tier 지원
지원플랫폼	Unix, Windows/NT	Unix, Windows/NT	Unix, Windows/NT
특징	• KLIS 분야에 무상사용 • 데이터 모델링 능력 우수 • 다양한 기능(API) 제공	• 가장 친숙한 관계형 구조 • 많은 Reference 보유 • 대용량 데이터 처리의 한계 • 공간 데이터 처리의 한계	• 국산제품으로 릴리즈가 빠름 • 시장이 축소되고 있음 • 고급개발자 필요 • 개발이 어렵고, 개발기간이 많이 소요됨

7. Why KLIS

구분	일반 GIS TOOL	KLIS
CLIENT 환경	• 지자체별로 사용 GIS DB Engine이 상이함 • 클라이언트 프로그램이 각 공급업체별 GIS TOOL에 종속된다.	지자체별로 사용 GIS DB Engine과 상관 없이 운영되므로 클라이언트 프로그램이 GIS TOOL에 종속되지 않음
Customizing TOOL 제공	대부분 외산 소프트웨어이므로 소스가 제한되어 있으며 이로 인해 제공기능에 한계가 있음	원천 소스를 가지고 있으므로 핵심 기능에 대하여 집중적인 추가 개발이 가능하여 시스템 성능 및 기능을 극대화할 수 있음
아키텍처	• 대부분 2-Tier 아키텍처로 모든 로직이 클라이언트에 존재 • 4GL 툴과 관련되므로 4GL 툴 변경 시에 모든 로직의 재개발이 필요하여 확장성이 떨어짐 • 동시 사용자 수가 증가함에 따라 성능이 급격히 저하됨 • 모니터링 및 관리가 용이하지 못함	• 3-Tier 아키텍처로 이기종 H/W 증설 또는 이기종 데이터베이스가 구축되어도 데이터 정합성을 보장할 수 있어 확장성이 뛰어남 • 클라이언트/서버 환경과 웹환경에서 동시에 사용 가능하며 동시 사용자 수가 증가해도 일정한 응답속도와 처리량을 보장함 • 처리되고 있는 어플리케이션 정보, 프로그램별 처리 건수 등 다양한 모니터링이 가능하여 관리 및 모니터링이 용이함
제공 기능	MAP Control, Spatial Query, Topology, DataBase 관리의 기능을 기본적으로 제공함	MAP Control, Spatial Query, Topology, DataBase 관리의 기능을 기본적으로 제공함

제5장 KLIS의 주요 기능 구성

1. 지적공부관리시스템

(1) 개념

① 토지에 관련된 정보를 지적공부에 등록, 관리하고 사용자에게 제공하는 효율적인 필지 중심토지관리시스템이다.

② 토지 및 임야의 이동사항을 관리하는 토지이동 기능, 도면데이터의 품질을 유지하기 위한 자료정비기능, 측량준비도 파일 추출 및 측량성과검사 등 측량업무를 지원하기 위한 측량관리기능, 각종 조서의 조회 및 출력을 지원하는 지적일반업무기능, 광대지도면 출력 및 데이터 백업을 통한 정책정보지원기능, 측량통계관리 및 폐쇄도면통계를 관리하는 통계관리기능, 도면 및 사용권한 설정을 관리하는 시스템관리기능으로 구성되어 있다.

③ 또한, 지정행정시스템의 기능을 호출하여 모든 지적업무가 한국토지정보시스템의 공부관리시스템에서 처리될 수 있도록 지원함으로 종합적인 행정업무를 수행한다.

(2) 지적공부관리시스템 구성도 및 기능

① 구성도

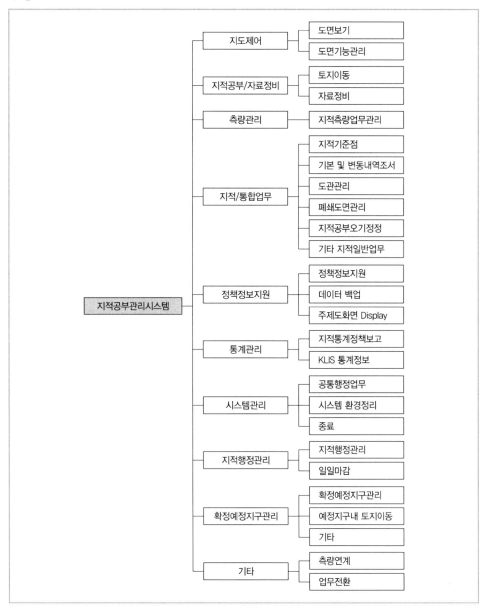

② 기능

구분	항목	설명
지도제어	도면보기	전체보기, 영역확대/축소, 도면이동 등 도면보기 기능 담당
	도면기능관리	도면 선택, 레이어 관리, 필지 및 도곽, 건물 찾기, 계산하기, 필지속성 확인 등 도면에 관련된 속성 및 도면조회 기능 담당
지적공부관리/ 자료정비	토지이동	지적공부 정리 및 특수 업무 관리, 도면 일일처리 결과보기 기능 담당
	자료정비	변동 자료 정비, 객체속성 편집, 객체 편집 등 도면을 정비하는 기능과 도면속성 일치, 데이터 검증 등 대장과 도면의 속성을 비교 검증하는 기능 담당
측량관리	지적측량업무관리	측량을 위한 준비도 파일 추출 및 대행사 관리 등을 담당
지적/통합업무	지적기준점	공부에서 사용하는 4개의 기준점에 대한 등록/수정/삭제 기능 담당
	기본 및 변동내역조서	일필지 기본사항 조회, 변동내역 조서, 현황조회 등 대장에 대한 속성 조회 기능 담당
	도곽관리	지적도곽과 연속도곽에 대한 등록/수정/삭제 및 도곽 일치성 검사 기능을 담당
	폐쇄도면관리	지적도면에 관련된 이력의 조회 기능 담당
	지적공부 오기 정정	대장의 속성을 수정하거나 삭제하는 기능 담당
	기타 지적 일반 업무	주제별 현황, 광대지 도면출력, 지번별 조서 출력 등 정책에 필요한 정보를 제공하는 기능 담당
정책정보지원	정책정보지원	주제별 현황, 광대지 도면출력, 지번별 조서 출력 등 정책에 필요한 정보를 제공하는 기능 담당
	데이터 백업	DXF, SHP, NGI 파일로 지적도, 연속도, 편집도를 백업할 수 있는 기능과 백업의 기록을 관리하는 데이터 제공기록부 업무 담당
	주제도화면 Display	지목별 현황, 축척별 현황 등 각 현황에 해당하는 지번을 색상으로 구분하고, 각 축척별로 화면에 지적도를 Display 하는 기능 담당
통계관리	지적통계 및 정책보고	지적행정시스템에서 관리하는 통계정보를 호출하는 기능 담당
	KLIS 통계정보	측량준비도 추출 내역 통계 및 폐쇄도면 발생 이력 통계 기능 담당

구분	항목	설명
시스템 관리	공통행정업무	공통행정에서 관리하는 화면을 호출하는 기능 담당
	시스템 환경 관리	지적공부관리시스템을 사용하기 위한 레이어 권한 관리 및 레이어 환경 설정 기능 담당
	종료	지적공부관리시스템을 종료하는 기능 담당
지적행정관리	지적행정관리	지적행정시스템에서 관리하는 업무의 화면을 호출하는 기능 담당
	일일마감	지적행정시스템에서 관리하는 일일마감 화면을 호출하는 기능 담당
확정예정지구 관리	확정예정지구관리	확정예정계획도면 등록을 통한 확정예정 현황 및 이력 관리, 시행지 정보 관리 등의 기능 담당
	예정지구 내 토지이동	확정예정지구 내에 등록된 계획도면의 분할, 합병, 지목 변경, 지번 변경, 소유자 변경 등의 기능 담당
	기타	확정예정지구 완료 처리, 예정지번 등록을 통한 환지 조회 및 도면/ 통계 조회 기능 담당
기타	측량연계	지적공사와의 측량파일 연계에 관련된 화면을 호출하는 업무 담당
	업무전환	한국토지정보시스템에 있는 다른 시스템으로의 전환 담당

2. 지적측량성과작성시스템

(1) 개념

① 지적측량성과관리시스템은 지자체에서 추출된 측량준비도파일(cif)을 이용하여 해당 필지를 측량하기 위한 지적측량준비도를 작성하며 현장에서 측량된 자료를 성과시스템과 같이 사용하여 지적측량성과를 작성하고 검사하는 등 관리하는 시스템이다.

② 이 시스템은 작성된 지적측량성과를 이용하여 지적공부관리시스템의 토지이동업무에 필요한 성과파일을 생성하는 등 시·군·구의 지적측량업무를 전산화한다.

(2) 지적측량성과작성시스템 구성도 및 기능

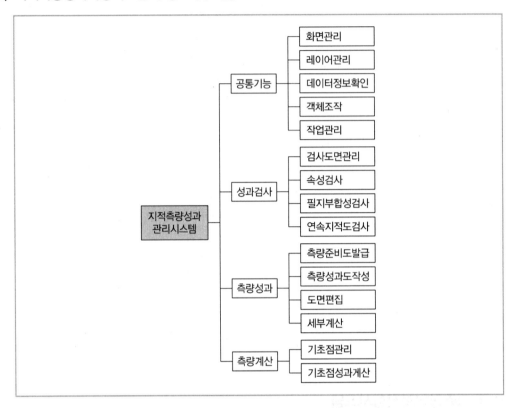

구분	항목	설명
공통기능	화면관리	도면상의 화면 이동, 확대, 축소, 이전, 다음 화면, 다시 그리기, 그리기 중지, 화면축척 설정, 커서 좌표보기, 거리 측정(일반/snap) 등의 기능 제공
	레이어관리	레이어에 대한 on/off 기능과 레이어 색상 설정, 편집 레이어 설정 기능 제공
	데이터정보 확인	필지의 속성, 필계점 보기 기능과 필지 찾기 기능 제공
	객체 조작	객체선택(필지, 도곽 등), 영역 선택, 이동, 회전 기능 제공
	작업관리	• 측량성과, 검사, 계산을 위해 CIF/DAT 파일을 읽고 측량준비도 도면보기 기능을 제공 • 파일 다중열기, 태그검사, 데이터백업 기능 제공

구분	항목	설명
성과검사	검사도면 관리	• 측량성과검사를 할 도면에 측량현황정보를 추가하는 기능 • 이미지를 성과에 맞추어 디스플레이하는 기능 • 성과검사 결과를 조회하는 기능, 줌 비율 통일 기능 • KLIS 정보 비교 기능 제공
	속성 검사	• 이동 전후 속성 검사 • 오류 속성을 수정하는 기능
	필지부합성 검사	성과필지와 주변필지 간의 이격거리를 검사하는 기능 제공
	연속지적도 검사	연속지적도의 필지를 검사하는 기능 제공
	분할점 검사	분할측량결과파일의 분할점과 사용자 입력점의 거리차를 계산
측량성과	측량준비도 발급	측량준비도 방향선 추가·삭제, 기준점 추가·삭제·수정, 필지기본정보 출력, 방위각 출력여부 설정, 소지번현황 출력여부 설정 등의 기능 제공
	측량성과도 작성	측량성과 파일 생성, DAT 생성, 측량성과 입력·편집, 세부계산, 측정점 위치 설명도 설정, 측정점 위치현황도 설정, 측량성과도 출력, 참고도 파일 입력 기능 제공
	도면 편집	성과를 작성하기 위한 필계점 추가·삭제, 분할선 추가·삭제, 도곽 생성·삭제, 폴리곤 병합, 폴리곤 분할, 면적보기 기능 제공
	세부계산	경계점 추가, 경계점 관측자료 입력, 경계점 데이터 출력 기능 제공
측량계산	기초점 관리	기준점(삼각점, 삼각보조점, 도근점)에 대한 정보 관리
	기초점 성과계산	기준점에 대한 정보를 토대로 세부·삼각·삼각보조·도근측량 계산을 수행하고 망 관리 기능, 측량계산결과 조회·출력, 수평각 관측환경등록 기능 등을 제공

(3) 파일확장자 구분 [必 암기] (ci)(se)(s)(k)(ser)에서 (j)(da)(si)(sr)(iu)

측량준비도추출파일(*.cif) (cadastral information file)	소관청의 지적공부관리시스템에서 측량지역의 도형 및 속성정보를 저장한 파일
일필지속성정보파일(*.sebu) (세부측량을 영어로 표현)	측량성과작성시스템에서 속성을 작성하는 일필지 속성정보파일
측량관측파일(*.svy) (survey)	토털 스테이션에서 측량한 값을 좌표로 등록하여 작성된 파일
측량계산파일(*.ksp) (kcsc survey project)	지적측량계산시스템에서 작업한 경계점 결선, 경계점 등록, 교차점 계산 등의 결과를 관리하는 파일
세부측량계산파일(*.ser) (survey evidence relation file)	측량계산시스템에서 교차점 계산 및 면적지정계산을 하여 경계점좌표등록부시행지역의 출력에 필요한 파일
측량성과파일(*.jsg)	측량성과작성시스템에서 측량성과작성을 위한 파일

토지이동정리(측량결과)파일(*.dat) (Data)	측량성과작성시스템에서 소관청의 측량검사, 도면검사 등에 이용되는 파일
측량성과검사요청서 파일(*.sif)	지적측량접수프로그램을 이용하여 작성하며 iuf 파일과 함께 작성되는 파일
측량성과검사결과 파일(*.srf)	측량결과파일을 측량업무관리부에 등록하고 성과검사 정상 완료 시 지적소관청에서 측량수행자에게 송부하는 파일
정보이용승인신청서 파일(*.iuf)	지적측량업무 접수 시 지적소관청 지적도면자료의 이용승인 요청 파일

예제

한국토지정보시스템(KLIS)의 주요 구성 시스템에 대한 설명으로 옳지 않은 것은?

(10년 지방직)

① 시·군·구 서버에서는 엔테라 미들웨어를 사용한다.
② 3계층 클라이언트/서버 아키텍처를 기본구조로 한다.
③ GIS 엔진은 PBLIS나 LMIS에서 사용하던 GOTHIC과 SDE의 활용이 가능하다.
④ 지적측량성과작성시스템에서 경계점 결선, 경계점 등록, 교차점 계산, 분할 후 결선작업에 대한 결과를 저장하는 파일의 확장자는 *.cif이다.

정답 ④

3. 연속, 편집도 관리시스템

(1) 개념

① 한국토지정보시스템의 연속, 편집도 관리 시스템은 개별지적도곽단위로 관리되는 지적공부시스템과 연계하여 연속지적의 변동 사항을 정리하도록 구성하였으며, 변동 관리된 연속지적도는 토지이용계획확인서 민원 발급 및 도면정보 활용 등의 서비스에 활용하도록 구성하였다.
② 연속, 편집도 관리시스템은 토지이동사항(분할, 합병, 등록, 수치지적부 경계복원 등)을 변경 관리하는 시스템으로 토지종합정보망에서 필요한 연속지적도, 편집지적도에 토지이동사항을 일관성 있게 반영한다. 지적분할, 합병, 등록, 수치지적부 경계 복원, 행정구역변경 등을 처리하는 과정에서 공간자료와 속성자료를 병행하여 수정할 수 있게 하였다.

(2) 연속, 편집도 관리시스템의 중요메뉴 구성 및 기능

메뉴	기능
도면관리	연속도, 편집도, 행정구역 편집, 도면정비, 등록, 인접필지처리
연속, 편집도 관리	작업내역, 불일치지역관리, 연속도시점자료 생성
편집도면관리	변환점작업 초기화, 편집도면 생성, 편집도면 등록
오류 검사	오류 검사
편집도구	폴리곤 생성, 중수편집, 삭제, 도형선형 변경 등

4. 토지민원발급시스템

(1) 개념

민원발급 관리 시스템은 조서대장의 관리, 토지이용계획확인서 발급을 위한 속성관리, 발급·승인요청처리, 통계현황작성업무를 지원하는 시스템이다.

(2) 토지민원발급시스템의 중요메뉴 구성 및 기능

메뉴	기능	출력물
조서관리	용도지역지구 조서대상 관리	–
속성관리	토지이용계획확인서 발급을 위한 승인 정보 변경, 지자체별 발급 속성 자료 관리	도면
발급·승인관리	토지이용계획확인서를 발급 및 승인 요청 사항 처리	토지이용계획확인서
통계·현황관리	토지이용계획확인서 발급내역 및 통계자료 출력	일별 마감현황, 월별 마감현황, 발급내역, 승인요청 처리현황, 필지별 토지이용사항

5. 도로명 및 건물번호 부여관리시스템

(1) 개념

도로명 및 건물번호를 효율적으로 관리하는 시스템으로서 도로의 신설, 용도폐지 및 건축물의 신축, 멸실 등에 따른 도로명 및 건물번호의 유지 관리가 가능할 뿐만 아니라 새 주소부여를 효율적으로 수행할 수 있도록 업무를 지원하는 시스템이다.

(2) 도로명 및 건물번호 부여관리시스템의 중요메뉴 구성 및 기능

메뉴	기능
도로관리	도로구간 입력, 도로구간 수정, 도로구간 삭제, 기초구간 입력, 기초구간 수정, 기초구간 삭제, 기종점 변경, 실폭도로관리, 단위구간나누기, 기초번호 일괄부여 등 도로를 관리하는 기능
건물관리	건물정보 입력, 건물정보 수정, 건물말소, 건물군정보 입력, 건물군정보 수정, 건물군정보 삭제, 주출입구 입력, 주출입구 수정, 주출입구 삭제, 건물번호 자동갱신 등 건물을 관리하는 기능
명판관리	도로명판 입력, 도로명판 수정, 도로명판 삭제 등 도로의 명판을 관리하는 기능
대장관리	도로구간조서, 도로명부여대장, 도로구간별 기초번호부여조서, 건물번호부여사무처리대장, 건물번호부여대장, 도로명판관리대장, 건물번호판교부대장 등 도로 및 건물에 관련된 대장을 관리하는 기능

6. DB관리시스템

(1) 개념

① 도형DB를 관리하기 위한 단위시스템으로 초기 데이터 구축, DB자료데이터 전환, 공통파일백업, DB일관성검사기능으로 구별된다.

② 기존 PBLIS와 LMIS 확산을 통해 이미 생성된 DB를 한국토지정보시스템의 DB로 이행하는 시스템이다.

(2) DB관리시스템의 중요메뉴 구성 및 기능

메뉴	기능
DXF 등록	여러 개의 DXF 파일이 존재하는 폴더를 선택하여 KLIS의 DB로 입력하거나 하나의 DXF 파일을 선택하여 KLIS의 DB로 기능
SHAPE 파일 등록	하나의 Shape 파일을 선택하여 KLIS의 DB로 입력거나 여러 개의 Shape 파일이 존재하는 폴더를 선택하여 KLIS의 DB로 입력하는 기능
도형DB 백업	KLIS DB상의 Layer를 설정된 그룹별로 선택하여 Shape 파일 형태로 사용자의 PC로 백업받거나 행정구역, 도호, 축척 등으로 구분하여 KLIS DB상의 데이터를 DXF 파일 형태로 사용자의 PC로 백업받는 기능
일관성 검사	KLIS DB로 입력된 데이터를 누락지번, 중복지번, 지목상이의 내용으로 검사하는 기능

제6장 | KLIS의 기대효과

1. 대민서비스 측면

① 민원처리 기간의 단축 및 민원서류의 전국 온라인 서비스 제공이 가능하다.
② 다양하고 입체적인 토지정보를 제공하고 재택 민원서비스 기반을 조성할 수 있다.

2. 경제적인 측면

① 21C 정보화 사회에 대비한 정보인프라 조성으로 정보산업의 기술 향상 및 초고속통신망의 활용도가 높아진다.
② 토지정보의 새로운 부가가치 창출로 국가경쟁력이 확보된다.

3. 행정적인 측면

① 지적정보의 완전전산화로 정보를 각 부서 간에 공동으로 활용함으로써 업무효율을 극대화할 수 있다.
② 행정처리 단계 및 기간의 축소로 예산 절감의 효과를 얻을 수 있다.

4. 사회적 측면

① 개인별, 세대별 토지소유현황을 정확히 파악할 수 있어, 토지정책의 실효성을 확보할 수 있다.
② 토지의 철저한 관리로 투기심리 예방 및 토지공개념을 확산시킬 수 있다.

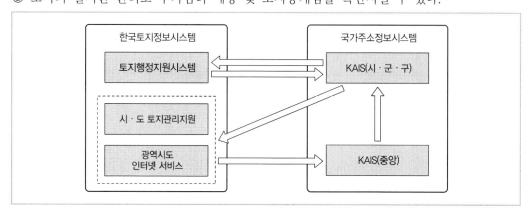

응용시스템 통합	• 중복업무 탈피 • 사용자 업무 능률성 향상
지적 DB의 통합관리	• 데이터의 일관성 및 무결성 확보 • 정보공유 및 공동 활용
3계층 아키텍처	전국 온라인 민원 발급으로 효율적인 서비스
전산자원의 공동 활용을 통한 중복투자 방지	

01 다음 중 한국토지정보시스템(KLIS)에 대한 설명으로 옳은 것은? (단, 중앙행정부서의 명칭은 해당 시스템의 개발 당시 명칭을 기준으로 한다)

① 국토교통부의 토지관리정보시스템과 행정자치부의 필지중심토지정보시스템을 통합한 시스템이다.
② 국토교통부의 토지관리정보시스템과 행정자치부의 시군구 지적행정시스템을 통합한 시스템이다.
③ 행정자치부의 시군구 지적행정시스템과 필지중심토지정보시스템을 통합한 시스템이다.
④ 국토교통부의 토지관리정보시스템과 개별공시지가관리시스템을 통합한 시스템이다.

해설

한국토지정보시스템(KLIS)
• (구)행정자치부의 PBLIS(Parcel Based Land Information System)와 국토교통부의 LMIS(Land Management Information System) 토지관련행정업무로 구성된 시스템이다.
• 민원처리기간의 단축 및 민원서류의 전국 온라인 서비스 제공이 가능하다.
• 정보인프라 조성으로 정보산업의 기술 향상 및 초고속통신망의 활용도가 높다.
• 지적정보의 전산화로 각 부서 간의 활용으로 업무 효율을 극대화할 수 있다.
• 탈세, 위법 또는 불법 토지거래 및 거래자의 철저한 관리로 토지거래질서를 확립할 수 있다.

02 한국토지정보시스템(Korea Land Information System)에 대한 설명으로 틀린 것은?

① PBLIS와 LMIS를 통합한 토지의 정보를 전산화로 등록하여 제공하는 시스템이다.
② 일필지 단위의 도형정보와 속성정보를 기반으로 토지의 모든 정보를 전산화로 등록하고 제공하는 시스템이다.
③ 대축척의 지적도를 기본도로 이용하여 구축한 시스템으로서 정확한 위치 개념과 고밀도 데이터로 구성되어 있다.
④ 기본 계획을 수립할 경우에는 국가지리정보체계 추진위원회의 심의를 거친 후 이를 확정한다.

해설

KLIS은 행정자치부에서 운영하고 있는 필지중심토지정보시스템(PBLIS ; Parcel Based Land Information System)과 국토교통부에서 운영하고 있는 토지관리정보체계(LMIS ; Land Management Information System)를 통합한 토지의 정보를 전산화로 등록하여 제공하는 시스템이다.

03 다음 중 한국토지정보시스템(KLIS)에 대한 설명으로 옳은 것은?

① 토지관련정보를 공동 활용하기 위해 구축한 것이다.
② PBLIS와 LIS를 통합하여 구축한 것이다.
③ 지하시설물 관리를 중심으로 구축한 것이다.
④ 행정안전부에서 독자적으로 구축한 시스템이다.

해설

한국토지정보시스템(KLIS)은 행정자치부(현, 행정안전부)의 필지중심토지정보시스템(PBLIS)과 국토교통부의 토지관리정보체계(LMIS)를 보완하여 하나의 시스템으

로 통합 구축하고, 토지대장의 문자(속성)정보를 연계
활용하여 토지와 관련한 각종 공간 · 속성 · 법률자료
등의 체계적 통합 · 관리의 목적을 가진 종합적 정보체
계로 2006년 4월 전국 구축이 완료되었다.
② PBLIS와 LMIS를 통합하여 구축하였다.
③ 지하시설물관리를 중심으로 구축하지 않았다.
④ 행정안전부 독자적으로 구축한 시스템은 아니다.

---

04 다음 중 한국토지정보체계(KLIS)에 대한 설명으로 옳은 것은?

① 우리나라에서 가장 일찍 출현한 토지정보체계이다.
② 2계층 클라이언트/서버 아키텍처 구조로 되어 있다.
③ (구)대한지적공사에서 독자적으로 개발하였다.
④ 필지중심토지정보체계(PBLIS)와 토지종합정보 망(LMIS)을 통합한 시스템이다.

해설

국토교통부의 필지중심토지정보시스템(PBLIS)과 토지
관리정보체계(LMIS)를 보완하여 하나의 시스템으로 통
합 구축하고, 토지대장의 문자(속성)정보를 연계 활용
하는 방안을 강구하라는 감사원 감사결과에 따라 토지
와 관련한 각종 공간 · 속성 및 법률자료 등을 체계적으
로 통합 관리할 수 있는 전국 표준의 종합적 정보체계
로 2006년 4월 전국 구축이 완료되었다.

---

05 과거 국토교통부의 토지관련업무를 다루
는 시스템과 행정자치부의 지적관련업무처리시
스템이 분리되어 운영됨에 따른 자료의 이중 관
리 및 정확성 문제 등을 해결하기 위하여 구축된
통합정보시스템은?

① KLIS
② LMIS
③ PBLIS
④ SGIS

해설

KLIS
• 정의
  (구)행정자치부 PBLIS와 (구)국토교통부의 LMIS 토지
  관련행정업무로 구성된 시스템이다.
• 개발 목적
  대장데이터와 도면데이터를 전산화하여 다양한 토지
  관련정보를 제공함으로써 대국민서비스 강화에 목적
  을 두고 있다.

---

06 다음 중 KLIS는 어떤 정보체계가 통합 운영
되는 것인가?

① PBLIS + LMIS
② PBLIS + NGIS
③ LIS + GIS
④ LIS + GPS

해설

KLIS은 행정자치부에서 운영하고 있는 필지중심토지정
보시스템(PBLIS ; Parcel Based Land Information System)
과 국토교통부에서 운영하고 있는 토지관리정보체계(LMI
S ; Land Management Information System)를 통합한
토지의 정보를 전산화로 등록하여 제공하는 시스템이다.

---

07 한국토지정보시스템의 약자로 맞는 것은?

① LMIS
② KMIS
③ PBLIS
④ KLIS

해설

한국토지정보시스템(KLIS ; Korea Land Information
System)

---

08 한국토지정보체계 구축에 따른 기대 효과
로 가장 거리가 먼 것은?

① 다양하고 입체적인 토지정보를 제공
② 민원처리기간의 단축 및 전국 온라인 서비스 제공
③ 각 부서 간의 공동 활용으로 업무 효율을 극대화
④ 건축물의 유지 및 보수현황관리

정답 | 04 ④ 05 ① 06 ① 07 ④ 08 ④

KLIS 구축에 따른 기대 효과
- 대민서비스 측면
  - 민원처리기간의 단축 및 민원서류의 전국 온라인 서비스 제공이 가능하다.
  - 다양하고 입체적인 토지정보를 제공하고 재택 민원 서비스 기반을 조성할 수 있다.
- 경제적인 측면
  - 21C 정보화 사회에 대비한 정보인프라 조성으로 정보산업의 기술 향상 및 초고속통신망의 활용도가 높아진다.
  - 토지정보의 새로운 부가가치 창출로 국가경쟁력이 확보된다.
- 행정적인 측면
  - 지적정보의 완전전산화로 정보를 각 부서 간에 공동으로 활용함으로써 업무효율을 극대화할 수 있다.
  - 행정처리 단계 및 기간의 축소로 예산절감의 효과를 얻을 수 있다.
- 사회적 측면
  - 개인별, 세대별 토지소유현황을 정확히 파악할 수 있어, 토지정책의 실효성을 확보할 수 있다.
  - 토지의 철저한 관리로 투기심리 예방 및 토지공개념을 확산시킬 수 있다.

09 다음 중 한국토지정보시스템(KLIS) 개발의 기대 효과로 옳지 않은 것은?

① 토지이동관련업무의 분산으로 중복된 업무 탈피
② 지적도 DB의 통합으로 데이터의 무결성 확보
③ 지적도 DB 활용의 극대화를 통한 대민서비스 개선
④ 사용자의 업무 능률 향상

- 민원처리기간의 단축 및 민원서류의 전국 온라인 서비스 제공이 가능하다.
- 정보인프라 조성으로 정보산업의 기술 향상 및 초고속통신망의 활용도가 높다.
- 지적정보의 전산화로 각 부서 간의 활용으로 업무 효율을 극대화할 수 있다.
- 탈세, 위법 또는 불법 토지거래 및 거래자의 철저한 관리로 토지거래질서를 확립할 수 있다.

10 한국토지정보체계(KLIS)에서 지적공부관리시스템의 기능에 해당되지 않는 것은?

① 지적공부정리파일(*.DAT)의 생성 기능
② 개인별 토지소유현황을 조회하는 기능
③ 토지이동에 따른 변동내역을 조회하는 기능
④ 소유권연혁에 대한 오기 정정 기능

지적공부정리파일(*.DAT)의 생성은 지적측량성과작성시스템의 기능이다.

11 한국토지정보시스템(KLIS)의 구성에 해당되지 않은 것은?

① 지적공부관리시스템
② 지적측량성과작성시스템
③ 부동산등기관련시스템
④ 민원발급관리시스템

한국토지정보시스템(KLIS : Korea Land Information System)의 구성
- 지적공부관리시스템
- 지적측량성과작성시스템
- DataBase 변환시스템
- 연속/편집도 관리시스템
- 토지민원발급시스템
- 도로명 및 건물번호관리시스템
- 토지행정지원(부동산 거래, 외국인 토지취득, 부동산 중개업, 개발부담금, 공시지가)시스템
- 민원발급관리시스템
- 토지민원발급시스템
- 용도지역지구관리시스템
- 도시정보계획검색시스템

12 다음 중 지적측량성과작성시스템의 목적으로 가장 거리가 먼 것은?

① 지적측량성과의 적부심사 기준 설립
② 수작업에 의한 오류 방지
③ 신속하고 정확한 지적측량성과 제공
④ 측량준비도 등의 작성의 자동화

해설

지적측량성과작성시스템 목적
• 수작업에 의한 오류 방지
• 신속하고 정확한 지적측량성과 제공
• 측량준비도 등의 작성의 자동화

13 한국토지정보시스템의 개발을 위한 각 부처의 주요 합의사항을 설명한 것이다. 이 중 다른 하나는?

① H/W 및 네트워크는 시군구 시스템 서버 공동 활용
② 소요비용은 (구)행정자치부와 국토교통부가 공동 부담(50 : 50)
③ 2계층 클라이언트/서버(2-tiered client/server) 구조로 시스템 재개발
④ GIS 엔진은 Gothic, SDE, ZEUS를 모두 활용 가능

해설

한국토지정보 시스템의 구조는 3계층 클라이언트/서버(3-tiered client/server) 구조로 시스템 재개발

14 지적측량을 실시하기 위해 지적소관청에서 지적측량수행자에게 제공하는 파일명은?

① CIF 파일
② DAT 파일
③ DXF 파일
④ DWG 파일

해설

cif 파일	지적측량을 실시하기 위해 지적소관청에서 지적측량수행자에게 제공하는 파일
토지이동정리파일 (측량결과파일) (*.dat)	지적측량검사요청을 할 경우 이동정리 필지에 관한 정보를 저장한 파일로 지적소관청의 측량검사, 도면검사, 폐쇄도면검사. 속성정보 등을 검사할 수 있도록 작성된 파일이다.

15 지적측량수행자가 지적측량을 완료하고 지적소관청에 지적측량 검사 시 제출하는 파일명은?

① JDT 파일
② DAT 파일
③ DXF 파일
④ DWG 파일

해설

문제 14번 해설 참조

16 측량성과작성시스템에서 측량성과입력을 통하여 측량결과도 및 측량성과도를 작성하기 위한 파일은?

① ser
② jsg
③ dat
④ svy

해설

측량성과파일 (*.jsg)	측량성과파일은 측량성과작성시스템에서 측량성과작성을 위한 파일
세부측량계산파일 (*.ser)	세부측량계산파일은 측량계산시스템에서 교차점계산 및 면적지정계산을 하여 경계점좌표등록부 시행지역의 출력에 필요한 파일
토지이동정리파일 (측량결과파일) (*.dat)	토지이동정리파일은 측량성과작성시스템에서 소관청의 측량검사, 도면검사 등에 이용되는 파일
측량관측파일 (*.svy)	측량관측파일은 토털 스테이션에서 측량한 값을 좌표로 등록하여 작성된 파일

정답 | 12 ① 13 ③ 14 ① 15 ② 16 ②

17 다음 중 지적측량성과작성시스템에서 생성하는 파일명이 아닌 것은?

① cif   ② sebu

③ ser   ④ ksp

해설

측량준비도추출파일 (*.cif)	도형데이터추출파일은 소관청의 지적공부관리시스템에서 측량지역의 도형 및 속성정보를 저장한 파일
일필지속성정보파일 (*.sebu)	일필지속성정보파일은 측량성과작성시스템에서 속성을 작성하는 일필지속성정보 파일
세부측량계산파일 (*.ser)	세부측량계산파일은 측량계산시스템에서 교차점 계산 및 면적지정계산을 하여 경계점좌표등록부 시행지역의 출력에 필요한 파일
측량계산파일 (*.ksp)	측량계산파일은 지적측량계산시스템에서 작업한 경계점 결선, 경계점 등록, 교차점 계산 등의 결과를 관리하는 파일

18 지적측량성과작성시스템에서 경계점 결선 · 경계점 등록 · 교차점 계산, 분할 후 결선작업에 대한 결과를 저장하는 파일은?

① cif   ② ksp

③ jsg   ④ dat

해설

측량계산파일 (*.ksp)	측량계산파일은 지적측량계산시스템에서 작업한 경계점 결선, 경계점등록, 교차점 계산 등의 결과를 관리하는 파일
측량준비도추출파일 (*.cif)	도형데이터추출파일은 소관청의 지적공부관리시스템에서 측량지역의 도형 및 속성정보를 저장한 파일
측량성과파일 (*.jsg)	측량성과파일은 측량성과작성시스템에서 측량성과작성을 위한 파일
토지이동정리파일 (측량결과파일) (*.dat)	토지이동정리파일은 측량성과작성시스템에서 소관청의 측량검사, 도면검사 등에 이용되는 파일

19 한국토지정보시스템에서 사용할 수 있는 미들웨어가 아닌 것은?

① Gothic   ② Sde

③ Zeus   ④ Java

해설

KLIS	PBLIS	Gothic
	LMIS	Sde Zeus

20 한국토지정보시스템에서 사용하는 파일의 설명이 바르지 못한 것은?

① 정보이용승인신청서파일 : *.iuf

② 측량결과파일 : *.dat

③ 측량준비도추출파일 : *.sebu

④ 측량계산파일 : *.ksp

해설

측량준비도추출파일 (*.cif)	도형데이터추출파일은 소관청의 지적공부관리시스템에서 측량지역의 도형 및 속성정보를 저장한 파일
일필지속성정보파일 (*.sebu)	일필지속성정보파일은 측량성과작성시스템에서 속성을 작성하는 일필지속성정보 파일
세부측량계산파일 (*.ser)	세부측량계산파일은 측량계산시스템에서 교차점 계산 및 면적지정계산을 하여 경계점좌표등록부 시행지역의 출력에 필요한 파일
측량계산파일 (*.ksp)	측량계산파일은 지적측량계산시스템에서 작업한 경계점 결선, 경계점 등록, 교차점 계산 등의 결과를 관리하는 파일
정보이용승인신청서파일 (*.iuf)	정보이용승인신청서 파일은 지적측량업무 접수시 지적소관청에 측량을 위한 지적도면자료 이용승인을 요청하는 파일

정답 | 17 ①   18 ②   19 ④   20 ③

21 한국토지정보시스템(KLIS)을 구성하는 시스템이 아닌 것은?

① 지적공부관리시스템
② DB관리시스템
③ 우편번호관리시스템
④ 토지민원발급시스템

해설

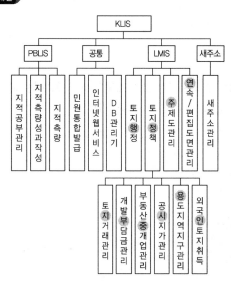

22 한국토지정보시스템이 포함하고 있는 단위 업무만을 모두 고른 것은?

| Ⓐ 지적공부관리 |
| Ⓑ 연속편집도관리 |
| Ⓒ 토지거래허가관리 |
| Ⓓ 지하시설물관리 |

① Ⓐ, Ⓑ, Ⓒ   ② Ⓐ, Ⓑ, Ⓓ
③ Ⓐ, Ⓒ, Ⓓ   ④ Ⓑ, Ⓒ, Ⓓ

해설

한국토지정보시스템의 단위업무

必 암기 측공연 공주가 통신할 때
도개장이나 중개사가 해라.

좌	우
• 지적 **측**량성과 관리	• 수치**지**형도 관리
• 지적**공**부 관리	• 용**도**지역지구 관리
• **연**속편집도 관리	• **개**발부담금 관리
• 개별**공**시지가 관리	• 모바일**현**장 지원
• 개별**주**택가격 관리	• 부동산**중**개업 관리
• 토지거래허**가** 관리	• 부동산**개**발업 관리
• **통**합민원발급 관리	• 공인중개**사** 관리

23 한국토지정보시스템(KLIS)의 주요 구성 시스템에 대한 설명으로 옳지 않은 것은?

① 세부측량계산파일은 측량계산시스템에서 교차점 계산 및 면적지정계산을 하여 경계점좌표등록부시행지역의 출력에 필요한 파일의 확장자는 *.ksp이다.
② 3계층 클라이언트/서버 아키텍처를 기본구조로 한다.
③ GIS 엔진은 PBLIS나 LMIS에서 사용하던 GOTHIC과 SDE의 활용이 가능하다.
④ 시·군·구 서버에서는 엔테라 미들웨어를 사용한다.

해설

KLIS(Korea Information System)의 파일 확장자

측량준비도추출파일 (*.cif) (cadastral information file)	도형데이터추출파일은 소관청의 지적공부관리시스템에서 측량지역의 도형 및 속성정보를 저장한 파일
일필지속성정보파일 (*.sebu) (세부측량을 영어로 표현)	일필지속성정보파일은 측량성과작성시스템에서 속성을 작성하는 일필지속성정보파일
측량관측파일 (*.svy) (survey)	측량관측파일은 토털스테이션에서 측량한 값을 좌표로 등록하여 작성된 파일

정답 | 21 ③ 22 ① 23 ①

측량계산파일 (*.ksp) (kcsc survey project)	측량계산파일은 지적측량계산시스템에서 작업한 경계점 결선, 경계점 등록, 교차점 계산 등의 결과를 관리하는 파일
세부측량계산파일 (*.ser) (survey evidence relation file)	세부측량계산파일은 측량계산시스템에서 교차점 계산 및 면적지정계산을 하여 경계점좌표등록부시행지역의 출력에 필요한 파일
측량성과파일 (*.jsg)	측량성과파일은 측량성과작성시스템에서 측량결과도 및 측량성과작성을 위한 파일
토지이동정리 (측량결과)파일 (*.dat)(data)	토지이동정리파일은 측량성과작성시스템에서 소관청의 측량검사, 도면검사 등에 이용되는 파일
측량성과검사요청서 파일 (*.sif)	측량성과검사요청서 파일은 지적측량접수프로그램을 이용하여 작성하며 iuf 파일과 함께 작성되는 파일
측량성과검사결과 파일 (*.srf)	측량성과검사결과 파일은 측량결과파일을 측량업무관리부에 등록하고 성과검사 정상완료 시 지적소관청에서 측량수행자에게 송부하는 파일
정보이용승인신청서 파일 (*.iuf)	정보이용승인신청서 파일은 지적측량업무 접수 시 지적소관청 지적도면자료의 이용승인 요청 파일

24 도로명 및 건물번호를 효율적으로 관리하기 위해 개발된 도로명 및 건물번호부여 관리시스템의 기능으로 옳지 않은 것은?

① 도로구간 입력 및 수정 등 도로를 관리하는 기능
② 건물군 정보 입력 및 수정 등 건물을 관리하는 기능
③ 건물번호판 교부대장 등 도로 및 건물에 관련된 대장을 관리하는 기능
④ 도로 개설시 도로 보상에 필요한 도로정보 등 보상 대상 도로를 등록·관리하는 기능

정답 | 24 ④

수치지도 작성 작업규칙

CHAPTER 13

[시행 2015. 6. 4.] [국토교통부령 제209호, 2015. 6. 4., 타법개정]

1. 목적(제1조)

이 규칙은 「공간정보의 구축 및 관리 등에 관한 법률」 및 같은 법 시행령에 따라 수치지도 (數値地圖) 작성의 작업방법 및 기준 등을 정하여 수치지도의 정확성과 호환성을 확보함을 목적으로 한다.

2. 용어 정의(제2조)

수치지도	"수치지도"란 지표면·지하·수중 및 공간의 위치와 지형·지물 및 지명 등의 각종 지형공간정보를 전산시스템을 이용하여 일정한 축척에 따라 디지털 형태로 나타낸 것을 말한다.
수치지도1.0	"수치지도1.0"이란 지리조사 및 현지측량(現地測量)에서 얻어진 자료를 이용하여 도화(圖化) 데이터 또는 지도입력 데이터를 수정·보완하는 정위치 편집 작업이 완료된 수치지도를 말한다.
수치지도2.0	"수치지도2.0"이란 데이터 간의 지리적 상관관계를 파악하기 위하여 정위치 편집된 지형·지물을 기하학적 형태로 구성하는 구조화 편집 작업이 완료된 수치지도를 말한다.
수치지도 작성	"수치지도 작성"이란 각종 지형공간정보를 취득하여 전산시스템에서 처리할 수 있는 형태로 제작하거나 변환하는 일련의 과정을 말한다.
좌표계	"좌표계"란 공간상에서 지형·지물의 위치와 기하학적 관계를 수학적으로 나타내기 위한 체계를 말한다.
좌표	"좌표"란 좌표계상에서 지형·지물의 위치를 수학적으로 나타낸 값을 말한다.
속성	"속성"이란 수치지도에 표현되는 각종 지형·지물의 종류, 성질, 특징 등을 나타내는 고유한 특성을 말한다.
도곽(圖廓)	"도곽(圖廓)"이란 일정한 크기에 따라 분할된 지도의 가장자리에 그려진 경계선을 말한다.
도엽코드 (圖葉code)	"도엽코드(圖葉code)"란 수치지도의 검색·관리 등을 위하여 축척별로 일정한 크기에 따라 분할된 지도에 부여한 일련번호를 말한다.
유일식별자 (UFID ; Unique Feature Identifier)	"유일식별자(UFID : Unique Feature Identifier)"란 지형·지물의 체계적인 관리와 효과적인 검색 및 활용을 위하여 다른 데이터베이스와의 연계 또는 지형·지물 간의 상호 참조가 가능하도록 수치지도의 지형·지물에 유일하게 부여되는 코드를 말한다.

메타데이터 (Metadata)	"메타데이터(Metadata)"란 작성된 수치지도의 체계적인 관리와 편리한 검색·활용을 위하여 수치지도의 이력 및 특징 등을 기록한 자료를 말한다.
품질검사	"품질검사"란 수치지도가 수치지도의 작성 기준 및 목적에 부합하는지를 판단하는 것을 말한다.

3. 좌표계 및 좌표의 기준(제4조)

① 수치지도에 표현되는 지형·지물의 위치를 표시하기 위한 좌표의 종류 및 기준은 법 제6 조 및 「공간정보의 구축 및 관리 등에 관한 법률 시행령」(이하 "영"이라 한다) 제7조에 따른다.

② 수치지도의 작성에 사용되는 직각좌표의 기준은 영 제7조제3항 및 영 [별표 2]에 따른다.

③ 직각좌표계의 원점의 좌표는 (0, 0)으로 한다. 다만, 수치지도상에서의 표현 및 좌표계산 의 편의 등을 위하여 원점에 일정한 수치를 더하여 원점수치로 사용할 수 있으며, 원점수 치의 사용에 관한 세부적인 사항은 국토지리정보원장이 따로 정한다.

> **법 제6조(측량기준)** ① 측량의 기준은 다음 각 호와 같다. 〈개정 2013. 3. 23.〉
> 1. 위치는 세계측지계(世界測地系)에 따라 측정한 지리학적 경위도와 높이(평균해수면으로부터의 높이를 말한다. 이하 이 항에서 같다)로 표시한다. 다만, 지도 제작 등을 위하여 필요한 경우에는 직각좌표와 높이, 극좌표와 높이, 지구중심 직교좌표 및 그 밖의 다른 좌표로 표시할 수 있다.
> 2. 측량의 원점은 대한민국 경위도원점(經緯度原點) 및 수준원점(水準原點)으로 한다. 다만, 섬 등 대통령령으로 정하는 지역에 대하여는 국토교통부장관이 따로 정하여 고시하는 원점을 사용할 수 있다.
> 3. 삭제 〈2020. 2. 18.〉
> 4. 삭제 〈2020. 2. 18.〉
> ② 삭제 〈2020. 2. 18.〉
> ③ 제1항에 따른 세계측지계, 측량의 원점 값의 결정 및 직각좌표의 기준 등에 필요한 사항은 대통령령 으로 정한다.

시행령 제7조(세계측지계 등) ① 법 제6조제1항에 따른 세계측지계(世界測地系)는 지구를 편평한 회전타원체로 상정하여 실시하는 위치측정의 기준으로서 다음 각 호의 요건을 갖춘 것을 말한다. 〈개정 2020. 6. 9.〉

　　　1. 회전타원체의 긴반지름 및 편평률(扁平率)은 다음 각 목과 같을 것

　　　　가. 긴반지름 : 6,378,137미터

　　　　나. 편평률 : 298.257222101분의 1

　　　2. 회전타원체의 중심이 지구의 질량중심과 일치할 것

　　　3. 회전타원체의 단축(短軸)이 지구의 자전축과 일치할 것

② 법 제6조제1항에 따른 대한민국 경위도원점(經緯度原點) 및 수준원점(水準原點)의 지점과 그 수치는 다음 각 호와 같다. 〈개정 2015. 6. 1., 2017. 1. 10.〉

　　　1. 대한민국 경위도원점

　　　　가. 지점 : 경기도 수원시 영통구 월드컵로 92(국토지리정보원에 있는 대한민국 경위도원점 금속표의 십자선 교점)

　　　　나. 수치

　　　　　1) 경도 : 동경 127도 03분 14.8913초

　　　　　2) 위도 : 북위 37도 16분 33.3659초

　　　　　3) 원방위각 : 165도 03분 44.538초(원점으로부터 진북을 기준으로 오른쪽 방향으로 측정한 우주측지관측센터에 있는 위성기준점 안테나 참조점 중앙)

　　　2. 대한민국 수준원점

　　　　가. 지점 : 인천광역시 미추홀구 인하로 100(인하공업전문대학에 있는 원점표석 수정판의 영 눈금선 중앙점

　　　　나. 수치 : 인천만 평균해수면상의 높이로부터 26.6871미터 높이

③ 법 제6조제1항에 따른 직각좌표의 기준은 [별표 2]와 같다.

■ 공간정보의 구축 및 관리 등에 관한 법률 시행령 [별표 2] 〈개정 2015. 6. 1.〉

직각좌표의 기준(제7조제3항 관련)

1. 직각좌표계 원점

명칭	원점의 경위도	투영원점의 가산(加算)수치	원점축척계수	적용 구역
서부좌표계	경도 : 동경 125° 00′ 위도 : 북위 38° 00′	X(N) 600,000m Y(E) 200,000m	1.0000	동경 124~126°
중부좌표계	경도 : 동경 127° 00′ 위도 : 북위 38° 00′	X(N) 600,000m Y(E) 200,000m	1.0000	동경 126~128°
동부좌표계	경도 : 동경 129° 00′ 위도 : 북위 38° 00′	X(N) 600,000m Y(E) 200,000m	1.0000	동경 128~130°
동해좌표계	경도 : 동경 131° 00′ 위도 : 북위 38° 00′	X(N) 600,000m Y(E) 200,000m	1.0000	동경 130~132°

※ 비고

　가. 각 좌표계에서의 직각좌표는 다음의 조건에 따라 T·M(Transverse Mercator, 횡단 머케이터) 방법으로 표시하고, 원점의 좌표는 (X=0, Y=0)으로 한다.

　　1) X축은 좌표계 원점의 자오선에 일치하여야 하고, 진북방향을 정(+)으로 표시하며, Y축은 X축에 직교하는 축으로서 진동방향을 정(+)으로 한다.

　　2) 세계측지계에 따르지 아니하는 지적측량의 경우에는 가우스상사이중투영법으로 표시하되, 직각좌표계 투영원점의 가산(加算) 수치를 각각 X(N) 500,000미터(제주도지역 550,000미터), Y(E) 200,000m로 하여 사용할 수 있다.

　나. 국토교통부장관은 지리정보의 위치측정을 위하여 필요하다고 인정할 때에는 직각좌표의 기준을 따로 정할 수 있다. 이 경우 국토교통부장관은 그 내용을 고시하여야 한다.

2. 지적측량에 사용되는 구소삼각지역의 직각좌표계 원점

必 암기 | 토지도국토도지 하수산자생지토 임토식관풍재행

■ 공간정보의 구축 및 관리 등에 관한 법률 시행령 [별표 1] 〈개정 2013. 3. 23.〉

수치주제도의 종류(제4조 관련)

1. **토**지이용현황도	8. **하**천현황도	15. **임**상도
2. **지**하시설물도	9. **수**계도	16. **토**지피복지도
3. **도**시계획도	10. **산**림이용기본도	17. **식**생도
4. **국**토이용계획도	11. **자**연공원현황도	18. **관**광지도
5. **토**지적성도	12. **생**태·자연도	19. **풍**수해보험관리지도
6. **도**로망도	13. **지**질도	20. **재**해지도
7. **지**하수맥도	14. **토**양도	21. **행**정구역도

22. 제1호부터 제21호까지에 규정된 것과 유사한 수치주제도 중 관련 법령상 정보유통 및 활용을 위하여 정확도의 확보가 필수적이거나 공공목적상 정확도의 확보가 필수적인 것으로서 국토교통부장관이 정하여 고시하는 수치주제도

4. 도엽코드 및 도곽의 크기(제5조)

① 수치지도의 도엽코드 및 도곽의 크기는 수치지도의 위치검색, 다른 수치지도와의 접합 및 활용 등을 위하여 경위도(經緯度)를 기준으로 분할된 일정한 형태와 체계로 구성하여야 한다.

② 수치지도의 각 축척에 따른 도엽코드 및 도곽의 크기는 [별표]와 같다.

[별표] 〈개정 2010. 10. 28〉

도엽코드 및 도곽의 크기 (제5조제2항 관련)

축척	색인도	도엽코드 및 도곽의 크기
1/50,000	37° 01 02 03 04 / 05 06 07 08 / 09 10 11 12 / 36° 13 14 15 16 / 127° 128° / 36715	• 도엽코드 : 경위도를 1° 간격으로 분할한 지역에 대하여 다시 15′씩 16등분하여 하단 위도 두 자리 숫자와 좌측경도의 끝자리 숫자를 합성한 뒤 해당 코드를 추가하여 구성한다. • 도곽의 크기 : 15′×15′
1/25,000	1 2 / 36715 / 3 4 / 367154	• 도엽코드 : 1/50,000 도엽을 4등분하여 1/50,000 도엽코드 끝에 한 자리 코드를 추가하여 구성한다. • 도곽의 크기 : 7′30″×7′30″
1/10,000	01 02 03 04 05 / 06 07 08 09 10 / 11 12 13 14 15 / 16 17 18 19 20 / 21 22 23 24 25 / 3671523	• 도엽코드 : 1/50,000 도엽을 25등분하여 1/50,000 도엽코드 끝에 두 자리 코드를 추가하여 구성한다. • 도곽의 크기 : 3′×3′
1/5,000	001 ··· 010 / 36715 / 091 ··· 098 100 / 36715098	• 도엽코드 : 1/50,000 도엽을 100등분하여 1/50,000 도엽코드 끝에 세 자리 코드를 추가하여 구성한다. • 도곽의 크기 : 1′30″×1′30″

축척	색인도	도엽코드 및 도곽의 크기
1/2,500		• 도엽코드 : 1/25,000 도엽을 100등분하여 1/25,000 도엽코드 끝에 두 자리 코드를 추가하여 구성한다. • 도곽의 크기 : 45″×45″
1/1,000		• 도엽코드 : 1/10,000 도엽을 100등분하여 1/10,000 도엽코드 끝에 두 자리 코드를 추가하여 구성한다. • 도곽의 크기 : 18″×18″
1/500		• 도엽코드 : 1/1,000 도엽을 4등분하여 1/1,000 도엽코드 끝에 한 자리 코드를 추가하여 구성한다. • 도곽의 크기 : 9″×9″

5. 수치지도의 작성 순서(제6조)

수치지도는 다음 각 호의 순서에 따라 작성하는 것을 원칙으로 한다.

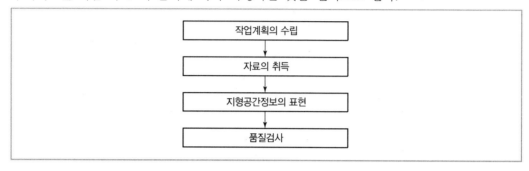

6. 작업계획의 수립(제7조)

수치지도를 작성하는 경우에는 미리 작성 목적에 따른 타당성과 기존 수치지도 등과의 중복 여부를 조사하고, 자료의 취득방법, 수치지도의 표현방법, 품질검사 및 활용 등에 대한 세부적인 계획을 수립하여야 한다.

7. 자료의 취득(제8조)

수치지도 작성을 위한 자료의 취득방법은 다음 각 호와 같다.

1. 사진 또는 영상정보를 이용한 자료의 취득
2. 측량기기를 이용한 현지측량
3. 지형·지물의 속성, 지명, 행정경계 등의 정보를 취득하기 위한 현지조사
4. 기존에 제작된 지도를 이용한 자료의 취득
5. 그 밖에 국토지리정보원장이 필요하다고 인정하는 방법

8. 지형공간정보의 표현(제9조)

① 수치지도에 표현하는 지형·지물은 도형 또는 기호 등의 형태로 나타나도록 하며, 각각의 지형·지물에 대한 정보는 별도의 속성파일로 작성하여 나타내거나 수치지도상에 직접 문자 또는 숫자로 나타내야 한다.

② 수치지도1.0 및 수치지도2.0에 표현되는 지형·지물은 다른 수치지도와의 연계 및 활용 등을 위하여 다음 각 호의 분류체계에 따라 분류하여야 한다.

1. 교통(A)	2. 건물(B)
3. 시설(C)	4. 식생(D)
5. 수계(E)	6. 지형(F)
7. 경계(G)	8. 주기(H)

③ 국토지리정보원장은 수치지도의 작성 목적에 따라 제2항의 분류체계를 세분할 수 있다.

④ 수치지도를 작성하는 기관은 수치지도의 작성 목적에 따라 제2항 및 제3항의 분류체계를 적용하기 곤란한 경우에는 국토지리정보원장과 협의하여 다른 분류체계를 사용할 수 있다.

⑤ 수치지도에 표현되는 지형·지물의 체계적인 관리와 위치의 효과적인 검색 및 활용을 위하여 각각의 지형·지물에 유일식별자를 부여할 수 있으며, 유일식별자에는 지형·지물의 위치와 관리기관 등에 관한 정보가 포함되어야 한다.

9. 품질검사(제10조)

수치지도를 작성하는 기관은 작성된 수치지도가 본래의 작성 기준 및 목적에 부합하게 작성되어 있는지를 판정하기 위하여 다음 품질요소를 기초로 하여 정량적(定量的)인 품질기준을 마련하고 이를 검사하여야 한다.

정보의 완전성	수치지도상의 지형·지물 또는 그에 대한 각각의 정보가 빠지지 아니하여야 한다.
논리의 일관성	수치지도의 형식 및 수치지도상의 지형·지물의 표현이 작성 기준에 따라 일관되어야 한다.
위치정확도	수치지도상의 지형·지물의 위치가 원시자료(原始資料) 또는 실제 지형·지물과 대비하여 정확히 일치하여야 한다.
시간정확도	수치지도 작성의 기준시점은 원시자료 또는 조사자료의 취득시점과 일치하여야 한다.
주제정확도	지형·지물과 속성의 연계 및 지형·지물의 분류가 정확하여야 한다.

10. 메타데이터의 작성(제11조)

수치지도의 관리 및 유통 등을 위하여 수치지도의 작성 단위별로 메타데이터를 작성하여야 하며, 메타데이터는 수치지도의 이력과 범위 정보 및 담당자 정보를 반드시 포함하여야 한다.

11. 수치지도 작성의 세부 기준(제12조)

이 규칙에 규정되지 아니한 수치지도 작성을 위한 자료의 취득방법·표현방법, 품질검사 및 메타데이터의 작성 등에 관한 세부 기준은 국토지리정보원장이 정한다. 다만, 세부 기준에서 정하지 아니한 사항은 수치지도를 작성하는 기관의 장이 따로 정할 수 있다.

12. 수치지도성과의 보관(제13조)

수치지도를 작성하는 기관은 법 제14조제1항(① 국토교통부장관은 기본측량성과 및 기본측량기록을 보관하고 일반인이 열람할 수 있도록 하여야 한다) 및 제19조제1항(① 국토교통부장관 및 공공측량시행자는 공공측량성과 및 공공측량기록 또는 그 사본을 보관하고 일반인이 열람할 수 있도록 하여야 한다. 다만, 공공측량시행자가 공공측량성과 및 공공측량기록을 보관할 수 없는 경우에는 그 공공측량성과 및 공공측량기록을 국토교통부장관에게 송부하여 보관하게 함으로써 일반인이 열람할 수 있도록 하여야 한다)에 따라 다음 각 호의 수치지도성과를 보관하여야 한다.

---
1. 수치지도
2. 메타데이터
3. 수치지도 작성에 사용된 자료

01 다음은 수치지도 ver 1.0 및 ver 2.0에 대한 설명이다. 빈칸에 들어갈 알맞은 용어를 순서대로 나열된 것은?

> • 수지지도 ver 1.0 : 지리조사 및 현지측량에서 얻어진 자료를 이용하여 도화데이터 또는 지도입력데이터를 수정, 보완하는 (   )편집 작업이 완료된 수치지도이다.
> • 수지지도 ver 2.0 : 데이터간의 지리적 상관관계를 파악하기 위하여 (   )편집된 지형, 지물을 기하학적 형태로 구성하는 (   )편집 작업이 완료된 수치지도 이다.

① 정위치, 정위치, 구조화
② 정위치, 구조화, 정위치
③ 구조화, 구조화, 정위치
④ 구조화, 정위치, 구조화

해설

수치지도 ver 1.0
지리조사 및 현지측량에서 얻어진 자료를 이용하여 도화데이터 또는 지도입력데이터를 수정, 보완하는 정위치편집 작업이 완료된 수치지도

수치지도 ver 2.0
데이터 간의 지리적 상관관계를 파악하기 위하여 정위치편집된 지형, 지물을 기하학적 형태로 구성하는 구조화편집 작업이 완료된 수치지도

02 지리정보시스템(GIS)에서 커버리지(Cover-age) 또는 레이어(Layer)에 대한 설명으로 틀린 것은? [17년 4회 측기]

① 단일주제와 관련된 데이터 세트를 의미한다.
② 공간자료와 속성자료를 갖고 있는 수치지도를 의미한다.
③ 균등한 특성을 갖는 래스터정보의 기본요소를 의미한다.
④ 하나의 인공위성 영상에 포함되는 지상의 면적을 의미하기도 한다.

해설

• 레이어
한 주제를 다루는 데 중첩되는 다양한 자료들로 한 커버리지의 자료파일을 말한다. 레이어와 커버리지 모두 수치화된 지도형태를 갖지만 수치화된 도형자료만을 나타낸 것이 레이어이고 도형자료와 관련된 속성 데이터를 함께 갖는 수치지도를 커버리지라고 한다. 커버리지는 점, 선, 면, 주기(Annotation)로 구성되어 있다.

• Coverage
컴퓨터 내부에서는 모든 정보가 이진법의 수치 형태로 표현되고 저장되기 때문에 수치지도라 불리는데 그 명칭을 Digital Map,Layer 또는 Digital Layer라고도 하며 커버리지 또한 지도를 Digital화한 형태의 컴퓨터상의 지도를 말한다.

03 수치지도의 축척에 관한 설명 중 옳지 않은 것은? [18년 1회 측산]

① 축척에 따라 자료의 위치정확도가 다르다.
② 축척에 따라 표현되는 정보의 양이 다르다.
③ 소축척을 대축척으로 일반화(Generalization)시킬 수 있다.
④ 축척 1 : 5000 종이지도로 축척 1 : 1000 수치지도 정확도 구현이 불가능하다.

해설

수치지도
• 정의
수치지도란 위치정보와 공간정보를 전산시스템을 활용하여 디지털형태로 수치화한 지도로 다양한 저장매

체에 저장할 수 있는 전자지도이다. 우리가 일상생활에서 활용하는 도로지도, 관광안내도 등은 대부분의 지도들이 바로 수치지도를 기본으로 제작된 지도이다.

- 수치지도 작성을 위한 자료취득 방법
  - 사진 또는 영상 정보를 이용한 자료 취득
  - 측량기기를 이용한 현지측량
  - 지형.지물의 속성, 지명, 행정경계 등을 취득하기 위한 현지 조사
  - 기존에 제작된 지도를 이용한 자료 취득
- 수치지도의 축척
  - 축척에 따라 자료의 위치정확도가 다르다.
  - 축척에 따라 표현되는 정보의 양이 다르다.
  - 소축척을 대축척으로 일반화(Generalization)시킬 수 없다.
  - 축척 1 : 5000 종이지도로 축척 1 : 1000 수치지도 정확도 구현이 불가능하다.

04 수치지도 제작에 사용되는 용어에 대한 설명으로 틀린 것은? [18년 4회 측기]

① 좌표는 좌표계 상에서 지형·지물의 위치를 수학적으로 나타낸 값을 말한다.
② 도곽은 일정한 크기에 따라 분할된 지도의 가장자리에 그려진 경계선을 말한다.
③ 메타데이터(Metadata)는 작성된 수치지도의 결과가 목적에 부합하는지 여부를 판단하는 기준 데이터를 말한다.
④ 수치지도작성은 각종 지형공간정보를 취득하여 전산시스템에서 처리할 수 있는 형태로 제작 또는 변환하는 일련의 과정이다.

해설

수치지도작성 작업규칙	
수치지도	"수치지도"란 지표면·지하·수중 및 공간의 위치와 지형·지물 및 지명 등의 각종 지형공간정보를 전산시스템을 이용하여 일정한 축척에 따라 디지털 형태로 나타낸 것을 말한다.

수치지도1.0	"수치지도1.0"이란 지리조사 및 현지측량(現地測量)에서 얻어진 자료를 이용하여 도화(圖化) 데이터 또는 지도입력 데이터를 수정·보완하는 정위치 편집 작업이 완료된 수치지도를 말한다.
수치지도2.0	"수치지도2.0"이란 데이터 간의 지리적 상관관계를 파악하기 위하여 정위치 편집된 지형·지물을 기하학적 형태로 구성하는 구조화 편집 작업이 완료된 수치지도를 말한다.
수치지도 작성	"수치지도 작성"이란 각종 지형공간정보를 취득하여 전산시스템에서 처리할 수 있는 형태로 제작하거나 변환하는 일련의 과정을 말한다.
좌표계	"좌표계"란 공간상에서 지형·지물의 위치와 기하학적 관계를 수학적으로 나타내기 위한 체계를 말한다.
좌표	"좌표"란 좌표계상에서 지형·지물의 위치를 수학적으로 나타낸 값을 말한다.
속성	"속성"이란 수치지도에 표현되는 각종 지형·지물의 종류. 성질. 특징 등을 나타내는 고유한 특성을 말한다.
도곽(圖廓)	"도곽(圖廓)"이란 일정한 크기에 따라 분할된 지도의 가장자리에 그려진 경계선을 말한다.
도엽코드(圖葉code)	"도엽코드(圖葉code)"란 수치지도의 검색·관리 등을 위하여 축척별로 일정한 크기에 따라 분할된 지도에 부여한 일련번호를 말한다.
유일식별자(UFID ; Unique Feature Identifier)	"유일식별자(UFID ; Unique Feature Identifier)"란 지형·지물의 체계적인 관리와 효과적인 검색 및 활용을 위하여 다른 데이터베이스와의 연계 또는 지형·지물 간의 상호 참조가 가능하도록 수치지도의 지형·지물에 유일하게 부여되는 코드를 말한다.
메타데이터(Metadata)	"메타데이터(Metadata)"란 작성된 수치지도의 체계적인 관리와 편리한 검색·활용을 위하여 수치지도의 이력 및 특징 등을 기록한 자료를 말한다.
품질검사	"품질검사"란 수치지도가 수치지도의 작성 기준 및 목적에 부합하는지를 판단하는 것을 말한다.

정답 | 04 ③

05 다음 중 지도의 일반화 유형(단계)이 아닌 것은? [20년 3회 측산]

① 단순화   ② 분류화
③ 세밀화   ④ 기호화

해설

지도학적 추상화 · 일반화

지도 제작자들은 수집된 자료를 토대로 하여 목적에 맞는 지도를 제작하게 되는데, 지리적인 각종 현상들을 추상화시켜서 지도를 표현하는 과정을 지도학적 추상화와 일반화라고 한다.

지도제작의 추상화 · 일반화 과정

첫 번째 선택 (Selection)	지도로 나타내야 할 지리적 공간, 지도의 축척, 지도 투영법 등을 고려하면서 지도 제작목적에 맞는 적절한 자료와 변수들을 선정함
두 번째 분류화 (Classification)	대상들이 동일하거나 유사할 경우 그룹으로 묶어서 표현하는 것
세 번째 단순화 (Simpliication)	선택과 분류화 과정을 거쳐 선정된 자연환경이나 인공경관의 형상들 가운데 너무 세부적인 형상들을 제거하면서 보다 매끄럽게 형상을 표현하는 것
네 번째 기호화 (Symbolzation)	• 지도제작의 추상화 과정에서 가장 복잡한 단계라고 볼 수 있음 • 공간상에 펼쳐지는 대상물을 나타내는 데 있어서 기호화는 필수적이며, 기호를 사용하지 않고는 지도를 제작할 수 없음

정답 | 05 ③

14 CHAPTER 수치지형도 작성 작업 및 성과에 관한 규정

[시행 2022. 8. 26.] [국토지리정보원고시 제2022-3600호, 2022. 8. 26., 일부개정]

제1장 총칙

1. 목적(제1조)

이 규정은 「수치지도 작성 작업규칙」에 따라 수치지형도(Digital topographic map) 작성에 관한 세부사항을 규정하여 규격 등을 표준화하고, 정확도를 확보하는 데 있다.

2. 용어의 정의(제2조)

수치지형도	"수치지형도"란 측량 결과에 따라 지표면 상의 위치와 지형 및 지명 등 여러 공간정보를 일정한 축척에 따라 기호나 문자, 속성 등으로 표시하여 정보시스템에서 분석, 편집 및 입력·출력할 수 있도록 제작된 것(정사영상지도는 제외한다)을 말한다.
수치지형도 작성	"수치지형도 작성"이란 각종 지형공간정보를 취득하여 전산시스템에서 처리할 수 있는 형태로 제작하거나 변환하는 일련의 과정을 말한다.
정위치편집	"정위치편집"이란 기구축 공간정보 수집, 지리조사 및 현지측량에서 얻어진 자료를 이용하여 도화 데이터 또는 지도입력 데이터를 수정·보완하는 작업을 말한다.
구조화편집	"구조화편집"이란 데이터 간의 지리적 상관관계를 파악하기 위하여 지형·지물을 기하학적 형태로 구성하는 작업을 말한다.
제품사양서	"제품사양서"란 국가표준 KS X ISO 19131 지리정보-제품사양에서 정한 기준에 따라 데이터 제품의 내용 및 구조, 메타데이터, 품질 등의 규격을 정한 문서를 말한다.

3. 적용(제3조)

① 수치지형도 데이터의 생산, 품질, 성과품 등과 관련된 사항은 국토지리정보원 기관표준 "기본공간정보 메타데이터", "기본공간정보 데이터 품질"을 우선 적용한다.
② 항공사진촬영, 지상기준점측량, 사진기준점측량, 세부도화 및 수정도화작업은 항공사진측량작업규정에 의한다.
③ MMS의 디지털카메라를 이용한 영상취득 작업은 정밀도로지도 제작 작업규정에 따른다.

4. 좌표계 등(제4조)

① 좌표계 및 좌표의 기준은 「수치지도 작성 작업규칙」(이하 "규칙"이라 한다.) 제4조를 따른다. 다만, 단일평면직각좌표계의 경우는 투영원점의 수치를 X(N) 2,000,000m, Y(E) 1,000,000m로 하며, 좌표계 X축상에서의 축척계수는 0.9996으로 한다.

② 좌표는 m 단위로 하고 세부도화, 정위치편집 및 구조화편집의 좌표값은 소수점 이하 3자리까지 기록하여야 한다.

5. 사용장비(제5조)

① 「공간정보의 구축 및 관리 등에 관한 법률」 제92조의 규정에 따라 성능검사를 필한 장비를 사용한다.

② 사용하는 장비는 요구되는 각종 축척 및 정확도를 유지할 수 있는 성능을 가져야 한다.

> **법률 제92조(측량기기의 검사)** ① 측량업자는 트랜싯, 레벨, 그 밖에 대통령령으로 정하는 측량기기에 대하여 5년의 범위에서 대통령령으로 정하는 기간마다 국토교통부장관이 실시하는 성능검사를 받아야 한다. 다만, 「국가표준기본법」 제14조에 따라 국가교정업무 전담기관의 교정검사를 받은 측량기기로서 국토교통부장관이 제6항에 따른 성능검사 기준에 적합하다고 인정한 경우에는 성능검사를 받은 것으로 본다. 〈개정 2013. 3. 23., 2020. 4. 7.〉
> ② 한국국토정보공사는 성능검사를 위한 적합한 시설과 장비를 갖추고 자체적으로 검사를 실시하여야 한다. 〈개정 2014. 6. 3.〉
> ③ 제93조제1항에 따라 측량기기의 성능검사업무를 대행하는 자로 등록한 자(이하 "성능검사대행자"라 한다)는 제1항에 따른 국토교통부장관의 성능검사업무를 대행할 수 있다.
> ④ 한국국토정보공사와 성능검사대행자는 제6항에 따른 성능검사의 기준, 방법 및 절차와 다르게 성능검사를 하여서는 아니 된다. 〈신설 2020. 4. 7.〉
> ⑤ 국토교통부장관은 한국국토정보공사와 성능검사대행자가 제6항에 따른 기준, 방법 및 절차에 따라 성능검사를 정확하게 하는지 실태를 점검하고, 필요한 경우에는 시정을 명할 수 있다.
> ⑥ 제1항 및 제2항에 따른 성능검사의 기준, 방법 및 절차와 제5항에 따른 실태점검 및 시정명령 등에 필요한 사항은 국토교통부령으로 정한다.

제2장 / 성과물 데이터

1. 성과품(제6조)

① 수치지형도의 성과는 다음 각 호와 같으며, 이 규정에 따라 산출되는 기본 데이터 항목 및 속성은 별표 1, 별표 2와 같다. 다만, 목적에 따라 일부 항목 및 속성을 추가할 수 있다.

> 1. 수치도화
> 2. 현황측량
> 3. 지리조사
> 4. 수치지형도
> 5. 메타데이터 및 관리파일
> 6. 품질검사 보고서
> 7. 용역결과 보고서

② 수치지형도 작성 작업자는 제3조제1항에 따라 적용한 표준의 성과를 확인하기 위하여 다음 각 호에 대한 표준적용 확인서를 별지 2, 별지 3 서식으로 작성하여 성과물과 함께 국토지리정보원장에게 제출하여야 한다.

> 1. 제7조에 따른 메타데이터
> 2. 제17조에 따른 데이터 품질

2. 메타데이터(제7조)

수치지형도의 체계적 관리 및 서비스를 위하여 기관표준에 따라 다음 각 호의 사항이 포함된 메타데이터를 작성하여야 한다.

> 1. 식별정보
> 2. 데이터 품질 정보
> 3. 참조체계정보
> 4. 배포정보
> 5. 범위정보
> 6. 참조자료 및 담당자 정보

3. 제품사양서(제8조)

국토지리정보원장은 수치지형도 작성에 활용할 수 있도록 다음 각 호의 사항이 포함된 제품사양서를 작성하여 배포할 수 있다.

1. 식별정보
2. 내용 및 구조(데이터모델, 어플리케이션 스키마, 포맷 등을 포함)
3. 참조체계정보
4. 품질
5. 유지관리
6. 메타데이터
7. 배포정보 등

제3장 작업방법

1. 작업계획서 제출 등

작업계획서 제출 (제9조)	작업기관은 각 작업별로 다음 사항을 포함한 계획서를 작성하여 제출하여야 한다. 1. 투입장비현황(품명, 규격, 성능, 고유번호) 2. 작업지역(모델)색인도 3. 작업예정공정표 4. 참여기술자 명단(자격증사본 등 포함) 5. 보안관리계획
좌표변환 (제10조)	좌표변환은 국토지리정보원에서 제공한 도곽좌표값을 사용하되 정확히 일치되어야 하며, 도곽 4개의 모서리지점은 작업이 완료된 후에도 삭제하여서는 안 된다.
지리조사 대상 및 범위 (제11조)	영상자료(항공사진, MMS사진 등), 도화성과, 수치지형도 등의 자료를 이용하여 실·내외 조사를 수행한다. 조사 당시 나타난 지형·지물과 이에 관련되는 지명·명칭을 그 대상으로 하며, 그 범위는 별표 2를 기준으로 한다.
조사기준 (제12조)	① 조사는 항공사진촬영 당시를 기준으로 하되, 항공사진의 사각지대 또는 단순 변경된 독립 주택 등 조사측량이 가능한 경우는 보완하여 반영하고, 대규모 공사지역 등은 공사명칭(기간) 및 완공일 등을 조사하여 표기하여야 한다. ② 수치지형도 상 반영하지 못하는 변경된 지형·지물 및 주기에 대하여는 그 지역 및 주기임을 확인 할 수 있는 사진을 촬영하여 첨부하여야 한다. ③ 시·군(구)·읍(동)·면 경계 또는 기본도와 다른 지명(고시지명 기준), 지형·지물의 변경사항 등을 적색으로 정리 기록하여야 한다.

2. 정위치편집(제13조)

① 각 지형·지물의 정위치 편집은 다음 방법에 의하고, 공간정보의 분류체계는 규칙을 따르며, 세부 지형·지물의 표준코드는 별표 1에 따른다.

---

1. 국가기준점(삼각점, 수준점, 통합기준점)은 성과표에 따라 모두 입력하여야 한다.
2. 숲 또는 장애물 등으로 항공사진 판독이 불가능한 지역은 지리조사 성과를 이용하여 수정 또는 보완하여야 하며, 모니터상에서 직접 수정이 어려운 부분은 현지보완측량 성과를 이용하여 입력하여야 한다.
3. 숲 또는 장애물 등으로 인한 등고선의 불합리한 부분은 산지에 한하여 주곡선 간격의 1/3범위 이내에서 수정할 수 있다.
4. 항공사진 촬영과 지리조사 시점의 차이로 단순 변경된 독립주택 등은 지리조사 성과 또는 조사측량 된 성과를 이용하여 입력 또는 수정하여야 한다.
5. 도로, 철도, 교량, 제방, 댐 등 각종 지형·지물의 제원은 지리조사에서 얻은 자료를 이용하여 정확히 수정 또는 입력하여야 한다.
6. 지류는 축척 1/1,000의 경우 필지별 경지계로 개별 폐합하고, 1/2,500 및 1/5,000의 경우에는 같은 지류집단 외곽을 지류계로 폐합한 후 필지별 경지계로 분할, 계단식 등 둑의 폭이 큰 경우는 지류계로 단독폐합 방법에 따라 편집하여야 한다.
7. 도로와 하천 폭이 축척 1/1,000에서는 0.6m 이상, 1/2,500에서는 1.5m 이상, 1/5,000에서는 3m 이상, 1/25,000에서는 6m 이상은 실폭으로 표현하여야 한다.
8. 축척별 실폭도로에는 도로중심선을 생성하고, 국가하천, 지방하천은 제방과 제방 사이를 중심으로 하천중심선을 생성하여야 한다.
9. 철도, 도로, 도로중심선, 하천, 하천중심선이 고가부, 교량 등과 교차할 경우에는 통과하여 연결하여야 한다.
10. 모든 데이터의 분기점은 일치되어야 한다.
11. 연속되는 모든 선형데이터는 연결되어야 한다
12. 등고선, 표고점, 삼각점, 수준점, 통합기준점에는 높이값(3차원 데이터)을 정확히 입력하여야 한다.
13. 등고선은 단락시키지 않게 연결해야 한다. 단, 축척 1/1,000인 경우는 건물, 교량에서 단락시켜 입력하여야 한다.
14. 등고선 수치는 등고선을 단락시키지 않고 등고선 상에 입력하여야 한다.
15. 지류기호는 한필지에 하나씩 해당지류의 중앙에 표시하는 것을 원칙으로 한다.
16. 수시수정으로 변경된 도로, 철도 등의 지형지물이 주변 지형(등고선을 포함한다)과 불일치하더라도, 기존 지형 및 등고선을 수정하지 않고 향후 항공사진촬영 성과 등을 이용하여 일괄 수정한다.

② 수치지형도의 모든 지형·지물 및 내용물은 각각 별도의 독립적인 의미를 가지므로 같은 위치에 여러 선이 겹치더라도 삭제하거나 임의로 전위할 수 없다.

③ 해안선 및 등심선은 국립해양조사원에서 제작한 해도에서 추출하여 다음 각 호의 방법으로 표시하되, 자료가 부족하거나 오류 등으로 인하여 표시할 수 없는 경우에는 생략할 수 있다.

1. 해안선은 약최고고조면을 기준으로 입력한다. 다만, 해도 제작 시점의 차이로 지형지물 변동사항이 발생하여 해안선이 다를 경우 항공사진 및 지리조사 등을 통해 보완한다.
2. 등심선은 약최저저조면을 기준으로 입력한다. 다만, 자료의 부족 등으로 등심선이 단락된 경우, 해도에 있는 대로 표시한다.

④ 정위치편집 성과의 위치정확도는 평균제곱근오차(RMSE)로 계산하며, 다음과 같다.(95% 신뢰구간에서 평면위치 정확도＝1.7308×RMSExy, 수직위치 정확도＝1.9600×RMSEh)

축척	구분	절대정확도(신뢰도 95%)	최대오차
1/1,000	수평위치(X, Y)	0.3m	0.6m
	수직위치(h)	0.3m	0.6m
1/5,000	수평위치(X, Y)	1.5m	3.0m
	수직위치(h)	1.5m	3.0m

⑤ 1/1,000 수치지형도의 경우 지자체별 상황과 특성에 따라 별표 1 지형지물 표준코드를 가감할 수 있다.

3. 주기의 입력 등

주기의 입력 (제14조)	① 주기는 한글, 영어, 숫자로 입력하되 유니코드체계를 사용하여야 한다. ② 지리조사 시 조사확인된 주기를 입력하여야 한다. ③ 크기, 글자 간격, 배열방법은 지도도식규칙에서 정한 바에 의하되 선상주기의 배열은 직선으로 표현하여야 하며, 가능한 한 선상과 일치하여야 한다. ④ 주기를 입력시키기 위해 다른 지형·지물을 삭제하여서는 안 된다.
구조화편집 (제15조)	① 각 지형·지물의 구조화 편집은 다음 방법에 의하고, 공간정보의 분류체계는 규칙을 따르며, 세부 지형·지물의 표준코드 및 속성목록은 별표 2에 따른다. 1. 기존의 정위치편집이 완료된 수치지형도의 레이어를 구조화편집 레이어와 일치하도록 레이어를 변환하여야 하며, 불필요한 레이어는 삭제 하여야 한다. 2. 모든 도형정보는 점·선·면의 기하학적 구조를 갖도록 편집하고 각 도형정보에 대한 속성정보를 입력하여야 한다. 3. 도로 또는 하천이 분리되는 부분에 대하여 교차면을 생성하고, 도로가 교차되는 부분의 객체와 도로경계선, 도로중심선이 교차하는 부분은 분리하여 노드를 생성하여야 한다. 4. 면 구조의 계층에 대한 구조화 작업 시 지형·지물간의 상관관계에 대한 위치 및 연결 구조를 확인 후 작업을 실시하여야 한다. 5. 속성입력은 지리조사 및 관련 자료를 참조하여 입력하되, 동일객체에 대하여 같은 필드에 속성항목이 다를 경우 객체를 분리하여 입력을 수행한다. 6. 행정경계의 면처리시 해안의 경우 행정경계와 해안선을 연결하여 면 처리하며, 도서의 경우 해안선만으로 면처리하여 행정구역을 표현한다. 7. 구조화편집 시 표현 레이어, 색상, 폰트 등은 규정에 따라 작성하며, Table의 순서에 주의하여 작성하여야 한다. ② 1/1,000 수치지형도의 경우 지자체별 상황과 특성에 따라 별표 2 지형지물 속성 목록을 가감할 수 있다.

제4장 　품질관리

품질요소 (제16조)	수치지형도 작성 성과는 국토지리정보원 기관표준 "기본공간정보 데이터 품질"에 따른 다음 각 호의 품질요소를 만족하여야 한다. 1. 정보 완전성 2. 논리 일관성 3. 위치 정확성 4. 주제 정확성 5. 시간 품질
품질관리 (제17조)	① 수치지형도 제작 성과의 품질관리를 위하여 제17조에 따라 별지 1 서식의 품질관리표를 작성하여 공정별 품질관리를 수행하여야 한다. ② 작업이 완료되면 상호 인접되는 데이터를 지형 · 지물의 표현상 모순이 없도록 수정하여 일치시켜야 한다. 또한 다른 좌표계와의 인접지역은 동일좌표계로 치환하여 일치시킨 후 원래 좌표계로 전환시켜야 한다.
재검토기한 (제18조)	국토지리정보원장은 「행정규제기본법」 및 「훈령 · 예규 등의 발령 및 관리에 관한 규정」에 따라 이 고시에 대하여 2023년 1월 1일을 기준으로 매 3년이 되는 시점(매 3년째의 12월 31일까지를 말한다)마다 그 타당성을 검토하여 개선 등의 조치를 하여야 한다.

01 다음 중 일반적인 수치지형도의 제작에 가장 많이 사용되는 방법은? [18년3회기사]

① COGO
② 평판측량
③ 디지타이징
④ 항공사진측량

해설

사진측량(Photogrammetry)은 사진영상을 이용하여 피사체에 대한 정량적(위치, 형상, 크기 등의 결정) 및 정성적(자원과 환경현상의 특성 조사 및 분석) 해석을 하는 학문이다.

• 정량적 해석 : 위치, 형상, 크기 등의 결정
• 정성적 해석 : 자원과 환경현상의 특성 조사 및 분석

장점	단점
• 정량적 및 정성적 측정이 가능 • 정확도가 균일함 　－평면(X, Y) 정도 : 　$(10 \sim 30)\mu \times$촬영축척의 분모수(M) 　$= \left(\dfrac{10}{1,000} \sim \dfrac{30}{1,000} \right) \text{mm} \cdot \text{M}$ 　－높이(H) 정도 : 　$\left(\dfrac{1}{10,000} \sim \dfrac{2}{10,000} \right) \times$촬영고도($H$) 여기서, $1\mu = \dfrac{1}{1,000}(\text{mm})$ 　　　　M : 촬영축척의 분모수 　　　　H : 촬영고도 • 동체 측정에 의한 현상 보존이 가능함 • 접근하기 어려운 대상물의 측정 가능 • 축척 변경 가능 • 분업화로 작업을 능률적으로 할 수 있음 • 경제성이 높음 • 4차원의 측정이 가능함 • 비지형 측량이 가능함	• 좁은 지역에서는 비경제적임 • 기자재가 고가임(시설비용이 많이 듦) • 피사체에 대한 식별이 난해함(지명, 행정경계 건물명, 음영에 의하여 분별하기 힘든 곳 등의 측정은 현장의 작업으로 보충측량이 요구됨) • 기상조건, 태양고도 등에 영향을 받음

지도직 군무원 한권으로 끝내기 [지리정보학]

정사영상 제작 작업 및 성과에 관한 규정

[시행 2022. 8. 24.] [국토지리정보원고시 제2022-3487호, 2022. 8. 18., 타법개정]

제1장 총칙

1. 목적(제1조)

이 규정은 「공간정보 구축 및 관리 등에 관한 법률」 제12조 및 같은 법 시행규칙 제8조에 의거 항공사진 및 인공위성영상 등을 이용하여 정사영상(Orthoimage) 제작을 위한 작업방법 및 기준 등을 정하여 성과의 규격을 통일하고 품질의 일관성을 확보함을 그 목적으로 한다.

2. 용어의 정의(제2조)

영상	"영상"이라 함은 항공사진측량용 카메라 및 인공위성에 탑재된 감지기로부터 취득된 지형지물 등 대상물에 대한 항공사진 및 위성영상(수치화된 영상을 포함한다. 이하 같다)을 말한다.
영상지도	"영상지도"라 함은 정사영상에 색조 보정을 실시하여 지형·지물 및 지명, 각종 경계선 등을 표시한 지도를 말한다.
수치사진측량	"수치사진측량"이라 함은 수치도화기 또는 컴퓨터로 지형·지물 등에 대한 정보를 취득하는 작업을 말한다.
정사영상	"정사영상"이라 함은 중심투영에 의하여 취득된 영상의 지형·지물 등에 대한 정사편위수정을 실시한 영상을 말한다.
영상처리	"영상처리"라 함은 영상의 분석 및 판독을 위한 일련의 영상조정 작업을 말한다.
정사편위수정	"정사편위수정"이라 함은 사진 촬영 시 중심투영에 의한 대상물의 왜곡과 지형의 기복에 따라 발생하는 기복변위를 제거하여 영상 전체의 축척이 일정하도록 하는 작업을 말한다.
메타데이터	"메타데이터"란 데이터를 설명해 주기 위하여 위치, 내용, 속성, 권한 등의 정보를 표준 등 일정한 규칙에 따라 작성한 데이터를 말한다.
제품사양서	"제품사양서"란 국가표준 KS X ISO 19131 지리정보-제품사양서에서 정한 기준에 따라 데이터 제품의 내용 및 구조, 메타데이터, 품질 등의 규격을 정한 문서를 말한다.

3. 적용범위(제3조)

① 정사영상 및 영상지도제작은 이 규정에서 정한 바에 따르는 것을 원칙으로 한다. 다만, 수치지도제작과 관련된 작업은 "수치지도작성작업규칙"을 적용한다.

② 이 규정에서 정사영상 성과, 데이터의 생산, 품질 등과 관련된 사항은 국토지리정보원 기관 표준 "2015-4 정사영상 메타데이터", "2015-8 정사영상 데이터 품질"을 우선 적용한다.

제2장 성과물 데이터

성과품 (제4조)	① 항공사진 자동독취의 성과는 다음 각 호와 같다. 1. 항공사진자료 2. 항공사진 자동독취 영상파일 3. 항공사진 속성정보 파일 4. 성과관리파일(항공사진자료 및 항공사진 영상파일) 5. 기타 ② 영상지도의 성과는 다음 각 호와 같다. 1. 원시영상 2. 기준점의 조서 및 측량성과, 모델(영상) 색인도 3. 수치표고모형 전산 파일 4. 정사영상 파일 5. 수정, 편집된 벡터 레이어 및 난외주기 파일 6. 영상지도의 파일 및 출력물 7. 영상지도의 관리파일 8. 메타데이터 9. 표준적용 확인서 10. 기타 관련성과
메타데이터 (제5조)	정사영상의 체계적 관리 및 서비스를 위하여 다음 각 호의 사항이 포함된 메타데이터를 작성하여야 한다. 1. 식별정보 2. 데이터 품질 정보 3. 참조체계정보 4. 배포정보 5. 범위정보 6. 참조자료 및 담당자 정보

	국토지리정보원장은 정사영상 제작에 활용할 수 있도록 다음 각 호의 사항이 포함된 "정사영상 제품사양서"를 제작하여 배포할 수 있다.
제품사양서 (제6조)	1. 식별정보 2. 내용 및 구조(데이터모델, 어플리케이션 스키마, 포맷 등을 포함) 3. 참조체계정보 4. 품질 5. 유지관리 6. 메타데이터 7. 배포정보 등

제3장 │ 작업방법

제1절 항공사진 자동독취

1. 공종별 작업순서(제7조)

항공사진 자동독취의 공종별 작업순서는 다음 각 호에 따라 실시하여야 한다. 다만, 기구축한 성과가 있을 경우에는 공종의 일부를 변경하거나 생략할 수 있다.

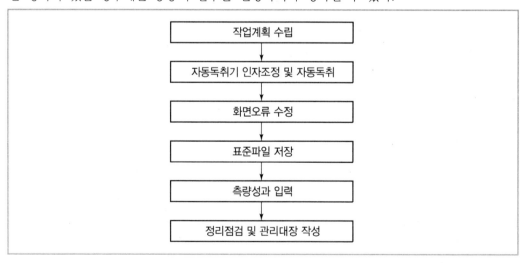

작업계획 수립
↓
자동독취기 인자조정 및 자동독취
↓
화면오류 수정
↓
표준파일 저장
↓
측량성과 입력
↓
정리점검 및 관리대장 작성

2. 작업계획서(제8조)

항공사진의 자동독취를 위해 다음 각 호의 사항이 포함된 세부적인 작업계획을 수립하여야 한다.

> 1. 작업방법 및 품질관리 계획
> 2. 자료수집 계획
> 3. 세부예정공정
> 4. 인원과 장비의 투입
> 5. 보안대책 및 안전관리

3. 작업방법(제9조)

항공사진의 자동독취를 위한 세부적인 작업방법은 다음 각 호와 같다.

> 1. 항공사진의 자동독취는 원판필름(이하 "롤필름"이라 한다)을 이용함을 원칙으로 한다. 다만, 측량계획기관이 필요하다고 인정할 경우에는 낱장필름(이하 "양화필름" 또는 "음화필름"이라 한다)이나 낱장 사진을 자동독취할 수 있다. 이 경우 제작·사용목적에 적합한 해상도로 자동독취를 하여야 한다.
> 2. 항공사진의 필름독취는 이물질 및 얼룩 등을 제거하여야 하며, 자동독취기는 작업 이전에 인자를 조정하여야 한다.
> 3. 항공사진의 필름 자동독취기는 레이져 광원의 강도 등을 정기적으로 검정(Calibration)하여야 한다.
> 4. 작업장의 환경은 항온 항습 시설을 설치하여 원판필름 및 데이터에 손상이 가지 않도록 온도 및 습도를 유지하여야 한다.

4. 사용장비(제10조)

항공사진의 자동독취는 사진측량용 자동독취기를 이용하는 것을 원칙으로 한다. 다만, 부득이한 경우에는 다음 각 호의 성능을 갖춘 자동독취기를 이용할 수 있다.

> 1. 롤필름 또는 낱장필름을 자동독취할 수 있어야 한다.
> 2. 1화소의 크기는 8~224마이크로미터 범위에서 자동독취가 가능하여야 한다.
> 3. 자동독취 범위는 최소 240×240밀리미터 이상이어야 한다.
> 4. 자동독취 후 영상의 기하적 왜곡 범위가 5마이크로미터 이내이어야 한다.

5. 최적해상도(제11조)

항공사진의 자동독취 시 최적해상도는 제작목적에 따라 다음 각 호에 의한 해상도로 작업을 실시하여야 한다.

1. 자동독취된 영상의 기하학적 정확도는 ±3마이크로미터 이내이어야 한다. 다만, 사용목적에 따라 ±6 마이크로미터 이내로 할 수 있다.
2. 수치지도제작·정사투영 또는 수치표고모형 생성 등 정량적인 목적으로 활용하기 위하여 항공사진을 자동독취하는 경우에는 1화소의 크기는 21마이크로미터(1,200디피아이) 이상이어야 한다.
3. 사진판독이나 주제도 제작 등 특정목적으로 이용하기 위하여 항공사진을 자동독취하는 경우에는 1화소의 크기는 60마이크로미터에서 25마이크로미터(400디피아이~1,000디피아이) 이내이어야 한다.

6. 관리파일 작성(제12조)

항공사진 자동독취에 대한 관리파일은 다음과 같은 형태로 입력·관리하여야 한다.

파일명	영상명	자료구축기관	항공자료종류	촬영일자	매질의종류	작성일	축척	자료명	좌표체계	카메라종류	입력회사	입력포맷	저장매체	독취기명칭	촬영지구명	기타사항

1. 영문자는 소문자로 한다.
2. 한글은 완성형으로 한다.
3. 각 항은 공백으로 구분한다.

7. 파일명(제13조)

항공사진을 자동독취한 영상파일명은 별지 제1호 서식에 따라 입력을 하여야 한다.

8. 저장 및 보관(제14조)

① 자동독취가 완료된 항공사진 영상은 최적해상도로 저장하고 저장포맷은 TIFF 또는 GeoTiff 형식을 사용하는 것을 원칙으로 한다.
② 영상화일의 압축은 원영상의 정보를 유실하지 않는 압축프로그램을 사용하여야 한다.
③ 항공사진영상 파일의 인덱스작성 체계는 항공사진메타데이터작성 방법에 의한다.
④ 항공사진영상 파일은 다음 각 호의 속성정보를 입력·관리하여야 한다.

1. 항공사진 주점 표정도
2. 촬영기록부
3. 촬영코스별 검사표
4. 지상기준점 및 관련 측량성과 등

제2절 정사영상지도제작

1. 공종별 작업순서(제15조)

영상지도제작을 위한 공정별 작업순서는 다음 각 호와 같다. 다만 작업공종 중 활용이 가능한 성과 또는 자료가 있을 경우에는 작업의 공종 일부를 변경하거나 생략할 수 있다.

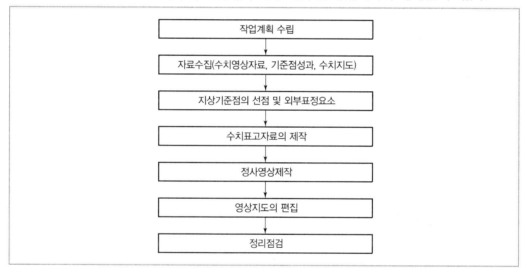

2. 작업계획서(제16조)

항공사진 및 위성영상 등의 영상을 이용하여 정사 영상지도를 제작하기 위해서는 다음 각 호의 사항이 포함된 작업계획서를 수립하여야 한다.

1. 작업방법 및 품질관리 계획
2. 자료수집 계획
3. 세부예정 공정
4. 인원과 장비의 투입
5. 보안대책 및 안전관리

3. 자료의 형식(제17조)

정사영상의 형식은 좌표를 포함한 파일 형식으로 하며 영상지도는 별도로 지정하지 않는 한 범용의 출력기기에서 출력할 수 있는 파일 형식으로 제작한다.

4. 작업방법(제18조)

정사영상제작은 다음 각 호와 같이 작업을 실시하여야 한다.

> 1. 정사영상제작에 사용될 초기영상의 지형지물 상태와 수치표고모형의 일치성 여부를 검토하여야 한다.
> 2. 정사영상은 모델별 인접지역과 밝기 값의 차이가 나지 않도록 제작되어야 한다.
> 3. 정사영상의 정확도 확보에 필요한 최적의 작업방법으로 정사보정을 실시하여야 한다.

5. 자료의 점검(제19조)

작업지역에 필요한 수치영상과 수치지도 등 기타 자료를 확보하여 다음의 각 호와 같이 이상 (異相) 유무를 점검하여야 한다.

> 1. 영상자료의 처리 가능 여부를 점검한다.
> 2. 수치지도의 갱신, 벡터처리 가능 여부, 공간적 위치정확성, 속성정확성 여부를 점검한다.

6. 영상의 평가(제20조)

① 영상은 인접영상의 색상과 명암, 대비, 잡음, 구름에 의한 지형의 가림 정도를 고려하여 영상의 면적을 4내지 8등분하여 평가한다.
② 영상지도제작에 지장이 있을 때에는 재독취 또는 교체하여야 한다.

7. 수치표고모형(제21조)

① 정사영상제작에 이용하는 수치표고모형의 격자간격은 영상의 2화소 이내의 크기에 해당하는 간격이어야 하며, 그 정확도는 영상표정 결과의 2배 이내이어야 한다.
② 지형·지물이 변화된 수치지도를 이용하여 추출된 수치표고모형을 이용할 때에는 "수치표고모형의 구축 및 관리 등에 관한 규정"에 따라 이를 보완하여야 한다.

8. 지상기준점의 선점(제22조)

지상기준점의 선점은 "항공사진측량 및 성과에 관한 규정"에 의하며 다음 각 호와 같은 자료로부터 지상기준점을 선정할 수 있다. 다만, 기준점의 정확도는 정사영상에서 요구되는 정확도에 따라 정할 수 있다.

1. 기존의 항공사진기준점
2. 1/1,000, 1/5,000 수치지도 또는 1/25,000 국가기본도
3. 지형이 변화되어 제1호 또는 제2호를 이용한 지상기준점의 선정이 불가능할 때에는 "항공사진측량 및 성과에 관한 규정"에 의거 지상기준점측량 또는 사진기준점측량을 실시할 수 있다.

9. 표정(제23조)

① 항공사진의 경우에는 "항공사진측량 및 성과에 관한 규정"에 따라 표정을 실시한다.
② 위성영상의 경우 다음 각 호에 의한다.

1. 지상기준점과 위성궤도정보를 이용하여 표정을 하여야 한다.
2. 표정요소 계산은 전체 기준점을 대상으로 각 기준점에 대한 잔차를 분석하여 오차가 3σ 이상이 되는 기준점을 제외한 후 재표정을 실시하여 아래와 같은 정확도를 갖추어야 한다.

공간해상도	허용범위
10m급 미만	2화소 이내
20m급 미만	1.5화소 이내
20m급 이상	1화소 이내

10. 정사편위수정(제24조)

표정의 결과와 수치표고모형을 이용하여 엄밀법에 의한 미분편위수정을 실시하여야 한다. 다만, 특별한 경우에는 다항식에 의한 방법을 사용할 수 있다.

11. 영상집성(제25조)

① 인접 정사영상 간의 영상집성을 실시하기 전 과정으로 영상 간의 밝기값 차이를 제거하기 위한 색상보정을 실시하여야 한다.
② 중심투영에 의한 영향을 최소화할 수 있는 범위 내에서 집성하여야 한다.

③ 영상을 집성하기 위한 접합선은 기복변위나 음영의 대조가 심하지 않은 산능선, 하천, 도로 등으로 설정하여 영상 색상의 연속성을 유지하여야 한다.

④ 영상집성 후 경계부분에서 음영이나 선사상의 이격 등이 없어야 한다.

⑤ 영상에서 지형지물의 판독을 용이하게 하기 위해 영상강조 처리를 실시한다.

12. 영상융합(제26조)

① 위성영상의 경우 고해상의 전정색 영상과, 저해상의 다중분광영상을 융합하여 고해상의 칼라 정사영상을 생성할 수 있다.

② 영상융합에 이용하는 전정색 영상과 다중분광영상은 취득시기에 따른 지형의 변화가 없는 것을 원칙으로 한다. 다만 불가피할 경우에는 영상의 지형변화지역을 보완하여야 한다.

13. 보안지역 처리(제27조)

국가주요목표시설물은 주변지역의 지형·지물 등을 고려하여 위장처리하여야 한다.

제3절 영상지도제작

작업방법 (제28조)	① 정사영상과 중첩될 벡터자료는 지형·지물 일치성 여부를 검토하여야 한다. ② 벡터에 의한 지형·지물은 영상자료와 색상이 조화를 이룰 수 있도록 표현하여야 한다. ③ 영상지도의 축척별 도곽은 축척별 "지도도식규칙"에 따른다. ④ 정사영상 분할은 후속작업을 고려하여 도곽의 크기보다 도상 1cm 이상의 여유를 두어 제작한다.
수치지도 레이어 추출 (제29조)	① 영상지도의 축척에 적합한 레이어를 수치지도에서 추출하며 "수치지도작성작업규칙"에 제시된 레이어 분류를 기준으로 선정하여야 한다. ② 영상지도에 표현할 지형지물의 벡터자료는 수치지도에서 추출하는 것을 원칙으로 한다. 다만, 수치지도가 없을 경우에는 일반지도 또는 정사영상으로부터 직접 묘사할 수 있다.
주기의 형식 (제30조)	영상지도에 포함되는 주기의 크기 및 색상은 축척에 따른 영상의 식별성을 고려하여 주기를 표현하여야 한다.

영상지도의 편집 (제31조)	최종적인 영상지도 제작을 위하여 다음 각 호와 같이 영상지도제작을 위한 편집을 실시하여야 한다. 1. 영상지도편집은 해당 축척별 "지형도도식적용규정"을 적용한다. 2. 영상지도 판독의 용이성을 확보하기 위하여 제1호에서 규정되지 않은 산지, 농경지, 호수, 과수원 등과 같은 면요소를 갖는 지형·지물을 추가할 수 있다.
도면구성 및 난외주기 편집 (제32조)	도면의 구성 및 난외주기는 "지도 도식규칙"을 적용한다. 다만, 영상지도의 사용용도에 따라 이를 변경할 수 있다.
파일명 (제34조)	전산파일의 명칭은 별지 제4호 서식에 따라 작성한다.

제4장　품질관리

품질요소 (제35조)	정사영상 제작 성과는 데이터 품질 기관표준에 따른 다음 각 호의 품질요소를 만족하여야 한다. 다만, 데이터의 특성에 따라 각 호의 사항을 조정할 수 있다. 1. 완전성 2. 논리 일관성 3. 위치 정확성 4. 주제 정확성 5. 시간 품질
영상오류 수정 (제36조)	자동독취가 완료된 영상은 명암 등을 조정 하기 위한 영상오류 수정 작업을 하여야 하며, 자동 독취된 영상이 다음 각 호의 요소를 만족시키지 못하는 경우에는 재독취 하여야 한다. 1. 독취범위 및 대상지역 2. 사진지표 및 사진의 선명도 3. 항공사진의 축척에 따른 지형·지물의 판독
품질관리 (제37조)	품질관리는 다음 각 호의 항목에 대하여 실시하여야 한다. 1. 지상기준점의 선점 2. 수치표고모형의 제작 3. 정사영상제작 4. 영상집성·융합·분할 5. 수치지도 레이어 추출 6. 영상/벡터중첩 7. 난외주기 제작

지상기준점 (제38조)	지상기준점은 제22조를 준용하여 다음 각 호를 점검하여야 한다. 1. 지상기준점 선점의 적정성 여부 2. 지상기준점 좌표값의 평균제곱근오차는 0.5화소 이내이어야 한다. 3. 국토지리정보원에서 보유한 기준점 성과 이외의 자료를 활용하는 경우에는 자료의 신뢰성
수치표고모형 (제39조)	수치표고모형의 정확도는 검사점을 선정하여 "수치표고모형의 구축 및 관리 등에 관한 규 정"에 따라 점검하여야 한다.
정사영상제작 (제40조)	정사영상은 제23조를 준용하여 다음 각 호의 사항을 점검하여야 한다. 1. 정사영상의 평면위치오차는 출력 시 도상 1.0mm 이내이어야 한다. 2. 인접지역 및 음영지역의 색상 변화로 인한 불연속성
영상지도 (제41조)	영상지도는 다음 각 호의 사항을 점검하여야 한다. 1. 색상 2. 지형지물의 표현 및 난외주기 3. 레이어별 속성 4. 지형지물 중첩 5. 도곽선의 일치 및 파일명
품질관리표 작성 (제42조)	정사영상 제작 성과의 품질관리를 위하여 별지 제5호 서식의 품질관리표를 작성하여 공정 별 품질관리를 수행하여야 한다.

제5장 성과납품 등

표준적용 확인서의 제출 (제43조)	제3조제2항에 따라 적용한 표준의 성과를 확인하기 위하여 다음 각 호에 대한 표준적용 확인서를 별지 제6호와 제7호의 서식으로 작성하여 성과물과 함께 제출하여야 한다. 가. 제5조에 따른 메타데이터 나. 제35조에 따른 데이터품질
재검토기한 (제44조)	국토지리정보원장은 「행정규제기본법」 및 「훈령·예규 등의 발령 및 관리에 관한 규정」에 따라 이 고시에 대하여 2023년 1월 1일을 기준으로 매 3년이 되는 시점(매 3년째의 12월 31일까지를 말한다)마다 그 타당성을 검토하여 개선 등의 조치를 하여야 한다.

항공사진측량 작업 및 성과에 관한 규정

CHAPTER **16**

[시행 2022. 8. 17.] [국토지리정보원고시 제2022-3487호, 2022. 8. 17., 폐지제정]

제1장 총칙

1. 목적(제1조)

이 규정은 「공간정보의 구축 및 관리 등에 관한 법률」 제12조, 제17조 및 제22조제3항, 같은 법 시행규칙 제8조에 따라 수치지형도 및 지형도(이하 "지도"라 한다) 제작을 위한 항공사진측량(Aerial Photogrammetry)의 제반사항을 규정하여 작업방법, 규격, 정확도 등의 통일을 기하는 데 그 목적이 있다.

2. 용어의 정의(제2조)

이 규정에서 사용하는 용어의 정의는 다음 각 호와 같다.

항공사진	"항공사진"은 항공사진측량용 카메라(이하 "카메라"라 한다)로부터 촬영된 사진으로 "아날로그항공사진"과 "디지털항공사진"으로 분류한다.
아날로그항공사진	"아날로그항공사진"은 아날로그항공사진측량용 카메라(이하 "아날로그카메라"라 한다)로 촬영한 아날로그항공사진 필름(이하 "필름"이라 한다)을 항공사진전용스캐너로 독취한 영상을 말한다.
디지털항공사진	"디지털항공사진"은 디지털항공사진측량용 카메라(이하 "디지털카메라"라 한다)로 촬영한 영상을 말한다.
항공사진측량	"항공사진측량"이라 함은 대공표지설치, 항공사진촬영, 지상기준점측량, 항공삼각측량, 세부도화 등을 포함하여 수치지형도 제작용 도화원도 및 도화파일이 제작되기까지의 과정을 말한다.
항공사진촬영	"항공사진촬영"이라 함은 항공기에서 카메라를 이용한 항공사진 또는 영상의 촬영을 말하며, 필름의 노출과 현상, 사진의 인화, 건조까지의 사진처리와 디지털항공사진을 제작, 출력하는 과정을 포함한다.
지상기준점측량	"지상기준점측량"이라 함은 항공삼각측량 및 세부도화 작업에 필요한 기준점의 성과를 얻기 위하여 현지에서 실시하는 지상측량을 말한다.
대공표지	"대공표지"라 함은 지상기준점측량 작업에 필요한 지점의 위치를 항공사진상에 나타나게 하기 위하여 그 점에 표지를 설치하는 작업을 말한다.

항공삼각측량	"항공삼각측량"이라 함은 도화기 또는 좌표측정기에 의하여 항공사진상에서 측정된 지점의 모델좌표 또는 사진좌표를 지상기준점 및 GNSS/INS 외부표정 요소를 기준으로 지상좌표로 전환시키는 작업을 말한다.
내부표정	"내부표정"이라 함은 촬영 당시 광속의 기하상태를 재현하는 작업으로 기준점 위치, 렌즈의 왜곡, 사진의 초점거리와 사진의 주점을 결정하고 부가적으로 사진의 오차를 보정하여 사진좌표의 정확도를 향상시키는 것을 말한다.
상호표정	"상호표정"이라 함은 세부도화 시 한 모델을 이루는 좌우사진에서 나오는 광속이 촬영면상에 이루는 종시차를 소거하여 목표 지형지물의 상대위치를 맞추는 작업을 말한다.
절대표정	"절대표정"이라 함은 축척을 정확히 맞추고 표고를 정확하게 맞추는 과정을 말한다.
지상표본거리	"지상표본거리(GSD : Ground Sample Distance)"라 함은 각 화소(Pixel)가 나타내는 X, Y 지상거리를 말한다.
세부도화	"세부도화"라 함은 기준점측량 성과와 도화기를 사용하여 요구하는 지역의 지형지물을 지정된 축척으로 측정묘사 하는 실내작업을 말하며 좌표전개, 정리점검, 가편집데이터 제작을 포함한다.
메타데이터	"메타데이터"란 데이터를 설명해 주기 위하여 위치, 내용, 속성, 권한 등의 정보를 표준 등 일정한 규칙에 따라 작성한 데이터를 말한다.
제품사양서	"제품사양서"란 국가표준 "KS X ISO 19131 지리정보 - 제품사양서"에서 정한 기준에 따라, 데이터 제품의 내용 및 구조, 메타데이터, 품질 등의 규격을 정한 문서를 말한다.

3. 적용(제3조)

① 항공사진측량 방법에 의한 지도제작은 별도의 특별한 규정이 있는 경우를 제외하고는 이 규정에서 정하는 바에 의한다.

② 이 규정에서 항공사진측량 성과, 데이터의 생산, 품질 등과 관련된 사항은 국토지리정보원 기관표준 "2015-4 항공사진 메타데이터", "2015 - 7 항공사진 데이터 품질"을 우선 적용한다.

제2장 성과물 데이터

1. 위치의 기준 등(제4조)

① 측량의 기준은 「공간정보의 구축 및 관리 등에 관한 법률」 제6조 규정에 따른다.

② 투영방법은 「공간정보의 구축 및 관리 등에 관한 법률 시행령」 제7조에 따른다. 다만, 단일평면직각좌표계의 투영원점은 동경 127도 30분 북위 38도로 하고, 수치는 X(N) 2,000,000m, Y(E) 1,000,000m으로 하며, 축척계수는 0.9996으로 한다.

법 제6조(측량기준) ① 측량의 기준은 다음 각 호와 같다. 〈개정 2013. 3. 23.〉

1. 위치는 세계측지계(世界測地系)에 따라 측정한 지리학적 경위도와 높이(평균해수면으로부터의 높이를 말한다. 이하 이 항에서 같다)로 표시한다. 다만, 지도 제작 등을 위하여 필요한 경우에는 직각좌표와 높이, 극좌표와 높이, 지구중심 직교좌표 및 그 밖의 다른 좌표로 표시할 수 있다.
2. 측량의 원점은 대한민국 경위도원점(經緯度原點) 및 수준원점(水準原點)으로 한다. 다만, 섬 등 대통령령으로 정하는 지역에 대하여는 국토교통부장관이 따로 정하여 고시하는 원점을 사용할 수 있다.
3. 삭제 〈2020. 2. 18.〉
4. 삭제 〈2020. 2. 18.〉

② 삭제 〈2020. 2. 18.〉
③ 제1항에 따른 세계측지계, 측량의 원점 값의 결정 및 직각좌표의 기준 등에 필요한 사항은 대통령령으로 정한다.

령 제7조(세계측지계 등) ① 법 제6조제1항에 따른 세계측지계(世界測地系)는 지구를 편평한 회전타원체로 상정하여 실시하는 위치측정의 기준으로서 다음 각 호의 요건을 갖춘 것을 말한다. 〈개정 2020. 6. 9.〉

1. 회전타원체의 긴반지름 및 편평률(扁平率)은 다음 각 목과 같을 것
   가. 긴반지름 : 6,378,137미터
   나. 편평률 : 298.257222101분의 1
2. 회전타원체의 중심이 지구의 질량중심과 일치할 것
3. 회전타원체의 단축(短軸)이 지구의 자전축과 일치할 것

② 법 제6조제1항에 따른 대한민국 경위도원점(經緯度原點) 및 수준원점(水準原點)의 지점과 그 수치는 다음 각 호와 같다. 〈개정 2015. 6. 1., 2017. 1. 10.〉

1. 대한민국 경위도원점
   가. 지점 : 경기도 수원시 영통구 월드컵로 92(국토지리정보원에 있는 대한민국 경위도원점 금속표의 십자선 교점)
   나. 수치
      1) 경도 : 동경 127도 03분 14.8913초
      2) 위도 : 북위 37도 16분 33.3659초
      3) 원방위각 : 165도 03분 44.538초(원점으로부터 진북을 기준으로 오른쪽 방향으로 측정한 우주측지관측센터에 있는 위성기준점 안테나 참조점 중앙)
2. 대한민국 수준원점
   가. 지점 : 인천광역시 남구 인하로 100(인하공업전문대학에 있는 원점표석 수정판의 영 눈금선 중앙점)
   나. 수치 : 인천만 평균해수면상의 높이로부터 26.6871미터 높이

③ 법 제6조제1항에 따른 직각좌표의 기준은 별표 2와 같다.

■ 공간정보의 구축 및 관리 등에 관한 법률 시행령 [별표 2] 〈개정 2015. 6. 1.〉

직각좌표의 기준(제7조제3항 관련)

1. 직각좌표계 원점

명칭	원점의 경위도	투영원점의 가산(加算)수치	원점축척계수	적용 구역
서부좌표계	경도 : 동경 125° 00′ 위도 : 북위 38° 00′	X(N) 600,000m Y(E) 200,000m	1.0000	동경 124°~126°
중부좌표계	경도 : 동경 127° 00′ 위도 : 북위 38° 00′	X(N) 600,000m Y(E) 200,000m	1.0000	동경 126°~128°
동부좌표계	경도 : 동경 129° 00′ 위도 : 북위 38° 00′	X(N) 600,000m Y(E) 200,000m	1.0000	동경 128°~130°
동해좌표계	경도 : 동경 131° 00′ 위도 : 북위 38° 00′	X(N) 600,000m Y(E) 200,000m	1.0000	동경 130°~132°

※ 비고

　　가. 각 좌표계에서의 직각좌표는 다음의 조건에 따라 T·M(Transverse Mercator, 횡단 머케이터) 방법으로 표시하고, 원점의 좌표는 (X=0, Y=0)으로 한다.

　　　　1) X축은 좌표계 원점의 자오선에 일치하여야 하고, 진북방향을 정(+)으로 표시하며, Y축은 X축에 직교하는 축으로서 진동방향을 정(+)으로 한다.

　　　　2) 세계측지계에 따르지 아니하는 지적측량의 경우에는 가우스상사이중투영법으로 표시하되, 직각좌표계 투영원점의 가산(加算)수치를 각각 X(N) 500,000미터(제주도지역 550,000미터), Y(E) 200,000m로 하여 사용할 수 있다.

　　나. 국토교통부장관은 지리정보의 위치측정을 위하여 필요하다고 인정할 때에는 직각좌표의 기준을 따로 정할 수 있다. 이 경우 국토교통부장관은 그 내용을 고시하여야 한다.

2. 지적측량에 사용되는 구소삼각지역의 직각좌표계 원점

명칭	원점의 경위도	명칭	원점의 경위도
망산원점	경도 : 동경 126°22′24″. 596 위도 : 북위 37°43′07″. 060	율곡원점	경도 : 동경 128°57′30″. 916 위도 : 북위 35°57′21″. 322
계양원점	경도 : 동경 126°42′49″. 685 위도 : 북위 37°33′01″. 124	현창원점	경도 : 동경 128°46′03″. 947 위도 : 북위 35°51′46″. 967
조본원점	경도 : 동경 127°14′07″. 397 위도 : 북위 37°26′35″. 262	구암원점	경도 : 동경 128°35′46″. 186 위도 : 북위 35°51′30″. 878
가리원점	경도 : 동경 126°51′59″. 430 위도 : 북위 37°25′30″. 532	금산원점	경도 : 동경 128°17′26″. 070 위도 : 북위 35°43′46″. 532
등경원점	경도 : 동경 126°51′32″. 845 위도 : 북위 37°11′52″. 885	소라원점	경도 : 동경 128°43′36″. 841 위도 : 북위 35°39′58″. 199
고초원점	경도 : 동경 127°14′41″. 585 위도 : 북위 37°09′03″. 530		

※ 비고

    가. 조본원점·고초원점·율곡원점·현창원점 및 소라원점의 평면직각종횡선수치의 단위는 미터로 하고, 망산원점·계양원점·가리원점·등경원점·구암원점 및 금산원점의 평면직각종횡선수치의 단위는 간(間)으로 한다. 이 경우 각각의 원점에 대한 평면직각종횡선수치는 0으로 한다.

    나. 특별소삼각측량지역[전주, 강경, 마산, 진주, 광주(光州), 나주(羅州), 목포, 군산, 울릉도 등]에 분포된 소삼각측량지역은 별도의 원점을 사용할 수 있다.

2. 도엽코드 및 도곽의 크기(제6조)

도엽코드 및 도곽의 크기는 「수치지도 작성 작업규칙」 제5조에 따른다.

[별표] 〈개정 2010. 10. 28〉

도엽코드 및 도곽의 크기(제5조제2항 관련)

축척	색인도	도엽코드 및 도곽의 크기
1/50,000		• 도엽코드 : 경위도를 1° 간격으로 분할한 지역에 대하여 다시 15′씩 16등분하여 하단 위도 두 자리 숫자와 좌측경도의 끝자리 숫자를 합성한 뒤 해당 코드를 추가하여 구성한다. • 도곽의 크기 : 15′×15′
1/25,000		• 도엽코드 : 1/50,000 도엽을 4등분하여 1/50,000 도엽코드 끝에 한 자리 코드를 추가하여 구성한다. • 도곽의 크기 : 7′30″×7′30″
1/10,000		• 도엽코드 : 1/50,000 도엽을 25등분하여 1/50,000 도엽코드 끝에 두 자리 코드를 추가하여 구성한다. • 도곽의 크기 : 3′×3′

축척	색인도	도엽코드 및 도곽의 크기
1/5,000	001 ┄ 010 36715 091 ┄ 098 ┄ 100 36715098	• 도엽코드 : 1/50,000 도엽을 100등분하여 1/50,000 도엽코드 끝에 세 자리 코드를 추가하여 구성한다. • 도곽의 크기 : 1′30″×1′30″
1/2,500	A B C D E F G H I J 0 0A 0B 0C 0D 0E 0F 0G 0H 0I 0J 1 2 3 4 367154 5 6 7 8 9 091 ┄ 9G 9H 9I 9J 3671549H	• 도엽코드 : 1/25,000 도엽을 100등분하여 1/25,000 도엽코드 끝에 두 자리 코드를 추가하여 구성한다. • 도곽의 크기 : 45″×45″
1/1,000	01 02 03 04 05 06 07 08 09 10 11 21 31 3671523 80 90 98 99 00 367152398	• 도엽코드 : 1/10,000 도엽을 100등분하여 1/10,000 도엽코드 끝에 두 자리 코드를 추가하여 구성한다. • 도곽의 크기 : 18″×18″
1/500	1 2 367152398 3 4 3671523984	• 도엽코드 : 1/1,000 도엽을 4등분하여 1/1,000 도엽코드 끝에 한 자리 코드를 추가하여 구성한다. • 도곽의 크기 : 9″×9″

3. 항공사진의 축척(제6조)

① 아날로그카메라로 촬영한 사진의 축척은 카메라의 초점거리와 촬영항공기의 지상고도의 비로 산출한다.
② 디지털카메라로 촬영한 디지털항공사진의 축척은 지상표본거리로 한다.
③ 도화축척, 항공사진축척 및 지상표본거리의 관계는 다음 표와 같다.

도화축척	항공사진축척	지상표본거리
1/500~1/600	1/3,000~1/4,000	8cm 이내
1/1,000~1/1,200	1/5,000~1/8,000	12cm 이내
1/2,500~1/3,000	1/10,000~1/15,000	25cm 이내
1/5,000	1/18,000~1/20,000	42cm 이내
1/10,000	1/25,000~1/30,000	65cm 이내
1/25,000	1/37,500	80cm 이내

4. 메타데이터(제7조)

항공사진측량 성과의 체계적 관리 및 서비스를 위하여 다음 각 호의 사항이 포함된 메타데이터를 작성하여야 한다.

1. 식별정보
2. 데이터 품질 정보
3. 참조체계정보
4. 배포정보
5. 범위정보
6. 참조자료 및 담당자 정보

5. 제품사양서(제8조)

국토지리정보원장은 항공사진측량 작업에 활용할 수 있도록 다음 각 호의 사항이 포함된 제품사양서를 작성하여 배포할 수 있다.

1. 식별정보
2. 내용 및 구조(데이터모델, 어플리케이션 스키마, 포맷 등을 포함)
3. 참조체계정보
4. 품질
5. 유지관리
6. 메타데이터
7. 배포정보 등

제3장 작업방법

제1절 항공사진촬영

제9조(항공기)	항공기는 다음 각 호의 성능을 가져야 한다. 1. 촬영에 필요한 장비를 싣고 안정적으로 비행을 실시할 수 있어야 한다. 2. 촬영 시 필요한 항공사진측량용 카메라의 설치가 가능하고 작동에 불편이 없도록 안정적으로 공간이 확보되어야 한다. 3. GNSS/INS의 장치를 이용할 경우 GNSS 안테나를 기체위에 설치할 수 있어야 한다. 4. 항공사진측량용 카메라는 렌즈부분이 배기가스 등으로 인한 이상굴절 및 기름분무의 영향을 받지 않는 위치에 장착되어야 한다. 5. 촬영에 필요한 장비를 안정적으로 운용할 수 있는 충분한 전원을 확보하여야 한다.
제10조 (항공사진측량용 카메라)	항공사진측량용 카메라는 각 호의 성능을 표준으로 한다. 1. 항공사진측량용 카메라는 필요에 따라 협각, 보통각, 광각, 초광각 렌즈를 선택할 수 있으며 카메라의 적정 성능유지를 위하여 정기적으로 점검을 받아야 한다. 2. 항공사진측량용 카메라의 렌즈 왜곡수차는 0.01mm 이하이며, 초점거리는 0.01mm 단위까지 명확하여야 한다. 3. 컬러항공사진을 사용하는 항공사진측량용 카메라는 색수차가 보정된 것을 사용한다. 4. 디지털카메라는 일정폭으로 개별영상이 만들어져야 하며, 개별영상은 도화기 등에서 입체시 구현 및 도화가 가능하여야 한다. 5. 디지털카메라는 필요한 면적과 일정한 각 화소(Pixel)가 나타내는 X, Y 지상거리를 확보할 수 있어야 한다. 6. 렌즈의 교환 없이 컬러, 흑백 및 적외선 영상의 동시 취득이 가능하여야 한다. 7. 디지털카메라는 8bit 이상의 방사해상도를 취득할 수 있어야 한다. 8. 촬영 작업기관은 디지털카메라의 적정 성능 유지를 위하여 정기적으로 점검을 받아야 한다. 9. GNSS/INS 장치를 이용하여 촬영을 실시하는 경우는 INS가 항공사진측량용카메라 본체에 장착되어 있어야 한다. 10. 항공기의 속도로 인한 영상의 흘림을 보정하는 장치(Forward Motion Compensation, Time Delayed Integration) 등을 갖추거나 실제적인 영상보정이 가능한 촬영방식을 이용하여 영상의 품질을 확보할 수 있어야 한다.

제11조
(필름 및 영상)
	① 필름은 다음 성능의 것을 표준으로 한다.
	  1. 필름은 필름베이스가 일률적이고 0.015% 이하의 신축율을 가져야 한다.
	  2. 필름은 특별히 지정한 것 이외는 전정색(Panchromatic) 필름을 원칙으로 한다.
	② 디지털카메라 영상은 다음 성능의 것을 표준으로 한다.
	  1. 디지털카메라로 취득한 디지털항공사진에 의해 수치지형도 제작이 가능해야 한다.
	  2. 도화 등 후속공정에 지장이 없도록 노이즈를 최소화하고, 제6조제3항의 지상표본거리를 만족할 수 있도록 고화질의 영상을 출력할 수 있어야 한다.
	  3. 일반적인 영상포맷을 사용하며 손실 없이 저장하여야 한다.

제12조 (GNSS/INS)	GNSS/INS 장치는 항공사진의 노출 위치를 계산하기 위하여 항공기에 탑재한 GNSS 및 항공사진 노출 시의 기울기를 산출하기 위한 3축 자이로와 가속도계로 구성하는 INS(관성측위장치), 계산 소프트웨어, 컴퓨터 및 주변기기로 구성되는 시스템으로 각 호의 성능을 표준으로 한다.	

GNSS/INS 장치는 항공사진의 노출 위치를 계산하기 위하여 항공기에 탑재한 GNSS 및 항공사진 노출 시의 기울기를 산출하기 위한 3축 자이로와 가속도계로 구성하는 INS(관성측위장치), 계산 소프트웨어, 컴퓨터 및 주변기기로 구성되는 시스템으로 각 호의 성능을 표준으로 한다.

1. GNSS/INS 장치의 성능은 GNSS 후처리방법으로 다음 표와 같다.

**제12조
(GNSS/INS)**

항목		기준	비고
GNSS	위치	0.15m 이하	-
	고도	0.15m 이하	-
	데이터취득간격	1초 이하	2주파 수신
INS	롤링각	0.010도	촬영 비행 방향 흔들림
	피칭각	0.010도	촬영 비행 방향 직각 흔들림
	헤딩각	0.015도	촬영 비행 방향의 회전
	취득간격	0.005초	-

2. INS는 3축의 기울기 및 가속도를 계측할 수 있어야 한다.
3. GNSS데이터와 INS데이터를 결합하여 항공사진의 노출된 위치 및 자세를 산출하여야 한다.
4. GNSS/INS를 항공기에 설치할 때에는 GNSS안테나와 항공카메라의 렌즈중심축과의 이격거리를 토탈스테이션 등을 이용하여 직접측량 후 그 결과값을 GNSS/INS 프로그램에서 직접 활용할 수 있어야 한다.

제13조(검정장)

① 검정장은 카메라의 공간해상도, 방사해상도, 위치정확도 검정이 가능한 장소를 말한다.
② 제1항의 카메라 검정장은 천안 검정장으로 한다.
③ 검정장은 평탄한 곳을 선정하되 규격은 3km×3km 이상으로 정한다.
④ 검정장에 필요한 지상기준점은 국토지리정보원장이 제공하는 것으로 한다.
⑤ 카메라 검정을 위한 촬영 시 동서방향을 원칙으로 하며 보정값 산출을 위하여 남북방향으로 최소 2코스 이상 촬영을 실시해야 한다.
⑥ 공간해상도 검정을 위하여 별표 1의 규격에 맞는 분석도형이 3개 이상 설치되어 있어야 한다.
⑦ 방사해상도 검정을 위하여 별표 1의 규격에 맞는 분석도형이 1개 이상 설치되어 있어야 한다.
⑧ 위치정확도 검정을 위하여 평면·표고 측량이 가능한 명확한 검사점이 있어야 하며, 스트립당 최소 2점 이상 존재해야 한다.
⑨ 촬영작업기관은 검정장에 대한 항공사진촬영 전 촬영계획기관과 사전협의를 실시하고 항공촬영을 실시하여야 한다.

제14조(검정)	① 검정은 검정장을 이용하여 카메라의 공간해상도와 방사해상도, 위치정확도의 평가 및 이상 유무를 검사하는 것을 말한다. ② 공간해상도 검정은 항공사진에 촬영된 분석도형의 시각적 해상도(ℓ)와 영상의 선명도(c)를 검정하는 것을 말하며, 영상의 선명도가 1.1 이하이어야 한다. 시각적 해상도(ℓ) : $\ell = \dfrac{\pi \times 직경비\left(=\dfrac{내부직경(d)}{외부직경(D)}\right)}{흑백선수} \times 실제외부직경$ 영상의 선명도(c) : $c = \dfrac{시각적해상도(\ell)}{지상표본거리(GSD)}$ ③ 방사해상도 검정은 촬영된 방사해상도 분석도형과 지정된 색상값을 비교하여 원 색상의 왜곡 정도를 확인하는 것을 말한다. ④ 위치정확도 검정은 검정장의 지상기준점으로 항공삼각측량 후 검사점을 이용하여 위치정확도를 검정하는 것을 말한다. 검사점의 위치정확도는 제41조제4항을 준용한다. ⑤ 검정데이터들은 별지 제1호 서식에 따라 작성해야 한다. ⑥ 검정데이터의 유효기간은 1년 이내로 한다. 다만 이 기간 중 카메라를 비행기 본체에서 탈부착하거나 부착상태에서 변위가 발생하는 충격을 받았을 경우, 촬영계획기관에 보고하고 재검정을 실시하여야 한다.
제15조 (항공사진의 중복도)	① 항공사진은 반드시 입체시를 지원하는 사진이어야 한다. ② 중복도는 촬영 진행방향으로 60%, 인접 코스 간 30%를 표준으로 하며, 촬영계획기관의 필요에 따라 중복도를 별도 정할 수 있다. ③ 선형방식의 디지털카메라에서는 인접 코스의 중복만을 적용한다.
제16조 (촬영방향)	촬영방향은 동서를 원칙으로 하되 촬영구역의 모양, 지형, 지세 및 풍향을 고려하여 변경할 수 있다.
제17조 (촬영계획)	① 촬영 작업기관은 착수 전에 다음 각 호 사항을 포함한 촬영계획서를 제출하여야 하며 촬영계획을 변경할 때에도 또한 같다. --- 1. 비행기의 종류 및 등록번호 2. 카메라(필터포함)의 종류 3. 필름의 종류, 촬영영상의 저장매체, 유효년도 4. 예정공정표 5. 촬영종사자명단 6. GNSS/INS장비와 처리프로그램의 세부사양(품명, 규격, 사양, 성능의 표기) 7. 카메라 정기점검서, 별지 제1호 서식 등 검정과 관련된 자료 일체 --- ② 촬영 계획을 세울 시에는 지상기준점측량(대공표지설치 등), 항공삼각측량 계획을 고려하여 세워야 하며 세부사항은 제2절, 제3절을 따른다.

제18조 (촬영비행조건)	① 촬영비행은 시정이 양호하고 구름 및 구름의 그림자가 사진에 나타나지 않도록 맑은 날씨에 하는 것을 원칙으로 한다. ② 촬영비행은 태양고도가 산지에서는 30° 평지에서는 25° 이상일 때 행하며 험준한 지형에서는 음영부에 관계없이 영상이 잘 나타나는 태양고도의 시간에 행하여야 한다. ③ 촬영비행은 예정 촬영고도에서 가급적 일정한 높이로 직선이 되도록 한다. ④ 계획촬영 코스로부터 수평이탈은 계획촬영 고도의 15% 이내로 한정하고, 계획촬영 고도로부터의 수직이탈은 계획촬영 고도의 5% 이내로 한다. 다만, 사진축척이 1/5,000 이상일 경우에는 수직이탈 10% 이내로 할 수 있다. ⑤ GNSS/INS 장비를 이용하여 촬영하는 경우 GNSS 기준국은 작업 반경 50㎞ 이내의 GNSS 상시관측소를 이용한다. 다만, 도서지역 등 부득이한 경우 작업 반경 70㎞ 이내의 GNSS 상시관측소를 이용할 수 있다. ⑥ 제5항의 작업 반경 이내에 GNSS 상시관측소가 없을 경우 별도의 지상 GNSS 기준국을 설치하여 한다. ⑦ 제6항의 지상 GNSS 기준국은 다음에 유의하여 설치 및 관측을 하여야 한다. 　1. 수신 앙각(angle of elevation)이 15도 이상인 상공시야 확보 　2. 수신간격은 항공기용 GNSS와 동일하게 1초 이하의 데이터 취득 　3. 수신하는 GNSS 위성의 수는 5개 이상, GNSS 위성의 PDOP(Positional Dilution of Precision)는 3.5 이하 ⑧ GNSS 기준국의 최종 측량성과 산출은 국토지리정보원에 설치한 국가기준점과 GNSS 상시관측소를 고정점으로 사용하여야 한다.
제19조 (사진 및 영상촬영)	① 노출시간은 촬영계절, 촬영시간대, 천후, 대지속도(비행속도), 카메라의 진동, 카메라의 감도 등 제조건을 감안하여 노출허용한도를 초과 또는 미달해서는 안 되며 아날로그항공사진의 경우 최소한 5배 이상 확대할 경우에도 선명도가 유지되어야 한다. ② 카메라는 연직방향으로 향하여 촬영하며 사진화면의 수평면에 대한 경사각은 4.5도 이내로 한다. ③ 편류각은 촬영코스 방향에서 9도 이내로 한다. ④ 아날로그항공사진의 경우에는 필름 양단의 1m는 촬영에 사용하지 못한다. ⑤ 매 코스 시점과 종점 사진은 2매 이상 촬영지역 밖에 있어야 한다. ⑥ GNSS/INS 장비를 이용하여 촬영할 경우 촬영경로 변경 시 항공기의 회전각은 날개의 수평각이 25° 미만을 유지하여야 한다.
제20조 (필름의 처리)	① 필름의 현상, 정착, 수세, 건조 등 사진처리에 있어 다음 각 호의 사항을 유의하여야 한다. 　1. 필름은 현상에 앞서 시험현상을 하여야 한다. 　2. 필름의 영상은 피사체의 조건에 따라 농도계조가 선명하게 재현되도록 분포되어 해상력이 양호해야 하며 사진 보조 자료가 명시되어야 한다. 　3. 현상액은 해당 필름의 지정처방 또는 그 이상인 것으로 처방하되 미립자 현상이라야 한나. 　4. 정착액은 산성경막 처방인 것을 사용하되 감광은이 남아 있지 않도록 완전 정착하여야 한다. 　5. 물세척은 정착제가 남아 있지 않도록 충분히 하여야 한다. 　6. 필름 및 영상의 처리는 신축 및 비틀림이나 손상이 가지 않도록 건조하고 영상데이터의 손실이 없도록 하여야 한다.

	② 필름의 밀착인화 및 출력은 아래 방법에 따라 수행하여야 한다. 1. 사용인화지는 반광택 또는 무광택 인화지로서 촬영 계획기관에서 지정한 규격으로 출력한다. 2. 인화 및 출력작업 시 원 필름 및 원 데이터와 인화지는 완전 밀착되어 영상과 주변의 제원이 전부 나타나며 초점의 흔들림 등이 있어서는 안 된다. 3. 사진처리는 사후 변색되지 않도록 완전 처리한다.
제21조 (GNSS/INS 데이터의 처리)	사진 및 촬영영상과 동시에 취득한 GNSS/INS 데이터와 지상 GNSS 기준국 데이터는 다음과 같이 처리하도록 한다. 1. GNSS/INS 촬영 시 순차적으로 자동 생성되는 사진에 대한 촬영점 번호와 도화목적으로 부여되는 실제 항공사진의 번호(주기)는 일치되도록 하여야 한다. 2. GNSS/INS촬영시 항공사진의 파일명 중 마지막 3자리는 촬영점 번호와 일치하여야 한다. 3. 촬영과 동시에 취득된 GNSS와 INS데이터를 관측시간을 이용하여 동기화 과정을 통하여 융합되도록 하여야 한다. 4. 융합된 GNSS/INS 데이터를 처리시 센서오차를 점검하도록 하며 일정값 이상의 오차가 발견될 경우에는 데이터 처리시간 및 자이로의 초기값 변경을 통하여 반복처리하도록 한다.
제22조 (INS 좌표축 보정값 산출)	INS와 카메라 좌표축 불일치(Misalignment)값은 다음 각 호와 같이 산출한다. 1. 제13조의 검정장에 위치한 지상기준점 측량에 의해서 획득된 성과를 기준으로 항공삼각측량에 의하여 산출된 각 항공사진의 외부표정요소 값과 GNSS/INS 촬영 시 생성되는 외부표정요소 값을 비교하여 산출하도록 한다. 다만, 일정시간이 지난 후에는 재산출하도록 한다. 2. 제1호에서 산출된 결과에 대하여 지역별로 약간의 차이가 발생할 수 있으므로 촬영대상지역에 적용할 수 있도록 보정하도록 한다.
제23조 (영상의 외부표정요소 계산)	촬영된 각 사진 및 영상의 외부표정 요소는 다음 각 호와 같이 산출하도록 한다. 1. GNSS/INS를 부착한 항공사진의 사진번호와 촬영시각정보, GNSS/INS 융합결과, 항공사진 투영중심과 GNSS 안테나 및 INS와의 이격거리, INS 좌표축 회전량 보정값 등을 이용하도록 한다. 2. GNSS/INS 융합결과에 의한 타원체고를 표고로 변환할 때에는 국토지리정보원에서 제공하는 최신의 지오이드모델을 사용해야 한다. 3. 각 촬영점에 대한 영상의 외부표정 요소를 산출하도록 한다.
제24조 (재촬영 여부의 판정자료)	① 촬영 작업기관은 판정을 받기 위하여 성과납품 이전에 촬영코스별 검사표, 표정도(1/50,000 지도), GNSS/INS 처리데이터 및 품질관리 자료와 아날로그항공사진의 경우 밀착사진 1부를 계획기관에 제출하여야 한다. ② 작업기관이 판정결과에 이의가 있을 때에는 다음 각 호의 자료 중 지정한 것을 제출하여 재판정을 받을 수 있다. 1. 항공사진의 최초 영상데이터(아날로그항공사진의 경우 촬영 원필름) 2. 아날로그항공사진의 경우 양화필름 및 5배 확대사진 3. GNSS/INS 처리 및 관련 자료 4. 그 밖의 필요한 자료

제25조 (재촬영 요인의 판정기준)	다음 각 호에 해당하는 경우에는 재촬영하여야 한다. 1. 항공기의 고도가 계획촬영 고도의 5% 이상 벗어날 때. 다만, 사진축척이 1/5,000 이상일 경우에는 10% 이상 벗어날 때 2. 촬영 진행방향의 중복도가 계획 중복도의 10% 이상 벗어날 때 3. 인접한 사진축척이 ±10% 이상 차이날 때 4. 인접 코스 간의 중복도가 표고의 최고점에서 5% 미만일 때 5. 사진상태가 구름, 그림자, 빛반사 등으로 인하여 도화나 영상지도 등 후속공정에 적합하지 않다고 판정될 때 6. 적설 또는 홍수로 인하여 지형을 구별할 수 없어 도화가 불가능하다고 판정될 때 7. 아날로그항공사진의 경우에는 필름의 불규칙한 신축 또는 노출불량으로 입체시에 지장이 있을 때 8. 촬영 시 노출의 과소, 연기, 안개 및 스모그(Smog), 촬영셔터(Shutter)의 기능 불능, 아날로그항공사진의 경우 현상처리의 부적당 등으로 사진의 영상이 선명하지 못하여 후속공정에 적합하지 않다고 판정될 때 9. 아날로그항공사진의 보조자료(고도, 시계, 카메라번호, 필름번호) 및 사진지표가 사진상에 분명하지 못할 때 10. 후속되는 작업 및 정확도에 지장이 있다고 인정될 때 11. 지상GNSS 기준국과 항공기에서 수신한 GNSS 신호가 단절되어 GNSS 데이터 처리가 불가능할 때 12. 디지털항공사진의 경우 촬영코스당 지상표본거리(GSD)가 당초 계획하였던 목표 값보다 큰 값이 10% 이상 발생하였을 때 13. 사진촬영 INS 성과에서 연직각(X, Y축의 회전값 4.5도 이내)과 편류각(촬영 코스방향에서의 Z축으로 9도 이내)이 기준 값을 초과하였을 때
제26조 (재촬영 방법)	① 재촬영코스 전체를 촬영하는 것을 원칙으로 하고 아래 방법에 따라 재촬영하여야 한다. 　1. 동일 지역 내의 촬영은 원칙적으로 동일카메라로 수행한다. 　2. 촬영비행은 제16조 및 제17조에 의한다. 　3. 접합부는 전 코스의 중단사진과 최소 2모델이 중복되어야 한다. ② 다만, 당해코스 전부를 촬영할 필요가 없다고 인정될 경우에는 필요한 부분만 촬영할 수 있고, 재촬영 방법은 제1항의 각 호를 지켜야 한다.

제2절 지상기준점측량

제27조 (지상기준점의 종류)	지상기준점은 평면기준점, 표고기준점, 검사점으로 구분한다.
제28조(계획)	① 작업기관은 착수 전에 다음 각 호의 사항을 포함한 계획서를 제출하여야 한다. 　1. 관측 장비의 명칭, 수량 및 종사원 명단 　2. 작업계획도 ② 작업기관은 계획된 지역에 대하여 필요한 경우 보안지역, 지형상 특수성 등을 고려하여 작업착수 전에 현지를 답사하여 계획서를 작성한다.

29조(선점)	① 모든 지상기준점은 가급적 인접모델에서 상호 사용할 수 있도록 선점하고 사진 상에서 명확히 분별될 수 있는 지점으로 천정방향으로 45° 이상의 시계를 확보하여야 한다. ② 지상기준점의 위치는 반영구 또는 영구적이며 경사변화가 없도록 한다. ③ 지형지물을 이용한 평면기준점은 선상 교차점이 적합하며 가상적인 표시는 피하여야 한다. ④ 표고기준점은 아날로그항공사진상에서 1mm 이상 또는 디지털항공사진상에서 80화소 이상의 크기로 나타나는 평탄한 위치이며 사진상의 색조가 적절하여야 하며 순백색 또는 검은색 등의 단일색조를 가진 곳은 되도록 피하여야 한다. ⑤ 평면기준점의 배치는 전면기준점측량(FG) 방식에서는 모델당 4점, 항공삼각측량(AT) 방식에서는 블록(Block) 외곽에 촬영 진행방향으로는 2모델마다 1점씩, 모델 중복부분에 촬영방향과 직각방향으로는 코스 중복부분마다 1점씩 배치하는 것을 원칙으로 하고, 항공삼각측량의 정확도 향상을 위해 블록의 크기, 모양에 따라 20% 범위 내에서 증가시킬 수 있다. 1. GNSS/INS 외부표정 요소값을 이용하는 아날로그항공사진의 경우에는 블록의 외곽에 우선적으로 배치하되 촬영 진행방향으로 6모델마다 1점 촬영 직각방향으로 코스 중복 부분마다 1점씩 배치하도록 한다. 2. GNSS/INS 외부표정 요소값을 이용하는 디지털항공사진의 경우에는 촬영 진행방향으로 지상표본거리 12cm 이내일 때 평균 5.5km당 1점 이상, 지상표본거리 25cm 이상일 때 평균 11km당 1점 이상씩 배치하는 것을 원칙으로 하되, 코스의 중간부분에 선점할 지물이 없는 경우에는 인접모델로 이동하여 선점할 수 있다. 촬영 직각방향으로는 2코스마다 1점씩 배치하고 블록의 모서리마다 1점씩 배치하여야 한다. 세부 선점방법은 별표 3을 따른다. ⑥ 표고기준점의 배치는 전면기준점측량(FG) 방식에서는 모델당 6점, 항공삼각측량(AT) 방식에서는 모델당 4모서리에 4점을 배치하는 것을 원칙으로 한다. 다만, 필요할 경우 수준노선을 따라 사진상 3~5cm마다 정확한 지점에 표고를 산출할 수 있다. 1. GNSS/INS 외부표정 요소 값을 이용하는 아날로그항공사진의 경우에는 블록의 외곽을 우선적으로 배치하되 각 촬영진행 방향으로 4모델 간격으로 1점, 촬영 직각방향으로 코스 중복부분마다 1점씩 배치하도록 한다. 2. GNSS/INS 외부표정 요소 값을 이용하는 디지털항공사진의 경우에는 촬영진행 방향으로 제5항제2호에 해당하는 거리마다 1점씩 배치하는 것을 원칙으로 하되, 코스의 중간부분에 선점할 지물이 없는 경우에는 인접모델로 이동하여 선점할 수 있다. 촬영 직각방향으로는 촬영코스 중복부분마다 1점씩 배치하는 것을 원칙으로 하되 횡중복도가 40%가 넘는 경우에는 촬영 2코스당 1점씩 배치할 수 있다. 세부 선점방법은 별표 3을 따른다. ⑦ 아날로그항공사진의 경우, 항공삼각측량(AT) 방식 중 독립모델법(Independent Model Method)에 의한 성과계산의 기준이 되는 블록(BLOCK)의 크기는 코스 당 모델수 30모델 이내, 코스수는 7코스 이내로 전체 200모델을 표준으로 하며 블록의 형상은 사각형을 원칙으로 하며 광속조정법(Bundle Adjustment)의 경우는 모델수의 제한을 두지 않는다.

	⑧ 검사점은 평면기준점 및 표고기준점과 별도의 위치에 선점하고 블록당 5점씩 블록의 외곽에 우선적으로 배치하는 것을 원칙으로 하되, 계획기관과 협의하여 별도 정할 수 있다.
제30조(대공표지)	① 촬영 대상지역에 적절한 지상기준점에 없는 경우 대공표지를 설치하여야 한다. ② 대공표지는 촬영 대상지역에 제29조에 의한 지상기준점을 선점할 수 있는 지형지물이 없는 곳에 설치하며, 항공사진 촬영 전에 설치하고 촬영 시까지 파손 또는 망실되지 않도록 관리하여야 한다. ③ 대공표지는 설치목적, 항공사진의 축척, 지형의 배색, 관측 장비 등을 고려하여 형상, 크기, 색을 결정하며 표준양식은 별표 4와 같다. ④ 대공표지는 미리 토지소유자와 협의하여 설치하는 것을 원칙으로 한다. ⑤ 대공표지 설치를 마치면 지상사진을 촬영하고 별지 제4호 서식의 지상기준점의 조서를 작성하여야 한다.

제31조(관측)	① 평면기준점 측량은 GNSS 수신기, 토털스테이션(TS) 등의 측량기기를 이용하여 제32조의 정확도 기준을 만족하는 방법으로 수행한다.
	② 표고기준점 측량은 레벨, GNSS 수신기 등의 측량기기를 이용하여 제32조의 정확도 기준을 만족하는 방법으로 수행하여야 하며, 다음 각 호의 사항을 유의하여야 한다.
	
	1. 네트워크 RTK 측량방법을 이용하는 경우에는 산출된 수직위치(타원체고)에 국토지리정보원에서 제공하는 최신의 지오이드모델을 이용하여 표고로 변환해야 한다.
	2. 네트워크 RTK 측량방법을 도화축척 1/1,200 이상 또는 지상표본거리 12cm 이내의 항공사진에 이용하는 경우에는 다음 각 목의 사항을 지켜야 한다.
	
	    가. GNSS 수신기의 시계가 15° 이상 확보되어야 하며 균일한 배치 상태의 위성 6개 이상을 사용한다.
	    나. 관측점의 기상환경이 불안정할 경우에는 관측을 수행하지 않는다.
	    다. 장비에서 표시하는 PDOP이 3 이상인 경우 관측을 수행하지 않는다.
	    라. 장비에서 표시하는 정밀도가 수평 5cm 이상 또는 수직 10cm 이상인 경우 관측에서 제외한다.
	    마. 관측 중 네트워크 RTK 서버 이상이나, 태양폭풍 등 우주기상재난, 또는 장비 이상 등이 발생하면 관측을 중단한다.
	    바. 관측 시 4방향의 사진, 관측 중의 특이사항(날씨, 상공의 시계확보, 주위 상황 및 기타) 등을 포함하여 별지 제5호 서식의 네트워크 RTK 측량조서를 작성한다.
	
	③ 대공표지 및 검사점 측량은 제1항 및 제2항의 측량방법을 준수하여 평면 및 표고값을 관측한다.
	④ 제1항부터 제3항까지의 측량성과는 제32조의 정확도 기준을 만족해야 하며 이를 벗어날 경우 재측량을 실시하여야 한다.
	⑤ 이 규정에서 정하는 경우를 제외한 세부 작업방법은 「공공측량 작업규정」을 준용한다.

제32조 (지상기준점 오차의 한계)	모든 작업이 끝난 평면기준점 및 표고기준점의 오차의 한계는 다음 표와 같다.		
	도화축척	지상표본거리	RMSE
	1/500~1/600	8cm 이내	±0.05m 이내
	1/1,000~1/1,2000	12cm 이내	±0.10m 이내
	1/2,500~1/3,000	25cm 이내	±0.15m 이내
	1/5,000~1/6,000	42cm 이내	±0.20m 이내
	1/10,000 이하	65cm 이내	±0.30m 이내

제3절 항공삼각측량

제33조(계획)	① 작업기관은 착수 전에 다음 각 호의 사항을 포함한 계획서를 제출하여야 한다. 1. 관측장비의 명칭(성능유지 검사표 포함) 2. 모델색인도 3. 예정공정표 4. 작업종사원 명단 5. 사용할 프로그램 ② 제1항의 사용할 프로그램은 계획기관의 사전승인을 받아 사용하여야 한다.
제34조 (연결점의 선점)	연결점(Pass Point)은 다음 각 호에 의하여 선점하여야 한다. 1. 부근이 되도록 평탄하고 사진상에서 그 위치를 쉽게 관측할 수 있어야 한다. 2. 연속 2모델이 사진상에서 명확한 입체시가 가능하고 인접모델간 중복부분 중간에 위치하여야 한다. 3. 모델중간의 연결점은 주점부근이어야 하며, 모델 양단의 주점기선에 직각방향으로 주점부터 항공사진상의 거리 7cm 이상으로 등거리이어야 한다. 4. 후속작업에 필요한 때에는 항공사진상에서 선명한 위치를 보조점으로 선정한다. 5. 디지털 항공사진을 이용한 경우 자동매칭에 의한 방법으로 수행하며 각 모델에서 자동매칭이 이루어지지 않은 부분은 위 호를 기준으로 선점하여 연결점을 생성하여야 한다.
제35조 (결합점의 선점)	연결점의 결합점(Tie Point)으로 사용할 수 없는 경우 다음 각 호에 의하여 선점하여야 한다. 1. 결합점은 코스 상호 간에 견고하게 연결이 되도록 인접코스와 중복되는 부분에 1모델당 1점 이상을 선점하여야 한다. 2. 가급적 인접코스 간의 중복부분 중간에 위치하여야 하며 관계되는 항공사진 전체에서 선명한 점이어야 한다. 3. 결합점은 연결점과 동일점일 수도 있다. 4. 디지털 항공사진을 이용한 경우 자동매칭에 의한 방법으로 수행하며 각 코스에서 자동매칭이 이루어지지 않은 부분은 위 호를 기준으로 선점하여 결합점을 생성하여야 한다.

제36조(점각 등)	① 아날로그항공사진을 이용한 경우 선점된 연결점 및 결합점은 항공사진 및 양화필름에 정확히 점각하고 점을 중심으로 직경 5mm의 청색 또는 적색원으로 표시하여 지정된 기호를 기입하여야 한다. ② 디지털 항공사진을 이용한 경우 자동매칭에 의한 방법으로 수행하여야 하며 광속조정법(Bundle adjustment)을 사용한다. 이 경우 반드시 사진의 외부 표정요소와 사진의 중심좌표 값이 산출되는 것을 원칙으로 한다. ③ 디지털카메라 중 푸시브롬형태(Pushbroom Type)로 촬영되는 디지털 영상은 코스별로 외부 표정요소 등이 일괄 처리되는 것을 원칙으로 한다.
제37조(표정도 작성)	① 아날로그항공사진의 경우 작업기관은 선점이 끝난 후 다음 각 호의 사항이 포함된 표정도를 작성하여야 한다. 1. 사진축척 및 모델축척 2. 항공사진상 평균기선장 3. 각종 기준점 및 연결점과 결합점의 번호 4. 모델번호 ② 디지털항공사진의 경우에는 프로젝트 파일 및 촬영인덱스 파일로 대체할 수 있다.
제38조(관측)	① 관측 장비는 공간영상도화업에 등록된 도화기 또는 좌표측정기를 사용하여야 한다. ② 아날로그항공사진은 도화기를 이용할 경우 상호표정 후 잔여시차는 0.02mm 이내이어야 한다. ③ 아날로그항공사진의 경우 도화기 사용 시 각 모델 또는 블록 내에 포함되는 관측점은 각 2회씩 측정하여 사진좌표를 산출하되 도화기 사용 시는 교차가 평면좌표는 사진상 20μ 이내, 표고좌표는 $0.1‰Z$ 이내, 좌표측정기 사용 시에는 X, Y의 각 교차가 사진상 10μ 이내이어야 하며 교차가 허용범위 내에 있을 때에는 그 평균치를 사용하고 교차가 허용범위를 초과하였을 때는 재측정하여야 한다. ④ 디지털항공사진을 이용하여 관측할 경우 X, Y의 각 교차가 0.5화소(pixel) 이내여야 하며 자동매칭에 의한 방법으로 항공삼각측량을 할 경우 제3항의 과정을 생략할 수 있다.
제39조 (조정계산 및 오차의 한계)	① 각 사진의 외부표정요소 계산은 코스 또는 블록을 단위로 독립모델법 및 광속조정법 등의 조정방법에 의해서 결정한다. ② 조정계산식은 원칙적으로 사진의 기울기와 투영 중심의 위치를 미지수로 한 투영변환식을 사용하며, 대기굴절 및 지구곡률 보정을 부가해야 한다. ③ 자체검정법(Self-Calibration)은 수치도화를 위해 입체모델을 형성할 때 재현할 수 있는 요소에 한정하여 부가할 수 있다. ④ 조정계산후의 지상기준점 잔차, 연결점 및 결합점의 조정 값으로부터의 잔차, 검사점 잔차는 평면위치와 표고 모두 다음 표의 기준치 이하로 한다.

구분	도화축척	RMSE(m)	최댓값(m)
아날로그 항공사진	1/500~1/600	0.14	0.28
	1/1,000~1/1,200	0.20	0.40
	1/2,500~1/3,000	0.36	0.72
	1/5,000	0.72	1.44
	1/10,000	0.90	1.80
	1/25,000	1.00	2.00

구분	지상표본거리	RMSE(m)	최댓값(m)
디지털 항공사진	8cm 이내	0.8	0.16
	12cm 이내	0.12	0.24
	25cm 이내	0.25	0.50
	42cm 이내	0.42	0.84
	65cm 이내	0.65	1.30
	80cm 이내	0.80	1.60

⑤ 지상기준점, 연결점, 결합점의 조정계산값 또는 검사점 잔차가 제4항의 기준치를 초과할 경우 오류점의 재관측 및 추가 관측을 자동 및 수동으로 실시하여 재조정 계산을 실시한다.

⑥ 지상기준점으로 계산에 사용하지 않는 점이 있는 경우는 그 점명 및 이유를 계산부에 명확하게 기록한다.

제4절 세부도화

제40조(계획서 제출)	작업기관은 착수 전 다음 각 호의 사항을 포함한 작업계획서를 제출하여야 한다. 1. 사용할 도화기의 명칭(고유번호, 성능, 등록유무 표기) 2. 모델색인도 3. 예정공정표 4. 작업참여자 명단
제41조(사용도화기)	사용하는 도화기는 요구되는 각종 축척 및 정확도를 유지할 수 있는 성능을 가진 장비이어야 한다.
제42조(도화축척)	도화축척은 원칙적으로 최종도면의 축척과 동일하게 하여야 한다.
제43조(표정)	세부도화의 표정은 다음 각 호의 방법에 의한다. 1. 아날로그항공사진의 내부표정은 4개 이상의 지표와 카메라 제원(초점거리, 렌즈왜곡수차 등)을 사용하여야 하며, 그 잔차는 0.02mm 이내이어야 하며, 디지털항공사진 또는 항공사진영상(자동입력 항공사진)을 이용할 경우에는 생략할 수 있다. 2. 아날로그항공사진의 상호표정 잔여시차는 0.02m 이내이어야 한다. 3. 대지표정의 평면위치 및 표고의 교차는 다음과 같다.

고화축척	평면위치의 교차	표고의 차
1/500	0.15m 이내	0.15m 이내
1/1,000	0.20m 이내	0.17m 이내
1/2,500	0.40m 이내	0.30m 이내
1/5,000	0.8m 이내	0.6m 이내
1/10,000	1.0m 이내	1.2m 이내
1/25,000	1.5m 이내	2.0m 이내

제44조 (도화파일의 기호)	도화파일의 기호는 수치지도작성작업규칙에 준하며 약부호, 문자 등을 사용할 수 있다.

| 제45조(묘사) | ① 세부도화의 묘사는 도화축척별로 편리한 방법을 택하며 묘사의 허용범위는 다음 표와 같다.

도화축척	RMSE			최대오차		
	평면위치	등고선	표고점	평면위치	등고선	표고점
1/500	0.1m	0.2m	0.1m	0.2m	0.4m	0.2m
1/1,000	0.2m	0.3m	0.15m	0.4m	0.6m	0.3m
1/5,000	1.0m	1.0m	0.5m	2.0m	2.0m	1.0m
1/10,000	2.0m	2.0m	1.0m	4.0m	3.0m	1.5m
1/25,000	5.0m	3.0m	1.5m	10.0m	5.0m	2.5m

② 세부도화에 표현되는 대상 및 기호는 항공사진촬영 당시의 지형·지물로 하며 영속성이 없는 지형·지물이라도 필요하다고 인정되는 것 또는 지형·지물을 표현하지 않으면 표현상 불합리하게 되는 것 등은 표시하여야 한다.

③ 세부도화 되는 모든 데이터는 3차원 좌표(X, Y, Z)값이 존재하여야 한다.

④ 곡선데이터의 최소 간격은 축척 1/1,000은 1m, 1/5,000은 5m, 1/25,000은 10m로 하고 중간점을 생략할 수 있는 각도는 1/1,000과 1/5,000은 6°, 1/25,000은 10°를 기준으로 하는 것을 원칙으로 한다.

⑤ 판독이 불확실한 지형·지물의 경우에는 최대한 위치를 묘사하되 그 부분의 범위를 표시하고 현지 지리조사 시 현지보완 측량하여 보완하도록 한다.

⑥ 축척 1/1,000 이상에서는 지형·지물(도로, 건물, 담장 등)이 중복될 경우 중복 묘사하여야 한다.

⑦ 철도를 묘사할 경우 축척 1/1,000은 철도폭의 각 레일, 1/5,000에서는 철도의 중심선, 1/25,000에서는 복선철도의 중심선(단선철도일 경우 단선철도의 중심선)을 묘사하여야 한다.

⑧ 실형 건물 중 직선 건물은 각 모서리에 하나의 점 데이터만 있어야 하고 반드시 폐합(폴리곤 형성)되어야 한다.

⑨ 1/1,000에서 지류의 경계는 경지계를 사용하여야 하고 반드시 폐합(폴리곤 형성)되어야 하며, 기호는 필지별로 하나씩 필지 중앙에 부여함을 원칙으로 한다.

⑩ 표고점은 다음 각호와 같은 위치에 선정하여 측정 부여한다.

1. 산정
2. 도로의 분기점 및 기타 중요한 부분
3. 계곡의 입구, 하천의 합류점, 하천부지, 제방, 댐
4. 주요한 경사변환점 또는 부근을 대표하는 지점
5. 오목지의 가장 깊은 곳
6. 평탄지에서는 도상 4cm마다 표고점을 부여 한다. 단, 고속도로, 국도, 지방도로, 시가지의 간선도로에서는 도상 2cm마다 표고점을 부여한다.
7. 축척 1/1,000에서의 논에서는 필지마다 하나씩의 표고점을 부여한다.
8. 기타 지형을 명확하게 하기 위하여 필요한 지점

⑪ 표고점은 독립하여 2회 측정하여 그 평균값으로 하며 2회 측정의 교차는 0.2‰Z 이내이어야 한다. |

| | ⑫ 축척별 등고선 간격은 다음 표와 같다.

축척	계곡선	주곡선	간곡선
1/1,000	5m	1m	0.5m
1/5,000	25m	5m	2.5m
1/25,000	50m	10m	5m

⑬ 현장에서 취득한 측량데이터는 도화데이터에 반영하여야 하며, 색상은 시안색, 표준코드는 '표준코드_반영년도'로 한다.
⑭ 재묘사하는 모든 건물에 대해서는 건물최저높이, 건물최고높이, 건물시설물최고높이에 대한 도화데이터를 포함하여야 한다. |

| 제46조(수정도화) | ① 사진판독에 의한 수정량 및 수정대상물의 파악은 입체시에 의한 방법과 사진영상 및 확대사진을 이용하는 방법을 병용하여 누락이 없도록 하여야 한다.
② 절대표정은 기존의 지상기준점, 도화파일 및 GNSS/INS 성과를 이용하여 항공삼각측량을 실시하는 것을 원칙으로 하며, 표정이 어려울 경우에는 지상기준점 측량 및 항공삼각측량을 실시하여 보완하여야 한다.
③ 수정도화의 묘사는 제45조를 준용한다. |

| 제47조(가편집) | ① 가편집되는 도화데이터는 세부도화데이터를 기준으로 세부도화데이터에 나타난 사항과 기타 자료에 의하여야 한다.
② 표시하는 대상물의 색은 도로가 적색, 해안 및 하천은 청색, 식생은 녹색, 등고선은 흑색으로 표시함을 원칙으로 하며 기타 표고점, 등고선의 수치 등은 명확하게 나타날 수 있는 색을 선택하여야 한다.
③ 등고선의 편집은 도화데이터를 원칙으로 하나 지형의 고저기복과 지세표현을 명확히 하기 위하여 산지에 한하여 주곡선 간격의 1/3 이내에서 수정 편집할 수 있다. |

제4장　품질관리

| 제48조(품질요소) | 항공사진측량 성과는 기관표준 "2015-7 항공사진 데이터 품질"에 따른 다음 각 호의 품질요소를 만족하여야 하며, 공정별 품질관리기준은 별표 5와 같다. 다만, 데이터의 특성에 따라 각 호의 사항을 조정할 수 있다.

1. 완전성
2. 논리 일관성
3. 위치 정확성
4. 주제 정확성
5. 시간 품질 |

| 제49조(품질관리) | ① 항공사진측량 성과의 품질관리를 위하여 제8조 및 제48조에 따라 별지 제8호 서식의 품질관리표를 작성하여 공정별 품질관리를 수행하여야 한다.
② 품질관리와 관련하여 다른 규정에서 별도 정하는 경우 별도 양식에 따라 수행할 수 있다. |

제5장 성과납품

제50조(성과제출)	① 아날로그카메라에 의한 촬영 및 사진작업이 완료되면 다음 각 호와 같이 정리 및 제출하여야 한다.

① 아날로그카메라에 의한 촬영 및 사진작업이 완료되면 다음 각 호와 같이 정리 및 제출하여야 한다.

> 1. 원필름 또는 원필름을 독취한 영상
> 2. 아날로그항공사진의 밀착인화사진 또는 출력사진
> 3. 표정도(1/50,000)
> 4. 촬영기록부 별지 제2호 서식
> 5. 촬영코스별 검사표 별지 제3호 서식
> 6. 원필름은 반드시 필름 통에 보관하고 필름양단과 필름통 표면에는 제7호의 사항을 명확하게 기록하여야 하며, 원필름을 독취한 영상의 경우 데이터저장매체에 보관하여 제출한다.
> 7. 현상완료된 원필름 및 독취 영상에 별표 2와 같이 계획기관명, 촬영지역명, 촬영년월일, 코스 및 사진번호, 사진축척을 포함한 사진주기를 명확하게 기록하여야 한다.

② 디지털카메라에 의한 항공사진 촬영이 완료되면 다음 각 호의 자료를 제출하여야 한다.

> 1. 카메라 정기점검서, 별지 제1호 서식 등 카메라 검정과 관련된 자료 일체
> 2. 디지털 항공사진 영상(비압축형식)
> 3. 출력된 미리보기 사진(손실 압축 파일)
> 4. 표정도(1/50,000)
> 5. 촬영기록부 별지 제2호 서식
> 6. 촬영코스별 검사표 별지 제3호 서식
> 7. 선형 방식의 경우에는 일정폭으로 연속해서 절단한 단위 영상으로 입체시 구현 및 도화가 가능한 센서 모델
> 8. 그 밖에 성과 확인에 필요한 자료

③ GNSS/INS에 의한 항공사진 촬영성과품은 다음 각 호와 같다.

> 1. 지상GNSS기준국 데이터 및 성과
> 2. 비행 중의 GNSS/INS데이터
>
> > 가. 촬영코스 상의 최소 위성수 및 PDOP값(그래프)
> > 나. GNSS 및 INS 원본데이터
> > 다. 항공사진 촬영 시 사진번호와 촬영시각을 기록한 event file
> > 라. GNSS/INS 자료를 융합한 항공사진별 외부표정요소
> > 마. 항공삼각측량에 사용할 사진번호에 의한 사진별 외부표정요소
> > 바. 그 밖의 관련 자료
>
> 3. 검정장 측정값과 GNSS안테나, IMU 및 항공카메라의 렌즈중심축과의 이격거리

	④ 지상기준점측량 성과품은 다음 각 호와 같이 정리 및 제출하여야 한다.
	1. 확정된 기준점은 사진상에 기준점을 중심으로 직경 8mm의 원(평면기준점은 적색, 표고기준점은 청색)으로 표시하여 고유 점번호를 기입한다. 2. 관측 및 계산의 결과는 관측기록부, 계산부(전산시는 제외), 망도, 성과총괄표 별지 제6호 서식을 작성하여야 하며 기준점 성과표의 개항 및 세항도는 점 부근 약도와 중복되는 입체사진 전체를 대조하여 분명히 기재하여야 한다. 3. 항공사진측량에 사용된 대공표지점, 지상기준점(평면, 표고), 검사점은 항공사 진 및 위성영상데이터 등 지형관련 자료의 보정에 사용될 수 있도록 별지 제4 호 서식의 지상기준점의 조서와 별지 제7호 서식의 기준점 메타데이터를 엑셀 (Excel) 형식으로 작성하여야 한다.
	⑤ 항공삼각측량 작업종료 후에는 계획도에 준하여 다음 각 호의 자료를 제출하여야 한다.
	1. 항공삼각측량 표정도(1/25,000, 1/50,000 지형도 또는 수치지형도) 2. 항공삼각측량 성과표 또는 파일 3. 항공삼각측량 프로젝트 백업파일 4. 항공삼각측량에 사용하지 않았던 지상기준점 현황 및 사유 5. 그 밖의 참고자료
	⑥ 작업책임자는 정리가 끝난 성과를 점검하여 서명 날인한다.
제51조 (표준적용 확인서의 제출)	제3조제2항에 따라 적용한 표준의 성과를 확인하기 위하여 다음 각 호에 대한 표준 적용 확인서를 별지 제9호 서식으로 작성하여 성과물과 함께 제출하여야 한다.
	1. 제7조에 따른 메타데이터 2. 제48조에 따른 데이터품질
제52조(재검토기한)	「훈령·예규 등의 발령 및 관리에 관한 규정」에 따라 이 고시에 대하여 2022년 월 일 을 기준으로 매 3년이 되는 시점(매 3년째의 12월 31일까지를 말한다)마다 그 타당 성을 검토하여 개선 등의 조치를 하여야 한다.

지도직 군무원 한권으로 끝내기[지리정보학]

무인비행장치 측량 작업규정

CHAPTER 17

[시행 2020. 12. 30.] [국토지리정보원고시 제2020−5670호, 2020. 12. 30., 일부개정]

제1장 총칙

1. 목적(제1조)

이 고시는 「공간정보의 구축 및 관리 등에 관한 법률」 제12조, 제17조 및 제22조제3항, 같은 법 시행규칙 제8조에 따라 무인비행장치 측량에 필요한 사항을 정하는 것을 목적으로 한다.

2. 용어 정의(제2조)

무인비행장치	"무인비행장치"란 「항공안전법 시행규칙」 제5조제5호에 따른 무인비행장치 중 측량용으로 사용되는 것을 말한다.
무인비행장치 측량	"무인비행장치 측량"이란 무인비행장치로 촬영된 무인비행장치항공사진 등을 이용하여 정사영상, 수치표면모델 및 수치지형도 등을 제작하는 과정을 말한다.
무인비행장치항공사진	"무인비행장치항공사진"이란 무인비행장치에 탑재된 디지털카메라로부터 촬영된 항공사진을 말한다.
무인비행장치항공사진 촬영	"무인비행장치항공사진 촬영"이란 무인비행장치에 탑재된 디지털카메라를 이용한 무인비행장치항공사진의 촬영을 말한다.
지상기준점측량	"지상기준점측량"이란 항공삼각측량 등에 필요한 기준점의 성과를 얻기 위하여 현지에서 실시하는 지상측량을 말한다.
항공삼각측량	"항공삼각측량"이란 지상기준점 등의 성과를 기준으로 사진좌표를 지상좌표로 전환시키는 작업을 말한다.
수치도화	"수치도화"란 수치도화시스템으로 지형지물을 수치형식으로 측정하여 이를 컴퓨터에 수록하는 작업을 말한다.
벡터화	"벡터화"란 좌표가 있는 영상 등으로부터 점, 선, 면의 벡터데이터를 추출하는 작업을 말한다.
수치표면자료	"수치표면자료(DSD ; Digital Surface Data)"란 기준좌표계에 의한 3차원 좌표 성과를 보유한 자료로서 지면 및 비지면 자료가 모두 포함된 점자료를 말한다.
수치표면모델	"수치표면모델(DSM ; Digital Surface Model)"이란 수치표면자료를 이용하여 격자형태로 제작한 지형모형을 말한다.

수치지면자료	"수치지면자료(Digital Terrain Data)"라 함은 수치표면자료에서 인공지물 및 식생 등과 같이 표면의 높이가 지면의 높이와 다른 지표 피복물에 해당하는 점자료를 제거한 점자료를 말한다.
수치표고모델	"수치표고모델(Digital Elevation Model)"이라 함은 수치지면자료(또는 불규칙삼각망자료)를 이용하여 격자형태로 제작한 지표모형을 말한다.

3. 사용장비 및 성능기준(제6조)

① 인비행장치는 본 고시에 의한 성과품을 안전하게 취득할 수 있도록 다음의 성능을 갖추어야 한다.

> 1. 무인비행장치는 계획한 노선에 따른 안전한 이·착륙과 자동운항 또는 반자동 운항이 가능하여야 한다.
> 2. 무인비행장치는 기체의 이상 발생 등 사고의 위험이 있을 때 자동으로 귀환할 수 있어야 한다.
> 3. 무인비행장치는 운항 중 기체의 상태를 실시간으로 모니터링할 수 있어야 한다.

② 인비행장치에 탑재된 디지털카메라는 최소한 다음의 성능을 갖추어야 한다.

> 1. 노출시간, 조리개 개방시간, ISO 감도를 촬영에 적합하도록 설정할 수 있거나, 설정되어 있어야 한다.
> 2. 초점거리 및 노출시간 등의 정보를 확인할 수 있어야 한다.
> 3. 카메라의 이미지 센서 크기와 영상의 픽셀 수를 확인할 수 있어야 한다.
> 4. 카메라의 렌즈는 단초점렌즈의 이용을 원칙으로 한다.

③ 수치지형도 제작을 위한 디지털 카메라는 별도의 카메라 왜곡보정(검정)을 수행한 것을 사용하는 것을 원칙으로 한다. 다만, 측량목적 달성에 지장이 없는 경우 공공측량시행자와 협의하여 자체검정(Self-Calibration) 방법으로 산출된 보정값을 이용할 수 있다.

예제

「무인비행장치 이용 공공측량 작업지침」상 공공측량에 사용되는 무인비행장치와 이에 탑재되는 디지털카메라의 성능기준으로 옳지 않은 것은? (19년 지방직)

① 무인비행장치는 기체의 이상 발생 등 사고의 위험이 있을 때 자동으로 귀환할 수 있어야 한다.
② 무인비행장치는 운항 중 기체의 상태를 실시간으로 모니터링할 수 있어야 한다.
③ 카메라의 이미지 센서 크기와 영상의 픽셀 수를 확인할 수 있어야 한다.
④ 카메라의 렌즈는 다초점렌즈의 이용을 원칙으로 한다.

정답 ④

---

4. 작업순서(제7조)

무인비행장치를 이용한 작업절차는 다음과 같으며, 공공측량시행자가 지시 또는 승인한 경우에는 순서를 변경하거나 일부를 생략할 수 있다.

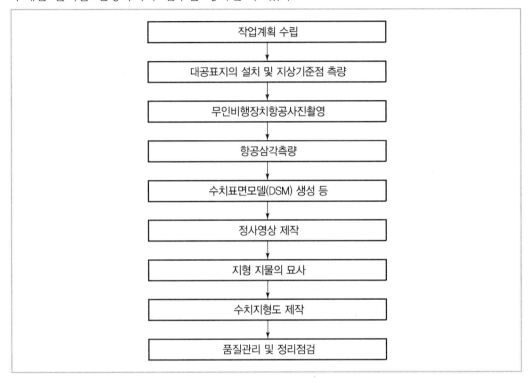

제2장	**대공표지 설치 및 지상기준점측량**

대공표지 (제8조)	대공표지의 설치는 「항공사진측량 작업규정」을 따른다. 다만, 측량목적 달성에 지장이 없는 경우 공공측량시행자와 협의하여 형태 및 설치방법을 달리할 수 있다.
지상기준점의 배치 (제9조)	① 지상기준점은 작업지역의 형태, 코스의 방향, 작업 범위 등을 고려하여 외곽 및 작업지역에 [별표 1]과 같이 가능한 고르게 배치하되, 작업지역의 각 모서리와 중앙 부분에는 지상기준점이 배치되도록 하여야 한다. ② 지상기준점의 선점은 사진과 현장에서 명확히 분별될 수 있는 지점으로 되도록 평탄한 장소를 선정한다. ③ 지상기준점의 수량은 1km^{2}당 9점 이상을 원칙으로 한다. ④ 제3항에도 불구하고 공공측량시행자가 최종성과품에 대한 충분한 정확도를 확보할 수 있다고 인정한 경우에는 기준점의 배치 수량을 변경할 수 있다. 다만, 공공측량 시 기준점의 배치 수량을 변경한 경우에는 작업계획서에 반영하여야 한다.

대공표지 (제8조)	대공표지의 설치는「항공사진측량 작업규정」을 따른다. 다만, 측량목적 달성에 지장이 없는 경우 공공측량시행자와 협의하여 형태 및 설치방법을 달리할 수 있다.
지상기준점의 배치 (제9조)	① 지상기준점은 작업지역의 형태, 코스의 방향, 작업 범위 등을 고려하여 외곽 및 작 업지역에 [별표 1]과 같이 가능한 고르게 배치하되, 작업지역의 각 모서리와 중앙 부분에는 지상기준점이 배치되도록 하여야 한다. ② 지상기준점의 선점은 사진과 현장에서 명확히 분별될 수 있는 지점으로 되도록 평 탄한 장소를 선정한다. ③ 지상기준점의 수량은 1km²당 9점 이상을 원칙으로 한다. ④ 제3항에도 불구하고 공공측량시행자가 최종성과품에 대한 충분한 정확도를 확보할 수 있다고 인정한 경우에는 기준점의 배치 수량을 변경할 수 있다. 다만, 공공측량 시 기준점의 배치 수량을 변경한 경우에는 작업계획서에 반영하여야 한다.
지상기준점 측량방법 (제10조)	① 지상기준점 측량방법은 다음 각 호에 따르는 것을 원칙으로 한다. 　1. 평면기준점측량은「공공측량 작업규정」의 공공삼각점측량이나 네트워크 RTK 측량 　　방법 또는「항공사진측량 작업규정」의 지상기준점측량 방법을 준용함을 원칙으로 　　한다. 　2. 표고기준점측량은「공공측량 작업규정」의 공공수준점측량 방법을 준용함을 원칙 　　으로 한다. ② 공공측량시행자가 승인한 경우에는 제1항의 측량방법을 변경할 수 있다. ③ 제1항의 평면 및 표고기준점 정확도는「공공측량 작업규정」또는「항공사진측량 작 업규정」에서 정한 바에 따른다.
검사점 측량방법 등 (제11조)	① 검사점의 수량은 지상기준점 수량의 최소 1/3 이상으로 하여야 하며, 작업의 난이 도에 따라 충분한 수량을 확보하여야 한다. 다만, 검사점의 수량이 3점 이하인 경우 에는 3점으로 한다. ② 검사점의 배치는 측량 대상지역에 고르게 분포하되, 지상기준점 인근에 배치하지 않아야 하며, 사진과 현장에서 명확히 분별될 수 있는 지점으로 한다. 정확도가 높 은 지점을 선별하여 검사점을 배치해서는 안 된다. ③ 검사점 측량은 지상기준점과 동일한 방법으로 측량함을 원칙으로 한다. 다만, 필요 한 경우 네트워크 RTK 측량 방법으로 평면검사점측량을 수행할 수 있다. ④ 검사점은 데이터 처리 과정에서 점검이나 조정에 사용할 수 없으며, 성과물의 정확 도 검증을 위한 검사점으로만 사용되어야 한다. ⑤ 검사점 측량의 정확도는「공공측량 작업규정」또는「항공사진측량 작업규정」에서 정한 바에 따른다.
성과 등 (제12조)	측량 결과는 다음 각 호와 같이 정리한다. 1. 관측기록부 2. 계산부(네트워크 RTK 측량은 제외) 3. 관측망도(네트워크 RTK 측량은 제외) 4. 점의조서 5. 지상기준점 및 검사점 성과표 [별표 2] 6. 관측데이터 7. 기타 필요한 성과

제3장 무인비행장치항공사진 촬영

촬영계획 **(제13조)**	① 촬영계획은 요구 정밀도, 사용 장비, 지형 형상, 기상여건 등을 고려하여 수립한다. ② 중복도는 촬영 진행방향으로 65% 이상, 인접코스 간에는 60% 이상으로 하며, 지형의 기복이 크거나 고층 건물이 존재하는 경우에는 촬영 진행방향으로 85% 이상, 인접 코스 간에는 80% 이상으로 촬영하여야 한다.

구분	평탄한 저지대 지역	매칭점이 부족하거나 높이차가 있는 지역	높이차가 크거나, 고층 건물이 있는 지역
촬영 방향 중복도	65% 이상	75% 이상	65% 이상
인접 코스 중복도	60% 이상	70% 이상	80% 이상

촬영계획 **(제13조)**	③ 무인비행장치항공사진의 지상표본거리(GSD)는 공공측량시행자와 협의하여 결정하되, 「항공사진측량 작업규정」의 축척별 지상표본거리 이내이어야 한다. ④ 촬영대상면적, 촬영고도, 중복도, 비행코스 및 카메라의 기본정보를 무인비행장치 전용 촬영계획 프로그램에 입력하여 이론적인 지상표본거리, 촬영 소요시간, 사진 매수 등의 정보를 확인한다. ⑤ 최종성과물이나 작업 난이도에 따라 시행 기관과 협의하여 중복도를 달리할 수 있다. 단, 공공측량 시 중복도를 다르게 할 경우에는 작업계획서에 반영되어야 한다.
촬영비행 및 촬영 **(제14조)**	① 촬영비행은 다음 각 호에 의한다. 1. 촬영비행은 시계가 양호하고 구름의 그림자가 사진에 나타나지 않는 맑은 날씨에 하는 것을 원칙으로 한다. 2. 촬영비행은 계획촬영고도에서 가급적 일정한 높이로 직선이 되도록 한다. 3. 계획촬영 코스로부터의 수평 또는 수직이탈이 가능한 최소화 되도록 한다. 4. 무인비행장치는 설정된 비행계획에 따라 자동으로 비행함을 원칙으로 한다. ② 촬영은 다음 각 호에 의한다. 1. 노출시간은 촬영계절, 촬영시간대, 기상, 비행속도, 카메라의 진동 등을 감안하여 선명도가 유지되도록 설정하여야 한다. 2. 카메라는 가능한 연직방향으로 향하여 촬영함을 원칙으로 한다. 3. 매 코스의 시점과 종점에서 사진은 최소한 2매 이상 촬영지역 밖에 있어야 하며, 대상지역을 완전히 포함하도록 여유분을 두어 사진을 촬영하여야 한다.
재촬영 **(제15조)**	① 다음 각 호에 해당하는 경우에는 재촬영하여야 한다. 1. 촬영대상지역에 제13조의 중복도로 촬영되지 않은 지역이 존재하여 측량성과의 제작에 지장을 줄 가능성이 있는 경우 2. 촬영 시 노출의 과소, 블러링(Blurring) 등으로 무인비행장치항공사진이 선명하지 못하여 후속작업에 지장이 있는 경우

재촬영 (제15조)	3. 적설 또는 홍수로 인하여 지형을 구별할 수 없어 수치도화 또는 벡터화에 지장이 있는 경우 4. 기타 후속작업 및 정확도에 지장이 있다고 인정되는 경우
	② 재촬영 범위 및 방법은 공공측량시행자와 협의하여 결정한다.
성과 등 (제16조)	무인비행장치항공사진촬영 결과는 다음 각 호와 같이 정리한다. 1. 무인비행장치항공사진 2. 촬영기록부 [별표 3] 3. 촬영코스별 검사표 [별표 4] 4. 그밖에 성과 확인에 필요한 자료

제4장 항공삼각측량

항공삼각측량 작업방법 (제17조)	① 항공삼각측량은 자동매칭에 의한 방법으로 수행하여야 하며, 광속조정법(Bundle Adjustment) 및 이에 상당하는 기능을 갖춘 소프트웨어를 사용하여야 한다. ② 사용 소프트웨어는 다음 각 호의 기능을 갖추어야 한다.
	1. 결합점의 자동선정 2. 결합점의 3차원 위치계산 3. 영상별 외부표정요소 계산
	③ 지상기준점의 성과는 지상기준점이 표시된 모든 무인비행장치항공사진에 반영되어 야 한다.
조정계산 및 오차의 한계 (제18조)	항공삼각측량의 조정계산방법 및 오차의 한계는 다음 각 호에 의한다. 1. 각 무인비행장치항공사진의 외부표정요소 계산은 광속조정법 등의 조정방법에 의해 서 결정한다. 2. 조정계산 결과의 평면위치와 표고의 정확도는 모두 「항공사진측량 작업규정」 기준 이내이어야 한다. 3. 결합점이 요구되는 정확도를 만족할 때까지 오류점의 재관측 및 추가 관측을 자동 및 수동으로 실시하여 재조정 계산을 실시한다.
성과 등 (제19조)	항공삼각측량 결과는 다음 각 호와 같이 정리한다. 1. 항공삼각측량 성과 파일(외부표정요소) 2. 항공삼각측량 전 과정이 포함된 레포트 파일 3. 항공삼각측량 프로젝트 백업파일 4. 그 밖에 성과 확인에 필요한 자료

제5장 수치표면모델의 생성 등

수치표면자료의 생성 (제20조)	① 무인비행장치항공사진의 외부표정요소 등을 기반으로 영상매칭방법을 이용하여 고정밀 3차원 좌표를 보유한 점(이하 점자료)으로 구성된 수치표면자료를 생성한다. 다만, 라이다(Lidar)에 의한 경우는 「항공레이저측량 작업규정」의 작업방법에 따라 수행할 수 있다. ② 수치표면자료의 높이는 정표고 성과로 제작하여야 한다. ③ 필요에 따라 보완측량을 실시하여 수치표면자료를 수정할 수 있다.
수치지면자료의 제작 (21조)	① 수치지면자료를 필요로 하는 경우에는 수치표면자료에서 수목, 건물 등의 지표 피복물에 해당하는 점자료를 제거하여 수치지면자료를 제작할 수 있다. 다만, 측량시행자와 협의하여 작업지역의 범위, 지표 피복물 제거 방법 및 제거 대상 등을 변경할 수 있다. ② 필요에 따라 보완측량을 실시하여 수치지면자료를 수정할 수 있다.
수치표면모델 또는 수치표고모델의 제작 (제22조)	수치표면모델 또는 수치표고모델의 제작이 필요한 경우에는 다음 각 호에 따라 제작할 수 있다. 1. 수치표면모델은 수치표면자료를 이용하여 다음 각 목과 같이 격자자료로 제작되어야 한다. 다만, 측량시행자가 승인한 경우에는 격자 간격 등을 변경할 수 있다. 가. 정사영상제작에 이용하는 수치표면자료의 격자간격은 영상의 2화소 이내 크기에 해당하는 간격이어야 한다. 나. 격자자료는 사용목적 및 점밀도를 고려하여 성과물의 정확도를 확보할 수 있는 보간방법으로 제작하여야 한다. 2. 수치표고모델의 제작이 필요한 경우에는 수치지면자료를 이용하여 격자자료로 제작할 수 있으며, 격자간격 및 보간 방법은 제1호에 의한다. 다만, 필요에 따라 도로, 철도, 교통시설물, 호안, 제방 및 건물 등의 바닥면이 지형과 일치하도록 1:1,000 수치지도 또는 정사영상 등에서 불연속선(Breakline)을 추출하여 수정 및 편집을 수행할 수 있다.
정확도 점검 (제23조)	① 수치표면자료 또는 수치지면자료, 수치표면모델 또는 수치표고모델 등의 수직위치 정확도는 다음 각 호와 같다. 1. 정사영상 제작을 위한 수직위치 정확도는 「영상지도 제작에 관한 작업규정」을 준용한다. 2. 수치표면모델 또는 수치표고모델이 최종성과물일 경우에는 「항공레이저측량 작업규정」의 수직위치 정확도를 준용한다. ② 수치표면자료 또는 수치지면자료, 수치표면모델 또는 수치표고모델 등의 정확도 점검방법은 「항공레이저측량 작업규정」을 따르고, 기준은 제1항을 따른다.
성과 등 (제24조)	정리하여야 할 성과는 다음 각 호와 같다. 1. 수치표면모델(DSM) 또는 수치표고모델(DEM) 2. 수치표면모델(DSM) 또는 수치표고모델(DEM) 검사표 [별표 5] 3. 수치표면모델(DSM) 또는 수치표고모델(DEM) 오류 정정표 [별표 6]

제6장 정사영상 제작

정사영상 제작방법 (제25조)	① 정사영상의 제작은 수치표면모델(또는 수치표면자료) 또는 수치표고모델(또는 수치지면자료)과, 무인비행장치항공사진 및 외부표정요소를 이용하여 소프트웨어에서 자동생성 방식으로 제작하는 것을 원칙으로 한다. ② 정사영상은 모델별 인접 정사영상과 밝기 값의 차이가 나지 않도록 제작하여야 한다.
영상 집성 (제26조)	① 인접 정사영상 간의 영상 집성을 수행하기 전 과정으로 필요시 영상 간의 밝기 값 차이를 제거하기 위한 색상 보정을 실시하여야 한다. ② 중심투영에 의한 영향을 최소화할 수 있는 범위 내에서 집성하여야 한다. ③ 영상을 집성하기 위한 접합선은 기복변위나 음영의 대조가 심하지 않은 산능선, 하천, 도로 등으로 설정하여 집성된 영상에서 접합선이 보이지 않도록 하고, 인접 영상 간 색상의 연속성을 유지하여야 한다. ④ 영상 집성 후 경계 부분에서 음영이나 접합선의 이격 등이 없어야 한다.
보안지역 처리 (제27조)	일반인의 출입이 통제되는 국가보안시설 및 군사시설은 주변 지역의 지형·지물 등을 고려하여 위장처리를 하여야 한다.
정사영상의 정확도 (제28조)	정사영상의 정확도 및 점검항목은 「영상지도제작에 관한 작업규정」을 준용한다.
성과 등 (제29조)	정리하여야 할 성과는 다음 각 호와 같다. 1. 정사영상 파일 2. 정사영상 검사표 [별표 7]

제7장 지형·지물 묘사

묘사 (제30조)	① 무인비행장치항공사진 또는 수치표면모델 및 정사영상 등을 이용하여 수치도화 또는 벡터화 방법 등으로 지형지물을 묘사하며, 묘사 대상은 측량시행자와 협의하여 결정한다. ② 수치도화 방법은 무인비행장치항공사진과 항공삼각측량 성과를 기반으로 수치도화시스템에서 입체시에 의해 3차원으로 지형·지물을 묘사하는 방법이다. ③ 벡터화 방법은 연속정사영상과 수치표면모델(또는 수치표고모델) 기반의 벡터화를 통하여 2차원으로 지형·지물을 묘사하는 방법이다. 다만, 높이 정보가 필요한 경우에는 측량시행자와 협의하여 수치표면모델 또는 수치표고모델로부터 높이 정보를 추출하여 이용할 수 있다. ④ 공공측량시행자가 승인한 경우에는 제2항 및 제3항 이외의 방법으로 지형·지물을 묘사할 수 있다.

수치도화에 의한 지형 · 지물의 묘사 (제31조)	① 수치도화방법에 의한 지형 · 지물의 묘사는 「항공사진측량 작업규정」의 방법을 따른다. ② 제1항에도 불구하고, 측량시행자와 협의하여 묘사대상이나 묘사 방법, 표준 코드 등을 보완하여 사용할 수 있다.
벡터화에 의한 지형 · 지물의 묘사 (제32조)	① 벡터화에 의한 지형 · 지물의 묘사는 「수치지형도 작성 작업규정」을 따르는 것을 원칙으로 한다. ② 공간정보의 분류체계는 「수치지도 작성 작업규칙」을 따르며, 세부 지형 · 지물의 표준코드는 「수치지형도 작성 작업규정」을 따르는 것을 원칙으로 한다. ③ 벡터화에 의한 지형 · 지물의 묘사의 허용범위는 「항공사진측량 작업규정」의 평면위치에 대한 기준을 준용함을 원칙으로 한다. ④ 제1항부터 제3항에도 불구하고, 필요에 따라 공공측량시행자와 협의하여 묘사 대상이나 묘사 방법, 표준 코드 등을 변경하여 적용할 수 있다.
성과 등 (제33조)	묘사 성과는 수치도화 파일 또는 벡터화 파일로 정리하여야 한다.

제8장 수치지형도 제작

수치지형도 제작(제34조)	① 수치지형도의 제작은 「수치지형도 작성 작업규정」을 따른다. ② 측량목적에 따라 측량시행자와 협의하여 제작방법을 다르게 할 수 있다. 다만, 공공측량 시 제작방법을 다르게할 경우 작업계획서에 반영하여야 한다.

제9장 응용측량

노선측량의 종단측량 (제35조)	① 무인비행장치를 이용한 노선의 종단측량은 수치지면자료 등을 활용하여 종단면도를 작성하는 작업을 말한다. ② 종단측량은 수치지면자료 또는 수치표고모델을 활용하는 것을 원칙으로 하며, 나대지의 경우 수치표면자료 또는 수치표면모델을 활용할 수 있다. ③ 종단면도는 제작대상 종단면 평면위치에 대한 높이값을 수치지면자료 등을 불규칙삼각망 방식으로 보간하여 작성한다. ④ 종단면도 제작대상지에 도로, 철도, 교통시설물, 호안, 제방 등 불연속면이 존재하는 경우 불연속선(Breakline)을 설정하여 보간한다. ⑤ 수치표면자료 또는 수치표면모델을 활용하는 경우 식생 등에 의해 지면의 높이를 취득할 수 없는 지역에 대해서는 「공공측량 작업규정」 제73조에 따라 종단측량을 병행 실시할 수 있다. ⑥ 종단면도의 축척 및 그 밖의 작성 기준은 「공공측량 작업규정」 제73조를 준용한다.

노선측량의 횡단측량 (제36조)	① 무인비행장치를 이용한 노선의 횡단측량은 수치지면자료 등을 활용하여 횡단면도를 작성하는 작업을 말한다. ② 횡단측량은 수치지면자료 혹은 수치표고모델을 활용하는 것을 원칙으로 하며, 나대지의 경우 수치표면자료 혹은 수치표면모델을 활용할 수 있다. ③ 횡단면도는 제작대상 횡단면 평면위치에 대한 높이값을 수치지면자료 등을 불규칙삼각망방식으로 보간하여 작성한다. ④ 횡단면도 제작대상지에 도로, 철도, 교통시설물, 호안, 제방 등 불연속면이 존재하는 경우 불연속선(Breakline)을 설정하여 보간한다. ⑤ 수치표면자료 혹은 수치표면모델을 활용하는 경우 식생 등에 의해 지면자료를 취득할 수 없는 지역에 대해서는 「공공측량 작업규정」 제74조에 따라 횡단측량을 병행 실시할 수 있다. ⑥ 횡단면도의 축척 및 기타 작성 기준은 「공공측량 작업규정」 제74조를 준용한다.
토공량 계산 (제37조)	① 무인비행장치를 이용한 토공량 계산은 수치지면자료 등을 활용하여 토공량을 계산하는 작업을 말한다. ② 토공량 계산은 수치지면자료 또는 수치표고모델을 활용하는 것을 원칙으로 하며, 나대지의 경우 수치표면자료 또는 수치표면모델을 활용할 수 있다. ③ 수치지면자료를 활용하는 경우 절토·성토가 이루어지기 전·후의 수치지면자료를 불규칙삼각망, 크리깅(Kriging)보간 또는 공삼차보간 등의 방법으로 보간하여 모델링하고 모델 간 동일평면위치상의 높이 변동값을 계산하여 결정한다. ④ 수치표고모델을 활용하는 경우 격자 한 변의 길이는 0.5m 이하여야 하며, 절토·성토가 이루어지기 전·후의 수치표고모델 간 동일평면위치상의 높이 변동값을 계산하여 결정한다.

제10장 품질관리 및 정리점검

품질관리 (제38조)	① 수치표면모델(또는 수치표면자료, 수치지면자료, 수치표고모델), 정사영상이 최종 성과물인 경우 제23조, 제28조에 의한 정확도를 유지하여야 한다. ② 수치지형도에 대한 품질관리는 「수치지도 작성 작업규칙」에 의한다. ③ 종·횡단면도는 「공공측량 작업규정」 제73조, 제74조에 의한 정확도를 유지하여야 한다.
정리점검 (제39조)	최종성과물에 따라 납품하여야 할 성과를 정리하여야 한다.
재검토 기한 (제40조)	국토지리정보원장은 「훈령·예규 등의 발령 및 관리에 관한 규정」에 따라 2021년 1월 1일을 기준으로 매 3년이 되는 시점(매 3년째의 12월 31일까지를 말한다)마다 그 타당성을 검토하여 개선 등의 조치를 하여야 한다.

국가공간정보 기본법[약칭 : 공간정보법]

CHAPTER 18

[시행 2022. 3. 17.] [법률 제17942호, 2021. 3. 16. 일부개정]

제1장 총칙

1. 목적(제1조)

이 법은 국가공간정보체계의 효율적인 구축과 종합적 활용 및 관리에 관한 사항을 규정함으로써 국토 및 자원을 합리적으로 이용하여 국민경제의 발전에 이바지함을 목적으로 한다.

2. 정의(제2조) 必 암기 경지해지건은 기지 사수 입실해라.

공간정보	"공간정보"란 지상·지하·수상·수중 등 공간상에 존재하는 자연적 또는 인공적인 객체에 대한 위치정보 및 이와 관련된 공간적 인지 및 의사결정에 필요한 정보를 말한다.
기본공간정보	국토교통부장관은 행정**경계**·도로 또는 철도의 **경계**·하천**경계**·**지형**·**해**안선·**지**적, **건**물 등 인공구조물의 공간정보, 그 밖에 대통령령으로 정하는 주요 공간정보를 기본공간정보로 선정하여 관계 중앙행정기관의 장과 협의한 후 이를 관보에 고시하여야 한다. 1. **기**준점(「공간정보의 구축 및 관리 등에 관한 법률」 제8조제1항에 따른 측량기준점 표지를 말한다) 2. **지**명 3. 정**사**영상[항공사진 또는 인공위성의 영상을 지도와 같은 정사투영법(正射投影法)으로 제작한 영상을 말한다] 4. **수**치표고 모형[지표면의 표고(標高)를 일정간격 격자마다 수치로 기록한 표고모형을 말한다] 5. 공간정보 **입**체모형(지상에 존재하는 인공적인 객체의 외형에 관한 위치정보를 현실과 유사하게 입체적으로 표현한 정보를 말한다) 6. **실**내공간정보(지상 또는 지하에 존재하는 건물 등 인공구조물의 내부에 관한 공간정보를 말한다) 7. 그 밖에 위원회의 심의를 거쳐 국토교통부장관이 정하는 공간정보

기본공간정보 정통물 지형해수준공	GIS 체계는 다양한 분야에서 다양한 형태로 활용되지만 공통적인 기본 자료로 이용되는 지리정보는 거의 비슷하다. 이처럼 다양한 분야에서 공통적으로 사용하는 지리정보를 기본지리정보라고 한다. 그 범위 및 대상은 「국가지리정보체계의 구축 및 활용 등에 관한 법률 시행령」에서 행정구역, 교통, 시설물, 지적, 지형, 해양 및 수자원, 측량기준점, 위성영상 및 항공사진으로 정하고 있다. 2차 국가 GIS 계획에서 기본지리정보 구축을 위한 중점 추진 과제로는 국가기준점 체계 정비, 기본지리정보 구축 시범사업, 기본지리정보 데이터베이스 구축이다.

기본공간정보 정통물 지형해수준공	

항목	지형지물종류
행정구역	행정구역경계
교통	철도중심선·철도경계·도로중심선·도로경계
시설물	건물·문화재
지적	지적
지형	등고선 또는 DEM/TIN
해양 및 수자원	하천경계·하천중심선·유역경계(Watershed)·호수/저수지·해안선
측량기준점	측량기준점
위성영상 및 항공사진	Raster·기준점

공간정보 데이터베이스	"공간정보데이터베이스"란 공간정보를 체계적으로 정리하여 사용자가 검색하고 활용할 수 있도록 가공한 정보의 집합체를 말한다.
공간정보체계	"공간정보체계"란 공간정보를 효과적으로 수집·저장·가공·분석·표현할 수 있도록 서로 유기적으로 연계된 컴퓨터의 하드웨어, 소프트웨어, 데이터베이스 및 인적자원의 결합체를 말한다.
관리기관	"관리기관"이란 공간정보를 생산하거나 관리하는 중앙행정기관, 지방자치단체, 「공공기관의 운영에 관한 법률」 제4조에 따른 공공기관(이하 "공공기관"이라 한다), 그 밖에 대통령령으로 정하는 민간기관을 말한다.
국가공간 정보체계	"국가공간정보체계"란 관리기관이 구축 및 관리하는 공간정보체계를 말한다.
국가공간정보 통합체계	"국가공간정보통합체계"란 제19조제3항의 기본공간정보데이터베이스를 기반으로 국가공간정보체계를 통합 또는 연계하여 국토교통부장관이 구축·운용하는 공간정보체계를 말한다.
공간객체 등록번호	"공간객체등록번호"란 공간정보를 효율적으로 관리 및 활용하기 위하여 자연적 또는 인공적 객체에 부여하는 공간정보의 유일식별번호를 말한다.

예제 1

「국가공간정보 기본법 시행령」상 기본공간정보가 아닌 것은? (17년 하반기 지방직)

① 기준점 ② 정사영상
③ 수치표면모형 ④ 실내공간정보

정답 ③

예제 2

국가공간정보에 관한 법률에서 아래와 같이 정의되는 것은? (18년 2회 기사)

공간정보를 효과적으로 수집 · 저장 · 가공 · 분석 · 표현할 수 있도록 서로 유기적으로 연계된 컴퓨터의 하드웨어, 소프트웨어, 데이터베이스 및 인적자원의 결합체를 말한다.

① 공간정보체계 ② 국가공간정보통합체계
③ 공간정보데이터베이스 ④ 공간정보

정답 ①

예제 3

국가공간정보 기본법에서 다음과 같이 정의되는 것은? (18년 1회 기사)

공간정보를 효율적으로 관리 및 활용하기 위하여 자연적 또는 인공적 객체에 부여하는 공간정보의 유일식별번호를 말한다.

① 공간정보데이터베이스 ② 국가공간정보통합체계
③ 공간정보체계 ④ 공간객체등록번호

정답 ④

3. 국민의 공간정보복지 증진(제3조)

증진	① 국가 및 지방자치단체는 국민이 공간정보에 쉽게 접근하여 활용할 수 있도록 체계적으로 공간정보를 생산 및 관리하고 공개함으로써 국민의 공간정보복지를 증진시킬 수 있도록 노력하여야 한다.
권리	② 국민은 법령에 따라 공개 및 이용이 제한된 경우를 제외하고는 관리기관이 생산한 공간정보를 정당한 절차를 거쳐 활용할 권리를 가진다.

공간정보 취득·관리의 기본원칙 (제3조의2)	국가공간정보체계의 효율적인 구축과 종합적 활용을 위하여 다음 각 호의 어느 하나에 해당하는 경우에는 국토의 공간별·지역별 공간정보가 균형 있게 포함되도록 하여야 한다. 1. 제6조에 따른 국가공간정보정책 기본계획 또는 기관별 국가공간정보정책 기본계획을 수립하는 경우 2. 제7조에 따른 국가공간정보정책 시행계획 또는 기관별 국가공간정보정책 시행계획을 수립하는 경우 3. 제19조에 따른 기본공간정보를 취득 및 관리하는 경우 4. 제24조에 따라 국가공간정보통합체계를 구축하는 경우

제2장　국가공간정보정책의 추진체계

1. 국가공간정보위원회

(1) 국가정보위원회(제5조) 必 암기 계시수변가유보하고 방화정위

소속	① 국가공간정보정책에 관한 사항을 심의·조정하기 위하여 국토교통부에 국가공간정보위원회(이하 "위원회"라 한다)를 둔다.
심의사항	1. 제6조에 따른 국가공간정보정책 기본계획의 수립·변경 및 집행실적의 평가 2. 제7조에 따른 국가공간정보정책 시행계획(제7조에 따른 기관별 국가공간정보정책 시행계획을 포함한다)의 수립·변경 및 집행실적의 평가 3. 공간정보의 활용촉진, 유통 및 보호에 관한 사항 4. 국가공간정보체계의 중복투자 방지 등 투자 효율화에 관한 사항 5. 국가공간정보체계의 구축·관리 및 활용에 관한 주요 정책의 조정에 관한 사항 6. 그 밖에 국가공간정보정책 및 국가공간정보체계와 관련된 사항으로서 위원장이 회의에 부치는 사항
구성	③ 위원회는 위원장을 포함하여 30인 이내의 위원으로 구성한다. ④ 위원장은 국토교통부장관이 되고, 위원은 다음 각 호의 자가 된다. 　1. 국가공간정보체계를 관리하는 중앙행정기관의 차관급 공무원으로서 대통령령으로 정하는 자 　2. 지방자치단체의 장(특별시·광역시·특별자치시·도·특별자치도의 경우에는 부시장 또는 부지사)으로서 위원장이 위촉하는 자 7인 이상 　3. 공간정보체계에 관한 전문지식과 경험이 풍부한 민간전문가로서 위원장이 위촉하는 자 7인 이상 ⑤ 제4항제2호 및 제3호에 해당하는 위원의 임기는 2년으로 한다. 다만, 위원의 사임 등으로 새로 위촉된 위원의 임기는 전임 위원의 남은 임기로 한다. ⑥ 위원회는 제2항에 따른 심의 사항을 전문적으로 검토하기 위하여 전문위원회를 둘 수 있다.

구성	⑦ 그 밖에 위원회 및 전문위원회의 구성·운영 등에 관하여 필요한 사항은 대통령령으로 정한다.
위원자격 (령 제3조)	① 법 제5조제4항제1호에 따른 위원은 다음 각 호의 사람으로 한다. 1. 기획재정부 제1차관, 교육부차관, 과학기술정보통신부 제2차관, 국방부차관, 행정안전부차관, 농림축산식품부차관, 산업통상자원부차관, 환경부차관 및 해양수산부차관 2. 통계청장, 소방청장, 문화재청장, 농촌진흥청장 및 산림청장 ② 법 제5조에 따른 국가공간정보위원회(이하 "위원회"라 한다)의 위원장은 법 제5조제4항제3호에 따라 민간전문가를 위원으로 위촉하는 경우 관계 중앙행정기관의 장의 의견을 들을 수 있다.
운영 (령 제4조)	① 위원회의 위원장(이하 "위원장"이라 한다)은 위원회를 대표하고, 위원회의 업무를 총괄한다. ② 위원장이 부득이한 사유로 직무를 수행할 수 없을 때에는 위원장이 지명하는 위원의 순으로 그 직무를 대행한다. ③ 위원장은 회의 개최 5일 전까지 회의 일시·장소 및 심의안건을 각 위원에게 통보하여야 한다. 다만, 긴급한 경우에는 회의 개최 전까지 통보할 수 있다. ④ 회의는 재적위원 과반수의 출석으로 개의(開議)하고, 출석위원 과반수의 찬성으로 의결한다.
간사 (령 제5조)	위원회에 간사 2명을 두되, 간사는 국토교통부와 행정안전부 소속 3급 또는 고위공무원단에 속하는 일반직공무원 중에서 국토교통부장관과 행정안전부장관이 각각 지명한다.
의견청취 (령 제8조)	위원회와 전문위원회는 안건심의와 업무수행에 필요하다고 인정하는 경우에는 관계기관에 자료의 제출을 요청하거나 관계인 또는 전문가를 출석하게 하여 그 의견을 들을 수 있으며 현지조사를 할 수 있다.
회의록 (령 제9조)	위원회와 전문위원회는 각각 회의록을 작성하여 갖춰두어야 한다.
수당 (령 제10조)	위원회 또는 전문위원회에 출석한 위원·관계인 및 전문가에게는 예산의 범위에서 수당과 여비를 지급할 수 있다. 다만, 공무원인 위원이 그 소관 업무와 직접 관련하여 회의에 출석한 경우에는 그러하지 아니하다.

예제

다음 중 국가공간정보위원회 심의사항으로 옳지 않은 것은? (17년 3회 지기)

① 공간정보의 활용 촉진, 유통 및 보호에 관한 사항
② 국가공간정보체계의 중복투자 방지 등 투자 효율화에 관한 사항
③ 국가공간정보체계의 구축·관리 및 활용에 관한 주요 정책의 조정에 관한 사항
④ 국가공간정보정책 종합계획의 수립·변경 및 집행실적의 평가
⑤ 국가공간정보정책 기본계획의 수립·변경 및 집행실적의 평가

정답 ④

예제

다음 중 국가공간정보위원회와 관련된 내용으로 옳은 것은?   (17년 3회 지기)

① 위원회는 회의의 원활한 진행을 위하여 간사 1명을 둔다.

② 위원장은 회의 개최 7일 전까지 회의 일시·장소 및 심의안건을 각 위원에게 통보하여야 한다.

③ 회의는 재적위원 2분의 1의 출석으로 개의하고, 출석위원 2분의 2의 찬성으로 의결한다.

④ 위원장이 부득이한 사유로 직무를 수행할 수 없을 때에는 위원장이 지명하는 위원의 순으로 그 직무를 대행한다.

정답 ④

(2) 전문위원회의 구성 및 운영(령 제7조)

① 법 제5조제6항에 따른 전문위원회(이하 "전문위원회"라 한다)는 위원장 1명을 포함하여 30명 이내의 위원으로 구성한다.

② 전문위원회 위원은 공간정보와 관련한 4급 이상 공무원과 민간전문가 중에서 국토교통부장관이 임명 또는 위촉하되, 성별을 고려하여야 한다.

③ 전문위원회 위원장은 전문위원회 위원 중에서 국토교통부장관이 지명하는 자가 된다.

④ 전문위원회 위촉위원의 임기는 2년으로 한다.

⑤ 전문위원회에 간사 1명을 두며, 간사는 국토교통부 소속 공무원 중에서 국토교통부장관이 지명하는 자가 된다.

⑥ 전문위원회의 운영에 관하여는 제4조를 준용한다.

2. 국가공간정보정책 기본계획의 수립(제6조)　必 암기　정취연은 전공자로 구성하라.

수립	① 정부는 국가공간정보체계의 구축 및 활용을 촉진하기 위하여 국가공간정보정책 기본계획 (이하 "기본계획"이라 한다)을 5년마다 수립하고 시행하여야 한다.
기본계획	1. 국가공간정보체계의 구축 및 공간정보의 활용 촉진을 위한 **정**책의 기본 방향 2. 제19조에 따른 기본공간정보의 **취**득 및 관리 3. 국가공간정보체계에 관한 **연**구·개발 4. 공간정보 관련 **전**문인력의 양성 5. 국가공간정보체계의 활용 및 **공**간정보의 유통 6. <u>국가공간정보체계의 구축·관리 및 공간정보의 유통 촉진에 필요한 투**자** 및 재원조달 계획</u> 7. 국가공간정보체계와 관련한 국가적 표준의 연**구**·보급 및 기술기준의 관리 8. 「공간정보산업 진흥법」 제2조제1항제2호에 따른 공간정보산업의 육**성**에 관한 사항 9. 그 밖에 국가공간정보정책에 관한 사항

제출	③ 관계 중앙행정기관의 장은 제2항 각 호의 사항 중 소관 업무에 관한 기관별 국가공간정보 정책 기본계획(이하 "기관별 기본계획"이라 한다)을 작성하여 대통령령으로 정하는 바에 따라 국토교통부장관에게 제출하여야 한다.
	
	령 제12조 ① 관계 중앙행정기관의 장은 법 제6조제3항에 따라 소관 업무에 관한 기관별 국가공간정보정책 기본계획을 국토교통부장관이 정하는 수립·제출 일정에 따라 국토교통부장관에게 제출하여야 한다. 이 경우 국토교통부장관은 기관별 국가공간정보정책 기본계획 수립에 필요한 지침을 정하여 관계 중앙행정기관의 장에게 통보할 수 있다.
	
	④ 국토교통부장관은 제3항에 따라 관계 중앙행정기관의 장이 제출한 기관별 기본계획을 종합하여 기본계획을 수립하고 위원회의 심의를 거쳐 이를 확정한다.
	
	령 제12조 ② 국토교통부장관은 법 제6조제4항에 따라 국가공간정보정책 기본계획의 수립을 위하여 필요하면 시·도지사에게 법 제6조제2항 각 호의 사항 중 소관 업무에 관한 자료의 제출을 요청할 수 있다. 이 경우 시·도지사는 특별한 사유가 없으면 이에 따라야 한다.
	
	⑤ 제4항에 따라 확정된 기본계획을 변경하는 경우 그 절차에 관하여는 제4항을 준용한다. 다만, 대통령령으로 정하는 경미한 사항을 변경하는 경우에는 그러하지 아니하다.
	
	령 제12조 ③ 국토교통부장관은 법 제6조제4항 및 제5항에 따라 국가공간정보정책 기본계획을 확정하거나 변경한 경우에는 이를 관보에 고시하여야 한다.
	④ 법 제6조제5항 단서에서 "대통령령으로 정하는 경미한 사항을 변경하는 경우"란 다음 각 호의 경우를 말한다.
	  1. 법 제6조제2항제2호부터 제5호까지, 제7호 또는 제8호와 관련된 사업으로서 사업기간을 2년 이내에서 가감하거나 사업비를 처음 계획의 100분의 10 이내에서 증감하는 경우
	  2. 법 제6조제2항제6호의 투자 및 재원조달 계획에 따른 투자금액 또는 재원조달금액을 처음 계획의 100분의 10 이내에서 증감하는 경우

예제

국가공간정보정책 기본계획 수립 시 포함할 사항으로 옳지 않은 것은?
① 공간정보 관련 전문인력의 양성
② 국가공간정보체계와 관련한 국가적 표준의 연구·보급 및 기술기준의 관리
③ 국가기본지리정보의 취득 및 관리
④ 국가공간정보체계에 관한 연구·개발

정답 ③

3. 국가공간정보정책 시행계획(제7조)

수립	① 관계 중앙행정기관의 장과 특별시장·광역시장·특별자치시장·도지사 및 특별자치도 지사(이하 "시·도지사"라 한다)는 매년 기본계획에 따라 소관 업무와 관련된 기관별 국가공간정보정책 시행계획(이하 "기관별 시행계획"이라 한다)을 수립한다.
확정·변경	② 관계 중앙행정기관의 장과 시·도지사는 제1항에 따라 수립한 기관별 시행계획을 대통령령으로 정하는 바에 따라 국토교통부장관에게 제출하여야 하며, 국토교통부장관은 제출된 기관별 시행계획을 통합하여 매년 국가공간정보정책 시행계획(이하 "시행계획"이라 한다)을 수립하고 위원회의 심의를 거쳐 이를 확정한다.
	령 제13조 ① 관계 중앙행정기관의 장과 시·도지사는 법 제7조제2항에 따라 다음 각 호의 사항이 포함된 다음 연도의 기관별 국가공간정보정책 시행계획(이하 "기관별 시행계획"이라 한다)을 매년 10월 31일까지 국토교통부장관에게 제출해야 한다. 1. 사업 추진방향 2. 세부 사업계획 3. 사업비 및 재원조달 계획
	③ 제2항에 따라 확정된 시행계획을 변경하고자 하는 경우에는 제2항을 준용한다. 다만, 대통령령으로 정하는 경미한 사항을 변경하는 경우에는 그러하지 아니하다.
	령 제13조 ② 법 제7조제3항 단서에서 "대통령령으로 정하는 경미한 사항을 변경하는 경우"란 해당 연도 사업비를 100분의 10 이내에서 증감하는 경우를 말한다.
평가	④ 국토교통부장관, 관계 중앙행정기관의 장 및 시·도지사는 제2항 또는 제3항에 따라 확정 또는 변경된 시행계획 및 기관별 시행계획을 시행하고 그 집행실적을 평가해야 한다.
	령 제13조 ③ 국토교통부장관, 관계 중앙행정기관의 장 및 시·도지사는 법 제7조제4항에 따라 국가공간정보정책 시행계획 또는 기관별 시행계획의 집행실적에 대하여 다음 각 호의 사항을 평가해야 한다. 1. 국가공간정보정책 기본계획의 목표 및 추진방향과의 적합성 여부 2. 법 제22조에 따라 중복되는 국가공간정보체계 사업 간의 조정 및 연계 3. 그 밖에 국가공간정보체계의 투자효율성을 높이기 위하여 필요한 사항
의견제시	⑤ 국토교통부장관은 시행계획 또는 기관별 시행계획의 집행에 필요한 예산에 대하여 위원회의 심의를 거쳐 기획재정부장관에게 의견을 제시할 수 있다.
	령 제13조 ⑥ 국토교통부장관이 법 제7조제5항에 따라 기획재정부장관에게 의견을 제시하는 경우에는 제3항에 따른 평가결과를 그 의견에 반영하여야 한다.
	⑥ 시행계획 또는 기관별 시행계획의 수립, 시행 및 집행실적의 평가와 제5항에 따른 국토교통부장관의 의견제시에 관하여 필요한 사항은 대통령령으로 정한다.

4. 관리기관과의 협의 등(제8조)

① 기관별 시행계획을 수립 또는 변경하고자 하는 관계 중앙행정기관의 장과 시·도지사는 관련된 관리기관과 협의하여야 한다. 이 경우 관계 중앙행정기관의 장과 시·도지사는 관련된 관리기관의 장에게 해당 사항에 관한 협의를 요청할 수 있다.

② 제1항에 따라 협의를 요청받은 관리기관의 장은 특별한 사유가 없는 한 30일 이내에 협의를 요청한 관계 중앙행정기관의 장 또는 시·도지사에게 의견을 제시하여야 한다.

예제

국가공간정보정책 시행계획 수립 시 포함할 사항으로 옳지 않은 것은?

① 국토교통부장관, 관계 중앙행정기관의 장 및 시·도지사는 확정 또는 변경된 시행계획 및 기관별 시행계획을 시행하고 그 집행실적을 평가하여야 한다.

② 관계 중앙행정기관의 장과 시·도지사는 수립한 기관별 시행계획을 대통령령으로 정하는 바에 따라 국토교통부장관에게 제출하여야 하며, 국토교통부장관은 제출된 기관별 시행계획을 통합하여 매년 국가공간정보정책 시행계획을 수립하고 위원회의 심의를 거쳐 이를 확정한다.

③ 국토교통부장관은 시행계획 또는 기관별 시행계획의 집행에 필요한 예산에 대하여 위원회의 심의를 거쳐 시·도지사에게 의견을 제시할 수 있다.

④ 관계 중앙행정기관의 장과 특별시장·광역시장·특별자치시장·도지사 및 특별자치도지사는 매년 기본계획에 따라 소관 업무와 관련된 기관별 국가공간정보정책 시행계획을 수립한다.

정답 ③

---

5. 연구개발 등

연구·개발 (제9조)	① 관계 중앙행정기관의 장은 공간정보체계의 구축 및 활용에 필요한 기술의 연구와 개발사업을 효율적으로 추진하기 위하여 다음 각 호의 업무를 행할 수 있다. 1. 공간정보체계의 구축·관리·활용 및 공간정보의 유통 등에 관한 기술의 연구·개발, 평가 및 이전과 보급 2. 산업계 또는 학계와의 공동 연구 및 개발 3. 전문인력 양성 및 교육 4. 국제 기술협력 및 교류 ② 관계 중앙행정기관의 장은 대통령령으로 정하는 바에 따라 제1항 각 호의 업무를 대통령령으로 정하는 공간정보 관련 기관, 단체 또는 법인에 위탁할 수 있다.
연구와 개발의 위탁 (령 제14조)	① 관계 중앙행정기관의 장은 법 제9조제2항에 따라 다음 각 호의 어느 하나에 해당하는 기관을 지정하여 법 제9조제1항의 업무를 위탁할 수 있다. 1. 「건설기술 진흥법」 제11조에 따른 기술평가기관 2. 「고등교육법」 제25조에 따른 학교부설연구소

연구와 개발의 위탁 (령 제14조)	3. 「공간정보산업 진흥법」 제23조에 따른 공간정보산업진흥원 4. 「과학기술분야 정부출연연구기관 등의 설립·운영 및 육성에 관한 법률」 제8조에 따른 연구기관 5. 「국가정보화 기본법」 제14조에 따른 한국정보화진흥원 6. 「기초연구진흥 및 기술개발지원에 관한 법률」 제14조의2제1항에 따라 인정받은 기업부설연구소 7. 「전자정부법」 제72조에 따른 한국지역정보개발원 8. 「전파법」 제66조에 따른 한국방송통신전파진흥원 9. 「정부출연연구기관 등의 설립·운영 및 육성에 관한 법률」 제8조에 따른 연구기관 10. 「공간정보산업 진흥법」 제24조에 따른 공간정보산업협회 11. 「해양조사와 해양정보 활용에 관한 법률」 제54조에 따른 한국해양조사협회 12. 법 제12조에 따른 한국국토정보공사 13. 「특정연구기관 육성법」 제2조에 따른 특정연구기관 ② 제1항에 따른 기관의 지정 기준 및 절차 등은 관계 중앙행정기관의 장이 정하는 바에 따른다.
정부의 지원 (제10조)	정부는 국가공간정보체계의 효율적 구축 및 활용을 촉진하기 위하여 다음 각 호의 어느 하나에 해당하는 업무를 수행하는 자에 대하여 출연 또는 보조금의 지급 등 필요한 지원을 할 수 있다. 1. 공간정보체계와 관련한 기술의 연구·개발 2. 공간정보체계와 관련한 전문인력의 양성 3. 공간정보체계와 관련한 전문지식 및 기술의 지원 4. 공간정보데이터베이스의 구축 및 관리 5. 공간정보의 유통 6. 제30조에 따른 공간정보에 관한 목록정보의 작성
국가공간정보정책에 관한 연차보고 (제11조)	① 정부는 국가공간정보정책의 주요시책에 관한 보고서(이하 "연차보고서"라 한다)를 작성하여 매년 정기국회의 개회 전까지 국회에 제출하여야 한다. ② 연차보고서에는 다음 각 호의 내용이 포함되어야 한다. 1. 기본계획 및 시행계획 2. 국가공간정보체계 구축 및 활용에 관하여 추진된 시책과 추진하고자 하는 시책 3. 국가공간정보체계 구축 등 국가공간정보정책 추진 현황 4. 공간정보 관련 표준 및 기술기준 현황 5. 「공간정보산업 진흥법」 제2조제1항제2호에 따른 공간정보산업 육성에 관한 사항 6. 그 밖에 국가공간정보정책에 관한 중요 사항 ③ 국토교통부장관은 연차보고서의 작성 등을 위하여 중앙행정기관의 장 또는 지방자치단체의 장에게 필요한 자료의 제출을 요청할 수 있다. 이 경우 요청을 받은 중앙행정기관의 장 또는 지방자치단체의 장은 **특별한 사유가 없으면 그 요청에 따라야 한다.** 〈개정 2020. 6. 9.〉 ④ 그 밖에 연차보고서의 작성 절차 및 방법 등에 관하여 필요한 사항은 대통령령으로 정한다.

> **제3장** 한국국토정보공사 〈신설 2014. 6. 3.〉

1. 한국국토정보공사의 설립 [必 암기] 목명주 이자공 목명주 조업이임 재정공규해

설립 (제12조)	① 공간정보체계의 구축 지원, 공간정보와 지적제도에 관한 연구, 기술 개발 및 지적측량 등을 수행하기 위하여 한국국토정보공사(이하 이 장에서 "공사"라 한다)를 설립한다. ② 공사는 법인으로 한다. ③ 공사는 그 주된 사무소의 소재지에서 설립등기를 함으로써 성립한다. ④ 공사의 설립등기에 필요한 사항은 대통령령으로 정한다.
설립등기 사항 (령 제14조의2)	법 제12조제1항에 따른 한국국토정보공사(이하 "공사"라 한다)의 같은 조 제4항에 따른 설립등기 사항은 다음 각 호와 같다. 1. **목**적 2. **명**칭 3. **주**된 사무소의 소재지 4. **이**사 및 감사의 성명과 주소 5. **자**산에 관한 사항 6. **공**고의 방법
정관 (제13조)	① 공사의 정관에는 다음 각 호의 사항이 포함되어야 한다. 1. **목**적 2. **명**칭 3. **주**된 사무소의 소재지 4. **조**직 및 기구에 관한 사항 5. **업**무 및 그 집행에 관한 사항 6. **이**사회에 관한 사항 7. **임**직원에 관한 사항 8. **재**산 및 회계에 관한 사항 9. **정**관의 변경에 관한 사항 10. **공**고의 방법에 관한 사항 11. **규**정의 제정, 개정 및 폐지에 관한 사항 12. **해**산에 관한 사항 ② 공사는 정관을 변경하려면 미리 국토교통부장관의 인가를 받아야 한다.
사업 (제14조)	공사는 다음 각 호의 사업을 한다. 1. 다음 각 목을 제외한 공간정보체계 구축 지원에 관한 사업으로서 대통령령으로 정하는 사업 가. 「공간정보의 구축 및 관리 등에 관한 법률」에 따른 측량업(지적측량은 제외한다)의 범위에 해당하는 사업 나. 「중소기업제품 구매촉진 및 판로지원에 관한 법률」에 따른 중소기업자간 경쟁 제품에 해당하는 사업

사업 (제14조)	다. 국가공간정보체계 구축 및 활용 관련 계획수립에 관한 지원 라. 국가공간정보체계 구축 및 활용에 관한 지원 마. 공간정보체계 구축과 관련한 출자(出資) 및 출연(出捐) 2. 공간정보 · 지적제도에 관한 연구, 기술 개발, 표준화 및 교육사업 3. 공간정보 · 지적제도에 관한 외국 기술의 도입, 국제 교류 · 협력 및 국외 진출 사업 4. 「공간정보의 구축 및 관리 등에 관한 법률」 제23조제1항제1호 및 제3호부터 제5호까지의 어느 하나에 해당하는 사유로 실시하는 지적측량 5. 「지적재조사에 관한 특별법」에 따른 지적재조사사업 6. 다른 법률에 따라 공사가 수행할 수 있는 사업 7. 그 밖에 공사의 설립 목적을 달성하기 위하여 필요한 사업으로서 정관으로 정하는 사업
임원 (제15조)	① 공사에는 임원으로 사장 1명과 부사장 1명을 포함한 11명 이내의 이사와 감사 1명을 두며, 이사는 정관으로 정하는 바에 따라 상임이사와 비상임이사로 구분한다. ② 사장은 공사를 대표하고 공사의 사무를 총괄한다. ③ 감사는 공사의 회계와 업무를 감사한다.
감독 (제16조)	① 국토교통부장관은 공사의 사업 중 다음 각 호의 사항에 대하여 지도 · 감독한다. 1. 사업실적 및 결산에 관한 사항 2. 제14조에 따른 사업의 적절한 수행에 관한 사항 3. 그 밖에 관계 법령에서 정하는 사항 ② 국토교통부장관은 제1항에 따른 감독 결과 위법 또는 부당한 사항이 발견된 경우 공사에 그 시정을 명하거나 필요한 조치를 취할 수 있다.
유사 명칭 사용 금지 (제17조)	공사가 아닌 자는 한국국토정보공사 또는 이와 유사한 명칭을 사용하지 못한다.
다른 법률의 준용 (제18조)	공사에 관하여는 이 법 및 「공공기관의 운영에 관한 법률」에서 규정한 사항을 제외하고는 「민법」 중 재단법인에 관한 규정을 준용한다.

제4장 국가공간정보기반의 조성 〈개정 2014. 6. 3.〉

1. 기본공간정보의 취득 및 관리(제19조)

고시 경지해지건 기지사수입실	① 국토교통부장관은 행정경계 · 도로 또는 철도의 경계 · 하천경계 · 지형 · 해안선 · 지적, 건물 등 인공구조물의 공간정보, 그 밖에 대통령령으로 정하는 주요 공간정보를 기본공간정보로 선정하여 관계 중앙행정기관의 장과 협의한 후 이를 관보에 고시하여야 한다. 령 제15조 ① 법 제19조제1항에서 "대통령령으로 정하는 주요 공간정보"란 다음 각 호의 공간정보를 말한다.

고시 경지해지건 기지사수입실	1. **기**준점(「공간정보의 구축 및 관리 등에 관한 법률」제8조제1항에 따른 측량기준점표지 및 「해양조사와 해양정보 활용에 관한 법률」제9조제2항에 따른 국가해양기준점 표지를 말한다) 2. **지**명 3. 정**사**영상[항공사진 또는 인공위성의 영상을 지도와 같은 정사투영법(正射投影法)으로 제작한 영상을 말한다] 4. **수**치표고 모형[지표면의 표고(標高)를 일정간격 격자마다 수치로 기록한 표고 모형을 말한다] 5. 공간정보 **입**체 모형(지상에 존재하는 인공적인 객체의 외형에 관한 위치정보를 현실과 유사하게 입체적으로 표현한 정보를 말한다) 6. **실**내공간정보(지상 또는 지하에 존재하는 건물 등 인공구조물의 내부에 관한 공간정보를 말한다) 7. 그 밖에 위원회의 심의를 거쳐 국토교통부장관이 정하는 공간정보
데이터베이스 구축	② 관계 중앙행정기관의 장은 제1항에 따라 선정·고시된 기본공간정보(이하 "기본공간정보"라 한다)를 대통령령으로 정하는 바에 따라 데이터베이스로 구축하여 관리하여야 한다. **령 제15조** ③ 관계 중앙행정기관의 장은 법 제19조제2항에 따라 기본공간정보데이터베이스를 구축·관리할 때에는 다음 각 호의 기준에 따라야 한다. 1. 법 제21조에 따른 표준 및 기술기준 2. 관계 중앙행정기관의 장과 협의하여 국토교통부장관이 정하는 기본공간정보 교환형식 및 지형지물 분류체계 3. 「공간정보의 구축 및 관리 등에 관한 법률 시행령」제7조제3항에 따른 직각좌표의 기준 4. 그 밖에 관계 중앙행정기관과 협의하여 국토교통부장관이 정하는 기준
관리	③ 국토교통부장관은 관리기관이 제2항에 따라 구축·관리하는 데이터베이스(이하 "기본공간정보데이터베이스"라 한다)를 통합하여 하나의 데이터베이스로 관리하여야 한다. ④ 기본공간정보 선정의 기준 및 절차, 기본공간정보데이터베이스의 구축과 관리, 기본공간정보데이터베이스의 통합 관리, 그 밖에 필요한 사항은 대통령령으로 정한다.

2. 공간객체등록번호의 부여(제20조)

① 국토교통부장관은 공간정보데이터베이스의 효율적인 구축·관리 및 활용을 위하여 건물·도로·하천·교량 등 공간상의 주요 객체에 대하여 공간객체등록번호를 부여하고 이를 고시할 수 있다.

② 관리기관의 장은 제1항에 따라 부여된 공간객체등록번호에 따라 공간정보데이터베이스를 구축하여야 한다.

③ 국토교통부장관은 공간정보를 효율적으로 관리 및 활용하기 위하여 필요한 경우 관리기관의 장과 공동으로 제2항에 따른 공간정보데이터베이스를 구축할 수 있다.

④ 공간객체등록번호의 부여방법·대상·유지 및 관리, 그 밖에 필요한 사항은 국토교통부령으로 정한다.

3. 공간정보 표준화(제21조)

공간정보 표준화	① 공간정보와 관련한 표준의 제정 및 관리에 관하여는 이 법에서 정하는 것을 제외하고는 「국가표준기본법」과 「산업표준화법」에서 정하는 바에 따른다. ② 관리기관의 장은 공간정보의 공유 및 공동 이용을 촉진하기 위하여 공간정보와 관련한 표준에 대한 의견을 산업통상자원부장관에게 제시할 수 있다. ③ 관리기관의 장은 대통령령으로 정하는 바에 따라 공간정보의 구축·관리·활용 및 공간정보의 유통과 관련된 기술기준을 정할 수 있다. ④ 관리기관의 장이 공간정보와 관련한 표준에 대한 의견을 제시하거나 기술기준을 제정하고자 하는 경우에는 국토교통부장관과 미리 협의하여야 한다.
표준화 협의체 구성 (령 제17조)	① 국토교통부장관은 법 제21조에 따른 공간정보와 관련한 표준의 제정 및 관리를 위하여 관리기관과 <u>협의체</u>를 구성·운영할 수 있다. ② <u>협의체</u>는 다음 각 호의 업무를 수행한다. 1. 공간정보와 관련한 표준의 제안 2. 공간정보의 구축·관리·활용 및 공간정보의 유통과 관련된 기술기준의 제정 3. 제1호 및 제2호에 따른 공간정보와 관련한 표준 및 기술기준의 준수 방안 제안 4. 국제 표준기구와의 협력체계 구축 5. 공간정보와 관련한 표준에 관한 연구·개발의 위탁 ③ 국토교통부장관은 법 제21조제4항에 따라 표준에 대한 의견을 제시하거나 기술기준에 관하여 협의할 때에는 전문위원회의 검토를 거쳐야 한다.

4. 표준의 연구 및 보급(제22조)

국토교통부장관은 공간정보와 관련한 표준의 연구 및 보급을 촉진하기 위하여 다음 각 호의 시책을 행할 수 있다.

1. 공간정보체계의 구축·관리·활용 및 공간정보의 유통 등과 관련된 표준의 연구
2. 공간정보에 관한 국제표준의 연구

5. 표준 등의 준수의무(제23조)

관리기관의 장은 공간정보체계의 구축·관리·활용 및 공간정보의 유통에 있어 이 법에서 정하는 기술기준과 다른 법률에서 정하는 표준을 따라야 한다.

6. 국가공간정보통합체계의 구축과 운영(제24조)

① 국토교통부장관은 관리기관과 공동으로 국가공간정보통합체계를 구축하거나 운영할 수 있다.

② 국토교통부장관은 관리기관의 장에게 국가공간정보통합체계의 구축과 운영에 필요한 자료 또는 정보의 제공을 요청할 수 있다. 이 경우 자료 또는 정보의 제공을 요청받은 관리기관의 장은 특별한 사유가 없으면 그 요청을 따라야 한다. 〈개정 2020. 6. 9.〉

③ 그 밖에 국가공간정보통합체계의 구축 및 운영에 관하여 필요한 사항은 <u>대통령령으로 정한다.</u>

> **령 제18조** ① 국토교통부장관은 법 제24조제1항에 따른 국가공간정보통합체계의 구축과 운영을 효율적으로 하기 위하여 관리기관과 협의체를 구성하여 운영할 수 있다.
> ② 국토교통부장관은 관리기관의 장과 협의하여 국가공간정보통합체계의 구축 및 운영에 필요한 국가공간정보체계의 개발기준과 유지·관리 기준을 정할 수 있다.
> ③ 관리기관이 국가공간정보통합체계와 연계하여 공간정보데이터베이스를 활용하는 경우에는 제2항에 따른 기준을 정할 수 있다. 〈개정 2013. 3. 23.〉
> ④ 국토교통부장관은 국가공간정보통합체계의 구축과 운영을 위하여 필요한 예산의 전부 또는 일부를 관리기관에 지원할 수 있다.

7. 국가공간정보센터의 설치(제25조)

① 국토교통부장관은 공간정보를 수집·가공하여 정보이용자에게 제공하기 위하여 국가공간정보센터를 설치하고 운영하여야 한다.

② 제1항에 따른 국가공간정보센터(이하 "국가공간정보센터"라 한다)의 설치와 운영 등에 관하여 필요한 사항은 대통령령으로 정한다.

8. 자료의 제출요구 등(제26조)

국토교통부장관은 국가공간정보센터의 운영에 필요한 공간정보를 생산 또는 관리하는 관리기관의 장에게 자료의 제출을 요구할 수 있으며, 자료제출 요청을 받은 관리기관의 장은 특별한 사유가 있는 경우를 제외하고는 자료를 제공하여야 한다. 다만, 관리기관이 공공기관일 경우는 자료를 제출하기 전에 「공공기관의 운영에 관한 법률」 제6조제2항에 따른 주무기관(이하 "주무기관"이라 한다)의 장과 미리 협의하여야 한다.

9. 자료의 가공 등

① 국토교통부장관은 공간정보의 이용을 촉진하기 위하여 제25조에 따라 수집한 공간정보를 분석 또는 가공하여 정보이용자에게 제공할 수 있다.

② 국토교통부장관은 제1항에 따라 가공된 정보의 정확성을 유지하기 위하여 수집한 공간정보 등에 오류가 있다고 판단되는 경우에는 자료를 제공한 관리기관에 대하여 자료의 수정 또는 보완을 요구할 수 있으며, 자료의 수정 또는 보완을 요구받은 관리기관의 장은 그에 따른 조치결과를 국토교통부장관에게 제출하여야 한다. 다만, 관리기관이 공공기관일 경우는 조치결과를 제출하기 전에 주무기관의 장과 미리 협의하여야 한다.

제5장	국가공간정보체계의 구축 및 활용 〈개정 2014. 6. 3.〉

구축 및 관리 (제28조)	① 관리기관의 장은 해당 기관이 생산 또는 관리하는 공간정보가 다른 기관이 생산 또는 관리하는 공간정보와 호환이 가능하도록 제21조에 따른 공간정보와 관련한 표준 또는 기술기준에 따라 공간정보데이터베이스를 구축·관리하여야 한다. ② 관리기관의 장은 해당 기관이 관리하고 있는 공간정보데이터베이스가 최신 정보를 기반으로 유지될 수 있도록 노력하여야 한다. ③ 관리기관의 장은 중앙행정기관 및 지방자치단체로부터 공간정보데이터베이스의 구축·관리 등을 위하여 필요한 공간정보의 열람·복제 등 관련 자료의 제공 요청을 받은 때에는 특별한 사유가 없는 한 이에 응하여야 한다. ④ 관리기관의 장은 중앙행정기관 및 지방자치단체를 제외한 다른 관리기관으로부터 공간정보데이터베이스의 구축·관리 등을 위하여 필요한 공간정보의 열람·복제 등 관련 자료의 제공 요청을 받은 때에는 이에 협조할 수 있다. ⑤ 제3항 및 제4항에 따라 제공받은 공간정보는 제1항에 따른 공간정보데이터베이스의 구축·관리 외의 용도로 이용되어서는 아니 된다.

예제

국가공간정보 기본법에 대하여 빈칸에 공통적으로 들어갈 용어로 알맞은 것은?

(18년 4회 기사)

• 관리기관의 장은 해당 기관이 관리하고 있는 (   )이/가 최신 정보를 기반으로 유지될 수 있도록 노력하여야 한다.
• 관리기관의 장은 해당 기관이 생산 또는 관리하는 공간정보가 다른 기관이 생산 또는 관리하는 공간정보와 호환이 가능하도록 공간정보와 관련한 표준 또는 기술기준에 따라 (   )을/를 구축·관리하여야 한다.

① 공간정보데이터베이스　　　　　② 위성측위시스템
③ 국가공간정보센터　　　　　　　④ 한국국토정보공사

정답 ①

중복투자의 방지 **(제29조)**	① 관리기관의 장은 새로운 공간정보데이터베이스를 구축하고자 하는 경우 기존에 구축된 공간정보체계와 중복투자가 되지 아니하도록 사전에 다음 각 호의 사항을 검토하여야 한다. 1. 구축하고자 하는 공간정보데이터베이스가 해당 기관 또는 다른 관리기관에 이미 구축되었는지 여부 2. 해당 기관 또는 다른 관리기관에 이미 구축된 공간정보데이터베이스의 활용 가능 여부 ② 관리기관의 장이 새로운 공간정보데이터베이스를 구축하고자 하는 경우에는 해당 공간정보데이터베이스의 구축 및 관리에 관한 계획을 수립하여 국토교통부장관에게 통보하여야 한다. 다만, 관리기관이 공공기관일 경우는 통보 전에 주무기관의 장과 미리 협의하여야 한다. **령 제19조** ① 관리기관의 장(민간기관의 장은 제외한다. 이하 이 조에서 같다)이 법 제29조제2항에 따라 수립하는 공간정보데이터베이스의 구축 및 관리에 관한 계획에는 다음 각 호의 사항이 포함되어야 한다. 　　1. 공간정보데이터베이스의 명칭·종류 및 규모 　　2. 공간정보데이터베이스를 구축하려는 범위 또는 지역 　　3. 법 제30조에 따른 공간정보에 관한 목록정보 　　4. 공간정보데이터베이스의 구축방법 및 기간 　　5. 사업비 및 재원조달 계획 　　6. 사업 시행계획 ② 법 제29조제5항에 따른 중복투자 여부의 판단에 필요한 기준은 다음 각 호와 같다. 　　1. 사업의 유형 및 성격 　　2. 다른 관리기관에서의 비슷한 종류의 사업추진 여부 　　3. 법 제21조에 따른 공간정보 관련 표준 또는 기술기준의 준수 여부 　　4. 다른 관리기관에서 구축한 사업의 활용 여부 　　5. 법 제28조에 따른 공간정보데이터베이스의 활용 여부

중복투자의 방지 (제29조)	③ 국토교통부장관은 제2항에 따라 통보받은 공간정보데이터베이스의 구축 및 관리에 관한 계획이 중복투자에 해당된다고 판단하는 때에는 위원회의 심의를 거쳐 해당 공간정보데이터베이스를 구축하고자 하는 관리기관의 장에게 시정을 요구할 수 있다. ④ 국토교통부장관은 관리기관의 장이 제1항에 따른 검토를 위하여 필요한 자료를 요청하는 경우에는 특별한 사유가 없는 한 이를 제공하여야 한다. ⑤ 제3항에 따른 중복투자 여부의 판단에 필요한 기준은 대통령령으로 정할 수 있다.

예제

「국가공간정보 기본법」상 공간정보 데이터베이스에 대한 내용으로 옳지 않은 것은?

(17년 하반기 지방직)

① 법령에 의하여 금지된 정보를 제외한 전부 또는 일부 공간정보 데이터베이스는 복제하여 판매, 배포할 수 있다.
② 멸실 또는 훼손에 대비하여 별도로 복제하여 관리하여야 한다.
③ 다른 기관의 공간정보와 호환이 가능하도록 관련 표준에 따라야 한다.
④ 새로운 공간정보를 구축할 때에는 기존에 구축된 공간정보 체계와 중복 투자함으로써 그 정확도를 높여야 한다.

정답 ④

공간정보 목록정보의 작성 (제30조)	① 관리기관의 장은 해당 기관이 구축·관리하고 있는 공간정보에 관한 목록정보(정보의 내용, 특징, 정확도, 다른 정보와의 관계 등 정보의 특성을 설명하는 정보를 말한다. 이하 "목록정보"라 한다)를 제21조에 따른 공간정보와 관련한 표준 또는 기술기준에 따라 작성 또는 관리하도록 노력하여야 한다. ② 관리기관의 장은 해당 기관이 구축·관리하고 있는 목록정보를 특별한 사유가 없으면 국토교통부장관에게 수시로 제출하여야 한다. 다만, 관리기관이 공공기관일 경우는 제출하기 전에 주무기관의 장과 미리 협의하여야 한다. 〈개정 2020. 6. 9.〉 ③ 그 밖에 목록정보의 작성 또는 관리에 관하여 필요한 사항은 대통령령으로 정한다.
공간정보 목록정보의 작성 및 관리 (령 제20조)	① 관리기관의 장(민간기관의 장은 제외한다. 이하 이 조에서 같다)은 법 제30조제1항에 따른 공간정보에 관한 목록정보(이하 "목록정보"라 한다)를 12월 31일 기준으로 작성하여 다음 해 3월 31일까지 국토교통부장관에게 제출하여야 한다. ② 관리기관의 장은 법 제30조에 따라 해당 기관이 구축·관리하고 있는 목록정보를 변경하거나 폐지한 경우에는 그 변경사항을 국토교통부장관에게 통보하여야 한다. ③ 국토교통부장관은 매년 공개목록집을 발간하여 관리기관에게 배포할 수 있다.
협력체계 구축 (제31조)	관리기관의 장은 공간정보체계의 구축·관리 및 활용에 있어 관리기관 상호 간 또는 관리기관과 산업계 및 학계 간 협력체계를 구축할 수 있다.
공간정보의 활용 등(제32조)	① 관리기관의 장은 소관 업무를 수행할 때 공간정보를 활용하는 시책을 강구하여야 한다. ② 국토교통부장관은 대통령령으로 정하는 국토현황을 조사하고 이를 공간정보로 제작하여 제1항에 따른 업무에 활용할 수 있도록 제공할 수 있다.

공간정보의 활용 등(제32조)	**령 제21조** ① 법 제32조제2항에서 "대통령령으로 정하는 국토현황"이란 「국토기본법」 제25조 및 같은 법 시행령 제10조에 따라 국토조사의 대상이 되는 사항을 말한다. ② 국토교통부장관은 법 제32조제2항에 따라 제작한 공간정보를 국토계획 또는 정책의 수립에 활용하기 위하여 필요한 공간정보체계를 구축 · 운영할 수 있다.
	③ 관리기관의 장은 특별한 사유가 없으면 해당 기관이 구축 또는 관리하고 있는 공간정보체계를 다른 관리기관과 공동으로 이용할 수 있도록 협조하여야 한다.
공간정보의 공개 (제33조)	① 관리기관의 장은 해당 기관이 생산하는 공간정보를 국민이 이용할 수 있도록 공개목록을 작성하여 대통령령으로 정하는 바에 따라 공개하여야 한다. 다만, 「공공기관의 정보공개에 관한 법률」 제9조에 따른 비공개대상정보는 그러하지 아니하다.
	령 제22조 ① 관리기관의 장은 법 제33조제1항 본문에 따라 작성한 공간정보의 공개목록을 해당 기관의 인터넷 홈페이지와 법 제25조에 따른 국가공간정보센터(이하 "국가공간정보센터"라 한다)를 통하여 공개하여야 한다. ② 국토교통부장관은 법 제33조제2항에 따라 공개목록 중 활용도가 높은 공간정보의 목록을 국가공간정보센터를 통하여 공개하고, 관리기관의 장에게 요청하여 해당 기관의 인터넷 홈페이지를 통하여 공개하도록 하여야 한다.
	② 국토교통부장관은 관리기관의 장과 협의하여 제1항 본문에 따른 공개목록 중 활용도가 높은 공간정보의 목록을 정하고, 국민이 쉽게 이용할 수 있도록 대통령령으로 정하는 바에 따라 공개하여야 한다.
공간정보의 복제 및 판매 등 (제34조)	① 관리기관의 장은 대통령령으로 정하는 바에 따라 해당 기관이 관리하고 있는 공간정보데이터베이스의 전부 또는 일부를 복제 또는 간행하여 판매 또는 배포하거나 해당 데이터베이스로부터 출력한 자료를 정보이용자에게 제공할 수 있다. 다만, 법령과 제35조의 보안관리규정에 따라 공개가 금지 또는 제한되거나 유출이 금지된 정보에 대하여는 그러하지 아니한다. 〈개정 2014. 6. 3., 2021. 3. 16.〉 ② 제1항 단서에도 불구하고 관리기관(중앙행정기관 및 지방자치단체에 한정한다. 이하 이 조 제3항, 제35조의2제1항, 제35조의3, 제35조의4제1항 및 제35조의5제1항에서 같다)의 장은 「공간정보산업 진흥법」에 따른 공간정보사업자 또는 「위치정보의 보호 및 이용 등에 관한 법률」에 따른 위치정보사업자가 공간정보사업, 위치기반 서비스 사업 등을 영위하기 위하여 제1항 본문에 따른 공간정보데이터베이스 또는 해당 데이터베이스로부터 출력한 자료의 제공을 신청하는 경우에는 대통령령으로 정하는 바에 따라 공개가 제한된 공간정보를 제공할 수 있다. 〈신설 2021. 3. 16.〉 ③ 제2항에 따라 공간정보를 제공받은 자는 제35조에 따른 관리기관의 보안관리규정을 준수하여야 한다. 〈신설 2021. 3. 16.〉 ④ 관리기관의 장은 대통령령으로 정하는 바에 따라 공간정보데이터베이스로부터 복제 또는 출력한 자료를 이용하는 자로부터 사용료 또는 수수료를 받을 수 있다. 〈개정 2021. 3. 16.〉

공간정보의 복제 및 판매 등 (제34조)	령 제23조 ① 관리기관의 장은 법 제34조제1항 본문에 따라 정보이용자에게 제공하려는 공간정보데이터베이스를 해당 기관의 인터넷 홈페이지와 국가공간정보센터를 통하여 공개하여야 한다.
	② 관리기관(중앙행정기관 및 지방자치단체로 한정한다. 이하 이 항, 제3항, 제4항, 제24조의2 및 제24조의3에서 같다)의 장은 법 제34조제2항에 따라 다음 각 호의 기준을 모두 충족하는 경우에는 공개가 제한된 공간정보를 제공할 수 있다. 〈신설 2022. 3. 15〉
	1. 법 제35조의2제1항에 따른 보안심사를 완료하였을 것
	2. 제공을 신청받은 공간정보를 제공하는 것이 관리기관의 업무수행에 지장을 주지 않을 것
	③ 관리기관의 장은 제2항에 따라 제공하려는 공간정보에 「군사기지 및 군사시설 보호법」에 따른 군사시설, 「접경지역 지원 특별법」에 따른 접경지역의 시설 또는 「보안업무규정」 제32조에 따른 국가보안시설에 관한 정보가 포함된 경우에는 해당 정보의 일부 또는 전부를 삭제하는 등의 방법으로 보안처리하여 제공해야 한다. 〈신설 2022. 3. 15〉
	④ 관리기관의 장은 제2항에 따라 공간정보를 제공할 때 정보통신망을 이용하여 제공하려는 경우에는 공간정보 암호화 등 보안을 위한 기술적 보호조치를 해야 한다. 〈신설 2022.3.15〉
	⑤ 법 제34조제4항에 따라 관리기관의 장이 사용료 또는 수수료를 받으려는 경우에는 실비(實費)의 범위에서 정해야 하며, 사용료 또는 수수료를 정하였을 때에는 그 내용을 관보 또는 공보에 고시하고(중앙행정기관 또는 지방자치단체에 한정한다) 해당 기관의 인터넷 홈페이지와 국가공간정보센터를 통하여 공개해야 한다. 〈개정 2015. 6. 1, 2022. 3. 15〉
	⑥ 관리기관의 장은 공간정보데이터베이스로부터 복제하거나 출력한 자료의 사용이 다음 각 호에 해당하는 경우에는 법 제34조제4항에 따른 사용료 또는 수수료를 감면할 수 있다. 〈개정 2015. 6. 1, 2022. 3. 15〉
	1. 국가, 지방자치단체 또는 관리기관이 그 업무에 사용하는 경우
	2. 교육연구기관이 교육연구용으로 사용하는 경우

제6장   공간정보의 보호

보안관리 (제35조)	① 관리기관의 장은 공간정보 또는 공간정보데이터베이스의 구축·관리 및 활용하는 경우 공개가 제한되는 공간정보에 대한 부당한 접근과 이용 또는 공간정보의 유출을 방지하기 위하여 필요한 보안관리규정을 대통령령으로 정하는 바에 따라 제정하고 시행하여야 한다. 〈개정 2020. 6. 9.〉
	② 관리기관의 장은 제1항에 따라 보안관리규정을 제정하는 경우에는 제5조제6항에 따른 전문위원회의 의견을 들은 후 국가정보원장과 협의하여야 한다. 보안관리규정을 개정하고자 하는 경우에도 또한 같다. 〈개정 2021. 3. 16.〉

보안심사 (제35조의2) [본조신설 2021. 3. 16.]	① 관리기관의 장은 제34조제2항에 따라 공간정보를 제공받으려는 자에 대하여 다음 각 호의 사항에 관한 보안심사를 하여야 한다.
	1. 공개가 제한되는 공간정보의 보안관리에 관한 사항 2. 공개가 제한되는 공간정보 또는 그 정보를 활용하여 생산한 공간정보를 제3자에게 제공할 때의 보안관리에 관한 사항
	② 제1항에 따른 보안심사의 세부 내용, 절차 및 방법 등에 관하여 필요한 사항은 국토교통부장관이 국가정보원장과 협의하여 정한다.
보안심사 전문기관의 지정 등(법제35조의3) [본조신설 2021. 3. 16.]	① 관리기관의 장은 대통령령으로 정하는 바에 따라 제35조의2제1항에 따른 보안심사 업무를 전문적·체계적으로 수행하는 보안심사 전문기관(이하 "전문기관"이라 한다)을 지정할 수 있다. ② 관리기관의 장은 제1항에 따라 전문기관을 지정하는 경우에 국가정보원장과 협의하여야 한다. ③ 관리기관의 장은 제1항에 따라 보안심사 업무에 대한 전문기관을 지정하는 경우에 해당 전문기관에 필요한 경비의 전부 또는 일부를 지원할 수 있다.
보안심사 전문기관의 지정취소 등(제35조의4) [본조신설 2021. 3. 16.]	① 관리기관의 장은 전문기관이 다음 각 호의 어느 하나에 해당하면 국가정보원장과 협의한 후 전문기관의 지정을 취소하거나 6개월 이내의 기간을 정하여 그 업무의 전부 또는 일부의 정지를 명하거나 시정명령 등 필요한 조치를 할 수 있다. 다만, 제1호 및 제2호에 해당하는 경우에는 그 지정을 취소하여야 한다.
	1. 거짓이나 그 밖에 부정한 방법으로 전문기관으로 지정받은 경우 2. 업무정지 명령을 위반하여 업무정지 기간 중에 보안심사 업무를 수행한 경우 3. 정당한 사유 없이 지정받은 날부터 1년 이상 보안심사 업무를 수행하지 아니한 경우 4. 전문기관의 지정 기준에 적합하지 아니하게 된 경우 5. 고의 또는 중대한 과실로 보안심사 기준 및 절차를 위반하거나 부당하게 보안심사 업무를 수행한 경우
	② 전문기관의 지정취소, 업무정지 등에 관하여 필요한 사항은 국가정보원장과의 협의를 거쳐 대통령령으로 정한다.
보고 및 조사 (제35조의5) [본조신설 2021. 3. 16.]	① 관리기관의 장은 필요하다고 인정하는 때에는 국가정보원장과의 협의를 거쳐 전문기관에 대하여 보안심사 업무에 관하여 필요한 보고를 하게 하거나 소속 공무원으로 하여금 조사를 하게 할 수 있다. ② 제1항에 따라 조사를 하는 경우에는 조사 3일 전까지 조사 일시·목적·내용 등에 관한 계획을 조사 대상자에게 알려야 한다. 다만, 긴급한 경우나 사전에 조사 계획이 알려지면 조사 목적을 달성할 수 없다고 인정하는 경우에는 그러하지 아니하다. ③ 제1항에 따라 조사를 하는 공무원은 그 권한을 표시하는 증표를 지니고 관계인에게 이를 내보여야 한다.

공간정보의 보호 (령 제24조)	① 법 제35조에 따른 보안관리규정에는 다음 각 호의 사항이 포함되어야 한다. 　1. 공간정보의 관리부서 및 공간정보 보안담당자 등 보안관리체계 　2. 공간정보체계 및 공간정보 유통망의 관리방법과 그 보호대책 　3. 보안대상 공간정보의 분류기준 및 관리절차 　4. 보안대상 공간정보의 공개 요건 및 절차 　5. 보안대상 공간정보의 유출·훼손 등 사고발생 시 처리절차 및 처리방법 ② 국가정보원장은 법 제35조에 따른 협의를 위하여 필요한 때에는 제1항에 따른 보안관리 규정의 제정·시행에 필요한 기본지침을 작성하여 관리기관의 장에게 통보할 수 있다. ③ 국가정보원장은 관리기관에 대하여 공간정보의 보안성 검토 등 보안관리에 필요한 협조와 지원을 할 수 있다.
공간정보데이터베이스의 보관 (령 제25조)	관리기관의 장은 법 제36조에 따라 공간정보데이터베이스의 복제·관리 계획을 수립하여 정기적으로 복제하고 안전한 장소에 보관하여야 한다.
안전성 확보 (제36조)	관리기관의 장은 공간정보데이터베이스의 멸실 또는 훼손에 대비하여 대통령령으로 정하는 바에 따라 이를 별도로 복제하여 관리하여야 한다.
침해 또는 훼손 등의 금지 (제37조)	① 누구든지 관리기관이 생산 또는 관리하는 공간정보 또는 공간정보데이터베이스를 침해 또는 훼손하거나 법령에 따라 공개가 제한되는 공간정보를 관리기관의 승인 없이 무단으로 열람·복제·유출하여서는 아니 된다. ② 누구든지 공간정보 또는 공간정보데이터베이스를 이용하여 다른 사람의 권리나 사생활을 침해하여서는 아니 된다.
비밀준수 등의 의무 (제38조)	관리기관 또는 이 법이나 다른 법령에 따라 위탁을 받은 국가공간정보체계 관련 업무를 수행하는 기관, 법인, 단체에 소속되거나 소속되었던 자(용역계약 등에 따라 해당 업무를 수임한 자 또는 그 사용인을 포함한다)는 국가공간정보체계의 구축·관리 및 활용과 관련한 직무를 수행함에 있어서 알게 된 비밀을 누설하거나 도용하여서는 아니 된다.
벌칙 적용에서 공무원의제 (제38조의2)	전문기관의 임직원은 「형법」 제129조부터 제132조까지의 규정을 적용할 때에는 공무원으로 본다. [본조신설 2021. 3. 16.]

제7장 벌칙 〈개정 2014. 6. 3.〉

必 암기 무침훼먹고 승무복이면 비누도 씻어라.

벌칙 **(제39조)**	제37조제1항[(공간정보 등의 침해 또는 훼손 등의 금지) ① 누구든지 관리기관이 생산 또는 관리하는 공간정보 또는 공간정보데이터베이스를 침해 또는 훼손하거나 법령에 따라 공개가 제한되는 공간정보를 관리기관의 승인 없이 무단으로 열람·복제·유출하여서는 아니 된다]을 위반하여 공간정보 또는 공간정보데이터베이스를 **무**단으로 **침**해하거나 **훼**손한 자는 2년 이하의 징역 또는 2천만원 이하의 벌금에 처한다.
벌칙 **(제40조)**	다음 각 호의 어느 하나에 해당하는 자는 1년 이하의 징역 또는 1천만원 이하의 벌금에 처한다. 1. 제37조제1항을 위반하여 공간정보 또는 공간정보데이터베이스를 관리기관의 **승**인 없이 **무**단으로 열람·**복**제·유출한 자 2. 제38조(비밀준수 등의 의무)를 위반하여 직무상 알게 된 **비**밀을 **누**설하거나 **도**용한 자 3. 제34조제3항을 위반하여 보안관리규정을 준수하지 아니한 자 4. 거짓이나 그 밖의 부정한 방법으로 전문기관으로 지정받은 자
양벌규정 **(제41조)**	법인의 대표자나 법인 또는 개인의 대리인, 사용인, 그 밖의 종업원이 그 법인 또는 개인의 업무에 관하여 제39조 또는 제40조의 위반행위를 하면 그 행위자를 벌하는 외에 그 법인 또는 개인에게도 해당 조문의 벌금형을 과(科)한다. 다만, 법인 또는 개인이 그 위반 행위를 방지하기 위하여 해당 업무에 관하여 상당한 주의와 감독을 게을리하지 아니한 경우에는 그러하지 아니하다.
과태료 **(제42조)**	① 제17조[(유사 명칭의 사용 금지) 공사가 아닌 자는 한국국토정보공사 또는 이와 유사한 명칭을 사용하지 못한다)]를 위반한 자에게는 500만원 이하의 과태료를 부과한다. ② 제1항에 따른 과태료는 대통령령으로 정하는 바에 따라 국토교통부장관이 부과·징수한다.
과태료 부과기준 **(령 제26조)**	법 제42조제1항에 따른 과태료의 부과기준은 다음 각 호와 같다. 1. 공사가 아닌 자가 한국국토정보공사의 명칭을 사용한 경우 : 400만원 2. 공사가 아닌 자가 한국국토정보공사와 유사한 명칭을 사용한 경우 : 300만원

01 「국가공간정보기본법」상 용어에 대한 설명으로 옳지 않은 것은?

① "공간정보데이터베이스"란 공간정보를 체계적으로 정리하여 사용자가 검색하고 활용할 수 있도록 가공한 정보의 집합체를 말한다.
② "공간객체등록번호"란 공간정보를 효율적으로 관리 및 활용하기 위하여 자연적 또는 인공적 객체에 부여하는 공간정보의 유일식별번호를 말한다.
③ "국가공간정보체계"란 공간정보를 효과적으로 수집·저장·가공·분석·표현할 수 있도록 서로 유기적으로 연계된 컴퓨터의 하드웨어, 소프트웨어, 데이터베이스 및 인적자원의 결합체를 말한다.
④ "공간정보"란 지상·지하·수상·수중 등 공간상에 존재하는 자연적 또는 인공적인 객체에 대한 위치정보 및 이와 관련된 공간적 인지 및 의사결정에 필요한 정보를 말한다.

해설

국가공간정보기본법(약칭 : 공간정보법)
제2조(정의) 이 법에서 사용하는 용어의 뜻은 다음과 같다.
1. "공간정보"란 지상·지하·수상·수중 등 공간상에 존재하는 자연적 또는 인공적인 객체에 대한 위치정보 및 이와 관련된 공간적 인지 및 의사결정에 필요한 정보를 말한다.
2. "공간정보데이터베이스"란 공간정보를 체계적으로 정리하여 사용자가 검색하고 활용할 수 있도록 가공한 정보의 집합체를 말한다.
3. "공간정보체계"란 공간정보를 효과적으로 수집·저장·가공·분석·표현할 수 있도록 서로 유기적으로 연계된 컴퓨터의 하드웨어, 소프트웨어, 데이터베이스 및 인적자원의 결합체를 말한다.

4. "관리기관"이란 공간정보를 생산하거나 관리하는 중앙행정기관, 지방자치단체, 「공공기관의 운영에 관한 법률」 제4조에 따른 공공기관(이하 "공공기관"이라 한다), 그 밖에 대통령령으로 정하는 민간기관을 말한다.
5. "국가공간정보체계"란 관리기관이 구축 및 관리하는 공간정보체계를 말한다.
6. "국가공간정보통합체계"란 제19조제3항의 기본공간정보데이터베이스를 기반으로 국가공간정보체계를 통합 또는 연계하여 국토교통부장관이 구축·운용하는 공간정보체계를 말한다.
7. "공간객체등록번호"란 공간정보를 효율적으로 관리 및 활용하기 위하여 자연적 또는 인공적 객체에 부여하는 공간정보의 유일식별번호를 말한다.

02 국가공간정보 기본법에서 다음과 같이 정의되는 것은?

공간정보를 효과적으로 수집·저장·가공·분석·표현할 수 있도록 서로 유기적으로 연계된 컴퓨터의 하드웨어, 소프트웨어, 데이터베이스 및 인적자원의 결합체를 말한다.

① 공간정보데이터베이스
② 국가공간정보통합체계
③ 공간정보체계
④ 공간객체

해설

국가공간정보기본법(약칭 : 공간정보법) 제2조(정의)
이 법에서 사용하는 용어의 뜻은 다음과 같다.
1. "공간정보"란 지상·지하·수상·수중 등 공간상에 존재하는 자연적 또는 인공적인 객체에 대한 위치정보 및 이와 관련된 공간적 인지 및 의사결정에 필요한 정보를 말한다.

정답 | 01 ③ 02 ③

2. "공간정보데이터베이스"란 공간정보를 체계적으로 정리하여 사용자가 검색하고 활용할 수 있도록 가공한 정보의 집합체를 말한다.
3. "공간정보체계"란 공간정보를 효과적으로 수집 · 저장 · 가공 · 분석 · 표현할 수 있도록 서로 유기적으로 연계된 컴퓨터의 하드웨어, 소프트웨어, 데이터베이스 및 인적자원의 결합체를 말한다.
4. "관리기관"이란 공간정보를 생산하거나 관리하는 중앙행정기관, 지방자치단체, 「공공기관의 운영에 관한 법률」 제4조에 따른 공공기관(이하 "공공기관"이라 한다), 그 밖에 대통령령으로 정하는 민간기관을 말한다.
5. "국가공간정보체계"란 관리기관이 구축 및 관리하는 공간정보체계를 말한다.
6. "국가공간정보통합체계"란 제19조제3항의 기본공간정보데이터베이스를 기반으로 국가공간정보체계를 통합 또는 연계하여 국토교통부장관이 구축 · 운용하는 공간정보체계를 말한다.
7. "공간객체등록번호"란 공간정보를 효율적으로 관리 및 활용하기 위하여 자연적 또는 인공적 객체에 부여하는 공간정보의 유일식별번호를 말한다.

03 국가공간정보정책 기본계획은 몇 년 단위로 수립 · 시행되는가?

① 1년 　　　　② 3년
③ 5년 　　　　④ 10년

해설

공간정보기본법 제6조(국가공간정보정책 기본계획의 수립)

必 암기 　정취연은 전공자로 구성하라.

① 정부는 국가공간정보체계의 구축 및 활용을 촉진하기 위하여 국가공간정보정책 기본계획(이하 "기본계획"이라 한다)을 5년마다 수립하고 시행하여야 한다.
② 기본계획에는 다음 각 호의 사항이 포함되어야 한다.

　1. 국가공간정보체계의 구축 및 공간정보의 활용 촉진을 위한 **정책**의 기본 방향
　2. 제19조에 따른 기본공간정보의 **취**득 및 관리
　3. 국가공간정보체계에 관한 **연구**개발
　4. 공간정보 관련 **전문**인력의 양성
　5. 국가공간정보체계의 활용 및 **공간**정보의 유통

　6. 국가공간정보체계의 구축 · 관리 및 **공간정보**의 유통 촉진에 필요한 **투자** 및 재원조달 계획
　7. 국가공간정보체계와 관련한 국가적 표준의 연**구**보급 및 기술기준의 관리
　8. 「공간정보산업 진흥법」 제2조제1항제2호에 따른 공간정보산업의 **육성**에 관한 사항
　9. 그 밖에 국가공간정보정책에 관한 사항

③ 관계 중앙행정기관의 장은 제2항 각 호의 사항 중 소관 업무에 관한 기관별 국가공간정보정책 기본계획(이하 "기관별 기본계획"이라 한다)을 작성하여 대통령령으로 정하는 바에 따라 국토교통부장관에게 제출하여야 한다.
④ 국토교통부장관은 제3항에 따라 관계 중앙행정기관의 장이 제출한 기관별 기본계획을 종합하여 기본계획을 수립하고 위원회의 심의를 거쳐 이를 확정한다.
⑤ 제4항에 따라 확정된 기본계획을 변경하는 경우 그 절차에 관하여는 제4항을 준용한다. 다만, 대통령령으로 정하는 경미한 사항을 변경하는 경우에는 그러하지 아니하다.

04 「국가공간정보 기본법 시행령」상 기본공간정보가 아닌 것은?

① 기준점 　　　　② 정사영상
③ 수치표면모형 　　④ 실내공간정보

해설

국가공간정보기본법 제19조(기본공간정보의 취득 및 관리)

必 암기 　경지해지건은 기자사수입실

① 국토교통부장관은 행정경계 · 도로 또는 철도의 **경**계 · 하천**경**계 · **지형** · **해**안선 · **지**적, **건물** 등 인공구조물의 공간정보, 그 밖에 대통령령으로 정하는 주요 공간정보를 기본공간정보로 선정하여 관계 중앙행정기관의 장과 협의한 후 이를 관보에 고시하여야 한다. 〈개정 2013.3.23〉
② 관계 중앙행정기관의 장은 제1항에 따라 선정 · 고시된 기본공간정보(이하 "기본공간정보"라 한다)를 대통령령으로 정하는 바에 따라 데이터베이스로 구축하여 관리하여야 한다.
③ 국토교통부장관은 관리기관이 제2항에 따라 구축 · 관리하는 데이터베이스(이하 "기본공간정보데이터베

이스"라 한다)를 통합하여 하나의 데이터베이스로 관리하여야 한다. 〈개정 2013.3.23〉
④ 기본공간정보 선정의 기준 및 절차, 기본공간정보데이터베이스의 구축과 관리, 기본공간정보데이터베이스의 통합 관리, 그 밖에 필요한 사항은 대통령령으로 정한다.

국가공간정보기본법 시행령 제15조(기본공간정보의 취득 및 관리)
① 법 제19조제1항에서 "대통령령으로 정하는 주요 공간정보"란 다음 각 호의 공간정보를 말한다. 〈개정 2009.12.14, 2013.3.23, 2013.6.11, 2015.6.1〉
　1. 기준점(「공간정보의 구축 및 관리 등에 관한 법률」 제8조제1항에 따른 측량기준점표지 및 「해양조사와 해양정보 활용에 관한 법률」 제9조제2항에 따른 국가해양기준점 표지를 말한다)
　2. 지명
　3. 정사영상[항공사진 또는 인공위성의 영상을 지도와 같은 정사투영법(正射投影法)으로 제작한 영상을 말한다]
　4. 수치표고 모형[지표면의 표고(標高)를 일정간격 격자마다 수치로 기록한 표고모형을 말한다]
　5. 공간정보 입체 모형(지상에 존재하는 인공적인 객체의 외형에 관한 위치정보를 현실과 유사하게 입체적으로 표현한 정보를 말한다)
　6. 실내공간정보(지상 또는 지하에 존재하는 건물 등 인공구조물의 내부에 관한 공간정보를 말한다)
　7. 그 밖에 위원회의 심의를 거쳐 국토교통부장관이 정하는 공간정보
② 관계 중앙행정기관의 장은 법 제19조제1항에 따른 기본공간정보(이하 "기본공간정보"라 한다)를 데이터베이스로 구축·관리하기 위하여 재원조달 계획을 포함한 기본공간정보데이터베이스의 구축 또는 갱신계획, 유지·관리계획을 법 제6조제3항에 따른 기관별 국가공간정보정책 기본계획에 포함하여 수립하고 시행하여야 한다. 〈개정 2015.6.1〉
③ 관계 중앙행정기관의 장은 법 제19조제2항에 따라 기본공간정보데이터베이스를 구축·관리할 때에는 다음 각 호의 기준에 따라야 한다. 〈개정 2009.12.14, 2013.3.23, 2015.6.1〉
　1. 법 제21조에 따른 표준 및 기술기준
　2. 관계 중앙행정기관의 장과 협의하여 국토교통부장관이 정하는 기본공간정보 교환형식 및 지형지물 분류체계

　3. 「공간정보의 구축 및 관리 등에 관한 법률 시행령」 제7조제3항에 따른 직각좌표의 기준
　4. 그 밖에 관계 중앙행정기관과 협의하여 국토교통부장관이 정하는 기준

05 「국가공간정보 기본법」상 공간정보 데이터베이스에 대한 내용으로 옳지 않은 것은?

① 법령에 의하여 금지된 정보를 제외한 전부 또는 일부 공간정보 데이터베이스는 복제하여 판매, 배포할 수 있다.
② 멸실 또는 훼손에 대비하여 별도로 복제하여 관리하여야 한다.
③ 다른 기관의 공간정보와 호환이 가능하도록 관련 표준에 따라야 한다.
④ 새로운 공간정보를 구축할 때에는 기존에 구축된 공간정보 체계와 중복 투자함으로써 그 정확도를 높여야 한다.

해설

국가공간정보 기본법 제28조(공간정보데이터베이스의 구축 및 관리)
① 관리기관의 장은 해당 기관이 생산 또는 관리하는 공간정보가 다른 기관이 생산 또는 관리하는 공간정보와 호환이 가능하도록 제21조에 따른 공간정보와 관련한 표준 또는 기술기준에 따라 공간정보데이터베이스를 구축·관리하여야 한다. 〈개정 2014.6.3〉
② 관리기관의 장은 해당 기관이 관리하고 있는 공간정보데이터베이스가 최신 정보를 기반으로 유지될 수 있도록 노력하여야 한다.
③ 관리기관의 장은 중앙행정기관 및 지방자치단체로부터 공간정보데이터베이스의 구축·관리 등을 위하여 필요한 공간정보의 열람·복제 등 관련 자료의 제공 요청을 받은 때에는 특별한 사유가 없는 한 이에 응하여야 한다.
④ 관리기관의 장은 중앙행정기관 및 지방자치단체를 제외한 다른 관리기관으로부터 공간정보데이터베이스의 구축·관리 등을 위하여 필요한 공간정보의 열람·복제 등 관련 자료의 제공 요청을 받은 때에는 이에 협조할 수 있다.

⑤ 제3항 및 제4항에 따라 제공받은 공간정보는 제1항에 따른 공간정보데이터베이스의 구축·관리 외의 용도로 이용되어서는 아니 된다.

국가공간정보 기본법 제34조(공간정보의 복제 및 판매 등)

① 관리기관의 장은 대통령령으로 정하는 바에 따라 해당 기관이 관리하고 있는 공간정보데이터베이스의 전부 또는 일부를 복제 또는 간행하여 판매 또는 배포하거나 해당 데이터베이스로부터 출력한 자료를 정보이용자에게 제공할 수 있다. 다만, 법령과 제35조의 보안관리규정에 따라 공개가 금지 또는 제한되거나 유출이 금지된 정보에 대하여는 그러하지 아니한다. 〈개정 2014.6.3〉

② 관리기관의 장은 대통령령으로 정하는 바에 따라 공간정보데이터베이스로부터 복제 또는 출력한 자료를 이용하는 자로부터 사용료 또는 수수료를 받을 수 있다.

국가공간정보 기본법 제34조(공간정보의 복제 및 판매 등)

① 관리기관의 장은 대통령령으로 정하는 바에 따라 해당 기관이 관리하고 있는 공간정보데이터베이스의 전부 또는 일부를 복제 또는 간행하여 판매 또는 배포하거나 해당 데이터베이스로부터 출력한 자료를 정보이용자에게 제공할 수 있다. 다만, 법령과 제35조의 보안관리규정에 따라 공개가 금지 또는 제한되거나 유출이 금지된 정보에 대하여는 그러하지 아니한다. 〈개정 2014.6.3, 2021.3.16〉

② 제1항 단서에도 불구하고 관리기관(중앙행정기관 및 지방자치단체에 한정한다. 이하 이 조 제3항, 제35조의2제1항, 제35조의3, 제35조의4제1항 및 제35조의5제1항에서 같다)의 장은 「공간정보산업 진흥법」에 따른 공간정보사업자 또는 「위치정보의 보호 및 이용 등에 관한 법률」에 따른 위치정보사업자가 공간정보사업, 위치기반 서비스 사업 등을 영위하기 위하여 제1항 본문에 따른 공간정보데이터베이스 또는 해당 데이터베이스로부터 출력한 자료의 제공을 신청하는 경우에는 대통령령으로 정하는 바에 따라 공개가 제한된 공간정보를 제공할 수 있다. 〈신설 2021.3.16〉

③ 제2항에 따라 공간정보를 제공받은 자는 제35조에 따른 관리기관의 보안관리규정을 준수하여야 한다. 〈신설 2021.3.16〉

④ 관리기관의 장은 대통령령으로 정하는 바에 따라 공간정보데이터베이스로부터 복제 또는 출력한 자료를 이용하는 자로부터 사용료 또는 수수료를 받을 수 있다. 〈개정 2021.3.16〉

06 국가공간정보정책에 관한 사항을 심의·조정하기 위하여 국토교통부에 설치하는 기구는?

① 국가공간정보위원회
② 중앙지적위원회
③ 지적재조사위원회
④ 국가지리정보위원회

해설

국가공간정보 기본법 제5조(국가공간정보위원회)

必 암기 계 시 수 변 가 유 보 하고 방 회 정 위 에서

① 국가공간정보정책에 관한 사항을 심의·조정하기 위하여 국토교통부에 국가공간정보위원회(이하 "위원회"라 한다)를 둔다. 〈개정 2013.3.23〉

② 위원회는 다음 각 호의 사항을 심의한다.

> 1. 제6조에 따른 국가공간정보정책 기본계획의 수립·변경 및 집행실적의 평가
> 2. 제7조에 따른 국가공간정보정책 시행계획(제7조에 따른 기관별 국가공간정보정책 시행계획을 포함한다)의 수립·변경 및 집행실적의 평가
> 3. 공간정보의 활용 촉진, 유통 및 보호에 관한 사항
> 4. 국가공간정보체계의 중복투자 방지 등 투자 효율화에 관한 사항
> 5. 국가공간정보체계의 구축·관리 및 활용에 관한 주요 정책의 조정에 관한 사항
> 6. 그 밖에 국가공간정보정책 및 국가공간정보체계와 관련된 사항으로서 위원장이 회의에 부치는 사항

③ 위원회는 위원장을 포함하여 30인 이내의 위원으로 구성한다.

④ 위원장은 국토교통부장관이 되고, 위원은 다음 각 호의 자가 된다. 〈개정 2012.12.18, 2013.3.23〉

> 1. 국가공간정보체계를 관리하는 중앙행정기관의 차관급 공무원으로서 대통령령으로 정하는 자

정답 | 06 ①

2. 지방자치단체의 장(특별시 · 광역시 · 특별자치시 · 도 · 특별자치도의 경우에는 부시장 또는 부지사)으로서 위원장이 위촉하는 자 7인 이상

3. 공간정보체계에 관한 전문지식과 경험이 풍부한 민간전문가로서 위원장이 위촉하는 자 7인 이상

⑤ 제4항제2호 및 제3호에 해당하는 위원의 임기는 2년으로 한다. 다만, 위원의 사임 등으로 새로 위촉된 위원의 임기는 전임 위원의 남은 임기로 한다.

⑥ 위원회는 제2항에 따른 심의 사항을 전문적으로 검토하기 위하여 전문위원회를 둘 수 있다. 〈개정 2014.6.3〉

⑦ 그 밖에 위원회 및 전문위원회의 구성 · 운영 등에 관하여 필요한 사항은 대통령령으로 정한다.

07 국가공간정보위원회에 대한 설명이다. 옳지 않은 것은?

① 위원회는 위원장을 포함하여 30인 이내의 위원으로 구성한다.

② 위원회는 심의 사항을 전문적으로 검토하기 위하여 전문위원회를 둘 수 있다

③ 위원장은 회의 개최 7일 전까지 회의 일시 · 장소 및 심의안건을 각 위원에게 통보하여야 한다. 다만, 긴급한 경우에는 회의 개최 전까지 통보할 수 있다.

④ 국가공간정보체계의 중복투자 방지 등 투자 효율화에 관한 사항은 국가공간정보위원회의 심의사항이다.

해설

국가공간정보 기본법 제5조(국가공간정보위원회)

必 암기 계시수변가유보하고 방화정위에서

① 국가공간정보정책에 관한 사항을 심의 · 조정하기 위하여 국토교통부에 국가공간정보위원회(이하 "위원회"라 한다)를 둔다. 〈개정 2013.3.23〉

② 위원회는 다음 각 호의 사항을 심의한다.

1. 제6조에 따른 국가공간정보정책 기본계획의 수립 · 변경 및 집행실적의 평가
2. 제7조에 따른 국가공간정보정책 시행계획(제7조에 따른 기관별 국가공간정보정책 시행계획을 포함한다)의 수립 · 변경 및 집행실적의 평가

3. 공간정보의 활용 촉진, 유통 및 보호에 관한 사항
4. 국가공간정보체계의 중복투자 방지 등 투자 효율화에 관한 사항
5. 국가공간정보체계의 구축 · 관리 및 활용에 관한 주요 정책의 조정에 관한 사항
6. 그 밖에 국가공간정보정책 및 국가공간정보체계와 관련된 사항으로서 위원장이 회의에 부치는 사항

③ 위원회는 위원장을 포함하여 30인 이내의 위원으로 구성한다.

④ 위원장은 국토교통부장관이 되고, 위원은 다음 각 호의 자가 된다. 〈개정 2012.12.18, 2013.3.23〉

1. 국가공간정보체계를 관리하는 중앙행정기관의 차관급 공무원으로서 대통령령으로 정하는 자
2. 지방자치단체의 장(특별시 · 광역시 · 특별자치시 · 도 · 특별자치도의 경우에는 부시장 또는 부지사)으로서 위원장이 위촉하는 자 7인 이상
3. 공간정보체계에 관한 전문지식과 경험이 풍부한 민간전문가로서 위원장이 위촉하는 자 7인 이상

⑤ 제4항제2호 및 제3호에 해당하는 위원의 임기는 2년으로 한다. 다만, 위원의 사임 등으로 새로 위촉된 위원의 임기는 전임 위원의 남은 임기로 한다.

⑥ 위원회는 제2항에 따른 심의 사항을 전문적으로 검토하기 위하여 전문위원회를 둘 수 있다. 〈개정 2014.6.3〉

⑦ 그 밖에 위원회 및 전문위원회의 구성 · 운영 등에 관하여 필요한 사항은 대통령령으로 정한다.

국가공간정보 기본법 시행령 제3조(국가공간정보위원회의 위원)

① 법 제5조제4항제1호에 따른 위원은 다음 각 호의 사람으로 한다. 〈개정 2013.3.23, 2013.11.22, 2014.11.19, 2017.7.26〉

1. 기획재정부 제1차관, 교육부차관, 과학기술정보통신부 제2차관, 국방부차관, 행정안전부차관, 농림축산식품부차관, 산업통상자원부 제1차관, 환경부차관 및 해양수산부차관
2. 통계청장, 소방청장, 문화재청장, 농촌진흥청장 및 산림청장

② 법 제5조에 따른 국가공간정보위원회(이하 "위원회"라 한다)의 위원장은 법 제5조제4항제3호에 따라 민간전문가를 위원으로 위촉하는 경우 관계 중앙행정기관의 장의 의견을 들을 수 있다.

정답 | 07 ③

국가공간정보 기본법 시행령 제4조(위원회의 운영)

① 위원회의 위원장(이하 "위원장"이라 한다)은 위원회를 대표하고, 위원회의 업무를 총괄한다.

② 위원장이 부득이한 사유로 직무를 수행할 수 없을 때에는 위원장이 지명하는 위원의 순으로 그 직무를 대행한다.

③ 위원장은 회의 개최 5일 전까지 회의 일시·장소 및 심의안건을 각 위원에게 통보하여야 한다. 다만, 긴급한 경우에는 회의 개최 전까지 통보할 수 있다.

④ 회의는 재적위원 과반수의 출석으로 개의(開議)하고, 출석위원 과반수의 찬성으로 의결한다.

국가공간정보 기본법 시행령 제5조(위원회의 간사)

위원회에 간사 2명을 두되, 간사는 국토교통부와 행정안전부 소속 3급 또는 고위공무원단에 속하는 일반직공무원 중에서 국토교통부장관과 행정안전부장관이 각각 지명한다.

08 국가공간정보정책 기본계획 수립 시 포함할 사항으로 옳지 않은 것은?

① 공간정보 관련 전문인력의 양성

② 국가공간정보체계와 관련한 국가적 표준의 연구·보급 및 기술기준의 관리

③ 국가기본지리정보의 취득 및 관리

④ 국가공간정보체계에 관한 연구·개발

> 해설

국가공간정보 기본법 제6조(국가공간정보정책 기본계획의 수립)

必 암기 정취연은 전공자로 구성하라.

① 정부는 국가공간정보체계의 구축 및 활용을 촉진하기 위하여 국가공간정보정책 기본계획(이하 "기본계획"이라 한다)을 5년마다 수립하고 시행하여야 한다.

② 기본계획에는 다음 각 호의 사항이 포함되어야 한다.

1. 국가공간정보체계의 구축 및 공간정보의 활용 촉진을 위한 정책의 기본 방향
2. 제19조에 따른 기본공간정보의 취득 및 관리
3. 국가공간정보체계에 관한 연구·개발
4. 공간정보 관련 전문인력의 양성
5. 국가공간정보체계의 활용 및 공간정보의 유통

6. 국가공간정보체계의 구축·관리 및 공간정보의 유통 촉진에 필요한 투자 및 재원조달 계획

7. 국가공간정보체계와 관련한 국가적 표준의 연구·보급 및 기술기준의 관리

8. 「공간정보산업 진흥법」 제2조제1항제2호에 따른 공간정보산업의 육성에 관한 사항

9. 그 밖에 국가공간정보정책에 관한 사항

③ 관계 중앙행정기관의 장은 제2항 각 호의 사항 중 소관 업무에 관한 기관별 국가공간정보정책 기본계획(이하 "기관별 기본계획"이라 한다)을 작성하여 대통령령으로 정하는 바에 따라 국토교통부장관에게 제출하여야 한다. 〈개정 2013.3.23〉

④ 국토교통부장관은 제3항에 따라 관계 중앙행정기관의 장이 제출한 기관별 기본계획을 종합하여 기본계획을 수립하고 위원회의 심의를 거쳐 이를 확정한다. 〈개정 2009.5.22, 2013.3.23〉

⑤ 제4항에 따라 확정된 기본계획을 변경하는 경우 그 절차에 관하여는 제4항을 준용한다. 다만, 대통령령으로 정하는 경미한 사항을 변경하는 경우에는 그러하지 아니하다.

09 국가공간정보정책 기본계획의 수립에 대한 내용으로 옳지 않은 것은?

① 관계 중앙행정기관의 장은 소관 업무에 관한 기관별 국가공간정보정책 기본계획을 작성하여 대통령령으로 정하는 바에 따라 국토교통부장관에게 제출하여야 한다.

② 국토교통부장관은 국가공간정보정책 기본계획을 확정하거나 변경한 경우에는 이를 관보에 고시하여야 한다.

③ 국토교통부장관은 관계 중앙행정기관의 장이 제출한 기관별 기본계획을 종합하여 기본계획을 수립하고 위원회의 심의를 거쳐 이를 확정한다.

④ 정부는 국가공간정보체계의 구축 및 활용을 촉진하기 위하여 국가공간정보정책 기본계획을 3년마다 수립하고 시행하여야 한다.

정답 | 08 ③ 09 ④

해설

국가공간정보 기본법 제6조(국가공간정보정책 기본계획의 수립)

必 암기 │ ⑳⑭⑭은 ⑳⑳⑳로 ⑳⑳하라.

① 정부는 국가공간정보체계의 구축 및 활용을 촉진하기 위하여 국가공간정보정책 기본계획(이하 "기본계획"이라 한다)을 5년마다 수립하고 시행하여야 한다.

② 기본계획에는 다음 각 호의 사항이 포함되어야 한다. 〈개정 2014.6.3.〉

> 1. 국가공간정보체계의 구축 및 공간정보의 활용 촉진을 위한 정책의 기본 방향
> 2. 제19조에 따른 기본공간정보의 취득 및 관리
> 3. 국가공간정보체계에 관한 연구 · 개발
> 4. 공간정보 관련 전문인력의 양성
> 5. 국가공간정보체계의 활용 및 공간정보의 유통
> 6. 국가공간정보체계의 구축 · 관리 및 공간정보의 유통 촉진에 필요한 투자 및 재원조달 계획
> 7. 국가공간정보체계와 관련한 국가적 표준의 연구 · 보급 및 기술기준의 관리
> 8. 「공간정보산업 진흥법」 제2조제1항제2호에 따른 공간정보산업의 육성에 관한 사항
> 9. 그 밖에 국가공간정보정책에 관한 사항

③ 관계 중앙행정기관의 장은 제2항 각 호의 사항 중 소관 업무에 관한 기관별 국가공간정보정책 기본계획(이하 "기관별 기본계획"이라 한다)을 작성하여 대통령령으로 정하는 바에 따라 국토교통부장관에게 제출하여야 한다. 〈개정 2013.3.23〉

④ 국토교통부장관은 제3항에 따라 관계 중앙행정기관의 장이 제출한 기관별 기본계획을 종합하여 기본계획을 수립하고 위원회의 심의를 거쳐 이를 확정한다. 〈개정 2009.5.22, 2013.3.23〉

⑤ 제4항에 따라 확정된 기본계획을 변경하는 경우 그 절차에 관하여는 제4항을 준용한다. 다만, 대통령령으로 정하는 경미한 사항을 변경하는 경우에는 그러하지 아니하다.

국가공간정보 기본법 시행령 제12조(국가공간정보정책 기본계획의 수립)

① 관계 중앙행정기관의 장은 법 제6조제3항에 따라 소관 업무에 관한 기관별 국가공간정보정책 기본계획을 국토교통부장관이 정하는 수립 · 제출 일정에 따라 국토교통부장관에게 제출하여야 한다. 이 경우 국토교통부장관은 기관별 국가공간정보정책 기본계획 수립에 필요한 지침을 정하여 관계 중앙행정기관

의 장에게 통보할 수 있다. 〈개정 2013.3.23〉

② 국토교통부장관은 법 제6조제4항에 따라 국가공간정보정책 기본계획의 수립을 위하여 필요하면 시 · 도지사에게 법 제6조제2항 각 호의 사항 중 소관 업무에 관한 자료의 제출을 요청할 수 있다. 이 경우 시 · 도지사는 특별한 사유가 없으면 이에 따라야 한다. 〈개정 2013.3.23〉

③ 국토교통부장관은 법 제6조제4항 및 제5항에 따라 국가공간정보정책 기본계획을 확정하거나 변경한 경우에는 이를 관보에 고시하여야 한다. 〈개정 2013.3.23〉

④ 법 제6조제5항 단서에서 "대통령령으로 정하는 경미한 사항을 변경하는 경우"란 다음 각 호의 경우를 말한다.

> 1. 법 제6조제2항제2호부터 제5호까지, 제7호 또는 제8호와 관련된 사업으로서 사업기간을 2년 이내에서 가감하거나 사업비를 처음 계획의 100분의 10 이내에서 증감하는 경우
> 2. 법 제6조제2항제6호의 투자 및 재원조달 계획에 따른 투자금액 또는 재원조달금액을 처음 계획의 100분의 10 이내에서 증감하는 경우

10 국가공간정보정책 시행계획의 수립에 대한 내용으로 옳지 않은 것은?

① 국토교통부장관, 관계 중앙행정기관의 장 및 시 · 도지사는 확정 또는 변경된 시행계획 및 기관별 시행계획을 시행하고 그 집행실적을 평가하여야 한다.

② 관계 중앙행정기관의 장과 시 · 도지사는 수립한 기관별 시행계획을 대통령령으로 정하는 바에 따라 국토교통부장관에게 제출하여야 하며, 국토교통부장관은 제출된 기관별 시행계획을 통합하여 매년 국가공간정보정책 시행계획을 수립하고 위원회의 심의를 거쳐 이를 확정한다.

③ 국토교통부장관은 시행계획 또는 기관별 시행계획의 집행에 필요한 예산에 대하여 위원회의 심의를 거쳐 시 · 도지사에게 의견을 제시할 수 있다

④ 관계 중앙행정기관의 장과 특별시장 · 광역시장 · 특별자치시장 · 도지사 및 특별자치도지사는 매년 기본계획에 따라 소관 업무와 관련된 기관별 국가공간정보정책 시행계획을 수립한다.

정답 | 10 ③

해설

국가공간정보 기본법 제7조(국가공간정보정책 시행계획)

① 관계 중앙행정기관의 장과 특별시장·광역시장·특별자치시장·도지사 및 특별자치도지사(이하 "시·도지사"라 한다)는 매년 기본계획에 따라 소관 업무와 관련된 기관별 국가공간정보정책 시행계획(이하 "기관별 시행계획"이라 한다)을 수립한다. 〈개정 2012.12.18〉

② 관계 중앙행정기관의 장과 시·도지사는 제1항에 따라 수립한 기관별 시행계획을 대통령령으로 정하는 바에 따라 국토교통부장관에게 제출하여야 하며, 국토교통부장관은 제출된 기관별 시행계획을 통합하여 매년 국가공간정보정책 시행계획(이하 "시행계획"이라 한다)을 수립하고 위원회의 심의를 거쳐 이를 확정한다. 〈개정 2013.3.23〉

③ 제2항에 따라 확정된 시행계획을 변경하고자 하는 경우에는 제2항을 준용한다. 다만, 대통령령으로 정하는 경미한 사항을 변경하는 경우에는 그러하지 아니하다.

④ 국토교통부장관, 관계 중앙행정기관의 장 및 시·도지사는 제2항 또는 제3항에 따라 확정 또는 변경된 시행계획 및 기관별 시행계획을 시행하고 그 집행실적을 평가하여야 한다. 〈개정 2013.3.23〉

⑤ 국토교통부장관은 시행계획 또는 기관별 시행계획의 집행에 필요한 예산에 대하여 위원회의 심의를 거쳐 기획재정부장관에게 의견을 제시할 수 있다. 〈개정 2013.3.23〉

⑥ 시행계획 또는 기관별 시행계획의 수립, 시행 및 집행실적의 평가와 제5항에 따른 국토교통부장관의 의견제시에 관하여 필요한 사항은 대통령령으로 정한다.

---

11 공간정보기본법에서 규정하고 있는 벌칙 구분 중 2년 이하의 징역 또는 2천만원 이하의 벌금형에 해당되는 것은?

① 공사가 아닌 자는 한국국토정보공사 또는 이와 유사한 명칭을 사용한자
② 직무상 알게 된 비밀을 누설하거나 도용한 자
③ 공간정보 또는 공간정보데이터베이스를 관리기관의 승인 없이 무단으로 열람·복제·유출한 자
④ 공간정보 또는 공간정보데이터베이스를 무단으로 침해하거나 훼손한 자

해설

국가공간정보 기본법 제39조(벌칙)
제37조제1항을 위반하여 공간정보 또는 공간정보데이터베이스를 무단으로 침해하거나 훼손한 자는 2년 이하의 징역 또는 2천만원 이하의 벌금에 처한다.

국가공간정보 기본법 제40조(벌칙)
다음 각 호의 어느 하나에 해당하는 자는 1년 이하의 징역 또는 1천만원 이하의 벌금에 처한다. 〈개정 2014.6.3, 2021.3.16〉

1. 제37조제1항을 위반하여 공간정보 또는 공간정보데이터베이스를 관리기관의 승인 없이 무단으로 열람·복제·유출한 자
2. 제38조를 위반하여 직무상 알게 된 비밀을 누설하거나 도용한 자
3. 제34조제3항을 위반하여 보안관리규정을 준수하지 아니한 자
4. 거짓이나 그 밖의 부정한 방법으로 전문기관으로 지정받은 자

국가공간정보 기본법 제41조(양벌규정)
법인의 대표자나 법인 또는 개인의 대리인, 사용인, 그 밖의 종업원이 그 법인 또는 개인의 업무에 관하여 제39조 또는 제40조의 위반행위를 하면 그 행위자를 벌하는 외에 그 법인 또는 개인에게도 해당 조문의 벌금형을 과(科)한다. 다만, 법인 또는 개인이 그 위반행위를 방지하기 위하여 해당 업무에 관하여 상당한 주의와 감독을 게을리하지 아니한 경우에는 그러하지 아니하다. 〈개정 2014.6.3.〉

국가공간정보 기본법 제42조(과태료)
① 제17조를 위반한 자에게는 500만원 이하의 과태료를 부과한다.
② 제1항에 따른 과태료는 대통령령으로 정하는 바에 따라 국토교통부장관이 부과·징수한다.

국가공간정보 기본법 제17조(유사 명칭의 사용 금지)
공사가 아닌 자는 한국국토정보공사 또는 이와 유사한 명칭을 사용하지 못한다.

정답 | 11 ④

12 다음 중 국가공간정보위원회와 관련된 내용으로 옳은 것은?

① 위원회는 회의의 원활한 진행을 위하여 간사 1명을 둔다.

② 위원장은 회의 개최 7일 전까지 회의 일시·장소 및 심의안건을 각 위원에게 통보하여야 한다.

③ 회의는 재적위원 2분의 1의 출석으로 개의하고, 출석위원 2분의 2의 찬성으로 의결한다.

④ 위원장이 부득이한 사유로 직무를 수행할 수 없을 때에는 위원장이 지명하는 위원의 순으로 그 직무를 대행한다.

해설

국가공간정보 기본법 제5조(국가공간정보위원회)

必 암기 ㉠㉡㉢㉣㉤㉥㉦하고 ㉧㉨㉩에서

① 국가공간정보정책에 관한 사항을 심의·조정하기 위하여 국토교통부에 국가공간정보위원회(이하 "위원회"라 한다)를 둔다. 〈개정 2013.3.23〉

② 위원회는 다음 각 호의 사항을 심의한다.

> 1. 제6조에 따른 국가공간정보정책 기본계획의 수립·변경 및 집행실적의 평가
> 2. 제7조에 따른 국가공간정보정책 시행계획(제7조에 따른 기관별 국가공간정보정책 시행계획을 포함한다)의 수립·변경 및 집행실적의 평가
> 3. 공간정보의 활용 촉진, 유통 및 보호에 관한 사항
> 4. 국가공간정보체계의 중복투자 방지 등 투자 효율화에 관한 사항
> 5. 국가공간정보체계의 구축·관리 및 활용에 관한 주요 정책의 조정에 관한 사항
> 6. 그 밖에 국가공간정보정책 및 국가공간정보체계와 관련된 사항으로서 위원장이 부의하는 사항

③ 위원회는 위원장을 포함하여 30인 이내의 위원으로 구성한다.

④ 위원장은 국토교통부장관이 되고, 위원은 다음 각 호의 자가 된다. 〈개정 2012.12.18, 2013.3.23〉

  1. 국가공간정보체계를 관리하는 중앙행정기관의 차관급 공무원으로서 대통령령으로 정하는 자

  2. 지방자치단체의 장(특별시·광역시·특별자치시·도·특별자치도의 경우에는 부시장 또는 부지사)으로서 위원장이 위촉하는 자 7인 이상

  3. 공간정보체계에 관한 전문지식과 경험이 풍부한 민간전문가로서 위원장이 위촉하는 자 7인 이상

⑤ 제4항제2호 및 제3호에 해당하는 위원의 임기는 2년으로 한다. 다만, 위원의 사임 등으로 새로 위촉된 위원의 임기는 전임 위원의 남은 임기로 한다.

⑥ 위원회는 제2항에 따른 심의 사항을 전문적으로 검토하기 위하여 전문위원회를 둘 수 있다. 〈개정 2014.6.3〉

⑦ 그 밖에 위원회 및 전문위원회의 구성·운영 등에 관하여 필요한 사항은 대통령령으로 정한다.

국가공간정보 기본법 시행령 제3조(국가공간정보위원회의 위원)

① 법 제5조제4항제1호에 따른 위원은 다음 각 호의 사람으로 한다. 〈개정 2013.3.23, 2013.11.22, 2014.11.19, 2017.7.26, 2021.8.6〉

  1. 기획재정부 제1차관, 교육부차관, 미래창조과학부 제2차관, 국방부차관, 행정자치부차관, 농림축산식품부차관, 산업통상자원부 제1차관, 환경부차관, 해양수산부차관 및 국민안전처의 소방사무를 담당하는 본부장

  2. 통계청장, 문화재청장, 농촌진흥청장 및 산림청장

② 법 제5조에 따른 국가공간정보위원회(이하 "위원회"라 한다)의 위원장은 법 제5조제4항제3호에 따라 민간전문가를 위원으로 위촉하는 경우 관계 중앙행정기관의 장의 의견을 들을 수 있다.

국가공간정보 기본법 시행령 제4조(위원회의 운영)

① 위원회의 위원장(이하 "위원장"이라 한다)은 위원회를 대표하고, 위원회의 업무를 총괄한다.

② 위원장이 부득이한 사유로 직무를 수행할 수 없을 때에는 위원장이 지명하는 위원의 순으로 그 직무를 대행한다.

③ 위원장은 회의 개최 5일 전까지 회의 일시·장소 및 심의안건을 각 위원에게 통보하여야 한다. 다만, 긴급한 경우에는 회의 개최 전까지 통보할 수 있다.

④ 회의는 재적위원 과반수의 출석으로 개의(開議)하고, 출석위원 과반수의 찬성으로 의결한다.

국가공간정보 기본법 시행령 제5조(위원회의 간사)

위원회에 간사 2명을 두되, 간사는 국토교통부와 행정안전부 소속 3급 또는 고위공무원단에 속하는 일반직공무원 중에서 국토교통부장관과 행정안전부장관이 각각 지명한다.

13 다음 중 국가공간정보위원회 심의사항으로 옳지 않은 것은?

① 공간정보의 유통과 보호에 관한 사항
② 국가공간정보체계의 중복투자 방지 등 투자 효율화에 관한 사항
③ 국가공간정보체계의 구축 · 관리 및 활용에 관한 주요 정책의 조정에 관한 사항
④ 국가공간정보정책 종합계획의 수립 · 변경 및 집행실적의 평가
⑤ 국가공간정보정책 기본계획의 수립 · 변경 및 집행실적의 평가

해설

국가공간정보 기본법 제5조(국가공간정보위원회)

必 암기 껴시수변기유보하고 방화정위에서

① 국가공간정보정책에 관한 사항을 심의 · 조정하기 위하여 국토교통부에 국가공간정보위원회(이하 "위원회"라 한다)를 둔다. 〈개정 2013.3.23〉
② 위원회는 다음 각 호의 사항을 심의한다. 〈개정 2020. 6.9., 2021.3.16〉

> 1. 제6조에 따른 국가공간정보정책 기본계획의 수립 · 변경 및 집행실적의 평가
> 2. 제7조에 따른 국가공간정보정책 시행계획(제7조에 따른 기관별 국가공간정보정책 시행계획을 포함한다)의 수립 · 변경 및 집행실적의 평가
> 3. 공간정보의 활용 촉진, 유통 및 보호에 관한 사항
> 4. 국가공간정보체계의 중복투자 방지 등 투자 효율화에 관한 사항
> 5. 국가공간정보체계의 구축 · 관리 및 활용에 관한 주요 정책의 조정에 관한 사항
> 6. 그 밖에 국가공간정보정책 및 국가공간정보체계와 관련된 사항으로서 위원장이 부의하는 사항

③ 위원회는 위원장을 포함하여 30인 이내의 위원으로 구성한다.
④ 위원장은 국토교통부장관이 되고, 위원은 다음 각 호의 자가 된다. 〈개정 2012.12.18, 2013.3.23〉
1. 국가공간정보체계를 관리하는 중앙행정기관의 차관급 공무원으로서 대통령령으로 정하는 자

2. 지방자치단체의 장(특별시 · 광역시 · 특별자치시 · 도 · 특별자치도의 경우에는 부시장 또는 부지사)으로서 위원장이 위촉하는 자 7인 이상
3. 공간정보체계에 관한 전문지식과 경험이 풍부한 민간전문가로서 위원장이 위촉하는 자 7인 이상
⑤ 제4항제2호 및 제3호에 해당하는 위원의 임기는 2년으로 한다. 다만, 위원의 사임 등으로 새로 위촉된 위원의 임기는 전임 위원의 남은 임기로 한다.
⑥ 위원회는 제2항에 따른 심의 사항을 전문적으로 검토하기 위하여 전문위원회를 둘 수 있다. 〈개정 2014. 6.3〉
⑦ 그 밖에 위원회 및 전문위원회의 구성 · 운영 등에 관하여 필요한 사항은 대통령령으로 정한다.

국가공간정보 기본법 시행령 제3조(국가공간정보위원회의 위원)

① 법 제5조제4항제1호에 따른 위원은 다음 각 호의 사람으로 한다. 〈개정 2013.3.23, 2013.11.22, 2014. 11.19, 2017.7.26., 2021.8.6.〉

> 1. 기획재정부 제1차관, 교육부차관, 미래창조과학부 제2차관, 국방부차관, 행정자치부차관, 농림축산식품부차관, 산업통상자원부 제1차관, 환경부차관, 해양수산부차관 및 국민안전처의 소방사무를 담당하는 본부장
> 2. 통계청장, 문화재청장, 농촌진흥청장 및 산림청장

② 법 제5조에 따른 국가공간정보위원회(이하 "위원회"라 한다)의 위원장은 법 제5조제4항제3호에 따라 민간전문가를 위원으로 위촉하는 경우 관계 중앙행정기관의 장의 의견을 들을 수 있다.

정답 | 13 ④

14 국가공간정보센터에서 수행하는 업무로 옳은 것은?

① 지적공부(地籍公簿)정보의 수집 · 가공 및 제공
② 건물 등기부 수집 · 가공 및 제공
③ 지적공부(地籍公簿)의 관리 및 활용
④ 토지등기부 수집 · 가공 및 제공

해설

국가공간정보센터 운영규정 제4조(국가공간정보센터의 운영)

① 국가공간정보센터는 다음 각 호의 업무를 수행한다. 〈개정 2010.9.20, 2014.4.22, 2014.12.30, 2015.6.1〉
  1. 공간정보의 수집 · 가공 · 제공 및 유통
  2. 「공간정보의 구축 및 관리 등에 관한 법률」 제2조제19호에 따른 지적공부(地籍公簿)의 관리 및 활용
  3. 부동산관련자료의 조사 · 평가 및 이용
  4. 부동산 관련 정책정보와 통계의 생산
  5. 공간정보를 활용한 성공사례의 발굴 및 포상
  6. 공간정보의 활용 활성화를 위한 국내외 교육 및 세미나
  7. 그 밖에 국토교통부장관이 공간정보의 수집 · 가공 · 제공 및 유통 활성화와 지적공부의 관리 및 활용을 위하여 필요하다고 인정하는 업무
② 국토교통부장관은 제1항의 업무를 수행하기 위하여 필요한 전산시스템을 구축하여야 한다. 〈개정 2013.3.23〉
③ 국토교통부장관은 제2항에 따른 전산시스템과 관련 중앙행정기관 · 지방자치단체 및 「공공기관의 운영에 관한 법률」 제4조에 따른 공공기관(이하 "공공기관"이라 한다)의 전산시스템과의 연계체계를 유지하여야 한다. 〈개정 2013.3.23, 2014.12.30〉
④ 국토교통부장관은 국가공간정보센터를 효율적으로 운영하기 위하여 관계 중앙행정기관 · 지방자치단체 소속 공무원 또는 공공기관의 임직원의 파견을 요청할 수 있다. 〈신설 2014.12.30〉

15 국가공간정보센터에서 수행하는 업무로 옳지 않은 것은?

① 공간정보의 수집 · 가공 및 제공
② 토지 및 건물 등기부 수집 · 가공 및 제공
③ 지적공부의 관리 및 활용
④ 부동산 관련 자료의 조사 · 평가 및 이용

해설

국가공간정보센터 운영규정 제4조(국가공간정보센터의 운영)

① 국가공간정보센터는 다음 각 호의 업무를 수행한다. 〈개정 2010.9.20, 2014.4.22, 2014.12.30, 2015.6.1〉
  1. 공간정보의 수집 · 가공 · 제공 및 유통
  2. 「공간정보의 구축 및 관리 등에 관한 법률」 제2조제19호에 따른 지적공부(地籍公簿)의 관리 및 활용
  3. 부동산관련자료의 조사 · 평가 및 이용
  4. 부동산 관련 정책정보와 통계의 생산
  5. 공간정보를 활용한 성공사례의 발굴 및 포상
  6. 공간정보의 활용 활성화를 위한 국내외 교육 및 세미나
  7. 그 밖에 국토교통부장관이 공간정보의 수집 · 가공 · 제공 및 유통 활성화와 지적공부의 관리 및 활용을 위하여 필요하다고 인정하는 업무
② 국토교통부장관은 제1항의 업무를 수행하기 위하여 필요한 전산시스템을 구축하여야 한다. 〈개정 2013.3.23〉
③ 국토교통부장관은 제2항에 따른 전산시스템과 관련 중앙행정기관 · 지방자치단체 및 「공공기관의 운영에 관한 법률」 제4조에 따른 공공기관(이하 "공공기관"이라 한다)의 전산시스템과의 연계체계를 유지하여야 한다. 〈개정 2013.3.23, 2014.12.30〉
④ 국토교통부장관은 국가공간정보센터를 효율적으로 운영하기 위하여 관계 중앙행정기관 · 지방자치단체 소속 공무원 또는 공공기관의 임직원의 파견을 요청할 수 있다. 〈신설 2014.12.30〉

정답 | 14 ③ 15 ②

16 다음 중 국가공간정보위원회에 관한 사항으로 옳은 것은?

① 위원회는 위원장을 포함하여 20인 이내의 위원으로 구성한다.

② 위원장은 회의 개최 7일 전까지 회의 일시·장소 및 심의안건을 각 위원에게 통보하여야 한다.

③ 위원회에 간사 2명을 두되, 간사는 국토교통부와 행정자치부 소속 3급 또는 고위공무원단에 속하는 일반직공무원 중에서 위원장이 각각 지명한다.

④ 국가공간정보정책 기본계획의 수립·변경 및 집행실적의 평가는 국가공간정보위원회 심의사항이다.

해설

국가공간정보 기본법 제5조(국가공간정보위원회)

必 암기 (계)(시)(수)(변)(가)(유)(보)하고 (방)(효)(정)(위)에서

① 국가공간정보정책에 관한 사항을 심의·조정하기 위하여 국토교통부에 국가공간정보위원회(이하 "위원회"라 한다)를 둔다. 〈개정 2013.3.23〉

② 위원회는 다음 각 호의 사항을 심의한다.

> 1. 제6조에 따른 국가공간정보정책 기본계획의 수립·변경 및 집행실적의 평가
> 2. 제7조에 따른 국가공간정보정책 시행계획(제7조에 따른 기관별 국가공간정보정책 시행계획을 포함한다)의 수립·변경 및 집행실적의 평가
> 3. 공간정보의 활용 촉진, 유통 및 보호에 관한 사항
> 4. 국가공간정보체계의 중복투자 방지 등 투자 효율화에 관한 사항
> 5. 국가공간정보체계의 구축·관리 및 활용에 관한 주요 정책의 조정에 관한 사항
> 6. 그 밖에 국가공간정보정책 및 국가공간정보체계와 관련된 사항으로서 위원장이 부의하는 사항

③ 위원회는 위원장을 포함하여 30인 이내의 위원으로 구성한다.

④ 위원장은 국토교통부장관이 되고, 위원은 다음 각 호의 자가 된다. 〈개정 2012.12.18, 2013.3.23〉

1. 국가공간정보체계를 관리하는 중앙행정기관의 차관급 공무원으로서 대통령령으로 정하는 자

2. 지방자치단체의 장(특별시·광역시·특별자치시·도·특별자치도의 경우에는 부시장 또는 부지사)으로서 위원장이 위촉하는 자 7인 이상

3. 공간정보체계에 관한 전문지식과 경험이 풍부한 민간전문가로서 위원장이 위촉하는 자 7인 이상

⑤ 제4항제2호 및 제3호에 해당하는 위원의 임기는 2년으로 한다. 다만, 위원의 사임 등으로 새로 위촉된 위원의 임기는 전임 위원의 남은 임기로 한다.

⑥ 위원회는 제2항에 따른 심의 사항을 전문적으로 검토하기 위하여 전문위원회를 둘 수 있다. 〈개정 2014.6.3〉

⑦ 그 밖에 위원회 및 전문위원회의 구성·운영 등에 관하여 필요한 사항은 대통령령으로 정한다.

국가공간정보 기본법 시행령 제3조(국가공간정보위원회의 위원)

① 법 제5조제4항제1호에 따른 위원은 다음 각 호의 사람으로 한다. 〈개정 2013.3.23, 2013.11.22, 2014.11.19, 2017.7.26., 2021.8.6.〉

1. 기획재정부 제1차관, 교육부차관, 미래창조과학부 제2차관, 국방부차관, 행정자치부차관, 농림축산식품부차관, 산업통상자원부 제1차관, 환경부차관, 해양수산부차관 및 국민안전처의 소방사무를 담당하는 본부장

2. 통계청장, 문화재청장, 농촌진흥청장 및 산림청장

② 법 제5조에 따른 국가공간정보위원회(이하 "위원회"라 한다)의 위원장은 법 제5조제4항제3호에 따라 민간전문가를 위원으로 위촉하는 경우 관계 중앙행정기관의 장의 의견을 들을 수 있다.

공간정보 기본법 시행령 제4조(위원회의 운영)

① 위원회의 위원장(이하 "위원장"이라 한다)은 위원회를 대표하고, 위원회의 업무를 총괄한다.

② 위원장이 부득이한 사유로 직무를 수행할 수 없을 때에는 위원장이 지명하는 위원의 순으로 그 직무를 대행한다.

③ 위원장은 회의 개최 5일 전까지 회의 일시·장소 및 심의안건을 각 위원에게 통보하여야 한다. 다만, 긴급한 경우에는 회의 개최 전까지 통보할 수 있다.

④ 회의는 재적위원 과반수의 출석으로 개의(開議)하고, 출석위원 과반수의 찬성으로 의결한다.

공간정보 기본법 시행령 제5조(위원회의 간사)

위원회에 간사 2명을 두되, 간사는 국토교통부와 행정안전부 소속 3급 또는 고위공무원단에 속하는 일반직공무원 중에서 국토교통부장관과 행정안전부장관이 각각 지명한다.

정답 | 16 ④

17 국가공간정보 기본법에 대하여 (　) 안에 공통적으로 들어갈 용어로 알맞은 것은?

> • 관리기관의 장은 해당 기관이 관리하고 있는 (　　)이/가 최신 정보를 기반으로 유지될 수 있도록 노력하여야 한다.
> • 관리기관의 장은 해당 기관이 생산 또는 관리하는 공간정보가 다른 기관이 생산 또는 관리하는 공간정보와 호환이 가능하도록 공간정보와 관련한 표준 또는 기술기준에 따라 (　　)을/를 구축·관리하여야 한다.

① 공간정보데이터베이스
② 위성측위시스템
③ 국가공간정보센터
④ 한국국토정보공사

해설

국가공간정보 기본법 제28조(공간정보데이터베이스의 구축 및 관리)

① 관리기관의 장은 해당 기관이 생산 또는 관리하는 공간정보가 다른 기관이 생산 또는 관리하는 공간정보와 호환이 가능하도록 제21조에 따른 공간정보와 관련한 표준 또는 기술기준에 따라 공간정보데이터베이스를 구축·관리하여야 한다. 〈개정 2014.6.3〉
② 관리기관의 장은 해당 기관이 관리하고 있는 공간정보데이터베이스가 최신 정보를 기반으로 유지될 수 있도록 노력하여야 한다.
③ 관리기관의 장은 중앙행정기관 및 지방자치단체로부터 공간정보데이터베이스의 구축·관리 등을 위하여 필요한 공간정보의 열람·복제 등 관련 자료의 제공 요청을 받은 때에는 특별한 사유가 없는 한 이에 응하여야 한다.
④ 관리기관의 장은 중앙행정기관 및 지방자치단체를 제외한 다른 관리기관으로부터 공간정보데이터베이스의 구축·관리 등을 위하여 필요한 공간정보의 열람·복제 등 관련 자료의 제공 요청을 받은 때에는 이에 협조할 수 있다.
⑤ 제3항 및 제4항에 따라 제공받은 공간정보는 제1항에 따른 공간정보데이터베이스의 구축·관리 외의 용도로 이용되어서는 아니된다.

국가공간정보 기본법 제2조(정의)

이 법에서 사용하는 용어의 뜻은 다음과 같다. 〈개정 2012.12.18, 2013.3.23, 2014.6.3〉

1. "공간정보"란 지상·지하·수상·수중 등 공간상에 존재하는 자연적 또는 인공적인 객체에 대한 위치정보 및 이와 관련된 공간적 인지 및 의사결정에 필요한 정보를 말한다.
2. "공간정보데이터베이스"란 공간정보를 체계적으로 정리하여 사용자가 검색하고 활용할 수 있도록 가공한 정보의 집합체를 말한다.
3. "공간정보체계"란 공간정보를 효과적으로 수집·저장·가공·분석·표현할 수 있도록 서로 유기적으로 연계된 컴퓨터의 하드웨어, 소프트웨어, 데이터베이스 및 인적자원의 결합체를 말한다.
4. "관리기관"이란 공간정보를 생산하거나 관리하는 중앙행정기관, 지방자치단체, 「공공기관의 운영에 관한 법률」 제4조에 따른 공공기관(이하 "공공기관"이라 한다), 그 밖에 대통령령으로 정하는 민간기관을 말한다.
5. "국가공간정보체계"란 관리기관이 구축 및 관리하는 공간정보체계를 말한다.
6. "국가공간정보통합체계"란 제19조제3항의 기본공간정보데이터베이스를 기반으로 국가공간정보체계를 통합 또는 연계하여 국토교통부장관이 구축·운용하는 공간정보체계를 말한다.
7. "공간객체등록번호"란 공간정보를 효율적으로 관리 및 활용하기 위하여 자연적 또는 인공적 객체에 부여하는 공간정보의 유일식별번호를 말한다.

18 공간정보를 기반으로 고객의 수요특성 및 가치를 분석하기 위한 방법으로 고객정보에 주거형태, 주변상권 등 지리적 요소를 포함시켜 고객의 거주 혹은 활동 지역에 따라 차별화된 서비스를 제공하기 위한 전략으로 금융 및 유통업 분야에서 주로 도입하여 GIS 마케팅 분석 등에 활용되고 있는 공간정보 활용의 한 분야는?

① gCRM(geographic Customer Relationship Management)
② LBS(Location Based Service)

③ Telematics

④ SDW(Spatial Data Warehouse)

해설

gCRM(geographic Customer Relationship Manage-ment)

- CRM을 도입할 때 구축된 고객정보를 GIS의 환경 내에서 추출하고, 세부시장의 잠재력에 대한 평가를 수행해 마케팅 역량을 극대화하는 시스템이다.
- G-CRM은 지리정보시스템(GIS)과 고객관계관리(CRM)의 합성어로, 즉 지리정보시스템(GIS) 기술을 고객관계관리(CRM)에 접목시킨 것으로 주거형태, 주변상권 등 고객정보 중 지리적인 요소를 포함시켜 마케팅을 보다 정교하게 구사할 수 있다는 장점이 있다.
- 지금까지 지역 마케팅 범위가 가령 '강남 지역 가맹점', '제주지역회원' 등 주로 행정단위에서 그쳤다면 gCRM을 이용할 경우 '가락시장 반경 1킬로미터 이내 가맹점' 등으로 구체화할 수 있다.
- 최근 신용카드 업계에서 속속 gCRM 시스템을 도입해 회원의 주거형태와 상권근접 여부 등을 분석자료로 활용, 카드사용 한도를 부여하는 데 이용하고 있다. 은행에서도 점포를 신설하거나 마케팅 전략 설정, 목표배정 등에 이 시스템을 가동하고 있다.

위치 기반 서비스(LBS : Location Based Service)

LBS는 휴대 전화 등 이동 단말기를 통해 움직이는 사람의 위치를 파악하고 각종 부가 서비스를 제공하는 것을 말한다.

텔레매틱스(Telematics)

텔레커뮤니케이션(Telecommunication)과 인포매틱스(Informatics)의 합성어로, 자동차 안의 단말기를 통해서 자동차와 운전자에게 다양한 종류의 정보 서비스를 제공해 주는 기술이다. 즉, 자동차에 위치측정시스템(GPS)과 지리정보시스템(GIS)을 장착하고 운전자와 탑승자에게 교통 정보, 응급 상황 대처, 원격 차량 진단, 인터넷 이용 등 각종 모바일 서비스를 제공하는 것이다.

SDW(Spatial Data Warehouse) : 통합공간정보시스템, 일명 공간데이터웨어하우스

통합공간정보시스템은 2000년 서울시가 전국관공서 최초로 구축한 유용한 공간정보 백과사전으로 통합공간정보시스템에 접속하면 단순한 검색기능만으로도 인구, 주택, 산업경제, 도시계획 등의 공간정보를 손쉽게 분석할 수 있다.

19 공간정보에 관한 용어 중 (   ) 안에 들어갈 단어로 옳게 짝지어진 것은?

- (㉠)이란 공간정보를 기반으로 고객의 수요 특성 및 가치를 분석하기 위한 방법으로 고객정보에 주거형태, 주변상권 등 지리적 요소를 포함시켜 고객의 거주 혹은 활동 지역에 따라 차별화된 서비스를 제공하기 위한 전략으로 금융 및 유통업 분야에서 주로 도입하여 GIS 마케팅 분석 등에 활용되고 있는 공간정보 활용의 한 분야를 말한다.
- (㉡)이란 휴대 전화 등 이동 단말기를 통해 움직이는 사람의 위치를 파악하고 각종 부가 서비스를 제공하는 것을 말한다.
- (㉢)이란 통합공간정보시스템에 접속하면 단순한 검색기능만으로도 인구, 주택, 산업경제, 도시계획 등의 공간정보를 손쉽게 분석할 수 있다.
- (㉣)이란 자동차 안의 단말기를 통해서 자동차와 운전자에게 다양한 종류의 정보 서비스를 제공해 주는 기술을 말한다.

	㉠	㉡	㉢	㉣
①	SDW (Spatial Data Warehouse)	LBS	gCRM	Telematics
②	gCRM	LBS	SDW (Spatial Data Warehouse)	Telematics
③	Telematics	LBS	gCRM	SDW (Spatial Data Warehouse)
④	gCRM	LBS	Telematics	SDW (Spatial Data Warehouse)

해설

18번 해설 참조

정답 | 19 ②

20 다음 중 마케팅 및 상권분석과 같은 분야의 대표적인 GIS 활용사례라 할 수 있는 것은?

① LBS
② gCRM
③ 내비게이션
④ 포털 지도서비스

해설

gCRM
- CRM를 도입할 때 구축된 고객정보를 GIS의 환경 내에서 추출하고, 세부시장의 잠재력에 대한 평가를 수행해 마케팅 역량을 극대화하는 시스템이다.
- G-CRM은 지리정보시스템(GIS)과 고객관계관리(CRM)의 합성어로, 즉, 지리정보시스템(GIS) 기술을 고객관계관리(CRM)에 접목시킨 것으로 주거형태, 주변상권 등 고객정보 중 지리적인 요소를 포함시켜 마케팅을 보다 정교하게 구사할 수 있다는 장점이 있다.
- 지금까지 지역 마케팅 범위가 가령 '강남 지역 가맹점', '제주지역회원' 등 주로 행정단위에서 그쳤다면 gCRM을 이용할 경우 '가락시장 반경 1킬로미터 이내 가맹점' 등으로 구체화할 수 있다.
- 최근 신용카드 업계에서 속속 gCRM 시스템을 도입해 회원의 주거형태와 상권근접 여부 등을 분석자료로 활용, 카드사용 한도를 부여하는 데 이용하고 있다. 은행에서도 점포를 신설하거나 마케팅 전략 설정, 목표배정 등에 이 시스템을 가동하고 있다.

21 자동차에 위치측정시스템(GPS)과 지리정보시스템(GIS)을 장착하고 운전자와 탑승자에게 교통 정보, 응급 상황 대처, 원격 차량 진단, 인터넷 이용 등 각종 모바일 서비스를 제공하는 기술은?

① gCRM(geographic Customer Relationship Manage-ment)
② LBS(Location Based Service)
③ Telematics
④ SDW(Spatial Data Warehouse)

해설

텔레메틱스(Telematics)
- 자동차와 무선통신을 결합한 새로운 개념의 차량 무선인터넷 서비스이다.

- '통신'(telecommunication)과 '정보'(informatics)의 합성어이다.
- 자동차 안에서 이메일을 주고받고 인터넷을 통해 각종 정보도 검색할 수 있다.
- 무선을 이용한 음성 및 데이터 통신과 인공위성을 이용한 위치정보 시스템을 기반으로 자동차 내부와 외부 또는 차량간 통신시스템을 이용해 정보를 주고받는다.
- 텔렉스, 비디오 텍스, 팩시밀리등과 같은 사용자 중심의 서비스를 제공하는 기술이다.

LBS
- LBS는 휴대폰, PDA 등 다양한 정보단말의 위치를 인식하여 사용자의 위치와 관련된 정보를 제공하는 서비스로 정의될 수 있다.
- 위치기반서비스는 3세대 이동통신서비스 중 사용자에게는 매력적인 서비스의 하나로 인식되고 있으며 이동형 데이터베이스의 단점인 사용자의 친화성 부족을 극복할 수 있는 서비스로 기대되고 있다.
- 이동전화의 작은 화면과 불편한 입력 방식은 화상정보의 이용에 커다란 제약이 되고 있으나, 사용자의 위치정보에 기반할 경우 불필요한 단계를 생략하고 즉각적인 이용이 가능한 서비스로 구현될 수 있다.

gCRM(geographic Customer Relationship Manage-ment)
- CRM를 도입할 때 구축된 고객정보를 GIS의 환경 내에서 추출하고, 세부시장의 잠재력에 대한 평가를 수행해 마케팅 역량을 극대화하는 시스템이다.
- G-CRM은 지리정보시스템(GIS)과 고객관계관리(CRM)의 합성어이다. 즉, 지리정보시스템(GIS) 기술을 고객관계관리(CRM)에 접목시킨 것으로 주거 형태, 주변상권 등 고객 정보 중 지리적인 요소를 포함시켜 마케팅을 보다 정교하게 구사할 수 있다는 장점이 있다.
- 지금까지 지역 마케팅 범위가 가령 '강남 지역 가맹점', '제주지역회원' 등 주로 행정단위에서 그쳤다면 gCRM을 이용할 경우 '가락시장 반경 1km 이내 가맹점' 등으로 구체화할 수 있다.
- 최근 신용카드 업계에서 속속 gCRM 시스템을 도입해 회원의 주거 형태와 상권 근접 여부 등을 분석자료로 활용, 카드사용 한도를 부여하는 데 이용하고 있다. 은행에서도 점포를 신설하거나 마케팅 전략 설정, 목표배정 등에 이 시스템을 가동하고 있다.

정답 | 20 ② 21 ③

SDW(spatial data warehouse)
- 통합공간정보시스템(일명 공간데이터웨어하우스)
- 2000년 서울시가 전국관공서 최초로 구축한 유용한 공간정보 백과사전으로, 통합공간정보시스템에 접속하면 단순한 검색 기능만으로도 인구, 주택, 산업경제, 도시계획 등의 공간정보를 손쉽게 분석할 수 있다

22 각종 행정 업무의 무인 자동화를 위해 가판대와 같이 공공시설, 거리 등에 설치하여 대중들이 쉽게 사용할 수 있도록 설치한 컴퓨터로 무인 자동단말기를 가리키는 용어는?

① Touch Screen   ② Kiosk
③ PDA   ④ PMP

해설

공공장소에 설치된 터치스크린 방식의 정보전달 시스템
본래 옥외에 설치된 대형 천막이나 현관을 뜻하는 터키어(또는 페르시아어)에서 유래된 말로서 간이 판매대·소형 매점을 가리킨다. 정보통신에서는 정보서비스와 업무의 무인자동화를 위하여 대중들이 쉽게 이용할 수 있도록 공공장소에 설치한 무인단말기를 의미한다. 멀티미디어 스테이션(Multimedia Station) 또는 셀프 서비스 스테이션(Self Service Station)이라고도 하며, 대개 터치스크린 방식을 적용하여 정보를 얻거나 구매·발권·등록 등의 업무를 처리한다.

키오스크(KIOSK)
- 본래 옥외에 설치된 대형 천막이나 현관을 뜻하는 터키어(또는 페르시아어)에서 유래된 말로서 간이 판매대·소형 매점을 가리킴
- 정보서비스와 업무의 무인자동화를 위하여 대중들이 쉽게 이용할 수 있도록 공공장소에 설치한 무인단말기
- 터치스크린 방식을 적용하여 정보를 얻거나 구매·발권·등록 등의 업무
- 키보드 대신 직접 스크린에 접촉하는 형태로 이용자와 시스템 사이의 상호 대화방식으로 편리하게 검색을 처리
- 하드웨어적으로는 멀티미디어 PC에 더하여 터치스크린, 카드 리더, 프린터, Network, 스피커, 비디오 카메라, 인터폰, 센서 등의 주변기기가 장착됨

- 소프트웨어적으로는 GUI를 이용한 사용자 애플리케이션을 제공
- 네트워크상으로는 각 기기의 동작 상태를 감시하고 이상을 진단, 복구하는 Management 시스템에 탑재

23 인터넷을 기반으로 모든 사물을 연결하여 사람과 사물, 사물과 사물 간의 정보를 상호소통하는 지능형 기술 및 서비스는?

① web GIS
② Mobile Internet
③ IoT(Internet of Things)
④ UIS(Urban Information System)

해설

사물인터넷(Internet of Things)
- 세상에 존재하는 유형 혹은 무형의 객체들이 다양한 방식으로 서로 연결되어 개별 객체들이 제공하지 못했던 새로운 서비스를 제공하는 것을 말한다.
- 사물인터넷(Internet of Things)은 단어의 뜻 그대로 '사물들(Things)'이 '서로 연결된(Internet)' 것 혹은 '사물들로 구성된 인터넷'을 말한다. 기존의 인터넷이 컴퓨터나 무선 인터넷이 가능했던 휴대전화들이 서로 연결되어 구성되었던 것과는 달리, 사물인터넷은 책상, 자동차, 가방, 나무, 애완견 등 세상에 존재하는 모든 사물이 연결되어 구성된 인터넷이라 할 수 있다.
- 사물인터넷은 연결되는 대상에 있어서 책상이나 자동차처럼 단순히 유형의 사물에만 국한되지 않으며, 교실, 커피숍, 버스정류장 등 공간은 물론 상점의 결제 프로세스 등 무형의 사물까지도 그 대상에 포함한다.
- 사물인터넷의 표면적인 정의는 사물, 사람, 장소, 프로세스 등 유·무형의 사물들이 연결된 것을 의미하지만, 본질에서는 이러한 사물들이 연결되어 진일보한 새로운 서비스를 제공하는 것을 의미한다. 즉, 두 가지 이상의 사물들이 서로 연결됨으로써 개별적인 사물들이 제공하지 못했던 새로운 기능을 제공하는 것이다.
- 예를 들어 침대와 실내등이 연결되었다고 가정할 때, 지금까지는 침대에서 일어나서 실내등을 켜거나 꺼야 했지만, 사물인터넷 시대에는 침대가 사람이 자고 있는지를 스스로 인지한 후 자동으로 실내등이 켜지거나 꺼지도록 할 수 있게 된다. 마치 사물들끼리 서로

정답 | 22 ②   23 ③

대화를 함으로써 사람들을 위한 편리한 기능들을 수행하게 되는 것이다.

24 도로명주소를 이용하여 경·위도 또는 X, Y 등과 같은 지리적인 좌표를 기록하는 것은?

① 지리적 시각화(Geovisualization)
② 지오코딩(Geocoding)
③ 피처 디졸브(Feature Dissolve)
④ 데이터 정규화(Data Normalization)

해설

지오코딩(Geocoding : 위치정보 지정)
• 주소 또는 연결된 도로단편의 지리적 좌표를 도출하기 위해 도로주소 또는 다른 지리적 요소를 도로데이터자료에 대응하여 매치시키는 소프트웨어 프로세스
• 지오코딩 요소

입력자료 (Input Dataset)	지오코딩을 위해 입력하는 자료를 의미한다. 입력자료는 대체로 주소가 된다.
출력자료 (Output Dataset)	입력자료에 대한 지리참조코드를 포함한다. 출력자료의 정확도는 입력자료의 정확성에 좌우되므로 입력자료는 가능한 정확해야 한다.
처리알고리즘 (Processing Algorithm)	공간 속성을 참조자료를 통하여 입력자료의 공간적 위치를 결정한다.
참조자료 (Reference Dataset)	정확한 위치를 결정하는 지리정보를 담고 있다. 참조자료는 대체로 지오코딩 참조 데이터베이스(Geocoding Reference Dataset)가 사용된다.

• 좌표 부여(Geocoding, Coordinate Rectification, 座標附與)
  – 래스터 이미지를 고쳐 실세계 지도 투영이나 좌표계에 일치시키는 처리
  – 지리좌표(경위도 혹은 직각좌표)를 GIS에서 사용 가능하도록 X–Y의 디지털 형태로 만드는 과정
  – 좌표계를 갖지 않은 요소(예 도로체계로 표현되는 주소)에 위치를 부여하는 작업 등
  – 지리 좌표(경위도 혹은 직각 좌표)를 지리정보시스템(GIS)이나 컴퓨터로 사용 가능하도록 X–Y의 디지털 형태로 만드는 과정

예 좌표계를 갖지 않은 도로에 위치를 부여하는 작업 등

25 사용자가 네트워크나 컴퓨터를 의식하지 않고 장소에 상관없이 자유롭게 네트워크에 접속할 수 있는 정보통신 환경을 무엇이라 하는가?

① 유비쿼터스(Ubiquitous)
② 위치기반정보시스템(LBS)
③ 지능형교통정보시스템(ITS)
④ 텔레매틱스(Telematic)

해설

유비쿼터스(Ubiquitous)
유비쿼터스는 '언제 어디에나 존재한다'는 뜻의 라틴어로, 사용자가 컴퓨터나 네트워크를 의식하지 않고 장소에 상관없이 자유롭게 네트워크에 접속할 수 있는 환경을 말한다. 컴퓨터 관련 기술이 생활 구석구석에 스며들어 있음을 뜻하는 '퍼베이시브 컴퓨팅(Pervasive Computing)'과 같은 개념이다.
1988년 미국의 사무용 복사기 제조회사인 제록스의 마크 와이저(Mark Weiser)가 '유비쿼터스 컴퓨팅(Ubiquitous Computing)'이라는 용어를 사용하면서 처음으로 등장하였다. 당시 와이저는 유비쿼터스 컴퓨팅을 메인프레임과 퍼스널컴퓨터(PC)에 이어 제3의 정보혁명을 이끌 것이라고 주장하였는데, 단독으로 쓰이지는 않고 유비쿼터스 통신, 유비쿼터스 네트워크 등과 같은 형태로 쓰인다. 곧 컴퓨터에 어떠한 기능을 추가하는 것이 아니라 자동차·냉장고·안경·시계·스테레오장비 등과 같이 어떤 기기나 사물에 컴퓨터를 집어넣어 커뮤니케이션이 가능하도록 해 주는 정보기술(IT) 환경 또는 정보기술 패러다임을 뜻한다.

정답 | 24 ② 25 ①

26 공간정보에 관한 용어로 ( ) 안에 들어갈 용어로 옳은 것은?

- (㉠)이란 도로명주소를 이용하여 경·위도 또는 X, Y 등과 같은 지리적인 좌표를 기록하는 것을 말한다.
- (㉡)란 인터넷을 기반으로 모든 사물을 연결하여 사람과 사물, 사물과 사물 간의 정보를 상호소통하는 지능형 기술 및 서비스를 말한다.
- (㉢)란 각종 행정 업무의 무인 자동화를 위해 가판대와 같이 공공시설 거리 등에 설치하여 대중들이 쉽게 사용할 수 있도록 설치한 컴퓨터로 무인자동단말기를 가리키는 것을 말한다.
- (㉣)란 사용자가 네트워크나 컴퓨터를 의식하지 않고 장소에 상관없이 자유롭게 네트워크에 접속할 수 있는 정보통신 환경을 말한다.

	㉠	㉡	㉢	㉣
①	IoT	Geocoding	KIOSK	Ubiquitous
②	Geocoding	IoT	KIOSK	Ubiquitous
③	Geocoding	KIOSK	IoT	Ubiquitous
④	KIOSK	Geocoding	IoT	Ubiquitous

해설

유비쿼터스(Ubiquitous)

- '언제 어디에나 존재한다'는 뜻의 라틴어로, 사용자가 컴퓨터나 네트워크를 의식하지 않고 장소에 상관없이 자유롭게 네트워크에 접속할 수 있는 환경을 말함
- 컴퓨터 관련 기술이 생활 구석구석에 스며들어 있음을 뜻하는 '퍼베이시브 컴퓨팅(Pervasive Computing)'과 같은 개념
- 1988년 미국의 사무용 복사기 제조회사인 제록스의 마크 와이저(Mark Weiser)가 '유비쿼터스 컴퓨팅(Ubiquitous Computing)'이라는 용어를 사용하면서 처음으로 등장함. 당시 와이저는 유비쿼터스 컴퓨팅을 메인프레임과 퍼스널컴퓨터(PC)에 이어 제3의 정보혁명을 이끌 것이라고 주장하였는데, 단독으로 쓰이지는 않고 유비쿼터스 통신, 유비쿼터스 네트워크 등과 같은 형태로 쓰인다. 곧 컴퓨터에 어떠한 기능을 추가하는 것이 아니라 자동차·냉장고·안경·시계·스테레오장

비 등과 같이 어떤 기기나 사물에 컴퓨터를 집어넣어 커뮤니케이션이 가능하도록 해 주는 정보기술(IT) 환경 또는 정보기술 패러다임을 뜻함

지오코딩(Geocoding : 위치정보지정)

- 주소 또는 연결된 도로단편의 지리적 좌표를 도출하기 위해 도로주소 또는 다른 지리적 요소를 도로데이터자료에 대응하여 매치시키는 소프트웨어 프로세스
- 지오코딩 요소

입력자료 (Input Dataset)	지오코딩을 위해 입력하는 자료를 의미한다. 입력자료는 대체로 주소가 된다.
출력자료 (Output Dataset)	입력자료에 대한 지리참조코드를 포함한다. 출력자료의 정확도는 입력자료의 정확성에 좌우되므로 입력자료는 가능한 정확해야 한다.
처리알고리즘 (Processing Algorithm)	공간 속성을 참조자료를 통하여 입력자료의 공간적 위치를 결정한다.
참조자료 (Reference Dataset)	정확한 위치를 결정하는 지리정보를 담고 있다. 참조자료는 대체로 지오코딩 참조 데이터베이스(Geocoding Reference Dataset)가 사용된다.

- 좌표 부여(Geocoding, Coordinate Rectification, 座標附與)
  - 래스터 이미지를 고쳐 실세계 지도 투영이나 좌표계에 일치시키는 처리
  - 지리좌표(경위도 혹은 직각좌표)를 GIS에서 사용 가능하도록 X-Y의 디지털 형태로 만드는 과정
  - 좌표계를 갖지 않은 요소(예 도로체계로 표현되는 주소)에 위치를 부여하는 작업 등
  - 지리 좌표(경위도 혹은 직각 좌표)를 지리정보시스템(GIS)이나 컴퓨터로 사용 가능하도록 X-Y의 디지털 형태로 만드는 과정
    예 좌표계를 갖지 않은 도로에 위치를 부여하는 작업 등

키오스크(KIOSK)

- 본래 옥외에 설치된 대형 천막이나 현관을 뜻하는 터키어(또는 페르시아어)에서 유래된 말로서 간이 판매대·소형 매점을 가리킴
- 정보서비스와 업무의 무인자동화를 위하여 대중들이 쉽게 이용할 수 있도록 공공장소에 설치한 무인단말기
- 터치스크린 방식을 적용하여 정보를 얻거나 구매·발권·등록 등의 업무

- 키보드 대신 직접 스크린에 접촉하는 형태로 이용자와 시스템 사이의 상호 대화방식으로 편리하게 검색을 처리
- 하드웨어적으로는 멀티미디어 PC에 더하여 터치스크린, 카드 리더, 프린터, Network, 스피커, 비디오 카메라, 인터폰, 센서 등의 주변기기가 장착됨
- 소프트웨어적으로는 GUI를 이용한 사용자 애플리케이션을 제공
- 네트워크상으로는 각 기기의 동작 상태를 감시하고 이상을 진단, 복구하는 Management 시스템에 탑재

사물인터넷(Internet of Things)

- 세상에 존재하는 유형 혹은 무형의 객체들이 다양한 방식으로 서로 연결되어 개별 객체들이 제공하지 못했던 새로운 서비스를 제공하는 것
- 사물인터넷은 단어의 뜻 그대로 '사물들(Things)'이 '서로 연결된(Internet)' 것 혹은 '사물들로 구성된 인터넷'을 의미
- 기존의 인터넷이 컴퓨터나 무선 인터넷이 가능했던 휴대전화들이 서로 연결되어 구성되었던 것과는 달리, 사물인터넷은 책상, 자동차, 가방, 나무, 애완견 등 세상에 존재하는 모든 사물이 연결되어 구성된 인터넷이라 할 수 있음
- 사물인터넷은 연결되는 대상에 있어서 책상이나 자동차처럼 단순히 유형의 사물에만 국한되지 않으며, 교실, 커피숍, 버스정류장 등 공간은 물론 상점의 결제 프로세스 등 무형의 사물까지도 그 대상에 포함
- 사물인터넷의 표면적인 정의는 사물, 사람, 장소, 프로세스 등 유·무형의 사물들이 연결된 것을 의미하지만, 본질에서는 이러한 사물들이 연결되어 진일보한 새로운 서비스를 제공하는 것을 의미함. 즉, 두 가지 이상의 사물들이 서로 연결됨으로써 개별적인 사물들이 제공하지 못했던 새로운 기능을 제공하는 것
- 예를 들어 침대와 실내등이 연결되었다고 가정 했을 때 지금까지는 침대에서 일어나서 실내등을 켜거나 꺼야 했지만, 사물인터넷 시대에는 침대가 사람이 자고 있는지를 스스로 인지한 후 자동으로 실내등이 켜지거나 꺼지도록 할 수 있게 됨
- 마치 사물들끼리 서로 대화를 함으로써 사람들을 위한 편리한 기능들을 수행하게 되는 것

27 토지정보체계 구축을 위한 장비와 그 용도가 잘못 연결된 것은?

① 디지타이저 – 지적도면 자표취득 장비
② 스캐너 – 지적도면 입력장비
③ CAD – 지적도면 좌표취득 및 편집용 소프트웨어
④ 라우터 – 서버 S/W 장비

해설

라우터

네트워크 간의 연결점에서 패킷에 담긴 정보를 분석하여 적절한 통신 경로를 선택하고 전달해 주는 장치이다. 라우터는 단순히 제2계층 네트워크를 연결해 주는 브리지 기능에 추가하여 제2계층 프로토콜이 서로 다른 네트워크도 인식하고, 가장 효율적인 경로를 선택하며, 흐름을 제어하고, 네트워크 내부에 여러 보조 네트워크를 구성하는 등의 다양한 네트워크 관리 기능을 수행한다.

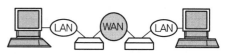

토큰 고리형 망 라우터   라우터 이더넷 망

28 관계형 데이터베이스모델(Relational model)의 기본 구조 요소와 가장 거리가 먼 것은?

① 소트(Sort)
② 속성(Attribute)
③ 행(Record)
④ 테이블(Table)

해설

관계형 데이터베이스의 릴레이션 구조

학번 (SNO)	이름 (SNAME)	학년 (YEAR)	전공 (MAJOR)
89072	이순신	3	CD
89073	홍길동	2	CD
89074	임꺽정	4	ID
89075	장보고	2	ED

- 릴레이션은 표로 표현한 것으로 릴레이션 스키마와 릴레이션 인스턴스로 구성된다.
- 학번, 이름, 학년, 전공은 각각 속성이라 하고 전체를 릴레이션 스키마라 한다.

정답 | 27 ④   28 ①

- 속성 아래의 모든 데이터를 튜플이라 하고 전체를 릴레이션 인스턴스라 한다.
- 릴레이션 스키마와 릴레이션 인스턴스를 릴레이션이라 한다.

관계형 데이터베이스의 기본 구조

일반적 개념	모델링	DB객체
데이터집합(Relation) 관계집합(Relationship set)	개체집합 (Entity set)	테이블 (Table)
관계집합 중 어떤 행(Row)	튜플(Tuple) 엔티티 (Entity)	레코드 (Record)
관계집합 중 어떤 열(Column)	속성 (Attribute)	필드 (Field)

관계 (Relationship)	• 모든 엔트리(Entry)는 단일값을 가짐 • 각 열(Column)은 유일한 이름을 가지며 순서 무의미 • 테이블의 모든 행(Row=Tuple)은 동일하지 않으며 순서 무의미
속성 (Attribute)	• 테이블의 열(Column)을 나타냄 • 자료의 이름을 가진 최소 논리적 단위 : 객체의 성질, 상태기술 • 일반 File의 항목(Item, Field)에 해당 • 엔티티의 특성과 상태 기술 • 속성의 이름은 달라야 함
튜플(Tuple) 엔티티(Entity)	• 테이블의 행(Row) • 연관된 몇 개의 속성으로 구성 • 개념 정보 단위 • 일반 File의 레코드(Record)에 해당 • 튜플변수(Tuple Variable) : 튜플을 가리키는 변수. 모든 튜플의 집합을 도메인으로 하는 변수
도메인 (Domain)	• 각 속성이 가질 수 있도록 허용된 값들의 집합 • 속성 명과 도메인 명이 반드시 동일할 필요는 없음 • 모든 릴레이션에서 모든 속성들의 도메인은 원자적(Atomic)이어야 함 • 원적 도메인 : 도메인의 원소가 더 이상 나누어질 수 없는 단일체를 나타냄
릴레이션 (Relation)	• 파일시스템에서 파일과 같은 개념 • 중복된 튜플을 포함하지 않음 • 릴레이션=튜플(엔티티)의 집합 • 속성(Attribute)간에는 순서가 없음 • Relation Scheme=속성들의 집합 (Attribute Set)

29 개방형 GIS(OGIS)에서 지리정보의 기본 최소 단위로 실세계를 상징적으로 표현하는 것은?

① Feature
② Coverage
③ Quality
④ Metadata

해설

지리자료모델의 핵심 구성요소

- Feature(실체+현상)

  Feature는 지리정보의 기본 최소단위로 실세계를 상징적으로 표현한 것이다. 지구상의 실체가 지리자료인 Feature의 형태로 표현되기 위하여 OGIS에서는 9단계의 상징화단계를 설정하고 있다.

- 상징화 9단계

  - 1단계 : 있는 그대로의 세계인 "실세계"이다. 실세계는 모든 표현의 기본자원이다.
  - 2단계 : "개념적 세계"로 각 사물에 대해 차별적으로 인식하는 것이다.
  - 3단계 : "지리공간의 세계"로 인식된 사물이 공간의 범주에서 설명되는 것으로 GIS분야 인터페이스를 매개로 한다.
  - 4단계 : 인식된 사물에 차원을 부여한 "차원을 갖는 세계"이다. 이때 작용하는 인터페이스는 위치체계 인터페이스이다.
  - 5단계 : "Project World"(project 세계)로 사물이 상징화된 세계이다.
  - 6단계 : "OGIS 0차원 기하"의 세계이다. OGIS로 진입하는 것이다.
  - 7단계 : "OGIS의 기하"이다. 이때는 상징화된 사물이 다차원의 기하를 갖는 것이다.
  - 8단계 : "OGIS Feature"의 세계이다. Feature 세계는 차원을 갖는 상징물들이 완결된 구조와 의미를 부여받고 있는 세계로 feature 구조 인터페이스를 매개로 한다.
  - 9단계 : "OGIS 의 모든 feature 집합"의 세계로 feature들 간의 관계가 모두 설정된 세계이다. 이 세계는 프로젝트 구조 인터페이스를 매개로 형성된다.

정답 | 29 ①

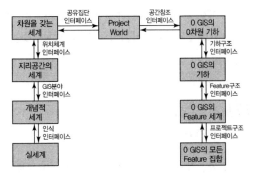

- Coverage

커버리지는 OGIS에서 시공간 영역 내에 존재하는 특정 데이터의 유형 또는 복합적 유형의 값을 갖는 점들의 연합체로 볼 수 있다. 다차원(n차원)적인 표현을 제공하므로 비디오 스크린을 통해 공간적인 형상을 보는 것처럼 실세계를 화상으로 표현한다. 커버리지는 Feature의 하위 타입이며 5가지 구성요소와 11가지의 하위 구조를 갖는다.

  −5가지 구성요소
  ⓐ 공간참조체계를 포함하는 project world
  ⓑ 커버리지 생성함수
  ⓒ 커버리지 정보
  ⓓ 스키마 맵핑
  ⓔ 스키마 범주

  −11가지 하위구조
  ⓐ Image
  ⓑ Polyhedral Surface Coverage
  ⓒ Topological Surface Coverage
  ⓓ Topological Solid Coverage
  ⓔ Other Coverage
  ⓕ Polygon Coverage
  ⓖ Gride Coverage
  ⓗ Point Coverage
  ⓘ LineString Coverage
  ⓙ Tin Coverage
  ⓚ Map Coverage

- 영상

영상은 커버리지의 하위유형으로 하나의 특별한 커버리지라 볼 수 있다. 그러므로 영상 모델의 구성도 커버리지 모델과 유사한 특성을 갖는다.

---

30 공간정보분야와 관련한 용어 중에서 'I'의 의미가 다른 것은?

① LMIS
② ITS
③ KLIS
④ GIS

해설

지능형교통체계(ITS : Intelligent Transportation System)

첨단기술이 발전함에 따라 교통이용자들은 실시간 교통정보를 제공, 친환경적 교통 수요의 발생, 안전하고 편리한 교통체계로 전환의 요구가 증대되었으며 이런 교통체계의 변화로 인한 새로운 교통수요에 대처할 정책의 필요성이 대두되었다. 또한 물류비 절감과 만성적 교통혼잡 완화를 위해 새로운 교통정책의 방향을 모색하고, 기존 교통시설을 보다 효율적으로 활용하기 위한 방안으로 ITS를 도입하게 되었다.

KLIS (Korea Land Information System)	한국토지정보시스템은 행정자치부의 필지중심토지정보시스템과 건설교통부의 토지종합정보망을 보완하여 하나의 시스템으로, 통합 구축하여 기존 전산화사업을 통하여 구축 완료된 토지(임야)대장의 속성정보를 연계 활용하여 데이터 구축의 중복을 방지하고, 데이터 이중관리에서 오는 데이터 간의 이질감 등을 예방하기 위하여 필지중심토지정보시스템과 토지종합정보망을 연계 통합한 한국토지정보시스템을 구축한 것이다.
PBLIS (Parcel Based Land Information System)	필지중심토지정보시스템(PBLIS : Parcel Based Land Information System)의 개발은 컴퓨터를 활용하여 일필지를 중심으로 건물, 도시계획 등 형상과 관련된 도면정보(Graphic Information)와 이들과 연결된 각종 속성정보(Nongraphic Information)를 효과적으로 저장·관리·처리할 수 있는 시스템으로, 향후 시행될 지적재조사사업의 기반을 조성하는 사업이다. 전산화된 지적도면 수치파일을 데이터베이스화하여 이들 정보를 검색하고 관리하는 업무절차를 전산화함으로써 그간 수작업으로 처리했던 지적도면 정리를 자동화하고 토지 및 관련정보를 국가 및 대국민에게 복합적이고 신속하게 제공하여 과학적 지적행정을 도모하고자 이에 대한 개발이 추진되었다.

정답 | 30 ②

LMIS (Land Management Information System)	건설교통부는 토지관리업무를 통합·관리하는 체계가 미흡하고, 중앙과 지방간의 업무연계가 효율적으로 이루어지지 않으며, 토지정책 수립에 필요한 자료를 정확하고 신속하게 수집하기 어려움에 따라 1998년 2월부터 1998년 12월까지 대구광역시 남구를 대상으로 6개 토지관리업무에 대한 응용시스템 개발과 토지관리데이터베이스를 구축하고, 관련제도정비 방안을 마련하는 등 시범사업을 수행하여 현재 토지관리업무에 활용하고 있다.
GIS (Geographic Information System)	지리정보체계(GIS : Geographic Information System)는 지리적·공간적으로 분포하는 지형지물에 관한 모든 유형의 정보를 효율적으로 취득하여 저장, 갱신, 관리, 분석 및 출력이 가능하도록 조직화된 컴퓨터 하드웨어, 소프트웨어, 지리자료 및 인적자원의 집합체이다.
LIS (Land Information System)	토지정보체계는 지형분석, 토지의 이용, 개발, 행정, 다목적지적 등 토지자원에 관련된 문제해결을 위한 정보분석체계이다. 즉 토지정보체계(Land Information System)는 토지(Land), 정보(Information)와 체계(System)라는 개념이 합성된 용어로서 토지정보를 활용하기 위한 시스템의 한 형태이다.

CHAPTER 19 공간정보산업 진흥법

[시행 2021. 2. 19.] [법률 제17063호, 2020. 2. 18., 타법개정]

제1장 총칙

1. 목적(제1조)

이 법은 공간정보산업의 경쟁력을 강화하고 그 진흥을 도모하여 국민경제의 발전과 국민의 삶의 질 향상에 이바지함을 목적으로 한다.

2. 용어의 정의(제2조)

공간정보	지상·지하·수상·수중 등 공간상에 존재하는 자연 또는 인공적인 객체에 대한 위치정보 및 이와 관련된 공간적 인지와 의사결정에 필요한 정보를 말한다.
공간정보산업	공간정보를 생산·관리·가공·유통하거나 다른 산업과 융·복합하여 시스템을 구축하거나 서비스 등을 제공하는 산업을 말한다.
공간정보사업에 속하는 산업	가. 「공간정보의 구축 및 관리 등에 관한 법률」 제44조에 따른 측량업 및 「해양조사와 해양정보 활용에 관한 법률」 제2조제13호에 따른 해양조사·정보업 나. 위성영상을 공간정보로 활용하는 사업 다. 위성측위 등 위치결정 관련 장비산업 및 위치기반 서비스업 라. 공간정보의 생산·관리·가공·유통을 위한 소프트웨어의 개발·유지관리 및 용역업 마. 공간정보시스템의 설치 및 활용업 바. 공간정보 관련 교육 및 상담업 사. 그 밖에 공간정보를 활용한 사업
공간정보사업자	공간정보사업을 영위하는 자를 말한다.
공간정보기술자	"공간정보기술자"란 「국가기술자격법」 등 관계 법률에 따라 공간정보사업에 관련된 분야의 자격·학력 또는 경력을 취득한 사람으로서 대통령령으로 정하는 사람을 말한다.

공간정보기술자의 범위		"대통령령으로 정하는 사람"이란 [별표 1]에서 정하는 사람을 말한다.
	공간정보 구축분야	「공간정보의 구축 및 관리 등에 관한 법률」에 따른 측량기술자 및 「해양조사와 해양정보 활용에 관한 법률」 제25조에 따른 해양조사기술자
	공간정보 활용분야	가) 위성측위 등 위치결정 관련 장비산업 및 위치기반 서비스업에 종사하는 기술자 나) 공간정보의 생산·관리·가공·유통을 위한 소프트웨어의 개발·유지관리 및 용역업에 종사하는 기술자 다) 공간정보시스템의 설치 및 활용업에 종사하는 기술자 라) 공간정보 관련 교육 및 상담업 및 그 밖에 공간정보를 활용한 사업에 종사하는 기술자
가공공간정보		공간정보를 가공하거나 이에 다른 정보를 추가하는 등의 방법으로 생산된 공간정보를 말한다.
공간정보 등		공간정보 및 이를 기반으로 하는 가공공간정보, 소프트웨어, 기기, 서비스 등을 말한다.
융·복합 공간정보산업		공간정보와 다른 정보·기술 등이 결합하여 새로운 자료·기기·소프트웨어·서비스 등을 생산하는 산업을 말한다.
공간정보오픈 플랫폼		"공간정보오픈플랫폼"이란 국가에서 보유하고 있는 공개 가능한 공간정보를 국민이 자유롭게 활용할 수 있도록 다양한 방법을 제공하는 공간정보체계를 말한다.

예제

「공간정보산업 진흥법」상 용어의 정의로 가장 옳지 않은 것은? 〔21년 서울시 7급〕

① "공간정보"란 지상·지하·수상·수중 등 공간상에 존재하는 자연 또는 인공적인 객체에 대한 위치정보 및 이와 관련된 공간적 인지와 의사결정에 필요한 정보를 말한다.

② "가공공간정보"란 공간정보를 가공하거나 이에 다른 정보를 추가하는 등의 방법으로 생산된 공간정보를 말한다.

③ "공간정보등"이란 공간정보 및 이를 기반으로 하는 가공공간정보, 소프트웨어, 기기, 서비스 등을 말한다.

④ "공간정보오픈플랫폼"이란 민간에서 보유하고 있는 공개 가능한 공국민이 자유롭게 활용할 수 있도록 다양한 방법을 제공하는 공간정보체계를 말한다.

정답 ④

제2장   공간정보산업 진흥시책

1. 공간정보산업진흥 계획의 수립(제4조)

수립	① 국토교통부장관은 공간정보산업 진흥을 위하여 「국가공간정보 기본법」 제6조에 따른 국가공간정보정책 기본계획에 따라 5년마다 다음 각 호의 사항이 포함된 공간정보산업진흥 기본계획(이하 "기본계획"이라 한다)을 수립하여야 한다.
기본계획	1. 공간정보산업 진흥을 위한 정책의 기본방향 2. 공간정보산업의 부문별 진흥시책에 관한 사항 3. 공간정보산업 기반조성에 관한 사항 4. 지방 공간정보산업의 육성에 관한 사항 5. 융·복합 공간정보산업의 촉진에 관한 사항 6. 공간정보사업자 육성에 관한 사항 7. 공간정보산업 전문 인력 양성에 관한 사항 8. 공간정보 활용기술의 연구개발 및 보급에 관한 사항 9. 공간정보 이용촉진 및 유통활성화에 관한 사항 10. 그 밖에 공간정보산업 진흥을 위하여 필요한 사항
시행계획	② 국토교통부장관은 공간정보산업의 시장 및 기술동향 등을 고려하여 기본계획의 범위 안에서 매년 공간정보산업진흥 시행계획(이하 "시행계획"이라 한다)을 수립·시행할 수 있다. 〈개정 2020. 6. 9.〉
협조사항	③ 국토교통부장관은 관계 중앙행정기관의 장 또는 지방자치단체에 제1항에 따른 기본계획과 제2항에 따른 시행계획(이하 "진흥계획"이라 한다)의 수립에 필요한 자료를 요청할 수 있으며, 중앙행정기관의 장 또는 지방자치단체의 장은 특별한 사유가 없으면 이에 협조하여야 한다. 〈개정 2020. 6. 9.〉 ④ 국토교통부장관은 진흥계획을 수립하고 「국가공간정보 기본법」 제5조에 따른 국가공간정보위원회의 심의를 거친 후 이를 확정한다. 확정된 진흥계획 중 대통령령으로 정하는 중요 사항을 변경하는 경우에도 또한 같다.
공고	① 국토교통부장관은 「공간정보산업 진흥법」(이하 "법"이라 한다) 제4조에 따라 공간정보산업진흥 기본계획 및 공간정보산업진흥 시행계획을 수립하거나 변경하였을 때에는 그 내용을 공고하여야 한다. ② 법 제4조제4항 후단에서 "대통령령으로 정하는 중요 사항을 변경하는 경우"란 법 제4조제1항제2호부터 제9호까지의 사항과 관련된 사업의 기간을 2년 이상 가감하거나 총 사업비를 처음 계획의 100분의 10 이상 증감하는 경우를 말한다.

2. 공간정보산업 관련 공공수요의 공개 등

공개 (제5조)	① 국토교통부장관은 다음 해의 공간정보산업 관련 공공수요를 조사하여 공개할 수 있다. ② 국토교통부장관은 공공수요를 조사하기 위하여 관계 중앙행정기관의 장에게 필요한 자료를 요청할 수 있으며 관계 중앙행정기관의 장은 특별한 사유가 없으면 그 요청을 따라야 한다. 〈개정 2020. 6. 9.〉 ③ 국토교통부장관은 국내외 공간정보산업의 기술 및 시장동향 등 공간정보산업 전반에 관한 정보를 종합적으로 조사하여 공개할 수 있다. 〈개정 2013. 3. 23.〉 ④ 제1항부터 제3항까지에 따른 공공수요의 공개와 공간정보산업정보의 조사에 관하여 필요한 사항은 대통령령으로 정한다.
요청 (령 제3조)	① 국토교통부장관은 법 제5조제2항에 따라 공공수요를 조사하기 위하여 관계 중앙행정기관의 장에게 다음 해 공간정보산업(융·복합 공간정보산업을 포함한다. 이하 같다) 관련 사업계획을 요청할 수 있다. 〈개정 2013. 3. 23.〉 ② 제1항의 공간정보산업 관련 사업계획을 요청받은 관계 중앙행정기관의 장은 매년 12월 31일까지 이를 제출하여야 한다. ③ 국토교통부장관은 제2항에 따라 제출받은 공간정보산업 관련 사업계획을 종합·분석하여 매년 1월 31일까지 공간정보산업 관련 공공수요를 공개하여야 한다.
통계작성 (제5조의2)	① 국토교통부장관은 공간정보산업 진흥을 위하여 공간정보산업에 관한 통계를 작성하여 관리할 수 있다. ② 제1항에 따른 통계의 작성 대상 등에 관하여는 대통령령으로 정한다. ③ 제1항에 따른 통계의 작성에 관하여 이 법에 규정된 것 외에는 「통계법」을 준용한다.
통계항목 (령 제3조의2)	① 법 제5조의2제1항에 따른 공간정보산업에 관한 통계(이하 "공간정보산업통계"라 한다)의 작성 대상은 공간정보산업 및 융·복합 공간정보산업으로 한다. ② 국토교통부장관은 매년 공간정보산업통계를 작성하고 이를 위한 조사를 실시하되, 필요하면 수시로 할 수 있다. ③ 공간정보산업통계의 작성 항목은 다음 각 호와 같다. 1. 공간정보산업체의 경영 및 인력 등에 관한 현황 2. 공간정보산업 육성을 위한 정책수립에 관한 사항 3. 공간정보의 경제적 파급효과 분석과 관련한 사항 4. 그 밖에 국토교통부장관이 공간정보산업의 발전을 위하여 필요하다고 인정하는 사항
공간정보제공 (제6조)	① 정부는 「국가공간정보 기본법」 제25조에 따른 국가공간정보센터(이하 "국가공간정보센터"라 한다) 또는 같은 법 제2조제4호의 관리기관(민간기관인 관리기관은 제외한다. 이하 같다)이 보유하고 있는 공간정보를 공간정보를 이용하고자 하는 자에게 유상 또는 무상으로 제공할 수 있다. 다만, 다른 법령에서 공개가 금지된 정보는 그러하지 아니하다. 〈개정 2014. 6. 3., 2020. 6. 9.〉 ① 법 제6조제1항 본문에 따라 공간정보를 이용하려는 자에게 유상으로 제공하는 경우 그 사용료 또는 수수료에 관하여는 「국가공간정보 기본법 시행령」 제23조제2항 및 제3항을 준용한다. 〈개정 2018. 2. 13.〉

공간정보제공 (제6조)	② 법 제6조제1항 본문에 따른 공간정보의 제공은 「국가공간정보 기본법」 제25조에 따른 국가공간정보센터(이하 "국가공간정보센터"라 한다) 또는 같은 법 제2조제4호에 따른 관리기관(민간기관인 관리기관은 제외한다. 이하 같다)을 통하여 국토교통부장관 또는 관계 중앙행정기관의 장이 행한다. ③ 삭제 〈2015. 6. 1.〉 ④ 관계 중앙행정기관의 장이 제2항에 따라 공간정보를 제공한 경우 반기별로 국가공간정보센터에 자료제공 실적을 통보하여야 한다. ② 제1항에 따른 공간정보의 제공 등에 필요한 사항은 대통령령으로 정한다.
가공공간정보의 생산 및 유통 (제7조)	① 공간정보사업자는 가공공간정보를 생산하여 유통시킬 수 있다. 이 경우 가공공간정보에는 「군사기지 및 군사시설 보호법」 제2조제1호의 군사기지 및 같은 조 제2호의 군사시설에 대한 공간정보가 포함되지 아니하도록 하여야 한다. ② 국토교통부장관은 가공공간정보 관련 산업의 육성시책을 강구할 수 있다.
공간정보등의 유통 활성화 (제8조)	① 정부는 공간정보산업의 진흥을 위하여 공간정보등의 유통 활성화에 노력하여야 한다. ② 국토교통부장관은 공간정보등의 공유와 유통 등을 목적으로 유통망을 설치·운영하는 민간사업자(이하 "유통사업자"라고 한다) 또는 유통사업자가 되고자 하는 자에게 유통시스템 구축에 소요되는 자금의 일부를 융자의 방식으로 지원할 수 있다. ③ 제2항에 따라 지원을 받은 유통사업자는 국토교통부장관이 요청하는 경우에는 공간정보의 유통현황 등 관련 정보를 제공하여야 한다. ④ 제2항에 따른 유통사업자에 대한 자금의 지원방법 및 기준 등은 대통령령으로 정한다.
유통사업자의 지원 (령 제5조)	① 국토교통부장관은 법 제8조제2항에 따라 유통사업자 또는 유통사업자가 되고자 하는 자에게 새로 유통시스템을 구축하거나 기존 유통시스템을 개선하는 데 직접 필요한 자금의 일부를 융자의 방식으로 지원할 수 있다. ② 제1항에 따른 자금지원을 받으려는 자는 국토교통부령으로 정하는 신청서를 국토교통부장관에게 제출하여야 한다. ③ 국토교통부장관은 제2항에 따라 자금지원의 신청을 받은 경우에는 다음 각 호의 사항을 심사하여 지원 여부 및 지원금액을 결정하여야 한다. 1. 사업계획의 실현 가능성 2. 공간정보등의 공유와 유통 등을 위한 기반시설의 확보 수준 3. 공간정보등의 공유와 유통 등을 위한 인력의 전문성 및 적절성 4. 융자금 지출항목의 적합성 5. 융자금 상환계획의 적절성 ④ 제1항부터 제3항까지에서 규정한 사항 외에 자금지원의 세부절차는 국토교통부장관이 정하여 고시한다.
공간정보 유통사업 지원신청서 (규칙 제3조)	① 「공간정보산업 진흥법 시행령」(이하 "영"이라 한다) 제5조제2항에서 "국토교통부령으로 정하는 신청서"란 별지 제2호 서식의 공간정보 유통사업 지원신청서(전자문서로 된 신청서를 포함한다)를 말한다. 〈개정 2018. 4. 27.〉 ② 제1항의 공간정보 유통사업 지원신청서에는 다음 각 호의 서류를 첨부하여야 한다. 이 경우 담당 공무원은 「전자정부법」 제21조제1항에 따른 행정정보의 공동이용을 통하여 법인등기부 등본(신청인이 법인인 경우만 해당한다)을 확인하여야 한다.

공간정보 유통사업 지원신청서 (규칙 제3조)	1. 사업계획서 2. 인력 및 기반시설을 증명할 수 있는 서류 3. 예산설계서 및 융자금 상환계획서
융·복합 공간정보산업 지원 (제9조)	① 정부는 연차별계획을 수립하여 재난·안전·환경·복지·교육·문화 등 공공의 이익을 위한 융·복합 공간정보체계를 구축할 수 있다. ② 국토교통부장관은 융·복합 공간정보산업의 육성을 위하여 교통, 물류, 실내공간 측위체계, 유비쿼터스 도시 사업 등에 지원할 수 있다. ③ 국토교통부장관은 제1항에 따른 융·복합 공간정보체계의 구축과 제2항에 따른 융·복합 공간정보산업의 육성을 위하여 공간정보오픈플랫폼 등의 시스템을 구축·운영할 수 있다.
지식재산권의 보호 (제10조)	① 정부는 공간정보 관련 기술 및 데이터 등에 포함된 지식재산권을 보호하기 위하여 다음 각 호의 시책을 추진할 수 있다. 1. 민간부문 공간정보 활용체계 및 데이터베이스의 기술적 보호 2. 공간정보 신기술에 대한 관리정보의 표시 활성화 3. 공간정보 분야의 저작권 등 지식재산권에 관한 교육 또는 홍보 4. 제1호부터 제3호까지의 사업에 필요한 그 밖의 부대사업 ② 정부는 대통령령으로 정하는 바에 따라 공간정보등에 대한 지식재산권 분야의 전문성을 보유한 기관 또는 단체에 위탁하여 제1항 각 호의 시책에 따른 사업을 수행하도록 할 수 있다.
지식재산권 보호(령 제6조)	법 제10조제2항에 따라 같은 조 제1항 각 호의 시책에 따른 사업을 위탁받을 수 있는 자는 다음 각 호와 같다. 1. 법 제23조에 따른 공간정보산업진흥원 2. 법 제24조제1항에 따라 설립된 공간정보산업협회 3. 「저작권법」 제112조에 따른 한국저작권위원회 또는 같은 법 제122조의2에 따른 한국저작권보호원 4. 「정보통신망 이용촉진 및 정보보호 등에 관한 법률」 제52조에 따른 한국정보보호진흥원 5. 삭제 〈2015. 6. 1.〉 6. 「국가공간정보 기본법」 제12조에 따른 한국국토정보공사(이하 "한국국토정보공사"라 한다) 7. 「중소기업협동조합법 시행령」 제8조에 따라 설립된 조합, 사업조합 또는 연합회(이하 "조합등"이라 한다)로서 공간정보산업 육성과 관련되는 업무를 수행하는 조합등 8. 「민법」 제32조에 따라 설립된 법인으로서 공간정보산업의 육성과 관련되는 업무를 수행하는 비영리법인
재정지원 등 (제11조)	국가 및 지방자치단체는 공간정보산업의 진흥을 위하여 재정 및 금융지원 등 필요한 시책을 시행할 수 있다.

| 제3장 | 공간정보산업 기반조성 |

품질인증 (제12조)	① 국토교통부장관은 공간정보등의 품질확보 및 유통촉진을 위하여 공간정보 및 가공공간정보와 관련한 기기·소프트웨어·서비스 등에 대한 품질인증을 대통령령으로 정하는 바에 따라 실시할 수 있다. ② 제1항의 품질인증을 받은 제품 중 중소기업자가 생산한 제품은 「중소기업제품 구매촉진 및 판로지원에 관한 법률」 제6조에 따라 지정된 경쟁제품으로 본다. ③ 국토교통부장관은 제1항의 품질인증을 받은 제품 중 중소기업자가 생산한 제품을 우선 구매하도록 관리기관에 요청할 수 있으며, 공간정보 인력양성기관 및 교육기관으로 하여금 동 제품을 우선하여 활용하도록 지원할 수 있다. ④ 국토교통부장관은 제1항의 품질인증을 실시하기 위하여 인증기관을 지정할 수 있다. ⑤ 제1항에 따른 품질인증의 절차와 제4항에 따른 인증기관의 지정요건 등 품질인증의 실시에 관하여 필요한 사항은 대통령령으로 정한다.
품질인증의 절차 (령 제7조)	① 법 제12조제1항에 따른 품질인증을 받으려는 자는 국토교통부령으로 정하는 신청서를 법 제12조제4항에 따라 국토교통부장관이 지정한 인증기관(이하 "품질인증기관"이라 한다)에 제출하여야 한다. ② 품질인증기관은 국토교통부장관이 정하여 고시하는 품질인증 평가기준에 따라 심사한 후 그 평가기준에 적합하다고 인정된 경우에는 품질인증을 하고 품질인증서를 신청인에게 발급하여야 한다. ③ 품질인증기관은 제2항에 따른 심사결과 품질인증 평가기준에 부적합한 경우에는 지체 없이 그 사유를 구체적으로 밝혀 신청인에게 통지하여야 한다. ④ 제1항부터 제3항까지에서 규정한 사항 외에 품질인증의 실시에 필요한 세부절차는 국토교통부장관이 정하여 고시한다.
품질인증기관의 지정요건 등 (령 제8조)	① 품질인증기관으로 지정받으려는 자는 국토교통부령으로 정하는 신청서를 국토교통부장관에게 제출하여야 한다. ② 법 제12조제4항에 따른 품질인증기관의 지정요건은 다음 각 호와 같다. 1. 품질인증업무에 필요한 조직과 인력을 보유할 것 2. 품질인증업무에 필요한 설비와 그 설비의 작동에 필요한 환경조건을 갖출 것 3. 품질인증 대상 분야별로 국토교통부장관이 정하는 평가항목·평가기준 및 평가절차를 갖출 것 ③ 국토교통부장관은 법 제12조제4항에 따라 품질인증기관을 지정하였을 때에는 그 사실을 공고하여야 한다. ④ 제1항부터 제3항까지에서 규정한 사항 외에 품질인증기관의 세부 지정요건은 국토교통부장관이 정하여 고시한다.
공간정보산업의 표준화 지원 (제14조)	① 국토교통부장관은 공간정보의 공동이용에 필요한 기술기준 등의 산업표준화를 위한 각종 활동을 지원할 수 있다. ② 제1항의 기술기준 등의 산업표준화 활동의 지원에 관하여 필요한 사항은 대통령령으로 정한다.

공간정보산업의 표준화 지원 (제14조)	법 제14조에 따른 공간정보산업의 표준화를 위한 지원대상 활동은 다음 각 호와 같다. 1. 국내외 공간정보산업의 표준 제정·개정 활동 2. 공간정보산업 관련 분야 표준과의 연계·협력 3. 그 밖에 공간정보산업의 경쟁력 강화에 필요한 표준화 활동
전문인력의 양성 등 (제15조)	① 국토교통부장관은 공간정보 관련 전문인력의 양성과 기술의 향상에 필요한 정책을 수립하고 추진할 수 있다. ② 국토교통부장관은 전문인력 양성기관을 지정하여 제1항에 따른 교육훈련을 실시하게 할 수 있으며, 필요한 예산을 지원할 수 있다. ③ 제1항 및 제2항에 따른 전문인력의 양성, 양성기관의 지정 및 해제에 관하여 필요한 사항은 대통령령으로 정한다.
전문인력 양성의 내용 (령 제10조)	법 제15조제1항에 따른 전문인력 양성의 내용은 다음 각 호와 같다. 1. 공간정보 온라인 교육의 실시 2. 공간정보기술자 양성 지원 및 재교육 지원
전문인력 양성기관의 지정 등 (령 제11조)	① 법 제15조제2항에 따른 전문인력 양성기관(이하 "전문인력 양성기관"이라 한다)은 다음 각 호의 기관 중에서 지정한다. 1. 「고등교육법」 제2조 각 호에 따른 학교 중 공간정보 관련 학과 또는 전공이 설치된 학교 2. 법 제23조에 따라 설립된 공간정보산업진흥원 3. 법 제24조에 따라 설립된 공간정보산업협회 4. 한국국토정보공사 5. 「정부출연연구기관 등의 설립·운영 및 육성에 관한 법률」 제8조에 따라 설립된 연구기관 6. 삭제 〈2015. 6. 1.〉 7. 그 밖에 공간정보 관련 교육훈련 기관 또는 단체로서 국토교통부장관이 관계 중앙행정기관의 장과 협의하여 인정하는 기관 또는 단체 ② 전문인력 양성기관으로 지정받으려는 자는 국토교통부령으로 정하는 신청서를 국토교통부장관에게 제출하여야 한다. ③ 전문인력 양성기관으로 지정받으려는 자는 다음 각 호의 요건을 갖추어야 한다. 1. 교육시설 및 전문 교수요원 인력의 적정성 2. 교육장비의 보유현황 3. 지원금 활용계획의 적절성 4. 교육 대상에 따른 교육과정 및 교육내용의 적절성 ④ 국토교통부장관은 전문인력 양성기관을 지정하였을 때에는 그 사실을 공고하여야 한다. ⑤ 법 제15조제2항에 따른 전문인력 양성기관 지정, 교육훈련 실시, 예산 지원의 구체적인 내용 및 절차 등에 관하여 필요한 사항은 국토교통부장관이 정하여 고시한다.
전문인력 양성기관 지정신청서 (규칙 제6조)	① 영 제11조제2항에서 "국토교통부령으로 정하는 신청서"는 별지 제6호 서식의 전문인력 양성기관 지정신청서(전자문서로 된 신청서를 포함한다)를 말한다. 〈개정 2013. 3. 23.〉 ② 제1항의 전문인력 양성기관 지정신청서에는 다음 각 호의 서류를 첨부하여야 한다. 이 경우 담당 공무원은 「전자정부법」 제21조제1항에 따른 행정정보의 공동이용을 통하여 법인 등기부 등본(신청인이 법인인 경우만 해당한다)을 확인하여야 한다.

전문인력 양성기관 지정신청서 (규칙 제6조)	1. 교육 인력·시설·설비의 확보 현황 2. 교육계획서 및 교육평가계획서 3. 운영경비 조달계획서 및 지원금 사용계획서 4. 교육규정
전문인력 양성기관의 지정해제 (령 제12조)	국토교통부장관은 전문인력 양성기관이 다음 각 호의 어느 하나에 해당하는 경우에는 그 지정을 해제할 수 있다. 1. 제11조제3항 각 호의 전문인력 양성기관 지정요건에 더 이상 해당하지 아니하는 경우 2. 전문인력 양성기관이 정당한 사유를 밝히고 지정해제를 신청하는 경우 3. 법 제15조제2항에 따른 지원금을 용도 외로 사용한 경우
국제협력 및 해외진출 지원 (제16조)	① 정부는 공간정보산업의 국제협력 및 해외시장 진출을 추진하기 위하여 관련 기술 및 인력 교류, 전시회, 공동연구개발 등의 사업을 지원할 수 있다. ② 국토교통부장관은 제1항의 사업 수행에 필요한 예산을 지원할 수 있다.
창업의 지원 (제16조의2)	국토교통부장관은 「중소기업기본법」 제2조에 따른 중소기업에 해당하는 공간정보산업에 관한 창업을 촉진하고 창업자의 성장·발전을 위하여 다음 각 호의 지원을 할 수 있다. 1. 유상 공간정보의 무상제공 2. 공간정보산업 연구·개발 성과의 제공 3. 창업에 필요한 법률, 세무, 회계 등의 상담 4. 공간정보 기반의 우수한 아이디어의 발굴 및 사업화 지원 5. 그 밖에 대통령령으로 정하는 사항
공간정보 관련 용역에 대한 사업대가 (제17조)	① 관리기관의 장(민간 관리기관의 장은 제외한다. 이하 같다)은 공간정보 관련 용역을 발주하는 경우에는 「엔지니어링산업 진흥법」, 「소프트웨어 진흥법」, 「공간정보의 구축 및 관리 등에 관한 법률」 또는 「해양조사와 해양정보 활용에 관한 법률」에서 정한 대가기준을 준용할 수 있다. 〈개정 2020. 6. 9.〉 ② 제1항의 대가기준의 적용대상에 포함되지 아니한 용역 및 준용이 곤란하다고 판단되는 공간정보 관련 용역에 대한 대가기준은 국토교통부장관이 따로 정할 수 있다.

제4장	**공간정보산업의 지원**

공간정보산업진흥시설의 지정 등 (제18조)	① 국토교통부장관은 공간정보산업 진흥을 위하여 공간정보산업진흥시설(이하 "진흥시설"이라 한다)을 지정하고, 자금 및 설비제공 등 필요한 지원을 할 수 있다. ② 진흥시설로 지정받고자 하는 자는 대통령령으로 정하는 바에 따라 국토교통부장관에게 지정신청을 하여야 한다. ③ 국토교통부장관은 제2항의 신청에 따라 진흥시설을 지정하는 경우에는 공간정보산업의 발전을 위하여 필요한 조건을 붙일 수 있다. 이 경우 그 조건은 공공의 이익을 증진하기 위하여 필요한 최소한도에 한정되어야 하며, 부당한 의무를 부과하여서는 아니 된다. 〈개정 2020. 6. 9.〉 ④ 제3항에 따라 지정된 진흥시설은 「벤처기업육성에 관한 특별조치법」 제18조에 따른 벤처기업집적시설로 지정된 것으로 본다. ⑤ 진흥시설의 지정요건 및 진흥시설에 대한 지원 등에 관하여 필요한 사항은 대통령령으로 정한다.
공간정보산업진흥시설의 지정 요건 등 (령 제13조)	① 법 제18조제1항에 따른 공간정보산업진흥시설(이하 "진흥시설"이라 한다)의 지정요건은 다음 각 호와 같다. 1. 5 이상의 공간정보사업자가 입주할 것 2. 진흥시설로 인정받으려는 시설에 입주한 공간정보사업자 중 「중소기업 기본법」 제2조에 따른 중소기업자가 100분의 50 이상일 것 3. 공간정보사업자가 사용하는 시설 및 그 지원시설이 차지하는 면적이 건축물 총면적의 100분의 30 이상일 것 ② 진흥시설로 지정받으려는 자는 국토교통부령으로 정하는 신청서를 국토교통부장관에게 제출하여야 한다. ③ 국토교통부장관은 진흥시설을 지정하였을 때에는 그 사실을 공고하여야 한다. ④ 제1항부터 제3항까지에서 규정한 사항 외에 진흥시설의 지정 및 관리에 필요한 사항은 국토교통부장관이 정하여 고시한다.
공간정보산업진흥시설 지정신청서 (규칙 제7조)	① 영 제13조제2항에서 "국토교통부령으로 정하는 신청서"란 별지 제7호 서식의 공간정보산업진흥시설 지정신청서(전자문서로 된 신청서를 포함한다)를 말한다. ② 제1항의 공간정보산업진흥시설 지정신청서에는 다음 각 호의 서류를 첨부하여야 한다. 1. 별지 제8호 서식에 따른 공간정보산업진흥시설 조성계획서 2. 공간정보산업진흥시설의 범위를 증명하는 서류 3. 입주 공간정보사업자 명세서 4. 입주사업자 등의 사업자등록증 및 분양(임대)계약서 사본

진흥시설의 지정해제 (제19조)	국토교통부장관은 진흥시설이 지정요건에 미달하게 되거나 진흥시설의 지정을 받은 자가 제18조제3항에 따른 지정조건을 이행하지 아니한 때에는 대통령령으로 정하는 바에 따라 그 지정을 해제할 수 있다. **령 제14조** ① 국토교통부장관은 진흥시설이 제13조제1항에 따른 지정요건에 미달하게 된 경우에는 3개월 이내의 기간을 정하여 보완을 요구할 수 있다. 〈개정 2013. 3. 23.〉 ② 진흥시설의 지정을 받은 자가 제1항에 따른 보완 요구를 거부하거나 그 보완기간에 보완하지 아니한 경우에는 국토교통부장관은 법 제19조에 따라 진흥시설의 지정을 해제할 수 있다. 〈개정 2013. 3. 23.〉 ③ 국토교통부장관은 제2항에 따라 진흥시설의 지정을 해제하려면 미리 관할 특별시장·광역시장·도지사 또는 특별자치도지사의 의견을 들어야 하며, 그 지정을 해제하였을 때에는 그 사실을 공고하여야 한다.
진흥시설에 대한 지방자치단체의 지원 (제20조)	지방자치단체는 공간정보산업의 진흥을 위하여 필요한 경우 진흥시설을 조성하고자 하는 자와 공간정보사업의 창업을 지원하는 공공단체 등에 출연하거나 출자할 수 있다.
산업재산권 등의 출자특례 (제21조)	공간정보사업을 목적으로 하는 회사를 설립하거나 이러한 회사가 신주를 발행하면서 공간정보 관련 특허권·실용신안권·디자인권, 그 밖에 이에 준하는 기술과 그 사용에 관한 권리를 현물 출자하는 경우 대통령령으로 정하는 기술평가기관이 그 가격을 평가한 때에는 그 평가내용은 「상법」 제299조의2에 따라 공인된 감정인이 감정한 것으로 본다. 〈개정 2020. 6. 9.〉
기술평가기관 (령 제15조)	법 제21조에서 "대통령령으로 정하는 기술평가기관"이란 다음 각 호의 기관을 말한다. 1. 「산업기술혁신 촉진법」 제38조에 따른 한국산업기술진흥원 2. 「산업기술혁신 촉진법」 제39조에 따른 한국산업기술평가관리원 3. 「기술보증기금법」 제12조에 따른 기술보증기금 4. 「한국과학기술원법」에 따른 한국과학기술원 5. 「건설기술 진흥법」 제11조에 따른 기술평가기관 6. 「민법」 제32조에 따라 설립된 법인으로서 법 제21조에 따른 공간정보 관련 특허권·실용신안권·디자인권, 그 밖에 이에 준하는 기술과 그 사용에 관한 권리의 평가를 수행할 수 있다고 국토교통부장관이 인정하는 비영리법인
중소공간정보사업자의 사업참여 지원 (제22조)	① 정부는 중소공간정보사업자의 육성을 위하여 관리기관이 공간정보 관련 공사·제조·구매·용역 등에 관한 조달계약을 체결하려는 때에는 중소공간정보사업자의 수주기회가 증대되도록 노력하여야 한다. ② 관리기관의 장은 공간정보 관련 공사·제조·구매·용역 등에 관한 입찰을 실시하는 경우에는 낙찰자로 결정되지 아니한 자 중 제안서 평가에서 우수한 평가를 받은 자에 대하여는 작성비 등의 일부를 보상할 수 있다. 다만, 대기업과 중소공간정보사업자가 협력하여 입찰하는 경우에는 그러하지 아니하다.

제5장 공간정보사업의 관리 〈신설 2014. 6. 3.〉

공간정보사업자의 신고 등 (제22조의2)	① 공간정보사업을 영위하려는 자는 소속 공간정보기술자 등 국토교통부령으로 정하는 사항을 국토교통부장관에게 신고하여야 하며, 신고한 사항이 변경된 경우에는 그 변경신고를 하여야 한다. 다만, 「공간정보의 구축 및 관리 등에 관한 법률」 또는 「해양조사와 해양정보 활용에 관한 법률」에 따라 해당 사업의 등록 등을 한 경우에는 국토교통부장관에게 신고한 것으로 본다. 〈개정 2020. 2. 18.〉 ② 국토교통부장관은 제1항에 따라 신고받은 사항을 확인하거나 공간정보사업자의 관리·감독을 위하여 필요한 경우 관계 행정기관의 장에게 필요한 자료를 요청할 수 있다. 이 경우 요청을 받은 자는 특별한 사유가 없으면 이에 따라야 한다. ③ 제1항에 따른 신고의 절차 등에 필요한 사항은 국토교통부령으로 정한다.
공간정보사업자의 신고 (규칙 제7조의2)	① 법 제22조의2제1항 본문에서 "소속 공간정보기술자 등 <u>국토교통부령으로 정하는 사항</u>"이란 다음 각 호의 사항을 말한다. 1. 영위하려는 공간정보산업의 분야 2. 상호(법인인 경우에는 법인의 명칭) 및 대표자 3. 주된 영업소의 소재지 4. 소속 공간정보기술자 5. 보유하고 있는 장비의 현황 6. 재무현황 ② 법 제22조의2제1항에 따라 공간정보사업자의 신고 및 변경신고를 하려는 자는 별지 제9호 서식에 따른 신고서(전자문서로 된 신고서를 포함한다)에 다음 각 호의 구분에 따른 서류를 첨부하여 법 제27조 및 영 제19조에 따라 신고업무를 위탁받은 기관(이하 "신고업무 수탁기관"이라 한다)의 장에게 제출하여야 한다. 1. 신규로 신고하는 경우 : 제1항제4호부터 제6호까지의 사항을 증명할 수 있는 서류 2. 변경신고를 하는 경우 : 변경사항을 증명할 수 있는 서류 ③ 제2항에 따른 신고를 받은 신고업무 수탁기관의 장은 「전자정부법」 제21조제1항에 따른 행정정보의 공동이용을 통하여 사업자등록증 또는 법인등기사항증명서를 확인하여야 한다. 다만, 신고인이 사업자등록증의 확인에 동의하지 아니하는 경우에는 그 사본을 첨부하도록 하여야 한다. ④ 제2항에 따른 신고를 받은 신고업무 수탁기관의 장은 별지 제10호 서식에 따른 등록부에 신고내용을 기록하고, 별지 제11호 서식에 따른 신고확인서를 신고인에게 내주어야 한다.
공간정보사업 수행실적의 통보 및 확인 (규칙 제7조의3)	① 법 제22조의2제1항에 따라 신고한 공간정보사업자는 공간정보사업 수행실적 증명 등을 위하여 수행하고 있는 공간정보사업의 내용을 신고업무 수탁기관의 장에게 통보할 수 있다. ② 신고업무 수탁기관의 장은 제1항에 따라 통보받은 공간정보사업 수행실적에 관한 사항을 기록·관리하여야 하며, 공간정보사업자가 공간정보사업 수행실적에 관한 확인서를 신청하면 이를 발급하여야 한다.

공간정보사업 수행실적의 통보 및 확인 (규칙 제7조의3)	③ 신고업무 수탁기관의 장은 제1항에 따라 통보받은 내용의 확인을 위하여 필요한 때에는 공간정보사업의 발주자 등에 통보된 내용의 확인을 요청할 수 있다. ④ 제1항부터 제3항까지에서 규정한 사항 외에 공간정보사업 수행실적의 통보 및 확인에 관하여 필요한 그 밖의 사항은 신고업무 수탁기관의 장이 정한다.
공간정보기술자의 신고 등 (제22조의3)	① 공간정보산업에 종사하는 사람으로서 공간정보기술자로 인정받으려는 사람은 그 자격·경력·학력 및 근무처 등 국토교통부령으로 정하는 사항을 국토교통부장관에게 신고하여야 하며, 신고한 사항이 변경된 경우에는 그 변경신고를 하여야 한다. 다만, 「공간정보의 구축 및 관리 등에 관한 법률」 제39조에 따른 측량기술자 및 「해양조사와 해양정보 활용에 관한 법률」 제25조에 따른 해양조사기술자가 「공간정보의 구축 및 관리 등에 관한 법률」, 「해양조사와 해양정보 활용에 관한 법률」 및 「건설기술 진흥법」에 따라 그 신고 등을 한 경우에는 국토교통부장관에게 신고한 것으로 본다. 〈개정 2020. 2. 18.〉 ② 국토교통부장관은 제1항에 따라 신고받은 사항을 국토교통부령으로 정하는 바에 따라 관리하여야 한다. ③ 국토교통부장관은 제1항에 따라 신고받은 사항을 확인하기 위하여 관계 행정기관의 장 또는 해당 공간정보기술자가 소속된 공간정보사업자에게 필요한 자료를 요청할 수 있다. 이 경우 요청을 받은 자는 특별한 사유가 없으면 이에 따라야 한다. ④ 국토교통부장관은 공간정보기술자의 신청이 있는 경우 제1항에 따라 신고받은 사항에 관한 증명서를 국토교통부령으로 정하는 바에 따라 발급하여야 한다. 이 경우 국토교통부장관은 증명서의 발급에 필요한 수수료를 신청인에게 받을 수 있다. ⑤ 제1항에 따른 신고의 절차 등에 필요한 사항은 국토교통부령으로 정한다.

제6장 공간정보산업진흥원 등 〈개정 2014. 6. 3.〉

1. 공간정보산업진흥원(제23조)

설립	① 국토교통부장관은 공간정보산업을 효율적으로 지원하기 위하여 공간정보산업진흥원(이하 "진흥원"이라 한다)을 설립한다. 〈개정 2013. 3. 23., 2014. 6. 3.〉 ② 진흥원은 법인으로 한다. 〈개정 2014. 6. 3.〉 ③ 진흥원은 그 주된 사무소의 소재지에서 설립등기를 함으로써 성립한다. 〈신설 2014. 6. 3.〉 ④ 진흥원은 다음 각 호의 사업 중 국토교통부장관으로부터 위탁을 받은 업무를 수행할 수 있다.
위탁업무	1. 제5조에 따른 공공수요 및 공간정보산업정보의 조사 1의2. 제5조의2에 따른 공간정보산업과 관련된 통계의 작성 2. 제8조에 따른 유통현황의 조사·분석 3. 제9조에 따른 융·복합 공간정보산업 지원을 위한 정보수집 및 분석 3의2. 제9조제3항에 따른 공간정보오픈플랫폼 등 시스템의 운영

위탁업무	4. 제10조에 따른 지식재산권 보호를 위한 시책추진 5. 공간정보산업의 산학 연계 프로그램 지원 6. 제12조에 따른 공간정보 관련 제품 및 서비스의 품질인증 7. 제13조에 따른 공간정보기술의 개발 촉진 8. 제14조에 따른 공간정보산업의 표준화 지원 9. 제15조에 따른 공간정보산업과 관련된 전문인력 양성 및 지원 9의2. 제16조에 따른 공간정보사업자 등의 국외 진출 지원 및 공간정보산업과 관련된 국제교류·협력 9의3. 「국가공간정보 기본법」 제9조제1항제1호에 따른 공간정보체계의 구축·관리·활용 및 공간정보의 유통 등에 관한 기술의 연구·개발, 평가 및 이전과 보급 9의4. 제16조의2에 따른 창업지원을 위한 사업의 추진 10. 제18조에 따른 공간정보산업진흥시설의 지원 11. 그 밖에 국토교통부장관으로부터 위탁을 받은 사항
수익사업	⑤ 진흥원은 공간정보산업을 효율적으로 지원하고 제4항에 따른 업무를 수행하는 데에 필요한 경비를 조달하기 위하여 대통령령으로 정하는 바에 따라 <u>수익사업</u>을 할 수 있다. 1. 공간정보산업 진흥을 위한 각종 교육 및 홍보 2. 공간정보 기술자문 사업 3. 공간정보의 가공 및 유통과 관련된 사업 ⑥ 국토교통부장관은 진흥원에 대하여 제4항에 따라 위탁을 받은 업무를 수행하는 데 필요한 경비를 예산의 범위 안에서 지원할 수 있다. ⑦ 개인·법인 또는 단체는 진흥원의 사업을 지원하기 위하여 진흥원에 금전이나 현물, 그 밖의 재산을 출연 또는 기부할 수 있다. ⑧ 진흥원에 관하여 이 법에서 규정한 것 외에는 「민법」 중 재단법인에 관한 규정을 준용한다. ⑨ 그 밖에 진흥원의 운영 등에 필요한 사항은 대통령령으로 정한다.
진흥원의 운영 등 (령 제16조의2)	1. 설립목적 2. 명칭 3. 주된 사무소의 소재지 4. 사업의 내용 및 집행에 관한 사항 5. 임원의 정원·임기·선출방법 및 해임 등에 관한 사항 6. 이사회에 관한 사항 7. 재정 및 회계에 관한 사항 8. 조직 및 운영에 관한 사항 9. 수익사업에 관한 사항

2. 공간정보산업협회의 설립(제24조)

설립	① 공간정보사업자와 공간정보기술자는 공간정보산업의 건전한 발전과 구성원의 공동 이익을 도모하기 위하여 공간정보산업협회(이하 "협회"라 한다)를 설립할 수 있다. ② 협회는 법인으로 한다. ③ 협회는 주된 사무소의 소재지에서 설립등기를 함으로써 성립한다. ④ 협회를 설립하려는 자는 공간정보기술자 300명 이상 또는 공간정보사업자 10분의 1 이상을 발기인으로 하여 정관을 작성한 후 창립총회의 의결을 거쳐 국토교통부장관의 인가를 받아야 한다.

협회업무	1. 공간정보산업에 관한 연구 및 제도 개선의 건의
	2. 공간정보사업자의 저작권·상표권 등의 보호활동 지원에 관한 사항
	3. 공간정보 등 관련 기술에 관한 각종 자문
	4. 공간정보기술자의 교육 등 전문인력의 양성
	5. 다음 각 목의 사업
	
	  가. 회원의 업무수행에 따른 입찰, 계약, 손해배상, 선급금 지급, 하자보수 등에 대한 보증사업
	  나. 회원에 대한 자금의 융자
	  다. 회원의 업무수행에 따른 손해배상책임에 관한 공제사업 및 회원에 고용된 사람의 복지향상과 업무상 재해로 인한 손실을 보상하는 공제사업
	
	6. 이 법 또는 다른 법률의 규정에 따라 협회가 위탁받아 수행할 수 있는 사업
	7. 그 밖에 협회의 설립목적을 달성하는데 필요한 사업으로서 정관으로 정하는 사업

보증·공제	⑥ 협회에서 제5항제5호가목에 따른 보증사업 및 같은 호 다목에 따른 공제사업을 하려면 보증규정 및 공제규정을 제정하여 미리 국토교통부장관의 승인을 받아야 한다. 보증규정 및 공제규정을 변경하려는 경우에도 또한 같다. 〈신설 2016. 3. 22.〉
	⑦ 제6항에 따른 보증규정 및 공제규정에는 다음 각 호의 사항을 포함하여야 한다.
	
	  1. 보증규정 : 보증사업의 범위, 보증계약의 내용, 보증수수료, 보증에 충당하기 위한 책임준비금 등 보증사업의 운영에 필요한 사항
	  2. 공제규정 : 공제사업의 범위, 공제계약의 내용, 공제료, 공제금, 공제금에 충당하기 위한 책임준비금 등 공제사업의 운영에 필요한 사항
	
	⑧ 국토교통부장관은 제5항제5호가목에 따른 보증사업 및 같은 호 다목에 따른 공제사업의 건전한 육성과 가입자의 보호를 위하여 보증사업 및 공제사업의 감독에 관한 기준을 정하여 고시하여야 한다. 〈신설 2016. 3. 22.〉
	⑨ 국토교통부장관은 제6항에 따라 보증규정 및 공제규정을 승인하거나 제8항에 따라 보증사업 및 공제사업의 감독에 관한 기준을 정하는 경우에는 미리 금융위원회와 협의하여야 한다. 〈신설 2016. 3. 22.〉
	⑩ 국토교통부장관은 제5항제5호가목에 따른 보증사업 및 같은 호 다목에 따른 공제사업에 대하여 「금융위원회의 설치 등에 관한 법률」에 따른 금융감독원의 원장에게 검사를 요청할 수 있다. 〈신설 2016. 3. 22.〉
	⑪ 협회에 관하여 이 법에서 규정되어 있는 것을 제외하고는 민법 중 사단법인에 관한 규정을 준용한다. 〈개정 2014 .6. 3., 2016. 3. 22.〉

보증·공제	⑫ 제1항부터 제11항까지에서 정한 것 외에 협회의 정관, 설립 인가 및 감독 등에 필요한 사항은 대통령령으로 정한다.
정관 (령 제16조의3)	1. 설립목적 2. 명칭 3. 주된 사무소의 소재지 4. 사업의 내용 및 그 집행에 관한 사항 5. 회원의 자격, 가입과 탈퇴 및 권리·의무에 관한 사항 6. 임원의 정원·임기 및 선출방법에 관한 사항 7. 총회의 구성 및 의결사항 8. 이사회, 분회 및 지회에 관한 사항 9. 재정 및 회계에 관한 사항
설립인가의 공고 (령 제16조의4)	국토교통부장관은 법 제24조제4항에 따라 협회의 설립을 인가하였을 때에는 그 주요 내용을 국토교통부의 인터넷 홈페이지에 공고하여야 한다.
지도·감독 (령 제16조의5)	국토교통부장관은 협회의 지도·감독을 위하여 필요한 경우 협회에 자료제출을 요구할 수 있다.

3. 공간정보집합투자기구 설립 등

설립 (제25조)	① 「자본시장과 금융투자업에 관한 법률」에 따라 공간정보산업에 자산을 투자하여 그 수익을 주주에게 배분하는 것을 목적으로 하는 집합투자기구(이하 "공간정보집합투자기구"라 한다)를 설립할 수 있다. ② 금융위원회는 「자본시장과 금융투자업에 관한 법률」 제182조에 따라 공간정보집합투자기구의 등록신청을 받은 경우 대통령령으로 정하는 바에 따라 미리 국토교통부장관과 협의하여야 한다. ③ 공간정보집합투자기구는 이 법으로 특별히 정하는 경우를 제외하고는 「자본시장과 금융투자업에 관한 법률」의 적용을 받는다.
등록에 관한 협의 (령 제18조)	금융위원회는 법 제25조제2항에 따라 공간정보집합투자기구의 등록신청을 받은 날부터 7일 이내에 국토교통부장관에게 등록 여부에 대한 협의를 요청하여야 한다.
자산운용의 방법 (제26조)	공간정보집합투자기구는 자본금의 100분의 50 이상에 해당하는 금액을 다음 각 호의 어느 하나에 사용하여야 한다. 1. 대통령령으로 정하는 공간정보사업자에 대한 출자 또는 이들 사업자가 발행하는 주식·지분·수익권·대출채권의 취득 2. 그 밖에 국토교통부장관이 사업을 위하여 필요한 것으로 승인한 투자
자산운용의 방법 (령 제18조)	법 제26조제1호에서 "대통령령으로 정하는 공간정보사업자"란 법 제25조제1항에 따른 공간정보집합투자기구의 자산운용 당시 법 제12조에 따른 품질인증을 받은 기기·소프트웨어·서비스 등을 보유한 공간정보사업자를 말한다.

제7장 보칙

권한의 위임·위탁 (제27조)	① 국토교통부장관은 이 법에 따른 권한의 일부를 대통령령으로 정하는 바에 따라 특별시 장·광역시장 또는 도지사에게 위임할 수 있다. ② 국토교통부장관은 이 법에 따른 업무의 일부를 대통령령으로 정하는 바에 따라 공간정 보산업과 관련한 기관, 법인 또는 협회에 위탁할 수 있다.
업무의 위탁 (령 제19조)	① 국토교통부장관은 법 제27조제2항에 따라 다음 각 호에 규정된 업무의 전부 또는 일부 를 진흥원, 협회 또는 국토교통부장관이 지정·고시하는 공간정보산업과 관련된 기관에 위탁할 수 있다. 1. 법 제5조에 따른 공공수요 및 공간정보산업정보의 조사업무 2. 법 제8조에 따른 유통사업자 및 유통사업자가 되고자 하는 자에 대한 지원업무 3. 법 제9조에 따른 융·복합 공간정보산업의 지원을 위한 정보 수집 및 분석 4. 법 제10조에 따른 지식재산권의 보호를 위한 시책 추진 5. 법 제12조에 따른 공간정보 및 가공공간정보 관련 기기·소프트웨어·서비스 등에 대한 품질인증 6. 법 제13조에 따른 공간정보산업 관련 기술개발사업을 실시하는 자에 대한 자금의 지원 7. 법 제14조에 따른 공간정보산업의 표준화를 위한 활동의 지원 8. 법 제15조에 따른 공간정보산업과 관련된 전문인력의 양성 및 지원 9. 법 제18조에 따른 공간정보산업진흥시설의 지원 10. 법 제22조의2에 따른 공간정보사업자 신고의 접수, 신고받은 내용의 확인 등을 위한 자료 제출 요청 및 제출자료의 접수 11. 법 제22조의3에 따른 공간정보기술자 신고사항의 관리, 신고받은 내용의 확인을 위 한 자료 제출 요청 및 제출자료의 접수, 공간정보기술자의 신고 증명서 발급 ② 국토교통부장관은 제1항 각 호에 따른 업무를 위탁하는 경우 그 수탁자 및 위탁업무 등 을 고시하여야 한다.
공무원 의제 (제28조)	제23조제4항 또는 제27조제2항에 따라 업무를 위탁받은 관련 기관·법인 또는 협회의 임직 원으로서 위탁업무 수행자는 「형법」의 적용에 있어서는 공무원으로 본다.

제8장 벌칙

벌칙 (제29조) ⓕⓑⓩ	허위 그 밖에 **부**정한 **방**법으로 제12조에 따른 품질인증을 받은 **자**는 2년 이하의 징역 또는 2천만원 이하의 벌금에 처한다.
양벌규정 (제30조)	법인의 대표자나 법인 또는 개인의 대리인, 사용인, 그 밖의 종업원이 그 법인 또는 개인의 업무에 관하여 제29조의 위반행위를 하면 그 행위자를 벌하는 외에 그 법인 또는 개인에게 도 해당 조문의 벌금형을 과(科)한다. 다만, 법인 또는 개인이 그 위반행위를 방지하기 위하여 해당 업무에 관하여 상당한 주의와 감독을 게을리하지 아니한 경우에는 그러하지 아니하다.
과태료 (제31조)	① 다음 각 호의 어느 하나에 해당하는 자에게는 500만원 이하의 과태료를 부과한다. 〈개정 2020. 6. 9.〉 1. 정당한 사유 없이 제8조제3항에 따른 요청을 따르지 아니한 유통사업자 2. 제22조의2제1항을 위반하여 그 신고 또는 변경신고를 하지 아니하거나 거짓으로 신고 또는 변경신고를 한 자 3. 제22조의3제1항을 위반하여 그 신고 또는 변경신고를 하지 아니하거나 거짓으로 신고 또는 변경신고를 한 자 ② 제1항에 따른 과태료는 대통령령으로 정하는 바에 따라 국토교통부장관이 부과·징수한다.

지도직 군무원
한권으로 끝내기
[지리정보학]

PART 02

부록

용어 및 요소 정리

CHAPTER 01

1. 용어 정리

지형 (地形, Geo)	Geo는 Earth를 뜻하는 어원으로 지형은 일반적으로 토지의 기복이나 형태를 나타내는 자연지형을 가리키며, 포괄적인 개념으로 제반 인간 활동영역에서 이루어지는 학술적인 현상 또는 대상물의 특성 또는 분포라 할 수 있다.
공간 (空間, Space)	지형정보를 해석하는 데 필요한 대상물들 사이의 상호위치관계와 제반학술적 현상의 발생 영역 또는 범주로, 모형공간과 실제공간으로 구분된다.
정보 (情報, Information)	자료를 처리는 사용자에게 의미있는 가치를 부여한 것이다.
체계 (體系, System)	다양한 정보 및 상관관계를 규정, 여러 종류의 정보들에 대한 연결을 시도하고 이에 대한 자체적인 제어능력을 가진 개별 요소들의 집합체를 말한다.
정보체계 (情報體系, Information System)	다양한 자료를 이용하기 편리하도록 자료기반(DB)을 구축하고 목적에 부합하는 의미와 기능을 갖는 정보를 생산하며 이들 자료와 정보를 효율적으로 결합·운영하여 통합된 기능을 발휘할 수 있도록 하는 체계이다.
지형공간정보체계 (GSIS ; Geo Spatial Information System)	지구과학적 현상의 특성 또는 분포를 그 현상의 발생영역과 공간적·시간적 위상관계를 고려하여 처리·해석하는 정보체계이다.
지리정보체계 (GIS ; Geofraphic Information System)	지구상의 모든 지점에 관련된 현상과 관계된 정보를 처리하는 지리정보체계로서 지리정보를 효과적으로 수집, 저장, 조작, 분석, 표현할 수 있도록 서로 유기적으로 연계된 컴퓨터의 하드웨어, 소프트웨어, 자료기반 및 인적 자원의 결합체이다.
<u>데이터</u> (<u>자료, Data, 資料</u>)	<u>정보 작성을 위해 필요한 자료를 말하며, 특정 목적으로 분류되거나 평가되지 않은 미가공된 사실들의 집합을 데이터라 한다. 컴퓨터에 의해 처리 또는 산출될 수 있는 정보의 기본 요소를 나타내는 것</u>으로 데이터라는 말은 재료, 자료, 논거라는 뜻인 Datum의 복수형에서 유래하여, 디지털의 기본 단위로 쓰인다. 디지털의 기본 단위인 데이터의 최소 단위는 비트이며, 디지털 데이터는 0과 1로 짜여진 배열이다. 디지털 데이터의 의미는 수치의 의도된 배열에서 만들어진다.
정보 (Information, 情報)	자료를 처리하여 사용자에게 의미 있는 가치를 부여한 것으로 즉 데이터가 추출, 분석, 비교 등 처리 절차를 통해 가공된 형태이며, 의사결정을 할 수 있도록 의미를 부여한 데이터를 정보라 한다. 데이터(Data) → 처리(Process) → 정보(Information)

데이터베이스 (DB ; Database)	여러 사람들이 공유하고 사용할 목적으로 통합 관리되는 정보의 집합이다. 논리적으로 연관된 하나 이상의 자료의 모음으로 그 내용을 고도로 구조화함으로써 검색과 갱신의 효율화를 꾀한 것이다. 즉, 몇 개의 자료 파일을 조직적으로 통합하여 자료 항목의 중복을 없애고 자료를 구조화하여 기억시켜 놓은 자료의 집합체라고 할 수 있다.
데이터베이스시스템 (DBS ; Data Base System)	데이터를 데이터베이스로 저장하고 관리해서 필요한 정보를 생성하는 컴퓨터 중심의 시스템을 말한다. 데이터베이스시스템에는 파일처리 방식과 DBMS 방식이 있다.
파일처리 방식	• 파일(File)은 기본적으로 유사한 성질이나 관계를 가진 자료의 집합으로 데이터 파일은 Record, Field, Key의 세 가지로 구성된다. • 파일처리 방식에 의한 데이터베이스와 응용프로그램 간의 연결은 응용프로그램에서 자료에 관한 사항을 직접 관리하기 때문에 자료의 저장 및 관리가 중복적이고 비효율적이며 처리 속도가 늦다는 단점이 있다.
데이터베이스 관리시스템(DBMS ; Data Base Management System)	• DBMS는 자료의 저장, 조작, 검색, 변화를 처리하는 특별한 소프트웨어를 사용하는 컴퓨터 프로그램의 일종이다. 정보의 저장과 관리와 같은 정보 관리를 목적으로 하는 프로그램으로 파일처리 방식의 단점을 보완하기 위해 도입되었으며, 자료의 중복을 최소화하여 검색 시간을 단축시키고 작업의 효율성을 향상시키게 된다. • DBMS 방식은 데이터에 관한 세부사항을 응용프로그램에서 관리할 필요가 없으며, 그에 따라 데이터 관리의 효율성 증진과 데이터의 중복성 배제, 독립성 유지 등이 가능하다. • 사용자와 데이터베이스 사이에 위치하여 데이터베이스를 관리하고 사용자가 요구(데이터의 검색, 삽입, 갱신, 삭제, 생성 등)하는 연산을 수행해서 정보를 생성해 주는 소프트웨어이다.
데이터 모델링 (Data Modeling)	데이터 모델링은 현실세계의 수많은 데이터 가운데서 관심 대상이 되는 데이터만을 추출하여 추상적인 형태로 나타내는 것으로, 현실세계의 정보를 데이터베이스화하기 위한 분석작업이라고 볼 수 있다. 즉 데이터 모델링이란 데이터를 정의하고 데이터들 간의 관계를 규정하며 데이터의 의미와 데이터에 가해지는 제약조건을 나타내는 개념적 도구이다.
공간분석 (Spatial analysis)	지리적 현상의 공간적 변화과정과 이동과정을 분석하고 이를 바탕으로 지리적 현상의 공간조직, 공간구조 및 공간시스템을 분석하는 다양한 방법론을 공간구조 분석이라 한다. 공간분석은 의사결정을 도와주거나 복잡한 공간문제를 해결하는 데 있어 지리자료를 이용하여 수행되는 과정의 일부이다.
자료분석	• GIS에서 이루어지는 자료분석은 공간자료를 대상으로 하므로 공간분석이라고도 일컬어진다. 공간분석은 공간데이터베이스 내에 들어있는 도형과 속성자료를 분석하여 현실 세계에서 발생 가능한 다양한 현상을 예측하고 인간의 의사결정을 지원한다. • 공간분석의 유형은 도형자료의 분석과 속성자료의 분석, 도형과 속성의 통합분석 등으로 분류한다.

모델링	공간데이터베이스에는 주요 관심의 대상이 되는 주제들과 관련되는 각종 공간상의 객체를 일정 형식으로 표현하고 객체 간의 연관성을 정량화하여 저장하는데, 이러한 데이터모델을 이용하여 필요한 자료를 추출하고 앞으로의 현상을 예측하는 것을 모델링이라 한다. 결국 GIS에서 다루어지는 공간분석은 공간데이터베이스를 기반으로 이루어지는 공간모델링으로 볼 수 있다.
지형모델링	지형의 변이를 수치데이터 형태로 연속적 또는 불연속적으로 표현하는 공간자료를 수치표고자료라 한다. 이러한 수치표고자료를 이용하여 다양한 지형의 변이를 파악하고 임의 지점의 지형을 추정하여 정량화하는 것을 지형모델링이라 한다.
포맷 변환	서로 다른 두 개의 기관 간에 각기 다른 소프트웨어를 사용하여 구축된 GIS 자료를 공유하여 사용하고자 한다면 적어도 두 개의 소프트웨어가 서로 호환될 수 있는 공통 포맷이 존재하여야 한다.
동형화	서로 다른 레이어 간에 존재하는 동일한 객체의 크기와 형태가 동일하게 보이도록 보정하는 방식이다.
경계부합 (Edge matching)	지도 한 장의 경계를 넘어서 다른 지도로 연장되는 객체의 형태를 정확하게 나타내기 위하여 사용된다.
면적분할 (Tiling)	넓은 지역에 해당하는 자료를 컴퓨터에 입력하여 관리할 때 관리 목적상 작은 단위 면적으로 나누어 관리하는 것이 여러모로 편리하다. 이렇게 전체 대상 지역을 작은 단위 면적으로 분할하여 관리할 때 각각의 작은 면적을 나타내는 지도를 타일(Tile)이라 하며 타일을 만드는 과정을 타일링(Tiling)이라 한다.
좌표삭감 (Line Coordinate Thinning)	객체의 형태를 변화시키지 않는 범위에서 적절히 좌표수를 줄임으로써 공간 데이터베이스 내에서 분석될 데이터의 양을 효율적으로 감소시킴과 동시에 여러 면에서 효율적일 수 있다.
질의	질의 기능은 작업자가 부여하는 조건에 따라 속성데이터베이스에서 정보를 추출한다.
분류 (Classification)	사용자의 필요에 따라서 일정 기준에 맞추어 GIS 자료를 나누는 것으로 모든 GIS 자료는 어떤 형태로든 분류가 가능하다.
일반화 (Generalization)	일반화(generalization)는 나누어진 항목을 합쳐서 분류항목을 줄이는 것이고 반대로 나누어진 분류를 필요에 따라 보다 세분하는 것을 세분화(specification)라고 한다.
중첩	중첩은 서로 다른 레이어의 정보의 합성을 의미하는 것으로, 레이어의 가공과 생성, 도형정보와 속성정보의 결합을 통하여 현실세계의 다양한 문제를 해결하기 위한 의사결정을 지원할 수 있다.
공간보간	공간상에 알려진 표고값이나 속성값을 이용하여 표고나 속성값이 알려지지 않은 지점에 대한 값을 추정하는 것으로, 대상지역의 크기와 형태, 추정하려는 속성값의 특징 등 여러 조건에 따라 적합한 보간 방식이 적용되어야 한다.
지형모델링	지형의 변이를 수치데이터 형태로 연속적 또는 불연속적으로 표현한 수치표고자료를 이용해 다양한 지형의 변이를 파악하고 임의 지점의 지형을 추정하여 정량화하는 것이다.
연결성 분석	연결성 분석은 연속성이나 근접성, 관망과 확산 기능 등을 가지며, 대표적인 기능으로 관망분석을 들 수 있다.

지역분석 (Neighborhood analysis)	지역분석은 특정 위치를 에워싸고 있는 주변지역의 특성을 추출하는 것을 의미한다. 지역분석에는 하나 이상의 분석 대상 위치의 설정과 주변 지역의 명시, 지역 내 객체에 대해 적용될 기능의 세 가지의 사항이 명시되어야 한다.
측정	측정기능은 GIS에서 기본적인 기능으로서 공간객체 간의 거리나 면적 또는 공간객체가 지닌 속성에 대한 값의 분포나 평균값, 편차 등을 계산하는 데 사용될 수 있다.

2. 국가공간정보 기본법

목적	이 법은 국가공간정보체계의 효율적인 구축과 종합적 활용 및 관리에 관한 사항을 규정함으로써 국토 및 자원을 합리적으로 이용하여 국민경제의 발전에 이바지함을 목적으로 한다.
공간정보	지상·지하·수상·수중 등 공간상에 존재하는 자연적 또는 인공적인 객체에 대한 위치정보 및 이와 관련된 공간적 인지 및 의사결정에 필요한 정보를 말한다.
기본공간정보 경지해지 기지사수입실	국토교통부장관은 행정**경**계·도로 또는 철도의 **경**계·하천**경**계·**지**형·**해**안선·**지**적, **건**물 등 인공구조물의 공간정보, 그 밖에 대통령령으로 정하는 주요 공간정보를 기본공간정보로 선정하여 관계 중앙행정기관의 장과 협의한 후 이를 관보에 고시하여야 한다. 1. **기**준점(「공간정보의 구축 및 관리 등에 관한 법률」 제8조제1항에 따른 측량기준점표지를 말한다.) 2. **지**명 3. 정**사**영상[항공사진 또는 인공위성의 영상을 지도와 같은 정사투영법(正射投影法)으로 제작한 영상을 말한다.] 4. **수**치표고 모형[지표면의 표고(標高)를 일정간격 격자마다 수치로 기록한 표고 모형을 말한다.] 5. 공간정보 **입**체 모형(지상에 존재하는 인공적인 객체의 외형에 관한 위치정보를 현실과 유사하게 입체적으로 표현한 정보를 말한다.) 6. **실**내공간정보(지상 또는 지하에 존재하는 건물 등 인공구조물의 내부에 관한 공간정보를 말한다.) 7. 그 밖에 위원회의 심의를 거쳐 국토교통부장관이 정하는 공간정보
기본지리정보 정통물지형해수공	GIS체계는 다양한 분야에서 다양한 형태로 활용되지만 공통적인 기본 자료로 이용되는 지리정보는 거의 비슷하다. 이처럼 다양한 분야에서 공통적으로 사용하는 지리정보를 기본지리정보라고 한다. 그 범위 및 대상은 「국가지리정보체계의 구축 및 활용 등에 관한 법률 시행령」에서 행**정**구역, 교**통**, 시설**물**, **지**적, 지**형**, **해**양 및 **수**자원, 측량기**준**점, 위성영상 및 항**공**사진으로 정하고 있다. 2차 국가 GIS 계획에서 기본지리정보 구축을 위한 중점 추진 과제는 국가기준점 체계 정비, 기본지리정보 구축 시범사업, 기본지리정보 데이터베이스 구축이다.

항목	지형지물 종류
행정구역	행정구역경계
교통	철도중심선 · 철도경계 · 도로중심선 · 도로경계
시설물	건물 · 문화재
지적	지적
지형	등고선 또는 DEM/TIN
해양 및 수자원	하천경계 · 하천중심선 · 유역경계(watershed) · 호수/저수지 · 해안선
측량기준점	측량기준점
위성영상 및 항공사진	Raster · 기준점

기본지리정보라는 항목이 왼쪽에 표시되어 있으며, 위 표 전체가 **기본지리정보**에 해당한다.

구분	내용
기본지리정보 행정교통시설지형해수준공	(위 표 참조)
공간정보데이터베이스	공간정보를 체계적으로 정리하여 사용자가 검색하고 활용할 수 있도록 가공한 정보의 집합체를 말한다.
도면데이터베이스	보정파일 내의 필지 경계를 폐합(廢合)이 되도록 폴리곤(Polygon)을 형성하고, 구조화 편집 등의 과정을 거쳐 각종 공간정보시스템에서 활용할 수 있도록 작업 과정을 거친 최종 전산파일을 말한다.
공간정보체계	공간정보를 효과적으로 수집 · 저장 · 가공 · 분석 · 표현할 수 있도록 서로 유기적으로 연계된 컴퓨터의 하드웨어, 소프트웨어, 데이터베이스 및 인적자원의 **결합체**를 말한다.
지리정보체계 (Geographic Information System)	지리정보체계는 지구상의 모든 지점에 관련된 현상과 관계된 정보를 처리하는 지리정보체계로서 지리정보를 효과적으로 **수집 · 저장 · 가공 · 분석 · 표현**할 수 있도록 서로 유기적으로 연계된 컴퓨터의 하드웨어, 소프트웨어, 데이터베이스 및 인적자원의 **결합체**를 말한다.
관리기관	공간정보를 생산하거나 관리하는 중앙행정기관, 지방자치단체, 「공공기관의 운영에 관한 법률」 제4조에 따른 공공기관(이하 "공공기관"이라 한다), 그 밖에 대통령령으로 정하는 민간기관을 말한다.
민간기관의 범위	「국가공간정보 기본법」(이하 "법"이라 한다) 제2조제4호에서 "대통령령으로 정하는 민간기관"이란 다음 각 호의 자 중에서 국토교통부장관이 관계 중앙행정기관의 장과 특별시장 · 광역시장 · 특별자치시장 · 도지사 및 특별자치도지사(이하 "시 · 도지사"라 한다)와 협의하여 고시하는 자를 말한다. 1. 「전기통신사업법」 제2조제8호에 따른 전기통신사업자로서 같은 법 제6조에 따라 허가를 받은 기간통신사업자
민간기관의 범위	2. 「도시가스사업법」 제2조제2호에 따른 도시가스사업자로서 같은 법 제3조에 따라 허가를 받은 일반도시가스사업자 3. 「송유관 안전관리법」 제2조제3호에 따른 송유관설치자 및 같은 조 제4호에 따른 송유관관리자
국가공간정보체계	관리기관이 구축 및 관리하는 공간정보체계를 말한다.
국가공간정보통합체계	제19조제3항의 기본공간정보데이터베이스를 기반으로 국가공간정보체계를 통합 또는 연계하여 국토교통부장관이 구축 · 운용하는 공간정보체계를 말한다.

기본공간정보의 취득 및 관리(제19조)	① 국토교통부장관은 지형·해안선·행정경계·도로 또는 철도의 경계·하천경계·지적, 건물 등 인공구조물의 공간정보, 그 밖에 대통령령으로 정하는 주요 공간정보를 기본공간정보로 선정하여 관계 중앙행정기관의 장과 협의한 후 이를 관보에 고시하여야 한다.
	② 관계 중앙행정기관의 장은 제1항에 따라 선정·고시된 기본공간정보(이하 "기본공간정보"라 한다)를 대통령령으로 정하는 바에 따라 데이터베이스로 구축하여 관리하여야 한다.
	③ 국토교통부장관은 관리기관이 제2항에 따라 구축·관리하는 데이터베이스(이하 "기본공간정보데이터베이스"라 한다)를 통합하여 하나의 데이터베이스로 관리하여야 한다.
	④ 기본공간정보 선정의 기준 및 절차, 기본공간정보데이터베이스의 구축과 관리, 기본공간정보데이터베이스의 통합 관리, 그 밖에 필요한 사항은 대통령령으로 정한다.
공간객체등록번호	공간정보를 효율적으로 관리 및 활용하기 위하여 자연적 또는 인공적 객체에 부여하는 공간정보의 유일식별번호를 말한다.

3. 공간정보산업 진흥법

목적	이 법은 공간정보산업의 경쟁력을 강화하고 그 진흥을 도모하여 국민경제의 발전과 국민의 삶의 질 향상에 이바지함을 목적으로 한다.
공간정보	지상·지하·수상·수중 등 공간상에 존재하는 자연 또는 인공적인 객체에 대한 위치정보 및 이와 관련된 공간적 인지와 의사결정에 필요한 정보를 말한다.
공간정보산업	공간정보를 생산·관리·가공·유통하거나 다른 산업과 융·복합하여 시스템을 구축하거나 서비스 등을 제공하는 산업을 말한다.
공간정보사업에 속하는 산업	• 측량업 • 위성영상을 공간정보로 활용하는 사업 • 위성측위 등 위치결정 관련 장비산업 및 위치기반 서비스업 • 공간정보의 생산·관리·가공·유통을 위한 소프트웨어의 개발·유지관리 및 용역업 • 공간정보시스템의 설치 및 활용업 • 공간정보 관련 교육 및 상담업 • 그 밖에 공간정보를 활용한 사업
공간정보사업자	공간정보사업을 영위하는 자를 말한다.
공간정보기술자	「국가기술자격법」 등 관계 법률에 따라 공간정보사업에 관련된 분야의 자격·학력 또는 경력을 취득한 사람으로서 대통령령으로 정하는 사람을 말한다.
공간정보기술자의 범위	위에서 "대통령령으로 정하는 사람"이란 「공간정보의 구축 및 관리 등에 관한 법률」 제39조에 따른 측량기술자(같은 법 제40조에 따라 신고한 측량기술자만으로 한정한다)를 말한다.

측량기술자 (제39조)	① 이 법에서 정하는 측량은 측량기술자가 아니면 할 수 없다. ② 측량기술자는 다음 각 호의 어느 하나에 해당하는 자로서 대통령령으로 정하는 자격기준에 해당하는 자이어야 하며, 대통령령으로 정하는 바에 따라 그 등급을 나눌 수 있다. 　1. 「국가기술자격법」에 따른 측량 및 지형공간정보, 지적, 측량, 지도 제작, 도화(圖畵) 또는 항공사진 분야의 기술자격 취득자 　2. 측량, 지형공간정보, 지적, 지도 제작, 도화 또는 항공사진 분야의 일정한 학력 또는 경력을 가진 자 ③ 측량기술자는 전문분야를 측량분야와 지적분야로 구분한다.
가공공간정보	공간정보를 가공하거나 이에 다른 정보를 추가하는 등의 방법으로 생산된 공간정보를 말한다.
공간정보 등	공간정보 및 이를 기반으로 하는 가공공간정보, 소프트웨어, 기기, 서비스 등을 말한다.
융·복합 공간정보산업	공간정보와 다른 정보·기술 등이 결합하여 새로운 자료·기기·소프트웨어·서비스 등을 생산하는 산업을 말한다.
공간정보오픈플랫폼	국가에서 보유하고 있는 공개 가능한 공간정보를 국민이 자유롭게 활용할 수 있도록 다양한 방법을 제공하는 공간정보체계를 말한다.

4. 3차원 국토공간정보 구축 작업규정

목적	이 규정은 이 규정은 공간정보의 구축 및 관리 등에 관한 법률 제12조 및 같은 법 시행규칙 제8조에 의하여 3차원 국토공간정보 구축을 위한 작업 방법 및 기준 등을 정하여 성과의 규격을 통일하고 품질을 확보함을 그 목적으로 한다.
3차원 국토공간정보	지형지물의 위치·기하정보를 3차원 좌표로 나타내고, 속성정보, 가시화정보 및 각종 부가정보 등을 추가한 디지털 형태의 정보를 말한다.
위치·기하정보	제4조(위치기준)에 따라 지형지물의 형태를 세밀도에 따라 구축되는 정보를 말한다. ※ 제4조(위치기준) : 3차원 국토공간정보의 위치기준은 공간정보의 구축 및 관리 등에 관한 법률 제6조 및 동법 시행령 제7조에 의한다.
제6조 (측량기준)	① 측량의 기준은 다음 각 호와 같다. 　1. 위치는 세계측지계(世界測地系)에 따라 측정한 지리학적 경위도와 높이(평균해수면으로부터의 높이를 말한다. 이하 이 항에서 같다)로 표시한다. 다만, 지도 제작 등을 위하여 필요한 경우에는 직각좌표와 높이, 극좌표와 높이, 지구 중심 직교좌표 및 그 밖의 다른 좌표로 표시할 수 있다. 　2. 측량의 원점은 대한민국 경위도원점(經緯度原點) 및 수준원점(水準原點)으로 한다. 다만, 섬 등 대통령령으로 정하는 지역에 대하여는 국토교통부장관이 따로 정하여 고시하는 원점을 사용할 수 있다. 　3. 수로조사에서 간출지(干出地)의 높이와 수심은 기본수준면(일정 기간 조석을 관측하여 분석한 결과 가장 낮은 해수면)을 기준으로 측량한다. 〈삭제 2020. 2.18〉

제6조 (측량기준)	4. 해안선은 해수면이 약최고고조면(약최고고조면 : 일정 기간 조석을 관측하여 분석한 결과 가장 높은 해수면)에 이르렀을 때의 육지와 해수면과의 경계로 표시한다. 〈삭제 2020.2.18〉 ② 해양수산부장관은 수로조사와 관련된 평균해수면, 기본수준면 및 약최고고조면에 관한 사항을 정하여 고시하여야 한다. 〈삭제 2020.2.18〉 ③ 제1항에 따른 세계측지계, 측량의 원점 값의 결정 및 직각좌표의 기준 등에 필요한 사항은 대통령령으로 정한다.
제7조 (세계측지계 등)	① 법 제6조제1항에 따른 세계측지계(世界測地系)는 지구를 편평한 회전타원체로 상정하여 실시하는 위치측정의 기준으로서 다음 각 호의 요건을 갖춘 것을 말한다. 　1. 회전타원체의 <u>긴반지름</u> 및 편평률(扁平率)은 다음 각 목과 같을 것 　　가. <u>긴반지름</u> : 6,378,137미터 　　나. 편평률 : 298.257222101분의 1 　2. 회전타원체의 중심이 지구의 질량 중심과 일치할 것 　3. 회전타원체의 단축(短軸)이 지구의 자전축과 일치할 것
경위도원점 (經緯度原點), 수준원점 (水準原點)	② 법 제6조제1항에 따른 대한민국 경위도원점(經緯度原點) 및 수준원점(水準原點)의 지점과 그 수치는 다음 각 호와 같다. 　1. 대한민국 경위도원점 　　가. 지점 : 경기도 수원시 영통구 월드컵로 92(국토지리정보원에 있는 대한민국 경위도원점 금속표의 십자선 교점) 　　나. 수치 　　　1) 경도 : 동경 127도 03분 14.8913초 　　　2) 위도 : 북위 37도 16분 33.3659초 　　　3) 원방위각 : 165도 03분 44.538초(원점으로부터 진북을 기준으로 오른쪽 방향으로 측정한 우주측지관측센터에 있는 위성기준점 안테나 참조점 중앙) 　2. 대한민국 수준원점 　　가. 지점 : 인천광역시 남구 인하로 100(인하공업전문대학에 있는 원점표석 수정판의 영 눈금선 중앙점 　　나. 수치 : 인천만 평균해수면상의 높이로부터 26.6871m 높이 ③ 법 제6조제1항에 따른 직각좌표의 기준은 별표 2와 같다.
속성정보	3차원 국토공간정보에 표현되는 각종 지형지물의 특성을 말한다.
가시화정보	3차원 국토공간정보의 현실감을 표현하기 위하여 세밀도에 따라 구축되는 텍스처를 말한다.
세밀도 (LOD ; Level of Detail)	3차원 국토공간정보의 위치 · 기하정보와 텍스처에 대한 표현 한계를 말한다.
기초자료	3차원 국토공간정보를 구축하기 위하여 취득된 2 · 3차원 위치 · 기하정보, 속성정보 및 가시화정보를 말한다.
3차원 국토공간정보 표준 데이터셋	3차원 교통데이터, 3차원 건물데이터, 3차원 수자원데이터 및 3차원 지형데이터를 말한다.
3차원 교통데이터	도로, 철도, 교량, 터널 및 도로교통시설물을 3차원으로 표현한 데이터를 말한다.
3차원 건물데이터	주거 및 비주거용 건물을 3차원으로 표현한 데이터를 말한다.

3차원 수자원데이터	댐, 보, 호안, 제방 및 하천면을 3차원으로 표현한 데이터를 말한다.
3차원 지형데이터	인공구조물 및 자연지물이 제외된 3차원 지표면 데이터를 말한다.
3차원 심볼	3차원 국토공간정보로 구축되는 지물을 세밀도에 따라 일반화된 형태로 제작한 데이터를 말한다.
3차원 실사모델	3차원 국토공간정보로 구축되는 지형지물을 세밀도에 따라 실사 형태로 제작한 데이터를 말한다.
품질 관리	성과물이 3차원 국토공간정보 구축 기준에 적합하게 제작될 수 있도록 작업기관이 공종별로 관리·통제하고, 품질을 검사하는 것을 말한다.

5. 수치지도작성 작업 규칙

수치지도	지표면·지하·수중 및 공간의 위치와 지형·지물 및 지명 등의 각종 지형공간정보를 전산시스템을 이용하여 일정한 축척에 따라 디지털 형태로 나타낸 것을 말한다.
수치지도1.0	지리조사 및 현지측량(現地測量)에서 얻어진 자료를 이용하여 도화(圖化) 데이터 또는 지도입력 데이터를 수정·보완하는 정위치 편집 작업이 완료된 수치지도를 말한다.
수치지도2.0	데이터 간의 지리적 상관관계를 파악하기 위하여 정위치 편집된 지형·지물을 기하학적 형태로 구성하는 구조화 편집 작업이 완료된 수치지도를 말한다.
수치지도 작성	각종 지형공간정보를 취득하여 전산시스템에서 처리할 수 있는 형태로 제작하거나 변환하는 일련의 과정을 말한다.
좌표계	공간상에서 지형·지물의 위치와 기하학적 관계를 수학적으로 나타내기 위한 체계를 말한다.
좌표	좌표계상에서 지형·지물의 위치를 수학적으로 나타낸 값을 말한다.
속성	수치지도에 표현되는 각종 지형·지물의 종류, 성질, 특징 등을 나타내는 고유한 특성을 말한다.
도곽(圖廓)	일정한 크기에 따라 분할된 지도의 가장자리에 그려진 경계선을 말한다.
도엽코드 (圖葉code)	수치지도의 검색·관리 등을 위하여 축척별로 일정한 크기에 따라 분할된 지도에 부여한 일련번호를 말한다.
유일식별자 (UFID ; unique feature identifier)	지형·지물의 체계적인 관리와 효과적인 검색 및 활용을 위하여 다른 데이터베이스와의 연계 또는 지형·지물 간의 상호 참조가 가능하도록 수치지도의 지형·지물에 유일하게 부여되는 코드를 말한다.
메타데이터 (metadata)	작성된 수치지도의 체계적인 관리와 편리한 검색·활용을 위하여 수치지도의 이력 및 특징 등을 기록한 자료를 말한다.
품질검사	수치지도가 수치지도의 작성 기준 및 목적에 부합하는지를 판단하는 것을 말한다.

6. 수치지형도 작성 작업규정

수치지형도	측량 결과에 따라 지표면상의 위치와 지형 및 지명 등 여러 공간정보를 일정한 축척에 따라 기호나 문자, 속성 등으로 표시하여 정보시스템에서 분석, 편집 및 입력·출력할 수 있도록 제작된 것(정사영상지도는 제외한다)을 말한다.
수치지형도 작성	각종 지형공간정보를 취득하여 전산시스템에서 처리할 수 있는 형태로 제작하거나 변환하는 일련의 과정을 말한다.
정위치편집	지리조사 및 현지측량에서 얻어진 자료를 이용하여 도화 데이터 또는 지도입력 데이터를 수정·보완하는 작업을 말한다.
구조화편집	데이터 간의 지리적 상관관계를 파악하기 위하여 지형·지물을 기하학적 형태로 구성하는 작업을 말한다.

7. 무인비행장치 측량 작업규정

무인비행장치	「항공안전법 시행규칙」제5조제5호에 따른 무인비행장치 중 측량용으로 사용되는 것을 말한다.
무인비행장치 측량	무인비행장치로 촬영된 무인비행장치항공사진 등을 이용하여 정사영상, 수치표면모델 및 수치지형도 등을 제작하는 과정을 말한다.
무인비행장치항공사진	무인비행장치에 탑재된 디지털카메라로부터 촬영된 항공사진을 말한다.
무인비행장치항공사진 촬영	무인비행장치에 탑재된 디지털카메라를 이용한 무인비행장치항공사진의 촬영을 말한다.
지상기준점측량	항공삼각측량 등에 필요한 기준점의 성과를 얻기 위하여 현지에서 실시하는 지상측량을 말한다.
항공삼각측량	지상기준점 등의 성과를 기준으로 사진좌표를 지상좌표로 전환시키는 작업을 말한다.
수치도화	수치도화시스템으로 지형지물을 수치 형식으로 측정하여 이를 컴퓨터에 수록하는 작업을 말한다.
벡터화	좌표가 있는 영상 등으로부터 점, 선, 면의 벡터데이터를 추출하는 작업을 말한다.
수치표면자료 (DSD ; Digital Surface Data)	기준좌표계에 의한 3차원 좌표 성과를 보유한 자료로서 지면 및 비지면 자료가 모두 포함된 점자료를 말한다.
수치표면모델 (DSM ; Digital Surface Model)	수치표면자료를 이용하여 격자 형태로 제작한 지형모형을 말한다.
수치지면자료 (Digital Terrain Data)	수치표면자료에서 인공지물 및 식생 등과 같이 표면의 높이가 지면의 높이와 다른 지표 피복물에 해당하는 점자료를 제거한 점자료를 말한다.
수치표고모델 (Digital Elevation Model)	수치지면자료(또는 불규칙삼각망자료)를 이용하여 격자 형태로 제작한 지표모형을 말한다.

8. 항공레이저측량 작업규정

항공레이저측량	항공레이저측량시스템을 항공기에 탑재하여 레이저를 주사하고, 그 지점에 대한 3차원 위치좌표를 취득하는 측량 방법을 말한다.
항공레이저측량시스템	레이저 거리측정기, GPS 안테나와 수신기, INS(관성항법장치) 등으로 구성된 시스템을 말한다.
기준점측량	항공레이저측량 원시자료의 정확도를 점검하고, 기준좌표계에 의한 3차원 좌표로 조정하기 위하여 현장에서 실시하는 측량을 말한다.
코스검사점	비행코스별 항공레이저측량 원시자료의 정확도를 점검하기 위하여 비행코스의 중복 부분에서 선정한 점을 말한다.
인접접합점	작업지역과 인접하고 있는 지역에 항공레이저측량에 의해 제작된 기존 수치지면자료(또는 수치표고모델)가 존재하는 경우에 기존 수치지면자료(또는 수치표고모델)와 정확도를 점검하고 일치시키기 위하여 선정한 점을 말한다.
점자료	3차원 좌표를 가지고 있는 점들로 불규칙하게 구성된 자료를 말한다.
격자자료	종(X)·횡(Y) 방향으로 동일한 크기의 간격으로 나누어진 격자 형태의 자료로써, 보간을 통해 각 격자점에 높이값을 가지고 있는 자료를 말한다.
보간	미지점 주변의 자료를 이용하여 미지점의 값을 결정하는 방법을 말한다.
원시자료 (Mass Points)	항공레이저측량에 의하여 취득한 최초의 점자료를 말한다.
수치표면자료 (Digital Surface Data)	원시자료를 기준점을 이용하여 기준좌표계에 의한 3차원 좌표로 조정한 자료로서 지면 및 지표 피복물에 대한 점자료를 말한다.
수치지면자료 (Digital Terrain Data)	수치표면자료에서 인공지물 및 식생 등과 같이 표면의 높이가 지면의 높이와 다른 지표 피복물에 해당하는 점자료를 제거(이하 '필터링'이라고 한다)한 점자료를 말한다.
불규칙삼각망자료	수치지면자료를 이용하여 불규칙삼각망을 구성하여 제작한 3차원 자료를 말한다.
수치표고모델 (Digital Elevation Model)	수치지면자료(또는 불규칙삼각망자료)를 이용하여 격자 형태로 제작한 지표모형을 말한다.

9. DBMS의 장·단점 必 암기 개보화 중립무관 백중시비

장점	시스템 개발 비용 감소	데이터베이스 구축 시 초기비용이 많이 들 수 있지만 데이터 검색 및 변경 시 프로그램 개발 비용의 절감이 가능
	보안 향상	데이터베이스의 중앙집중관리 및 접근제어를 통해 보안이 향상됨
	표준화	데이터 제어기능을 통해 데이터의 형식, 내용, 처리방식, 문서화 양식 등에 표준화를 범기관적으로 쉽게 시행할 수 있음
	중복의 최소화	파일관리시스템에서 개별 파일로 관리되던 시스템에서 데이터를 하나의 데이터베이스에 통합하여 관리하므로 중복이 감소됨
	데이터의 독립성 향상	데이터를 응용프로그램에서 분리하여 관리하므로 응용프로그램을 수정할 필요성이 감소됨
	데이터의 무결성 유지	제어관리를 통해 다수의 사용자들이 접근 시 무결성이 유지됨
	데이터의 일관성 유지	파일관리시스템에서는 중복데이터가 각각 다른 파일에 관리되어 변경 시 데이터의 일관성을 보장하기 어려웠으나, DBMS는 중앙집중식 통제를 통해 데이터의 일관성을 유지할 수 있음
단점	백업과 회복 기능	위험부담을 최소화하기 위해 효율적인 백업과 회복기능을 갖추어야 함
	중앙집약적인 위험부담	자료의 저장 및 관리가 중앙집약적으로 이루어지므로 자료의 손실이나 시스템의 작동 불능이 될 수 있는 중앙집약적인 위험부담이 큼
	시스템 구성의 복잡성	파일처리 방식에 비하여 시스템의 구성이 복잡하므로 이로 인한 자료의 손실 가능성이 높음
	운영비의 증대	컴퓨터 하드웨어와 소프트웨어의 비용이 상대적으로 많이 소요됨

10. 각종 요소

측량의 3요소 거방이	거리	• 평면거리 : 수평거리, 평면거리, 수직거리 • 곡면거리 : 측지선, 자오선, 항정선, 묘유선, 평행권 • 공간거리 : 공간상의 두 점을 잇는 선형을 경로로 하여 측량한 거리
	방향	• 공간상 한 점의 위치는 원점(origin)과 기준점(reference surface), 기준선(reference line)이 정해졌다면 원점에서 그 점을 향하는 직선의 방향과 길이로 결정됨 • 두 방향선의 방향의 차이는 각(angle)으로 표시
	높이	• 수평면으로부터 어떤 점까지의 연직거리, 고저각이라고도 함 • 평균해수면으로부터의 어느 지점까지의 높이, 표고라고도 함

측량의 4요소 ㉠㉤㉥㉦	거리		• 평면거리 : 수평거리, 평면거리, 수직거리 • 곡면거리 : 측지선, 자오선, 항정선, 묘유선, 평행권 • 공간거리 : 공간상의 두 점을 잇는 선형을 경로로 하여 측량한 거리
	방향		• 공간상 한 점의 위치는 원점(origin)과 기준점(reference surface), 기준선(reference line)이 정해졌다면 원점에서 그 점을 향하는 직선의 방향과 길이로 결정됨 • 두 방향선의 방향의 차이는 각(angle)으로 표시
	높이	표고 (標高, Elevation)	지오이드면, 즉 정지된 평균해수면과 물리적 지표면 사이의 고저차
		정표고 (正標高, Orthometric Height)	물리적 지표면에서 지오이드까지의 고저차
		지오이드고 (Geoidal Height)	타원체와 지오이드와 사이의 고저차
		타원체고 (楕圓體高, Ellipsoidal Height)	준거 타원체상에서 물리적 지표면까지의 고저차를 말하고 지구를 이상적인 타원체로 가정한 타원체면으로부터 관측지점까지의 거리이며 실제 지구표면은 울퉁불퉁한 기복을 가지므로 실제높이(표고)는 타원체고가 아닌 평균해수면(지오이드)으로부터 연직선 거리
	시간		• '시'는 지구의 자전 및 공전 때문에 관측자의 지구상 절대적 위치가 주기적으로 변화함을 표시하는 것 • 본래 하루의 길이는 지구의 자전, 1년은 지구의 공전, 주나 한 달은 달의 공전으로부터 정의됨. 시와 경도 사이에는 1hr=15°의 관계가 있음
측지학적 3차원 위치 결정요소	경도	측지경도	본초자오선과 타원체상의 임의 자오선이 이루는 적도상 각거리
		천문경도	본초자오선과 지오이드상의 임의 자오선이 이루는 적도상 각거리
	위도	측지위도	지구상 한 점에서 회전타원체의 법선이 적도면과 이루는 각으로 측지 분야에서 많이 사용
		천문위도	지구상 한 점에서 지오이드의 연직선(중력방향선)이 적도면과 이루는 각
		지심위도	지구상 한 점과 지구 중심을 맺는 직선이 적도면과 이루는 각
		화성위도	지구중심으로부터 장반경(a)을 반경으로 하는 원과 지구상 한 점을 지나는 종선의 연장선과 지구 중심을 연결한 직선이 적도면과 이루는 각
	높이 (평균해수면)		• 수평면으로부터 어떤 점까지의 연직거리, 고저각이라고도 함 • 평균해수면으로부터의 어느 지점까지의 높이, 표고라고도 함

측지원점요소(測地原点要素), 측지원자(測地原子) ㉣㉤㉥㉦㉧	경도	• 경도는 본초자오선과 적도의 교점을 원점(0, 0)으로 함 • 본초자오선으로부터 적도를 따라 그 지점의 자오선까지 잰 최소 각거리로 동서쪽으로 0°~180°까지 나타내며, 측지경도와 천문경도로 구분함
	위도	• 위도(φ)란 지표면상의 한 점에서 세운 법선이 적도면을 0°로 하여 이루는 각으로서 남북위 0~90°로 표시함 • 자오선을 따라 적도에서 어느 지점까지 관측한 최소 각거리로서 어느 지점의 연직선 또는 타원체의 법선이 적도면과 이루는 각으로 정의되고, 0°~90°까지 관측하며, 경도 1°에 대한 적도상 거리, 즉 위도 0°의 거리는 약 111km, 1′은 1.85km, 1″는 30.88m가 됨
	방위각 (Azimuth)	자오선을 기준으로 어느 측선까지 시계방향으로 잰 수평각으로 진북방위각, 도북방위각(도북기준), 자북방위각(자북기준) 등이 있음
	지오이드고	타원체와 지오이드와 사이의 고저차
	기준타원체 요소	—
타원체의 요소	편평률	$P = \dfrac{a-b}{a} = 1 - \sqrt{1-e^2}$
	이심률	$e_1 = \sqrt{\dfrac{a^2 - b^2}{a^2}}$
	자오선곡률반경	$R = \dfrac{a(1-e^2)}{W^3}$, $W = \sqrt{1 - e^2 \sin^2 \phi}$ (ϕ는 측지위도)
	묘유선곡률반경	$N = \dfrac{a}{W} = \dfrac{a}{\sqrt{1 - e^2 \sin^2 \phi}}$
	중등곡률반경	$r = \sqrt{M \cdot N}$
	평균곡률반경	$R = \dfrac{2a+b}{3}$
	타원방정식 표현	$\dfrac{X^2}{a^2} + \dfrac{Y^2}{b^2} = 1$
지자기의 3요소	편각	• 수평분력 H가 진북과 이루는 각 • 지자기의 방향과 자오선이 이루는 각
	복각	• 전자장 F와 수평분력 H가 이루는 각 • 지자기의 방향과 수평면과 이루는 각
	수평분력	전자장 F의 수평성분. 수평면 내에서의 지자기장의 크기(지자기의 강도)를 말하며, 지자기의 강도 중 전자력의 수평 방향의 성분을 수평분력, 연직 방향의 성분을 연직분력이라 함
지평좌표계 위치요소	방위각	방위각은 자오선의 북점으로부터 지평선을 따라 천체를 지나 수직권의 발 X'까지 잰 각거리
	고저각	지평선으로부터 천체까지 수직권을 따라 잰 각거리

적도좌표계 위치요소	적경	본초시간권(춘분점을 지나는 시간권)에서 적도면을 따라 동쪽으로 잰 각거리($0^h \sim 24^h$)
	적위	적도상 0도에서, 적도 남북 0~±90도로 표시하며, 적도면에서 천체까지 시간권을 따라 잰 각거리
	시간각	관측자의 자오선 $PZ\Sigma$에서 천체의 시간권까지 적도를 따라 서쪽으로 잰 각거리
황도좌표계 위치요소	황경	춘분점을 원점으로 하여 황도를 따라 동쪽으로 잰 각거리(0~360°)
	황위	황도면에서 떨어진 각거리(0~±90°)
은하좌표계 위치요소	은경	은하중심방향으로부터 은하적도를 따라 동쪽으로 잰 각(0~360°)
	은위	은하적도로부터 잰 각거리(0~±90°)
트랜싯축의 3요소	시준축	망원경 대물렌즈의 광심과 십자선 교점을 잇는 선
	수평축	• 트랜싯 토털스테이션 등의 망원경을 지지하는 수평인 축 • 망원경은 이축에 고정되어 있으며 축받이 위에서 회전하며, 시준축과 연직축과는 서로 직교하고 있어야 함
	연직축	트랜싯 등에서 회전의 중심축으로 관측할 때 이것이 연직이 되도록 조정하며, 이것은 수준기에 따라서 하게 되는 것이므로 그 조정을 충분히 하여야 할 필요가 있음
오차타원의 요소		• 타원의 장축 • 타원의 단축 • 타원의 회전각
편심요소	편심각	관측의 기본 방향에서 편심점 방향까지의 협각을 말하며, 각 방향의 편심방향각은 360°에서 편심각을 뺀 것에 관측방향각을 가해서 산출함
	편심거리	3각점의 중심에서 시준점 또는 관측점의 중심까지의 거리
다목적 지적의 5대 구성요소	Geodetic reference network	• 토지의 경계선과 측지측량이나 그 밖의 토지 및 토지 관련 자료와 지형 간의 상관관계 형성 • 지상에 영구적으로 표시되어 지적도상에 등록된 경계선을 현지에 복원할 수 있는 정확도를 유지할 수 있는 기준점 표지의 연결망을 말하며, 서로 관련 있는 모든 지역의 기준점이 단일의 통합된 네트워크여야 함
	Base map	측지기본망을 기초로 하여 작성된 도면으로서 지도작성에 기본적으로 필요한 정보를 일정한 축척의 도면위에 등록한 것으로 변동사항과 자료를 수시로 정비하여 최신화시켜 사용될 수 있어야 함
	Cadastral overlay	측지기본망과 기본도와 연계하여 활용할 수 있고 토지소유권에 관한 현재 상태의 경계를 식별할 수 있도록 일필지 단위로 등록한 지적도, 시설물, 토지이용, 지역구도 등을 결합한 상태의 도면
	Unique parcel identification number	• 각 필지별 등록사항의 조직적인 저장과 수정을 용이하게 각 정보를 인식·선정·식별·조정하는 가변성(variability, 일정한 조건에서 변할 수 있는 성질)이 없는 토지의 고유번호

다목적 지적의 5대 구성요소	Unique parcel identification number	• 지적도의 등록 사항과 도면의 등록 사항을 연결시켜 자료파일의 검색 등 색인번호의 역할을 함 • 이러한 필지식별번호는 토지평가, 토지의 과세, <u>토지의 래</u>, 토지이용 계획 등에서 활용됨
	Land data file	• 토지에 대한 정보검색이나 다른 자료철에 있는 정보를 연결시키기 위한 목적으로 만들어진 각 필지의 식별번호를 포함한 일련의 공부 또는 토지자료철 • 과세대장, 건축물대장, 천연자원기록, 토지이용, 도로, 시설물대장 등 토지 관련 자료를 등록한 대장을 뜻함
LIS의 구성요소	Hardware	• 지형공간정보체계를 운용하는 데 필요한 컴퓨터와 각종 입/출력장치 및 자료관리장치 • 하드웨어의 범주에는 데스크탑 PC, 워크스테이션뿐만 아니라 스캐너, 프린터, 플로터, 디지타이저를 비롯한 각종 주변 장치들을 포함
	Software	• 지리정보체계의 자료를 입력, 출력, 관리하기 위해 프로그램인 소프트웨어가 반드시 필요함 • 하드웨어를 구동시키고 각종 주변 장치를 제어할 수 있는 운영체계(OS ; Operating system), 지리정보체계의 자료구축과 자료 입력 및 검색을 위한 입력 소프트웨어, 지리정보체계의 엔진을 탑재하고 있는 자료처리 및 분석 소프트웨어로 구성됨 • 소프트웨어는 각종 정보를 저장·분석·출력할 수 있는 기능을 지원하는 도구로서 정보의 입력 및 중첩 기능, 데이터베이스 관리 기능, 질의 분석, 시각화 기능 등의 주요 기능을 가짐
	Database	지리정보체계는 많은 자료를 입력하거나 관리하는 것으로 이루어지고, 입력된 자료를 활용하여 토지정보체계의 응용시스템을 구축할 수 있으며, 이러한 자료들은 속성정보(각종 공부와 대장)와 도형정보(지적도, 임야도, 지하시설물도, 도시계획도 등)로 분류됨
	Man Power	전문 인력은 지리정보체계의 구성요소 중에서 가장 중요한 요소로서 데이터(Data)를 구축하고 실제 업무에 활용하는 사람으로, 전문적인 기술을 필요로 하므로 이에 전념할 수 있는 숙련된 전담요원과 기관을 필요로 하며 시스템을 설계하고 관리하는 전문 인력과 일상 업무에 지리정보체계를 활용하는 사용자 모두가 포함됨

| | GIS 일반
사용자 | 단순히 정보를 찾아보는 일반 사용자를 의미
• 교통정보나 기상정보 참조
• 부동산 가격에 대한 정보 참조
• 기업이나 서비스업체 찾기
• 여행 계획 수립
• 위락시설 정보 찾기
• 교육 |

	GIS 활용가	기업활동, 전문서비스 공급, 의사 결정 등을 위한 목적으로 GIS를 사용함 • 엔지니어/계획가 • 토지 행정가 • 시설물 관리자 • 법률가 • 자원 계획가 • 과학자	
	GIS 전문가	실제로 GIS가 구현되도록 일하는 사람 • 데이터베이스 관리 • 시스템 분석 • 응용 프로그램 • 프로그래머 • 프로젝트 관리	
	Application	• 특정한 사용자 요구를 지원하기 위해 자료를 처리하고 조작하는 활동 즉, 응용 프로그램들을 총칭하는 것으로 특정 작업을 처리하기 위해 만든 컴퓨터프로그램을 의미 • 하나의 공간문제를 해결하고 지역 및 공간 관련 계획 수립에 대한 솔루션을 제공하기 위한 GIS시스템은 그 목표 및 구체적인 목적에 따라 적용되는 방법론이나 절차, 구성, 내용 등이 달라짐	
메타데이터의 기본요소	개요 및 자료 소개	수록된 데이터의 명칭, 개발자, 데이터의 지리적 영역 및 내용, 다른 이용자의 이용 가능성, 가능한 데이터의 획득 방법 등을 위한 규칙이 포함됨	
	자료품질	자료가 가진 위치 및 속성의 정확도, 완전성, 일관성, 정보의 출처, 자료의 생성 방법 등을 나타냄	
	자료의 구성	자료의 코드화(Encoding)에 이용된 데이터 모형(벡터나 격자 모형 등), 공간상의 위치 표시 방법(위도나 경도를 이용하는 직접적인 방법이나 거리의 주소나 우편번호 등을 이용하는 간접적인 방법 등)에 관한 정보가 서술됨	
	공간참조를 위한 정보	사용된 지도 투영법, 변수 좌표계에 관련된 제반 정보를 포함함	
	형상 및 속성 정보	수록된 공간 객체와 관련된 지리정보와 수록 방식에 관하여 설명함	
	정보를 얻는 방법	정보의 획득과 관련된 기관, 획득 형태, 정보의 가격에 대한 사항을 설명함	
	참조 정보	메타데이터의 작성자 및 일시 등을 포함함	
	Identification Information	인용, 자료에 대한 묘사, 제작시기, 공간영역, 키워드, 접근제한, 사용제한, 연락처 등	
	Data quality information	속성정보 정확도, 논리적 일관성, 완결성, 위치정보 정확도, 계통(lineage) 정보 등	
	Spatial data organization information	간접 공간참조자료(주소체계), 직접 공간참조자료, 점과 벡터객체 정보, 위상관계, 래스터 객체 정보 등	
	Spatial reference information	평면 및 수직 좌표계	

	Entity&attribute information	사상 타입, 속성 등
	Distribution information	배포자, 주문 방법, 법적 의무, 디지털 자료 형태 등
	Metadata reference information	메타데이타 작성 시기, 버전, 메타데이터 표준이름, 사용제한, 접근 제한 등
	Citation information	출판일, 출판시기, 원 제작자, 제목, 시리즈 정보 등
	Time period information	일정시점, 다중시점, 일정 시기 등
	Contact information	연락자, 연락기관, 주소 등
ISO19113 (지리정보-품질 원칙)의 품질 개요 요소	목적	데이터셋을 생성하는 근본적인 이유를 설명하고 그 본래 의도한 용도에 관한 정보를 제공하여야 함
	용도	• 데이터셋이 사용되는 어플리케이션을 설명하여야 함 • 데이터 생산자나 다른 개별 데이터 사용자가 데이터셋을 사용하는 예를 설명하여야 함
	연혁	• 데이터셋의 이력을 설명하여야 하고 수집, 획득에서부터 편집이나 파생을 통해 현재 형태에 도달하게 된 데이터셋의 생명주기를 알려주어야 함 • 연혁에는 데이터셋의 부모들을 설명하여야 하는 출력정보와 데이터셋 주기상의 사건 또는 변환기록을 설명하는 프로세스 단계 또는 이력정보의 두 가지 구성 요소가 있음
품질요소 및 세부요소	완전성	초과, 누락
	논리적 일관성	개념 일관성, 영역 일관성, 포맷 일관성, 위상 일관성
	위치 정확성	절대적 또는 외적 정확성, 상대적 또는 내적 정확성, 그리드데이터 위치 정확성
	시간 정확성	시간 측정 정확성, 시간 일관성, 시간 타당성
	주제 정확성	분류 정확성, 비정량적 속성 정확성, 정량적 속성 정확성
GIS 데이터 표준화 요소	Data Model	공간데이터의 개념적이고 논리적인 틀이 정의됨
	Data Content	다양한 공간 현상에 대하여 데이터 교환에 대해 필요한 데이터를 얻기 위한 공간 현상과 관련 속성 자료들이 정의됨
	Meta data	사용되는 공간 데이터의 의미, 맥락, 내외부적 관계 등에 대한 정보로 정의됨
	Data Collection	공간데이터를 수집하기 위한 방법을 정의
	Location Reference	공간데이터의 정확성, 의미, 공간적 관계 등이 객관적인 기준(좌표 체계, 투영법, 기준점 등)에 의해 정의됨

	Data Quality	만들어진 공간데이터가 얼마나 유용하고 정확한지, 의미가 있는지에 대한 검증 과정으로 정의
	Data Exchange	만들어진 공간데이터가 Exchange 또는 Transfer되기 위한 데이터 모델 구조, 전환 방식 등으로 정의
SDTS의 구성요소	Logical specification	세 개의 주요 장(section)으로 구성되어 있으며 SDTS의 개념적 모델과 SDTS 공간객체 타입, 자료의 질에 관한 보고서에서 담아야 할 구성요소, SDTS 전체 모듈에 대한 설계(layout)를 담음
	Spatial features	• 공간객체들에 관한 카탈로그와 관련된 속성에 관한 내용을 담음 • 범용 공간객체에 관한 용어정의를 포함하는데 이는 자료의 교환 시 적합성(compatibility)을 향상시키기 위한 것 • 내용은 주로 중·소 축척의 지형도 및 수자원도에서 통상 이용되는 공간객체에 국한됨
	ISO 8211 encoding	• 일반 목적의 파일 교환표준(ISO 8211) 이용에 대한 설명 • 이는 교환을 위한 SDTS 파일셋(filesets)의 생성에 이용됨
	TVP(Topological Vector Profile)	• TVP는 SDTS 프로파일 중에서 가장 처음 고안된 것으로서 기본규정(1-3 부문)이 어떻게 특정 타입의 데이터에 적용되는지를 정함 • 위상학적 구조를 갖는 선형(linear), 면형(area) 자료의 이용에 국한됨
	RP(Raster Profile & extensions)	• 2차원의 래스터 형식 영상과 그리드 자료에 이용됨 • ISO의 BIIF(Basic Image Interchange Format), GeoTIFF(Georeferenced Tagged Information File Format) 형식과 같은 또 다른 이미지 파일 포맷도 수용
	PP(Point Profile)	• 지리학적 점 자료에 관한 규정을 제공 • 이는 제4부문 TVP를 일부 수정하여 적용한 것으로서 TVP의 규정과 유사함
	CAD and draft profiles	• CAD : 벡터 기반의 지리자료가 CAD 소프트웨어에서 표현될 때 사용하는 규정 • CAD와 GIS 간의 자료의 호환 시 자료의 손실을 막기 위하여 고안된 규정이며 가장 최근에 추가된 프로파일
ISO Technical Committee 211의 구성요소	WG1(Framework and Reference Model)	업무 구조 및 참조 모델을 담당
	WG2(Geospatial Data Models and Operators)	지리공간데이터 모델과 운영자를 담당
	WG3(Geospatial Data Administration)	지리공간데이터를 담당
	WG4 (Geospatial Services)	지리공간 서비스를 담당
	WG5(Profiles and Functional Standards)	프로파일 및 기능에 관한 제반 표준을 담당

벡터 자료구조의 기본요소	Point	• 기하학적 위치를 나타내는 0차원 또는 무차원 정보 • 절점(node) : 점의 특수한 형태로 0차원이고 위상적 연결이나 끝점을 나타냄 • 최근린 방법 : 점 사이의 물리적 거리를 관측 • 사지수(quadrat) 방법 : 대상영역의 하부면적에 존재하는 점의 변이를 분석
	Line	• 1차원 표현으로 두 점 사이 최단거리를 의미 • 형태 : 문자열(string), 호(arc), 사슬(chain) 등 • 문자열(string) : 연속적인 line segment(두 점을 연결한 선)를 의미하며 1차원적 요소 • 호(arc) : 수학적 함수로 정의 되는 곡선을 형성하는 점의 궤적 • 사슬(chain) : 각 끝점이나 호가 상관성이 없을 경우 직접적인 연결, 즉 체인은 시작노드와 끝노드에 대한 위상정보를 가지며, 자치꼬임이 허용되지 않은 위상기본요소를 의미함
	Area	• 면(面, area) 또는 면적(面積)은 한정되고 연속적인 2차원적 표현 • 모든 면적은 다각형으로 표현
Data Mining의 기본요소	예측	특정 개체의 미래 동작을 예측(Predictive Model)
	묘사	사용자가 이용 가능한 형태로 표현(Descriptive Model)
	검증	사용자 시스템의 가설을 검증
	발견	자율적, 자동적으로 새로운 패턴을 발견
Big Data의 5요소	Volume	비즈니스 및 IT 환경에 따른 대용량 데이터의 크기가 서로 상이한 속성
	Velocity	대용량 데이터를 빠르게 처리·분석할 수 있는 속성
	Variety	빅데이터는 정형화되어 데이터베이스에 관리되는 데이터뿐 아니라 다양한 형태의 데이터의 모든 유형을 관리하고 분석
	Value	단순히 데이터를 수집하고 쌓는 게 목적이 아니라 사람을 이해하고 사람에게 필요한 가치를 창출하면서 개인의 권리를 침해하지 않고 신뢰 가능한 진실성을 가질 때, 진정한 데이터 자원으로 기능할 수 있다는 의미
	Veracity	개인의 권리를 침해하지 않고 신뢰 가능한 진실성을 가질 때, 진정한 데이터 자원으로 기능할 수 있다는 의미
데이터 모델의 구성요소	구조 (Structure)	개체 타입과 이들 간의 관계를 명세한 것
	연산 (Operation)	데이터베이스에 표현된 개체 인스턴스를 처리하는 작업에 대해 명세한 것으로 데이터베이스를 조작하는 기본도
	제약조건 (Constraint)	데이터베이스에 허용될 수 있는 개체 인스턴스에 대한 논리적 제약을 명세한 것

Database의 개념적 구성요소 (E-R모델의 구성요소)	Entity	• 데이터베이스에 표현하려고 하는 유형·무형의 객체(Object)로서 서로 구별되는 것으로 현실세계에 대해 사람이 생각하는 개념이나 의미를 가지는 정보의 단위 • 단독으로 존재할 수 있으며, 정보로서의 역할을 함 • 컴퓨터가 취급하는 파일의 레코드(Record)에 해당하며, 하나 이상의 속성(Attribute)으로 구성됨
	Attribute	• 개체가 가지고 있는 특성을 나타내고 데이터의 가장 작은 논리적 단위 • 파일구조에서는 데이터 항목(data item) 또는 필드(field)라고도 함 • 정보 측면에서는 그 자체만으로는 중요한 의미를 표현하지 못해 단독으로 존재하지 못함
	Relationship	개체 집합과 개체 집합 간에는 여러 가지 유형의 관계가 존재하므로 데이터베이스에 저장할 대상이 됨 • 속성 관계(Attribute relationship) : 한 개체를 기술하는 속성 관계는 한 개체 내에서만 존재하기 때문에 개체 내 관계(Intra-Entity relationship)라고도 함 • 개체 관계(Entity relationship) : 개체 집합과 개체 집합 사이의 관계를 나타내는 개체 관계는 개체 외부에 존재하기 때문에 개체 간 관계(Inter-Entity relationship)라고도 함
Geocoding(위치 정보지정) 요소	Input dataset	• 지오코딩을 위해 입력하는 자료 • 입력자료는 대체로 주소가 됨
	Output dataset	• 입력자료에 대한 지리참조코드를 포함 • 출력자료의 정확도는 입력자료의 정확성에 좌우되므로 입력자료는 가능한 정확해야 함
	Processing algorithm	공간 속성을 참조자료를 통하여 입력자료의 공간적 위치를 결정
	Reference dataset	• 정확한 위치를 결정하는 지리정보를 담고 있음 • 참조자료는 대체로 지오코딩 참조 데이터베이스(Geocoding reference dataset)가 사용됨
DEM(Digital Elevation Model) 요소	블록 또는 타일	블록 또는 타일은 DEM의 지리적 범위를 나타내는 것으로 일반적으로 지형도와 연계됨
	단면(Propile)	일반적으로 단면은 표본으로 추출된 표고점들의 선형 배열을, 단면 사이의 공간은 DEM의 공간적 해상도를 1차원으로 나타내며 또 다른 차원은 표고점 간의 공간을 나타냄
	표고점	• 일반적으로 세 가지 유형의 표고점이 있음 　-규칙적인 점들 　-단면을 따르는 첫 번째 점들 　-네 코너의 점들 • 이러한 세 가지 유형의 점 중 '네 코너의 점'은 좌표로 기록되어 저장됨

GIS 자료검수 항목요소	자료 입력과정 및 생성연혁 관리	• 구축된 자료에 대한 정확한 원시자료의 추출 과정 및 추출 방법에 관한 설명을 통하여 적합한 검수 방법 선택 가능 • 기록된 원시자료에 관한 사항과 원시자료의 추출, 입력방법, 추출· 입력에 사용된 장비의 정확도 및 기타 요소와 함께 투영 방법의 변 환 내용을 포함 • 독취성과의 해상도를 검수하며 독취성과의 잡음(noise)과 좌표값의 단위는 미터로서 소숫점 2자리까지의 표현 여부, 도곽좌표값의 정확 성 유무 등을 검수함 • 그래픽소프트웨어를 이용한 화면 프로그램 검수를 주로 함
	자료 포맷	• 구축된 수치자료의 포맷에 대한 형식 검증 및 검수를 위한 자료의 전달이 제대로 되었는지 여부를 검수 • 그래픽소프트웨어를 이용한 화면검사가 주를 이룸. 검수를 위해서 구 축 대상 자료목록이 사전에 테이블로 작성되어야 하며, 준비된 목록과 공급된 자료를 비교하여 오류가 발견된 경우에는 모두 수정되어야 함
	자료 최신성	• 자료의 변화 내용이 반영되었는가를 검수 • 최신 위성영상이나 다양한 방식의 자료 갱신을 통한 대상지역의 자 료 최신성의 유지 여부를 검수하며, 필요에 따라 현지조사를 통한 갱신이 이루어지기도 함
	위치의 정확성	• 수치자료가 현실세계의 위치와 일치하는가를 파악하는 것으로 모든 요소들의 위치가 허용오차를 벗어나는지 여부를 검수 • 격자자료와 벡터자료의 입력오차를 검수하고 확인용 출력도면과 지 도원판을 비교하여 검수 • 출력중첩 검수를 통해 오류를 검사하고, 화면프로그램 검수나 자동 프로그램검수를 통해 오류의 정밀도를 검수
	속성의 정확성	• 데이터베이스 내의 속성자료의 정확성을 검수하는 것으로 원시대장 과 속성자료로 등록된 각 레코드값을 비교하여 속성자료의 누락 여 부와 범위값, 형식코드의 정확성 등을 주요 대상으로 함 • 전수검사 또는 통계적 표본검수를 원칙으로 하고, 출력중첩검수와 화면검수를 겸해야 함
	문자 정확성	수치지도에 있어서 문자 표기와 문자 크기, 문자 위치의 정확도와 폰 트의 적정 여부를 검수
	기하구조의 적합성	• 각 객체들의 특성에 따른 연결 상태를 검수 • 현실 세계의 배열상태 또는 형태가 수치자료로 정확히 반영되어야 하며, 폴리곤의 폐합 여부와 선의 계획된 지점에서 교차 여부, 선의 중복이나 언더슈트, 오버슈트 문제를 포함함
	경계정합	인접도엽 간 도형의 연결과 연결된 도형의 유연성 및 속성값의 일치 여부를 검수
	논리적 일관성	자료의 신뢰성을 검수하는 것으로 입력된 객체 및 속성자료의 관계를 조사하여 논리적으로 일치하는가를 파악
	완전성	데이터베이스 전반에 대한 품질을 점검하는 것으로 자료가 현실세계 를 얼마나 충실히 표현하고 있는가를 검수

지리데이터의 품질구성요소	지리데이터의 계통성 (Lineage)	계통성은 특정 지리데이터가 추출된 자료원에 관한 문서로서 최종 데이터 파일들이 만들어지기까지의 관련된 모든 변환 방법 및 추출 방법을 기술함
	지리데이터의 위치정확도 (Positional accuracy)	위치정확도는 지리데이터가 표현하는 실세계의 실제 위치에 대한 지리 데이터베이스 내의 좌표의 근접함(Closeness)으로 정의되는데, 전통적으로 지도는 대략 한 선의 폭 혹은 0.5mm의 정확도임
	지리데이터의 속성정확도 (Attribute accuracy)	속성정확도는 데이터가 표현하는 실세계 사상에 대한 참값 또는 추정값과 지리 데이터베이스 내의 기술 데이터 사이의 근접함(Closeness)으로 정의되는데 데이터의 성질에 따라 다른 방법으로 결정됨
	지리데이터의 논리적 일관성 (Logical consistency)	논리적 일관성은 실세계와 기호화된 지리 데이터 간의 관계 충실도에 대한 설명으로 본질적으로 지리데이터의 논리적 일관성은 다음 요소들을 포함함 • 실세계에 대한 데이터 모델의 일관성 • 실세계에 대한 속성과 위치 데이터의 일관성 • 데이터 모델 내의 일관성 • 시스템 내부 일관성 • 한 데이터 집합의 각기 다른 부분 간의 일관성 • 데이터 파일 간의 일관성
	지리데이터의 완전성 (Completeness)	데이터가 실세계의 모든 가능한 항목을 철저히 규명하는 정도를 표시
	시간정확도 (Temporal accuracy)	지리데이터베이스에서 시간 표현에 관련된 자료의 품질척도
	의미정확도 (Semantic accuracy)	공간 대상물이 얼마만큼 정확하게 표시되었거나 명명되었는지를 나타내는 것
파일처리 방식의 구성요소	기록(Record)	• 하나의 주제에 관한 자료를 저장 • 기록은 표에서 행(Row)이라고 하며 학생 개개인에 관한 정보를 보여주고 성명, 학년, 전공, 학점의 네 개 필드로 구성됨
	필드(Field)	• 레코드를 구성하는 각각의 항목에 관한 것을 의미함 • 성명, 학년, 전공, 학점의 네 개 필드로 구성됨
	키(Key)	• 파일에서 정보를 추출할 때 키로서 사용되는 필드를 키필드라 함 • 표에서는 이름을 검색자로 볼 수 있으며 그 외의 영역들은 속성영역(Attribute field)이라고 함
DBMS의 기능적 구성요소	Query Processor	터미널을 통해 사용자가 제출한 고급 질의문을 처리하고 질의문을 파싱(parsing)하고 분석해서 컴파일함
	DML Preprocessor	호스트 프로그래밍 언어로 작성된 응용프로그램 속에 삽입되어 있는 DML명령문들을 추출하고 그 자리에는 함수 호출문(call statement)을 삽입

	DDL Compiler 또는 DDL Processor	DDL로 명세된 스키마 정의를 내부 형태로 변환하여 시스템 카탈로그에 저장함
	DML Compiler 또는 DML Processer	DML예비 컴파일러가 넘겨준 DML명령문을 파싱하고 컴파일하여 효율적인 목적코드를 생성함
	Runtime Database Processor	• 실행시간에 데이터베이스 접근을 관리함 • 즉 검색이나 갱신과 같은 데이터베이스 연산 시 저장데이터 관리자를 통해 디스크에 저장된 데이터베이스를 실행시킴
	Transaction Manager	데이터베이스를 접근하는 과정에서 무결성 제약조건이 만족하는지, 사용자가 데이터를 접근할 수 있는 권한을 가지고 있는지 등의 권한 검사를 함
	Stored Data Manager	디스크에 저장되어 있는 사용자 데이터베이스나 시스템 카탈로그 접근을 책임짐
DDL(Data Definition Language)	CREATE	새로운 테이블을 생성
	ALTER	기존의 테이블을 변경(수정)
	DROP	기존의 테이블을 삭제
	RENAME	테이블의 이름을 변경
	TRUNCATE	테이블을 잘라냄
DML(Data Manipulation Language)	SELECT	기존의 데이터를 검색
	INSERT	새로운 데이터를 삽입
	UPDATE	기존의 데이터를 변경(갱신)
	DELETE	기존의 데이터를 삭제
DCL(Data Control Language)	GRANT	권한을 줌(권한 부여)
	REVOKE	권한을 제거(권한 해제)
	COMMIT	데이터 변경을 완료
	ROLLBACK	데이터 변경을 취소
DBMS의 필수기능	DDL(Data Definition Language)	• 데이터베이스를 생성하거나 데이터베이스의 구조 형태를 수정하기 위해 사용하는 언어 • 데이터베이스의 논리적 구조(logical structure)와 물리적 구조(physical structure) 및 데이터베이스 보안과 무결성 규정을 정의할 수 있는 기능을 제공함 • 데이터베이스 관리자에 의해 사용하는 언어로서 DDD 컴파일러에 의해 컴파일되어 데이터 사전에 수록됨
	DML(Data Manipulation Language)	• 데이터베이스에 저장되어 있는 정보를 처리하고 조작하기 위해 사용자와 DBMS 간에 인터페이스(interface) 역할을 수행함

		• 삽입, 검색, 갱신, 삭제 등의 데이터 조작을 제공하는 언어로서 절차 식과 비절차식의 형태로 구분됨 　－절차식 : 사용자가 요구하는 데이터가 무엇이며 요구하는 데이터 를 어떻게 구하는지를 나타내는 언어 　－비절차식 : 사용자가 요구하는 데이터가 무엇인지 나타내 줄 뿐이 며 어떻게 구하는지는 나타내지 않는 언어
	DCL(Data Control Language)	외부의 사용자로부터 데이터를 안전하게 보호하기 위해 데이터 복구, 보안, 무결성과 병행 제어에 관련된 사항을 기술하는 언어
Entity - Relation ship model의 구성요소	Entity	• 데이터베이스에 표현하려고 하는 유형·무형의 객체(object)로서 서로 구별되는 것으로 현실세계에 대해 사람이 생각하는 개념이나 의미를 가지는 정보의 단위 • 단독으로 존재할 수 있으며, 정보로서의 역할을 지님 • 컴퓨터가 취급하는 파일의 레코드(Record)에 해당하며, 하나 이상 의 속성(Attribute)으로 구성됨
	Attribute	• 개체가 가지고 있는 특성을 나타내며 데이터의 가장 작은 논리적 단위 • 파일구조에서는 데이터 항목(data item) 또는 필드(field)라고도 함 • 정보 측면에서는 그 자체만으로는 중요한 의미를 표현하지 못해 단 독으로 존재하지 못함
	Relation	개체 집합과 개체 집합 간에는 여러 가지 유형의 관계가 존재하므로 데이터베이스에 저장할 대상이 됨 • 속성 관계(Attribute relationship) : 한 개체를 기술하는 속성 관계 는 한 개체 내에서만 존재하기 때문에 개체 내 관계(Intra - Entity relationship)라고도 함 • 개체 관계(Entity relationship) : 개체 집합과 개체 집합 사이의 관 계를 나타내는 개체 관계는 개체 외부에 존재하기 때문에 개체 간 관계(Inter-Entity relationship)라고도 함
객체지향의 구성요소 (COMAM)	Class	• 동일한 유형의 객체들의 집합을 클래스라 함 • 공통의 특성을 갖는 객체의 틀을 의미하며 한 클래스의 모든 객체 는 같은 구조와 메시지를 응답
	Object	• 데이터와 그 데이터를 작동시키는 메소드가 결합하여 캡슐화된 것 • 현실세계의 개체(Entity)를 유일하게 식별할 수 있으며 추상화된 형태 • 객체는 메시지를 주고받아 데이터를 처리할 수 있음 • 객체는 속성(Attribute)과 메소드(Method)를 하나로 묶어 보관하 는 캡슐화 구조를 가짐 $$Object = Data + Method$$
	Method	• 객체를 형성할 수 있는 방법이나 조작들로서 객체의 상태를 나타내 는 데이터의 항목을 읽고 쓰는 것은 method에 의해 이루어짐 • 객체의 상태를 변경하고자 할 경우 메소드를 통해서 Message를 보냄

객체지향 프로그래밍 언어의 특징	Attribute	객체의 환경과 특성에 대해 기술한 요소들로 인스턴스 변수라고도 함	
	Message	객체와 객체 간의 연계를 위하여 의미를 Message에 담아서 보냄	
	추상화 (Abstraction)	• 현실세계 데이터에서 불필요한 부분은 제거하고 핵심요소 데이터를 자료구조로 표현한 것(객체 표현 간소화) • 이때 자료구조를 클래스, 객체, 메소드, 메시지 등으로 표현함 • 객체는 캡슐화(Encapsulation)하여 객체의 내부구조를 알 필요 없이 사용 메소드를 통해서 필요에 따라 사용하게 됨 • 실세계에 존재하고 있는 개체(Feature)를 지리정보시스템(GIS)에서 활용 가능한 객체(Object)로 변환하는 과정을 추상화라 함	
	캡슐화 (Encapsulation, 정보 은닉)	객체 간의 상세 내용을 외부에 숨기고 메시지를 통해 객체 상호작용을 하는 의미로서 독립성, 이식성, 재사용성 등의 향상이 가능함	
	상속성 (Inheritance)	• 하나의 클래스는 다른 클래스의 인스턴스(instance, 클래스를 직접 구현하는 것)로 정의될 수 있는데 이때 상속의 개념을 이용 • 하위 클래스(sub class)는 상위 클래스(super class)의 속성을 상속받아 상위 클래스의 자료와 연산을 이용할 수 있음(하위 클래스에게 자신의 속성, 메소드를 사용하게 하여 확장성을 향상)	

	다형성
	(Polymorphism)
		• 여러 개의 형태를 가진다는 의미의 그리스어에서 유래되었으며, 여러 개의 서로 다른 클래스가 동일한 이름의 인터페이스를 지원하는 것도 다형성에 해당함
		• 동일한 메시지에 대해 객체들이 각각 다르게 정의한 방식으로 응답하는 특성을 의미(하나의 객체를 여러 형태로 재정의 할 수 있는 성질)
		• 객체지향의 다형성에는 오버라이딩과 오버로딩이 존재함
		   - 오버라이딩(overriding) : 상속받은 클래스(Sub class, 자식 클래스)가 부모의 클래스(Super class)의 메소드를 재정의하여 사용하는 것
		   - 오버로딩(overloading) : 동일한 클래스 내에서 동일한 메소드를 파라미터의 개수나 타입으로 다르게 정의하여 동일한 모습을 갖지만 상황에 따라 다른 방식으로 작동하게 하는 것. 동일한 이름의 함수를 여러 개 만드는 기법인 오버로딩(overloading)도 다형성의 형태임	

객체구조 요소 (DMO)	데이터 (Data)	• 객체의 상태를 말하며 흔히 객체의 속성을 가리킴 • 관계형 데이터 모델의 속성과 같음 • 관계형 데이터모델에 비해 보다 다양한 데이터 유형을 지원 • 집합체, 복합객체, 멀티미디어 등의 자료도 데이터로 구축함	
	메소드 (Method)	• 객체의 상태를 나타내는 데이터 항목을 읽고 쓰는 것은 메소드에 의해 이루어짐 • 객체를 형성할 수 있는 방법·조작, 객체의 속성데이터를 처리하는 프로그램의 고급언어로 정의됨	

	객체식별자 (Oid)	• 객체를 식별하는 ID로 사용자에게는 보이지 않음 • 관계형 데이터 모델의 key에 해당 • 두 개의 객체의 동일성을 조사하는 데 이용됨 • 접근하고자 하는 데이터가 기억되어 있는 위치 참조를 위한 포인터 로도 이용됨
외부요소	지리적 요소	지적측량에 있어서 지형, 식생, 토지이용 등 형태 결정에 영향
	법률적 요소	효율적인 토지관리와 소유권 보호를 목적으로 공시하기 위한 제도로 서 등록이 강제되고 있음
	사회적 요소	토지소유권 제도는 사회적으로 그 제도가 받아들여져야 한다는 점과 사람들에게 신뢰성이 있어야 하기 때문에 사회적 요소들이 신중하게 평가되어야 함
협의	토지(土地) 지적의 대상(객체)	• 지적제도는 토지를 대상으로 성립하며 토지 없이는 등록행위가 이 루어질 수 없어 지적제도 성립이 될 수 없음 • 지적에서 말하는 토지란 행정적 또는 사법적 목적에 의해 인위적으 로 구획된 토지의 단위구역으로서 법적으로는 등록의 객체가 되는 일필지를 의미
	등록(登錄) 지적의 주된 행위	국가통치권이 미치는 모든 영토를 필지단위로 구획하여 시장, 군수, 구청이 강제적으로 등록을 하여야 한다는 이념 • 등록 주체 : 국토교통부장관 • 등록 객체 : 토지(국가 통치권이 미치는 모든 토지) • 등록 방법 : 실질적 심사주의
	공부(公簿) 지적행위의 결과물	토지를 구획하여 일정한 사항을 기록한 장부
광의	소유자(所有者) 권리주체	토지를 소유할 수 있는 권리의 주체
	권리(權利) 주된등록사항	토지를 소유할 수 있는 법적 권리
	필지(筆地) 권리객체	법적으로 물권이 미치는 권리의 객체
Geodatabase의 구성요소	다양한 데이터셋의 집합	벡터 데이터, 래스터 데이터, 표면모델링 데이터 등
	객체 클래스들	현실세계 형상들과 관련된 객체에 대한 기술적 속성
	피쳐 클래스들	점, 선, 면적 등의 기하학적 형태로 묘사된 객체들
	관계 클래스들	서로 다른 피쳐 클래스를 가진 객체들 간의 관계
도형정보의 도형요소	점(Point)	• 기하학적 위치를 나타내는 0차원 또는 무차원 정보 • 절점(node) : 점의 특수한 형태로 0차원이고 위상적 연결이나 끝점 을 나타냄 • 최근린 방법 : 점 사이의 물리적 거리를 관측 • 사지수(Quadrat) 방법 : 대상 영역의 하부면적에 존재하는 점의 변 이를 분석

	선(Line)	• 1차원 표현으로 두 점 사이 최단거리를 의미 • 형태 : 문자열(string), 호(arc), 사슬(chain) 등 • 호(arc) : 수학적 함수로 정의 되는 곡선을 형성하는 점의 궤적 • 사슬(chain) : 각 끝점이나 호가 상관성이 없을 경우 직접적인 연결
	면(Area)	• 면(面, area) 또는 면적(面積)은 한정되고 연속적인 2차원적 표현 • 모든 면적은 다각형으로 표현
	영상소(Pixel)	• 영상을 구성하는 가장 기분적인 구조 단위 • 해상도가 높을수록 대상물을 정교히 표현
	격자셀 (Grid Cell)	• 연속적인 면의 단위 셀을 나타내는 2차원적 표현
	Symbol & Annotation	• 기호(symbol) : 지도 위에 점의 특성을 나타내는 도형요소 • 주석(annotation) : 지도상 도형적으로 나타난 이름으로 도로명, 지명, 고유번호, 차원 등을 기록
지적 불부합지의 유형 중공편불위경	중복형	• 원점지역의 접촉지역에서 많이 발생 • 기존 등록된 경계선의 충분한 확인 없이 측량했을 때 발생 • 발견이 쉽지 않음 • 도상경계에는 이상이 없으나 현장에서 지상경계가 중복되는 형상
	공백형	• 도상경계는 인접해 있으나 현장에서는 공간의 형상이 생기는 유형 • 도선의 배열이 상이한 경우에 많이 발생 • 리, 동 등 행정구역의 경계가 인접하는 지역에서 많이 발생 • 측량상의 오류로 인해서도 발생
	편위형	• 현형법을 이용하여 이동측량을 했을 때 많이 발생 • 국지적인 현형을 이용하여 결정하는 과정에서 측판점의 위치 오류로 인해 발생한 것이 많음 • 정정을 위한 행정처리가 복잡함
	불규칙형	• 불합합의 형태가 일정하지 않고 산발적으로 발생한 형태 • 경계의 위치 파악과 원인 분석이 어려운 경우가 있음 • 토지조사 사업 당시 발생한 오차가 누적된 것이 많음
	위치오류형	• 등록된 토지의 형상과 면적은 현지와 일치하나 지상의 위치가 전혀 다른 위치에 있는 유형 • 산림 속의 경작지에서 많이 발생 • 위치정정만 하면 되므로 정정 과정이 용이
	경계 이외의 불부합	• 지적공부의 표시사항 오류 • 대장과 등기부 간의 오류 • 지적공부의 정리 시 발생하는 오류 • 불부합의 원인 중 가장 미비한 부분을 차지함

필지중심 토지정보시스템 (PBLIS) 구성	지적공부 관리시스템	• 사용자권한관리 • 지적측량검사업무 • 토지이동관리	• 지적일반업무관리 • 창구민원업무 • 토지기록자료조회 및 출력 등
	지적측량시스템	• 지적삼각측량 • 지적삼각보조측량	• 도근측량 • 세부측량 등
	지적측량성과 작성 시스템	• 토지이동지 조서작성 • 측량준비도	• 측량결과도 • 측량성과도 등
토지관리 정보시스템 (LMIS)의 구성	토지정책지원 시스템	• 토지자료 통계분석	• 토지정책 수립 지원
	토지관리지원 시스템	토지행정 관리	
	토지정보지원 시스템	• 토지 민원 발급 • 토지정보 검색	• 법률 정보 서비스 • 토지 메타데이터
	토지행정지원 시스템	• 토지 거래 • 부동산중개업 • 공간자료 조회	• 외국인 토지 취득 • 공시지가 • 시스템 관리
	공간자료관리 시스템	• 지적파일검사 • 수치지적 구축 • 개별지적도 관리 • 용도 지역·지구 관리	• 변동자료 정리 • 수치지적 관리 • 연속편집지적 관리
한국토지정보시스템(KLIS)의 구성			

LMIS 소프트웨어 구성	ORACLE	데이터베이스 구축, 유지관리, 업무처리를 하는 DBMS
	GIS서버	GIS데이터의 유지관리, 업무처리 등의 기능을 수행
	AutoCAD	GIS데이터 구축 및 편집
	ARS/INFO	토지이용계획 확인원
	Spatial Middleware	응용시스템 개발을 위한 Spatial Middleware와 관련 소프트웨어
LMIS 컴포넌트 (Component)	Data Provider	DB 서버인 SDE나 ZEUS 등에 접근하여 공간·속성 질의를 수행하는 자료 제공자
	Edit Agent	공간자료의 편집을 수행하는 자료 편집자(Edit Agent)
	Map Agent	클라이언트가 요구한 도면자료를 생성하는 도면 생성자
	MAP OCX	클라이언트의 인터페이스 역할을 하며 다양한 공간정보를 제공하는 MAP OCX
	Web Service	민원발급시스템의 Web Service 부분
GPS 구성요소	Space Segment	• 궤도형상 : 원궤도 • 궤도면수 : 6개면 • 위성수 : 1궤도면에 4개 위성(24개+보조위성 7개)=31개 • 궤도경사각 : 55° • 궤도고도 : 20,183km • 사용좌표계 : WGS84(지구중심좌표계) • 회전주기 : 11시간 58분(0.5항성일) : 1항성일은 23시간 56분 4초 • 궤도 간 이격 : 60도 • 기준발진기(10.23MHz) : 세슘원자시계 2대, 류비듐원자시계 2대
	Control Segment	• 주제어국 : 콜로라도 스프링스(Colorado Springs) – 미국 콜로라도주 • 추적국 : 어세션 섬(Ascension Is) – 남대서양 • 감시국 : 디에고 가르시아(Diego Garcia) – 인도양, 쿠에제린(Kwajalein Is) – 북태평양, 하와이(Hawaii) – 서대서양 • 3개의 지상안테나(전송국 또는 관제국) : 어세션 섬, 디에고 가르시아, 쿠에제린에 위치한 감시국과 함께 배치되어 있는 지상관제국은 주로 지상 안테나로 구성됨) → 갱신자료 송신
	User Segment	• 위성으로부터 전파를 수신하여 수신점의 좌표나 수신점 간의 상대적인 위치관계를 구함. 사용자 부문은 위성으로부터 전송되는 신호 정보를 수신할 수 있는 GPS 수신기와 자료처리를 위한 소프트웨어로서 위성으로부터 전송되는 시간과 위치정보를 처리하여 정확한 위치와 속도를 구함 • GPS 수신기 : 위성으로부터 수신한 항법데이터를 사용하여 사용자 위치·속도를 계산함 • 수신기에 연결되는 GPS 안테나 : GPS 위성신호를 추적하며 하나의 위성신호만 추적하고 그 위성으로부터 다른 위성들의 상대적인 위치에 관한 정보를 얻을 수 있음

인공위성의 궤도요소	궤도장반경	궤도타원의 장반경
	궤도이심률	궤도타원의 이심률(장반경과 단반경의 비율)
	궤도경사각	궤도면과 적도면의 교각
	승교점적경	궤도가 남에서 북으로 지나는 점의 적경[승교점(昇交點), 위성이 남에서 북으로 갈 때의 천구적도와 천구상 인공위성궤도의 교점]
	근지점인수	승교점에서 근지점까지 궤도면을 따라 천구북극에서 볼 때 반시계 방향으로 잰 각거리
	근점이각	근지점에서 위성까지의 각거리
편위수정을 하기 위한 조건	편위수정기	• 편위수정기는 매우 정확한 대형기계로서 배율(축척)을 변화시킬 수 있을 뿐만 아니라 원판과 투영판의 경사도 자유로이 변화시킬 수 있도록 되어 있으며 보통 4개의 표정점이 필요함 • 편위수정기의 원리는 렌즈, 투영면, 화면(필름면)의 3가지 요소에서 항상 선명한 상을 갖도록 하는 조건을 만족시키는 방법임
	기하학적 조건 (소실점 조건)	필름을 경사지게 하면 필름의 중심과 편위수정기의 렌즈 중심은 달라지므로 이것을 바로잡기 위하여 필름을 움직여 주지 않으면 안 됨. 이것을 소실점 조건이라 함
	광학적 조건 (Newton의 조건)	광학적 경사 보정은 경사편위수정기(Rectifier)라는 특수한 장비를 사용하여 확대배율을 변경하여도 항상 예민한 영상을 얻을 수 있도록 $\frac{1}{a}+\frac{1}{b}=\frac{1}{f}$의 관계를 가지도록 하는 조건을 말하며 Newton의 조건이라고도 함
	샤임플러그 조건 (Scheimpflug)	편위수정기는 사진면과 투영면이 나란하지 않으면 선명한 상을 맺지 못하는 것으로 이것을 수정하여 화면과 렌즈주점과 투영면의 연장이 항상 한 선에서 일치하도록 하면 투영면상의 상은 선명하게 상을 맺음. 이것을 샤임플러그 조건이라 함
특수3점	주점 (Principal Point)	주점은 사진의 중심점이라고도 하며, 렌즈 중심으로부터 화면(사진면)에 내린 수선의 발을 말하며 렌즈의 광축과 화면이 교차하는 점을 말함
	연직점 (Nadir Point)	• 렌즈 중심으로부터 지표면에 내린 수선의 발을 말하고 N을 지상연직점(피사체연직점), 그 선을 연장하여 화면(사진면)과 만나는 점을 화면연직점(n)이라 함 • 주점에서 연직점까지의 거리(mn) $= f \tan i$
	등각점 (Isocenter)	• 주점과 연직점이 이루는 각을 2등분한 점으로 또한 사진면과 지표면에서 교차되는 점 • 주점에서 등각점까지의 거리(mn) $= f \tan \frac{i}{2}$
표정	내부표정	도화기의 투영기에 촬영 당시와 똑같은 상태로 양화건판을 정착시키는 작업 • 주점의 위치 결정 • 화면거리(f)의 조정 • 건판의 신축측정, 대기굴절, 지구곡률보정, 렌즈수차 보정

표정	상호표정	지상과의 관계는 고려하지 않고 좌우 사진의 양투영기에서 나오는 광속이 촬영 당시 촬영면에 이루어지는 종시차(y-parallax : P_y)를 소거하여 목표 지형물의 상대위치를 맞추는 작업 • 회전인자 : κ, ϕ, ω • 평행인자 : b_y, b_z - 비행기의 수평회전을 재현해 주는 (k, by) - 비행기의 전후 기울기를 재현해 주는 (ϕ, bz) - 비행기의 좌우 기울기를 재현해 주는 (ω) - 과잉수정계수 $(o, c, f) = \dfrac{1}{2}\left(\dfrac{h^2}{d^2} - 1\right)$ - 상호표정인자 : k, ϕ, w, by, bz
	절대표정	상호표정이 끝난 입체모델을 지상 기준점(피사체 기준점)을 이용하여 지상좌표에(피사체좌표계)와 일치하도록 하는 작업으로 입체모형(model) 2점의 X·Y좌표와 3점의 높이(Z)좌표가 필요하므로 최소한 3점의 표정점이 필요함 • 축척의 결정 • 수준면(표고, 경사)의 결정 • 위치(방위)의 결정 • 절대표정인자(7개의 인자로 구성) : $\lambda, \phi, \omega, k, b_x, b_y, b_z$
	접합표정	한 쌍의 입체사진 내에서 한쪽의 표정인자는 전혀 움직이지 않고 다른 한쪽만을 움직여 그 다른 쪽에 접합시키는 표정법을 말하며, 삼각측정에 사용함 • 7개의 표정인자 결정($\lambda, k, \omega, \phi, c_x, c_y, c_z$) • 모델 간, 스트립 간의 접합요소 결정(축척, 미소변위, 위치 및 방위)
사진판독 요소	색조 (Tone Color)	피사체(대상물)가 갖는 빛의 반사에 의한 것으로 수목의 종류를 판독하는 것
	모양 (Pattern)	피사체(대상물)의 배열상황에 의하여 판별하는 것으로 사진상에서 볼 수 있는 식생, 지형 또는 지표상의 색조 등을 말함
	질감 (Texture)	색조, 형상, 크기, 음영 등의 여러 요소의 조합으로 구성된 조밀, 거칠음, 세밀함 등으로 표현하며 초목 및 식물의 구분을 나타냄
	형상(Shape)	개체나 목표물의 구성, 배치 및 일반적인 형태를 나타냄
	크기(Size)	어느 피사체(대상물)가 갖는 입체적, 평면적인 넓이와 길이를 나타냄
	음영(Shadow)	판독 시 빛의 방향과 촬영 시의 빛의 방향을 일치시키는 것이 입체감을 얻는 데 용이
	상호 위치 관계 (Location)	어떤 사진상이 주위의 사진상과 어떠한 관계가 있는지 파악하는 것으로 주위의 사진상과 연관되어 성립되는 것이 일반적인 경우임
	과고감 (Vertical Exaggeration)	과고감은 지표면의 기복을 과장하여 나타낸 것으로 낮고 평평한 지역에서의 지형 판독에는 도움이 되는 반면 경사면의 경사는 실제보다 급하게 보이므로 오판에 주의해야 함

외부표정요소		항공사진측량에서 항공기에 GPS수신기를 탑재할 경우 비행기의 위치 (X_0, Y_0, Z_0)를 얻을 수 있으며, 관성측량장비(INS)까지 탑재할 경우 (κ, ϕ, ω)를 얻을 수 있음. 즉, (X_0, Y_0, Z_0) 및 (κ, ϕ, ω)를 사진측량의 외부표정요소라 함
영상요소		• 영상요소는 크게 기본요소와 영상매칭요소로 구분하며 기본요소에는 공액요소, 정합요소, 유사성 관측으로 분류 • 기본요소에의 공액요소 : 점, 선, 면을 포함하는 대상공간형상의 영상이며 공액점보다 더 일반적인 용어를 말함 • 영상매칭요소 : 관심점(Conjugate Entity), 접합점(Matching Entity), 유사점(Similarity measure), 정합방법(Matching method), 정합전략(Matching strategy)으로 결정과정을 구분 • 정합요소 : 공액요소들을 찾기 위해서 두 번째 영상에서 첫 번째와 비교되는 주요소인 밝기값, 형상, 상징적인 관계나 기호 특성을 결정 • 유사성 관측 : 정합요소가 정량적으로 서로 얼마나 잘 대응되는가를 관측하는 것 • 접합점 : 공액요소를 찾기 위해 매칭 시 실제로 비교되는 요소로 영상의 화소값, 대상물의 형태가 이용되며, 유사점은 매칭이 전략적으로 서로 얼마나 정확하게 이루어졌는지를 평가하기 위한 요소
등치선도를 구축하기 위한 3가지 기본적인 요소	조정점 (Control point)	가상된 통계표면상에 Z의 값을 가지고 있는 지점
	보간법 (Interpolation)	각 조정점의 Z_i값을 토대로 하여 등치선을 정확히 배치하는 것
	등치선의 간격	등치선 간의 수평적인 간격이 표면의 상대적인 경사도를 나타내는 것
GIS 소프트웨어의 주요 구성요소		• 자료 입출력 및 검색 • 자료의 변환 • 자료저장 및 데이터베이스 관리 • 사용자와의 연계 • 자료의 출력과 도식
국가공간정보인프라 (NSDI ; National Spacial Data Infrastructure) 구성요소		• 클리어링 하우스 • 표준 • 메타데이터 • 파트너십 • 프레임워크데이트
DW(Data Warehouse)의 요소	ETT/ETL	• Extract/Transformation/Transportation(추출/가공/전송) • Extract/Transformation/Load(추출/가공/로딩) • 데이터를 소스시스템에서 추출하여 DW에 Load시키는 과정
	ODS	• Operational Data Store(운영계 정보 저장소) • 비즈니스프로세스/AP중심적 데이터 • 기업의 실시간성 데이터를 추출/가공/전송을 거치지 않고 DW에 저장
	DW DB	어플리케이션 중립적, 주제지향적/불변적/통합적/시계열적 공유 데이터 저장소
	Metadata	• DW에 저장되는 데이터에 대한 정보를 저장하는 데이터 • 데이터의 사용성과 관리 효율성을 위한 데이터에 대한 데이터

	Data Mart	• 특화된 소규모의 DW(부서별, 분야별) • 특정 비즈니스 프로세스, 부서, AP중심적인 데이터 저장소
	OLAP	최종 사용자의 대화식 정보분석도구, 다차원정보 직접 접근
	Data Mining	• 대량의 데이터에서 규칙, 패턴을 찾는 지식 발견 과정 • 미래 예측을 위한 의미 있는 정보 추출
DW(Data Warehouse)의 특징	Subject Oriented	업무 중심이 아닌 특정 주제 지향적
	Non – Volatile	갱신이 발생하지 않는 조회 전용
	Integrated	필요한 데이터를 원하는 형태로 통합
	Time – Variant	시점별 분석이 가능

02 CHAPTER

비교 정리

1. Internet GIS, Enterprise GIS, Componet GIS

구분	의의	특징
Internet GIS	• 인터넷 기술의 발전과 웹 이용의 엄청난 증가는 수많은 정보통신 분야에 새로운 길을 열어주고 있으며, GIS에 있어서도 새로운 방향을 제시함 • 인터넷 GIS는 인터넷의 WWW(World Wide Web) 구현 기술을 GIS와 결합하여 인터넷 또는 인트라넷 환경에서 지리정보의 입력, 수정, 조작, 분석, 출력 등의 작업을 처리함으로써 네트워크 환경에서 서비스를 제공할 수 있도록 구축된 시스템을 말함	• 동적(Dynamic) 　- 인터넷 GIS는 분산 시스템으로서 데이터베이스와 응용프로그램의 관리자가 이를 갱신하면 새로이 변경된 내용이 인터넷상의 모든 사용자에게 접근이 가능하게 됨 　- 이로써 데이터와 소프트웨어를 현재의 것으로 유지하게 해줌 　- 또한 인터넷 GIS는 위성영상이나 교통흐름, 사고정보 등과 같은 실시간 정보와 연결될 수 있음 • 분산적(Distributed) 　- 인터넷 GIS는 C/S(클라이언트/서버) 개념을 GIS에 적용 　- 클라이언트는 데이터, 분석 툴이나 모듈을 서버로부터 요청하고, 서버는 그 작업을 자체 수행하거나 그 결과를 클라이언트에 보냄 • 대화형(Interactive) : 벡터를 따로 처리할 수 있는 클라이언트를 개발하고 이를 웹상에 내재시켜 진정한 대화형 시스템을 구현 • 상호운용적(Interoperable) 　- 이질적인 환경에서 GIS 사용자 집단 간에 GIS 데이터와 기능, 응용프로그램에 접근하고 공유하는 것은 높은 상호 운용성을 필요로 함 　- 이를 위해서는 데이터 포맷, 데이터 교환, 데이터 접근에 대한 표준 및 GIS 분석 컴포넌트의 표준사양 등이 제정되어야 함

구분	의의	특징
Internet GIS		• ⑧합적(Integrative) 　– 인터넷 GIS에 비디오, 오디오, 지도, 텍스트, 방송 등 다양한 형태의 자료를 동일한 웹페이지로 통합할 수 있는 기능을 제공해 줌 　– 이로써 GIS의 내용과 프리젠테이션을 더욱 풍부히 해줄 수 있음
Enterprise GIS	• 부서단위의 Department GIS와 대비되는 개념으로 초기 Enterprise 개념은 단순한 조직 간의 자료의 공유, 즉 특정 부서에서 GIS를 이용하여 많은 공간정보를 수집하고 이를 가공 처리하여 새로운 정보가 생성되면서 이러한 정보를 조직 간에 원활히 공유하기 위하여 도입됨 • Enterprise GIS는 전사적인 조직이 공간데이터에 대한 접근을 필요로 하고 그러한 조직이 필요로 하는 공간데이터의 활용은 현재 운용되고 있는 핵심적인 업무 데이터와 통합되고 있으며 업무처리에 공간적인 분석을 추가하는 것을 의미함	• 네트워크 환경에 적합하고, 하드웨어나 공급자와는 무관한 개방형 데이터 구조를 확보하기 위하여 고유의 파일시스템이 아닌 상용 데이터베이스관리시스템(DBMS)에 데이터를 저장하는 구조를 가지며, 통합된 시스템 개발이 가능하도록 개방형 인터페이스를 제공 • 막대한 확산력을 가지고 보급되어 인터넷 기술이 현재 구축되어 있는 공간데이터에 대한 다양한 접근을 요구함으로써 공간데이터 관리기법의 개방화를 요구하고 있음
Componet GIS	• 컴포넌트 기술은 1990년대 초부터 발전하고 있는 소프트웨어 엔지니어링 방법론으로서 Component 또는 Custom Control 재사용을 위한 기본적인 단위로 사용하여 소프트웨어를 개발하는 방법임 • 컴포넌트 기술은 응용프로그램 개발 기간을 단축시키고 소프트웨어의 개발과 유지를 위한 비용을 최소화시킬 수 있음	• 일반 사용자들은 상업용 컴포넌트를 이용하여 쉽게 응용 프로그램을 제작 가능 • 소규모 개발자들은 큰 소프트웨어를 만들 필요 없이 특정 분야의 컴포넌트를 만들어 시장에 진출함 • 대규모 개발자들에게는 컴포넌트들을 결합하여 엔터프라이즈 클라이언트/서버 시스템을 쉽게 만들고 유지·보수할 수 있게 해줌

2. Desktop GIS, Profesional GIS, Temporal GIS

구분	의의	특징
Desktop GIS	• Desktop PC상에서 사용자들이 손쉽게 GIS 자료의 매핑과 일정 수준의 공간분석을 수행할 수 있는 기술 • 최근 개인용 컴퓨터의 급속한 성능 향상과 GIS 관련 컴퓨터 기술의 발달은 데스크탑 GIS의 일반화에 크게 기여함 • 또한 GIS를 위한 기초 자료인 수치지도를 포함한 디지털 지도의 온라인 유통으로 일반인들의 데스크탑 GIS에 대한 수요가 증대함	• 사용하는 O/S의 비용이 저렴하고 작업환경이 보통 윈도우 환경에서 이루어지므로 보다 편리한 공간자료에 대한 분석이 가능 • 손쉬운 인터페이스를 제공하고 호환성이 높음(Windows라는 표준사용자 환경 사용)
Professional GIS	강력한 공간분석 기능과 지도 제작 기능을 제공하므로 응용프로그램을 개발하는 개발도구로 사용되며, 워크스테이션 이상의 플랫폼에서 운영됨	-
Temporal GIS	• GIS에 구축된 정보의 공간적 변화가 갱신되고 있으나, 인간과 환경의 상호 관련된 지리 현상의 공간적 분석에서 시간의 개념을 도입하여 시간의 변화에 따른 공간 변화를 이해하는 방법으로, 현재는 DBMS 분야를 중심으로 시공간 GIS에 대한 연구가 주목을 받고 있음 • 시공간 GIS는 지리 현상의 공간적 분석에서 시간의 개념을 도입하여 시간의 변화에 따른 공간 변화를 이해하기 위한 방법임	• 공간 및 속성 정보의 시공간적인 변화에 대한 질의, 분석, 시각화와 이를 통한 시공간 변화 추정 및 활용이 가능한 분야임 • 지리현상의 공간적 분석에서 시간 개념을 도입하여, 시간 변화에 따른 공간 변화를 이해하기 위한 방법과 가장 밀접한 관련이 있는 것

3. DDL(Data Definition Language), DML(Data Mainpulation Language), DCL(Data Control Language)

구분	의의	특징
DDL(Data Definition Language)	데이터의 구조를 정의하며 새로운 테이블을 만들고, 기존의 테이블을 변경·삭제하는 등의 데이터를 정의하는 역할을 함	• CREATE : 새로운 테이블을 생성 • ALTER : 기존의 테이블을 변경(수정) • DROP : 기존의 테이블을 삭제 • RENAME : 테이블의 이름을 변경 • TRUNCATE : 테이블을 잘라냄

구분	의의	특징
DML(Data Mainpulation Language)	데이터를 조회하거나 변경하며 새로운 데이터를 삽입·변경·삭제하는 등의 데이터를 조작하는 역할을 함	• SELECT : 기존의 데이터를 검색 • INSERT : 새로운 데이터를 삽입 • UPDATE : 기존의 데이터를 변경(갱신) • DELETE : 기존의 데이터를 삭제
DCL(Data Control Language)	데이터베이스를 제어·관리하기 위하여 데이터를 보호하기 위한 보안·데이터 무결성·시스템 장애 시 회복, 다중사용자의 동시접근 제어를 통한 트랜잭션 관리 등에 사용되는 SQL	• GRANT : 권한을 줌(권한 부여) • REVOKE : 권한을 제거(권한 해제) • COMMIT : 데이터 변경을 완료 • ROLLBACK : 데이터 변경을 취소

4. 래스터 자료 파일, 벡터 파일, KLIS

(1) 래스터 자료 파일

TIFF (Tagged Image File Format)	• 태그(꼬리표)가 붙은 화상 파일 형식이라는 뜻 • 미국의 앨더스사(현재의 어도비 시스템사에 흡수 합병)와 마이크로소프트사가 공동 개발한 래스터 화상 파일 형식 • 흑백 또는 중간 계조의 정지 화상을 주사(走査, Scane)하여 저장하거나 교환하는 데 널리 사용되는 표준 파일 형식 • 화상 데이터의 속성을 태그 정보로서 규정하고 있는 것이 특징
GeoTiff	• 파일 헤더에 거리참조를 가지고 있는 TIFF 파일의 확장 포맷 • TIFF의 래스터 지리데이터의 플랫폼 공동이용 표준과 공동이용을 제공하기 위해 데이터 사용자, 상업용 데이터 공급자, GIS소프트웨어 개발자가 합의하여 개발되고 유지됨
BIIF	• FGDC(Federal Geographic Data Committe)에서 발행한 국제표준영상처리와 영상데이터표준 • 이 포맷은 미국의 국방성에 의하여 개발되고 NATO에 의해 채택된 NITFS (National Imagery Transmission Format Standard)를 기초로 제작됨
JPEG (Joint Photographic Experts Group)	• 컬러 이미지를 위한 국제적인 압축표준으로 국제전신전화자문(CCITT : Consultatve Committee International Telegraphand Telepone)과 ISO에서 인정하고 있음
GIF(Graphics Interchange Format)	• 미국의 컴퓨서브(Compuserve)사가 1987년에 개발한 화상 파일 형식 • 인터넷에서 래스터 화상을 전송하는 데 널리 사용되는 파일 형식 • 최대 256가지 색이 사용될 수 있는데 실제로 사용되는 색의 수에 따라 파일의 크기가 결정됨

PCX	• ZSoft가 자사의 초기 DOS 기반의 그래픽 프로그램 PC 페인터 브러시용으로 개발한 그래픽 포맷 • 윈도 이전까지 사실상 비트맵 그래픽의 표준이었음 • PCX는 그래픽 압축 시 런 – 길이 코드(Run-length Code)를 쓰기 때문에 디스크 공간 활용에 있어서 윈도 표준 BMP보다 효율적임
BMP	• Microsoft Windows Device Independent Bitmap • 윈도우 또는 OS/2 환경에서 사용되는 비트맵 데이터를 표현하기 위하여 마이크로소프트에서 정의하고 있는 비트맵 그래픽 파일 • 그래픽 파일 저장 형식 중에서 가장 단순한 구조를 가짐 • 압축 알고리즘이 원시적이므로 같은 이미지를 저장할 때 다른 형식으로 저장하는 경우에 비해 파일 크기가 매우 큼
PNG(Portable Network Graphic)	독립적인 GIF 포맷을 대치할 목적의 특허가 없는 자유로운 래스터 포맷

(2) 벡터 파일

TIGER 파일 형식	• Topologically Integrated Geographic Encoding and Referencing System의 약자 • U.S.Census Bureau에서 인구조사를 위해 개발한 벡터형 파일 형식
VPF 파일 형식	• Vector Product Format의 약자 • 미 국방성의 NIMA(National Imagery and Mapping Agency)에서 개발한 군사적 목적의 벡터형 파일 형식
Shape 파일 형식	• ESRI사의 Arcview에서 사용되는 자료 형식 • Shape 파일은 비위상적 위치 정보와 속성 정보를 포함함
Coverage 파일 형식	• ESRI사의 Arc/Info에서 사용되는 자료 형식 • Coverage 파일은 위상모델을 적용하여 각 사상 간 관계를 적용하는 구조
CAD 파일 형식	• Autodesk사의 AutoCAD 소프트웨어에서는 DWG와 DXF 등의 파일 형식을 사용함 • DXF 파일 형식은 GIS 관련 소프트웨어뿐만 아니라 원격탐사 소프트웨어에서도 사용이 가능함
DLG 파일 형식	• Digital Line Graph의 약자로서 U.S.Geological Survey에서 지도학적 정보를 표현하기 위해 고안한 디지털 벡터 파일 형식 • ASCII 문자 형식으로 구성됨
ArcInfo E00	ArcInfo의 익스포트 포맷
CGM	• Computer Graphics Metafile의 약자 • PC 기반의 컴퓨터그래픽 응용 분야에 사용되는 벡터 데이터 포맷의 ISO표준

(3) KLIS 必 암기 ⟨시⟩⟨세⟩⟨S⟩⟨K⟩⟨사⟩에서 ⟨조⟩⟨다⟩⟨시⟩⟨사⟩⟨유⟩

측량준비도 추출파일(*.cif) (Cadastral Information File)	도형데이터 추출파일은 소관청의 지적공부관리시스템에서 측량지역의 도형 및 속성정보를 저장한 파일임
일필지속성정보 파일(*.sebu) (세부 측량을 영어로 표현)	측량성과작성시스템에서 속성을 작성하는 일필지속성정보 파일
측량관측 파일(*.svy)(Survey)	토털스테이션에서 측량한 값을 좌표로 등록하여 작성된 파일
측량계산 파일(*.ksp)(KCSC Survey Project)	지적측량계산시스템에서 작업한 경계점 결선 경계점 등록, 교차점 계산 등의 결과를 관리하는 파일
세부측량계산 파일(*.ser) (Survey Evidence Relation File)	측량계산시스템에서 교차점 계산 및 면적지정계산을 하여 경계점좌표등록부 시행 지역의 출력에 필요한 파일
측량성과 파일(*.jsg)	측량성과작성시스템에서 측량성과 작성을 위한 파일
토지이동정리(측량결과) 파일(*.dat)(Data)	측량성과작성시스템에서 소관청의 측량검사, 도면검사 등에 이용되는 파일
측량성과검사요청서 파일(*.sif)	지적측량 접수 프로그램을 이용하여 작성하며 iuf 파일과 함께 작성되는 파일
측량성과검사결과 파일(*.Srf)	측량결과 파일을 측량업무 관리부에 등록하고 성과검사 정상 완료 시 지적소관청에서 측량 수행자에게 송부하는 파일
정보이용승인신청서 파일(*.iuf)	지적측량 업무 접수 시 지적소관청 지적도면 자료의 이용승인요청 파일

5. 개념적 모델링, 논리적 모델링, 물리적 모델링

구분	의의	특징
개념적 모델링	• 개념적 모델이란 실세계에 대한 사람들의 인지를 나타낸 것으로, 이 단계에서 데이터의 추상화란 실세계에 대한 사람들의 인지 수준에 관한 정보를 담는 것을 의미 • 개념적 모델링도 데이터베이스 디자인 과정의 일부이지만 컴퓨터에서의 실행 여부와는 관련이 없으며 데이터베이스와도 독립적임	• 관심 대상이 되는 데이터의 구성요소를 추상적인 개념으로 나타낸 것 • 속성들을 나타내는 개체 집합과 이들 개체 집합들 간의 관계를 표현하는 개체-관계모델(Entity-relationship model)이 대표적인 유형 • 개념적 윤곽을 정의하기 위해 데이터 정의어((DDL ; Data Definition Language)를 사용하게 됨

구분	의의	특징
논리적 모델링	• 논리적 모델은 개념적 모델과는 달리 특정한 소프트웨어에 의존적임 • 객체-지향 모델 : 최근 논리적 모델의 하나로 등장한 대표적인 모델 • 데이터베이스 모델 또는 수행모델(Imple -mentation Model)이라고도 불림	• 추상화(abstraction) 수준의 중간 단계 • 데이터의 구성요소를 논리적인 개념으로 나타내는 것 • 데이터 유형과 데이터 유형들 간의 관계를 표현하는 접근방법에 따라서 여러 가지 모델로 분류됨 • 논리적 데이터 모델에는 <u>계층형, 네트워크형, 관계형, 객체지향 데이터 모델</u> 등이 있음
물리적 모델링	• 물리적 데이터 모델은 컴퓨터에서 실제로 운영되는 형태의 모델로, 컴퓨터에서 데이터의 물리적 저장을 의미함 • 즉, 데이터가 기록되는 포맷, 기록되는 순서, 접근경로 등을 나타내는 것으로 하드웨어와 소프트웨어에 의존적임 따라서 물리적 데이터 모델은 시스템프로그래머나 데이터베이스관리자들에 의해 의도됨	• 추상화 단계가 가장 낮은 마지막 단계 • 관심대상에 대한 데이터의 정보가 컴퓨터에 저장되는 것으로 <u>저장단위(바이트나 블록)로까지</u> 정의됨 • DBMS의 특성을 고려하여 논리모델링을 실제 시스템화하는 설계 단계 • 이와 같은 단계를 거쳐 <u>데이터모델링</u>이 이루어지고 나면 이에 따른 데이터베이스에 대한 설계를 하고 실제로 데이터베이스를 생성하게 됨 • 생성된 데이터베이스를 응용프로그램과 연계시키면 <u>데이터베이스관리시스템</u>이 구축됨

6. 외부 스키마, 개념 스키마, 내부 스키마

구분	의의
외부 스키마 (External schema)	• <u>이용자가 취급하는 데이터 구조를 정의</u> • 데이터베이스의 개개 사용자나 응용 프로그래머가 접근하는 데이터베이스를 정의한 것으로 개인적 데이터베이스 구조에 관한 것 • 개인이나 특정 응용에 한정된 논리적 데이터 구조이기 때문에 시스템의 입장에서는 데이터베이스의 한 외적인 면을 표현한 것으로서 외부 스키마라 함 • 데이터베이스 전체의 한 논리적 부분이 되기 때문에 서브 스키마(Sub schema)라고도 함 • 주로 외부의 응용프로그램에 위치하는 데이터 추상화 작업의 첫 번째 단계로서 전체적인 데이터베이스의 부분적인 기술이 됨 • 하나의 외부 스키마를 몇 개의 응용 프로그램이나 사용자가 공용할 수 있음

구분	의의
개념 스키마 (Conceptual schema)	• <u>데이터 전체의 구조를 정의</u> • <u>외부 사용자 그룹으로부터 요구되는 전체적인 데이터베이스 구조</u>를 기술하는 것 • <u>데이터베이스의 물리적 저장구조 기술을 피하고</u>, 개체(Entity), 데이터 유형, 관계, 사용자 연산, 제약조건 등의 기술에 집중함 • 즉 여러 개의 외부 스키마를 통합한 논리적인 데이터 베이스의 전체 구조로서 데이터베이스 파일에 저장되어 있는 데이터 형태를 그림으로 나타낸 도표라고 할 수 있음 • 하나의 데이터베이스 시스템에는 하나의 개념 스키마만 존재하고 각 사용자나 프로그램은 개념스키마의 일부를 사용하게 됨 • **개념적**(conceptual) : 추상적인 것이 아니라 <u>전체적이고 종합적이라는 의미</u> • 데이터베이스의 전체적인 논리적 구조로서, 모든 응용프로그램이나 사용자가 필요로 하는 데이터를 종합한 것으로 하나만 존재하며 데이터베이스 접근권한, 보안 및 무결성 규칙에 대하여 정의하고 있음
내부 스키마 (Internal schema)	• <u>데이터 구조의 형식을 구체적으로 정의</u> • <u>물리적 저장장치에서의 전체적인 데이터베이스 구조</u>를 기술한 것 • 개념 스키마에 대한 저장구조를 정의한 것 • 데이터베이스 정의어(DDL)에 의한 실질적인 데이터베이스의 자료 저장구조(자료구조와 크기)이자 접근 경로의 완전하고 상세한 표현임 • <u>내부 스키마는 시스템 프로그래머나 시스템 설계자가 바라는 데이터베이스 관점이므로, 시스템의 효율성을 고려한 데이터의 저장 위치, 자료구조, 보안 대책 등을 결정함</u>

7. DEM, DSM, DTM, TIN

구분	의의	특징
DEM (Digital Elevation Model)	• DEM은 지형의 연속적인 기복 변화를 일정한 크기의 격자 간격으로 표현한 것으로 공간상의 연속적인 기복 변화를 수치적인 행렬의 격자 형태로 표현함 • 수치표고모형 　- 표고데이터의 집합일 뿐만 아니라 임의의 위치에서 표고를 보간할 수 있는 모델을 말함 　- 공간상에 나타난 불규칙한 지형의 변화를 수치적으로 표현하는 방법 • DEM은 규칙적인 간격으로 표본지점이 추출된 <u>래스터 형태의 데이터모델</u>임 • DEM은 DTM 중에서 표고를 특화한 모델임	• 도로의 부지 및 댐의 위치 선정 • 유량산정 및 수문 분석 • 등고선도 제작 • 절토량과 성토량의 산정 • 도시계획 및 단지수립 계획 • 통계적 지형정보 분석 • 경사도 사면방향도 제작 • 경관 및 조망권 분석 • 수치지형도 작성에 필요한 표고정보와 지형정보를 다 이루는 속성

구분	의의	특징
DEM (Digital Elevation Model)	• 복잡한 지형에서는 밀도가 높은 표고자료가 필요하고 단순지형에서는 밀도가 낮은 표고자료의 획득이 바람직하나, 격자 방식에서는 그러한 지형의 특성에 따른 자료획득이 불가능함 • 작은 격자의 크기를 선택했을 때 상대적으로 자료량이 늘어나므로 단순한 지표면의 경우에도 실제로는 필요 이상의 자료를 가지게 됨 • 큰 격자를 사용했을 때 자료의 크기는 적어지나 변이가 심한 지표면의 상태를 정확히 나타낼 수 없음	–
DSM (Digital Surface Model)	• DEM과 유사한 개념의 지형모델 • DSM은 일정한 크기의 격자간격으로 연속적인 기복 변화를 표현한다는 점에서 DEM과 동일함. 그러나 DEM은 자연적인 지형의 변화를 표현하는 데 반해 DSM은 건물, 수목, 인공구조물 등의 높이까지 반영한 연속적인 변화를 표현한다는 점에서 차이가 있음 • DSM은 DEM과 중첩해 흔히 건물이나 수목의 높이 추출, 지표변화 관찰 등에 활용이 가능하고, 동일한 좌표에 대한 DSM의 고도값에서 DEM의 고도값을 빼면 간단히 구할 수 있음	–
DTM (Digital Terrain Model)	• 지형의 표고뿐만 아니라 벡터 데이터 모델로 지표상의 다른 속성도 포함하며 측량 및 원격탐사와 연관이 깊음 • 지형의 다른 속성까지 포함하므로 자료가 복잡하고 대용량의 정보를 가지고 있으며, 여러 가지 속성에 대해 레이어를 이용하여 다양한 정보 제공이 가능함 • DTM은 표현 방법에 따라 DEM과 DSM으로 구별됨 ※ DTM = DEM + DSM	–
TIN (Triangulated Irregular Network)	• 불규칙삼각망은 불규칙하게 배치되어 있는 지형점으로부터 삼각망을 생성하여 삼각형 내의 표고를 삼각평면으로부터 보간하는 DEM의 일종임 • 벡터 데이터 모델로 위상구조를 가지며 표본 지점들은 X, Y, Z값을 가지고 있으며 다각형 Network를 이루고 있는 순수한 위상구조와 개념적으로 유사함	• 기복의 변화가 작은 지역에서 절점수를 적게 함 • 기복의 변화가 심한 지역에서 절점수를 증가시킴 • 자료량 조절이 용이함 • 중요한 위상 형태를 필요한 정확도에 따라 해석이 가능

구분	의의	특징
TIN (Triangulated Irregular Network)	• 격자 방식과 비교하여 비교적 적은 지점에서 추출된 표고 데이터를 이용하여 개략적으로 전반적인 지형의 형태를 나타낼 수 있음 • TIN은 기존의 점 데이터로 분포된 수치표고자료를 이용하여 삼각형의 면 데이터로 변환한 다음 보간식을 도출하여 DEM을 만들 수 있음 • 장점 : 위상구조를 가질 수 있어 공간분석에도 활용 가능	• 경사가 급한 지역에 적당하고 선형 침식이 많은 하천지형의 적용에 특히 유용함 • TIN을 활용하여 방향, 경사도 분석, 3차원 입체지형생성 등 다양한 분석을 수행함 • 격자형 자료의 단점인 해상력 저하, 해상력 조절, 중요한 정보 상실 가능성을 해소함

8. 개체 – 관계 데이터 모델, Hierarchical Data Model, Network Data Model

구분	의의	특징
개체 – 관계 (Enetity-relationship model) 데이터 모델	• 데이터베이스에 저장하고자 하는 데이터를 형식화되지 않은 형태로 나타냈을 경우 의미가 모호할 뿐 아니라 서로 중복되는 관계들 때문에 실제 표현하고자 하는 데이터를 명확하게 나타내기가 어려움 • 개체 – 관계 모델은 이러한 어려움을 해결하기 위한 보다 형식화된 방법의 대표적 모델 • 데이터베이스관리시스템을 구축하는 데 있어서 개념적 데이터 모델로 개발된 도구이며, 개체 – 관계 모델로 정의된 데이터들은 내부적 또는 논리적 데이터 모델로 변환함	• 개체 – 관계 모델은 개체(Entity), 속성(Attribute), 그리고 관계(Relationship)의 개념을 이용함 • 개체(Entity)는 독립적으로 존재하는 기본적인 대상(학생, 교수)으로 물리적으로 존재하는 대상일 수도 있고 강좌, 학과 등과 같이 개념적으로 존재하는 것일 수도 있음 • 속성은 각각의 개체가 가지는 특성을 의미하며, 학생을 예를 들면 이름과 학번, 학과, 학점 등을 말함 • 관계는 속성을 가진 각 개체 간의 관계를 의미함 • 개체는 자신의 특성을 가지고 있는데, 이러한 특성을 개체의 속성(attribute)이라고 함 • 개체 – 관계 모델은 다이어그램으로 표현하는데, 개체는 직사각형으로, 개체의 속성은 타원으로 나타내며 개체와 속성은 선으로 연결함 • 개체의 속성들 가운데 그 개체를 다른 개체와 구별할 수 있게 되는 속성을 그 개체의 키(key)라고 함 • 개체들 간의 관계는 개체-관계 다이어그램에서 마름모로 나타냄 • 개체들 간의 관계는 1:1 관계뿐만 아니라 1:N의 관계를 갖는 경우도 있음

구분	의의	특징
Hierarchical Data Model	• 트리(Tree) 구조(나무줄기와 같은 구조)를 가짐 • 계층구조 내의 자료들이 논리적으로 관련이 있는 영역으로 나누어지며, 하나의 주된 영역 밑에 나머지 영역들이 나뭇가지와 같은 형태로 배열되는 형태로서, 데이터베이스를 구성하는 각 레코드가 계층구조 또는 트리 구조를 이루는 구조 • 계층(계급)성 관점에서 학사관리시스템을 구성하는 다섯 가지 개체들(학교, 학과, 학생, 교수, 강좌) 간의 관계를 정의함	• 각각의 계층에 속한 레코드의 필드에는 각 개체들의 속성을 나타내도록 하며 이들 속성 가운데 하나를 키필드로 설계함 • 계층형 모델에서 가장 상위의 계층을 뿌리(root, 근원)라고 하며, 뿌리도 레코드를 가짐 • 뿌리를 제외한 모든 계층들의 경우 모든 개체들은 부모-자녀와 같은 관계를 지님 • 모든 레코드는 부모(상위) 레코드와 자식(하위) 레코드를 가지고 있으며 각각의 객체는 단 하나만의 부모(상위) 레코드를 가지고 부모(상위) 레코드는 여러 명의 자녀를 가질 수 있음 • 데이터의 이해와 정보의 갱신이 쉬움 • 다량의 자료에서 필요한 정보를 신속하게 추출 가능 • 각각의 객체는 단 하나만의 부모 레코드를 가짐 • 속성 필드로는 검색이 불가능함 • 동일한 계층에서의 검색은 부모 레코드를 거치지 않고는 불가능함 • 필요한 정보의 추출을 위해서는 질의 유형이 사전에 결정되어야 함
Network Data Model	• 계층형 데이터 모델의 단점을 보완한 것 • 망구조 데이터 모델은 계층형과 유사하지만 망을 형성하는 것처럼 파일 사이에 다양한 연결이 존재한다는 점에서 계층형과 차이가 있음 • 각각의 객체는 여러 개의 부모 레코드와 자식 레코드를 가질 수 있음 • 계급형 모형과 같이 일정 객체에 대하여 모든 상위 계급의 데이터를 검색하지 않고도 관련 데이터 검색이 가능함	• 계층형 모델에 비하여 데이터 저장에 있어 중복성은 적은 편이나 상대적으로 보다 많은 연결성에 관한 정보가 저장되어야 함 • 데이터베이스관리에 있어서 연결성에 관한 정보의 저장 및 관리는 별도의 비용과 노력이 필요하며, 연결성에 변화가 생길 경우 갱신을 위해 시간이 많이 소요됨 • 개체들 간의 복잡한 구조에서는 계층형 데이터 모델보다 네트워크형 데이터 모델로 표현하는 것이 검색이 용이함 • 계층형 데이터 모델에 비해 융통성은 보완되었지만 복잡한 연결성을 나타내 주는 별도의 레코드를 저장하고 관리해야 하는 단점이 있음

9. 관계형 데이터베이스관리체계, 객체지향형 데이터베이스관리체계, 객체 – 관계형 데이터베이스관리체계

구분	의의	특징
관계형 데이터베이스 관리체계 (RDBMS : Relationship DataBase Management System)	• 데이터를 표로 정리하는 경우 행(Row)은 데이터 묶음이 되고 열(Column)은 속성을 나타내는 이차원의 도표로 구성됨 • 이와 같이 표현하고자 하는 대상의 속성들을 묶어 하나의 행(Row)을 만들고, 행들의 집합으로 데이터를 나타내는 것을 관계형 데이터베이스라 함 • 영역들이 갖는 계층구조를 제거하여 시스템의 유연성을 높이기 위해서 만들어진 구조 • 데이터의 무결성, 보안, 권한, 록킹(Locking) 등 이전의 응용 분야에서 처리해야 했던 많은 기능을 지원함 • 모든 데이터를 테이블과 같은 형태로 나타내며 데이터베이스를 구축하는 가장 전형적인 모델 • 관계형 데이터베이스에서는 개체의 속성을 나타내는 필드 모두를 키필드로 지정할 수 있음	• 데이터 구조는 릴레이션(Relation)으로 표현되는데, <u>릴레이션</u>이란 테이블의 열(Column)과 행(Row)의 집합을 말함 • 테이블에서 열(Column)은 속성(Attribute), 행(Row)은 튜플(Tuple)이라 함 • 테이블의 각 칸에는 하나의 속성값만 가지며, 이 값은 더 이상 분해될 수 없는 원자값(Automic value)임 • 하나의 속성이 취할 수 있는 같은 유형의 모든 원자값의 집합을 그 속성의 도메인(Domain)이라 하며 정의된 속성값은 도메인으로부터 값을 취해야 함 • 튜플을 식별할 수 있는 속성의 집합인 키(key)는 테이블의 각 열을 정의하는 행들의 집합인 기본키(PK ; Primary Key)와 같은 테이블이나 다른 테이블의 기본키를 참조하는 외부키(FK ; Foreign Key)가 있음 • 구조가 간단하여 이해하기 쉽고 데이터 조작적 측면에서도 매우 논리적이고 명확함 • 상이한 정보 간 검색, 결합, 비교, 자료 가감 등이 용이함 • 다른 모델과 달리 각 개체는 각 레코드(Record)를 대표하는 기본키(Primary Key)를 가짐 • 다른 모델에 비하여 관련 데이터 필드가 존재하는 한 필요한 정보를 추출하기 위한 질의 형태에 제한이 없음 • 데이터의 갱신이 용이하고 융통성을 증대시킴
객체지향형 데이터베이스관리체계 (OODBMS : Object Oriented DataBase Management System)	• 객체지향(Object Oriented)에 기반을 둔 논리적 구조를 가지고 개발된 관리시스템으로, 자료를 다루는 방식을 하나로 묶어 객체(Object)라는 개념을 사용하여 실세계를 표현하고 모델링하는 구조를 지님	• 객체지향 데이터베이스를 정의하고 조작할 수 있는 데이터베이스시스템 • 객체지향프로그래밍 언어를 데이터베이스 시스템에 적용시킨 것

구분	의의	특징
객체지향형 데이터베이스관리체계 (OODBMS ; Object Oriented DataBase Management System)	• 관계형 데이터 모델의 단점을 보완하여 새로운 데이터 모델로 등장한 객체지향형 데이터 모델은 CAD와 GIS, 사무정보시스템, 소프트웨어 엔지니어링 등의 다양한 분야에서 데이터베이스를 구축할 때 주로 사용함 • 이때 객체(object)는 데이터[또는 상태(state)]와 그 데이터를 작동시키는 메소드(method)가 결합하여 **캡슐화**(encapsulation)된 것으로 정의됨 • 캡슐화는 객체 자체가 객체의 상태와 객체의 작동을 결합시켜 캡슐처럼 둘러싸고 있다는 의미에서 사용됨 • 객체구조는 데이터, 메소드, 객체식별자로 구성됨	• 객체지향 프로그래밍 언어는 객체의 생성, 유지, 삭제, 분류, 계층성, 상속성 등을 포함하는 객체지향형 데이터베이스 시스템을 지원함 • 객체들 간의 관계를 정의하고 조작할 수 있는 사용자 인터페이스를 제공하기 때문에 응용프로그래머들이 객체들 간의 관계를 직접 프로그래밍하고 관리할 필요가 없음 • CAD/CAM, 다중매체정보시스템과 첨단 사용자 인터페이스 시스템 등의 분야에 사용하기 적합함 • 데이터베이스의 관리와 갱신이 편리하며 다양한 형태의 데이터를 저장할 수 있음 • 데이터의 중복을 줄이고 <u>데이터 검색을 효율적으로 수행</u>할 수 있음 • 관계형 데이터베이스관리시스템에 비해 <u>응용, 개발 측면과 데이터모델링 측면에서 장점</u>을 지님 • OODBMS의 대표적 예 : GDS, Laserscan, Smallworld 등 • 질의를 최적화하는 메커니즘이 미약하며, 관계대수와 같은 적절한 연산기능을 수행하기 어려움 • 객체 특성상 색인을 구축하기 어렵고 속성값이 아닌 메시지 검색 방법으로 접근해야 함
객체-관계형 데이터베이스관리체계 (ORDBMS ; Object Relational Database Management System)	• 관계형 데이터베이스 기술과 객체지향형 데이터베이스 기술의 장점을 수용하여 개발한 데이터베이스관리시스템으로 관계형 체계에 새로운 객체 저장 능력을 추가하고 있어 기존의 RDBMS를 기반으로 하는 많은 DB 시스템과의 호환이 가능하다는 장점을 지님 • ORDBMS(RDBMS+OODBMS) : 객체-관계 데이터베이스관리시스템은 관계형 데이터베이스시스템에 객체지향형 데이터베이스의 기능을 추가한 것	• 객체 클래스(Class : 동일한 유형의 객체들의 집합)를 생성할 수 있음 • 객체(Object)는 관계 테이블에서 열(Column)로 나타남 • 상속성을 지니고 있어 모 객체(Parent object)의 속성과 메소드를 자 객체(Child object)가 상속 • 관계형 데이터베이스시스템의 경우 B-tree 색인을 사용하고 있어 1차원의 데이터 검색은 양호하지만 2차원 이상 데이터를 색인화하는 데는 부적합함 • B-tree, Quadtree와 같이 공간 데이터를 색인하는 데 적합한 인덱스 메커니즘을 지원함

구분	의의	특징
객체-관계형 데이터베이스관리체계 (ORDBMS : Object Relational Database Management System)		• 검색이 신속하고 용이하게 이루어짐 • 객체관계 SQL이나 컴파일 언어로 작성 시 사용자 정의 기능을 완벽하게 지원함 • 데이터모델링과 관리적인 측면에서 관계형 데이터베이스시스템이 수행하는 모든 기능을 수행하고 객체지향형 데이터베이스시스템이 가지고 있는 특성을 추가함으로써 관계형 데이터모델이 지닌 한계성을 극복하였다고 볼 수 있어 두 분야에 폭넓게 활용될 수 있음

10. 지적정보전산화, 토지기록전산화, 지적도면전산화

(1) 지적정보전산화

의의	• 토지기록전산화 사업의 일환인 지적전산화라는 이름으로 시작하였으며, 토지의 각종 물리적 현황 정보를 등록·관리하는 지적공부를 전산조직에 의하여 기록·관리하는 시스템 • 구체적으로 토지이용계획, 도시관리계획 등의 토지 관련 정책의 자료로 활용하고, 토지의 소유현황을 제공하여 토지소유에 대한 적정 규제와 각종 조세의 자료로 삼으며, 실지와 가장 정확히 부합하는 자료를 수록하려 사용 시 불편이 없도록 하고 언제 어디서나 활용이 가능하게 함 • 미래에 도래할 모든 행정 분야의 전산화를 촉진하는 효과 제고 등에 기본 목적을 두고 추진되었으며 추진 내용으로는 토지기록전산화, 도면전산화, PBLIS의 구축을 들 수 있음
목적	• 토지정보의 수요에 대한 최신의 신속한 정보 제공 • 공공계획의 수립에 필요한 정보 제공 • 지적통계 및 정책정보의 정확성 제고 • 행정자료구축과 행정업무에 손쉽게 이용 • 다른 정보자료(도시계획 및 시설물 관리)들과 연계가 용이 • 민원인의 편의 증대 및 대국민 서비스의 질 향상
필요성 (추진 배경)	• 지적의 신속 및 지적통계와 정책정보의 정확성 제고 • 토지 관련정책자료 및 지적행정실현으로 다목적지적 활용 • 일필지의 속성 및 도형정보 온라인화로 인한 지방행정 전산화 촉진 • 토지이동 및 변동 자료의 이중성 배제로 인한 업무의 효율화 • 전국적으로 획일적인 지적전산시스템 활용으로 인한 기관별, 각 지방 자치단체별 상호연계가 용이 • 실시간의 정확한 정보 제공으로 인한 업무의 능률성 향상

(2) 토지기록전산화

의의	• 1910년대 토지조사사업을 실시하여 부책식 대장과 종이도면으로 공부관리를 하였으나 관리상의 여러 가지 문제점 해결 및 등기 등과 같은 타기관 자료와의 상호정보교환, 신속한 민원처리 대민서비스 등을 제공하고자 1975년부터 지적전산화에 착수함 • 한국토지정보시스템(KLIS)이라는 대장과 도면을 통합하여 통계·분석이 가능한 시스템을 운영하였으며 현재는 부동산종합공부시스템을 운영 중에 있음
필요성 (기반 조성)	• 토지대장과 임야대장의 카드식 전환 • 대장등록사항의 코드번호 개발 등록 • 소유자 주민등록번호 및 법인등록번호 등록 • 재외국민등록번호 등록 • 면적단위 미터법 전환 • 수치측량방법의 전환[수치지적부(1975년) → 경계점좌표등록부(2002.1.27 시행)]

기대효과	관리적 효과	• 토지정보관리의 과학화
		  - 정확한 토지정보 관리
		  - 토지정보의 신속 처리
		• 주민편익 위주의 민원 쇄신
		  - 민원의 신속 정확 처리
		  - 대정부 신뢰성 향상
		• 지방행정전산화 기반 조성
		  - 전산요원 양성 및 기술 축적
		  - 지방행정 정보관리 능력 제고

	정책적 효과	• 토지정책정보의 공동이용
		  - 토지정책정보의 신속 제공
		  - 정책정보의 다목적 활용
		• 건전한 토지거래질서 확립
		  - 토지투기방지 효과 보완
		  - 세무행정의 공정성 확보
		• 국토의 효율적 이용관리
		  - 국토이용현황의 정확 파악
		  - 국·공유재산의 효율적 관리

(3) 지적도면전산화

의의	• 정부에서는 21세기 정보화 사회에 대비한 토지정보 인프라 기반 조성과 국민과 공공수요자에게 적기에 정보를 제공하는 체제를 구축하고자 2000년부터 전국 지적·임야도 전산화 작업을 시작함 • 1995년부터 시작된 NGIS 1단계 사업에서 기존 지적도면전산화 사업을 확정하여 예산 배정 문제 및 지적도면의 접합 문제 등으로 미루어 오다가 2000년부터 전국적으로 지적도면전산화 작업을 추진함 • 이는 도면 데이터 구축으로 기존 속성데이터와의 연계를 통한 필지중심정보체계(PBLIS)의 기반이 됨

목적	• 국가지리정보사업에 기본 정보로 관련기관이 공동으로 활용할 수 있는 기반 조성 • 지적도면의 신축으로 인한 원형 보관·관리의 어려움 해소 • 정확한 지적측량의 자료 구축 활용 • 토지대장과 지적도면을 통합한 대민 서비스를 질적으로 향상시킴 • 토지정보의 수요에 대한 신속한 대처
필요성 (추진 배경)	• 기존 지적도면의 신축으로 인한 오차 • 지적도면의 관리 소홀로 인한 오손이나 훼손 • 다양한 축척으로 인한 지적도면 상호 간의 정확도 차이 • 측량의 오류 등으로 인한 정확도 문제 • 지적도면과 실지와의 불부합 등 여러 가지 원인을 들 수 있음
기대효과	• 지적도면전산화가 구축되면 국민의 토지소유권(토지 경계)이 등록된 유일한 공부인 지적 도면을 효율적으로 관리할 수 있음 • 정보화 사회에 부응하는 다양한 토지 관련 정보 인프라를 구축할 수 있어 국가경쟁력이 강화되는 효과 • 전국 온라인망에 의하여 신속하고 효율적인 대민 서비스를 제공 • NGIS와 연계되어 토지와 관련된 모든 분야에서 활용 가능 • 지적측량업무의 전산화와 공부 정리의 자동화가 가능하게 됨

11. PBLIS, LMIS, KLIS

(1) PNLIS

의의	• 필지중심토지정보시스템(PBLIS ; Parcel Based Land Information System)의 개발은 컴퓨터를 활용하여 일필지를 중심으로 건물, 도시계획 등 형상과 관련된 도면정보(Graphic Information)와 이들과 연결된 각종 속성정보(Nongraphic Information)를 효과적으로 저장·관리·처리할 수 있는 시스템으로 향후 시행될 지적재조사사업의 기반을 조성하는 사업 • 전산화된 지적도면 수치파일을 데이터베이스화하여 이들 정보를 검색하고 관리하는 업무절차를 전산화함으로써 그간 수작업으로 처리했던 지적도면 정리를 자동화하고 토지 및 관련 정보를 국가 및 대국민에게 복합적이고 신속하게 제공하여 과학적 지적행정을 도모하고자 이에 대한 개발이 추진됨
목적	• 다양한 토지 관련 정보를 필요로 하는 정부나 국민에게 정확한 지적정보를 제공하고, 지적재조사사업을 위한 기반 확보 • 지적정보 및 각종 시설물 등의 부가정보를 효율적으로 통합관리하며, 이를 기반으로 소유권 보호와 다양한 토지 관련 서비스 제공 • 기존의 정보통신 인프라를 적극 활용할 수 있는 전자정부 실현에 일조할 콘텐츠를 개발하고, 행정처리 단계를 획기적으로 축소하여 그에 따른 비용과 시간 절감

배경		• 도면관리의 문제 • 다양한 축척의 도면 • 등록정보의 부족 • 대장과 도면관리의 불균형 • 국가 정보로서의 공신력 향상 • 신속한 데이터의 제공 • 대장+도면정보의 통합 시스템 운영
기대효과	대민 서비스 측면	• 대장+도면 통합민원 전국 온라인 처리 • 다양하고 입체적인 토지정보 제공 • 재택 민원서비스 기반 조성 • 정보 공유로 증명서류 감축 및 수수료 절감
	경제적 측면	• 21C 정보화 사회에 대비한 정보 인프라 조성 • 토지정보의 새로운 부가가치 창출로 국가 경쟁력 확보 • 정보산업의 기술 향상 및 초고속통신망의 활용도 증진 • 최신 측량 및 토지정보관리기술의 수출
	행정적 측면	• 지적정보의 완전전산화로 정보의 공동 활용 극대화 • 행정처리 단계 축소에 따른 예산 절감 • 토지 관련 정보의 통합화로 토지정책의 효율적 입안

(2) LMIS

의의	국토교통부는 토지관리업무를 통합·관리하는 체계가 미흡하고, 중앙과 지방 간의 업무연계가 효율적으로 이루어지지 않으며, 토지정책 수립에 필요한 자료를 정확하고 신속하게 수집하기 어려움에 따라 1998년 2월부터 12월까지 대구광역시 남구를 대상으로 6개 토지관리업무에 대한 응용시스템 개발과 토지관리 데이터베이스를 구축하고, 관련 제도정비 방안을 마련하는 등 시범사업을 수행하여 현재 토지관리 업무에 활용하고 있음
목적	• 토지종합정보화의 지방자치단체 확산 구축 • 전국 온라인 민원발급의 구현으로 민원서비스의 획기적 개선 • 지자체의 다양한 전산환경에도 호환성을 갖도록 개방형 지향 • 변화된 업무환경에 적합하도록 응용시스템 보완 • 지자체의 다양한 정보시스템 연계 활용
배경	• 토지와 관련하여 복잡·다양한 행위 제한 내용을 국민에게 모두 알려주지 못하여 국민이 토지를 이용 및 개발함에 있어 시행착오를 겪는 경우가 많음 • 토지거래 허가·신고, 택지 및 개발부담금 부과 등의 업무가 수작업으로 처리되어 효율성이 낮음 • 토지이용규제내용을 제대로 알지 못함 • 궁극적으로 토지의 효율적인 내용 및 개발이 이루어지지 못함 • 토지정책의 합리적인 의사결정을 지원하고 정책효과 분석을 위해 각종 정보를 실시간으로 정확하게 파악하여 종합처리하고, 기종의 개별 법령별로 처리되고 있던 토지업무를 유기적으로 연계할 필요성이 제기됨

		• 각 지자체별로 도시정보시스템 사업을 수행하고 있으나 기반이 되는 토지 관련 데이터베이스가 구축되지 않아 효율성이 떨어짐에 따라 토지관리정보체계를 추진하게 됨
기대효과	대면 서비스 측면	• 민원처리기간의 단축 및 민원서류의 전국 온라인 서비스 제공 • 주택, 건축 관련 자료의 신속 • 제출서류, 시군구청 방문 횟수 간소화로 민원인의 비용 및 시간 절감
	경제적 측면	• 수작업으로 처리되는 자료의 수집, 관리, 분석에 소요되는 인력, 비용 및 시간의 획기적 절감 • 토지행정업무 및 도면(지적도) 전산화에 대한 표준개발 모델 제시로 예산 절감 및 중복투자 방지
	행정적 측면	• 업무처리 절차 간소화로 행정 능률 향상 및 투명성 보장 • 토지 관련 정보의 신속한 정책 수립의 적시성 확보 • 토지 관련 서류, 대장의 대폭 감소
	사회적 측면	• 개인별, 세대별 토지소유 현황의 정확한 파악, 토지정책의 실효성 확보 • 토지의 철저한 관리로 투기심리 예방 및 토지공개념 확산 • 토지 관련 탈세 방지 • 위법 또는 불법 토지거래 및 거래자의 철저한 관리로 선진사회 질서 확립

(3) KLIS

의의	• 행정자치부의 필지중심토지정보시스템(PBLIS)과 국토교통부의 토지종합정보망(LMIS)을 보완하여 하나의 시스템으로 통합 구축하고, 기존 전산화사업을 통하여 구축 완료된 토지(임야)대장의 속성정보를 연계 활용하여 데이터 구축의 중복을 방지하며, 데이터 이중관리에서 오는 데이터 간의 이질감 등을 예방하기 위하여 필지중심토지정보시스템과 토지종합정보망의 연계 통합이 필요하게 됨 • 토지대장의 문자(속성)정보를 연계 활용하는 방안을 강구하라는 감사원 감사 결과(2000년)에 따라 3계층 클라이언트/서버(3-Tiered client/server) 아키텍처를 기본 구조로 개발하기로 합의하였으며, 이에 따라 국가적인 정보화 사업을 효율적으로 추진하기 위해 양 시스템을 연계 통합한 한국토지정보시스템의 개발 업무를 수행함
목적	• NGIS 2000년 국책사업 감사원 감사 시 PBLIS와 LMIS가 중복사업으로 지적 • 두 시스템을 하나의 시스템으로 통합 권고 • PBLIS와 LMIS의 기능을 모두 포함하는 통합시스템 개발 • 통합시스템은 3계층 구조로 구축(3-Tiered System) • 도형 DB 엔진 전면 수용 개발(고딕, SDE, ZEUS 등) • 지적측량, 지적측량성과작성 업무도 포함 • 실시간 민원처리 업무가 가능하도록 구축

기대효과	대면 서비스 측면	• 민원처리기간의 단축 및 민원서류의 전국 온라인 서비스 제공이 가능 • 다양하고 입체적인 토지정보를 제공하고 재택 민원서비스 기반 조성
	경제적 측면	• 21C 정보화 사회에 대비한 정보인프라 조성으로 정보산업의 기술 향상 및 초고속통신망의 활용도가 높아짐 • 토지정보의 새로운 부가가치 창출로 국가경쟁력이 확보됨
	행정적 측면	• 지적정보의 완전전산화로 정보를 각 부서 간에 공동으로 활용함으로써 업무효율의 극대화 가능 • 행정처리 단계 및 기간의 축소를 통한 예산 절감 효과
	사회적 측면	• 개인별, 세대별 토지소유현황을 정확히 파악할 수 있어, 토지정책의 실효성 확보 가능 • 토지의 철저한 관리로 투기심리 예방 및 토지공개념을 확산시킬 수 있음

OGC, ISO/TC 211, CEN/TC 287

CHAPTER 03

1. OGC

의의	• 세계 각국의 산업계, 정부 및 학계가 주축이 되어 1994년 8월 지리정보의 상호 운용이 가능하도록 기술적·상업적 접근을 촉진하기 위해 조직됨 • 1994년 8월 설립되었으며, GIS 관련 기관과 업체를 중심으로 하는 비영리 단체 • Principal(영리기관), Associate(비영리기관), Strategic(전략기관), Technical(기술기관), University(대학기관) 회원으로 구분되며 대부분의 GIS 관련 소프트웨어, 하드웨어 업계와 다수의 대학이 참여하고 있음
실무조직	• 기술위원회(Technical Committee)에 Core Task Force(주 업무), Domain Task Force(도메인 업무), Revision Task Force(개정 업무) 등 3개의 테스크 포스(Task Force)가 존재함 • 이곳에서 Open GIS 추상명세와 구현명세의 RFP 개발 및 검토 그리고 최종 명세서 개발 작업을 담당함
표준화	• 개방형 지리자료 상호운용성 사양(OGIS ; Open Geodata Interoperability Specification)을 통해 각각 다른 GIS시스템 간의 연계가 이루어져 상호운용될 수 있는 표준화된 모듈 개발을 목적으로 함 • 서로 다른 환경에서 만들어져 분산, 저장되어 있는 다양한 지리정보에 사용자들이 접근하여 자료를 처리할 수 있도록 하는 기술개발에 초점을 둠 • OGIS에서 핵심을 둔 부문은 개방적 분산환경에서 운용되는 GIS 소프트웨어의 기본 구조를 개발하고, 개방형 GIS 컴포넌트 인터페이스 사양 표준을 제정하려는 것 • 상호 운용이 가능한 컴포넌트를 개발할 수 있도록 개방형 인터페이스 사양을 제공함 • GIS 산업계의 표준으로서 표준적인 명세를 통해 이기종 간 상호 운용성 확보와 GIS 업계의 표준을 지향함 - 개방형 지리자료모델 : 지구와 지표면의 현상을 수학적, 개념적으로 수치화 - GIS 서비스 모델 : 지리자료에 대한 관리, 조작, 접근, 표현 등의 공통사양모델 작성 - 정보 커뮤니티 모델 : 기술적, 제도적 상호 불운용성을 해결하기 위한 개방형 지리자료 모델과 OGIS 서비스 모델 • OGC의 표준화 사양 : 추상사양, 구현사양

2. ISO/TC 211

의의	• 국제표준기구(International Organization for Standard)에서 1994년에 GIS 표준기술위원회(Technical Committee 211)를 구성하여 표준작업을 진행하고 있음 • 공식명칭은 Geographic Information/Geometics이며 TC 211 위원회(이하 ISO/TC 211)는 수치화된 지리정보 분야의 표준화를 위한 기술위원회로서 지구의 지리적 위치와 직·간접적으로 관계가 있는 객체나 현상에 대한 정보 표준 규격을 수립함에 그 목적을 둠
실무조직	지리정보시스템 및 관련 기술의 표준을 검토하는 **국제표준화기구(ISO)**의 기술 위원회, 업무구조 및 참조모델을 담당하는 작업반 WG1, 지리공간 데이터 모델과 운영자를 담당하는 WG2, 지리공간 데이터를 담당하는 WG3, 지리공간 서비스를 담당하는 WG4 및 프로파일 및 기능에 관한 제반 표준을 담당하는 WG5로 구성
5개의 작업그룹 (Working Group)	• Framework and reference model(WG1) : 업무구조 및 참조모델 담당 • Geospatial data models and operators(WG2) : 지리공간데이터 모델과 운영자 담당 • Geospatial data administration(WG3) : 지리공간데이터 담당 • Geospatial services(WG4) : 지리공간서비스 담당 • Profiles and functional standards(WG5) : 프로파일 및 기능에 관한 제반 표준 담당

산업자원부
기술표준원
(ISO/TC 211
KOREA)
	• 국내 ISO TC 211 전문위원회(기술표준원)는 ISO/TC211의 국가대표단체(National Body)로 되어 있으며 기술표준원의 규격 제정은 WTO의 TBT(Agreement on Technical Barriers to Trade) 협정과 관련되어 시급한 제정이 요구되는 규격을 대상으로 함
	• 주요 활동
	  – 산자부의 KS-X 표준화 활동은 기술에 관련되는 기술적 사항에서부터 기초적 자재의 물품 통일에 이르는 산업분야 전반을 대상으로 하는 표준
	  – 또한, ISO/TC211 국제표준기구와의 협력을 위하여 한국을 대표하는 창구 역할을 담당하고 있음
	  – 기술표준원 고시 "한국산업규격 제정예고"와 관련된 제정이 있다.

(3) CEN/TC 287

의의	• ISO/TC211 활동이 시작되기 이전에 유럽의 표준화 기구를 중심으로 추진된 유럽의 지리정보 표준화 기구 • ISO/TC211과 CEN/TC287은 일찍부터 상호 합의 문서와 표준 초안 등을 공유하고 있으며, CEN/TC287의 표준화 성과는 ISO/TC211에 의하여 많은 부분이 참조됨
실무조직	표준화 작업을 위한 4개의 WG와 5개의 프로젝트 팀을 운영
WG	• WG1 : 지리 정보에서 표준화 프레임. PT(Project Team)4 관여 • WG2 : 지리 정보의 모델과 활용. PT1, PT5 관여 • WG3 : 지리 정보의 전송. PT2 관여 • WG4 : 지리 정보에 대한 위치 참조 체계. PT3 관여

NGIS 사업

CHAPTER **04**

1. 제1단계 NGIS(1995~2000년) : 기반조성단계(국토정보화 기반 마련)

의의	• 제1단계 사업에서 정부는 GIS 시작이 활성화되지 않아 민간에 의한 GIS 기반 조성이 어려운 점을 감안하여 정부 주도로 투자 및 지원시책을 적극 추진함 • 특히 GIS의 바탕이 되는 공간정보(<u>지상·지하·수상·수중 등 공간상에 존재하는 자연 또는 인공적인 객체에 대한 위치정보 및 이와 관련된 공간적 인지와 의사결정에 필요한 정보</u>)가 전혀 구축되지 않은 점을 감안하여 먼저 지형도, 지적도, 주제도, 지하시설물도 등을 전산화하여 초기수요를 창출하는 데 주력 • 또한 GIS 구축 초기 단계에 이루어져야 하는 공간정보의 표준 정립, 관련 제도 및 법규의 정비, GIS 기술개발, 전문인력양성, 지원연구 등을 통해 GIS 기반조성 사업을 수행함
분과	**추진사업**
㉛괄분과	• GIS 구축사업 지원 연구 • 공공 부문의 GIS 활용체계 개발 • 지하시설물 관리체계 시범사업
㉠술개발분과	• GIS 전문인력 교육 및 양성 지원 • GIS 관련 핵심기술의 도입 및 개발
㉤준화분과	공간정보 데이터베이스 구축을 위한 표준화 사업 수행
㉙리정보분과	• 지형도 수치화 사업 : 수치지도(digital map)는 computer 그래픽 기법을 이용하여 수치지도 작성 작업규칙에 따라 지도요소를 항목별로 구분하여 데이터베이스화하고 이용 목적에 따라 지도를 자유로이 변경해서 사용할 수 있도록 전산화한 지도 • 6개 주제도 전산화 사업 : 공공기관 및 민간에서 활용도가 높은 각종 주제도를 전산화함으로써 GIS를 일선 업무에서 쉽게 활용할 수 있도록 기반을 마련하는 사업 (**토**지이용현황도, **지**형지번도, **도**시계획도, **국**토이용계획도, **도**로망도, **행**정구역도) • 7개 지하시설물도 수치지도화 사업 : 7개 시설물에 대한 매설현황과 속성정보(관경, 재질, 시공일자 등)를 전산화하여 통합관리할 수 있는 시스템을 구축하는 사업 (**상**수도, **하**수도, **가**스, 통신, 전력, **송**유관, **난**방열관)
㉣지정보분과	**지적도전산화 사업** • 행정자치부 주관의 토지정보분과 사업으로 활용도가 가장 높은 지적도면을 전산화함으로써 토지정보 기반을 구축하여 토지관련 정책 및 대민원 서비스 제공을 실현하기 위한 사업 • 1996년과 1997년에 걸쳐 대전시 유성구를 대상으로 지적정보통합시스템과 데이터베이스구축을 위한 지적도면 전산화 시범사업을 실시

	• 지적도전산화 시범사업 결과에 따라 1998년부터 도시지역을 우선적으로 전국의 총 72만 매에 이르는 기존 지적도의 전산화사업을 추진하였으며, 전 국토에 대한 지적정보를 효율적으로 저장·관리할 수 있는 필지중심토지정보시스템(PBLIS)을 개발함으로써 그 많은 노력들이 성과로 드러남 • PBLIS 개발은 대한지적공사에서 수행

2. 제2단계(2001~2005) : GIS 활용확산단계(국가공간정보기반 확충을 위한 디지털 국토실현)

의의	• 제2단계에서는 지방자치단체와 민간의 참여를 적극 유도하여 GIS 활용을 확산시키고, 제1단계 사업에서 구축한 공간정보를 활용한 대국민 응용서비스를 개발하여 국민의 삶을 향상시킬 수 있는 방안을 모색 • 즉, 구축된 공간정보를 수정·보완하고 새로운 주제도를 제작하여 국가공간정보데이터베이스를 구축함으로써 GIS 활용을 위한 기반을 마련하고, 공간정보 유통체계를 확립하여 누구나 쉽게 공간정보에 접근할 수 있도록 하며, 차세대를 대상으로 하는 미래지향적 GIS 교육사업을 추진하여 전문인력양성기반을 넓히도록 함 • 또한 민간에서 공간정보를 활용하여 새로운 부가가치를 창출할 수 있도록 관련 법제를 정비하고, GIS 관련 기술개발사업에 민간의 투자확대를 유도함
분과	추진 사업
(총괄)조정분과위	• 지원연구사업추진 • 불합리한 제도의 개선 및 보완
(지리)정보분과위	• 국가지리정보 수요자가 광범위하고 다양하게 GIS를 활용할 수 있도록 가장 기본이 되고 공통적으로 사용되는 기본 지리정보를 구축·제공 • 그 범위 및 대상은 「국가지리정보체계의 구축 및 활용 등에 관한 법률 시행령」에서 행정구역, 교통, 해양 및 수자원, 지적, 측량기준점, 지형, 시설물, 위성영상 및 항공사진으로 정함 • 2차 국가GIS 계획에서 기본지리정보 구축을 위한 중점 추진 과제는 국가기준점 체계 정비, 기본지리정보 구축 시범사업, 기본지리정보 데이터베이스 등이 있음
(지적)정보분과위	전국 지적도면에 대한 전산화사업을 지속적으로 추진하여 대장·도면 통합DB 구축 및 통합 형태의 민원 발급, 지적정보의 실시간 제공, 한국토지정보시스템 개발 추진 및 통합운영 등을 담당
(기술)분과위	• 지려정보의 수집·처리·유통·활용 등과 관련된 다양한 분야 핵심 기반기술을 단계으로 개발 • GIS 기술센터를 설립하고 센터와 연계된 산학연 합동의 브레인풀을 구성하여 분야별 공동기술개발 및 국가기술정보망을 구축·활용 • 국가 차원의 GIS 기술개발에 대한 지속적인 투자로 국가 GIS 사업의 성공과 해외기술 수출 원천을 제공

(활용)유통분과위	• 중앙부처와 지자체, 투자기관 등 공공기관에서 활용도가 높은 지하시설물, 지하자원, 환경, 농림, 수산, 해양, 통계 등 GIS 활용체계 구축 • 구축된 지리정보를 인터넷 등 전자적 환경으로 수요자에게 신속·정확·편리하게 유통하는 21세기형 선진유통체계 구축
(인력)양성분과위	• GIS 교육 전문인력 양성기관의 다원화 및 GIS 교육 대상자의 특성에 맞는 교육 실시 • 산·학·연 협동의 GIS 교육 네트워크를 통한 원격교육체계 구축 • 대국민 홍보강화로 일상생활에서 GIS의 이해와 활용을 촉진하고 생활의 정보수준을 제고
(산업)육성분과위	국토정보의 디지털화라는 국가GIS기본계획의 비전과 목표에 상응하는 GIS 산업의 육성
(표준)화분과위	• 자료·기술의 표준과 함께 지리정보 생산, 업무 절차 및 지자체 GIS 활용 공통모델개발 및 표준화 단계 추진 • ISO, OGS 등 국제표준활동의 지속적 참여로 국제표준화 동향을 모니터링하고 국제표준을 국내준에 반영

3. 제3단계(2006-2010) : GIS 정착단계(유비쿼터스국토 실현을 위한 기반 조성)

의의	• 제3단계는 언제 어디서나 필요한 공간정보를 편리하게 생산·유통·이용할 수 있는 고도의 GIS 활용 단계에 진입하여 GIS 선진국으로 발돋음하는 시기 • 이 기간 중에 정부와 지자체는 공공기관이 보유한 모든 지도와 공간정보의 전산화사업을 완료하고 유통체계를 통해 민간에 적극 공급하는 한편, 재정적으로도 완전히 자립함 • 민간의 활력과 창의를 바탕으로 산업부문과 개인생활 등에서 이용자들이 편리하게 이용할 수 있는 GIS 서비스를 극대화하고 GIS 활용의 보편화를 실현할 것으로 전망함 • 또한 축적된 공간정보를 활용한 새로운 부가가치산업이 창출되고, GIS 정보기술을 해외로 수출할 수 있는 수준에 도달
국가GIS의 추진 전략	
국가GIS기반 (확)대 및 내(실)화	• 기본지리정보, 표준, 기술 등 국가GIS 기반을 여건 변화에 맞게 지속적으로 개발·확충 • 국제적인 변화와 기술수준에 맞도록 국가GIS 기반을 고도화하고 국가표준체계 확립 등 내실화
수요자 중심의 (국)가공간(정)보 구축	• 공공, 시민, 민간기업 등 수요자 입장에서 국가공간정보를 구축하여 지리정보의 활용도를 제고 • 지리정보의 품질과 수준을 이용자에 적합하게 구축
국가정보화사업과의 (협력)적 추진	• IT839전략(정보통신부), 전자정부사업, 시군구행정정보화사업(행정자치부) 등 각 부처에서 추진하는 국가정보화사업과 협력 및 역할 분담 • 정보통신기술, GPS기술, 센서기술 등 지리정보체계와 관련이 있는 유관기술과의 융합 발전

국가GIS 활용가치 (극대)화	• 데이터 간 또는 시스템 간 연계 · 통합을 통한 국가지리정보체계 활용의 가치를 창출 • 단순한 업무지원 기능에서 정책과 의사결정을 지원할 수 있도록 시스템을 고도화 • 공공에서 구축된 지리정보를 누구나 쉽게 접근 · 활용할 수 있도록 하여 GIS 활용을 촉진
국가GIS의 중점 추진 과제	
지리정보 구축 (확)대 및 내(실)화	• 2010년까지 기본지리정보 100% 구축 완료 • 기본지리정보의 갱신사업 실시 및 품질기준 마련
GIS의 (활용) 극대화	• GIS응용시스템의 구축 확대 및 연계 · 통합 추진 • GIS 활용 촉진 및 원스톱 통합포털 구축
GIS (핵심)기술 개발 추진	• u-GIS를 선도하는 차세대 핵심기술 개발 추진 • 기술개발을 통한 GIS 활용 고도화 및 부가가치 창출
국가GIS 표준(체계)확립	• 2010년까지 국가GIS기반 표준의 확립 추진 • GIS 표준의 제도화 및 홍보 강화로 상호운용성(Interoperability) 확보
GIS정책의 (선진)화	• GIS 산업, 인력 육성을 위한 지원 강화 • GIS 홍보 강화 및 평가, 조정체계 내실화

4. 제4단계 국가공간정보정책 기본계획(2010~2012)

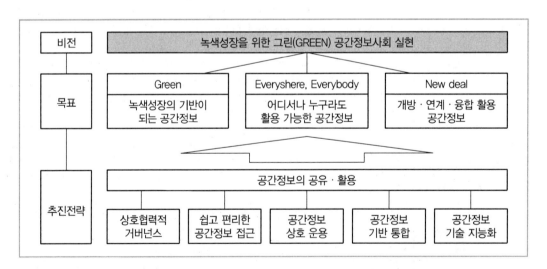

5. 제5단계 국가공간정보정책 기본계획

국정비전	희망의 새 시대	
비전	공간정보로 실현하는 국민행복과 국가발전	
목표	• 국가공간정보 고도화 • 공간정보 융복합을 통한 창조경제 활성화 • 공간정보의 공유·개방을 통한 정부 3.0 실현	
추진전략	고품질 ㉩간정보 구축 및 ㉸방 확대	• 공간정보 품질 확보 및 관리체계 확립 • 지적재조사 추진 • 공간정보 개방확대 및 활용 활성화를 위한 유통체계 확립 • 융복합 촉진을 위한 국제 수준 공간정보표준체계 확립
	공간정보 ㉧복합 산업 활성㉾	• 공간정보기반 창업 및 기업역량 강화 지원 • 공간정보 융복합산업 지원체계 구축 • 공간정보기업 해외진출 지원
	공간 ㉧데이터 기반 ㉿랫폼서비스 강화	• 공간 빅데이터 체계 구축 • 공간 빅데이터 기반 국가정책지원 플랫폼 구축
	공간정보 ㉧합기술 R&D 추진	• 공간정보기술 R&D 실용성 확보를 위한 관리체계 개선 • 산업지원 공간정보 가공 및 융복합 활용기술 개발 • 생활편리 공간정보기술 및 제품 개발 • 생활안전 공간정보기술 개발 • 신성장동력 공간정보기술 개발 • 남북 교류 확대에 대비한 국토정보 및 북극 공간정보 구축
	협력적 공간정보체계 ㉧도화 및 활㉧ 확대	• 클라우드 기반 공간정보체계 구축계획 수립 및 제도기반 마련 • 정합성 확보를 위한 공간정보 갱신 • 클라우드체계 활용서비스 구축 • 기관별 공간정보체계 고도화 • 정책시너지 창출을 위한 협업과제
	공간정보 ㉧의인재 양성	• 창의인재 양성을 위한 공간정보 융합교육 도입 • 산업맞춤형 공간정보 인력 양성 • 참여형 공간정보 교육플랫폼 구축
	융복합 ㉧간정보정책 추진체계 확립	• 범정부 협력체계 구축 • 공간정보정책 피드백 강화 • 공간정보 융복합 활성화를 위한 기반 조성 • 공간정보 정책연구 강화

6. 제6단계 국가공간정보정책 기본계획(안)(2018~2022)

비전	공간정보 융복합 르네상스로 살기 좋고 풍요로운 스마트코리아 실현	
목표	• **데이터 활용** : 국민 누구나 편리하게 사용 가능한 공간정보 생산과 개방 • **신산업 육성** : 개방형 공간정보 융합 생태계 조성으로 양질의 일자리 창출 • **국가경영 혁신** : 공간정보가 융합된 정책 결정으로 스마트한 국가경영 실현	
추진 전략	㉮반 전략 (가치를 창출하는 공간정보 생산)	• 공간정보 생산체계 혁신 • 고품질 공간정보 생산기반 마련 • 지적정보의 정확성 및 신뢰성 제고
	융㉯ 전략 (혁신을 공유하는 공간정보 플랫폼 활성화)	• 수요자 중심의 공간정보 전면 개방 • 양방향 소통하는 공간정보 공유 및 관리 효율화 추진 • 공간정보의 적극적 활용을 통한 공공부문 정책 혁신 견인
	성㉰ 전략 (일자리 중심 공간정보산업 육성)	• 인적자원 개발 및 일자리 매칭 기능 강화 • 창업지원 및 중소·대기업 상생을 통한 공간정보산업 육성 • 4차 산업혁명 시대의 혁신성장 지원 및 기반기술 개발 • 공간정보 기업의 글로벌 경쟁력 강화 및 해외진출 지원
	협㉱ 전략 (참여하여 상생하는 정책환경 조성)	• 공간정보 혁신성장을 위한 제도 기반 정비 • 협력적 공간정보 거버넌스 체계 구축

7. NGIS 단계별 주요 사업

구축 과정	추진 연도	주요 사업
제1단계 NGIS	1995~2000	• <u>기반 조성 단계(국토정보화 기반 마련)</u> • 기반 구축)을 통해 국가기본도 및 지적도 등 지리정보 구축, 표준 제정, 기술 개발 등 추진
제2단계 NGIS	2001~2005	• <u>GIS 활용 확산 단계(국가공간정보 기반 확충을 위한 디지털 국토 실현)</u> • 기반 확대를 통해 공간정보 구축 확대 및 토지·지하·환경·농림 등 부문별 GIS 시스템 구축
제3단계 NGIS	2006~2009	• <u>GIS 정착 단계(유비쿼터스 국토실현을 위한 기반 조성)</u> • 활용 확산을 통해 기관별로 구축된 데이터와 GIS 시스템을 연계하여 효과적 활용 도모
제4단계 국가공간정보정책	2010~2012	• <u>녹색성장을 위한 GREEN 공간정보사회 실현</u> • 연계 통합을 통해 공간정보 시스템 간 연계 통합 강화 및 융복합정책 추진 기반 마련

제5단계 국가공간정보정책 기본계획	2013~2017	• 공간정보로 실현하는 국민행복과 국가발전 • 스마트폰 등 ICT 융합기술의 급속한 발전, 창조경제와 정부 3.0으로의 국정운영 패러다임 전환 등 변화된 정책환경에 적극 대응 필요
제6단계 국가공간정보정책 본계획(안)	2018~2022	• 공간정보 융복합 르네상스로 살기 좋고 풍요로운 스마트코리아 실현 • 제4차 산업혁명에 대비하고, 신산업 발전을 지원하기 위한 공간정보 정책 방향을 제시하는 기본계획 수립 착수('17.2)

래스터와 백터

1. Digitizer(수동방식), Scanner(자동방식)

구분	Digitizer(수동방식)	Scanner(자동방식) 必 암기 최양예수 자타비 가변소
정의	• 전기적으로 민감한 테이블을 사용하여 종이로 제작된 지도자료를 컴퓨터에 의하여 사용할 수 있는 수치자료로 변환하는 데 사용되는 장비 • 도형자료(도표, 그림, 설계도면)를 수치화하거나 수치화하고 난 후 즉시 자료를 검토할 때와 이미 수치화된 자료를 도형적으로 기록하는 데 쓰이는 장비를 말함	• 위성이나 항공기에서 자료를 직접 기록하거나 지도 및 영상을 수치로 변환시키는 장치 • 사진 등과 같이 종이에 나타나 있는 정보를 그래픽 형태로 읽어 들여 컴퓨터에 전달하는 입력 장치를 말함
특징	• 도면이 훼손·마멸 등으로 스캐닝 작업으로 경계의 식별이 곤란할 경우와 도면의 상태가 양호하더라도 도곽 내에 필지수가 적어 스캐닝 작업이 비효율적인 도면은 디지타이징 방법으로 작업 가능 • 디지타이징 작업을 할 경우에는 데이터 취득이 완료될 때까지 도면을 움직이거나 제거하여서는 안 됨	• 밀착스캔이 가능한 **최**선의 스캐너를 선정하여야 함 • 스캐닝 방법에 의하여 작업할 도면은 보존 상태가 **양**호한 도면을 대상으로 하여야 함 • 스캐닝 작업을 할 경우에는 스캐너를 충분히 **예**열하여야 함 • 벡터라이징 작업 시 경계점 간 연결되는 **선**은 굵기가 0.1mm가 되도록 환경을 설정하여야 함 • 벡터라이징은 반드시 **수**동으로 하여야 하며 경계점을 명확히 구분할 수 있도록 확대한 후 작업을 실시하여야 함
장점	• 수동식이므로 정확도가 높음 • 필요한 정보를 선택하여 추출 가능 • 내용이 다소 불분명한 도면이라도 입력이 가능	• **자**동화된 작업과정 • 작업시간의 **단**축 • 자동화로 인한 인건**비** 절감
단점	• 작업 시간이 많이 소요됨 • 인건비 증가로 인한 비용 증대	• 저**가**의 장비 사용 시 에러 발생 • 벡터 구조로의 **변**환 필수 • 변환 **소**프트웨어 필요

2. 백터 자료, 래스터 자료

구분	벡터 자료	래스터 자료 必 암기 ㉕㉐이 ㉑㉖하여 ㉓을 세워야 ㉑㉓㉑이 ㉕하지 않는다
정의	벡터 자료구조는 기호, 도형, 문자 등으로 인식할 수 있는 형태를 말하며 객체들의 지리적 위치를 크기와 방향으로 나타냄	• 래스터 자료구조는 매우 간단하며 일정한 격자간격의 셀이 데이터의 위치와 그 값을 표현하므로 격자데이터라고도 하며 도면을 스캐닝하여 취득한 자료와 위상영상자료들에 의하여 구성됨 • 구현의 용이성과 단순한 파일구조에도 불구하고 정밀도가 셀의 크기에 따라 좌우되며 해상력을 높이면 자료의 크기가 방대해짐 • 각 셀들의 크기에 따라 데이터의 해상도와 저장 크기가 달라지게 되며, 이때 셀 크기가 작으면 작을수록 보다 정밀한 공간현상을 잘 표현할 수 있음
장점	• 보다 압축된 자료구조를 제공함에 따라 데이터 용량의 축소가 용이함 • 복잡한 현실세계의 묘사 가능 • 위상에 관한 정보가 제공되므로 관망분석과 같은 다양한 공간분석 가능 • 그래픽의 정확도가 높음 • 그래픽과 관련된 속성정보의 추출 및 일반화, 갱신 등이 용이함	• 자료구조가 **간**단함 • 여러 레이어의 중**첩**이나 분석이 용이함 • **자**료의 조작 과정이 매우 효과적이고 수치영상의 질을 향상시키는 데 매우 효과적 • **수**치이미지 조작이 효율적 • 다양한 **공**간적 편의가 격자의 크기와 형태가 동일한 까닭에 시뮬레이션이 용이함
단점	• 자료구조가 복잡함 • 여러 레이어의 중첩이나 분석에 기술적인 어려움이 수반됨 • 각각의 그래픽 구성요소는 각기 다른 위상구조를 가지므로 분석이 어려움 • 그래픽의 정확도가 높은 관계로 도식과 출력에 비싼 장비가 요구됨 • 일반적으로 값비싼 하드웨어와 소프트웨어가 요구되므로 초기비용이 많이 듦	• 압축되어 **사**용되는 경우가 드물며 **지**형관계를 나타내기가 훨씬 어려움 • 주로 격자형의 네모난 형태를 가지고 있기 때문에 수작업에 의해서 그려진 완화된 **선**에 비해서 미관상 매끄럽지 못함 • 위**상**정보의 제공이 불가능하므로 관망해석과 같은 분석기능이 이루어질 수 없음 • 좌표 변환을 위한 시간이 많이 소요됨

3. 벡터화, 격자화

(1) 벡터화(Vectorization)

정의		• 벡터 자료는 선추적 방식이라 부르는 지역 단위의 경계선을 수치 부호화하여 저장하는 방식으로, 래스터 자료에 비해 정확하게 경계선 설정이 가능하기 때문에 망이나 등고선과 같은 선형 자료 입력에 주로 이용하는 방식임 • 격자에서 벡터 구조로 변환하는 것으로 동일한 수치값을 갖는 격자들은 하나의 폴리곤을 이루게 되며, 격자가 갖는 수치값은 해당 폴리곤의 속성으로 저장함
벡터화 과정	전처리	• 필터링 : 격자데이터에 생긴 여러 형태의 잡음(Noise)을 윈도우(필터)를 이용하여 제거하고, 연속적이지 않은 외곽선을 연속적으로 이어주는 영상처리의 과정 • 세션화 　- 격자데이터의 형태를 제대로 반영하면서 대상물의 추출에 별로 영향을 주지 않는 격자를 제거하여 두께가 하나의 격자, 즉 1인 호소로써 격자데이터의 특징적인 골격을 형성하는 작업을 의미 　- 즉, 이전 단계인 필터링에서 불필요한 격자들과 같은 잡음을 제거한 후 해당 격자의 선형을 가늘고 긴 선과 같은 형상으로 만드는 세션화를 말함
	벡터화	세션화 단계를 거친 격자데이터는 벡터화가 가능하게 됨
	후처리	• 자동적 또는 수동적 방법을 사용하여 벡터화 단계를 마치고 벡터 데이터가 생성되면 모양이 매끄럽지 않게 되거나 과도한 Vertex나 Spike 등의 문제가 발생함. 또는 작업자의 실수로 인한 오류가 발생할 수 있으며 결과물의 위상(Topology)을 생성하는 과정에서 점, 선, 면의 객체들의 오류를 효율적으로 정리하여야 함 • 후처리를 통해 불필요한 Vertex나 Node를 삭제하거나 수정하여 정확히 시작점과 끝점을 폐합 처리
벡터화 방법		각각의 격자가 가지는 속성을 확인하여 동일한 속성을 갖는 격자들로서 폴리곤을 형성한 다음 해당 폴리곤에 속성값을 부여함

(2) 격자화, 래스터화(Rasterization)

정의	• 격자방식 또는 격자방안방식이라고도 불림 • 하나의 셀 또는 격자 내에 자료형태의 상대적인 양을 기록함으로써 표현하며 각 격자들을 조합하여 자료가 형성되며 격자의 크기를 작게 하면 세밀하고 효과적인 모델링이 가능하지만 자료의 양은 기하학적으로 증가함 • 벡터에서 격자 구조로 변환하는 것으로, 벡터 구조를 일정한 크기로 나눈 다음 동일한 폴리곤에 속하는 모든 격자들은 해당 폴리곤의 속성 값으로 격자에 저장함
래스터화 방법	벡터 구조를 동일 면적의 격자로 나눈 후 격자의 중심에 해당하는 폴리곤의 속성값을 각각의 격자에 부여함

※ 래스터 데이터를 벡터 데이터 구조로 변환하는 과정인 벡터라이징이 반대로 벡터 데이터를 래스터 데이터 구조로 변환하는 래스터라이징보다 정확도가 더 높음

4. 스파게티 자료구조, 위상구조

(1) 스파게티 자료구조

정의	객체들 간에 정보를 갖지 못하고 국수가락처럼 좌표들이 길게 연결되어 있어 스파게티 자료구조라고 하며 비선형 데이터구조라고도 함
특징	• 상호 연관성에 관한 정보가 없어 인접한 객체들의 특징과 관련성, 연결성을 파악하기가 어려움 • 객체가 좌표에 의한 그래픽 형태(점, 선, 면적)로 저장되며 위상관계를 정의하지 않음 • 경계선을 다각형으로 구축할 경우에는 각각 구분되어 입력되므로 중복되어 기록됨 • 스파게티 자료구조는 하나의 점(X, Y좌표)을 기본으로 하고 있어 구조가 간단함 • 장점 : 자료구조가 단순하여 파일의 용량이 작음 • 단점 : 객체들 간의 공간관계가 설정되지 않아 공간분석에 비효율적

(2) 위상구조

정의	위상이란 도형 간의 공간상의 상관관계를 의미하며, 특정 변화에 의해 불변으로 남는 기하학적 속성을 다루는 수학의 한 분야로 위상모델의 전제조건으로는 모든 선의 연결성과 폐합성이 필요함

특징	• 지리정보시스템에서 매우 유용한 데이터 구조로서 점, 선, 면으로 객체 간의 공간관계 파악 가능 • 벡터 데이터의 기본적인 구조로 점으로 표현되며 객체들은 점들을 직선으로 연결하여 표현 가능 • 토폴로지 : 아크 토폴로지, 노드 토폴로지, 폴리곤 토폴로지로 구분됨	
	Arc	일련의 점으로 구성된 선형의 도형을 말하며 시작점과 끝점이 노드로 되어 있음
	Node	둘 이상의 선이 교차하여 만드는 점이나 아크의 시작이나 끝이 되는 특정한 의미를 가진 점
	Topology	인접한 도형들 간의 공간적 위치관계를 수학적으로 표현한 것
	• 점, 선, 폴리곤으로 나타낸 객체들이 위상구조를 갖게 되면 주변 객체들 간의 공간상에서의 관계를 인식할 수 있음 • 폴리곤 구조는 형상(Shape)과 인접성(Neighborhood), 계급성(Hierarchy)의 세 가지 특성을 지님	
	형상 (Shape)	• 폴리곤이 지닌 공간적 형태를 의미 • 주어진 형상에서 폴리곤의 면적과 주변 길이를 계산할 수 있음
	인접성 (Neighborhood)	• 서로 이웃하여 있는 폴리곤 간의 관계를 의미 • 하나의 폴리곤의 정확한 인접성 파악을 위해서는 해당 폴리곤에 속하는 점이나 선을 공유하는 폴리곤에 관한 세부사항이 파악되어야 함
	계급성 (Hierarchy)	• 폴리곤 간의 포함관계를 의미 예 호수 위의 작은 섬을 가정했을 때 호수를 나타내는 폴리곤은 작은 섬을 표현하는 폴리곤들을 포함하게 됨 • 계급성 : 폴리곤 간의 포함 여부를 나타내는 것
	• 관계형 데이터베이스를 이용하여 다량의 속성자료를 공간객체와 연결할 수 있으며 용이한 자료의 검색 또한 가능함 • 공간객체의 인접성과 연결성에 관한 정보는 많은 분야에서 위상정보를 바탕으로 분석이 이루어짐	

분석	각 공간객체 사이의 관계가 인접성, 연결성, 포함성 등의 관점에서 묘사되며, 스파게티 모델에 비해 다양한 공간분석이 가능함	
	인접성 (Adjacency)	사용자가 중심으로 하는 개체의 형상 좌우에 어떤 개체가 인접하고 그 존재가 무엇인지를 나타내는 것으로, 인접성을 통해 지리정보의 중요한 상대적인 거나 포함 여부를 알 수 있음
	연결성 (Connectivity)	지리정보의 3가지 요소의 하나인 선(Line)이 연결되어 각 개체를 표현할 때 노드(Node)를 중심으로 다른 체인과 어떻게 연결되는지를 표현

포함성 (Containment)	특정한 폴리곤에 또 다른 폴리곤이 존재할 때 이를 어떻게 표현할지 정하는 것은 지리정보의 분석 기능에 중요한 요소가 되며, 특정 지역을 분석하거나 특정 지역에 포함된 다른 지역을 분석할 때 중요함

5. Run-length 코드, 사지수형, 블록코드, 체인코드

Run-length 코드 기법	• 각 행마다 왼쪽에서 오른쪽으로 진행하면서 동일한 수치를 갖는 셀들을 묶어 압축시키는 방법 • Run : 하나의 행에서 동일한 속성값을 갖는 격자를 말함 • 동일한 속성값을 개별적으로 저장하는 대신 하나의 Run에 해당되는 속성값이 한 번만 저장되고 Run의 길이와 위치가 저장되는 방식 <table><tr><td>A</td><td>A</td><td>A</td><td>B</td></tr><tr><td>B</td><td>B</td><td>B</td><td>B</td></tr><tr><td>B</td><td>C</td><td>C</td><td>A</td></tr><tr><td>A</td><td>A</td><td>B</td><td>B</td></tr></table>
사지수형 (Quadtree) 기법	• Run-length 코드 기법과 함께 많이 쓰이는 자료 압축 기법 • Run-length 코드보다 더 많은 자료의 압축이 가능함 • 크기가 다른 정사각형을 이용하며, 공간을 4개의 동일한 면적으로 분할하는 작업을 하나의 속성값이 존재할 때까지 반복하는 래스터 자료 압축 방법 • 전체 대상 지역에 대하여 하나 이상의 속성이 존재할 경우 전체 지도는 4개의 동일한 면적으로 나누어지는데 이를 Quadrant라 함 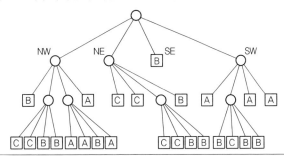

구분	B의 면적	C의 면적	A의 면적
네 번째	8개×2=16	5개×2=10	3개×2=6
세 번째	2개×8=16 (단위 면적의 4배)	2개×8=16	4개×8=32

	두 번째	1개×32=32 (단위 면적의 16배)	-	-
	소계	64	26	38
	합계	128		
블록코드 **(Block Code) 기법**	• Run-length 코드 기법에 기반을 둔 것으로 정사각형으로 전체 객체의 형상을 나누어 데이터를 구축하는 방법 • 자료구조는 원점으로부터의 좌표 및 정사각형의 한 변의 길이로 구성되는 세 개의 숫자만으로 표시가 가능			
체인코드 **(Chain Code) 기법**	• 대상 지역에 해당하는 격자들의 연속적인 연결 상태를 파악하여 동일한 지역의 정보를 제공하는 방법 • 자료의 시작점에서 동서남북으로 방향을 이동하는 단위 거리를 통해서 표현하는 기법 • 영역의 경계를 그 시작점과 방향에 대한 단위 벡터로 표시 • 각 방향은 동쪽은 0, 북쪽은 1, 서쪽은 2, 남쪽은 3등 숫자로 방향을 정의함 • 픽셀의 수는 상첨자로 표시 • 압축 효율은 높으나 객체 간 경계 부분이 이중으로 입력되어야 하는 단점을 지님			

06 CHAPTER 벡터 기반의 일반화

구분	내용
단순화 (Simplification)	• 원래의 선이 나타내는 특징이나 형태를 유지하기 위한 점들을 선정하여 특징을 표현하는 데 있어서 의미가 크지 않은 잉여점을 제거해주는 과정 • 즉 선을 구성하는 좌표점 중 불필요한 잉여점을 제거하는 것을 의미함 • 원래 좌표 쌍들의 부분집합의 선택을 포함하는 단순화를 말함
유선화 (Smoothing), 원만화	• 선의 가장 중요한 특징점만을 취득하여 좌표쌍들의 위치 재조정이나 이동에 의하여 선을 유선형으로 변화시키는 과정 • 즉 선의 중요한 특징점들을 이용해 선을 유선형으로 변화하는 것을 의미함 • 어떤 작은 혼란으로부터 벗어나 평탄화하기 위하여 좌표 쌍들을 재배치하거나 평행이동하는 것(원만화)
융합 (Amalgamation)	• 지도에 나타난 세부적인 내용을 축척의 변화에 따라 하나의 영역으로 합치는 것 • 즉 전체 영역의 특징을 단순화하여 표시하는 것을 의미함 • 작은 요소들을 보다 큰 지도요소로 결합하는 것
축약, 분해(Collapse)	• 규모나 공간상의 범위 표시를 축소하는 것 • 즉 지형이나 공간상의 범위 표시를 축소하는 것을 의미함 • 면 또는 선 요소들을 점 요소들로 분해시키는 것
정리(Refinement), 정제	• 시각적 표현을 실제 지역과 일치시키기 위해 기하학적으로 배열과 형태를 바꾸거나 조정하는 것 • 즉 기하학적인 배열과 형태를 바꾸어 시각적 조정효과를 가져오는 것을 의미함 예 선을 부드럽게 하거나 모서리 부분의 사각화, 등고선이나 강이 교차되는 지점을 바로잡는 것 등 • 유사한 특징이 너무 많거나 축척에 따라 표현이 곤란할 정도로 작은 지역에서 면적이나 길이를 비교하여 기준 이하의 공간정보를 삭제하는 것을 뜻함 • 요소들의 군집 중에서 보다 작은 요소들을 버리는 것(정제)
집단화(Aggregation), 군집화	• 매우 근접하거나 인접한 지형지물을 새로운 형태의 지형지물로 묶는 것 • 즉 근접하거나 인접한 지형지물을 하나로 합치는 것을 의미 • 점 요소들을 보다 높은 계층으로 그룹화하는 것(군집화)
합침(Merge, Combination)	• 축척의 변화에 따른 세부적인 객체의 특성을 유지하는 것이 불가능하더라도 선형과 같은 전체적인 패턴을 유지하는 것 • 즉 축척의 변화 시 전체적인 대표성 있는 패턴을 유지하는 것을 의미함 • 보통 평행선 요소들에 적용되는 결합(Merging)

구분	내용
재배치(Displacement), 이동	• 겹치는 지역에 대하여 상대적으로 중요성이 떨어지는 지역의 위치를 변경하거나 지역의 범위를 조정해 지도에 표시된 객체의 공간적 위치를 보다 명확히 나타내는 것 • 즉 면의 겹치는 지역 등을 삭제하여 지도의 명확성을 높이는 것을 의미함 • 명확성을 얻기 위하여 요소들의 위치를 평행이동하는 것(이동)
분류 (Classification)	오브젝트들을 동일하거나 비슷한 특성들을 공유하는 요소들의 범위 속으로 그룹화하는 것

07 CHAPTER 정규화와 반정규화

1. 정규화(Normalization)

개념	• 이상 현상(삽입, 삭제, 갱신)이 발생하지 않도록 하나의 릴레이션을 여러 개의 릴레이션으로 무손실 분해하는 과정 • 관계 데이터베이스의 설계에서 중복 정보의 포함을 최소화하기 위한 기법을 적용하는 것으로, 정규화를 통해 검색과 갱신 관리를 크게 단순화함 • 정규형(Normal form) : 단순하고 안정적이며 절약화된 형식으로 정규화된 관계 또는 데이터베이스 형식 • 데이터가 일관성을 유지하고 중복된 데이터를 제거하여 오류 없는 성질을 보장할 수 있도록 구조화하는 과정이며, 이는 논리 데이터 모델의 오류로 삽입 이상, 삭제 이상, 갱신 이상이 발생될 경우 이를 제거하기 위함임
목적	관계형 데이터베이스에서 데이터의 일관성, 최소한의 데이터의 중복, 최대한의 데이터의 안전성을 확보하기 위하여 릴레이션을 여러 개의 작은 릴레이션으로 <u>무손실 분해하는 과정</u>을 수행하는 것을 목적으로 함
필요성	• 데이터의 이상 현상을 제거 : 삽입 이상, 갱신 이상, 삭제 이상 • 데이터 중복 저장 예방을 통한 저장공간 사용의 최적화 • 데이터의 불일치성 최소화를 통한 데이터 무결성(<u>데이터의 정확성, 유효성, 일관성을 유지하기 위해 데이터의 무효갱신으로부터 데이터를 보호하여 오류없는 데이터를 보장하는 성질</u>) 확보
효과	• 중복된 데이터를 최소화할 수 있어 저장공간의 최소화 가능 • 복잡한 업무규칙이 체계화됨 • 정규화 단계별 진행으로 속성의 위치를 적절히 배치 • 데이터 구조의 안전성을 확보할수 있어 자료의 불일치성 최소화 • 효율적인 검색이 가능
문제점	• 과도한 정규화는 빈번한 조인으로 인해 응답속도를 저하시킴 • 빈번한 조인으로 인한 성능 저하 • 프로그램 작성 시 과다하고 복잡한 검색 조건문의 작성이 필요

2. 반(역)정규화(De – Normalization)

개념	• 반정규화 : 정규화로 분해된 데이터모델을 관련있는 릴레이션으로 통합하여 DB 성능을 향상시키는 기법 • 정규화로 무손실 분해된 테이블이 조인에 의해 성능이 저하되고 관리 및 개발이 복잡해지는 문제를 해결하기 위해 수행되는 과정 • 관리적인 측면과 성능적인 측면을 고려하여 테이블의 설계를 재구성하는 것 • 정규화 단계에서 추출되었던 실체가 제거되기도 하며 분석 단계에서 언급되지 않았던 실체가 새롭게 추출될 수도 있게 됨 • 이처럼 정규화 단계의 분석 결과가 무시되고 시스템 및 DBMS의 장점과 주요 특징을 기반으로 설계구조가 바뀌는 단계를 역정규화(De – Normalization)라 함 • 정규화로 무손실 분해된 테이블은 통합된 결과를 얻기 위해서는 조인(Join)이 발생하게 되며, 이러한 조인은 많은 메모리, CPU 자원, 디스크 I/O를 사용하여 단일 테이블에서 바로 데이터를 조회하는 것에 비해 성능이 떨어짐. 또한 어플리케이션 개발 시 복잡하고 관리 및 운영이 어려운 단점도 존재함 • 따라서 정규화된 테이블의 장점을 희생해서라도 요구되는 성능을 만족시키려는 노력이 반정규화 과정이며, 정규화된 엔티티, 속성, 관계를 시스템의 성능 향상, 개발과 운영을 단순화하기 위해 데이터 모델을 통합하는 프로세스를 말함 • 즉 데이터의 정합성과 데이터의 무결성을 우선으로 할지 데이터베이스 구성의 단순화와 성능을 우선으로 할지를 결정함
필요성	• <u>검색 성능 향상</u> : 정규화로 분해된 테이블 간 조인 증가로 검색 성능 저하 • <u>모델링 이해 증대</u> : 분해된 테이블 간 복잡한 릴레이션으로 모델링 이해의 어려움 • <u>개발 생산성 증대</u> : SQL 개발 시 해당 테이블의 잦은 조인으로 개발 분량 및 생산성 저하
장점	• 조인 횟수를 줄일 수 있어 검색 성능이 향상됨 • 개발 생산성 및 운영의 편의성 향상 • 모델링 이해의 용이
단점	• 데이터 신규 생성 및 변경 시 성능 저하 • 동일 데이터의 분산으로 데이터의 정합성, 무결성 저하 우려 • 분산된 데이터 관리의 어려움

데이터웨어하우스 (Data warehouse)	• 사용자의 의사결정을 지원하기 위해 많은 데이터(Time Variant)를 사용자 관점에서 주제별로(Subject-Oriented) 통합하여 별도의 장소에 저장해 놓은 통합 데이터베이스 • 디자인, 원시 데이터 추출 및 로딩, 데이터 스토어, 데이터 이용(OLAP), 웨어하우스 관리와 같은 프로세스를 지원하는 컴포넌트들의 유기적 연동을 통해 의사 결정자에게 회사의 경쟁력을 높일 수 있는 주요한 정보를 적기에 제공하는 전략적 정보시스템 • 데이터는 자료(정보)를, 웨어하우스는 창고를 뜻하는 용어로 데이터웨어하우스는 회사의 각 사업 부문에서 수집된 모든 자료 또는 중요한 자료에 관한 중앙 창고라고 할 수 있으며, 이처럼 컴퓨터에 조직 전체에 관련된 자료 창고를 만들고 유지해가는 과정을 데이터 웨어하우징이라고 함 • 데이터웨어하우스는 의사결정 프로세스를 지원하기 위한 주제 지향적이고, 통합적이고, 비휘발적이며, 시계열적인 데이터 모임을 말함 • DW의 특징 – 주제 지향적(Subject Oriented) : 업무 중심이 아닌 특정 주제 지향적 – 불변적(Non-Volatile, 비휘발성) : 갱신이 발생하지 않는 조회 전용 – 통합적(Integrated) : 필요한 데이터를 원하는 형태로 통합 – 시계열적(Time-Variant) : 시점별 분석이 가능
데이터웨어하우징 (Data warehousing)	• 분산된 방대한 양의 데이터에 쉽게 접근하고 이를 활용할 수 있도록 하는 일련의 과정 • 의사결정을 지원하고 정보시스템이나 의사결정지원시스템(DSS)의 구축을 위해서 기구축된 데이터베이스를 분석하여 정보를 추출하는 데이터웨어하우스시스템을 구축하는 것을 의미
빅데이터(Big data)	• 기존 데이터베이스 관리 도구로 데이터를 수집, 저장, 관리, 분석할 수 있는 역량을 넘어서는 대량의 정형 또는 비정형 데이터 집합 및 이러한 데이터로부터 가치를 추출하고 결과를 분석하는 기술 • 빅데이터의 5요소(5V) {{table2}}

Volume (데이터의 초 대용량)	비즈니스 및 IT 환경에 따른 대용량 데이터의 크기가 서로 상이한 속성
Velocity (데이터의 속도)	대용량 데이터를 빠르게 처리·분석할수 있는 속성
Variety (데이터의 다양한 형태)	빅데이터는 정형화되어 데이터베이스에 관리되는 데이터뿐 아니라 다양한 형태의 데이터의 모든 유형을 관리하고 분석함

	Value (데이터의 무한한 가치)	단순히 데이터를 수집하고 쌓는 게 목적이 아니라 사람을 이해하고 사람에게 필요한 가치를 창출하면서 개인의 권리를 침해하지 않고 신뢰 가능한 진실성을 가질 때, 진정한 데이터 자원으로 기능할 수 있다는 의미
	Veracity (데이터의 진실성)	개인의 권리를 침해하지 않고 신뢰 가능한 진실성을 가질 때, 진정한 데이터 자원으로 기능할 수 있다는 의미
	• 최근 위치기반 데이터와 연계되어 신성한 동력산업을 선도할 수 있는 새로운 가치를 창출할 것으로 예측됨	
데이터 마이닝(Data Mining)	• 대용량의 데이터로부터 이들 데이터 내에 존재하는 관계, 패턴, 규칙 등을 찾아 모형화함으로써 잠재된 의미정보 및 유용한 지식을 추출하는 일련의 과정 • 즉, 많은 데이터 가운데 숨겨져 있는 유용한 상관관계를 발견하여, 미래에 실행 가능한 정보를 추출해내고 의사결정에 이용하는 과정을 말함 • 통계학에서 패턴 인식에 이르는 다양한 계량 기법을 사용함 • 데이터 마이닝 기법은 통계학에서 발전한 탐색적 자료 분석, 가설 검정, 다변량 분석, 시계열 분석, 일반선형모형 등의 방법론과 데이터베이스에서 발전한 OLAP(온라인 분석 처리, On-Line Analytic Processing), 인공지능 진영에서 발전한 SOM, 신경망, 전문가 시스템 등의 기술적인 방법론이 쓰임	

09 CHAPTER

ODS 외 용어 정리

ETT (Extraction Transformation Transportation)	• 데이터를 추출(Extraction)하여 가공(Transformation)하고 데이터웨어하우스에 전송(Transportation)하여 로드(Load)하는 일련의 작업 과정을 의미 • 데이터웨어하우스를 만들기 위해 기존의 데이터를 변화 또는 변형 추출하는 과정을 통칭하여 ETT 혹은 ETL이라고 정의함
운용데이터저장소 (ODS ; Operational Data Store)	• 분석을 위하여 운영계 시스템에서 현 시점의 데이터를 전체 혹은 일부를 추출하여 저장해 두는 데이터 영역 • 데이터웨어하우스(DW)의 잠정 영역에 속하는 데이터베이스 형태 • DW와는 달리 운용 데이터 저장소(ODS)는 비즈니스 운용 과정에서 데이터가 현행화되며, DW가 대량의 데이터를 수반하는 복잡한 질의와 관계가 있다면, ODS는 소량의 데이터를 수반하는 질의를 수행하는 단기간 사용 메모리와 유사함 • 초기 ODS는 보고용 도구로 개발되어 사용되었으나 현재는 고객 관계 관리(CRM)로 개발되어 동기화를 통해 고객에게 지속적이고 조직적인 정보를 제공하는 데 사용되며, DW나 데이터마트와 상호 작용 관계를 가짐
데이터마트 (Data Mart)	• 운영데이터나 기타 다른 원천으로부터 수집된 데이터 저장소로서 데이터마트의 설계는 사용자 요구 분석으로부터 시작하고, 데이터웨어하우스는 이미 존재하는 데이터가 어떤 것인지와, 그러한 것들이 어떻게 수집될 수 있는지에 대한 분석으로부터 출발하는 경향이 있음 • 데이터웨어하우스는 데이터의 중앙 집합체이고, 데이터마트는 데이터웨어하우스 등으로부터 유도될 수 있는 데이터의 저장소로서 특별히 계획된 목적을 위해 접근의 용이성과 유용성을 강조한 것을 의미 • 일반적으로, 데이터웨어하우스는 전략적이지만 다소 덜 다듬어진 개념이며, 데이터마트는 전술적이며 당장의 요구에 부합하는 데에 목표를 둠
OLAP (On-Line Analytical Processing)	• 사용자가 다양한 각도에서 직접 대화식으로 정보를 분석하는 과정 • OLAP 시스템은 단독으로 존재하는 정보 시스템이 아니며, 데이터웨어하우스나 데이터마트와 같은 시스템과 상호 연관됨 • 데이터웨어하우스가 데이터를 저장하고 관리한다면, OLAP은 데이터웨어하우스의 데이터를 전략적인 정보로 변환시키는 역할을 함 • 기본적인 접근과 조회·계산·시계열·복잡한 모델링까지도 가능 • 최근의 정보 시스템과 같이 중간매개체 없이 이용자들이 직접 컴퓨터를 이용하여 데이터에 접근하는 데 있어 필수적인 시스템이라 할 수 있음

OLTP(On-Line Transaction Processing)	• 주 컴퓨터와 통신회선으로 접속되어 있는 복수의 사용자 단말에서 발생한 트랜잭션을 주 컴퓨터에서 처리하여 그 결과를 즉석에서 사용자 단말 측으로 되돌려 보내 주는 처리 형태 ※ 트랜잭션 : 단말에서 주 컴퓨터로 보내는 처리 단위 1회의 메시지로, 보통 여러 개의 데이터베이스 조작을 포함하는 하나의 논리단위 • 예를 들어, 데이터베이스 내의 어떤 표의 수치를 변경하는 경우, 그 표와 관련된 다른 표의 수치도 변경하지 않으면 데이터 무결성(Data integrity)을 유지할 수 없음. 이런 경우에는 2개의 처리를 1개의 논리 단위로 연속해서 행해야 하는데, 이 논리 단위가 트랜잭션이 됨 • 1개의 트랜잭션은 그 전체가 완전히 행해지거나 혹은 전혀 행해지지지 않아야 함 (1개의 트랜잭션 도중에 그 트랜잭션의 처리를 중지하면 데이터 무결성이 사라질 우려가 있기 때문) • 이러한 온라인 트랜잭션 처리(OLTP)의 특성에 적합하게 개발된 컴퓨터가 내고장형 또는 무정지형 컴퓨터(FTC)임 • 이전에는 범용기 중심이던 OLTP 시스템을 유닉스에도 구축하게 되었는데, 유닉스용의 트랜잭션 처리(TP) 모니터가 여러 가지 개발되어 있어서 성능과 가용성을 높임 • 최근에는 업계 표준인 분산 컴퓨팅 환경(DCE)에 대응하는 TP 모니터 제품이 많이 출현하여 유닉스 기계에 기간 업무의 OLTP 시스템을 구축하는 경향이 늘고 있음

10 유비쿼터스 외 용어 정리

CHAPTER

1. 유비쿼터스, 지오코딩, 키오스크, 사물인터넷

유비쿼터스 (Ubiquitous)	• 유비쿼터스 : '언제 어디에나 존재한다'는 뜻의 라틴어로, 사용자가 컴퓨터나 네트워크를 의식하지 않고 장소에 상관없이 자유롭게 네트워크에 접속할 수 있는 환경을 말함 • 컴퓨터 관련 기술이 생활 구석구석에 스며들어 있음을 뜻하는 '퍼베이시브 컴퓨팅(pervasivecomputing)'과 같은 개념 • 1988년 미국의 사무용 복사기 제조회사인 제록스의 마크 와이저(MarkWeiser)가 '유비쿼터스 컴퓨팅(ubiquitouscomputing)'이라는 용어를 사용하면서 처음으로 등장함 • 당시 와이저는 유비쿼터스 컴퓨팅을 메인프레임과 퍼스널컴퓨터(PC)에 이어 제3의 정보혁명을 이끌 것이라고 주장하였는데, 단독으로 쓰이지는 않고 유비쿼터스 통신, 유비쿼터스 네트워크 등과 같은 형태로 쓰임 • 컴퓨터에 어떠한 기능을 추가하는 것이 아니라 자동차·냉장고·안경·시계·스테레오장비 등과 같이 어떤 기기나 사물에 컴퓨터를 집어 넣어 커뮤니케이션이 가능하도록 해 주는 정보기술(IT) 환경 또는 정보기술 패러다임을 뜻함

지오코딩
(Geocoding,
위치정보지정)

• 주소 또는 연결된 도로단편의 지리적 좌표를 도출하기 위해 도로주소 또는 다른 지리적 요소를 도로데이터자료에 대응하여 매치시키는 소프트웨어 프로세스
• 지오코딩 요소

입력자료 (Input dataset)	• 지오코딩을 위해 입력하는 자료를 의미 • 입력자료는 대체로 주소가 됨
출력자료 (Output dataset)	• 입력자료에 대한 지리참조코드를 포함함 • 출력자료의 정확도는 입력자료의 정확성에 좌우되므로 입력자료는 가능한 정확해야 함
처리알고리즘 (Processing algorithm)	공간 속성을 참조자료를 통하여 입력자료의 공간적 위치를 결정
참조자료 (Reference dataset)	• 정확한 위치를 결정하는 지리정보를 담고 있음 • 참조자료는 대체로 지오코딩 참조 데이터베이스(Geocoding reference dataset)가 사용됨

• **좌표 부여**(Geocoding, coordinate rectification, 座標附與)
  - 래스터 이미지를 고쳐 실세계 지도 투영이나 좌표계에 일치시키는 처리
  - 지리좌표(경위도 혹은 직각좌표)를 GIS에서 사용 가능하도록 X-Y의 디지털 형태로 만드는 과정(**예** 좌표계를 갖지 않은 도로에 위치를 부여하는 작업 등)

키오스크 (KIOSK)	• 본래 옥외에 설치된 대형 천막이나 현관을 뜻하는 터키어(또는 페르시아어)에서 유래된 말로서 간이 판매대·소형 매점을 가리킴 • 정보서비스와 업무의 무인자동화를 위하여 대중들이 쉽게 이용할 수 있도록 공공장소에 설치한 무인단말기를 일컬음 • 터치스크린 방식을 적용하여 정보를 얻거나 구매·발권·등록 등의 업무를 처리 • 키보드 대신 직접 스크린에 접촉하는 형태로 이용자와 시스템 사이의 상호 대화방식으로 편리하게 검색을 처리 • 하드웨어적으로는 멀티미디어 PC에 더하여 터치스크린, 카드리더, 프린터, Network, 스피커, 비디오카메라, 인터폰, 센서 등의 주변기기가 장착됨 • 소프트웨어적으로는 GUI를 이용한 사용자 애플리케이션을 제공 • 네트워크상으로는 각 기기의 동작 상태를 감시하고 이상을 진단, 복구하는 Management 시스템을 탑재함
사물인터넷 (Internet of Things)	• 세상에 존재하는 유형 혹은 무형의 객체들이 다양한 방식으로 서로 연결되어 개별 객체들이 제공하지 못했던 새로운 서비스를 제공하는 것 • 사물인터넷(Internet of Things)은 단어의 뜻 그대로 '사물들(things)'이 '서로 연결된(Internet) 것' 혹은 '사물들로 구성된 인터넷'을 말함 • 기존의 인터넷이 컴퓨터나 무선 인터넷이 가능했던 휴대전화들이 서로 연결되어 구성되었던 것과는 달리, 사물인터넷은 책상, 자동차, 가방, 나무, 애완견 등 세상에 존재하는 모든 사물이 연결되어 구성된 인터넷이라 할 수 있음 • 사물인터넷은 연결되는 대상에 있어서 책상이나 자동차처럼 단순히 유형의 사물에만 국한되지 않으며, 교실, 커피숍, 버스정류장 등 공간은 물론 상점의 결제 프로세스 등 무형의 사물까지도 그 대상에 포함함 • 사물인터넷의 표면적인 정의는 사물, 사람, 장소, 프로세스 등 유·무형의 사물들이 연결된 것을 의미하지만, 본질에서는 이러한 사물들이 연결되어 진일보한 새로운 서비스를 제공하는 것을 의미. 즉, 두 가지 이상의 사물들이 서로 연결됨으로써 개별적인 사물들이 제공하지 못했던 새로운 기능을 제공하는 것 **예** 침대와 실내등이 연결되었다고 가정했을 때, 지금까지는 침대에서 일어나서 실내등을 켜거나 꺼야 했지만 사물인터넷 시대에는 침대가 사람이 자고 있는지를 스스로 인지한 후 자동으로 실내등이 켜지거나 꺼지도록 할 수 있게 됨(마치 사물들끼리 서로 대화를 함으로써 사람들을 위한 편리한 기능들을 수행하게 되는 것)

2. 유비쿼터스, 유비쿼터스 컴퓨팅, 유비쿼터스 네트워킹, 마크 와이저

유비쿼터스(Ubiquitous)	• 유비쿼터스(Ubiquitous) : '동시에 도처에 존재한다', '언제 어디서나 존재한다' 라는 의미를 가지고 있는 라틴어 어원의 단어 • 사용자가 컴퓨터나 네트워크를 의식하지 않는 상태에서 장소에 구애받지 않고 자유롭게 네트워크에 접속할 수 있는 환경을 의미함 • 유비쿼터스화 : 유비쿼터스 컴퓨팅과 유비쿼터스 네트워크를 기반으로 물리공간을 지능화함과 동시에 물리 공간에 펼쳐진 각종 사물들을 네트워크로 연결시키려는 노력
유비쿼터스 컴퓨팅 (Ubiquitous Computing)	• 도로, 다리, 터널, 빌딩, 건물벽 등 모든 물리공간에 보이지 않는 컴퓨터를 집어넣어 모든 사물과 대상이 지능화되고 전자공간에 연결되어 서로 정보를 주고받는 공간을 만드는 개념으로, 기존 홈 네트워킹, 모바일 컴퓨팅보다 한 단계 발전된 컴퓨팅 환경을 말함 • 물리적 공간은 제1공간, 전자공간은 제2공간, 물리공간+전자공간은 제3공간이라고 함 • 물리공간에 존재하는 모든 사물들에 다양한 기능을 갖는 컴퓨터와 장치들을 심어 네트워크로 연결하여 기능적 공간적으로 **사람·컴퓨터·사물**이 하나로 연결될 수 있도록 한 기술적 개념 • 기본이념은 5C(Computing, Communication, Connectivity, Contents, Calm) 구성요소들이 시간과 장소, 네트워크, 미디어, 단말기의 한계를 넘어 전방위성을 보장할 수 있어야 함
유비쿼터스 네트워킹 (Ubiquitous Networking)	• 유비쿼터스 네트워킹은 누구든지 언제, 어디서나 통신속도 등의 제약 없이 이용할 수 있고 모든 정보나 콘텐츠를 유통시킬 수 있는 정보통신 네트워크를 의미 • 이러한 유비쿼터스 네트워킹의 구현으로 기존의 정보통신망이나 서비스가 가지고 있었던 여러 가지 제약으로부터 벗어나 이용자가 자유롭게 정보통신 서비스를 이용할 수 있도록 함
유비쿼터스(Ubiquitous) 의 창시자 마크 와이저 (Mark Weiser, 1952~1999)	• 유비쿼터스는 마크 와이저(Mark Weiser, 1952~1999)가 주창한 이론으로 마크 와이저는 시카고 출생으로 21살에 회사를 설립하여 운영한 경험이 있고, 미시간 대학 석사와 박사를 마치고 미시간 대학 교수로 재직하다 36세가 되던 1987년에 제록스사에 연구원으로 참여하였음 • 1988년에 유비쿼터스 개념을 제안하였고, 이후 여러 논문을 통하여 유비쿼터스 개념을 정립 • 마크 와이저는 컴퓨터를 사용하여 일을 하는 사람이 일보다는 컴퓨터 조작에 더 몰두해야 하는 성가심을 지적하며 인간 중심의 컴퓨팅 기술로서 Ubiquitous Computing 비전을 주장함

gCRM(geographic Customer Relationship Management)	• 지리정보시스템(GIS)과 고객관계관리(CRM)의 합성어로 CRM를 도입할 때 구축된 고객정보를 GIS의 환경 내에서 추출하고, 세부시장의 잠재력에 대한 평가를 수행해 마케팅 역량을 극대화하는 시스템 • 지리정보시스템(GIS) 기술을 고객관계관리(CRM)에 접목시킨 것으로 주거 형태, 주변 상권 등 고객정보 중 지리적인 요소를 포함시켜 마케팅을 보다 정교하게 구사할 수 있음 • 지금까지 지역 마케팅 범위가 가령 '강남 지역 가맹점', '제주지역회원' 등 주로 행정단위에서 그쳤다면 gCRM을 이용할 경우 '가락시장 반경 1킬로미터 이내 가맹점' 등으로 구체화 가능 • 최근 신용카드 업계에서 속속 gCRM 시스템을 도입해 회원의 주거 형태와 상권 근접 여부 등을 분석자료로 활용하거나 카드사용 한도를 부여하는 데 이용함. 은행에서도 점포를 신설하거나 마케팅 전략 설정, 목표 배정 등에 이 시스템을 가동함
위치 기반 서비스 (LBS ; Location Based Service)	• 휴대전화 등 이동 단말기를 통해 움직이는 사람의 위치를 파악하고 각종 부가 서비스를 제공하는 것을 말함 • 휴대전화 속의 칩을 이용해 가입자들의 위치를 반경 수십 센티미터에서 수백 미터 내까지 언제든지 확인할 수 있도록 해주며, 사용자가 원하는 각종 정보를 개인화된 환경에서 제공할 수 있음 • 서비스 유형별로 크게 위치 추적 서비스, 공공 안전 서비스, 위치 기반 정보 서비스 등으로 구분 　– 위치 추적 서비스 : 개인의 위치뿐만 아니라 차량이나 재산의 위치도 파악이 가능함(대구 지하철 참사에서 휴대 전화 LBS가 실종자의 최종 위치를 확인하는 데 결정적인 역할을 함) 　– 공공 안전 서비스 : 휴대 전화 사용자가 산 속에서 길을 잃었거나 집 안에서 위험에 처했을 때 응급 버튼 하나로 구조 기관에 연결됨 또한 특정 위치에 있는 가입자 전원에게 폭풍 경보, 화산 폭발 등의 응급 상황 통지 가능 　– 위치 기반 정보 서비스 : 내비게이션 서비스, 위치 기반 콘텐츠 서비스, 모바일 옐로우 페이지 서비스 등 활용 분야가 매우 많음 • LBS가 주목받는 이유 : M-커머스(무선 전자 상거래)를 현실적으로 가능하게 해주며 향후 급성장이 예상되는 텔레매틱스 시장의 핵심 기술이기도 함

텔레매틱스 (Telematics)	• 텔레커뮤니케이션(telecommunication)과 인포매틱스(informatics)의 합성어로, 자동차 안의 단말기를 통해서 자동차와 운전자에게 다양한 종류의 정보 서비스를 제공해 주는 기술 • 자동차에 위치 측정 시스템(GPS)과 지리 정보 시스템(GIS)을 장착하고 운전자와 탑승자에게 교통 정보, 응급 상황 대처, 원격 차량 진단, 인터넷 이용 등 각종 모바일 서비스를 제공함 • 장비로는 음성 인식, 문자 음성 변환(TTS) 등의 기능을 위한 마이크와 스피커, 액정 디스플레이어, 키보드, 터치스크린 등의 특별한 입출력 장치가 있고, 카 오디오, TV 모니터, 내비게이션, 핸즈프리 휴대 전화 기능을 모두 통합하고 플래시 메모리나 팜톱, 노트북 컴퓨터 등을 이용하여 외부와 데이터 교류를 할 수 있음
SDW(Spatial Data Warehouse) : 통합공간정보시스템 (공간데이터웨어하우스)	2000년 서울시가 전국 관공서 최초로 구축한 유용한 공간정보 백과사전으로 통합공간정보시스템에 접속하면 단순한 검색 기능만으로도 인구, 주택, 산업경제, 도시계획 등의 공간정보의 손쉬운 분석이 가능함

寅山 이영수

측량 및 지형공간정보 기술사
지적 기술사
명지대학교 산업대학원 지적GIS학과 졸업(공학석사)
(전) 대구과학대학교 측지정보과 교수
(전) 신한대학교 겸임교수
(전) 한국국토정보공사 근무
(현) 공단기 지적직공무원 지적측량, 지적전산학, 지적법, 지적학 강의
(현) 주경야독 인터넷 동영상 강사
(현) (한국국토정보공사) 지적법 해설, 지적학 해설, 지적측량 강의
(현) 군무원 지도직 측지학, 지리정보학 강의
(현) (특성화고 토목직공무원) 측량학 강의
(현) 지적기술사 동영상 강의
(현) 측량 및 지형공간정보 기술사 동영상 강의
(현) 지적기사(산업)기사 이론 및 실기 동영상 강의
(현) 측량 및 지형공간정보 기사/산업기사 이론 및 실기 동영상 강의
(현) 측량학, 응용측량, 측량기능사, 지적기능사 동영상 강의

📚 저서

공무원 · 한국국토정보공사 분야	지적 · 측량 및 지형공간정보 분야
	• 지적기술사 해설
	• 지적기술사 과년도 기출문제 해설
	• 지적기사/산업기사 이론 및 문제 해설
• 지적직공무원 지적측량/지적전산학 기초입문	• 지적기사/산업기사 과년도 문제 해설
• 지적직공무원 지적측량/지적전산학 기본서	• 지적기사/산업기사 실기 문제 해설
• 지적직공무원 지적측량/지적전산학 단원별 기출	• 지적측량실무
• 지적직공무원 지적측량/지적전산학 합격모의고사	• 지적기능사 해설
• 지적직공무원 지적측량/지적전산학 1,200제	• 측량 및 지형공간정보기술사 기출문제 해설
• 지적직공무원 지적측량/지적전산학 필다나	• 측량 및 지형공간정보기사/산업기사 이론 및 문제 해설
• 지적직공무원 지적법/지적학 해설	• 측량 및 지형공간정보기사/산업기사 과년도 문제 해설
• 지적직공무원 지적법/지적학 합격모의고사	• 측량 및 지형공간정보 실무
• 지적직공무원 지적법/지적학 800제	• 공간정보 및 지적관련 법령집
• 군무원 지도직 측지학/지리정보학	• 측량학
	• 응용측량
	• 사진측량 해설
	• 측량기능사

이영욱

대구과학대학교 측지정보과 교수
경상북도 공무원 연수원 외래교수
산업인력관리공단 측지기사 국가자격출제위원
대구광역시 남구 건축위원
부산광역시 지적심의위원
대한측량협회 기술자 대의원
대구광역시, 경상북도 지적심의위원
산학협력선도전문대학사업(LINC) 단장

저서

- 지적직공무원 지적측량 기초입문서, 세진사
- 지적직공무원 지적전산학 기본서, 세진사
- 측량 및 지형공간정보 실무, 세진사
- GPS측량
- 위성측량
- 측량학

김도균

영남대학교 일반대학원 토목공학과 공학석사
영남대학교 일반대학원 토목공학과 공학박사
측량 및 지형공간정보 기사
토목기사
(현) 경북도립대학교 토목공학과 교수

저서

- 지적기사 이론 및 문제해설, 예문사
- 지적산업기사 이론 및 문제해설, 예문사
- 실용GPS, 도서출판 일일사
- 기본측량학, 도서출판 일일사
- 응용측량, 도서출판 일일사
- 측량 및 지형공간정보기사/산업기사 이론 및 문제해설, 구민사
- 측량 및 지형공간정보기사/산업기사 과년도 문제해설, 구민사
- 측량학, 예문사
- 측지학, 좋은책
- GIS, 좋은책
- 토목기사

김문기

금오공과대학교 토목 · 환경 및 건축공학과 공학석사
경북대학교 토목공학과 공학박사
측량 및 지형공간정보 기사
한국엔지니어링 협회 특급기술자
한국건설기술인 협회 특급기술자
(현) 티엘엔지니어링(주) 대표이사
(현) 안동과학대학교 건설정보공학과 겸임교수
(현) 한국생태공학회 이사
(현) 송전선로 전력영향평가선정 위원

 저서

• 측량 및 지형공간정보 기술사, 예문사
• 측량기능사, 예문사
• 측지학, 예문사
• GIS, 예문사

오건호

경북대학교 지리학과 졸업(학사)
지적기사 · 측량 및 지형공간정보 기사
항공사진기능사 · 지도제작기능사
(전) 영주시청 토지정보과 근무
(현) 달서구청 토지정보과 근무

저서

• 지적기사 필기, 세진사
• 지적산업기사 필기, 세진사
• 측량 및 지형공간정보 기사, 구민사
• 측량 및 지형공간정보 산업기사, 구민사

지도직
군무원
한권으로 끝내기

지도직 군무원 한권으로 끝내기 [지리정보학]

초 판 발 행	2023년 3월 10일
저 자	寅山 이영수 · 이영욱 · 김도균 · 김문기 · 오건호
발 행 인	정용수
발 행 처	(주)예문아카이브
주 소	서울시 마포구 동교로 18길 10 2층
T E L	02) 2038 – 7597
F A X	031) 955 – 0660
등 록 번 호	제2016 – 000240호
정 가	32,000원

홈페이지 http://www.yeamoonedu.com

ISBN   979-11-6386-154-6   [13500]